普通高等教育"十三五"规划教材

高 等 数 学

主　编　刘法贵

副主编　李建民　张之正　宋长明

科学出版社

北京

内 容 简 介

本书内容主要包括函数与极限、一元函数微分学及其应用、一元函数积分学及其应用、常微分方程、向量代数与解析几何、多元函数微分学及其应用、多元函数积分学及其应用、无穷级数、数学实践与数学建模初步等. 本书结构体系严谨、语言组织精炼、论述条理简洁、例题与习题编排合理.

本书可作为高等学校非数学专业的高等数学教材，也可作为工程技术人员学习微积分知识的参考书.

图书在版编目（CIP）数据

高等数学/刘法贵主编. —北京：科学出版社，2017. 8
普通高等教育"十三五"规划教材
ISBN 978-7-03-052762-2

Ⅰ. ①高⋯　Ⅱ. ①刘⋯　Ⅲ. ①高等数学–高等学校–教材　Ⅳ. ①O13

中国版本图书馆 CIP 数据核字 (2017) 第 102601 号

责任编辑：胡海霞 / 责任校对：邹慧卿　张凤琴
责任印制：徐晓晨 / 封面设计：迷底书装

科 学 出 版 社 出版
北京东黄城根北街 16 号
邮政编码：100717
http://www.sciencep.com

北京中科印刷有限公司 印刷
科学出版社发行　各地新华书店经销
*
2017 年 8 月第 一 版　开本：720 × 1000　1/16
2021 年 7 月第四次印刷　印张：30 3/4
字数：617 000
定价：66. 00 元
(如有印装质量问题，我社负责调换)

《高等数学》编委会

主　编　刘法贵

副主编　李建民　张之正　宋长明

参　编　张晓飞　岳红伟　曹欣杰

　　　　梁聪刚　程　鹏

前　　言

高等数学是高等院校一门重要的基础课程, 它对培养学生的数学素养、数学思维和运用数学知识解决实际问题的能力有着重要的作用, 也是后续专业课程学习的知识基础、思想基础和方法基础.

华罗庚曾说: "宇宙之大, 粒子之微, 火箭之速, 化工之巧, 地球之变, 生物之谜, 日用之繁, 无处不用数学." 学生学习数学, 不仅是为了掌握数学知识, 提高基本的数学素质和数学能力, 利用数学知识解决实际问题, 更是为了在今后工作中能够创造出新的知识和方法.

本书集作者多年的教学实践与教学经验编写而成. 编写所遵循的基本原则有: 一是适应素质教育, 提升科学素养与文化内涵; 二是保证数学知识体系结构完整严密, 展示数学逻辑推理严谨; 三是适宜于教师教学、学生学习, 体现以教助学、以学促教; 四是着力提升学生的数学思想与方法、数学意识与能力, 开阔学生数学视野, 体现数学思想方法之美; 五是尊重学生全面发展和个性化发展的需要, 体现数学启迪智慧之伟大.

在教学内容与体系优化上, 本书既继承传统教材结构严谨、逻辑清晰、体系完备的特点, 也对教材内容与体系进行整合、取舍和精简, 并保证理论体系之完整、逻辑推理之严密、思想方法之精妙, 做到突出重点、解决难点、围绕主线、抓住关键、着力实践创新. 基于信息技术融合教学内容的需要, 本书最后一章安排一节内容列举了 Matlab 语言在数学中应用的一些例子, 以体现数学软件在处理数学问题上的强大功能. 同时也可以看到, 数学中一些复杂的计算、复杂函数图形的描绘等问题已经不再是教师教学和学生学习的难点. 正基于此, 本书没有在诸如求解无理函数定积分等这些复杂计算方面占用过多的篇幅.

在知识深化、强化与创新上, 每章都配有思考与拓展为题的内容, 给出延伸阅读的一些材料, 希望不仅拓展读者的数学视野, 而且以此展现高等数学与其他知识体系的广泛联系, 增强学生不断思考的探索精神与创新意识.

在数学实践与建模能力提升上, 本书安排 "数学实践与数学建模初步" 一章, 择优选取一些在管理与经济、工程与技术、社会与生活等领域中常见的实践例子, 不仅让读者感受数学、感知数学、感悟数学, 也让读者充分理解数学应用之广. 在例题编排上, 一部分例题仅提供了解题的基本思路和方法, 而没有对详细的解题过程进行过多的阐释. 通过完善、补充这些例题中省略的解题过程, 以期提升学生自主学习的能力. 在习题编排上, 每节后的习题一般是用于巩固基本知识, 检验学生学习和掌握基本理论、基本概念与基本方法等的情况, 每一章后的复习题用于深化基本知识, 有巩固数学基础知识和体现数学知识点拓展综合的考虑, 这类题目应在学完相关章节内容后再予以考虑.

　　本书使用中的两点说明: 一是加 * 部分和第 9 章为选讲选学内容, 由教师根据学时进行安排或学生根据学习能力选学; 二是除第 9 章外, 每章的最后一节 "思考与拓展" 内容旨在巩固、提升、深化和强化基础知识的选学内容.

　　本书由刘法贵组织并主审, 参加编写人员有中原工学院宋长明, 平顶山学院李建民、梁聪刚、曹欣杰和张晓飞, 华北水利水电大学刘法贵、程鹏和岳红伟, 洛阳师范学院张之正等.

　　本书参考了国内外出版的一些教材和参考书, 在此, 对文献作者表示真诚的感谢.

　　限于作者水平, 加之时间仓促, 不当之处在所难免, 恳请批评指正.

作　者
2017 年 4 月

目　　录

第 1 章　函数与极限

在近代数学许多分支中, 一些重要的概念与理论都是极限和连续函数概念的推广、延拓和深化. 其中的极限理论推动了数学理论的发展, 极限思想是高等数学中的一个重要思想和方法. 因此, 理解和掌握极限理论与思想方法是学好高等数学的关键.

1.1　函　　数

1.1.1　变量的变化范围

我们知道, 在实际问题中有变量与常量之分. 所谓变量 (也称变数或变元), 就是变化着的量, 是可以被赋予任何值的量. 在研究的具体问题中, 如果变量的值是固定的, 则称其为常量 (也称为常数).

变量都有一定的变化范围, 例如, 电子产品的使用寿命、天气的温度等. 变量的变化范围也就是变量的取值范围, 通常用区间或邻域表示, 它们是实数集 $\mathbb{R}$ 的一个子集, 是实数轴上的一个点集. 区间包括以下五种类型 (其中 $a, b \in \mathbb{R}$ $(a < b)$).

(1) 闭区间 $[a, b] = \{x | a \leqslant x \leqslant b\}$, 一个点 a 组成的集合 $\{a\} = [a, a]$ 是一个特殊的闭区间.

(2) 开区间 $(a, b) = \{x | a < x < b\}$.

邻域是开区间的一个特殊情形: 对 $\delta \in \mathbb{R}$, 且 $\delta > 0$, 称开区间

$$(a - \delta, a + \delta) = \{x | a - \delta < x < a + \delta\}$$

为点 a 的 δ **邻域**, 记为 $U(a, \delta)$. 如果不强调 δ, 可记为 $U(a)$. 称

$$(a - \delta, a + \delta) - \{a\} = \{x | 0 < |x - a| < \delta\}$$

为点 a 的**去心邻域**, 记为 $\hat{U}(a, \delta)$(也记为 $\hat{U}(a)$).

(3) 半开半闭区间 $(a, b] = \{x | a < x \leqslant b\}$(左开右闭); $[a, b) = \{x | a \leqslant x < b\}$(左闭右开).

以上区间称为**有限区间**, 引入两个特殊的 "数": 正无穷大 $+\infty$ 和负无穷大 $-\infty$, 类似可定义以下**无限区间**.

(4) $(a, +\infty) = \{x | a < x < +\infty\}, (-\infty, b) = \{x | -\infty < x < b\}$;

$[a, +\infty) = \{x | a \leqslant x < +\infty\}, (-\infty, b] = \{x | -\infty < x \leqslant b\}$.

(5) $(-\infty, +\infty) = \{x | -\infty < x < +\infty\}$, 此即全体实数集 $\mathbb{R}$. 一般地, 把全体实数集 $\mathbb{R}$ 与 $-\infty, +\infty$ 组成的集合称为**扩充实数集** $\overline{\mathbb{R}} = \mathbb{R} \cup \{-\infty, +\infty\}$.

在本书中, 符号 $\mathbb{Q}, \mathbb{N}, \mathbb{C}$ 分别表示有理数集、正整数集和复数集.

1.1.2 函数的定义

定义 1.1   设有两个非空实数集合 A 与 B, 如果有这样一个对应法则 f, 使得按照该法则, 对于 A 中的每一个数 x, 在 B 中都有唯一的数 y 与之对应, 那么称 f 是定义在 A 上且取值于 B 的**函数**. 其中 A 称为函数 f 的**定义域**, 记为 $D(f)$; 与 x 对应的 y 记为 $y = f(x)$; 集合 $\{y | y = f(x), x \in D(f)\}$ 称为函数 f 的**值域**, 记为 $R(f)$. 显然 $R(f) \subseteq B$. 若视 x, y 为变量, 则称 x 为**自变量**, y 为**因变量**.

函数的定义与自变量及因变量用什么字母表示无关. 例如, 函数 $y = f(x)$ 同样可以用 $s = f(t)$ 表示.

函数关系的实质是变量之间一种确定的对应关系 (图 1.1), 其含义是指对定义域内每一个 x, 按对应法则 f 总有唯一确定的 y 与之对应. 因此, 单值性是函数的一个重要特征. 如果给定某个对应法则, 对 $x \in A$, 总有不唯一的 $y \in B$ 与之对应, 这样的对应法则确定了一个**多值函数**. 在高等数学中, 对于多值函数, 往往附加一定条件, 将其化为单值函数, 如此处理得到的单值函数称为多值函数的单值分支. 例如, 圆的方程 $y^2 = a^2 - x^2$, 当 $x \in (-a, a)$ 时, 有两个 y 值与此对应, 但我们可以把它分解为两个单值分支: 上半圆 $y = \sqrt{a^2 - x^2}$ $(x \in [-a, a])$ 和下半圆 $y = -\sqrt{a^2 - x^2}$ $(x \in [-a, a])$.

定义域与对应法则是确定函数的两个因素, 这是函数最本质的特征 (图 1.2). 因此, 对两个函数来说, 当且仅当它们的定义域和对应法则都相同时, 表示同一个函数. 例如, 函数 $f(x) = |x|$ 与函数 $g(x) = \sqrt{x^2}$ 是同一个函数, 而函数 $f(x) = 1$ 与函数 $g(x) = \dfrac{x}{x}$ 就不是同一个函数, 因为后者要求 $x \neq 0$.

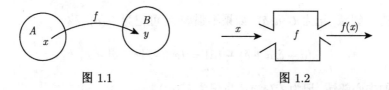

图 1.1   图 1.2

在平面直角坐标系中, 点集 $\{(x, y) | y = f(x), x \in A\}$ 形成的轨迹称为函数 $y = f(x)$ 的图象, 它通常构成一条曲线, $y = f(x)$ 称为这条曲线的方程.

函数的表示法包括公式法、图象法、表格法和描述法等, 但在理论研究和后续学习中, 公式法是比较常用的一种表示法, 图象法是一种比较直观的几何表示法, 表格法和描述法是比较少用的特殊表示法. 需要注意的是, 函数用公式法表示, 但没有明确其定义域, 此时我们约定该函数的定义域就是使该公式有意义的一切实数. 例如, $y = \sqrt{x}$ 自然意味着 $x \geqslant 0$.

公式法表示函数, 有时未必能用一个式子表示. 例如, **符号函数**

$$\operatorname{sgn}(x) = \begin{cases} 1, & x > 0, \\ 0, & x = 0, \\ -1, & x < 0. \end{cases}$$

再如, Dirichlet[①](狄利克雷) 函数

$$D(x) = \begin{cases} 1, & x \in \mathbb{Q}, \\ 0, & x \notin \mathbb{Q} \end{cases} \quad (\mathbb{Q} \text{ 为有理数集}).$$

称这种形式的函数为**分段函数**. 分段函数在其定义域的不同部分用不同的解析式表示其对应规律, 如

$$f(x) = \begin{cases} \dfrac{\sin x}{x}, & x \neq 0, \\ 1, & x = 0; \end{cases} \qquad f(x) = \begin{cases} \sin x, & x \leqslant 0, \\ x + 1, & 0 < x \leqslant 1, \\ x^2, & 1 < x \leqslant 2. \end{cases}$$

Dirichlet 函数说明了一个重要的问题: 函数的图象并不是都可以在直角坐标系中刻画出来的, 也就是说图象法不能表达所有的函数.

例 1.1　解答下列问题:

(1) 在区间 $(-\infty, 0)$ 内, 函数 $g(x) = -\sqrt{1-x}$ 与 $f(x) = \dfrac{\sqrt{x^2 - x^3}}{x}$ 是否为同一个函数?

(2) 求函数 $y = \sqrt{4 - x^2} + \dfrac{1}{\sqrt{x-1}}$ 的定义域;

(3) 已知函数 $f(x)$ 的定义域为 $[0,1]$, 求 $f(x-a) + f(x+a)$ $(a > 0)$ 的定义域.

解　(1) 由于

$$f(x) = \frac{\sqrt{x^2(1-x)}}{x} = \frac{|x|\sqrt{1-x}}{x}.$$

注意到 $x < 0$, 知 $f(x) = -\sqrt{1-x}$. 所以, $g(x)$ 与 $f(x)$ 在给定的定义域内是同一个函数.

(2) 要使函数有意义, x 需满足

$$4 - x^2 \geqslant 0, \quad x - 1 > 0.$$

解之, 得 $1 < x \leqslant 2$. 于是, 函数的定义域为 $\{x | 1 < x \leqslant 2\}$.

---

① Dirichlet (1805—1859), 德国数学家.

(3) 根据题意, 有 $0 \leqslant x - a \leqslant 1, 0 \leqslant x + a \leqslant 1$, 解之, 得

$$a \leqslant x \leqslant 1 + a, \quad -a \leqslant x \leqslant 1 - a.$$

因为 $a > 0$, 所以当 $1 - a \geqslant a \left(0 < a \leqslant \dfrac{1}{2} \right)$ 时, $a \leqslant x \leqslant 1 - a$. 当 $1 - a < a$ 时, 无解. 于是, 所求定义域为 $\left\{ x \middle| a \leqslant x \leqslant 1 - a, 0 < a \leqslant \dfrac{1}{2} \right\}$ 或 $\left\{ x \middle| x \in \varnothing, a > \dfrac{1}{2} \right\}$.

例 1.2　设 $x \in \mathbb{R}$, 用 $[x]$ 表示不超过 x 的最大整数, 如 $[\pi] = 3, [-2.1] = -3, [4] = 4, [0.4] = 0, [-1.2] = -2$. 记

$$y = [x], \quad x \in \mathbb{R}$$

所表示的函数为**取整函数**. 显然, 取整函数满足不等式

$$x - 1 < [x] \leqslant x.$$

对于函数 $f(x)$, 如果其定义域为正整数集 $\mathbb{N}$, 可简记为 $a_n = f(n)$ $(n = 1, 2, \cdots)$. 排列

$$a_1, a_2, \cdots, a_n, \cdots$$

称为**数列**, 用 $\{a_n\}$ 表示 (为简单起见, 以后仍记为 a_n). 其中 a_n 表示数列的通项, n 表示数列的项数. 显然, 数列是一类定义域取值于 $\mathbb{N}$ 的特殊函数.

1.1.3　几类特殊的函数

1. 有界函数

设 I 为函数 $f(x)$ 的定义区间①, 如果存在常数 M_1, M_2, 使得对任意的 $x \in I$,

$$M_1 \leqslant f(x) \leqslant M_2,$$

则称函数 $f(x)$ 是区间 I 上的**有界函数**. 其中 M_1 和 M_2 分别称为函数 $f(x)$ 的**下界**和**上界**. 如果这样的 M_1 和 M_2 至少有一个不存在, 则称函数 $f(x)$ 是区间 I 上的**无界函数**. 换句话说, 对任意给定的数 M, 总有一点 $x_0 \in I$, 使得

$$f(x_0) < M \quad \text{或} \quad f(x_0) > M.$$

例如, 函数 $y = \sin x$ 在其定义域 $\mathbb{R}$ 内有界, 函数 $y = \ln x$ 在其定义域 $(0, +\infty)$ 内无界. 因为对任意 $x \in \mathbb{R}$, 都有 $|\sin x| \leqslant 1$; 而对任意的 $x \in (0, +\infty)$, 不存在正常数 M, 使 $|\ln x| \leqslant M$.

---

①定义区间是函数的定义域内除孤立点之外的区间, 它是定义域的一部分.

从几何上看, 有界函数的图象介于直线 $y = M_1$ 和 $y = M_2$ 之间.

综上, 注意两点: ①函数 $f(x)$ 的有界性与给定的区间有关, 如函数 $f(x) = \dfrac{1}{x}$ 在区间 $[1,2]$ 上有界, 但在区间 $(-1,1)$ 内无界 (因 $f(x)$ 在 $x = 0$ 处无定义); ②函数 $f(x)$ 在区间 I 上有界的充分必要条件是 $f(x)$ 在区间 I 上既有上界, 也有下界.

例 1.3 判定函数 $f(x) = x \sin x$ 在 $\mathbb{R}$ 上的有界性.

解 取 $x_0 = 2n\pi + \dfrac{\pi}{2}$ $(n \in \mathbb{N})$, 经计算, 得 $f(x_0) = 2n\pi + \dfrac{\pi}{2}$. 因此, 对任意的 $M > 0$, 只要 $n > M$, 都有 $f(x_0) > M$. 因此函数 $f(x)$ 在 $\mathbb{R}$ 上无界.

2. 单调函数

设 I 为函数 $f(x)$ 的定义区间, 如果对任意的 $x_1, x_2 \in I$, 当 $x_1 < x_2$ 时, 总有

$$f(x_1) < f(x_2),$$

则称 $f(x)$ 是区间 I 上的**单调增加函数**, 简称**单增函数**; 当 $x_1 < x_2$ 时, 总有

$$f(x_1) > f(x_2),$$

则称 $f(x)$ 是区间 I 上的**单调减少函数**, 简称**单减函数**.

单调增加函数和单调减少函数统称为**单调函数**.

如果对任意的 $x_1, x_2 \in I$, 当 $x_1 < x_2$ 时, 总有

$$f(x_1) \leqslant f(x_2) \quad (f(x_1) \geqslant f(x_2)),$$

则称函数 f 是区间 I 上的**单调不减函数**(**单调不增函数**).

例如, 函数 $f(x) = x^2$ 在区间 $[0, +\infty)$ 上单调增加, 在区间 $(-\infty, 0]$ 上单调减少, 但在区间 $(-\infty, +\infty)$ 上不是单调函数; 函数 $f(x) = x^3$ 在区间 $(-\infty, +\infty)$ 上是单调增加函数.

对数列 $a_n = f(n)$ 而言, 相应地, 可给出有界数列、无界数列、单调数列的概念.

3. 奇函数和偶函数

设函数 $f(x)$ 的定义域关于原点对称, 且在定义域内若满足

$$f(x) = -f(-x),$$

则称函数 $f(x)$ 是**奇函数**; 若满足

$$f(x) = f(-x),$$

则称函数 $f(x)$ 是**偶函数**.

例如, 在 $\mathbb{R}$ 上, 函数 x^{2n+1} $(n \in \mathbb{N}), \sin x$ 是奇函数, 函数 x^{2n} $(n \in \mathbb{N}), \cos x$ 是偶函数. 注意函数 $y = \sin x + \cos x$ 既非奇函数, 也非偶函数.

根据奇函数和偶函数的定义, 立即可以得到如下重要的结论: 偶函数的图形关于 y 轴对称; 奇函数的图形关于原点对称, 若奇函数在原点有定义, 则 $f(0) = 0$.

请读者自行讨论奇函数、偶函数经四则运算后得到的函数的奇偶性.

例 1.4　确定下列函数的奇偶性:

(1) $f(x) = \ln(x + \sqrt{1 + x^2})$, $x \in \mathbb{R}$;

(2) $F(x) = \left(\dfrac{1}{2^x - 1} + \dfrac{1}{2} \right) f(x)$, 其中 $f(x)$ 在 $\mathbb{R}$ 上有定义, 且对任意 $x, y \in \mathbb{R}$, 恒有

$$f(x + y) = f(x) + f(y).$$

解　(1) 由于

$$f(-x) = \ln(-x + \sqrt{1 + (-x)^2}) = \ln \frac{1}{x + \sqrt{1 + x^2}} = -f(x).$$

所以, 函数 $f(x)$ 为 $\mathbb{R}$ 上的奇函数.

(2) 令 $g(x) = \dfrac{1}{2^x - 1} + \dfrac{1}{2}$ $(x \neq 0)$, 经计算, 易知

$$g(x) + g(-x) = \frac{1}{2^x - 1} + \frac{1}{2} - \frac{2^x}{2^x - 1} + \frac{1}{2} = 0.$$

因此, $g(x)$ 为奇函数.

令 $x = 0, y = 0$, 则由 $f(x + y) = f(x) + f(y)$ 得 $f(0) = 0$. 从而,

$$f(x) + f(-x) = f(x + (-x)) = f(0) = 0,$$

即 $f(x)$ 为奇函数. 于是, 函数 $F(x)$ 为 $\mathbb{R}$ 上的偶函数.

4. 周期函数

设函数 $f(x)$ 的定义域为 D, 如果存在 $T > 0$, 对任意 $x \in D$, 有 $x + T \in D$, 且

$$f(x) = f(x + T),$$

则称函数 $f(x)$ 是**周期函数**, T 称为 $f(x)$ 的**周期**.

如果在周期中存在最小的正值, 通常它称为**最小正周期**. 例如, 2π 是函数 $\sin x$ 的最小正周期. 需要说明的是, 周期函数不一定存在最小正周期. 例如, Dirichlet 函数是一个不存在最小正周期的周期函数.

显然, 如果数 $T > 0$ 是函数 $f(x)$ 的周期, 则 $2T, 3T, \cdots, nT, \cdots$ 都是 $f(x)$ 的周期.

5. 反函数

根据函数 $y = f(x)$ 的定义, 对应于 x 的 y 是唯一的, 但这样的 x 未必唯一. 如果这样的 x 也是唯一的, 即可给出如下反函数的定义.

定义 1.2　设函数 $y = f(x)$ 的值域和定义域分别为 $R(f)$ 和 D. 如果值域中任意一点 y, 在 D 中有唯一的 x, 使 $f(x) = y$, 那么这样的对应规则

$$\phi : \phi(y) = x$$

称为 f 的**反函数**, 记为 $\phi = f^{-1}$. 如果仍然以 x 作为自变量, y 作为因变量, 则函数 $y = f(x)$ 的反函数可记为 $y = f^{-1}(x)\ (x \in R(f))$.

根据反函数的定义可知, 如果函数 $y = f(x)$ 是 1-1 对应①的, 则 $y = f(x)$ 一定存在反函数 $y = f^{-1}(x)$; 若函数 $y = f(x)$ 在区间 I 上是单调增加 (减少) 的, 则在区间 I 上存在反函数 $y = f^{-1}(x)$, 且反函数也单调增加 (减少) 的.

求反函数的方法很简单, 只需由 $y = f(x)$ 解出 $x = f^{-1}(y)$, 然后互换变量 x, y 的位置, 即得反函数 $y = f^{-1}(x)$.

在几何上, 函数 $y = f(x)$ 与其反函数 $x = f^{-1}(y)$ 的图象为同一条曲线, 但 $y = f(x)$ 与 $y = f^{-1}(x)$ 的图象则关于直线 $y = x$ 对称 (图 1.3). 因此, 如果函数 $f(x)$ 与 $g(x)$ 互为反函数, 则成立如下等式:

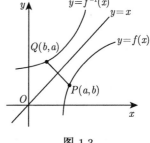

图 1.3

$$f(g(x)) = x, \quad g(f(x)) = x.$$

例 1.5　分析函数 $y = x^2$ 是否有反函数?

解　函数 $y = x^2$ 的定义域为 $\mathbb{R}$, 值域为 $[0, +\infty)$. 对于任意的 $y \in [0, +\infty)$, 函数

$$x = \sqrt{y}, \quad x = -\sqrt{y}$$

都满足 $x^2 = y$. 因此, 函数 $y = x^2$ 在 $\mathbb{R}$ 上没有反函数.

但函数 $y = x^2$ 的定义域可以分为两个单调区间 $(-\infty, 0]$ 和 $[0, +\infty)$. 因此, 在区间 $(-\infty, 0]$ 上存在反函数 $y = -\sqrt{x}$; 在区间 $[0, +\infty)$ 上存在反函数 $y = \sqrt{x}$.

例 1.6　解答下列问题:

(1) 已知 $y = \dfrac{ax + b}{cx + d}\ (ad - bc \neq 0)$. 问 a, b, c, d 满足什么条件时, 函数 y 与其反函数是同一个函数?

(2) 已知函数 $y = \dfrac{1 - 3x}{x - 2}$ 的图形与 $y = g(x)$ 的图形关于直线 $y = x$ 对称, 求 $g(x)$.

---

① 所谓 1-1 对应, 就是 $R(f) = B$, 且对任意的 $x_1, x_2 \in A$, 若 $x_1 \neq x_2$, 则 $f(x_1) \neq f(x_2)$.

解　(1) 依求反函数的方法, 得到函数 $y = \dfrac{ax+b}{cx+d}$ 的反函数为 $y = \dfrac{b-dx}{cx-a}$. 由题目条件,

$$\frac{ax+b}{cx+d} = \frac{b-dx}{cx-a},$$

经化简后即得

$$(a+d)[cx^2 - (a-d)x - b] = 0.$$

因此, 符合题目的 a, b, c, d 应满足 $a+d=0$ 或 $b=c=0, d=a \neq 0$.

(2) 根据反函数的几何意义, 本题即求函数 $y = \dfrac{1-3x}{x-2}$ 的反函数. 因此, 依求反函数的方法, 得 $g(x) = \dfrac{1+2x}{3+x}$.

6. 复合函数

定义 1.3　设函数 $y = f(u), u = g(x)$ 的定义域分别为 $D(f), D(g)$. 如果存在 $D \subseteq D(g)$, 使得对 $x \in D, u = g(x) \in D(f)$, 则称

$$y = (f \circ g)(x) = f(g(x))$$

为函数 $y = f(u)$ 与 $u = g(x)$ 构成的**复合函数**(图 1.4), 其定义域为 $D, u = g(x)$ 为中间变量.

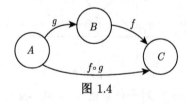

图 1.4

函数 $y = f(u)$ 与 $u = g(x)$ 可复合的条件是 $y = f(u)$ 的 "定义域" 包含 $u = g(x)$ 的 "值域". 复合函数的定义域不能只由最终表达式确定, 要兼顾整个复合过程都有意义. 例如, 函数 $f(x) = \dfrac{x}{x-2}$ 的复合函数 $f(f(x)) = \dfrac{x}{4-x}$ 的定义域满足 $x \neq 2$ 且 $x \neq 4$.

例 1.7　解答下列各题:

(1) 设 $f(x+1) = x^2 - 3x + 2$, 求 $f(x)$;

(2) 已知函数 $f(x)$ 在 $\mathbb{R}$ 上是奇函数, 且 $f(1) = a, f(x+2) = f(x) + f(2)$. 求 $f(2), f(3)$, 并问当 a 取何值时, $f(x)$ 是以 2 为周期的周期函数.

解　(1) 令 $u = x+1$, 则 $f(u) = (u-1)^2 - 3(u-1) + 2 = u^2 - 5u + 6$. 因此,

$$f(x) = x^2 - 5x + 6.$$

(2) 由 $f(x)$ 是奇函数, 即得 $f(-1) = -f(1) = -a$. 因此, 分别将 $x = -1$ 和 $x = 1$ 代入 $f(x+2) = f(x) + f(2)$ 得

$$f(2) = f(1) - f(-1) = 2f(1) = 2a, \quad f(3) = f(1) + f(2) = 3f(1) = 3a.$$

由于对任意的 x, 成立 $f(x+2) = f(x)$, 因此, 只要 $a = 0$, 即有 $f(x)$ 是以 2 为周期的周期函数.

求分段函数 $f(x)$ 和 $g(x)$ 的复合函数 $f(g(x))$, 可先由 $f(x)$ 的定义域确定 $f(g(x))$ 中 $g(x)$ 的值域, 再与 $g(x)$ 的定义域联立确定.

例 1.8　已知 $f(x) = \begin{cases} -x^2, & x > 0, \\ x, & x \leqslant 0, \end{cases}$ $g(x) = \begin{cases} x+1, & x \leqslant 0, \\ x, & x > 0, \end{cases}$ 求 $f(g(x))$.

解　首先, $f(g(x)) = \begin{cases} -g^2(x), & g(x) > 0, \\ g(x), & g(x) \leqslant 0. \end{cases}$ 其次, 根据 $g(x)$ 的表达式, 得

$$g(x) = \begin{cases} x > 0, & x > 0, \\ x+1 > 0, & -1 < x \leqslant 0, \\ x+1 \leqslant 0, & x \leqslant -1. \end{cases}$$

因此, 得到

$$f(g(x)) = \begin{cases} -x^2, & x > 0, \\ -(x+1)^2, & -1 < x \leqslant 0, \\ 1+x, & x \leqslant -1. \end{cases}$$

1.1.4　初等函数

以函数的结构为标准, 可以将函数分为初等函数和非初等函数. 由常数和基本初等函数经过有限次四则运算和函数复合, 并能由一个式子表达的函数称为**初等函数**. 注意分段函数不是初等函数.

基本初等函数包括幂函数、指数函数、对数函数、三角函数和反三角函数等 5 类 (也有将常数归入基本初等函数类的), 它们是研究各种函数的基础. 由于基本初等函数在中学已有比较详细的介绍, 这里仅简单列举, 不作详细说明.

(1) 幂函数 $y = x^\alpha$ (α 为常数), 它的定义域与 α 的取值有关.

(2) 指数函数 $y = a^x$ ($a > 0, a \neq 1$), 它的定义域为 $\mathbb{R}$. 以常数 e 为底的指数函数 $y = \mathrm{e}^x$ 是比较常用的指数函数.

(3) 对数函数 $y = \log_a x$ ($a > 0, a \neq 1$), 它的定义域为 $(0, +\infty)$. 特别地, 若 $a = \mathrm{e}$, 则简记为 $y = \ln x$; 若 $a = 10$, 则简记为 $y = \lg x$.

(4) 三角函数包括正弦函数 $y = \sin x$、余弦函数 $y = \cos x$、正切函数 $y = \tan x$、余切函数 $y = \cot x$、正割函数 $y = \sec x$ 和余割函数 $y = \csc x$, 其中

$$\tan x = \frac{\sin x}{\cos x}, \quad \cot x = \frac{\cos x}{\sin x}, \quad \sec x = \frac{1}{\cos x}, \quad \csc x = \frac{1}{\sin x}.$$

(5) 反三角函数包括反正弦函数 $y = \arcsin x$、反余弦函数 $y = \arccos x$、反正切函数 $y = \arctan x$ 和反余切函数 $y = \mathrm{arccot} x$.

这四个函数都是多值函数. 严格讲, 根据反函数的概念, 三角函数 $\sin x, \cos x,$ $\tan x, \cot x$ 在其定义域内不存在反函数, 因为对每一个值域中的数 y, 有多个 x 与之对应. 但这些函数在其定义域内的每一个单调增加或单调减少的子区间上存在反函数. 例如, 函数 $y = \sin x$ 在区间 $\left[-\dfrac{\pi}{2}, \dfrac{\pi}{2}\right]$ 上单调增加, 从而存在反函数, 称此反函数为反正弦函数的主值, 记作 $y = \arcsin x$, 其定义域为 $[-1, 1]$, 值域为 $\left[-\dfrac{\pi}{2}, \dfrac{\pi}{2}\right]$. 类似地, 可以定义反余弦函数 $y = \arccos x$, 其定义域为 $[-1, 1]$, 值域为 $[0, \pi]$; 反正切函数 $y = \arctan x$, 其定义域为 $\mathbb{R}$, 值域为 $\left(-\dfrac{\pi}{2}, \dfrac{\pi}{2}\right)$; 反余切函数 $y = \operatorname{arccot} x$, 其定义域为 $\mathbb{R}$, 值域为 $(0, \pi)$.

基本初等函数在其定义域上具有一些重要的特性, 如连续性、可导性、可积性等 (后续章节逐一介绍).

例 1.9   求函数 $f(x) = \arcsin \dfrac{x}{[x]}$ 的定义域.

解   要使函数 $f(x)$ 有意义, 变量 x 应满足

$$-1 \leqslant \frac{x}{[x]} \leqslant 1, \quad [x] \neq 0.$$

由于 $x - 1 < [x] \leqslant x$, 所以, 当 $x < 0$ 时, $0 < \dfrac{x}{[x]} \leqslant 1$; 当 $0 \leqslant x < 1$ 时, $\dfrac{x}{[x]}$ 无意义; 当 $x \geqslant 1$ 时, $1 \leqslant \dfrac{x}{[x]}$, 且当 $x \in \mathbb{N}$ 时取等号. 于是, 函数 $f(x)$ 的定义域为

$$D(f) = \{x | x < 0\} \cup \{1, 2, 3, \cdots\}.$$

下面介绍一类重要的初等函数 ——**双曲函数与反双曲函数**.

(1) 双曲正弦函数 $y = \sinh x = \dfrac{\mathrm{e}^x - \mathrm{e}^{-x}}{2}$, 其定义域为 $\mathbb{R}$, 它是单调增加奇函数. 其反函数 (称为**反双曲正弦函数**) 为

$$y = \operatorname{arcsinh} x = \ln(x + \sqrt{x^2 + 1}) \quad (x \in \mathbb{R}).$$

(2) 双曲余弦函数 $y = \cosh x = \dfrac{\mathrm{e}^x + \mathrm{e}^{-x}}{2}$, 其定义域为 $\mathbb{R}$, 它是偶函数, 并在区间 $(-\infty, 0]$ 上单调减少, 在区间 $[0, +\infty)$ 上单调增加. 其反函数 (称为**反双曲余弦函数**) 为

$$y = \operatorname{arccosh} x = \ln(x + \sqrt{x^2 - 1}) \quad (x \geqslant 1).$$

(3) 双曲正切函数 $y = \tanh x = \dfrac{\sinh x}{\cosh x}$, 它的定义域为 $\mathbb{R}$, 值域为 $(-1, 1)$, 是单调增加奇函数, 其反函数为

$$y = \operatorname{arctanh} x = \frac{1}{2} \ln \frac{1 + x}{1 - x} \quad (x \in (-1, 1)).$$

双曲函数与三角函数一样, 有以下类似的公式 (请读者给出具体证明):

$$\sinh(x \pm y) = \sinh x \cosh y \pm \cosh x \sinh y;$$

$$\cosh(x \pm y) = \cosh x \cosh y \pm \sinh x \sinh y;$$

$$\cosh^2 x - \sinh^2 x = 1;$$

$$\sinh 2x = 2 \sinh x \cosh x, \quad \cosh 2x = \cosh^2 x + \sinh^2 x.$$

习　题　1.1

1. 求下列函数的定义域:

(1) $y = \dfrac{1}{1 - x^2} + \sqrt{x + 2}$;　　　　　　　　(2) $y = \arcsin \dfrac{1}{x} + \sqrt{3 - x}$;

(3) $y = \ln(x + 1)$;　　　　　　　　　　　(4) $y = \dfrac{1}{\sin x - \cos x}$.

2. 下列各题中, 函数 $f(x)$ 与 $g(x)$ 是否为同一函数, 为什么?

(1) $f(x) = x, g(x) = \sqrt{x^2}$;　　　　　　　　(2) $f(x) = 2 \ln x, g(x) = \ln x^2$;

(3) $f(x) \equiv 1, g(x) = \cos^2 x + \sin^2 x$.

3. 设函数 $y = f(x)$ 的定义域为 $[0, 1]$, 求下列函数的定义域:

(1) $f(x^2)$;　　　(2) $f(\ln x)$;　　　(3) $f(\sin x)$;　　　(4) $f(x + 3) + f(x - 3)$.

4. 设 $f(x + 1) = x^2 - 3x + 2$, 求 $f(x), f(x - 1)$.

5. 判断下列函数的奇偶性:

(1) $y = x^2(2 - x^2)$;　　　(2) $y = x^5 + 3x^3 - 2x$;　　　(3) $y = \ln \dfrac{1 - x}{1 + x}$.

6. 设 $f(x)$ 为定义在 $[-l, l]$ $(l > 0)$ 上的奇函数, 若 $f(x)$ 在 $(0, l)$ 内单调增加, 证明 $f(x)$ 在 $(-l, 0)$ 内也单调增加.

7. 对于具有相同定义区间的两个函数, 证明:

(1) 偶函数的和是偶函数, 奇函数的和是奇函数;

(2) 偶 (奇) 函数的积是偶函数, 奇函数与偶函数的积为奇函数.

8. 下列各函数中哪些是周期函数? 对于周期函数, 若最小正周期存在, 指出最小正周期:

(1) $y = \sin(x - 2)$;　　　(2) $y = x \sin x$;　　　(3) $y = \sin x^2$;　　　(4) $y = x - [x]$.

9. 证明函数 $y = \sinh x$ 的反函数为 $y = \ln(x + \sqrt{x^2 + 1})$.

10. 设 $f(x) = \begin{cases} 1, & |x| < 1, \\ 0, & |x| = 1, \\ -1, & |x| > 1, \end{cases}$ $g(x) = e^x$, 求 $f(g(x)), g(f(x))$.

1.2　函数的极限

为精确描述变量在某变化过程中的变化趋势, 我们引入极限的概念. 极限是微积分学中的一个最基本概念, 由此产生的极限方法是微积分学中最基本的方法. 极限的基本含义是描述自变量的变化趋势所引起的因变量变化趋势情况, 也就是因变量变化的终极状态是什么样子.

1.2.1　数列的极限

作为函数极限的特殊情形, 这里先讨论数列的极限.

例 1.10　庄子《天下篇》:"一尺之棰, 日取其半, 万世不竭." 也就是一尺长的木棒, 每天截取一半, 一直持续下去, 留下来那部分长度的最终状态是 "万世不竭". 用数列 a_n 表示截取后留下来部分的长度, 即为

$$\frac{1}{2}, \frac{1}{2^2}, \frac{1}{2^3}, \cdots, \frac{1}{2^n}, \cdots \quad \left(a_n = \frac{1}{2^n}\right).$$

直观上, 当 n 无限增大时, 留下来的那部分长度 a_n "无限接近于" 零 (但不等于零).

例 1.11　古代杰出数学家刘徽用 "割圆术" 确定圆的面积. 用 S_1 表示圆的内接正六边形的面积, S_2 表示圆的内接正十二边形的面积, S_3 表示圆的内接正二十四边形的面积, $\cdots$, S_n 表示圆的内接正 $3 \cdot 2^n$ 边形的面积, 可得数列 $S_1, S_2, \cdots, S_n, \cdots$. 显然, 随着内接正多边形的边数 n 无限增大, 其面积 "无限接近于" 圆的面积 (但不会等于圆的面积).

例 1.12　讨论数列 $a_n = \left(1 + \dfrac{1}{n}\right)^n$ 的极限.

我们列表观察当 n 增大时, a_n 的变化趋势 (表 1.1).

表 1.1

n	10	10^2	10^3	10^4	10^5	10^6	10^7	$\cdots$
a_n	2.593742	2.704814	2.716924	2.718146	2.718268	2.718280	2.718282	$\cdots$

从表 1.1 可以看出, 数列 a_n 随 n 的增大也不断增大, 但没有超过常数 3, 即

$$0 < a_n < 3.$$

以后会看到, 这种随 n 的增大不断增加的有界数列一定有极限. 该数列的极限为欧拉 (Euler[①]) 数 e, 其值是一个无理数

$$e = 2.718281828459045 \cdots.$$

---

① Euler (1707—1783), 瑞士数学家、物理学家、力学家、天文学家.

例 1.13 研究当 n 无限增大时, 数列 $1^2, 2^2, \cdots, n^2, \cdots$ 和 $a_n = (-1)^n$ 的变化趋势.

显然, 当 n 无限增大时, 第一个数列 $a_n = n^2$ 将更加无限增大, 第二个数列 $a_n = (-1)^n$ 在 1 和 -1 两个数值上跳跃, 永远不会 "无限接近于" 一个固定的数值.

当 n 无限增大时, 上述 4 个数列的变化趋势有两种情形.

情形之一是例 1.10~ 例 1.12, 这类数列的公共特性是, 存在一个常数 a, 随着 n 的无限增大 (记为 $n \to \infty$), a_n "无限趋近于" 这个常数 a(即 a_n 的终极状态为常数 a), 记为 $a_n \to a$. 称这类数列为**收敛数列**, 常数 a 称为它的极限.

情形之二是例 1.13, 这类数列的公共特性是, 数列 a_n 随 n 的无限增大不趋于任何一个确定的常数, 这样的数列称为**发散数列**.

因此, 有以下数列极限直观的 "定性化" 定义.

定义 1.4 当 $n \to \infty$ 时, 数列 a_n 无限趋近于一个确定的常数 a, 则称这一常数 a 为数列 a_n 的**极限**, 或称数列 a_n **收敛**于 a, 记为

$$\lim_{n \to \infty} a_n = a \quad \text{或} \quad a_n \to a \quad (n \to \infty).$$

如果当 $n \to \infty$ 时, 数列 a_n 不能无限趋近于一个确定的常数, 则说数列 a_n 没有极限, 也称数列 a_n **发散**.

根据定义 1.4、例 1.10 和例 1.12 可分别表示为 $\lim\limits_{n \to \infty} \dfrac{1}{2^n} = 0$ 和

$$\lim_{n \to \infty} \left(1 + \frac{1}{n}\right)^n = \text{e}. \tag{1.1}$$

定义 1.4 是数列极限的一种直观的定性描述, 仅凭定性描述是不严密的, 尤其是在数学理论严格推导中, 以直觉进行推理有时是靠不住的. 同时, 从数学角度也应该用数学语言精确刻画两个运动状态 $n \to \infty$ 和 $a_n \to a$. 因此, 下面给出极限精确 "定量化" 的定义.

在收敛数列 a_n 中, 有两个变化过程: 一是 n 无限增大; 二是 a_n 无限趋近于 a. 为此, 先看一个例子. 考虑数列 $a_n = 1 + \dfrac{1}{n}$, 当 n 无限增大时, $|a_n - 1| = \dfrac{1}{n}$ 的变化情况.

由表 1.2 可以看出, 只要 n 足够大, 就能保证 $|a_n - 1|$ 小于事先给定的一个正数 (不妨记为 ε). 例如, 给定 $\varepsilon = 0.01$, 由 $|a_n - 1| < 0.01$ 可得 $n > 100$, 即数列 a_n 从第 101 项开始的所有项都满足不等式 $|a_n - 1| < \varepsilon = 0.01$; 同样地, 给定 $\varepsilon = 0.0001$, 则从第 10001 项开始的所有项都满足不等式 $|a_n - 1| < \varepsilon = 0.0001$. 依此, 无论如何给定 $\varepsilon > 0$, 总能找到一个数 N, 使得当 $n > N$ 时, 一切 a_n 满足 $|a_n - 1| < \varepsilon$. 这精确地刻画了当 n 无限增大时, 数列 a_n 无限趋近于一个确定值的性态.

表 1.2

n	10^2	10^3	10^4	10^5	10^6	$\cdots$
$|a_n - 1|$	0.01	0.001	0.0001	0.00001	0.000001	$\cdots$

定义 1.4′ 设数列 a_n, 如果存在一个常数 a, 对任意给定的 $\varepsilon > 0$, 总存在正整数 N, 使得当 $n > N$ 时, 不等式

$$|a_n - a| < \varepsilon$$

恒成立, 则称数列 a_n 收敛于常数 a (a 称为数列 a_n 的极限). 否则, 称数列 a_n 不存在极限.

定义 1.4′ 中的 ε 用来刻画 a_n 与 a 的接近程度, ε 的任意性保证了 a_n 无限接近于 a; 正整数 N 依赖于 ε, 它刻画了保证 a_n 无限接近 a 时项数 n 应该大的程度. 这里强调的是 N 的存在性, 因此, 这样的 N 是不唯一的.

根据定义 1.4′, 对于常数 C, 由于 $|C - C| \equiv 0$, 因此, 容易证明 $\lim\limits_{n \to \infty} C = C$.

例 1.14 利用极限定义 1.4′ 证明下列极限:

(1) $\lim\limits_{n \to \infty} \dfrac{1}{n^2} = 0$; (2) $\lim\limits_{n \to \infty} q^n = 0$ $(|q| < 1)$; (3) $\lim\limits_{n \to \infty} \dfrac{\sqrt{n^2 + a^2}}{n} = 1$.

证明 (1) 对任意的 $\varepsilon > 0$, 要使 $\left| \dfrac{1}{n^2} - 0 \right| < \varepsilon$, 只需 $n > \dfrac{1}{\sqrt{\varepsilon}}$ 即可. 因此, 取 $N = \left[\dfrac{1}{\sqrt{\varepsilon}} \right]$, 则当 $n > N$ 时, 总有 $\left| \dfrac{1}{n^2} - 0 \right| < \varepsilon$, 所以 $\lim\limits_{n \to \infty} \dfrac{1}{n^2} = 0$.

(2) **方法一** 由于 $|q| < 1$, 令 $|q| = \dfrac{1}{1 + t}$ $(t > 0)$. 由此, 即得

$$|a_n - 0| = |q^n - 0| = |q|^n = \frac{1}{(1 + t)^n} < \frac{1}{nt}.$$

所以, 对任意的 $\varepsilon > 0$, 要使 $|a_n - 0| < \varepsilon$, 只需 $\dfrac{1}{nt} < \varepsilon$, 即 $n > \dfrac{1}{t\varepsilon}$. 取 $N = \left[\dfrac{1}{t\varepsilon} \right]$, 则当 $n > N$ 时, 恒有 $|a_n - 0| < \varepsilon$. 所以 $\lim\limits_{n \to \infty} q^n = 0$.

方法二 对任意的 $\varepsilon > 0$, 要使 $|a_n - 0| = |q|^n < \varepsilon$. 解该不等式, 得 $n > \dfrac{\ln \varepsilon}{\ln |q|}$. 因此, 取 $N = \left[\dfrac{\ln \varepsilon}{\ln |q|} \right]$, 则当 $n > N$ 时, 恒有 $|a_n - 0| < \varepsilon$. 所以 $\lim\limits_{n \to \infty} q^n = 0$.

(3) 若 $a = 0$, 显然 $\dfrac{\sqrt{n^2 + a^2}}{n} = 1$, 即极限为 1. 因此, 设 $a \neq 0$. 由于

$$\left| \frac{\sqrt{n^2 + a^2}}{n} - 1 \right| = \frac{a^2}{n(\sqrt{n^2 + a^2} + n)} < \frac{a^2}{n}.$$

所以, 对任意 $\varepsilon > 0$, 要使 $\left| \dfrac{\sqrt{n^2 + a^2}}{n} - 1 \right| < \varepsilon$, 只需 $\dfrac{a^2}{n} < \varepsilon$ $\left($ 即 $n > \dfrac{a^2}{\varepsilon} \right)$ 就可以了.

于是, 取 $N = \left[\dfrac{a^2}{\varepsilon} \right]$, 当 $n > N$ 时, 就有

$$\left| \frac{\sqrt{n^2 + a^2}}{n} - 1 \right| < \varepsilon.$$

故 $\lim\limits_{n \to \infty} \dfrac{\sqrt{n^2 + a^2}}{n} = 1$.

由极限的定义和例 1.14 可以看出, 利用定义证明 $\lim\limits_{n \to \infty} a_n = a$, 关键在于求解不等式 $|a_n - a| < \varepsilon$ 得到需要的 N. 为了得到这样的 N, 考虑到 N 的不唯一性, 有时需要把 $|a_n - a|$ 适当放大, 若放大后的不等式小于 ε, 那么必有 $|a_n - a| < \varepsilon$.

利用定义 1.4′, 请读者证明

$$\lim_{n \to \infty} \frac{1}{(n + b)^\alpha} = 0 \quad (\alpha > 0). \tag{1.2}$$

如果 $\lim\limits_{n \to \infty} a_n = a$, 则根据定义 1.4′, 有

$$|a_n| = |a_n - a + a| \leqslant |a_n - a| + |a| < \varepsilon + |a| \quad (n > N).$$

因此,

$$|a_n| \leqslant \max\{|a_1|, |a_2|, \cdots, |a_N|, \varepsilon + |a|\}.$$

因此, 成立如下定理.

定理 1.1 收敛数列一定是有界数列.

注意, 定理 1.1 的逆不成立, 即有界数列未必收敛. 例如, 数列 $a_n = (-1)^n$ 有界, 但不收敛.

如果数列 a_n 收敛, 且 $\lim\limits_{n \to \infty} a_n = a$, $\lim\limits_{n \to \infty} a_n = b$ (不妨设 $b > a$). 取 $\varepsilon = \dfrac{b - a}{2}$, 则存在 $N_1 > 0, N_2 > 0$, 使得当 $n > N_1$ 和 $n > N_2$ 时, 分别有

$$|a_n - a| < \frac{b - a}{2}, \quad |a_n - b| < \frac{b - a}{2}.$$

因此, 当 $n > \max\{N_1, N_2\}$ 时, 同时成立

$$a_n < \frac{b + a}{2}, \quad a_n > \frac{b + a}{2}.$$

显然这是矛盾的. 因此, 有如下定理.

定理 1.2 如果数列 a_n 收敛, 则其极限唯一.

定理 1.3 (收敛数列的四则运算)　　如果 $\lim\limits_{n\to\infty} x_n = x$, $\lim\limits_{n\to\infty} y_n = y$, 则

$$\lim_{n\to\infty} (x_n \pm y_n) = x \pm y; \quad \lim_{n\to\infty} x_n y_n = xy; \quad \lim_{n\to\infty} \frac{x_n}{y_n} = \frac{x}{y} \quad (y \neq 0).$$

证明　　下面仅对最后一个等式给出证明, 其他等式的证明留给读者. 根据条件, 并注意到 $y \neq 0$, 对任意的 $\varepsilon > 0 \left(不妨设 \varepsilon < \dfrac{|y|}{2}\right)$, 存在 $N_1 > 0$, $N_2 > 0$, 当 $n > N_1$ 时, $|x_n - x| < \varepsilon$; 当 $n > N_2$ 时, $|y_n - y| < \varepsilon < \dfrac{|y|}{2}$, 即

$$|y_n| = |y_n - y + y| \geqslant |y| - |y_n - y| > \frac{|y|}{2}.$$

于是, 当 $n > \max\{N_1, N_2\}$ 时,

$$\left| \frac{x_n}{y_n} - \frac{x}{y} \right| = \left| \frac{x_n y - xy + xy - xy_n}{y_n y} \right| < \frac{2}{|y|^2} (|y||x_n - x| + |x||y_n - y|) < \frac{2(|x| + |y|)}{|y|^2} \varepsilon.$$

因此, $\lim\limits_{n\to\infty} \dfrac{x_n}{y_n} = \dfrac{x}{y}$ 成立.

请读者思考, 如果两个数列极限都不存在或一个存在而另一个不存在, 其四则运算结果如何?

例 1.15　　求极限:

(1) $\lim\limits_{n\to\infty} \left(\dfrac{2^n + 3^n}{7^n} \right)$;　　(2) $\lim\limits_{n\to\infty} \left(\dfrac{1}{1 \cdot 2} + \dfrac{1}{2 \cdot 3} + \cdots + \dfrac{1}{n \cdot (n+1)} \right)$.

解　　(1) 由例 1.14, $\lim\limits_{n\to\infty} \dfrac{2^n}{7^n} = \lim\limits_{n\to\infty} \left(\dfrac{2}{7} \right)^n = 0$, $\lim\limits_{n\to\infty} \dfrac{3^n}{7^n} = \lim\limits_{n\to\infty} \left(\dfrac{3}{7} \right)^n = 0$, 故

$$\lim_{n\to\infty} \left(\frac{2^n + 3^n}{7^n} \right) = \lim_{n\to\infty} \frac{2^n}{7^n} + \lim_{n\to\infty} \frac{3^n}{7^n} = 0 + 0 = 0.$$

(2) 由 $\dfrac{1}{n \cdot (n+1)} = \dfrac{1}{n} - \dfrac{1}{n+1}$, 得到

$$x_n = \frac{1}{1 \cdot 2} + \frac{1}{2 \cdot 3} + \cdots + \frac{1}{n \cdot (n+1)} = 1 - \frac{1}{n+1}.$$

所以, 由式 (1.2) 及运算法则, $\lim\limits_{n\to\infty} x_n = 1$.

如果 $\lim\limits_{n\to\infty} a_n = a$, $\lim\limits_{n\to\infty} b_n = a$, 则由定义, 对任意 $\varepsilon > 0$, 存在 $N_1 > 0$ 和 $N_2 > 0$, 使当 $n > N_1$ 和 $n > N_2$ 时, 分别有

$$-\varepsilon < a_n - a < \varepsilon, \quad -\varepsilon < b_n - a < \varepsilon.$$

若当 $n > N_3$ 时, 成立如下不等式

$$a_n \leqslant c_n \leqslant b_n,$$

则对任意 $\varepsilon > 0$, 存在 $N = \max\{N_1, N_2, N_3\}$, 当 $n > N$ 时,

$$-\varepsilon < a_n - a \leqslant c_n - a \leqslant b_n - a < \varepsilon.$$

于是, 有以下定理.

定理 1.4 (夹逼定理, 也称两边夹定理) 若 $\lim\limits_{n \to \infty} a_n = \lim\limits_{n \to \infty} b_n = a$, 且存在 $N > 0$, 当 $n > N$ 时,

$$a_n \leqslant c_n \leqslant b_n$$

恒成立, 则 $\lim\limits_{n \to \infty} c_n = a$.

利用夹逼定理的难点在于构造数列 a_n 和 b_n, 并同时要求 a_n 和 b_n 收敛到同一极限. 放大或缩小数列没有一般规律可循, 常用的方法是放大数列 c_n 到 b_n, 缩小数列 c_n 到 a_n. 请读者根据例 1.16 仔细体会. 同时要注意的是, 并非形如例 1.16 的 (1) 和 (2) 都可以通过放大和缩小利用夹逼定理计算其极限的.

例 1.16 求极限 $\lim\limits_{n \to \infty} x_n$:

(1) $x_n = \dfrac{1}{\sqrt{n^2+1}} + \dfrac{1}{\sqrt{n^2+2}} + \cdots + \dfrac{1}{\sqrt{n^2+n}}$;

(2) $x_n = \dfrac{1}{\sqrt{n^6+n}} + \dfrac{2^2}{\sqrt{n^6+2n}} + \cdots + \dfrac{n^2}{\sqrt{n^6+n^2}}$.

解 (1) 注意到

$$\frac{1}{\sqrt{n^2+n}} \leqslant \frac{1}{\sqrt{n^2+k}} \leqslant \frac{1}{\sqrt{n^2+1}} \quad (k=1,2,\cdots,n),$$

因此,

$$\frac{1}{\sqrt{1+\dfrac{1}{n}}} = \frac{n}{\sqrt{n^2+n}} \leqslant x_n \leqslant \frac{n}{\sqrt{n^2+1}} = \frac{1}{\sqrt{1+\dfrac{1}{n^2}}},$$

利用式 (1.2) 及运算法则, 即得 $\lim\limits_{n \to \infty} x_n = 1$.

(2) 注意到

$$\frac{1}{\sqrt{n^6+n^2}} \leqslant \frac{1}{\sqrt{n^6+kn}} \leqslant \frac{1}{\sqrt{n^6+n}} \quad (k=1,2,\cdots,n),$$

因此,

$$\frac{1}{\sqrt{n^6+n^2}}(1^2+2^2+\cdots+n^2) \leqslant x_n \leqslant \frac{1}{\sqrt{n^6+n}}(1^2+2^2+\cdots+n^2).$$

注意到 $1^2 + 2^2 + \cdots + n^2 = \dfrac{n(n+1)(2n+1)}{6}$, 并利用式 (1.2) 及运算法则, 当 $n \to \infty$ 时, 得

$$\frac{1^2 + 2^2 + \cdots + n^2}{\sqrt{n^6 + n^2}} = \frac{\left(1 + \dfrac{1}{n}\right)\left(2 + \dfrac{1}{n}\right)}{6\sqrt{1 + \dfrac{1}{n^4}}} \to \frac{1}{3},$$

$$\frac{1^2 + 2^2 + \cdots + n^2}{\sqrt{n^6 + n}} = \frac{\left(1 + \dfrac{1}{n}\right)\left(2 + \dfrac{1}{n}\right)}{6\sqrt{1 + \dfrac{1}{n^5}}} \to \frac{1}{3}.$$

由此, $\lim\limits_{n \to \infty} x_n = \dfrac{1}{3}$.

定理 1.5 (极限存在准则) 单调有界数列一定存在极限.

定理 1.5 的证明这里不作要求. 利用该定理证明极限 $\lim\limits_{n \to \infty} x_n$ 的存在性, 需要验证数列 x_n 的有界性和单调性, 这没有统一的方法, 应具体问题具体分析. 同时, 在具体问题中, 单调增加数列验证有上界或单调减少数列验证有下界即可.

下面根据定理 1.5, 回看重要极限公式 (1.1). 数列 $x_n = \left(1 + \dfrac{1}{n}\right)^n > 0$ 是显然的, 以下证明它单调且有上界. 利用均值不等式[①], 得

$$\sqrt[n+1]{\left(1 + \frac{1}{n}\right)^n \cdot 1} < \frac{n\left(1 + \dfrac{1}{n}\right) + 1}{n+1} = 1 + \frac{1}{n+1},$$

所以,

$$\left(1 + \frac{1}{n}\right)^n < \left(1 + \frac{1}{n+1}\right)^{n+1},$$

即 x_n 是单调增加数列. 当 $n > 5$ 时,

$$\sqrt[n+1]{\left(\frac{5}{6}\right)^6 \cdot 1^{n-5}} < \frac{6 \cdot \dfrac{5}{6} + (n-5) \cdot 1}{n+1} = \frac{n}{n+1},$$

因此,

$$\left(\frac{5}{6}\right)^6 < \left(\frac{n}{n+1}\right)^{n+1}.$$

于是, 当 $n > 5$ 时,

$$\left(1 + \frac{1}{n}\right)^n < \left(1 + \frac{1}{n}\right)^{n+1} < \left(\frac{6}{5}\right)^6 < 3.$$

---

① 均值不等式 $\sqrt[n]{a_1 a_2 \cdots a_n} \leqslant \dfrac{a_1 + a_2 + \cdots + a_n}{n}$, $a_i \geqslant 0$.

所以, 数列 x_n 单调有界, 即数列 x_n 有极限.

* 例 1.17 解答下列问题:

(1) 设 $0 < x_1 < 1, x_{n+1} = x_n^2$, 证明: $\lim\limits_{n\to\infty} x_n$ 有极限, 并求其极限.

(2) 已知 $x_0 = \sqrt{2}, x_{n+1} = \sqrt{2 + x_n}\ (n = 0, 1, \cdots)$, 求 $\lim\limits_{n\to\infty} x_n$.

(3) 设 $x_1 = \sin x\ (x \in \mathbb{R}), x_{n+1} = \sin x_n\ (n = 1, 2, \cdots)$, 讨论 $\lim\limits_{n\to\infty} x_n$ 的存在性. 若存在极限, 求出极限.

(4) 设 $\alpha \geqslant 2, x_n = 1 + \dfrac{1}{2^\alpha} + \cdots + \dfrac{1}{n^\alpha}$, 证明: 数列 $\{x_n\}$ 收敛.

解 (1) 由题意, $0 < x_n < 1$, 也就是数列 $\{x_n\}$ 有界. 又

$$\frac{x_{n+1}}{x_n} = x_n < 1, \quad 即 \quad x_{n+1} < x_n.$$

所以数列 $\{x_n\}$ 单调减少且有界, 于是 $\lim\limits_{n\to\infty} x_n$ 存在, 并设 $\lim\limits_{n\to\infty} x_n = a$. 在 $x_{n+1} = x_n^2$ 两端令 $n \to \infty$, 即得 $a = a^2$. 解之, 得 $a = 0, a = 1$. 注意到 $0 \leqslant a \leqslant x_1 < 1$. 因此, $\lim\limits_{n\to\infty} x_n = 0$.

(2) 显然 $x_n > 0$, 且易见 $x_0 < 2, x_1 = \sqrt{2 + \sqrt{2}} < 2$, 由此, 可以归纳证明 $0 < x_n < 2$.

由于

$$x_{n+1} - x_n = \sqrt{2 + x_n} - x_n = \frac{(2 - x_n)(x_n + 1)}{\sqrt{x_n + 2} + x_n} > 0,$$

所以数列 x_n 单调增加且有上界. 因此存在极限, 并设 $\lim\limits_{n\to\infty} x_n = x$. 在 $x_{n+1} = \sqrt{x_n + 2}$ 两端同时求极限, 得 $x = \sqrt{x + 2}$. 解之 (注意 $x \geqslant 0$), 得 $x = 2$, 即 $\lim\limits_{n\to\infty} x_n = 2$.

(3) 若 $x \in \mathbb{R}$ 使 $x_1 = \sin x = 0$, 则显然 $\lim\limits_{n\to\infty} x_n = 0$; 若 $x \in \mathbb{R}$ 使 $x_1 = \sin x > 0$, 则显然 $x_1 \leqslant 1 \leqslant \dfrac{\pi}{2}$, 所以 $0 < x_2 = \sin x_1 < x_1$. 依次类推, $0 < x_n < \cdots < x_2 < x_1$, 即 x_n 是单调减少有下界的数列, 因此一定收敛; 如果 $x \in \mathbb{R}$ 使 $x_1 = \sin x < 0$, 则类似可得 $-1 \leqslant x_1 < x_2 < \cdots < x_n < 0$, 同样可得到 x_n 的收敛性.

设 $\lim\limits_{n\to\infty} x_n = y$, 则由 $x_{n+1} = \sin x_n$, 得 $y = \sin y$, 故 $y = \lim\limits_{n\to\infty} \sin x_n = 0$.

(4) 显然 x_n 单调增加, 且

$$x_n \leqslant 1 + \frac{1}{2^2} + \cdots + \frac{1}{n^2} < 1 + \frac{1}{1 \cdot 2} + \frac{1}{2 \cdot 3} + \cdots + \frac{1}{(n-1) \cdot n} = 2 - \frac{1}{n} < 2,$$

即 x_n 单调有界, 因此极限一定存在.

如果数列 $\{x_n\}$ 有界, 即存在正常数 $M > 0$, 对任意的 $n \in \mathbb{N}$, 使 $|x_n| \leqslant M$, 则 $|x_n y_n| \leqslant M|y_n|$. 因此, 利用极限的定义容易证明下面的定理.

定理 1.6 若数列 $\{x_n\}$ 有界, $\lim\limits_{n\to\infty} y_n = 0$, 则 $\lim\limits_{n\to\infty} x_n y_n = 0$.

本节最后给出数列收敛与其子列收敛之间的关系. 设 a_{n_k} 是数列 $\{a_n\}$ 的一个子列, 也就是从数列 $\{a_n\}$ 中任意抽取无限多项按原序从小到大组成的一个数列:

$$a_{n_1}, a_{n_2}, \cdots, a_{n_k}, \cdots.$$

若 $a_n \to a\ (n \to \infty)$, 则其任意子列 $a_{n_k} \to a\ (n_k \to \infty)$. 这一结论反过来不成立, 也就是说, 子列收敛, 数列未必收敛. 但有如下结论 (请自行证明).

定理 1.7　当 $n \to \infty$ 时, 数列 $a_n \to a$ 的充分必要条件是

$$a_{2k} \to a, \quad a_{2k+1} \to a \quad (k \to \infty).$$

1.2.2　函数的极限

下面讨论函数的极限, 包括 $\lim\limits_{x \to \infty} f(x)$ 和 $\lim\limits_{x \to x_0} f(x)$ 两种情形.

1. 当 $x \to \infty$ 时函数的极限

需要注意的是, $x \to \infty$ 应理解为 $|x| \to +\infty$, 也就是 $x \to -\infty$ 和 $x \to +\infty$.

根据中学所学的知识, 容易给出当 $x \to \infty$ 时, 函数 $f(x)$ 是否存在极限直观的 "定性化" 定义: 当自变量的绝对值无限增大时, 如果函数 $f(x)$ 无限趋近于一个确定的数 A, 则称 A 为函数 $f(x)$ 当 $x \to \infty$ 时的极限, 记为

$$\lim_{x \to \infty} f(x) = A \quad \text{或} \quad f(x) \to A \quad (x \to \infty).$$

例如,

$$\lim_{x \to \infty} \frac{x^2}{x^2 + 5} = 1, \quad \lim_{x \to \infty} \frac{1}{x^\alpha} = 0\ (\alpha > 0), \quad \lim_{x \to \infty} \mathrm{e}^{-x^2} = 0.$$

下面给出当 $x \to \infty$ 时, 函数 $f(x)$ 存在极限精确的 "定量化" 定义.

定义 1.5　设 $f(x)$ 有定义, 当 $|x|$ 充分大时, 如果存在常数 A, 对任意给定的 $\varepsilon > 0$, 存在 $X > 0$, 使得当 $|x| > X$ 时, 恒有

$$|f(x) - A| < \varepsilon,$$

则称 A 为当 $x \to \infty$ 时 $f(x)$ 的极限, 即 $\lim\limits_{x \to \infty} f(x) = A$.

对于 $x \to +\infty$ 和 $x \to -\infty$, 函数 $f(x)$ 的极限定义可类似给出, 可将定义 1.5 中的 $|x| > X$ 分别改写为 $x > X$ 和 $x < -X$, 极限式分别改写为 $\lim\limits_{x \to +\infty} f(x) = A$ 和 $\lim\limits_{x \to -\infty} f(x) = A$.

例 1.18　证明 $\lim\limits_{x \to +\infty} \dfrac{\sin x}{\sqrt{x}} = 0$.

证明　由于

$$\left| \frac{\sin x}{\sqrt{x}} - 0 \right| \leqslant \frac{1}{\sqrt{x}},$$

故对任意 $\varepsilon > 0$, 要使 $\left| \dfrac{\sin x}{\sqrt{x}} - 0 \right| < \varepsilon$, 只要 $\dfrac{1}{\sqrt{x}} < \varepsilon$, 即 $x > \dfrac{1}{\varepsilon^2}$. 因此, 取 $X = \dfrac{1}{\varepsilon^2}$, 则当 $x > X$ 时,

$$\left| \frac{\sin x}{\sqrt{x}} - 0 \right| < \varepsilon.$$

于是, 由定义即得 $\lim\limits_{x \to +\infty} \dfrac{\sin x}{\sqrt{x}} = 0$.

设数列 $a_n = f(n)$, 若 $\lim\limits_{x \to +\infty} f(x) = A$ 存在, 则 $\lim\limits_{n \to \infty} f(n) = A$ 存在. 因此求 $\lim\limits_{n \to \infty} a_n$ 可利用求函数极限的方法求 $\lim\limits_{x \to +\infty} f(x)$ 而得到. 例如, 求极限 $\lim\limits_{n \to \infty} \dfrac{\sin n}{\sqrt{n}}$, 由例 1.18 即可得到极限 $\lim\limits_{n \to \infty} \dfrac{\sin n}{\sqrt{n}} = 0$. 注意该命题的逆不成立. 例如,

$$\begin{aligned} \lim_{n \to \infty} \sin \sqrt{n^2 + 1}\pi &= (-1)^n \lim_{n \to \infty} \sin(\sqrt{n^2 + 1}\pi - n\pi) \\ &= \lim_{n \to \infty} (-1)^n \sin\left(\frac{1}{\sqrt{n^2 + 1} + n}\pi \right) = 0, \end{aligned}$$

但 $\lim\limits_{x \to +\infty} \sin \sqrt{x^2 + 1}\pi$ 不存在 (请读者自行验证).

2. 当 $x \to x_0$ 时函数的极限

根据中学学习到的知识, 极限

$$\lim_{x \to 2} \frac{x^2 - 4}{x - 2} = \lim_{x \to 2} \frac{(x - 2)(x + 2)}{x - 2} = \lim_{x \to 2} (x + 2) = 4,$$

由此可以看出, 函数 $f(x) = \dfrac{x^2 - 4}{x - 2}$ 在点 $x = 2$ 有极限, 但在该点没有定义. 也就是说, 讨论函数 $f(x)$ 在 $x \to x_0$ 的极限状态时, $f(x)$ 是否在 x_0 有定义无关紧要. 因此, 在以下讨论中, 用到了 "去心邻域" 的概念.

设函数 $f(x)$ 在点 x_0 的某去心邻域内有定义, 如果当 $x \to x_0$ 时, 总存在一确定的常数 A, 使得函数 $f(x)$ 无限逼近于 A, 则称当 $x \to x_0$ 时, $f(x)$ 的极限为 A, 记为

$$\lim_{x \to x_0} f(x) = A \quad 或 \quad f(x) \to A \quad (x \to x_0).$$

显然这是直观的 "定性化" 定义, 下面给出 $\lim\limits_{x \to x_0} f(x) = A$ 精确的 "定量化" 定义.

定义 1.6 设函数 $f(x)$ 在点 x_0 的某去心邻域 $\hat{U}(x_0)$ 内有定义, 如果存在常数 A, 对任意的 $\varepsilon > 0$, 存在 $\delta > 0$, 使得当 $x \in \hat{U}(x_0, \delta) \subset \hat{U}(x_0)$ 时, 不等式

$$|f(x) - A| < \varepsilon$$

恒成立, 则称当 $x \to x_0$ 时, 函数 $f(x)$ 的极限为 A.

根据定义 1.6, 容易看到, 对任意的 $x \in \hat{U}(x_0, \delta)$, 总有 $f(x) \in (A - \varepsilon, A + \varepsilon)$. 同时, 函数 $f(x)$ 在点 x_0 的极限总是限制 $f(x)$ 在 x_0 的某一去心邻域内变化的态势, 因此, 在利用定义证明极限时, 可以事先限定一个 x_0 的去心邻域.

例 1.19　利用极限的定义证明:

(1) $\lim\limits_{x \to x_0} (ax + b) = ax_0 + b$;　　　　　　　　(2) $\lim\limits_{x \to 2} x^2 = 4$;

(3) $\lim\limits_{x \to 1} \dfrac{x^2 - 1}{x - 1} = 2$;　　　　　　　　　(4) $\lim\limits_{x \to x_0} \sin x = \sin x_0$.

解　(1) 若 $a = 0$, 显然 $\lim\limits_{x \to x_0} b = b$. 因此设 $a \neq 0$. 对任意 $\varepsilon > 0$, 要使

$$|(ax + b) - (ax_0 + b)| = |a||x - x_0| < \varepsilon,$$

只需 $|x - x_0| < \dfrac{\varepsilon}{|a|}$. 因此, 取 $\delta = \dfrac{\varepsilon}{|a|}$, 当 $0 < |x - x_0| < \delta$ 时, 恒有

$$|(ax + b) - (ax_0 + b)| < \varepsilon.$$

故 $\lim\limits_{x \to x_0} (ax + b) = ax_0 + b$.

(2) 因 $|x^2 - 4| = |x + 2||x - 2|$, 不妨限定 $0 < |x - 2| < 1$ $(\delta_1 = 1)$, 则

$$|x + 2| = |x - 2 + 4| \leqslant |x - 2| + 4 \leqslant 5.$$

因此,

$$|f(x) - A| = |x^2 - 4| < 5|x - 2|.$$

对于任意的 $\varepsilon > 0$, 只要 $5|x - 2| < \varepsilon$, 就有 $|f(x) - A| < \varepsilon$. 由此, 对任意的 $\varepsilon > 0$, 存在 $\delta = \min\left\{\delta_1, \dfrac{\varepsilon}{5}\right\}$, 对任意的 $x \in \hat{U}(2, \delta)$, 有 $|x^2 - 4| < \varepsilon$. 从而 $\lim\limits_{x \to 2} x^2 = 4$.

(3) 对任意 $\varepsilon > 0$, 由于

$$\left|\frac{x^2 - 1}{x - 1} - 2\right| = |x + 1 - 2| = |x - 1|,$$

取 $\delta = \varepsilon$, 那么当 $0 < |x - 1| < \delta$ 时, 恒有

$$\left|\frac{x^2 - 1}{x - 1} - 2\right| < \varepsilon,$$

因此, $\lim\limits_{x \to 1} \dfrac{x^2 - 1}{x - 1} = 2$.

(4) $\forall \varepsilon > 0$, 由于

$$|\sin x - \sin x_0| = \left|2 \sin \frac{x - x_0}{2} \cos \frac{x + x_0}{2}\right| \leqslant 2\left|\sin \frac{x - x_0}{2}\right| \leqslant 2\left|\frac{x - x_0}{2}\right| = |x - x_0|.$$

因此, 要使 $|\sin x - \sin x_0| < \varepsilon$, 只需 $|x - x_0| < \varepsilon$. 故取 $\delta = \varepsilon$, 则当 $0 < |x - x_0| < \delta$ 时, 总有 $|\sin x - \sin x_0| < \varepsilon$. 于是, $\lim\limits_{x \to x_0} \sin x = \sin x_0$.

3. 左极限与右极限

如同 $x \to \infty$ 包含 $x \to -\infty$ 和 $x \to +\infty$ 一样, $x \to x_0$ 意味 x 从 x_0 的左边趋于 x_0(记为 $x \to x_0 - 0$ 或 $x \to x_0^-$) 和从 x_0 的右边趋于 x_0(记为 $x \to x_0 + 0$ 或 $x \to x_0^+$). 由此提出左极限和右极限的概念.

定义 1.7 如果 $x \to x_0^-$, 存在确定的常数 A, 使得函数 $f(x)$ 无限接近于 A, 则称 A 为函数 $f(x)$ 的**左极限**, 记为

$$f(x_0 - 0) = \lim_{x \to x_0^-} f(x) = A.$$

如果 $x \to x_0^+$, 存在确定的常数 A, 使得函数 $f(x)$ 无限接近于 A, 则称 A 为函数 $f(x)$ 的**右极限**, 记为

$$f(x_0 + 0) = \lim_{x \to x_0^+} f(x) = A.$$

根据左、右极限的定义, 不难给出如下结论.

定理 1.8 函数 $f(x)$ 当 $x \to x_0$ 时极限存在的充分必要条件是左极限和右极限都存在且相等.

例如, 对于函数 $f(x) = \begin{cases} \sqrt{x}, & x > 0, \\ x^2 - 1, & x < 0, \end{cases}$ 由于

$$\lim_{x \to 0^+} f(x) = \lim_{x \to 0^+} \sqrt{x} = 0; \quad \lim_{x \to 0^-} f(x) = \lim_{x \to 0^-} (x^2 - 1) = -1,$$

显然 $\lim_{x \to 0^+} f(x) \neq \lim_{x \to 0^-} f(x)$, 因此极限 $\lim_{x \to 0} f(x)$ 不存在.

定理 1.8 不仅给出一个极限存在的充分必要条件, 也提供了研究函数极限存在性的一个有效手段, 尤其是判断分段函数在分界点处极限是否存在的一个有效方法.

例 1.20 设 $f(x) = \begin{cases} x^2, & x < 1, \\ ax, & x > 1, \end{cases}$ 问 a 为何值时, 极限 $\lim_{x \to 1} f(x)$ 存在?

解 因为

$$f(1 - 0) = \lim_{x \to 1^-} x^2 = 1, \quad f(1 + 0) = \lim_{x \to 1^+} ax = a,$$

所以, 当 $a = 1$, 即 $f(1 - 0) = f(1 + 0) = 1$ 时, $\lim_{x \to 1} f(x)$ 存在, 且等于 1. 否则 $\lim_{x \to 1} f(x)$ 不存在.

1.2.3 函数极限的性质及其运算法则

1. 函数极限的性质

如同数列极限的唯一性、有界性一样, 函数极限同样具有唯一性、局部有界性, 而且还具有局部保号性, 即有如下定理.

定理 1.9 如果 $\lim\limits_{x \to a} f(x) = A$, 则

(1) (**唯一性**) 极限 A 唯一;

(2) (**局部有界性**) 存在正数 M 和正数 δ, 使得当 $0 < |x - a| < \delta$ 时, 都有 $|f(x)| \leqslant M$;

(3) (**局部保号性**) 如果 $A > 0$(或 $A < 0$), 则存在正数 δ, 使得当 $0 < |x - a| < \delta$ 时, 有 $f(x) > 0$(或 $f(x) < 0$).

利用极限的定义即可证明定理 1.9, 这里略去. 同时, 定理 1.9 对 $x \to \infty$ 和单侧极限同样成立.

利用函数极限的唯一性, 可以验证函数极限的不存在性. 例如, 对于 $\lim\limits_{x \to +\infty} \sin x$, 取 $x_n = 2n\pi$, 则

$$\lim_{x \to +\infty} \sin x = \lim_{n \to \infty} \sin 2n\pi = 0;$$

取 $x_n = 2n\pi + \dfrac{\pi}{2}$, 则

$$\lim_{x \to +\infty} \sin x = \lim_{n \to \infty} \sin\left(2n\pi + \frac{\pi}{2}\right) = 1.$$

因此, 极限 $\lim\limits_{x \to +\infty} \sin x$ 不存在.

如果函数 $f(x) \geqslant 0$ $(f(x) \leqslant 0)$, 且 $\lim\limits_{x \to x_0} f(x)$ 存在, 则

$$\lim_{x \to x_0} f(x) \geqslant 0 \quad \left(\lim_{x \to x_0} f(x) \leqslant 0\right).$$

2. 函数极限的运算法则

为方便起见, 在定理 1.10 中出现的 $\lim f(x)$ 和 $\lim g(x)$ 表示自变量 x 有相同的变化过程.

定理 1.10 设 $\lim f(x) = A, \lim g(x) = B$, 则有如下结论:

(1) $\lim(f(x) \pm g(x)) = \lim f(x) \pm \lim g(x) = A \pm B$;

(2) $\lim f(x)g(x) = \lim f(x) \lim g(x) = AB$;

(3) $\lim \dfrac{f(x)}{g(x)} = \dfrac{\lim f(x)}{\lim g(x)} = \dfrac{A}{B}$ $(B \neq 0)$.

这里以 $x \to x_0$ 为例, 给出结论 (2) 的证明, 对于结论 (1) 和 (3), 请读者自行证明. 由于

$$|f(x)g(x) - AB| = |f(x)g(x) - Ag(x) + Ag(x) - AB| \leqslant |g(x)||f(x) - A| + |A||g(x) - B|,$$

所以, 利用函数极限的局部有界性和 $\lim f(x) = A, \lim g(x) = B$, 对任意的 $\varepsilon > 0$, 存在 $\delta > 0$, 使得当 $x \in \hat{U}(x_0, \delta)$ 时, 恒有

$$|f(x)g(x) - AB| = |f(x)g(x) - Ag(x) + Ag(x) - AB| < \varepsilon.$$

因此 $\lim f(x)g(x) = AB$.

请读者思考, 如果 $\lim f(x)$ 和 $\lim g(x)$ 都不存在, 或者一个存在另一个不存在, 以上结论 (1)~(3) 的结果如何?

根据定理 1.10 的结论 (2), 显然

$$\lim(cf(x)) = c\lim f(x), \quad c \text{ 为常数}.$$

进一步, 若 $\lim g(x) = c \neq 0$, 则

$$\lim(f(x)g(x)) = c\lim f(x).$$

例 1.21 求下列极限:

(1) $\lim\limits_{x\to 1} \dfrac{x^2 + x - 1}{x + 1}$; (2) $\lim\limits_{x\to 1}\left(\dfrac{1}{1-x} - \dfrac{2}{1-x^2}\right)$; (3) $\lim\limits_{x\to 1}\dfrac{\sqrt{3-x}-\sqrt{1+x}}{x^2+x-2}$.

解 (1) 由于 $\lim\limits_{x\to 1}(x^2+x-1) = 1, \lim\limits_{x\to 1}(x+1) = 2 \neq 0$, 因此,

$$\lim_{x\to 1}\frac{x^2+x-1}{x+1} = \frac{\lim\limits_{x\to 1}(x^2+x-1)}{\lim\limits_{x\to 1}(x+1)} = \frac{1}{2}.$$

(2) 因为 $\lim\limits_{x\to 1}\dfrac{1}{1-x} = \infty, \lim\limits_{x\to 1}\dfrac{2}{1-x^2} = \infty$, 即这两个极限都不存在, 所以不能利用减法运算法则计算. 但当 $x \neq 1$ 时, $\dfrac{1}{1-x} - \dfrac{2}{1-x^2} = -\dfrac{1}{1+x}$, 所以,

$$\lim_{x\to 1}\left(\frac{1}{1-x} - \frac{2}{1-x^2}\right) = -\lim_{x\to 1}\frac{1}{1+x} = -\frac{1}{2}.$$

(3) 由于

$$\frac{\sqrt{3-x}-\sqrt{1+x}}{x^2+x-2} = \frac{(3-x)-(1+x)}{x^2+x-2}\frac{1}{\sqrt{3-x}+\sqrt{1+x}}$$

$$= -\frac{2}{x+2}\frac{1}{\sqrt{3-x}+\sqrt{1+x}},$$

所以, $\lim\limits_{x\to 1}\dfrac{\sqrt{3-x}-\sqrt{1+x}}{x^2+x-2} = -\dfrac{1}{3\sqrt{2}}$.

* 例 1.22 计算下列极限:

(1) $\lim\limits_{x\to 0}\dfrac{\sqrt{1+x}+\sqrt{1-x}-2}{x^2}$; (2) $\lim\limits_{x\to +\infty} x^{\frac{3}{2}}\left(\sqrt{x+2}-2\sqrt{x+1}+\sqrt{x}\right)$.

解　(1) 由于

$$\frac{\sqrt{1+x}+\sqrt{1-x}-2}{x^2} = \frac{\sqrt{1+x}-1}{x^2} + \frac{\sqrt{1-x}-1}{x^2}$$

$$= \frac{1}{x(\sqrt{1+x}+1)} - \frac{1}{x(\sqrt{1-x}+1)}$$

$$= \frac{\sqrt{1-x}-\sqrt{1+x}}{x(\sqrt{1+x}+1)(\sqrt{1-x}+1)}$$

$$= -\frac{2}{\sqrt{1+x}+\sqrt{1-x}} \frac{1}{(\sqrt{1+x}+1)(\sqrt{1-x}+1)},$$

所以, $\displaystyle\lim_{x\to 0} \frac{\sqrt{1+x}+\sqrt{1-x}-2}{x^2} = -\frac{1}{4}$.

(2) 由于

$$x^{\frac{3}{2}}\left(\sqrt{x+2}-2\sqrt{x+1}+\sqrt{x}\right)$$

$$= x\sqrt{x}\left(\frac{1}{\sqrt{x+2}+\sqrt{x+1}} - \frac{1}{\sqrt{x+1}+\sqrt{x}}\right)$$

$$= \frac{x\sqrt{x}}{\left(\sqrt{x+2}+\sqrt{x+1}\right)\left(\sqrt{x+1}+\sqrt{x}\right)}\left(\sqrt{x}-\sqrt{x+2}\right)$$

$$= -\frac{x\sqrt{x}}{\left(\sqrt{x+2}+\sqrt{x+1}\right)\left(\sqrt{x+1}+\sqrt{x}\right)}\frac{2}{\sqrt{x}+\sqrt{x+2}}$$

$$= -\frac{\sqrt{x}}{\sqrt{x+2}+\sqrt{x+1}} \cdot \frac{\sqrt{x}}{\sqrt{x+1}+\sqrt{x}} \cdot \frac{2\sqrt{x}}{\sqrt{x}+\sqrt{x+2}},$$

所以, $\displaystyle\lim_{x\to +\infty} x^{\frac{3}{2}}\left(\sqrt{x+2}-2\sqrt{x+1}+\sqrt{x}\right) = -\frac{1}{4}$.

设 m 次、n 次多项式分别为

$$f(x) = a_0 x^m + a_1 x^{m-1} + \cdots + a_{m-1}x + a_m, \quad a_0 \neq 0,$$

$$g(x) = b_0 x^n + b_1 x^{n-1} + \cdots + b_{n-1}x + b_n, \qquad b_0 \neq 0,$$

注意到

$$\frac{f(x)}{g(x)} = \frac{x^m\left(a_0 + a_1\dfrac{1}{x} + \cdots + a_{m-1}\dfrac{1}{x^{m-1}} + a_m\dfrac{1}{x^m}\right)}{x^n\left(b_0 + b_1\dfrac{1}{x} + \cdots + b_{n-1}\dfrac{1}{x^{n-1}} + b_n\dfrac{1}{x^n}\right)}.$$

因此,

$$\lim_{x\to\infty}\frac{f(x)}{g(x)} = \begin{cases} \dfrac{a_0}{b_0}, & m = n, \\ 0, & m < n, \\ \infty, & m > n. \end{cases} \tag{1.3}$$

例如,

$$\lim_{x\to\infty}\frac{3x^3+2x-1}{2x^3+1}=\frac{3}{2}, \quad \lim_{x\to\infty}\frac{3x^3+2x-1}{2x^2+1}=\infty, \quad \lim_{x\to\infty}\frac{3x^3+2x-1}{x^4+x^3-1}=0.$$

例 1.23 已知 $\lim\limits_{x\to\infty}\left(\dfrac{3x^2+1}{x+1}-ax-b\right)=0$, 求常数 a,b.

解 因为

$$0=\lim_{x\to\infty}\left(\frac{3x^2+1}{x+1}-ax-b\right)=\lim_{x\to\infty}\frac{(3-a)x^2-(b+a)x-(b-1)}{x+1},$$

所以, 利用公式 (1.3), 得 $3-a=0, b+a=0$, 即 $a=3, b=-3$.

定理 1.11 设函数 $y=f(u), u=\phi(x)$ 满足:

(1) $\lim\limits_{x\to x_0}\phi(x)=a$, 且 $\phi(x)\neq a, x\in\hat{U}(x_0)$;

(2) $\lim\limits_{u\to a}f(u)=B$,

则下列复合函数的极限成立:

$$\lim_{x\to x_0}f(\phi(x))=\lim_{u\to a}f(u)=B.$$

例如 (其中利用了例 1.19 的 (4)),

$$\lim_{x\to x_0}\cos x=\lim_{x\to x_0}\sin\left(\frac{\pi}{2}-x\right)=\lim_{u\to\frac{\pi}{2}-x_0}\sin u=\sin\left(\frac{\pi}{2}-x_0\right)=\cos x_0.$$

$$\lim_{x\to 1}e^{2x}=\lim_{2x=u\to 2}e^u=e^2.$$

一般来说,

$$\lim_{x\to x_0}f(\phi(x))\neq f\left(\lim_{x\to x_0}\phi(x)\right).$$

定理 1.12 (夹逼定理) 设函数 $f(x), h(x), g(x)$ 在 x_0 的某一去心邻域内有定义, 且

$$f(x)\leqslant h(x)\leqslant g(x); \quad \lim_{x\to x_0}f(x)=\lim_{x\to x_0}g(x)=A,$$

则一定有

$$\lim_{x\to x_0}h(x)=A.$$

定理 1.11 和定理 1.12 对 $x\to\infty$ 也成立.

例 1.24 求极限 $\lim\limits_{x\to 0}x\left[\dfrac{2}{x}\right]$.

解 注意到 $\dfrac{2}{x} - 1 < \left[\dfrac{2}{x}\right] \leqslant \dfrac{2}{x}$ $(x \neq 0)$, 因此, 以下不等式成立:

$$2 - x < x\left[\dfrac{2}{x}\right] \leqslant 2 \quad (x > 0); \quad 2 \leqslant x\left[\dfrac{2}{x}\right] < 2 - x \quad (x < 0).$$

于是, 由夹逼定理, 得 $\displaystyle\lim_{x \to 0^+} x\left[\dfrac{2}{x}\right] = \lim_{x \to 0^-} x\left[\dfrac{2}{x}\right] = 2$, 也就是 $\displaystyle\lim_{x \to 0} x\left[\dfrac{2}{x}\right] = 2$.

3. 两个重要极限

第一个重要极限公式是

$$\lim_{x \to 0} \frac{\sin x}{x} = 1. \tag{1.4}$$

下面给出公式 (1.4) 的证明. 当 $x \in \left(0, \dfrac{\pi}{2}\right)$ 时, 如下不等式成立 (请自行证明, 或参阅其他参考书)

$$\sin x < x < \tan x.$$

由此, 即得

$$\cos x < \frac{\sin x}{x} < 1.$$

因此, 由夹逼定理, 并注意到 $\cos x \to 1 \ (x \to 0)$, 得

$$\lim_{x \to 0^+} \frac{\sin x}{x} = 1.$$

对于 $\displaystyle\lim_{x \to 0^-} \frac{\sin x}{x}$, 设 $x = -t$, 则

$$\lim_{x \to 0^-} \frac{\sin x}{x} = \lim_{t \to 0^+} \frac{-\sin t}{-t} = \lim_{t \to 0^+} \frac{\sin t}{t} = 1.$$

至此, 证明了公式 (1.4).

例如,

$$\lim_{x \to 0} \frac{\tan x}{x} = \lim_{x \to 0} \frac{1}{\cos x} \frac{\sin x}{x} = \lim_{x \to 0} \frac{1}{\cos x} \lim_{x \to 0} \frac{\sin x}{x} = 1,$$

$$\lim_{x \to 0} \frac{1 - \cos x}{x^2} = \lim_{x \to 0} \frac{2\sin^2 \dfrac{x}{2}}{x^2} = \frac{1}{2} \lim_{x \to 0} \left(\frac{\sin \dfrac{x}{2}}{\dfrac{x}{2}}\right)^2 = \frac{1}{2}.$$

第二个重要极限公式是

$$\lim_{x \to \infty} \left(1 + \frac{1}{x}\right)^x = \mathrm{e}. \tag{1.5}$$

公式 (1.5) 的另一表现形式为 $\displaystyle\lim_{x \to 0}(1 + x)^{\frac{1}{x}} = \mathrm{e}$.

下面利用夹逼定理证明式 (1.5). 当 $x \to +\infty$ 时, 记 $[x] = n$, 则由 $n \leqslant x < n+1$, 得

$$\left(1 + \frac{1}{n+1}\right)^n < \left(1 + \frac{1}{x}\right)^x < \left(1 + \frac{1}{n}\right)^{n+1}.$$

而由公式 (1.1),

$$\lim_{n\to\infty} \left(1 + \frac{1}{n+1}\right)^n = \lim_{n\to\infty} \frac{\left(1 + \dfrac{1}{n+1}\right)^{n+1}}{1 + \dfrac{1}{n+1}} = e,$$

$$\lim_{n\to\infty} \left(1 + \frac{1}{n}\right)^{n+1} = \lim_{n\to\infty} \left(1 + \frac{1}{n}\right)^n \left(1 + \frac{1}{n}\right) = e.$$

因此,

$$\lim_{x\to+\infty} \left(1 + \frac{1}{x}\right)^x = e.$$

对于 $x \to -\infty$, 令 $x = -(t+1)$, 有

$$\lim_{x\to-\infty} \left(1 + \frac{1}{x}\right)^x = \lim_{t\to+\infty} \left(\frac{t}{1+t}\right)^{-(t+1)} = \lim_{t\to+\infty} \left(1 + \frac{1}{t}\right)^{t+1} = e.$$

至此证明了公式 (1.5).

对于公式 (1.4) 和公式 (1.5), 当 $x \to x_0$ 时, 有 $\mu(x) \to 0$, 且在 x_0 去心邻域内 $\mu(x) \neq 0$, 则都有

$$\lim_{x\to x_0} \frac{\sin \mu(x)}{\mu(x)} = 1, \quad \lim_{x\to x_0} (1 + \mu(x))^{\frac{1}{\mu(x)}} = e.$$

对于 $x \to \infty$ 时, $\mu(x) \to 0$, 且 $\mu(x) \neq 0$, 上述等式也成立. 第二个等式给出 1^∞ 型极限的一种计算方法.

例 1.25 求下列极限:

(1) $\lim\limits_{x\to0} \dfrac{\tan 2x}{x}$; (2) $\lim\limits_{x\to0} \dfrac{1 - \cos 2x}{x \sin x}$; (3) $\lim\limits_{n\to\infty} \left(1 - \dfrac{3}{n}\right)^n$; (4) $\lim\limits_{x\to\infty} \left(\dfrac{x+2}{x+1}\right)^x$.

解 (1) $\lim\limits_{x\to0} \dfrac{\tan 2x}{x} = \lim\limits_{x\to0} 2\dfrac{\sin 2x}{2x} \dfrac{1}{\cos 2x} = 2 \lim\limits_{x\to0} \dfrac{\sin 2x}{2x} \lim\limits_{x\to0} \dfrac{1}{\cos 2x} = 2.$

(2) $\lim\limits_{x\to0} \dfrac{1 - \cos 2x}{x \sin x} = \lim\limits_{x\to0} \dfrac{2 \sin^2 x}{x \sin x} = \lim\limits_{x\to0} \dfrac{2 \sin x}{x} = 2.$

(3) 由于

$$\lim_{x\to+\infty} \left(1 - \frac{3}{x}\right)^x = \lim_{x\to+\infty} \left[\left(1 + \frac{1}{-\dfrac{x}{3}}\right)^{-\frac{x}{3}}\right]^{-3} = e^{-3}.$$

根据定理 1.13, 得 $\lim\limits_{n\to\infty}\left(1-\dfrac{3}{n}\right)^n = \mathrm{e}^{-3}$.

(4) $\lim\limits_{x\to\infty}\left(\dfrac{x+2}{x+1}\right)^x = \lim\limits_{x\to\infty}\left[\left(1+\dfrac{1}{x+1}\right)^{x+1}\right]^{\frac{x}{x+1}} = \mathrm{e}$.

4. 函数极限与数列极限的关系

定理 1.13 (Heine[①](海涅) 定理)   极限 $\lim\limits_{x\to x_0} f(x) = A$ (A 有限或 ∞) 的充分必要条件为: 对于任意数列 $\{x_n\}$ ($x_n \neq x_0, x_n \to x_0$), 都有 $\lim\limits_{n\to\infty} f(x_n) = A$.

该定理的证明请读者参阅相关参考书. 利用这一结论可验证函数极限的不存在性: 通常是寻求两个收敛于同一值 (包括无穷大) 的序列 x_n, y_n 使 $f(x_n), f(y_n)$ 的极限存在但不相等, 或不存在. 例如, 当 $n \to \infty$ 时,

$$x_n = \frac{1}{2n\pi} \to 0, \quad y_n = \frac{1}{2n\pi + \dfrac{\pi}{2}} \to 0,$$

但

$$\lim\limits_{n\to\infty} \cos\frac{1}{x_n} = 1 \neq \lim\limits_{n\to\infty} \cos\frac{1}{y_n} = 0.$$

因此, 极限 $\lim\limits_{x\to 0} \cos\dfrac{1}{x}$ 不存在.

习　题　1.2

1. 观察下列各题中数列的变化情况, 指出哪些是收敛数列, 哪些是发散数列. 对于收敛数列, 写出它们的极限:

(1) $a_n = \dfrac{1}{3^n}$; (2) $a_n = (-1)^n\dfrac{1}{n}$;

(3) $a_n = 2 + \dfrac{1}{n^2}$; (4) $a_n = \dfrac{n-1}{n+2}$;

(5) $a_n = (-1)^n 2^n$; (6) $a_n = \dfrac{3^n + 2^n}{5^n}$.

2. 根据数列极限的定义证明:

(1) $\lim\limits_{n\to\infty} \dfrac{1}{(n+b)^\alpha} = 0$ ($b \geqslant 0, \alpha > 0$); (2) $\lim\limits_{n\to\infty} \dfrac{2n+2}{3n+1} = \dfrac{2}{3}$.

3. 若 $\lim\limits_{n\to\infty} a_n = a$, 证明 $\lim\limits_{n\to\infty} |a_n| = |a|$. 举例说明, 若 $\lim\limits_{n\to\infty} |a_n| = |a|$, 但 $\lim\limits_{n\to\infty} a_n$ 未必存在.

4. 求极限 $\lim\limits_{n\to\infty}\left(\dfrac{1}{n+\sqrt{1}} + \dfrac{1}{n+\sqrt{2}} + \cdots + \dfrac{1}{n+\sqrt{n}}\right)$.

① Heine (1821—1881), 德国数学家.

5. 利用单调有界准则证明下列极限存在:

(1) $a_n = \dfrac{1}{e^n + 1}, n = 1, 2, \cdots$;

(2) $a_1 = \sqrt{c}\ (c > 0), a_{n+1} = \sqrt{c + a_n}, n = 1, 2, \cdots$;

(3) $a_1 = \sqrt{2}, a_{n+1} = \sqrt{2a_n}, n = 1, 2, \cdots$.

6. 对于数列 a_n, 若 $a_{2k-1} \to a(k \to \infty), a_{2k} \to a(k \to \infty)$. 证明: $a_n \to a(n \to \infty)$.

7. 根据函数极限的定义证明:

(1) $\lim\limits_{x \to 3}(3x - 1) = 8$;

(2) $\lim\limits_{x \to \infty} \dfrac{6x + 5}{x} = 6$;

(3) $\lim\limits_{x \to 2} \dfrac{x^2 - 4}{x - 2} = 4$;

(4) $\lim\limits_{x \to a} e^x = e^a$.

8. 设

$$f(x) = \begin{cases} \dfrac{1}{x - 2}, & x < 0, \\ x^2, & 0 \leqslant x < 1, \\ 1, & x \geqslant 1, \end{cases}$$

问 $f(x)$ 在 $x = 0$ 与 $x = 1$ 两点处的极限是否存在? 为什么?

9. 设 $f(x) = \begin{cases} x^2 + 1, & x \leqslant 0, \\ x + k, & x > 0 \end{cases}$ 在 $x = 0$ 处有极限, 求 k 的值.

10. 求下列极限:

(1) $\lim\limits_{x \to 2} \dfrac{x^2 + 5}{x - 1}$;

(2) $\lim\limits_{x \to 1} \dfrac{x^2 - 3x + 2}{x^2 - 1}$;

(3) $\lim\limits_{x \to \infty} \left(2 + \dfrac{1}{x} + \dfrac{1}{x^2 + 1}\right)$;

(4) $\lim\limits_{x \to \infty} \dfrac{2x^2 - 1}{3x^2 + 2x + 1}$;

(5) $\lim\limits_{x \to \infty} \dfrac{x^2 + 2x}{x^3 - 3x^2 + 1}$;

(6) $\lim\limits_{x \to 1} \left(\dfrac{1}{1 - x} - \dfrac{3}{1 - x^3}\right)$;

(7) $\lim\limits_{x \to 3} \dfrac{x^3 + 5x}{(x - 3)^2}$;

(8) $\lim\limits_{x \to \infty} \dfrac{x^2}{2x + 5}$;

(9) $\lim\limits_{x \to +\infty} (\sqrt{x^2 + x} - x)$;

(10) $\lim\limits_{x \to 2} \dfrac{5x}{\sqrt[3]{2 + x} - \sqrt[3]{2 - x}}$;

(11) $\lim\limits_{x \to 1} \dfrac{x^m - 1}{x^n - 1}(m, n \in \mathbb{N})$;

(12) $\lim\limits_{x \to 0} \dfrac{\sqrt[3]{1 + 3x} - \sqrt[3]{1 - 2x}}{x + x^2}$;

(13) $\lim\limits_{x \to 1} \dfrac{\sqrt{3 - x} - \sqrt{1 + x}}{x^2 - 1}$;

(14) $\lim\limits_{x \to 0} x \cos \dfrac{1}{x}$.

11. 求下列极限:

(1) $\lim\limits_{x \to 0} \dfrac{\sin 2x}{\sin 3x}$;

(2) $\lim\limits_{x \to 0} x \cot x$;

(3) $\lim\limits_{x \to 0} \dfrac{1 - \cos x}{x \sin x}$;

(4) $\lim\limits_{x \to \infty} \left(1 - \dfrac{1}{x}\right)^{kx}, k > 0$;

(5) $\lim\limits_{x \to 0}(1 - x)^{\frac{1}{x}}$;

(6) $\lim\limits_{x \to 0}(1 + \tan x)^{\cot x}$;

(7) $\lim\limits_{x \to 0} \left(\dfrac{1+x}{1-x} \right)^{\frac{1}{x}}$;　　　　　　　　　(8) $\lim\limits_{x \to \infty} \left(\dfrac{3x+2}{3x-1} \right)^{2x-1}$.

12. 利用夹逼定理证明下列极限:

(1) $\lim\limits_{n \to \infty} \left(\dfrac{1}{1+n^2} + \dfrac{2}{2+n^2} + \cdots + \dfrac{n}{n+n^2} \right) = \dfrac{1}{2}$;

(2) $\lim\limits_{n \to \infty} \left(\sin \dfrac{\pi}{\sqrt{n^2+1}} + \sin \dfrac{\pi}{\sqrt{n^2+2}} + \cdots + \sin \dfrac{\pi}{\sqrt{n^2+n}} \right) = \pi$.

1.3　无穷大量与无穷小量

无穷小量是一个变量, 它在极限理论与应用上扮演十分重要的角色, 与无穷小量相对应的是无穷大量, 本节对它们进行特别讨论.

1.3.1　无穷大量与无穷小量的定义

如果函数 $f(x)$ 在自变量 $x \to x_0$ 或 $x \to \infty$ 时的极限为零, 则称 $f(x)$ 为 $x \to x_0$ 或 $x \to \infty$ 时的**无穷小量**; 如果函数 $f(x)$ 的极限为无穷大, 则称 $f(x)$ 为 $x \to x_0$ 或 $x \to \infty$ 时的**无穷大量**. 例如,

$$f(x) = \sin x \to 0 \quad (x \to 0); \quad g(x) = x^2 \to \infty \quad (x \to \infty),$$

因此函数 $f(x)$ 为 $x \to 0$ 时的无穷小量, 函数 $g(x)$ 为 $x \to \infty$ 时的无穷大量. 无穷小量和无穷大量也分别简称**无穷小**和**无穷大**.

由以上分析, 有两点需要注意: ① 无穷小量不是一个很小的数, 无穷大量也不是一个很大的数, 它们都是一个变量; ② 谈到无穷小量和无穷大量, 必须指明自变量的变化过程, 离开自变量的变化过程谈无穷大量或无穷小量是没有意义的. 函数 $f(x) = x^2$ 在 $x \to 0$ 时为无穷小量, 而在 $x \to \infty$ 时为无穷大量.

容易看到, 如果函数 $f(x)$ 为无穷小量且不为 0, 则在自变量的同一变化过程中, $\dfrac{1}{f(x)}$ 为无穷大量. 反过来, 该结论也成立.

下面给出无穷小量的几个性质, 这些性质的证明都比较简单 (利用极限的定义和性质即可证明), 这里不再给出.

性质 1　无穷小量与有界量乘积仍为无穷小量. 例如, $\lim\limits_{x \to 0} x \sin \dfrac{1}{x} = 0$.

性质 2　有限个无穷小量的乘积仍为无穷小量.

性质 3　有限个无穷小量之和仍为无穷小量.

性质 2 和性质 3 中的 "有限" 改为 "无限", 结论不再成立. 例如,

$$\lim\limits_{n \to \infty} \left(\dfrac{1}{n^2} + \dfrac{2}{n^2} + \cdots + \dfrac{n}{n^2} \right) = \lim\limits_{n \to \infty} \dfrac{1+2+\cdots+n}{n^2} = \lim\limits_{n \to \infty} \dfrac{n(n+1)}{2n^2} = \dfrac{1}{2} \neq 0.$$

如果 $\lim\limits_{x \to x_0} f(x) = A$, 则由极限的运算法则, 显然有 $\lim\limits_{x \to x_0} (f(x) - A) = 0$. 反过来也如此. 因此, 有以下定理.

定理 1.14 $\lim\limits_{x \to x_0} f(x) = A$ 的充分必要条件为 $f(x) = A + \alpha(x)$, 这里 $\alpha(x)$ 表示 $x \to x_0$ 时的无穷小量.

根据以上结论和定理 1.14, 下面证明定理 1.10 的结论 (3). 由

$$f(x) = A + \alpha, \quad g(x) = B + \beta,$$

这里 α, β 均为无穷小量, 则

$$\frac{f(x)}{g(x)} - \frac{A}{B} = \frac{Bf(x) - Ag(x)}{Bg(x)} = \frac{B\alpha - A\beta}{B(B + \beta)}.$$

由于 β 为无穷小量, 所以可以保证 $\dfrac{1}{B(B + \beta)} \neq 0$, 且为有界量. 因此, 有

$$\frac{f(x)}{g(x)} = \frac{A}{B} + \text{无穷小量},$$

即 $\lim \dfrac{f(x)}{g(x)} = \dfrac{A}{B}$.

请读者思考无界量与无穷大量之间的关系.

1.3.2 无穷小量之间的比较

当 $x \to 0$ 时, 不难发现 x, x^2 等都是无穷小量, 但 x 和 x^2 趋近于零的快慢程度是不一样的, 即 x^2 要比 x 趋近于零的速度要快一些. 于是, 有下面的定义.

定义 1.8 在 x 的同一变化过程中, $f(x), g(x)$ 都是无穷小量.

(1) 若 $\lim \dfrac{f(x)}{g(x)} = 0$, 则称 $f(x)$ 是 $g(x)$ 的**高阶无穷小量** (也称 $g(x)$ 是 $f(x)$ 的**低阶无穷小量**), 记为 $f(x) = o(g(x))$;

(2) 若 $\lim \dfrac{f(x)}{g(x)} = c$ $(c \neq 0$ 为常数$)$, 则称 $f(x)$ 是 $g(x)$ 的**同阶无穷小量**, 记为 $f(x) = O(g(x))$;

(3) 若 $\lim \dfrac{f(x)}{g(x)} = 1$, 则称 $f(x)$ 与 $g(x)$ 为**等价无穷小量**, 记为 $f(x) \sim g(x)$;

(4) 若 $\lim\limits_{x \to 0} \dfrac{f(x)}{x^{k-1}} = 0$, $\lim\limits_{x \to 0} \dfrac{f(x)}{x^k} = c \neq 0$, 则称 $f(x)$ 是 x 的 k **阶无穷小量**, 记为 $f(x) = O(x^k)$.

例如, 当 $x \to 0$ 时, $\dfrac{2\sin x}{x} \to 2, \dfrac{x^3}{x^2} \to 0$, 因此, $2\sin x$ 是 x 当 $x \to 0$ 时同阶无

穷小, x^3 是 x^2 当 $x \to 0$ 时的高阶无穷小, 即 $2\sin x = O(x)$, $x^3 = o(x^2)$. 再如,

$$\lim_{x \to -1} \frac{3(x+1)}{x^3+1} = 1,$$

因此, $3(x+1)$ 是 x^3+1 当 $x \to -1$ 时的等价无穷小, 即 $3(x+1) \sim x^3+1$.

关于 o 和 O 的运算参见本章 "思考与拓展" 一节.

对于等价无穷小量, 有以下结论.

结论 1　当 $x \to x_0$ 时, 若 $f(x) \sim \alpha(x)$, 则 $\lim\limits_{x \to x_0} f(x)g(x) = \lim\limits_{x \to x_0} \alpha(x)g(x)$ 成立. 但一般来说,

$$\lim_{x \to x_0} \frac{f(x) \pm g(x)}{h(x)} \neq \lim_{x \to x_0} \frac{\alpha(x) \pm g(x)}{h(x)}.$$

以上结论当 $x \to \infty$ 时也成立.

这一结论对于简化函数的极限计算过程是非常有用的. 例如,

$$\lim_{x \to 0} \frac{\sin x \tan x}{x^2} = \lim_{x \to 0} \frac{x \cdot x}{x^2} = 1$$

(因为当 $x \to 0$ 时, $\sin x \sim x, \tan x \sim x$). 注意到, 当 $x \to -1$ 时, $3(x+1) \sim x^3+1$, 但

$$\lim_{x \to -1} \frac{(x^3+1) - 3(x+1)}{(x+1)^2} \neq \lim_{x \to -1} \frac{(x^3+1) - (x^3+1)}{(x+1)^2} = 0,$$

正确做法是

$$\lim_{x \to -1} \frac{(x^3+1) - 3(x+1)}{(x+1)^2} = \lim_{x \to -1} (x-2) = -3.$$

同样, $\lim\limits_{x \to 0} \dfrac{\sin x - \tan x}{x^3} \neq \lim\limits_{x \to 0} \dfrac{x-x}{x^3}$.

结论 2　几个常用的等价无穷小量: 当 $x \to 0$ 时,

$$\sin x \sim x, \quad \tan x \sim x, \quad \ln(1+x) \sim x, \quad \mathrm{e}^x - 1 \sim x, \quad \sqrt[n]{1+x} - 1 \sim \frac{x}{n},$$

$$1 - \cos x \sim \frac{x^2}{2}, \quad \arctan x \sim x, \quad \arcsin x \sim x, \quad a^x - 1 \sim x \ln a \, (a > 0, a \neq 1).$$

例 1.26　证明当 $x \to 0$ 时, $\sqrt[n]{1+x} - 1 \sim \dfrac{1}{n} x$.

证明　因为

$$\lim_{x \to 0} \frac{\sqrt[n]{1+x} - 1}{\dfrac{1}{n} x} = \lim_{x \to 0} n \frac{(\sqrt[n]{1+x})^n - 1}{x((\sqrt[n]{1+x})^{n-1} + (\sqrt[n]{1+x})^{n-2} + \cdots + 1)}$$

$$= \lim_{x \to 0} \frac{n}{(\sqrt[n]{1+x})^{n-1} + (\sqrt[n]{1+x})^{n-2} + \cdots + 1} = 1,$$

所以, 当 $x \to 0$ 时, $\sqrt[n]{1+x} - 1 \sim \dfrac{1}{n}x$.

当 $x \to 0$ 时, 如果 $\mu(x) \to 0$, 且 $\mu(x)$ 在点 $x = 0$ 的某去心邻域 $\mathring{U}(0)$ 内满足 $\mu(x) \neq 0$, 则上述等价关系 (结论 2) 中的 x 都可替换为 $\mu(x)$. 例如, 当 $x \to 0$ 时,

$$\sin x^2 \sim x^2, \quad \tan 3x \sim 3x, \quad \ln(1 - 4x^2) \sim -4x^2.$$

在实际问题中, 这种情形比较多. 注意以下例题.

例 1.27 求下列极限:

(1) $\lim\limits_{x \to 0} \dfrac{\tan 3x}{\sin 5x}$; (2) $\lim\limits_{x \to 0} \dfrac{(1 + x^2)^{\frac{1}{3}} - 1}{\cos x - 1}$; (3) $\lim\limits_{x \to 0} \dfrac{\tan x - \sin x}{\sin^3 x}$; (4) $\lim\limits_{x \to 0} \dfrac{x \ln(1 + x^2)}{\sin^3 x}$.

解 (1) 由于当 $x \to 0$ 时, $3x \to 0, 5x \to 0$, 所以,

$$\lim_{x \to 0} \frac{\tan 3x}{\sin 5x} = \lim_{x \to 0} \frac{3x}{5x} = \frac{3}{5}.$$

(2) 由于当 $x \to 0$ 时, $x^2 \to 0$, 所以,

$$\lim_{x \to 0} \frac{(1 + x^2)^{\frac{1}{3}} - 1}{\cos x - 1} = \lim_{x \to 0} \frac{\dfrac{1}{3}x^2}{-\dfrac{1}{2}x^2} = -\frac{2}{3}.$$

(3) $\lim\limits_{x \to 0} \dfrac{\tan x - \sin x}{\sin^3 x} = \lim\limits_{x \to 0} \dfrac{\sin x}{\sin^3 x} \times \dfrac{1 - \cos x}{\cos x} = \lim\limits_{x \to 0} \dfrac{1}{x^2} \times \dfrac{1}{2}x^2 = \dfrac{1}{2}.$

(4) $\lim\limits_{x \to 0} \dfrac{x \ln(1 + x^2)}{\sin^3 x} = \lim\limits_{x \to 0} \dfrac{x^3}{x^3} = 1.$

习 题 1.3

1. 两个无穷小的商是否为无穷小? 两个无穷大的和是否为无穷大? 举例说明之.

2. 当 $x \to 0$ 时, 将下列无穷小与 x 进行比较 (如果是高阶无穷小, 指明阶数):

(1) $x^2 - x^3$; (2) $\dfrac{\tan^2 x}{\sin x}$, (3) $\sin x - \tan x$; (4) $\dfrac{x^2(x + 2)}{\sqrt{1 + x^2}}$.

3. 证明: 当 $x \to 0$ 时, (1) $\tan x \sim x$; (2) $1 - \cos x \sim \dfrac{x^2}{2}$; (3) $e^x - 1 \sim x$.

4. 求下列极限:

(1) $\lim\limits_{x \to 0} \dfrac{\arctan 3x}{x}$;

(2) $\lim\limits_{x \to 0} \dfrac{\tan x - \sin x}{x^3}$;

(3) $\lim\limits_{x \to 0} \dfrac{\ln(1 + x)}{\sqrt{1 + x} - 1}$;

(4) $\lim\limits_{x \to 0} \dfrac{\tan(\tan x)}{x}$;

(5) $\lim\limits_{x \to 0} \dfrac{\sqrt[n]{1 + \sin x} - 1}{\arctan x}$;

(6) $\lim\limits_{x \to 0} \dfrac{\sqrt{2} - \sqrt{1 + \cos x}}{\sin^2 x}$;

(7) $\lim\limits_{x \to 0} \dfrac{\sqrt{1 + x^2} - 1}{1 - \cos x}$;

(8) $\lim\limits_{x \to 0} \dfrac{1 - \cos(1 - \cos x)}{x^4}$.

5. 确定 α 的值, 使下列函数与 x^α 当 $x \to 0$ 时为同阶无穷小量:

(1) $\sin 2x - 2\sin x$;

(2) $\dfrac{1}{1+x} - (1-x)$;

(3) $\sqrt{1+\tan x} - \sqrt{1-\sin x}$;

(4) $\sqrt[5]{3x^2 - 4x^3}$.

6. 试说明:

(1) 无穷大量是否必为无界量;

(2) 无界的量是否必为无穷大量;

(3) 有界量乘以无穷大量是否必为无穷大量.

7. 证明下列各题:

(1) 当 $x \to 0^+$ 时, $\sqrt{x + \sqrt{x + \sqrt{x}}} \sim \sqrt[8]{x}$;

(2) 当 $x \to 0$ 时, $\sqrt{1+\tan x} - \sqrt{1+\sin x} \sim \dfrac{1}{4}x^3$.

8. 函数 $f(x) = x\sin x$ 在 $(-\infty, +\infty)$ 内是否有界? 这个函数是否当 $x \to +\infty$ 时为无穷大? 为什么?

1.4　连 续 函 数

自然界许多现象都是连续变化的, 例如, 光的传播、温度的变化、植物的生长等. 这种现象在数学上的反映即为函数的连续性. 在几何上, 连续函数的图形表示一条不断开的曲线, 即当自变量有微小变化时, 函数值的变化也是微小的. 本节主要介绍连续函数的定义及运算规则和闭区间上连续函数的性质.

1.4.1　连续函数的定义

定义 1.9　设函数 $y = f(x)$ 在点 x_0 的某邻域内有定义, 如果函数增量

$$\Delta y = f(x_0 + \Delta x) - f(x_0)$$

满足

$$\lim_{\Delta x \to 0} \Delta y = 0,$$

则称函数 $f(x)$ 在点 x_0 处**连续**, 点 x_0 称为函数 $f(x)$ 的**连续点**. 否则, 称函数 $f(x)$ 在点 x_0 处**不连续**(也称间断). 不连续的点称为**间断点**.

设 $x = x_0 + \Delta x$, 则上式等价于

$$\lim_{x \to x_0} f(x) = f(x_0),$$

由此, 函数 $f(x)$ 在点 x_0 连续, 意味着下列条件同时满足:

(1) $f(x)$ 在点 x_0 有定义;

(2) $f(x)$ 在 $x \to x_0$ 时有极限, 且极限等于函数值 $f(x_0)$.

例如, 函数 $f(x) = x^2 + 1$ 在点 $x_0 = 1$ 处连续, 因为当 $\Delta x \to 0$ 时,

$$f(x_0 + \Delta x) = f(1 + \Delta x) = 2 + (2 + \Delta x)\Delta x \to 2 = f(1).$$

函数 $f(x)$ 在点 x_0 间断, 意味着下列条件之一成立:

(1) $f(x)$ 在点 x_0 无定义;

(2) $f(x)$ 在点 x_0 有定义, 但 $\lim\limits_{x \to x_0} f(x)$ 不存在;

(3) $f(x)$ 在点 x_0 有定义, 且 $\lim\limits_{x \to x_0} f(x)$ 存在, 但极限不等于 $f(x_0)$.

根据以上说明, 显然下列函数在点 $x_0 = 0$ 处间断:

$$f(x) = \frac{\sin x}{x} \ (x \neq 0), \quad f(x) = \begin{cases} -1, & x \geqslant 0, \\ 1, & x < 0, \end{cases} \quad f(x) = \begin{cases} \dfrac{\sin x}{x}, & x \neq 0, \\ 2, & x = 0. \end{cases}$$

若函数在某一区间 I 上每一点都连续, 则称函数在该区间 I 上连续 (有时也记为 $f(x) \in C(I)$). 例如, 由例 1.19, 函数 $\sin x$ 在 $\mathbb{R}$ 上连续, 因为 $\sin x$ 对任意的 x_0 连续.

函数 $xD(x)$ ($D(x)$ 为 Dirichlet 函数) 在 $x = 0$ 处连续, 但对 $x \neq 0$, 它不连续. 也就是说, 函数在一点连续, 未必在这点任意小的邻域内连续.

例 1.28 解答下列各题:

(1) 设函数 $f(x)$ 在 $(-\delta, \delta)$ ($\delta > 0$) 内有定义, 且 $0 \leqslant f(x) \leqslant x^2$. 证明 $f(x)$ 在点 $x = 0$ 处连续;

(2) 证明函数 $f(x) = x^n$ 在 $\mathbb{R}$ 上连续.

证明 (1) 由题意, $f(0) = 0$. 又 $\lim\limits_{x \to 0} x^2 = 0$, 因此, 由夹逼定理, $\lim\limits_{x \to 0} f(x) = 0 = f(0)$. 所以函数 $f(x)$ 在点 $x = 0$ 连续.

(2) 对任意的 $x_0 \in \mathbb{R}$, 因为

$$(x_0 + \Delta x)^n - x_0^n = \Delta x (\mathrm{C}_n^1 x_0^{n-1} + \mathrm{C}_n^2 x_0^{n-2} \Delta x + \cdots + \mathrm{C}_n^n (\Delta x)^{n-1}) \to 0 \quad (\Delta x \to 0),$$

即 x^n 在 x_0 连续. 由 x_0 的任意性, 函数 x^n 在 $\mathbb{R}$ 上连续.

* **例 1.29** 对任意的 $x_1, x_2 > 0$, 函数 $f(x)$ 满足 $f(x_1 x_2) = f(x_1) + f(x_2)$, 且在 $x = 1$ 处连续. 证明 $f(x)$ 在 $x > 0$ 上连续.

证明 首先, 由给定的条件易得 $f(1) = 0$. 其次, 对任意的 $x_0 > 0$ 和 $x > 0$,

$$f(x) = f\left(x_0 \cdot \frac{x}{x_0}\right) = f(x_0) + f\left(\frac{x}{x_0}\right).$$

因此, 当 $x \to x_0$ 时, $f(x) \to f(x_0)$, 即 $f(x)$ 在点 $x_0(> 0)$ 处连续. 由 x_0 的任意性, 函数 $f(x)$ 在 $x > 0$ 上连续.

既然函数的连续性由极限所定义, 因此根据左极限和右极限的定义, 相应给出函数左连续和右连续的概念. 若

$$f(x_0 - 0) = \lim_{x \to x_0^-} f(x) = f(x_0),$$

则称函数在点 x_0 **左连续**; 若

$$f(x_0 + 0) = \lim_{x \to x_0^+} f(x) = f(x_0),$$

则称函数在点 x_0 **右连续**. 由定义, 易知函数 $f(x)$ 在点 x_0 连续的充分必要条件是 $f(x)$ 在点 x_0 同时左连续和右连续.

函数在闭区间 $[a, b]$ 上连续, 表示函数 $f(x)$ 在开区间 (a, b) 内连续, 在点 $x = a$ 处右连续, 在点 $x = b$ 处左连续.

例 1.30 设 $f(x) = \begin{cases} x^2 + a, & x \geqslant 1, \\ x + b, & x < 1 \end{cases}$ 在点 $x = 1$ 处连续, 问 a, b 满足什么条件?

解 因为

$$f(1 - 0) = 1 + b, \quad f(1 + 0) = 1 + a, \quad f(1) = 1 + a,$$

所以, 只要 $1 + a = 1 + b$, 即 $a = b$, 则函数 $f(x)$ 在点 $x = 1$ 处连续.

1.4.2 连续函数的性质

1. 连续函数运算法则

根据极限的运算法则和函数连续的定义, 有如下结论.

(1) 若函数 $f(x), g(x)$ 在点 x_0 处连续, 则 $f(x) \pm g(x)$, $f(x)g(x)$, $\dfrac{f(x)}{g(x)} \ (g(x_0) \neq 0)$ 在点 x_0 处也连续.

依此结论, 由例 1.28(2), 多项式函数 $f(x) = a_0 + a_1 x + \cdots + a_n x^n$ 在 $\mathbb{R}$ 上连续.

(2) 若函数 $f(x)$ 在 x_0 处连续, $g(x)$ 在 x_0 处不连续, 则 $f(x) \pm g(x)$ 在 x_0 处一定不连续 (可用反证法证明); $f(x)g(x)$ 与 $\dfrac{f(x)}{g(x)}$ 在 x_0 处的连续性不确定.

例如, $f(x) = x$ 在点 $x = 0$ 处连续, $g(x) = \dfrac{\sin x}{x}$ 在点 $x = 0$ 处不连续, 但 $f(x)g(x) = \sin x$ 在点 $x = 0$ 处连续, 而 $\dfrac{f(x)}{g(x)} = \dfrac{x^2}{\sin x}$ 在点 $x = 0$ 处不连续.

(3) 函数 $f(x), g(x)$ 在点 x_0 处都不连续, 则 $f(x) \pm g(x), f(x)g(x), \dfrac{f(x)}{g(x)}$ 在点 x_0 处的连续性不确定.

例如, 函数 $f(x) = \dfrac{1}{x}, g(x) = -\dfrac{1}{x}$, 显然 $f(x) + g(x) \equiv 0, \dfrac{f(x)}{g(x)} \equiv -1$ 连续, 但 $f(x) - g(x) = \dfrac{2}{x}$, $f(x)g(x) = -\dfrac{1}{x^2}$ 不连续.

(4) 对复合函数 $y = f(\varphi(x))$, 若 $\lim\limits_{x \to x_0} \varphi(x) = a$, 函数 $y = f(u)$ 在点 $u = a$ 处连续, 则

$$\lim_{x \to x_0} f(\varphi(x)) = f(\lim_{x \to x_0} \varphi(x)) = f(a).$$

例如, 由于 $\ln t$ 对 $t > 0$ 都是连续的, 因此,

$$\lim_{x \to 0} \frac{\ln(1+x)}{x} = \lim_{x \to 0} \ln(1+x)^{\frac{1}{x}} = \ln \lim_{x \to 0} (1+x)^{\frac{1}{x}} = \ln e = 1.$$

(5) 若 $u = \varphi(x)$ 在点 $x = x_0$ 处连续, $\varphi(x_0) = u_0$, 而 $y = f(u)$ 在点 $u = u_0$ 处连续, 那么复合函数 $y = f(\varphi(x))$ 在点 $x = x_0$ 处连续.

(6) 基本初等函数在其定义域内都是连续的, 但初等函数在其定义区间上连续, 在其定义域内未必连续.

例如, 初等函数 $y = \sqrt{\sin x - 1}$ 的定义域为 $\left\{ x \middle| x = 2k\pi + \dfrac{\pi}{2}, k = 0, \pm 1, \pm 2, \cdots \right\}$, 这是一个离散的集合, 函数在其定义域内不连续.

2. 函数的极值

定义 1.10　设函数 $f(x)$ 在区间 I 内有定义, 若点 x_0 的邻域 $U(x_0) \subset I$, 使得对任意的 $x \in U(x_0)$, 都有

$$f(x) \geqslant f(x_0) \quad 或 \quad f(x) \leqslant f(x_0),$$

则称 $f(x_0)$ 为函数 $f(x)$ 的一个**极小值**(或**极大值**), 点 x_0 称为**极小值点**(或**极大值点**). 极小值和极大值统称为**极值**, 函数取极小值的点和极大值的点统称为**极值点**.

如果对任意的 $x \in I$, 都有

$$f(x) \geqslant f(x_0) \quad 或 \quad f(x) \leqslant f(x_0),$$

则称 $f(x_0)$ 为函数 $f(x)$ 在区间 I 上的**最小值**(或**最大值**). 区间 I 上的最小值和最大值可分别记为 $\min\limits_{x \in I} f(x), \max\limits_{x \in I} f(x)$. 最大值和最小值统称为**最值**, 函数取最小值的点和最大值的点统称为**最值点**.

根据定义, 函数极值是该函数在点 x_0 的一个邻域内的最大值或最小值, 因此极值只是一个局部概念. 函数在一个区间上可能有多个极值, 但最大值和最小值若存在的话, 则只能有一个.

3. 闭区间上连续函数的性质

下面讨论闭区间上连续函数的性质.

定理 1.15 设函数 $f(x)$ 在闭区间 $[a,b]$ 上连续, 则

(1) 函数 $f(x)$ 在 $[a,b]$ 上一定有最大值、最小值, 因此也一定有界;

(2) (**零点定理**) 若 $f(a)f(b) \leqslant 0$(即函数在端点处的函数值异号), 则一定存在点 $c \in [a,b]$, 使得 $f(c) = 0$. 如果 $f(a)f(b) < 0$, 则这样的 $c \in (a,b)$.

结论 (1) 说明, 如果函数 $f(x)$ 在闭区间 $[a,b]$ 上连续, 则至少存在一点 $x_1 \in [a,b]$, 使得 $f(x_1)$ 为函数 $f(x)$ 在 $[a,b]$ 上的最大值; 存在一点 $x_2 \in [a,b]$, 使 $f(x_2)$ 为 $f(x)$ 在 $[a,b]$ 上的最小值. 如果函数 $f(x)$ 在开区间 (a,b) 内连续, 或者在闭区间内有间断点, 则 $f(x)$ 未必有最大值或最小值. 例如, 函数 $f_1(x) = x$ 在开区间 $(1,2)$ 内连续, 但它没有最大值和最小值; 函数 $f_2(x) = \begin{cases} 1-x, & 0 \leqslant x < 1, \\ 1, & x = 1, \\ 3-x, & 1 < x \leqslant 2 \end{cases}$ 在闭区间 $[0,2]$ 上有间断点 $x = 1$, 不难看到, 它没有最大值和最小值.

依据结论 (2), 可给出闭区间上连续函数的**介值定理**.

定理 1.16 如果常数 C 介于函数 $f(x)$ 在闭区间 $[a,b]$ 上的最大值与最小值之间, 即

$$\min_{x \in [a,b]} f(x) \leqslant C \leqslant \max_{x \in [a,b]} f(x),$$

则必存在 $\xi \in [a,b]$, 使得 $f(\xi) = C$.

例 1.31 解答下列各题:

(1) 证明方程 $f(x) = x^3 - 4x^2 + 2 = 0$ 在 0 与 1 之间至少有一实根;

(2) 函数 $f(x)$ 在闭区间 $[a,b]$ 上连续, $a < x_1 < x_2 < b$, 证明存在 $\xi \in (a,b)$, 使得

$$t_1 f(x_1) + t_2 f(x_2) = (t_1 + t_2)f(\xi), \quad t_i > 0 \quad (i = 1, 2).$$

证明 (1) 显然, 函数 $f(x)$ 在闭区间 $[0,1]$ 上连续, 且 $f(0) = 2 > 0, f(1) = -1 < 0$. 因此, 由零点定理, 存在点 $c \in (0,1)$, 使 $f(c) = 0$. 所以方程 $f(x) = 0$ 在 0 与 1 之间至少有一个实根.

(2) 设 $F(x) = t_1 f(x_1) + t_2 f(x_2) - (t_1 + t_2)f(x)$ $(x \in [x_1, x_2])$. 显然函数 $F(x)$ 在闭区间 $[x_1, x_2]$ 上连续, 且

$$F(x_1)F(x_2) = -t_1 t_2 (f(x_2) - f(x_1))^2 \leqslant 0.$$

因此, 存在点 $\xi \in [x_1, x_2] \subset (a,b)$, 使得 $F(\xi) = 0$. 即证.

* 例 1.32 函数 $f(x)$ 在区间 $[a,b]$ 上连续, $x_1, x_2, \cdots, x_n \in (a,b)$. 证明存在 $\xi \in (a,b)$, 使

$$f(\xi) = \frac{1}{n}(f(x_1) + f(x_2) + \cdots + f(x_n)).$$

证明 设

$$f(x_i) = \min\{f(x_1), f(x_2), \cdots, f(x_n)\}, \quad f(x_k) = \max\{f(x_1), f(x_2), \cdots, f(x_n)\},$$

则

$$f(x_i) \leqslant \frac{1}{n}(f(x_1) + f(x_2) + \cdots + f(x_n)) \leqslant f(x_k).$$

由函数 $f(x)$ 在区间 $[x_i, x_k]$ 或 $[x_k, x_i]$ 上连续, 因此由介值定理, 存在 $\xi \in [x_i, x_k] \subset [a,b]$(或 $\xi \in [x_k, x_i] \subset [a,b]$), 使 $f(\xi) = \frac{1}{n}(f(x_1) + f(x_2) + \cdots + f(x_n))$.

1.4.3 函数间断点的分类

我们知道, 使函数不连续的点即为其间断点, 这里利用左极限和右极限的概念讨论函数间断点的分类. 设 $x = x_0$ 是函数 $f(x)$ 的间断点, 则:

(1) 左极限和右极限存在且相等, 即 $f(x_0 - 0) = f(x_0 + 0)$, 那么间断点 x_0 是 $f(x)$ 的**可去间断点**;

(2) 左极限和右极限存在但不相等, 即 $f(x_0 - 0) \neq f(x_0 + 0)$, 那么间断点 x_0 是 $f(x)$ 的**跳跃间断点**;

(3) 左极限或右极限为 ∞, 那么间断点 x_0 是 $f(x)$ 的**无穷间断点**;

(4) 左极限或右极限既不存在, 也不为 ∞, 那么间断点 x_0 是 $f(x)$ 的**振荡间断点**.

情形 (1) 和 (2) 的间断点称为**第一类间断点**; 情形 (3) 和 (4) 的间断点称为**第二类间断点**.

例 1.33 指出下列函数间断点, 并判断其类型:

(1) $f(x) = \dfrac{x}{\tan x}$;　　　　　　　　(2) $f(x) = \begin{cases} x^2 - 1, & x < 1, \\ x, & x \geqslant 1; \end{cases}$

(3) $f(x) = \sin \dfrac{1}{x}$;　　　　　　　　(4) $f(x) = \dfrac{1}{2x}$.

解 (1) 由于 $\lim\limits_{x \to 0} \dfrac{x}{\tan x} = 1$, 所以点 $x_1 = 0$ 是函数 $f(x)$ 的可去间断点. 对点

$$x_2 = k\pi + \frac{\pi}{2} \quad (\pm 1, \pm 2, \cdots),$$

由于 $\lim\limits_{x \to x_2} \dfrac{x}{\tan x} = 0$, 所以点 x_2 为函数 $f(x)$ 的可去间断点. 容易验证点 $x_3 = k\pi$ $(k = \pm 1, \pm 2, \cdots)$ 是无穷间断点.

(2) 显然, $f(1-0) = \lim\limits_{x \to 1^-} f(x) = 0$, $f(1+0) = \lim\limits_{x \to 1^+} f(x) = 1$, 因此点 $x = 1$ 是函数 $f(x)$ 的跳跃间断点.

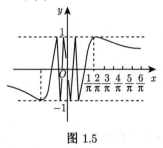

图 1.5

(3) 点 $x = 0$ 是函数 $f(x)$ 的振荡间断点. 实际上, 当 $x \to 0$ 时, 函数值在 1 与 -1 之间变动无限多次 (图 1.5). 因此, 这种间断点称为函数的振荡间断点.

(4) 由于 $\lim\limits_{x \to 0} f(x) = \infty$. 所以, 点 $x = 0$ 是函数 $f(x)$ 的无穷间断点.

例 1.34　讨论函数 $f(x) = \dfrac{x^3 - x}{\sin \pi x}$ 的间断点及其类型.

解　易知函数 $f(x)$ 不能使 $\sin \pi x = 0$, 即在 $x = n$ $(n = 0, \pm 1, \pm 2, \cdots)$ 处间断. 当 $x = 0$ 时,

$$\lim_{x \to 0} f(x) = \lim_{x \to 0} \frac{x^3 - x}{\pi x} = -\frac{1}{\pi},$$

因此, 间断点 $x = 0$ 是可去间断点; 当 $x \to 1$ 时,

$$\sin \pi x = -\sin[\pi(x-1)] \sim -\pi(x-1), \quad \lim_{x \to 1} \frac{x^3 - x}{\sin \pi x} = \lim_{x \to 1} \frac{x(x-1)(x+1)}{-\pi(x-1)} = -\frac{2}{\pi},$$

因此, $x = 1$ 是 $f(x)$ 的可去间断点; 当 $x \to -1$ 时, $\sin \pi x = -\sin \pi(x+1) \sim -\pi(x+1)$,

$$\lim_{x \to -1} \frac{x^3 - x}{\sin \pi x} = \lim_{x \to -1} \frac{x(x-1)(x+1)}{-\pi(x+1)} = -\frac{2}{\pi},$$

因此, $x = -1$ 是函数 $f(x)$ 的可去间断点; 当 $x = n$ $(n = \pm 2, \pm 3, \cdots)$ 时,

$$\lim_{x \to n} f(x) = \infty.$$

因此, 此时的间断点为无穷间断点.

习　题　1.4

1. 设函数 $f(x)$ 在点 x_0 附近有定义, 且 $\lim\limits_{h \to 0} (f(x_0 + h) - f(x_0 - h)) = 0$. 问 $f(x)$ 在点 x_0 处是否连续.

2. 利用定义验证下列函数在其定义域内的连续性:

(1) $f(x) = \dfrac{1}{x}$;　　　　　(2) $f(x) = |x|$;　　　　(3) $f(x) = \begin{cases} x^2, & 0 \leqslant x \leqslant 1, \\ 2 - x, & 1 < x \leqslant 2. \end{cases}$

3. 证明: 若函数 $f(x)$ 在点 x_0 处连续, 则 $|f(x)|$ 在点 x_0 处也连续. 问反之是否成立?

4. 指出下列函数的间断点, 并说明间断点的类型:

(1) $f(x) = \dfrac{\sin x}{|x|}$; (2) $f(x) = (1 + |x|)^{\frac{1}{x}}$; (3) $f(x) = \dfrac{x^2 - 1}{x^2 + 3x + 2}$.

5. 问 a 为何值时, 函数 $f(x) = \begin{cases} \mathrm{e}^x, & x < 0, \\ x + a, & x \geqslant 0 \end{cases}$ 在点 $x = 0$ 处连续.

6. 确定常数 a, b 使下列函数在点 $x = 0$ 处连续:

(1) $f(x) = \begin{cases} \arctan \dfrac{1}{x}, & x < 0, \\ a + \sqrt{x}, & x \geqslant 0; \end{cases}$ (2) $f(x) = \begin{cases} \dfrac{\sin ax}{x}, & x > 0, \\ 2, & x = 0, \\ \dfrac{1}{bx} \ln(1 - 3x), & x < 0. \end{cases}$

7. 利用连续函数的性质证明:

(1) 方程 $x^3 - 4x^2 + 1 = 0$ 在区间 $(0, 1)$ 内至少有一个根;

(2) 方程 $x2^x = 1$ 在区间 $[0, 1]$ 上有根;

(3) 方程 $x - \sin(x + 1) = 0$ 在 $(-\infty, +\infty)$ 内有根;

(4) 任何一个奇次多项式至少有一实根;

(5) 方程 $x = a \sin x + b$ (其中 $a > 0, b > 0$) 至少有一个正根, 并且它不超过 $a + b$.

1.5 思考与拓展

问题1.1: 极限定义及运算的一些注意事项.

极限理论是高等数学最基础、最基本的知识点, 这是因为函数的连续性、可导性 (可微性)、可积性 (包括定积分、重积分、线面积分等), 以及无穷级数的收敛性, 都是建立在极限概念的基础之上. 因此, 理解并掌握极限的基本理论和运算法则至关重要.

(1) 极限定义的理解. 在 ε-N(数列极限定义) 和 ε-δ(函数极限定义) 语言中, 一是为了保证 $|a_n - a|$ 或 $|f(x) - a|$ 任意小, 要求 ε 任意小, 因为它体现了在变量 n 或 x 的变化过程中, a_n 或 $f(x)$ 与常数 a 的接近程度; 二是 N 和 δ 都是 ε 的函数, 也就是 $N = N(\varepsilon)$, $\delta = \delta(\varepsilon)$, 同时, N 和 δ 都不是唯一的, 这就是在利用极限定义证明或求极限时, 一般是通过 $|a_n - a| < \varepsilon$ 或 $|f(x) - a| < \varepsilon$ 确定 N 或 δ 的存在性. 另外, 在实际问题中, $|a_n - a| < \varepsilon$ 与 $|a_n - a| < M\varepsilon$ 无本质的区别, 其中 $M > 0$ 为常数.

(2) $\lim\limits_{n \to \infty} a_n = a$ 的否定叙述 (以数列极限为例). 极限的否定叙述的方法是将定义中的"任意"改为"存在", 将原定义中的"存在"改为"任意", 当然不等关系也应有相应的改变. 由此, 否定叙述为: 存在某个 $\varepsilon_0 > 0$, 对任意的 N, 至少有一个 $n_0 > N$, 使 $|a_{n_0} - a| \geqslant \varepsilon_0$.

(3) 极限运算法则的讨论. 在极限的四则运算法则中, 最基本的要求有两点: 一是参加运算的所有函数的极限都存在 (如果是商的极限, 要求分母的极限不为零); 二是仅限于有限情形. 这在前面已有讨论, 不再赘述.

问题1.2: 1^∞ 型极限的处理.

所谓 1^∞ 型极限是指如下类型的极限:

$$\lim(u(x))^{v(x)}\ (u(x)>0),\quad \lim u(x)=1,\quad \lim v(x)=\infty.$$

方法一　由于 $u(x)^{v(x)}=\mathrm{e}^{v(x)\ln u(x)}$, 又注意到 e^x 的连续性, 可知

$$\lim(u(x))^{v(x)}=\mathrm{e}^{\lim v(x)\ln u(x)}.$$

方法二　由于

$$(u(x))^{v(x)}=(1+u(x)-1)^{v(x)}=\left((1+u(x)-1)^{\frac{1}{u(x)-1}}\right)^{(u(x)-1)v(x)},$$

利用重要极限公式 $\lim\limits_{x\to0}(1+x)^{\frac{1}{x}}=\mathrm{e}$, 只需求极限 $\lim(u(x)-1)v(x)$ 即可.

例 1.35　求极限 $\lim\limits_{x\to0}\left(\dfrac{1+\tan x}{1+\sin x}\right)^{\frac{1}{\sin x}}$.

解　方法一　由于

$$\lim_{x\to0}\frac{\ln\dfrac{1+\tan x}{1+\sin x}}{\sin x}=\lim_{x\to0}\frac{\ln\left(1+\dfrac{\tan x-\sin x}{1+\sin x}\right)}{\sin x}=\lim_{x\to0}\frac{\tan x-\sin x}{(1+\sin x)x}=0,$$

因此,

$$\lim_{x\to0}\left(\frac{1+\tan x}{1+\sin x}\right)^{\frac{1}{\sin x}}=\mathrm{e}^0=1.$$

方法二　由于

$$\left(\frac{1+\tan x}{1+\sin x}\right)=\left[\left(1+\frac{\tan x-\sin x}{1+\sin x}\right)^{\frac{1+\sin x}{\tan x-\sin x}}\right]^{\frac{\tan x-\sin x}{1+\sin x}\frac{1}{\sin x}},$$

而 $\dfrac{\tan x-\sin x}{1+\sin x}\dfrac{1}{\sin x}\to0\ (x\to0)$, 因此, 原极限为 $\mathrm{e}^0=1$.

问题1.3:无限与有限的根本区别.

显然, $3+1>3$. 一般来说, 对任何实数 a, 一定有 $a+1>a$. 这是因为 $1,3,a$ 都是有限的数. 在有限数学 (如高等数学) 中, 不定义 ∞ 的运算, 但在实变函数论中, 就需要把 ∞ 作为一个 "广义的实数", 并规定一些运算. 例如, $\infty+C=\infty$, 但 $\infty+1>\infty$ 就不再成立. 自然地, 一般来说,

$$\infty-\infty\neq0,\quad \frac{\infty}{\infty}\neq1,\quad \infty+\infty\neq\infty,\quad 1^\infty\neq1.$$

因此, 记号 $\lim\limits_{x \to 0} \dfrac{1}{x} = \infty$ 只表示在 $x \to 0$ 的变化过程中, 变量 $\dfrac{1}{x}$ 是无穷大量, 并不表示 $\lim\limits_{x \to 0} \dfrac{1}{x}$ 收敛. 这与 $\lim\limits_{x \to a} f(x) = a(a$ 有限$)$ 有本质的区别. 所以, 两个无穷大量或一个无穷大量与一个有极限的变量的加、减、乘和除都不能套用极限四则运算法则来描述.

问题1.4:函数连续性的三点说明.

(1) 极限与函数运算的交换. 如果函数 $f(x)$ 在点 x_0 处连续, 则

$$\lim_{x \to x_0} f(x) = f(x_0).$$

另外, 函数 $f(x) = x$ 在 $\mathbb{R}$ 上连续, 自然有 $\lim\limits_{x \to x_0} x = x_0$. 因此, 就有

$$\lim_{x \to x_0} f(x) = f(\lim_{x \to x_0} x) = f(x_0).$$

那么, 自然会问, 对于更一般的 $f(\phi(x))$, 是否也有类似的结论, 即

$$\lim_{x \to x_0} f(\phi(x)) = f(\lim_{x \to x_0} \phi(x)). \tag{1.6}$$

这在一般情况下是不成立的. 例如, $f(x) = \begin{cases} 1, & x \neq 0, \\ 0, & x = 0, \end{cases}$ $g(x) = \begin{cases} \dfrac{1}{q}, & x = \dfrac{p}{q}(p, q互质), \\ 0, & x \notin \mathbb{Q}. \end{cases}$

显然

$$\lim_{x \to 0} g(x) = 0, \quad \lim_{x \to 0} f(x) = 1.$$

但 $\lim\limits_{x \to 0} f(g(x))$ 的极限不存在. 因为当 $x_n \in \mathbb{Q}$ 且 $x_n \to 0$ 时, $f(g(x_n)) \to 1$; 当 $y_n \notin \mathbb{Q}$ 且 $y_n \to 0$ 时, $f(g(y_n)) \to 0$.

(2) 点连续与区间连续的关系. 我们知道, 根据函数在区间 I 上连续的定义, 如果函数 $f(x)$ 在区间 I 上连续, 则对区间内的任意一点 x_0 一定连续. 但如果函数 $f(x)$ 在点 x_0 连续, 未必在点 x_0 的某邻域内连续. 例如, 函数 $f(x) = \begin{cases} x, & x \in \mathbb{Q}, \\ -x, & x \notin \mathbb{Q} \end{cases}$ 在点 $x = 0$ 处连续, 但对任意的 $x \neq 0$, 函数都是不连续的.

存在处处有定义但处处不连续的函数, 例如, 函数 $f(x) = \begin{cases} -1, & x \in \mathbb{Q}, \\ 1, & x \notin \mathbb{Q} \end{cases}$ 对任何点 x 都不连续.

(3) 函数的一致连续性. 先考虑分别定义在区间 $I_1 = (0, 1]$ 和 $I_2 = [1, 2]$ 上的函数 $f(x) = \dfrac{1}{x}$, 它在这两个区间上都是连续的, 但在区间 I_1 上, 对任意 $\varepsilon \in (0, 1)$, 取 $x_1 = \dfrac{1}{n}, x_2 = \dfrac{1}{n+1}$, 则

$$|x_1 - x_2| = \frac{1}{n(n+1)}$$

可足够小, 但

$$|f(x_1) - f(x_2)| = 1 > \varepsilon.$$

而在区间 I_2 上, 对任意 $x_1, x_2 \in [1, 2]$, 存在与 x_1, x_2 无关的 $\delta = \varepsilon$, 当 $|x_1 - x_2| < \delta$ 时, 总有

$$|f(x_1) - f(x_2)| = \left| \frac{1}{x_1} - \frac{1}{x_2} \right| = \left| \frac{x_1 - x_2}{x_1 x_2} \right| \leqslant |x_1 - x_2| < \varepsilon.$$

于是提出函数 $f(x)$ **一致连续**的概念. 这就是: 函数 $f(x)$ 在区间 I 上有定义, 若对任意的 $\varepsilon > 0$, 存在 $\delta > 0$, 对任意的 $x_1, x_2 \in I$, 当 $|x_1 - x_2| < \delta$ 时, 总有

$$|f(x_1) - f(x_2)| < \varepsilon,$$

则称函数 $f(x)$ 在区间 I 上一致连续.

由此, 可以看出函数 $f(x) = \dfrac{1}{x}$ 在区间 I_2 上一致连续, 而在区间 I_1 上连续但不一致连续.

问题 1.5: 无穷小量的比较.

第一, 在定义 1.8 中, 无穷小量阶的定义中对分母 $g(x) \neq 0$ 这一 "隐性" 要求是不能忽视的. 例如,

$$\lim_{x \to 0} \frac{\sin\left(x^2 \sin \frac{1}{x}\right)}{x} = \lim_{x \to 0} \frac{x^2 \sin \frac{1}{x}}{x} = 0$$

的做法是错误的. 这里利用了

$$\sin\left(x^2 \sin \frac{1}{x}\right) \sim x^2 \sin \frac{1}{x}, \quad x \to 0.$$

但 $g(x) = x^2 \sin \dfrac{1}{x}$ 在 $x_0 = 0$ 的去心邻域内有零点 $x_n = \dfrac{1}{n\pi}$, 因此, 不能认为 $\sin\left(x^2 \sin \dfrac{1}{x}\right)$ 与 $x^2 \sin \dfrac{1}{x}$ 是当 $x \to 0$ 时的等价无穷小.

第二, 我们知道, 在自变量的同一变化过程中, 变量 u, v, w 都是无穷小量, 则有如下结论.

(1) $u = o(v), v = o(w)$ 或 $v = O(w)$, 则 $u = o(w)$, 或形式写为

$$o(o(w)) = o(w), \quad o(O(w)) = o(w);$$

(2) $u = o(v), z = o(w)$ 或 $z = O(w)$, 则 $uz = o(vw)$, 或形式写为

$$o(v) \cdot o(w) = o(vw), \quad o(v) \cdot O(w) = o(vw);$$

(3) $u = o(w), v = o(w)$ 或 $v = O(w)$, 则 $u + v = o(w)$, 或 $u + v = O(w)$, 形式写为

$$o(w) + o(w) = o(w), \quad o(w) + O(w) = O(w);$$

(4) $u \sim v \Leftrightarrow u - v = o(v)$.

第三, 设 m, n 为正整数, 当 $x \to 0$ 时, 成立如下公式:

$$o(x^m) \pm o(x^n) = o(x^k), \quad k = \min\{m, n\},$$

$$有界量 \times o(x^n) = o(x^n),$$

$$o(x^m)o(x^n) = o(x^{m+n}), \quad x^m o(x^n) = o(x^{m+n}).$$

问题 1.6: 单调有界准则判定数列的收敛性.

单调有界准则是利用数列自身特性 (单调性和有界性) 判别数列收敛的一个常用方法, 判定数列的单调性和有界性是利用该准则的困难所在. 对于有界性的判定, 一般结合给定数列本身确定, 并在解题过程中要不断总结经验. 证明数列单调性常用的方法有以下两点.

(1) 考察 $a_{n+1} - a_n$ 的正负;

(2) 考察 $\frac{a_{n+1}}{a_n}$ (a_n 同号) 的值是否大于 1(或小于 1).

对于 $x_{n+1} = f(x_n)$ 型的数列, 由于 (这里用到导数的概念在第 2 章讲解) $x_{n+1} - x_n = f(x_n) - f(x_{n-1}) = f'(\xi_1)(x_n - x_{n-1}) = \cdots = f'(\xi_1) \cdots f'(\xi_{n-1})(x_2 - x_1)$, 此时有以下情形.

情形一 如果 $f'(x) \geqslant 0$, 则 $x_{n+1} - x_n$ 与 $x_2 - x_1$ 同号, 由此即得数列 x_n 的单调性.

情形二 如果 $|f'(x)| \leqslant \alpha < 1$, 则由 $\frac{|x_{n+1} - x_n|}{|x_n - x_{n-1}|} = |f'(\xi)| \leqslant \alpha < 1$ 推知级数 $\sum_{n=1}^{\infty} |x_{n+1} - x_n|$ 收敛, 从而 $\sum_{n=1}^{\infty} (x_{n+1} - x_n)$ 收敛. 以此确定 $\lim_{n \to \infty} x_n$ 存在.

情形三 如果 $f'(x)$ 为除情形一和情形二之外的其他情况, 则需另择他法.

对于 x_n 不单调的情形, 此时可"预求" $\lim_{n \to \infty} x_n$ (设为 x), 然后通过递推 $|x_n - x| \leqslant \alpha^n$ $(0 < \alpha < 1)$ 的方法或根据题目的特点利用其他方法来求.

例 1.36 已知 $x_1 > 0$, $x_{n+1} = 1 + \frac{1}{1 + x_n}$ $(n = 1, 2, \cdots)$, 求 $\lim_{n \to \infty} x_n$.

解 易验证该数列 x_n 是不单调的, 但注意到 (思考 $\sqrt{2}$ 如何来的?)

$$0 \leqslant |x_n - \sqrt{2}| < (\sqrt{2} - 1)|x_{n-1} - \sqrt{2}| < \cdots < (\sqrt{2} - 1)^{n-1}|x_1 - \sqrt{2}| \to 0 \quad (n \to \infty).$$

因此, 利用夹逼定理, 得 $\lim_{n \to \infty} x_n = \sqrt{2}$.

复习题 1

1. 求极限:

(1) $\lim\limits_{n\to\infty} n\left(a^{\frac{1}{n}}-1\right)$;

(2) $\lim\limits_{x\to 0}(\cos\pi x)^{\frac{1}{x\sin\pi x}}$;

(3) $\lim\limits_{x\to 0}(1+x+x^2)^{\frac{2}{\sin x}}$;

(4) $\lim\limits_{x\to 0}\left(\dfrac{a_1^x+\cdots+a_n^x}{n}\right)^{\frac{n}{x}}$, $a_i>0$;

(5) $\lim\limits_{x\to 0^+}\dfrac{\sqrt{1+x\sin x}-1}{x^{x^2}-1}$;

(6) $\lim\limits_{x\to 0}\left(\dfrac{1}{x^2}-\dfrac{1}{x\tan x}\right)$;

(7) $\lim\limits_{x\to 0}\dfrac{\mathrm{e}^{x^2}-\cos x}{\ln\cos x}$;

(8) $\lim\limits_{x\to 0}\dfrac{\sin^2 x-x^2\cos^2 x}{x^2\sin^2 x}$.

2. 设点 $x=0$ 是函数 $f(x)=\dfrac{\sqrt{1+\sin x+\sin^2 x}-(a+b\sin x)}{\sin^2 x}$ 的可去间断点, 确定常数 a,b.

3. 连续函数 $f(x)$ 满足 $f(x+5)=f(x)$, 且在 $x=0$ 的某邻域内,

$$f(1+\sin x)-3f(1-\sin x)=8x+\alpha(x),$$

其中 $\alpha(x)$ 是当 $x\to 0$ 时, 变量 x 的高阶无穷小量. 求曲线 $y=f(x)$ 在点 $(6,f(6))$ 处的切线方程.

4. 解答下列问题:

(1) 问 α,β 为何值时, 函数 $f(x)=\arctan x-\dfrac{x+\alpha x}{1+\beta x^2}$ 是当 $x\to 0$ 时, 变量 x 的高阶无穷小;

(2) 当 $x\to 0$ 时, 函数 $f(x)=a-\dfrac{x^2}{2}+\mathrm{e}^x+x\ln(1+x^2)+(b+c\cos x)\sin x$ 是变量 x 的四阶无穷小, 求参数 a,b,c.

5. 已知连续函数 $f(x)$ 满足 $\lim\limits_{x\to+\infty}f(x)=A\neq 0$, 求 $\lim\limits_{n\to\infty}\displaystyle\int_0^1 f(nx)\mathrm{d}x$.

6. 判断下列函数 $f(x)$ 的间断点及其类型:

(1) $f(x)=(1+x)\arctan\dfrac{1}{1-x^2}$;   (2) $f(x)=\begin{cases}\dfrac{\ln(1+x)}{x}, & x>0,\\[3mm] \dfrac{\sqrt{1+x}-\sqrt{1-x}}{x}, & -1\leqslant x\leqslant 0.\end{cases}$

7. 已知 $f(x)=\dfrac{\mathrm{e}^x-b}{(x-a)(x-1)}$, 确定 a,b 使 $x=0$ 为无穷间断点, $x=1$ 为可去间断点.

8. 设 $f(x)$ 在区间 $[1,+\infty)$ 上连续且单调减少, $f(x)>0$,

$$x_n=\sum_{k=1}^n f(k)-\int_1^n f(x)\mathrm{d}x.$$

证明 x_n 收敛.

9. 设 $f(x)$ 在 $[a,b]$ 上连续, $x_i \in [a,b]$, $t_i > 0$ $(i = 1, 2, \cdots, n)$, $\sum\limits_{i=1}^{n} t_i = 1$. 证明存在点 $\xi \in [a,b]$ 使 $f(\xi) = \sum\limits_{i=1}^{n} t_i f(x_i)$.

10. 设 $f(x)$ 在闭区间 $[0,1]$ 上连续, $f(0) = f(1)$, 证明存在 $x_0 \in [0,1]$ 使

$$f(x_0) = f\left(x_0 + \frac{1}{4}\right).$$

11. 已知 $f(x) = \lim\limits_{n \to \infty} \dfrac{x^{2n-1} + ax^2 + b}{x^{2n} + 1}$.

(1) a, b 为何值时 $f(x)$ 连续;

(2) a, b 为何值时 $f(x)$ 间断, 并判断间断点类型.

12. 设 $f(x) = \begin{cases} \dfrac{\ln(1 + ax^2)}{x - \arcsin x}, & x < 0, \\ 6, & x = 0, \\ \dfrac{e^{ax} + x^2 - ax - 1}{x \sin \dfrac{x}{4}}, & x > 0. \end{cases}$ 问 a 为何值时, $f(x)$ 连续; a 为何值时,

$x = 0$ 是 $f(x)$ 的可去间断点?

13. 已知

$$f(x) = \frac{1}{\pi x} + \frac{1}{\sin \pi x} - \frac{1}{\pi(1-x)}, \quad x \in \left[\frac{1}{2}, 1\right).$$

补充定义 $f(1)$ 使 $f(x)$ 连续.

14. 设函数 $f(x)$ 在区间 $[0,3]$ 上连续, 且在区间 $(0,3)$ 内可导, $f(0) + f(1) + f(2) = 3$, $f(3) = 1$. 证明存在 $c \in (0,3)$, 使 $f'(c) = 0$.

15. 设 $x_n = 1 + \dfrac{1}{2} + \cdots + \dfrac{1}{n} - \ln n$, 证明 x_n 收敛.

16. 函数 $f(x)$ 连续, 证明

$$\lim_{h \to 0} \frac{1}{h} \int_0^x (f(t+h) - f(t)) \mathrm{d}t = f(x) - f(0).$$

17. 函数 $f(x)$ 为周期 T (> 0) 的连续周期函数, 证明

$$\lim_{x \to +\infty} \frac{1}{x} \int_0^x f(t)\mathrm{d}t = \frac{1}{T} \int_0^T f(x)\mathrm{d}x.$$

18. 求函数 $f(x) = \begin{cases} \dfrac{x^3 - x}{\sin \pi x}, & x < 0, \\ \ln(1+x) + \sin \dfrac{1}{x^2 - 1}, & x \geqslant 0 \end{cases}$ 的间断点及类型.

19. 设函数 $f(x)$ 在闭区间 $[0,1]$ 上连续, 且 $f(0) = f(1)$. 证明存在 $x_0 \in [0,1]$, 使

$$f(x_0) = f\left(x_0 + \frac{1}{n}\right).$$

20. 设 $f(x)$ 定义在 $[0,1]$ 上, $f(0) = f(1)$, 且对任意的 $x_1, x_2 \in [0,1]$ $(x_1 \neq x_2)$,

$$|f(x_1) - f(x_2)| < |x_1 - x_2|.$$

证明 $|f(x_1) - f(x_2)| < \dfrac{1}{2}$.

21. 求极限:

(1) $I_1 = \lim\limits_{n \to \infty} \cos \dfrac{x}{2} \cos \dfrac{x}{2^2} \cdots \cos \dfrac{x}{2^n}$ $(x \neq 0)$;

(2) $I_2 = \lim\limits_{n \to \infty} (1+x)(1+x^2) \cdots (1+x^{2^n})$ $(|x| < 1)$;

(3) $I_3 = \lim\limits_{x \to 1} \dfrac{(1 - \sqrt{x})(1 - \sqrt[3]{x}) \cdots (1 - \sqrt[n]{x})}{(1-x)^{n-1}}$.

22. 设函数 $f(x)$ 二阶连续可导, 且 $f''(0) \neq 0, f'(0) = f(0) = 0$. 求 $\lim\limits_{x \to 0} \dfrac{xf(u)}{uf'(x)}$, 其中 $u(x)$ 为曲线 $y = f(x)$ 在点 $(x, f(x))$ 处的切线与 x 轴交点的横坐标.

23. 设 $f(x)$ 在 $[0,n]$ $(n \geqslant 2$ 为自然数) 上连续, $f(0) = f(n)$. 证明存在 $\xi \in [0,n]$ $(\xi+1 \in [0,n])$, 使 $f(\xi) = f(\xi+1)$.

24. 已知 $f(0) = 0, f'(0)$ 存在, 求

$$\lim_{n \to \infty} \left[f\left(\frac{1}{n^2}\right) + f\left(\frac{2}{n^2}\right) + \cdots + f\left(\frac{n}{n^2}\right) \right].$$

第 2 章 一元函数微分学及其应用

微积分学包括微分学和积分学两个分支, 导数和微分是微分学中两个基本概念, 导数反映了函数相对于自变量的变化而变化的快慢程度, 微分则反映了当自变量有微小变化时, 函数的变化情况. 导数和微分是函数继连续性研究之后的进一步深化, 它们刻画了函数的局部性态.

2.1　函数的导数

2.1.1　实例

在历史上, 创立微积分的直接原因是研究物体运动与曲线性质的需要. 下面先考察两个与导数引入直接相关的例子.

1. 平均速度与瞬时速度

设某质点沿直线运动, 运动方程为 $s = f(t)$, 其中 $f(t)$ 为时间 t 的位置函数. 对于确定的时间 t_0, t_1(不妨设 $t_0 < t_1$), 则 $\dfrac{f(t_1) - f(t_0)}{t_1 - t_0}$ 表示时间间隔 $[t_0, t_1]$ 质点的平均运动速度 $\bar{v}$. 如果质点是匀速运动, 则对时间间隔 $[t_0, t_1]$ 内任意时间 t, 都有 $v(t) = \bar{v}$. 若质点运动不是匀速的, 那么在时间 t_0 的速度 $v(t_0)$ 就未必是 $\bar{v}$. 但 t_1 越接近 t_0, 则 $v(t_0)$ 就越接近平均速度 $\bar{v}$. 如果平均速度 $\bar{v}$ 存在, 则当 $t_1 \to t_0$ 时, 该极限就定义为质点在时刻 t_0 的速度或瞬时速度, 记为

$$v(t_0) = \lim_{t_1 \to t_0} \frac{f(t_1) - f(t_0)}{t_1 - t_0}.$$

2. 切线问题

由于光学中讨论光线的入射和反射、天文学中行星任一时刻的运动方向、几何学中两条曲线的交角等, 这些问题最终涉及的都是曲线的切线. 最早给出圆锥曲线切线定义的是古希腊人: 与圆锥曲线只接触于一点而且位于曲线的一边的直线. 但对于复杂的曲线, 这显然是不合适的. 下面介绍法国数学家 Fermat[①](费马) 提出的一般曲线的切线定义.

[①] Fermat (1601—1665), 法国数学家.

如图 2.1 所示, 设有曲线 C, 其方程为 $y = f(x)$, 点 M_0 和 M 分别是 C 上的定点和动点, 作割线 M_0M, 当点 M 沿曲线 C 无限趋向于点 M_0 时, 如果割线 M_0M 无限趋向于定直线 M_0T, 那么直线 M_0T 就称为曲线 C 在点 M_0 处的**切线**. 显然, 切线 M_0T 是否存在取决于 M_0T 的斜率是否存在.

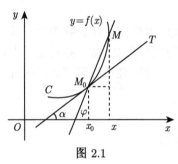

图 2.1

设 $M_0(x_0, f(x_0))$, $M(x_0 + \Delta x, f(x_0 + \Delta x))$, 则割线 M_0M 的斜率

$$k_{M_0M} = \frac{f(x_0 + \Delta x) - f(x_0)}{\Delta x}.$$

当 $M \to M_0$, 即 $\Delta x \to 0$ 时, 如果 $\lim\limits_{\Delta x \to 0} k_{M_0M}$ 存在, 那么它就是 M_0T 的斜率, 此即

$$k_{M_0T} = \lim_{\Delta x \to 0} \frac{f(x_0 + \Delta x) - f(x_0)}{\Delta x}.$$

2.1.2　导数的定义

由 2.1.1 小节中的两个实例可以看出, 质点的非匀速直线运动的速度和切线的斜率, 都归结于求函数增量与自变量增量比值的极限. 类似这样的极限问题很普遍, 例如, 电流强度、化学反应速度、角速度、定压热容等, 都归于上述的极限形式. 我们抛开这些量的具体意义, 抽象出数量关系的共性, 就得到函数导数的概念.

定义 2.1　设函数 $y = f(x)$ 在点 $x = x_0$ 的某邻域内有定义, 如果极限

$$\lim_{\Delta x \to 0} \frac{\Delta y}{\Delta x} = \lim_{\Delta x \to 0} \frac{f(x_0 + \Delta x) - f(x_0)}{\Delta x}$$

存在, 则称函数 $f(x)$ 在点 x_0 处**可导**, 该极限称为函数 $f(x)$ 在点 x_0 处的**导数**, 记为 $f'(x_0)$. 否则, 称函数 $f(x)$ 在点 x_0 处**不可导**.

记 $x = x_0 + \Delta x$, 则定义 2.1 中极限式的等价表示形式为

$$f'(x_0) = \lim_{x \to x_0} \frac{f(x) - f(x_0)}{x - x_0}.$$

例如, 对函数 $f(x) = x^2$, 由于 $\lim\limits_{x \to 1} \dfrac{x^2 - 1^2}{x - 1} = \lim\limits_{x \to 1}(x + 1) = 2$, 所以 $f(x)$ 在点 $x = 1$ 处可导, 且 $f'(1) = 2$.

再如, $f(x) = \sqrt{x}$, 由于 $\lim\limits_{x \to 0^+} \dfrac{\sqrt{x} - 0}{x} = \infty$, 极限不存在, 因此, 函数 $f(x) = \sqrt{x}$ 在点 $x = 0$ 不可导.

函数 $f(x)$ 在点 x_0 处可导, 常用的记号还有 $y'|_{x=x_0}$, $\left.\dfrac{\mathrm{d}y}{\mathrm{d}x}\right|_{x=x_0}$, $\left.\dfrac{\mathrm{d}f(x)}{\mathrm{d}x}\right|_{x=x_0}$.

如果函数 $y = f(x)$ 在其定义区间 I 内每一点都可导, 则称函数 $f(x)$ 在定义区

间 I 内可导, 记为 $y' = f'(x)$, 或 $\dfrac{\mathrm{d}y}{\mathrm{d}x}, \dfrac{\mathrm{d}f(x)}{\mathrm{d}x}$. 因此, 读者应注意 $f'(x_0)$ 与 $f'(x)$ 的区别与联系.

显然, 常函数的导数恒为零, 即 $C' = 0$. 利用定义容易证明

$$(Cf(x))' = Cf'(x), \quad C \text{ 为常数}.$$

例 2.1　证明函数 $y = x^2$ 在 $\mathbb{R}$ 上可导.

证明　对任意 $x_0 \in \mathbb{R}, \Delta y = (x_0 + \Delta x)^2 - x_0^2 = 2x_0\Delta x + (\Delta x)^2$. 因此,

$$\lim_{\Delta x \to 0} \frac{\Delta y}{\Delta x} = \lim_{\Delta x \to 0} \frac{2x_0\Delta x + (\Delta x)^2}{\Delta x} = 2x_0,$$

由此, $f'(x_0) = 2x_0$. 由 x_0 的任意性, 函数 $f(x) = x^2$ 可导, 且 $f'(x) = 2x$.

在导数定义中, 要注意两点: 一是 $f'(x_0)$ 存在不能推出 $f'(x)$ 存在 (即使在点 x_0 附近). 例如, 函数

$$f(x) = \begin{cases} x^2, & x \in \mathbb{Q}, \\ 0, & x \notin \mathbb{Q}, \end{cases}$$

利用导数定义容易得到 $f'(0) = 0$, 但对 $x \neq 0, f(x)$ 并不可导. 二是如果 $f'(x_0)$ 存在, 则若 $h \to 0$ 时, 有 $\square \to 0$, 那么

$$\lim_{h \to 0} \frac{f(x_0 + \square) - f(x_0)}{\square} \quad \text{和} \quad \lim_{h \to 0} \frac{f(x_0 + \square) - f(x_0 - \square)}{\square}$$

都存在, 但反之都未必成立. 例如, 函数 $f(x) = \begin{cases} 1, & x \in \mathbb{Q}, \\ 0, & x \notin \mathbb{Q}, \end{cases}$ 对任意的 $x_0 \in \mathbb{R}$,

$$\lim_{n \to \infty} \frac{f(x_0 + \square) - f(x_0)}{\square} = 0, \quad \square = \frac{1}{n}.$$

但该函数 $f(x)$ 对任意的 x_0 并不可导 (请自行验证). 对于函数 $f(x) = \begin{cases} x, & x \neq 0, \\ 1, & x = 0, \end{cases}$

显然, 对 $h \neq 0$,

$$\lim_{h \to 0} \frac{f(0 + h) - f(0 - h)}{h} = 2,$$

但后面会知道该函数在点 $x = 0$ 处不连续, 从而一定不可导.

例 2.2　解答下列各题:

(1) 设 $f(x) = \phi(a + bx) - \phi(a - bx), b \neq 0$, 函数 $\phi(x)$ 在 $\mathbb{R}$ 上有定义, 在 $x = a$ 处可导, 求 $f'(0)$;

(2) 已知 $f(x)$ 在点 $x = 0$ 处可导, $f(0) = 0$, 求 $\lim\limits_{x \to 0} \dfrac{x^2 f(x) - 2f(x^3)}{x^3}$.

解　(1) 由定义, 得

$$
\begin{aligned}
f'(0) &= \lim_{x \to 0} \frac{f(x) - f(0)}{x - 0} \\
&= b \lim_{x \to 0} \left(\frac{\phi(a + bx) - \phi(a)}{bx} + \frac{\phi(a - bx) - \phi(a)}{-bx} \right) \\
&= 2b\phi'(a).
\end{aligned}
$$

$$
\begin{aligned}
(2) \lim_{x \to 0} \frac{x^2 f(x) - 2f(x^3)}{x^3} &= \lim_{x \to 0} \left(\frac{f(x) - f(0)}{x - 0} - 2\frac{f(x^3) - f(0)}{x^3 - 0} \right) \\
&= f'(0) - 2f'(0) = -f'(0).
\end{aligned}
$$

根据导数的定义, 如果函数 $f(x)$ 在点 x_0 处可导, 即

$$
f'(x_0) = \lim_{x \to x_0} \frac{f(x) - f(x_0)}{x - x_0},
$$

则由定理 1.14,

$$
\frac{f(x) - f(x_0)}{x - x_0} = f'(x_0) + \alpha(x), \ .
$$

这里 $\alpha(x)$ 表示 $x \to x_0$ 时的无穷小量. 于是,

$$
f(x) - f(x_0) = f'(x_0)(x - x_0) + (x - x_0)\alpha(x).
$$

因此, 当 $x \to x_0$ 时, $f(x) \to f(x_0)$, 即得以下定理.

定理 2.1　函数 $f(x)$ 在点 x_0 处可导, 则函数 $f(x)$ 在点 x_0 处一定连续.

对于定理 2.1, 一是只能保证函数 $f(x)$ 在点 x_0 连续, 但不能保证函数 $f(x)$ 在 x_0 的去心邻域内连续. 例如, 函数 $f(x) = \begin{cases} x^2, & x \in \mathbb{Q}, \\ 0, & x \notin \mathbb{Q} \end{cases}$ 在点 $x = 0$ 处可导 (自然在点 $x = 0$ 处连续), 但该函数在去心邻域 $\mathring{U}(0)$ 内不连续; 二是其逆命题不成立, 即函数 $f(x)$ 在点 x_0 处连续是函数 $f(x)$ 在点 x_0 处可导的必要条件 (即连续未必可导, 但不连续则一定不可导). 例如, 函数 $f(x) = x^{\frac{1}{3}}$ 在点 $x = 0$ 处连续, 但

$$
\lim_{h \to 0} \frac{f(0 + h) - f(0)}{h} = \lim_{h \to 0} \frac{h^{\frac{1}{3}}}{h} = \infty.
$$

所以 $f(x)$ 在点 $x = 0$ 处不可导.

下面给出函数导数的意义, 包括几何意义、物理意义、经济意义和数量意义.

(1) 几何意义: 函数 $y = f(x)$ 在点 $x = x_0$ 处可导, 导数 $f'(x_0)$ 在几何上表示曲线 $y = f(x)$ 在点 $(x_0, f(x_0))$ 处切线的斜率. 由此可得曲线在该点处的切线方程为

$$
y = f(x_0) + f'(x_0)(x - x_0).
$$

需要注意的是, 有导数一定有切线, 但有切线未必有导数 (思考: 曲线在某点处存在垂直于 x 轴的切线, 函数在这点处的导数如何?).

(2) 物理意义: 质点的变速直线运动在某一时刻 t 的瞬时速度 $v(t) = s'(t)$, 加速度 $a(t) = v'(t)$; 液体体积 $V(t)$ 的导数 $V'(t)$ 称为流量; 物质化学反应中, 分解物质的质量函数 $m(t)$ 的导数 $m'(t)$ 称为分解速度或衰变速度.

(3) 经济意义: 经济学中的收益函数 $R(x)$、成本函数 $C(x)$、利润函数 $L(x)$ 的导数 $R'(x), C'(x), L'(x)$ 分别称为边际收益、边际成本、边际利润.

(4) 数量意义: $\dfrac{\mathrm{d}y}{\mathrm{d}x}$ 表示因变量 y 相对于自变量 x 的变化率.

例 2.3　解答下列各题:

(1) 设 $f(x) = x^3 + 1$, 求曲线 $y = f(x)$ 在点 $(1, 2)$ 处的切线方程;

(2) 周期为 4 的函数 $f(x)$ 可导, $f(1) = 1$, $\lim\limits_{x \to 0} \dfrac{f(1) - f(1-x)}{2x} = -1$, 求曲线 $y = f(x)$ 在点 $(5, f(5))$ 处的切线方程.

解　(1) 因为

$$f'(1) = \lim_{x \to 1} \frac{f(x) - f(1)}{x - 1} = \lim_{x \to 1} \frac{(x^3 + 1) - (1^3 + 1)}{x - 1} = 3,$$

所以, 曲线在点 $(1, 2)$ 处的切线方程为 $y - 2 = 3(x - 1)$, 即 $3x - y - 1 = 0$.

(2) 显见 $f(5) = f(1) = 1$, 且由 $\lim\limits_{x \to 0} \dfrac{f(1) - f(1-x)}{2x} = -1$, 得

$$-1 = \frac{1}{2} \lim_{x \to 0} \frac{f(1-x) - f(1)}{(-x)} = \frac{1}{2} f'(1),$$

即 $f'(1) = -2$. 因此,

$$f'(5) = \lim_{x \to 0} \frac{f(5 + x) - f(5)}{x} = \lim_{x \to 0} \frac{f(1 + x) - f(1)}{x} = f'(1) = -2.$$

于是, 曲线 $y = f(x)$ 过点 $(5, f(5))$ 的切线方程为 $2x + y - 11 = 0$.

既然导数的定义由极限的定义所给定, 因此由左极限和右极限的概念, 自然地, 可引入**左导数**

$$f'_-(x_0) = \lim_{x \to x_0^-} \frac{f(x) - f(x_0)}{x - x_0}$$

和**右导数**

$$f'_+(x_0) = \lim_{x \to x_0^+} \frac{f(x) - f(x_0)}{x - x_0}$$

的概念, 并有如下定理.

定理 2.2　函数 $f(x)$ 在点 x_0 处可导的充分必要条件为左导数 $f'_-(x_0)$ 和右导数 $f'_+(x_0)$ 都存在且相等.

例 2.4　研究函数 $f(x) = |x|$ 在点 $x = 0$ 处的可导性.

解 由于
$$\frac{f(0+h)-f(0)}{h}=\frac{|h|}{h},$$
所以, $f'_-(0)=-1, f'_+(0)=1$. 从而函数 $f(x)=|x|$ 在点 $x=0$ 处不可导.

例 2.5 讨论 a, b 为何值时, 函数 $f(x)=\begin{cases} \sin x, & x<0, \\ ax+b, & x\geqslant 0 \end{cases}$ 在点 $x=0$ 处可导?

解 要保证函数 $f(x)$ 在点 $x=0$ 处可导, 首先, 要求函数 $f(x)$ 在点 $x=0$ 处连续, 即 $f(0-0)=f(0+0)=f(0)$. 而且容易验证 $f(0-0)=0, f(0+0)=b$. 由此, 得 $b=0$. 其次, 要求函数 $f(x)$ 在 $x=0$ 处的左、右导数存在且相等, 即 $f'_-(0)=f'_+(0)$. 而
$$f'_-(0)=\lim_{x\to 0^-}\frac{\sin x-0}{x-0}=1, \quad f'_+(0)=\lim_{x\to 0^+}\frac{ax-0}{x-0}=a.$$
由此得到 $a=1$. 因此, 当 $a=1, b=0$ 时, 函数 $f(x)$ 在点 $x=0$ 处可导.

2.1.3 基本初等函数的导数

1. 幂函数 $f(x)=x^\mu \ (\mu\in\mathbb{R})$

设 $x_0\neq 0$ 为定义域内任意一点 ($x_0=0$ 时的证明是容易的, 请读者完成), 则

$$
\begin{aligned}
f'(x_0) &= \lim_{x\to x_0}\frac{x^\mu-x_0^\mu}{x-x_0}=x_0^\mu\lim_{x\to x_0}\frac{\left(\dfrac{x}{x_0}\right)^\mu-1}{x-x_0}\\
&= x_0^\mu\lim_{x\to x_0}\frac{\mathrm{e}^{\mu\ln\frac{x}{x_0}}-1}{x-x_0}=x_0^\mu\lim_{x\to x_0}\frac{\mu\ln\dfrac{x}{x_0}}{x-x_0}\\
&= \mu x_0^\mu\lim_{x\to x_0}\frac{\ln\left(1+\dfrac{x}{x_0}-1\right)}{x-x_0}=\mu x_0^\mu\lim_{x\to x_0}\frac{\dfrac{x}{x_0}-1}{x-x_0}\\
&= \mu x_0^{\mu-1}.
\end{aligned}
$$

因此,
$$(x^\mu)'=\mu x^{\mu-1}.$$

2. 指数函数 $f(x)=a^x \ (a>0, a\neq 1)$

直接利用导数的定义, 得 (注意下式中 $u=a^h-1$)

$$f'(x)=\lim_{h\to 0}\frac{a^{x+h}-a^x}{h}=a^x\lim_{u\to 0}\frac{u}{\log_a(1+u)}=a^x\ln a\lim_{u\to 0}\frac{u}{\ln(1+u)}=a^x\ln a,$$
即
$$(a^x)'=a^x\ln a.$$

特别地, 当 $a = \mathrm{e}$ 时,

$$(\mathrm{e}^x)' = \mathrm{e}^x.$$

3. **对数函数** $f(x) = \log_a x \ (a > 0, a \neq 1)$

由导数定义, 得

$$f'(x) = \lim_{h \to 0} \frac{\log_a(x+h) - \log_a x}{h} = \lim_{h \to 0} \log_a \left(1 + \frac{h}{x}\right)^{\frac{x}{h} \cdot \frac{1}{x}} = \frac{1}{x} \log_a \mathrm{e} = \frac{1}{x \ln a},$$

即

$$(\log_a x)' = \frac{1}{x \ln a}.$$

特别地, 当 $a = \mathrm{e}$ 时,

$$(\ln x)' = \frac{1}{x}.$$

4. **正弦函数** $f(x) = \sin x$ **和余弦函数** $f(x) = \cos x$

由公式

$$f'(x) = \lim_{h \to 0} \frac{\sin(x+h) - \sin x}{h} = \lim_{h \to 0} \frac{2 \cos \left(x + \dfrac{h}{2}\right) \sin \dfrac{h}{2}}{h} = \cos x,$$

即

$$(\sin x)' = \cos x.$$

请读者证明

$$(\cos x)' = -\sin x.$$

正切函数、余切函数和反三角函数的导数将在 2.2 节介绍.

2.1.4 高阶导数

由于 $y = f(x)$ 的导数 $f'(x)$ 也是自变量 x 的函数, 所以可考虑 $f'(x)$ 的导数 $(f'(x))'$. 如果 $f'(x)$ 可导, 则称 $f'(x)$ 的导数为 $f(x)$ 的**二阶导数**, 记为 $f''(x)$, 或 $\dfrac{\mathrm{d}^2 y}{\mathrm{d}x^2}, \dfrac{\mathrm{d}^2 f(x)}{\mathrm{d}x^2}$.

类似地, 可以定义二阶导数的导数为函数 $f(x)$ 的**三阶导数** $\cdots\cdots n-1$ 阶导数 的导数为函数 $f(x)$ 的 n **阶导数**. 一般地, 函数 $f(x)$ 的 n 阶导数表示为

$$f^{(n)}(x), \quad \frac{\mathrm{d}^n f(x)}{\mathrm{d}x^n}, \quad \frac{\mathrm{d}^n y}{\mathrm{d}x^n}.$$

规定 $f^{(0)}(x) = f(x)$. 显然 , $y^{(n)}$ 为 $y^{(n-1)}$ 的一阶导数, 即

$$\frac{\mathrm{d}^n y}{\mathrm{d}x^n} = \frac{\mathrm{d}}{\mathrm{d}x} y^{(n-1)}.$$

例 2.6 求函数 $y = \sin x, y = a^x \ (a > 0, a \neq 1)$ 和 $y = x^\alpha \ (\alpha \in \mathbb{R})$ 的 n 阶导数.

解 (1) 由于 $y' = (\sin x)' = \cos x, y'' = (y')' = (\cos x)' = -\sin x, y''' = -\cos x$, 依次计算, 得

$$(\sin x)^{(n)} = \sin\left(\frac{n\pi}{2} + x\right).$$

同理,

$$(\cos x)^{(n)} = \cos\left(\frac{n\pi}{2} + x\right).$$

(2) 注意到 $(a^x)' = a^x \ln a$ 及 $(Cf(x))' = Cf'(x)$, 得

$$(a^x)'' = (a^x \ln a)' = a^x (\ln a)^2.$$

依次计算, 即得

$$(a^x)^{(n)} = a^x (\ln a)^n.$$

特别地, $(\mathrm{e}^x)^{(n)} = \mathrm{e}^x$.

(3) 由于 $y' = \alpha x^{\alpha-1}, y'' = \alpha(\alpha-1)x^{\alpha-2}, y''' = \alpha(\alpha-1)(\alpha-2)x^{\alpha-3}$. 一般地,

$$(x^\alpha)^{(n)} = \alpha(\alpha-1)\cdots(\alpha-n+1)x^{\alpha-n}.$$

若 $\alpha = n$, 则

$$(x^n)^{(n)} = n!, \quad (x^n)^{(n+k)} = 0, \quad k \in \mathbb{N}.$$

习　题　2.1

1. 讨论下列函数在 $x = 0$ 处的可导性:

(1) $f(x) = \begin{cases} \ln(1 + x), & x \geqslant 0, \\ x, & x < 0; \end{cases}$　　　　(2) $f(x) = x|x|$.

2. 就 a, b 的取值, 讨论下列函数在 $x = 0$ 处是否可导?

(1) $f(x) = \begin{cases} x^2, & x < 0, \\ ax + b, & x \geqslant 0; \end{cases}$　　　　(2) $f(x) = \begin{cases} xe^x, & x > 0, \\ ax^2, & x \leqslant 0. \end{cases}$

3. 若函数 $f(x)$ 在 x_0 处可导, 证明:

$$\lim_{h \to 0} \frac{f(x_0 + \alpha h) - f(x_0 - \beta h)}{h} = (\alpha + \beta)f'(x_0) \quad (\alpha, \beta \text{ 为非零常数}).$$

4. 讨论下列函数在 $x = 0$ 处的连续性与可导性:

(1) $y = |\sin x|$;　　　　(2) $y = \begin{cases} x^2 \sin \dfrac{1}{x}, & x \neq 0, \\ 0, & x = 0; \end{cases}$

(3) $f(x) = \begin{cases} x \arctan \dfrac{1}{x}, & x \neq 0, \\ 0, & x = 0; \end{cases}$ (4) $f(x) = \begin{cases} \ln x, & x \geqslant 1, \\ x - 1, & x < 1. \end{cases}$

5. 设 $f'(x_0)$ 存在, 求下列极限:

(1) $\lim\limits_{\Delta x \to 0} \dfrac{f(x_0 - \Delta x) - f(x_0)}{\Delta x}$; (2) $\lim\limits_{h \to 0} \dfrac{f(x_0 + 3h) - f(x_0)}{h}$;

(3) $\lim\limits_{h \to 0} \dfrac{f(x_0 + \sin h) - f(x_0 - \sin h)}{h}$; (4) $\lim\limits_{n \to \infty} n \left[f\left(x_0 + \dfrac{1}{2n}\right) - f(x_0) \right]$.

6. 求下列函数的一阶导数和二阶导数:

(1) $y = \sqrt[3]{x^2}$; (2) $y = x^3 \sqrt[5]{x}$; (3) $y = \sqrt{x \sqrt{x \sqrt{x}}}$; (4) $y = \sin \dfrac{x}{2} \cos \dfrac{x}{2}$.

7. 求曲线 $y = \mathrm{e}^x$ 在点 $(0, 1)$ 处的切线方程.

8. 设函数 $f(x)$ 为偶函数, 且 $f'(0)$ 存在, 证明: $f'(0) = 0$.

9. 求函数 $f(x) = \begin{cases} x, & x < 0, \\ \mathrm{e}^x, & x \geqslant 0 \end{cases}$ 的导数.

10. 证明: 双曲线 $xy = a^2$ 上任一点处的切线与两坐标轴构成的三角形的面积都等于 $2a^2$.

2.2 求导的基本方法

在实际问题中, 利用定义求导数难度很大. 为解决这一问题, 本节介绍求导的基本方法, 利用这些方法和基本初等函数的求导公式, 可以得到比较复杂函数的导数.

2.2.1 导数的四则运算法则

定理 2.3 如果函数 $f(x), g(x)$ 在定义区间 I 上都可导, 则

$$f(x) \pm g(x), \quad f(x)g(x), \quad \frac{f(x)}{g(x)} \quad (g(x) \neq 0)$$

在区间 I 上也可导, 且

$$(f(x) \pm g(x))' = f'(x) \pm g'(x),$$

$$(f(x)g(x))' = f'(x)g(x) + f(x)g'(x),$$

$$\left(\frac{f(x)}{g(x)} \right)' = \frac{f'(x)g(x) - f(x)g'(x)}{g^2(x)}.$$

证明 由于函数 $f(x), g(x)$ 可导, 所以当 $h \to 0$ 时,

$$\frac{f(x + h) - f(x)}{h} = f'(x) + \alpha(h), \quad \frac{g(x + h) - g(x)}{h} = g'(x) + \beta(h),$$

其中 $\alpha(h), \beta(h)$ 表示当 $h \to 0$ 时的无穷小量. 设 $F(x) = f(x) + g(x)$, 则

$$\frac{F(x+h) - F(x)}{h} = \frac{f(x+h) - f(x)}{h} + \frac{g(x+h) - g(x)}{h} = f'(x) + g'(x) + \alpha(h) + \beta(h).$$

因此, 函数 $F(x)$ 可导, 且 $F'(x) = f'(x) + g'(x)$.

设 $G(x) = f(x)g(x)$, 则

$$\begin{aligned}
\frac{G(x+h) - G(x)}{h} &= \frac{f(x+h)g(x+h) - f(x)g(x)}{h} \\
&= \frac{f(x+h) - f(x)}{h} g(x+h) + f(x) \frac{g(x+h) - g(x)}{h} \\
&= f'(x)g(x) + f(x)g'(x) + \gamma,
\end{aligned}$$

这里

$$\gamma = f'(x)(g(x+h) - g(x)) + g(x+h)\alpha(h) + f(x)\beta(h).$$

由"函数可导必连续"以及"函数极限的局部有界性", 当 $h \to 0$ 时, $g(x+h) - g(x) \to 0$, 由此, γ 是当 $h \to 0$ 时的无穷小量. 于是函数 $G(x)$ 可导, 且

$$G'(x) = f'(x)g(x) + f(x)g'(x).$$

请读者自行证明 $f(x) - g(x), \dfrac{f(x)}{g(x)}$ 的求导公式.

根据运算法则, 容易得到正切函数和余切函数的导数:

$$(\tan x)' = \left(\frac{\sin x}{\cos x}\right)' = \frac{(\sin x)' \cos x - \sin x (\cos x)'}{\cos^2 x} = \frac{\cos^2 x + \sin^2 x}{\cos^2 x} = \frac{1}{\cos^2 x},$$

$$(\cot x)' = \left(\frac{\cos x}{\sin x}\right)' = \frac{(\cos x)' \sin x - (\sin x)' \cos x}{\sin^2 x} = -\frac{\sin^2 x + \cos^2 x}{\sin^2 x} = -\frac{1}{\sin^2 x}.$$

定理 2.3 成立的前提是函数 $f(x), g(x)$ 在区间 I 上都可导. 自然要问, 如果函数 $f(x), g(x)$ 在区间 I 上都不可导或不都可导, 那么

$$f(x) \pm g(x), \quad f(x)g(x), \quad \frac{f(x)}{g(x)} \quad (g(x) \neq 0)$$

在区间 I 上的可导性如何? 这一问题请读者思考.

读者可以类推有限个函数之和与有限个函数之积的导数公式, 这里不再赘述.

例 2.7 解答下列问题:

(1) 已知 $f(x) = (x^2 + 1)(3x - 1)$, 求 $f'(x)$;

(2) 设 $y = x^3 - 2\sin x + 4^x + 4$, 求 y';

(3) 已知 $f(x) = \dfrac{1 + \ln x}{1 - \ln x}$, 求 $f'(x)$;

(4) 求 $y = x^2 3^x \sin x$ 的导数 y'.

解　(1)$f'(x) = 2x(3x - 1) + 3(x^2 + 1) = 9x^2 - 2x + 3$.

(2) $y' = (x^3 - 2\sin x + 4^x + 4)' = 3x^2 - 2\cos x + 4^x \ln 4$.

(3)$f'(x) = \dfrac{\dfrac{1}{x}(1 - \ln x) + (1 + \ln x)\dfrac{1}{x}}{(1 - \ln x)^2} = \dfrac{2}{x(1 - \ln x)^2}$.

(4)$y' = (x^2)'3^x \sin x + x^2(3^x)' \sin x + x^2 3^x (\sin x)'$

$\qquad = 3^x(2x \sin x + x^2 \sin x \ln 3 + x^2 \cos x)$.

例 2.8　求函数 $y = \dfrac{1}{x}$ 的 n 阶导数.

解　由运算法则, 得

$$\left(\frac{1}{x}\right)' = -\frac{1}{x^2}, \quad \left(\frac{1}{x}\right)'' = \left(\left(\frac{1}{x}\right)'\right)' = \frac{2!}{x^3}, \quad \left(\frac{1}{x}\right)''' = \left(\left(\frac{1}{x}\right)''\right)' = -\frac{3!}{x^4}.$$

依次类推, 即得

$$\left(\frac{1}{x}\right)^{(n)} = (-1)^n \frac{n!}{x^{n+1}}.$$

如果函数 $f(x), g(x)$ 具有 n 阶导数, 则成立:

$$(f(x) \pm g(x))^{(n)} = f^{(n)}(x) \pm g^{(n)}(x),$$

并且利用数学归纳法可以证明

$$(f(x)g(x))^{(n)} = \sum_{k=0}^{n} C_n^k f^{(n-k)}(x) g^{(k)}(x).$$

这一公式称为 Leibniz[①](莱布尼茨) 公式.

例 2.9　求 $y = x^2 \mathrm{e}^x$ 的 10 阶导数.

解　由于

$$(x^2)' = 2x, \quad (x^2)'' = 2, \quad (x^2)^{(k)} = 0 \quad (k = 3, 4, \cdots); \quad (\mathrm{e}^x)^{(n)} = \mathrm{e}^x,$$

因此, 由 Leibniz 公式, 得

$$y^{(10)} = C_{10}^8 (x^2)''(\mathrm{e}^x)^{(8)} + C_{10}^9 (x^2)'(\mathrm{e}^x)^{(9)} + x^2(\mathrm{e}^x)^{(10)} = \mathrm{e}^x(90 + 20x + x^2).$$

---

① Leibniz (1646—1716), 德国数学家.

2.2.2   四类特殊函数的求导法则

1. 复合函数求导

定理 2.4   设函数 $y = f(u)$ 在 u 处可导, $u = g(x)$ 在 x 处可导, 则复合函数 $y = f(g(x))$ 在 x 处可导, 且

$$(f(g(x)))' = f'(u)g'(x) = f'(g(x))g'(x),$$

即

$$\frac{\mathrm{d}y}{\mathrm{d}x} = \frac{\mathrm{d}y}{\mathrm{d}u} \times \frac{\mathrm{d}u}{\mathrm{d}x}.$$

上式称为复合函数求导的**链式法则**, 即函数对自变量的导数等于函数对中间变量的导数与中间变量对自变量的导数的乘积.

下面给出定理 2.4 的证明. 函数 $y = f(u)$ 在点 u 处可导, 则 $f'(u) = \lim\limits_{\Delta u \to 0} \dfrac{\Delta y}{\Delta u}$, 这里

$$\Delta y = f(u + \Delta u) - f(u), \quad \Delta u = g(x + \Delta x) - g(x).$$

因此, 若 $\Delta u \neq 0$, 则

$$\Delta y = (f'(u) + \alpha)\Delta u, \quad \alpha \text{ 为} \Delta u \to 0 \text{ 时的无穷小量}.$$

若 $\Delta u = 0$, 取 $\alpha = 0$ 上式也成立. 以 $\Delta x \neq 0$ 除以上式, 得

$$\frac{\Delta y}{\Delta x} = f'(u)\frac{\Delta u}{\Delta x} + \alpha\frac{\Delta u}{\Delta x}.$$

当 $\Delta x \to 0$ 时, $\Delta u \to 0$, 所以 $\alpha \to 0$ $(\Delta x \to 0)$. 于是,

$$\frac{\mathrm{d}y}{\mathrm{d}x} = \lim_{\Delta x \to 0} \frac{\Delta y}{\Delta x} = f'(u)g'(x) = \frac{\mathrm{d}y}{\mathrm{d}u} \times \frac{\mathrm{d}u}{\mathrm{d}x}.$$

例 2.10   求函数 $y = \sin(3x) + \mathrm{e}^{2x}$, $y = \ln(\tan x)$ 和 $y = \mathrm{e}^{\cos(3x+1)}$ 的一阶导数.

解   直接对第一个函数求导, 得

$$y' = (\sin 3x + \mathrm{e}^{2x})' = (\sin 3x)' + (\mathrm{e}^{2x})' = \cos 3x \times (3x)' + \mathrm{e}^{2x} \times (2x)'$$
$$= 3\cos 3x + 2\mathrm{e}^{2x}.$$

同理, 对第二个函数, 有

$$y' = \frac{1}{\tan x}(\tan x)' = \frac{1}{\tan x}\frac{1}{\cos^2 x} = \frac{2}{\sin 2x}.$$

对第三个函数,

$$y' = \left(\mathrm{e}^{\cos(3x+1)}\right)' = \mathrm{e}^{\cos(3x+1)} \times (\cos(3x+1))'$$
$$= -\mathrm{e}^{\cos(3x+1)}\sin(3x+1) \times (3x+1)' = -3\mathrm{e}^{\cos(3x+1)}\sin(3x+1).$$

例 2.11 求函数 $y = \dfrac{1}{1+x}$ 和 $y = \ln(1+x)$ 的 n 阶导数.

解 根据复合函数求导和导数运算法则, 设 $u = 1 + x$, 则 $u' = 1$. 因此, 由例 2.8, 得

$$\left(\frac{1}{1+x}\right)^{(n)} = (-1)^n \frac{n!}{(1+x)^{n+1}}.$$

注意到 $(\ln(1+x))' = \dfrac{1}{1+x}$, 因此

$$(\ln(1+x))^{(n)} = \left(\frac{1}{1+x}\right)^{(n-1)} = (-1)^{n-1} \frac{(n-1)!}{(1+x)^n}.$$

请读者推导 $y = \dfrac{1}{1-x}$ 的 n 阶导数公式

$$\left(\frac{1}{1-x}\right)^{(n)} = \frac{n!}{(1-x)^{n+1}}.$$

* **例 2.12** 求函数 $y = \dfrac{4x^2 - 1}{x^2 - 1}$ 和 $y = \sin^6 x + \cos^6 x$ 的 n 阶导数.

解 (1) 因为

$$y = \frac{4x^2 - 1}{x^2 - 1} = 4 - \frac{3}{2} \times \frac{1}{1-x} - \frac{3}{2} \times \frac{1}{1+x},$$

所以利用 $\dfrac{1}{1+x}$ 和 $\dfrac{1}{1-x}$ 的导数公式, 即得

$$y^{(n)} = -\frac{3n!}{2}\left(\frac{1}{(1-x)^{n+1}} + \frac{(-1)^n}{(1+x)^{n+1}}\right).$$

(2) 由于 $\sin^6 x + \cos^6 x = (\sin^2 x + \cos^2 x)(\sin^4 x - \sin^2 x \cos^2 x + \cos^4 x)$, 所以,

$$y = \cos^4 x - \sin^2 x \cos^2 x + \sin^4 x = 1 - 3\sin^2 x \cos^2 x = \frac{5}{8} + \frac{3}{8}\cos 4x.$$

于是

$$y^{(n)} = \frac{3 \times 4^n}{8}\cos\left(\frac{n\pi}{2} + 4x\right).$$

由例 2.12 可以看出, 求有理函数和三角函数的高阶导数一般先化简再利用公式求之, 这样可以简化计算过程.

2. 隐函数求导

以上所讨论的是对所谓 "显函数" $y = f(x)$ 的导数, 但由变量 x, y 确定的方程 $F(x, y) = 0$ 中, 有很多是难以解出 $y = f(x)$ 或 $x = g(y)$. 例如, 由方程 $x^2 + y^2 = 1$ 可以得到

$$y = \sqrt{1 - x^2} \quad \text{和} \quad y = -\sqrt{1 - x^2},$$

而方程 $\sin(x+2y) + e^x + y = 1$ 则难以解出 $y = f(x)$ 或 $x = g(y)$. 由方程 $F(x, y) = 0$ 确定的函数通常称为**隐函数**.

习惯视 x 为自变量, y 为因变量. 那么方程 $F(x, y) = 0$ 确定的隐函数 $y = y(x)$ 求导的基本方法是, 在方程 $F(x, y(x)) = 0$ 两端同时对 x 求导, 并在求导过程中注意 $y = y(x)$, 然后解出 y' 即可. 隐函数的导数存在性问题将在第 6 章予以讨论.

例 2.13   解答下列各题:

(1) 已知 $e^y + xy - 1 = 0$, 求 $\dfrac{dy}{dx}$;

(2) 设函数 $y = y(x)$ 由方程 $xy^2 + \sin y = 1$ 确定, 求 y', y'';

(3) 求由方程 $x^2 + xy + y^2 = 4$ 所确定的曲线 $y = f(x)$ 在点 $(2, -2)$ 处的切线方程.

解   (1) 在方程两端分别对 x 求导, 得

$$e^y \frac{dy}{dx} + y + x \frac{dy}{dx} = 0,$$

由此, 得 $\dfrac{dy}{dx} = -\dfrac{y}{x + e^y}$.

(2) 对方程两端同时对 x 求导, 得

$$0 = (xy^2)' + (\sin y)' = x'y^2 + x(y^2)' + (\sin y)' = y^2 + x(2yy') + (\cos y)y'.$$

因此, $y' = -\dfrac{y^2}{2xy + \cos y}$. 对该式关于变量 x 求导, 得

$$
\begin{aligned}
y'' &= -\frac{(y^2)'(2xy + \cos y) - y^2(2xy + \cos y)'}{(2xy + \cos y)^2} \\
&= -\frac{2yy'(2xy + \cos y) - y^2(2y + 2xy' - y'\sin y)}{(2xy + \cos y)^2},
\end{aligned}
$$

代入 y' 并化简, 得

$$y'' = \frac{6xy^4 + 4y^3 \cos y + y^4 \sin y}{(2xy + \cos y)^3}.$$

(3) 在方程两边对 x 求导, 得 $2x + y + xy' + 2yy' = 0$. 解之, 得

$$y' = -\frac{2x + y}{x + 2y}.$$

因此, 得到 $y'(2) = 1$. 于是, 所求曲线的切线方程为 $y - (-2) = 1 \times (x - 2)$, 即 $y = x - 4$.

3. 反函数求导

定理 2.5 如果函数 $y = f(x)$ 在区间 I_x 内单调可导, 且导函数 $y' \neq 0$, 则其反函数 $x = g(y)$ 在对应的区间 I_y 内单调可导, 且

$$g'(y) = \frac{1}{f'(x)} \quad \text{或} \quad \frac{\mathrm{d}x}{\mathrm{d}y} = \frac{1}{y'}.$$

定理的证明这里略去, 但要注意求反函数的高阶导数, 例如,

$$\frac{\mathrm{d}^2 x}{\mathrm{d}y^2} = \frac{\mathrm{d}}{\mathrm{d}y}\left(\frac{\mathrm{d}x}{\mathrm{d}y}\right) = \frac{\mathrm{d}}{\mathrm{d}y}\left(\frac{1}{y'}\right) = \frac{\mathrm{d}}{\mathrm{d}x}\left(\frac{1}{y'}\right)\frac{\mathrm{d}x}{\mathrm{d}y} = -\frac{y''}{y'^2} \times \frac{1}{y'} = -\frac{y''}{y'^3}.$$

例 2.14 求函数 $y = \arcsin x$ 和 $y = \arctan x$ 的导数.

解 因 $y = \arcsin x \ (|x| < 1)$ 与 $x = \sin y \ \left(|y| < \frac{\pi}{2}\right)$ 互为反函数, 故

$$(\arcsin x)' = \frac{1}{(\sin y)'} = \frac{1}{\cos y}.$$

当 $|y| < \dfrac{\pi}{2}$ 时, $\cos y = \sqrt{1 - \sin^2 y} = \sqrt{1 - x^2}$, 因此, 有

$$(\arcsin x)' = \frac{1}{\sqrt{1 - x^2}}.$$

对 $y = \arctan x$, 有

$$(\arctan x)' = \frac{1}{(\tan y)'} = \frac{1}{1 + \tan^2 y} = \frac{1}{1 + x^2}.$$

类似例 2.14, 同理推证

$$(\arccos x)' = -\frac{1}{\sqrt{1 - x^2}}, \quad (\mathrm{arccot}x)' = -\frac{1}{1 + x^2}.$$

4. 由参数方程所确定的函数的导数

平面曲线可用参数方程 $\begin{cases} x = \phi(t), \\ y = \psi(t) \end{cases}$ $(a \leqslant t \leqslant b)$ 表示, 这里 t 为参数. 设由参数方程所确定的函数为 $y = f(x)$, 则

$$\psi(t) = y = f(x) = f(\phi(t)).$$

如果 ϕ, ψ, f 都可导, 则由复合函数求导方法, 得

$$\psi'(t) = f'(x)\phi'(t).$$

因此, 若 $\phi'(t) \neq 0$, 则

$$\frac{\mathrm{d}y}{\mathrm{d}x} = f'(x) = \frac{\psi'(t)}{\phi'(t)}.$$

注意二阶导数的求导方法:

$$\frac{\mathrm{d}^2 y}{\mathrm{d}x^2} = \frac{\mathrm{d}}{\mathrm{d}x}\left(\frac{\psi'(t)}{\phi'(t)}\right) = \frac{\mathrm{d}}{\mathrm{d}t}\left(\frac{\psi'(t)}{\phi'(t)}\right) \frac{\mathrm{d}t}{\mathrm{d}x}$$

$$= \frac{\psi''(t)\phi'(t) - \psi'(t)\phi''(t)}{\phi'^2(t)} \Bigg/ \frac{\mathrm{d}x}{\mathrm{d}t} = \frac{\psi''(t)\phi'(t) - \psi'(t)\phi''(t)}{\phi'^3(t)}.$$

例如, 由参数方程 $\begin{cases} x = \sin t, \\ y = \cos t, \end{cases}$ 显见, $\dfrac{\mathrm{d}y}{\mathrm{d}x} = -\tan t$, 但

$$\frac{\mathrm{d}^2 y}{\mathrm{d}x^2} = \frac{\mathrm{d}}{\mathrm{d}x}\left(\frac{\mathrm{d}y}{\mathrm{d}x}\right) = \frac{\mathrm{d}}{\mathrm{d}x}(-\tan t) = \frac{\mathrm{d}}{\mathrm{d}t}(-\tan t) \cdot \frac{\mathrm{d}t}{\mathrm{d}x} = -\sec^2 t \cdot \frac{1}{x'(t)} = -\frac{\sec^2 t}{\cos t} = -\frac{1}{\cos^3 t}.$$

例 2.15 解答下列各题:

(1) 设 $\begin{cases} x = a(t - \sin t), \\ y = a(1 - \cos t), \end{cases}$ 求 $\dfrac{\mathrm{d}^2 y}{\mathrm{d}x^2}$;

(2) 设 $\begin{cases} x = 3t^2 + 2t + 3, \\ \mathrm{e}^y \sin t - y + 1 = 0, \end{cases}$ 求 $\dfrac{\mathrm{d}y}{\mathrm{d}x}$.

解　(1) 由 $\dfrac{\mathrm{d}y}{\mathrm{d}x} = \dfrac{\mathrm{d}y}{\mathrm{d}t} \Big/ \dfrac{\mathrm{d}x}{\mathrm{d}t} = \dfrac{\sin t}{1 - \cos t}$, 进一步得到

$$\frac{\mathrm{d}^2 y}{\mathrm{d}x^2} = \frac{\mathrm{d}}{\mathrm{d}x}\left(\frac{\mathrm{d}y}{\mathrm{d}x}\right) = \frac{\mathrm{d}}{\mathrm{d}t}\left(\frac{\sin t}{1 - \cos t}\right) \frac{\mathrm{d}t}{\mathrm{d}x}$$

$$= \frac{\cos t - 1}{(1 - \cos t)^2} \frac{1}{a(1 - \cos t)} = -\frac{1}{a(1 - \cos t)^2}.$$

(2) 第一式直接对 t 求导, 得 $x'(t) = 6t + 2$. 第二式对 t 求导, 得

$$y'(t)\mathrm{e}^y \sin t + \mathrm{e}^y \cos t - y'(t) = 0.$$

由此, $y'(t) = \dfrac{\mathrm{e}^y \cos t}{1 - \mathrm{e}^y \sin t}$. 因此,

$$\frac{\mathrm{d}y}{\mathrm{d}x} = \frac{y'(t)}{x'(t)} = \frac{\mathrm{e}^y \cos t}{(6t+2)(1 - \mathrm{e}^y \sin t)}.$$

2.2.3 对数求导法与指数求导法

对于 $y = (f(x))^{g(x)}$ $(f(x) > 0)$ 型的函数求导, 一般利用**对数求导法**或**指数求导法**求之. 所谓对数求导法, 就是在函数两端取对数

$$\ln y = g(x) \ln f(x),$$

然后利用隐函数求导的方法求其导数. 所谓指数求导法, 就是将其改写为指数的形式

$$y = \mathrm{e}^{g(x) \ln f(x)},$$

然后再求导. 例如, 对 $y = x^{\sin x}$, 取对数求导, 得

$$y' = x^{\sin x}\left(\cos x \ln x + \frac{\sin x}{x} \right),$$

或利用指数求导法: 由 $y = x^{\sin x} = \mathrm{e}^{\sin x \ln x}$ 直接求导仍然可以得到上述结果.

对数求导法对于解决一些比较复杂的乘积型函数的导数问题也是比较有效的.

例 2.16 解答下列问题:

(1) 已知 $x^y = y^x$, 求 $y'(x)$;

(2) 设 $y = \sqrt[3]{x \sin x} \sqrt[4]{\mathrm{e}^x + 1} \sqrt{x + 1}$, 求 y';

(3) 设 $y = x^{x^2}$, 求 y'.

解 (1) 两端取对数, 得 $y \ln x = x \ln y$. 两端对 x 求导, 得到

$$y' \ln x + \frac{y}{x} = \ln y + \frac{x}{y} y'.$$

由此, 解得

$$y' = \frac{y(x \ln y - y)}{x(y \ln x - x)}.$$

(2) 两端取对数, 得

$$\ln y = \frac{1}{3}(\ln x + \ln \sin x) + \frac{1}{12}\ln(1 + \mathrm{e}^x) + \frac{1}{6}\ln(1 + x).$$

因此,

$$y' = y\left[\frac{1}{3x} + \frac{1}{3}\cot x + \frac{\mathrm{e}^x}{12(1+\mathrm{e}^x)} + \frac{1}{6(1+x)}\right].$$

(3) 利用指数求导, 得

$$y' = (x^{x^2})' = (\mathrm{e}^{x^2\ln x})' = \mathrm{e}^{x^2\ln x}(x^2\ln x)' = x^{x^2}(2x\ln x + x).$$

习　题　2.2

1. 求下列函数的导数:

(1) $y = 2^x + \sqrt{x}\ln x$;　　　(2) $y = 5x^3 - 2^x + 3\mathrm{e}^x$;　　　(3) $y = \sec x$;

(4) $y = \dfrac{\sec x}{1+\tan x}$;　　　(5) $y = 3\mathrm{e}^x\cos x$;　　　(6) $y = \sin x\cos x$;

(7) $y = \ln 2x + 2^x + x$;　　　(8) $s = \dfrac{1+\sin t}{1+\cos t}$;　　　(9) $y = a^x\ln x$.

2. 以初速度 v_0 竖直上抛的物体, 其上升高度 s 与时间 t 的关系是 $s = v_0 t - \dfrac{1}{2}gt^2$. 求:

(1) 该物体的速度 $v(t)$;

(2) 该物体达到最高点的时刻.

3. 求下列函数的 n 阶导数:

(1) $y = (2x+5)^4$;　　　　　　　　(2) $y = \cos(4-3x)$.

4. 设 $f(x)$ 和 $g(x)$ 都可导, 求下列函数的导数 $\dfrac{\mathrm{d}y}{\mathrm{d}x}$:

(1) $y = f(\mathrm{e}^x)\mathrm{e}^{f(x)}$;　　　　　　　　(2) $y = f(\sin^2 x) + f(\cos^2 x)$;

(3) $y = \ln f(\sqrt{x}) + \arctan g(x^2)$;　　　　(4) $y = \sqrt{f^2(x) + \sqrt{g(x)}}$.

5. 求由下列方程所确定的隐函数的导数:

(1) $x^3 + y^3 - 3axy = 0$, 求 $\dfrac{\mathrm{d}y}{\mathrm{d}x}, \dfrac{\mathrm{d}^2y}{\mathrm{d}x^2}$;

(2) $xy = \mathrm{e}^{x+y}$, 求 $\dfrac{\mathrm{d}y}{\mathrm{d}x}, \dfrac{\mathrm{d}^2y}{\mathrm{d}x^2}$.

6. 求由下列参数方程所确定的函数的导数 $\dfrac{\mathrm{d}y}{\mathrm{d}x}$ 和 $\dfrac{\mathrm{d}^2y}{\mathrm{d}x^2}$:

(1) $\begin{cases} x = t(1-\sin t), \\ y = t\cos t; \end{cases}$　　　　(2) $\begin{cases} x = \ln(1+t^2), \\ y = 1 - \arctan t. \end{cases}$

7. 求下列函数的导数:

(1) $y = (\sin x)^{\cos x}$;　　(2) $y = \ln^x(2x+1)$;　　(3) $y = x\dfrac{\sqrt{1-x^2}}{\sqrt{1+x^3}}$.

8. 求下列函数的高阶导数:

(1) $y = (x^2\mathrm{e}^x)^{(50)}$;　　(2) $y = (\sin x\cos x)^{(n)}$;　　(3) $y = \left(\dfrac{1}{x^2-3x+2}\right)^{(n)}$.

9. 设 $f(x)$ 在 $(-a, a)$ 内可导, 证明: 若 $f(x)$ 是偶函数, 则 $f'(x)$ 是奇函数; 若 $f(x)$ 是奇函数, 则 $f'(x)$ 是偶函数.

2.3 函数的微分

2.3.1 微分的定义

在之前的讨论中, $\dfrac{\mathrm{d}y}{\mathrm{d}x}$ 是一个完整的记号, 而不是两个变量的比值. 本小节介绍微分概念之后, 发现它也可以理解为微分的商.

设 $y = x^2$, 对于任意固定的一点 x_0, 取自变量增量 Δx, 相应函数的增量

$$\Delta y = (x_0 + \Delta x)^2 - x_0^2 = 2x_0\Delta x + (\Delta x)^2.$$

不难看出, 函数的增量 Δy 由两部分组成: 一部分是 Δx 的线性部分 $2x_0\Delta x$; 另一部分是 Δx 的高阶无穷小量 $(\Delta x \to 0)$, 即

$$\Delta y = 2x_0\Delta x + o(\Delta x).$$

以上事实是否具有普遍性? 设函数 $y = f(x)$ 在点 x_0 处可导, 则由导数的定义,

$$\frac{\Delta y}{\Delta x} = f'(x_0) + \alpha(\Delta x), \quad \alpha(\Delta x) \text{ 表示 } \Delta x \to 0 \text{ 时的无穷小量}.$$

由此, 即得 $(\alpha(\Delta x)\Delta x = o(\Delta x))$,

$$\Delta y = f'(x_0)\Delta x + o(\Delta x).$$

上式中的 $f'(x_0)\Delta x$ 称为函数增量 Δy 的**线性主部**.

定义 2.2 函数 $y = f(x)$ 在点 x_0 处可导, Δy 是对应于自变量增量 Δx 的函数增量. 称 Δy 的线性主部 $f'(x_0)\Delta x$ 为函数 y 在点 x_0 处的**微分**, 也称函数 $y = f(x)$ 在点 x_0 处**可微**.

若函数 $y = f(x)$ 在定义区间 I 内每一点都可微, 则称 $f(x)$ 在区间 I 内可微, 记为

$$\mathrm{d}y = \mathrm{d}f(x) = f'(x)\Delta x.$$

当 $y = x$ 时, $\mathrm{d}x = \Delta x$, 因此, 上式也可记为

$$\mathrm{d}y = f'(x)\mathrm{d}x.$$

由微分的定义, 导数有了另一种解释: 导数为微分之商, 因此导数有时也称为**微商**. 同时, 容易看到, $\Delta y - \mathrm{d}y$ 是当 $\Delta x \to 0$ 时的高阶无穷小.

例 2.17　设 $y = x + x^2 - x^3$, 求 $\mathrm{d}y$, 以及当 $x = 2, \Delta x = 0.1$ 时的 Δy 和 $\mathrm{d}y$.

解　由于 $y' = 1 + 2x - 3x^2$, 所以, 由公式 $\mathrm{d}y = y'\mathrm{d}x$, 即得

$$\mathrm{d}y = (1 + 2x - 3x^2)\mathrm{d}x.$$

直接代入公式计算, $\Delta y = -0.751, \mathrm{d}y = -0.7$.

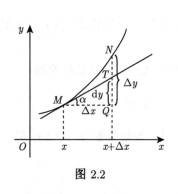

图 2.2

导数和微分是由不同的问题引出来的两个不同概念. 导数 $f'(x)$ 反映了函数在点 x 处随自变量变化而变化的快慢程度, 而微分 $f'(x)\Delta x$ 反映了自变量在点 x 处有增量 Δx 时, 函数增量 Δy 的近似表示. 从几何意义上看, 导数 $f'(x_0)$ 是曲线 $y = f(x)$ 在点 $(x_0, f(x_0))$ 处的切线的斜率, 而微分 $\mathrm{d}y = f'(x_0)\Delta x$ 则是曲线 $y = f(x)$ 过点 $(x_0, f(x_0))$ 处的切线在点 x_0 处纵坐标相应于增量 Δx 的增量 (图 2.2). 从功能上说, 导数多用于研究函数的性态, 而微分多用于近似计算. 但导数与微分有密切的关系, 也就是**可微与可导等价**.

由基本初等函数的导数和求导运算法则, 可得到相应的微分公式:

(1) $\mathrm{d}C = 0\mathrm{d}x$;

(2) $\mathrm{d}x^{\mu} = \mu x^{\mu-1}\mathrm{d}x$;

(3) $\mathrm{d}\sin x = \cos x\mathrm{d}x$;

(4) $\mathrm{d}\cos x = -\sin x\mathrm{d}x$;

(5) $\mathrm{d}\tan x = \sec^2 x\mathrm{d}x$;

(6) $\mathrm{d}\cot x = -\csc^2 x\mathrm{d}x$;

(7) $\mathrm{d}a^x = a^x \ln a\mathrm{d}x$;

(8) $\mathrm{d}\log_a x = \dfrac{1}{x \ln a}\mathrm{d}x$;

(9) $\mathrm{d}\arcsin x = \dfrac{1}{\sqrt{1 - x^2}}\mathrm{d}x$;

(10) $\mathrm{d}\arccos x = -\dfrac{1}{\sqrt{1 - x^2}}\mathrm{d}x$;

(11) $\mathrm{d}\arctan x = \dfrac{1}{1 + x^2}\mathrm{d}x$;

(12) $\mathrm{d}\operatorname{arccot} x = -\dfrac{1}{1 + x^2}\mathrm{d}x$;

(13) $\mathrm{d}(u \pm v) = \mathrm{d}u \pm \mathrm{d}v$;

(14) $\mathrm{d}uv = v\mathrm{d}u + u\mathrm{d}v$;

(15) $\mathrm{d}\left(\dfrac{u}{v}\right) = \dfrac{v\mathrm{d}u - u\mathrm{d}v}{v^2}\ (v \neq 0)$.

类似高阶导数, 可以定义函数 $y = f(x)$ 的高阶微分. 设自变量的增量为 $\mathrm{d}x$, 对固定的 $\mathrm{d}x$, 一阶微分 $\mathrm{d}y = f'(x)\mathrm{d}x$ 可以视为 x 的函数, 其中 $\mathrm{d}x$ 为常数. 于是,

$$\mathrm{d}(\mathrm{d}y) = \mathrm{d}(f'(x)\mathrm{d}x) = f''(x)(\mathrm{d}x)^2$$

称为函数 $f(x)$ 的二阶微分, 记为

$$\mathrm{d}^2 y = f''(x)(\mathrm{d}x)^2.$$

一般地, n 阶微分定义为 $n-1$ 阶微分的微分, 记为 $\mathrm{d}^n y$, 即

$$\mathrm{d}^n y = \mathrm{d}(f^{(n-1)}(x)\mathrm{d}x) = f^{(n)}(x)(\mathrm{d}x)^n.$$

$(\mathrm{d}x)^n$ 可简记为 $\mathrm{d}x^n$, 但要注意 $\mathrm{d}x^n$ 与 $\mathrm{d}(x^n)$ 的区别, 后者 $\mathrm{d}(x^n) = x^{n-1}\mathrm{d}x$.

根据微分的定义, 对于可导函数 $y = f(u)$, 自然有

$$\mathrm{d}y = f'(u)\mathrm{d}u.$$

如果 $u = g(x)$ 可导, 则也有

$$\mathrm{d}u = g'(x)\mathrm{d}x.$$

进一步, 如果 $y = f(u), u = g(x)$ 可以构成复合函数 $y = f(g(x))$, 则

$$\mathrm{d}y = \mathrm{d}f(g(x)) = (f(g(x)))'\mathrm{d}x = f'(g(x))g'(x)\mathrm{d}x = f'(u)\mathrm{d}u.$$

由此可以看到, 不论 u 是自变量还是中间变量, 微分形式 $\mathrm{d}y = f'(u)\mathrm{d}u$ 都保持不变. 这种形式称为**一阶微分形式的不变性**. 对于二阶微分就不再具有这种微分形式的不变性了.

2.3.2 线性近似

我们知道, 如果函数 $y = f(x)$ 在点 x_0 处可导, 则曲线 $y = f(x)$ 上点 $(x_0, f(x_0))$ 处的切线方程为

$$y = q(x) = f(x_0) + f'(x_0)(x - x_0).$$

当 x 接近于 x_0 时, 函数 $f(x)$ 在点 x_0 附近的值可以由切线 $y = q(x)$ 在点 x_0 附近的值近似, 也就是说, 在 x_0 附近,

$$f(x) \approx q(x) = f(x_0) + f'(x_0)(x - x_0),$$

即

$$f(x) - f(x_0) \approx f'(x_0)(x - x_0) = f'(x_0)\Delta x, \quad \Delta x = x - x_0.$$

上式等价于 $\Delta y \approx \mathrm{d}y$. 由此表明, 当 x 接近 x_0(即 $|\Delta x|$ 充分小) 时, 可由 $f(x_0)$ 和 $f'(x_0)$ 近似计算 $f(x)$. 例如, 当 $|h|$ 很小时,

$$\sqrt[n]{1+h} \approx 1 + \frac{1}{n}h,$$

因为若设 $f(x) = \sqrt[n]{1+x}$, 则 $f(1) = 1, f'(1) = \frac{1}{n}$. 依此, 计算 $\sqrt[3]{0.97}$ 的近似值为

$$\sqrt[3]{0.97} = \sqrt[3]{1 - 0.03} \approx 1 - \frac{0.03}{3} = 0.99.$$

再如,

$$\sqrt{2} = \sqrt{1.96 + 0.04} = 1.4\sqrt{1 + \frac{0.04}{1.96}} \approx 1.4\left(1 + \frac{0.04}{2 \times 1.96}\right) = 1.414.$$

<h3 align="center">习　题　2.3</h3>

1. 已知 $y = x^3 - x$, 计算在 $x = 2$ 处当 Δx 分别取 $1, 0.1$ 和 0.01 时的 Δy 及 $\mathrm{d}y$.

2. 求下列函数的微分:

(1) $y = \dfrac{x}{\sqrt{x^2 + 1}}$;　　　　　　　　　(2) $y = \mathrm{e}^{-x}\cos(3 - x)$;

(3) $y = \arctan\dfrac{1 + x}{1 - x}$;　　　　　　　(4) $y = A\sin(\omega x + \varphi)$.

3. 证明当 $|x|$ 很小时, 下列近似式成立:

(1) $\sin x \approx x$;　　　　　　　　　　　(2) $\ln(1 + x) \approx x$.

4. 计算下列各根式的近似值:

(1) $\sqrt[3]{996}$;　　　　　　　　　　　　(2) $\sqrt[6]{65}$.

5. 设 $f(x)$ 在点 x_0 处可微, $f'(x_0) \neq 0$, 证明当 $\Delta x \to 0$ 时, $\Delta y - \mathrm{d}y$ 是 Δy 的高阶无穷小, 其中 $\Delta y = f(x_0 + \Delta x) - f(x_0)$.

<h2 align="center">2.4　微分中值定理及其应用</h2>

微分中值定理揭示了导数与函数之间的关系, 是沟通导数的局部性与函数在区间上整体性之间的桥梁. 微分中值定理包括 Rolle[1](罗尔) 中值定理、Lagrange[2](拉格朗日) 中值定理、Cauchy[3](柯西) 中值定理和 Taylor[4](泰勒) 中值定理 (也称 Taylor 公式), 其中 Rolle 中值定理是最基本的微分中值定理, Lagrange 中值定理在整个微积分学中占有重要的地位.

2.4.1　Rolle 中值定理

定理 2.6 (Fermat 定理)　设函数 $f(x)$ 在点 x_0 的某邻域 $U(x_0)$ 有定义, 且在 x_0 可导. 若函数在点 x_0 有极值, 则 $f'(x_0) = 0$.

证明　不妨假设 x_0 是函数 $f(x)$ 的极大值点, 那么, 由函数在点 x_0 处可导的

---

[1] Rolle (1652—1719), 法国数学家.
[2] Lagrange (1736—1813), 法国数学家、力学家和天文学家.
[3] Cauchy (1789—1857), 法国数学家.
[4] Taylor (1685—1731), 英国数学家.

条件和极限在点 x_0 的局部保号性, 得

$$f'(x_0) = f'_-(x_0) = \lim_{x \to x_0^-} \frac{f(x) - f(x_0)}{x - x_0} \leqslant 0,$$

$$f'(x_0) = f'_+(x_0) = \lim_{x \to x_0^+} \frac{f(x) - f(x_0)}{x - x_0} \geqslant 0.$$

因此, $f'(x_0) = f'_-(x_0) = f'_+(x_0) = 0$.

定理 2.7 (Rolle 中值定理)   如果定义在闭区间 $[a, b]$ 上的函数 $f(x)$ 满足以下条件:

(1) 在闭区间 $[a, b]$ 上连续;

(2) 在开区间 (a, b) 内可导;

(3)$f(a) = f(b)$,

则在区间 (a, b) 至少存在一点 c, 使得 $f'(c) = 0$.

证明   因为 $f(x)$ 在闭区间 $[a, b]$ 上连续, 所以它在 $[a, b]$ 上一定有最大值 M 和最小值 m.

如果 $M = m$, 则显然 $f(x)$ 在区间 $[a, b]$ 上恒为常数, 自然对于 (a, b) 内的任何点 x, 都有 $f'(x) = 0$.

如果 $M > m$, 并由条件 (3), 最小值点和最大值点至少有一个在区间 (a, b) 内取到, 不妨设 $c \in (a, b)$ 使 $f(c) = M$, 则由 Fermat 定理, 一定有 $f'(c) = 0$. 定理证毕.

注意 Rolle 中值定理的三个条件只是充分条件, 不是必要条件, 也就是说, 如果这三个条件全部满足, 则结论一定成立, 但如果三个条件至少有一个不满足时, 结论可能成立, 也可能不成立.

Rolle 中值定理研究的是导函数方程 $F'(x) = 0$ 根的存在性问题, 因此构造辅助函数 $F(x)$ 是解决问题的关键, 也是难点, 请读者通过以下例题仔细研读.

例 2.18   设函数 $f(x)$ 在 $[0, 1]$ 上连续, 在 $(0, 1)$ 内可导, 且 $f(1) = 0$. 证明存在一点 $c \in (0, 1)$, 使得

$$f'(c) + \frac{1}{c}f(c) = 0.$$

先对该题目作一分析. 题目的结论可改写为 $cf'(c) + f(c) = 0$, 即证明方程 $xf'(x) + f(x) = 0$ 在区间 $(0, 1)$ 内有解. 而 $(xf(x))' = xf'(x) + f(x)$. 因此, 要证明该结论, 实际上就是证明函数 $F(x) = xf(x)$ 在点 c 处的导函数值 $F'(c) = 0$.

证明   设 $F(x) = xf(x)$, 显然 $F(x)$ 在 $[0, 1]$ 上连续, 在 $(0, 1)$ 可导, 且 $F(0) = 0 = F(1)$. 因此, 由 Rolle 中值定理, 存在 $c \in (0, 1)$, 使 $F'(c) = 0$. 此即所证.

* 例 2.19   设函数 $f(x)$ 在 $[0, 1]$ 上连续, 在 $(0, 1)$ 可导, 且

$$f(0) = 0, \quad f\left(\frac{1}{2}\right) = 1, \quad f(1) = -1.$$

证明存在 $\xi \in (0,1)$ 使 $f'(\xi) = 2\xi f(\xi)$.

　　同样对题目作一分析. 根据题目的结论, 需要证明方程 $f'(x) = 2xf(x)$ 在 $(0,1)$ 内有解. 由微分的知识, 至少在 "形式上", $\dfrac{f'(x)}{f(x)} - 2x = 0$ 可改写为

$$(\ln f(x) - x^2)' = 0.$$

由于题目中的 $f(x)$ 不能保证 $\ln f(x)$ 有意义, 但注意到

$$\mathrm{e}^{\ln f(x) - x^2} = f(x)\mathrm{e}^{-x^2}.$$

于是, 可设 $F(x) = f(x)\mathrm{e}^{-x^2}$.

　　证明　设 $F(x) = f(x)\mathrm{e}^{-x^2}$, 显然它在 $[0,1]$ 上连续, 在 $(0,1)$ 内可导, 且

$$F\left(\frac{1}{2}\right) > 0, \quad F(1) < 0,$$

利用零点定理, 存在 $c \in \left(\dfrac{1}{2}, 1\right)$ 使 $F(c) = 0$. 因此, $F(0) = F(c) = 0$. 这样由 Rolle 中值定理, 存在 $\xi \in (0,c) \subset (0,1)$, 使 $f'(\xi) = 2\xi f(\xi)$.

　　例 2.20　证明方程 $x^5 + ax - 1 = 0 \ (a > 0)$ 有且仅有一个正根.

　　证明　设 $f(x) = x^5 + ax - 1$. 由于 $\lim\limits_{x \to +\infty} f(x) = +\infty, f(0) = -1 < 0$, 因此, 由零点定理, $f(x)$ 在 $(0, +\infty)$ 内至少存在一个根 ξ.

　　现设 $f(x)$ 在 $(0, +\infty)$ 有两个根 $x_1, x_2 \ (x_1 < x_2)$, 即 $f(x_1) = f(x_2) = 0$. 于是, 由 Rolle 中值定理, 存在 $c \in (x_1, x_2)$, 使 $f'(c) = 0$. 但 $f'(c) = 5c^4 + a > 0$. 这明显矛盾. 故 $f(x) = 0$ 有且仅有一个正根.

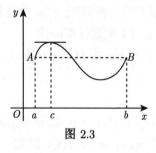

图 2.3

　　根据导数的几何意义, Rolle 中值定理的几何意义是明显的, 即如果 $f(x)$ 满足 Rolle 中值定理中的三个条件, 则曲线 $y = f(x)$ 在 (a,b) 内的曲线段上一定存在一点, 在该点处有水平切线 (图 2.3).

　　在 Rolle 中值定理中, 条件 $f(a) = f(b)$ 要求有些高, 如果取消该条件, 结论会怎样? 这就是下面的 Lagrange 中值定理.

2.4.2　Lagrange 中值定理

　　定理 2.8 (Lagrange 中值定理)　如果定义在闭区间 $[a,b]$ 上的函数 $f(x)$ 满足以下条件:

　　(1) 在闭区间 $[a,b]$ 上连续;

　　(2) 在开区间 (a,b) 内可导,

则在区间 (a, b) 内至少存在一点 c, 使得

$$f'(c) = \frac{f(b) - f(a)}{b - a}.$$

既然 Lagrange 中值定理是 Rolle 中值定理的推广, 因此, 其条件仍然充分而不必要, 它的几何意义表示曲线 $y = f(x)$ 在点 $P(c, f(c))$ 处的切线平行于过曲线端点的直线 (图 2.4). 但 Lagrange 中值定理不是 Rolle 中值定理的简单推广, 它有广泛的应用.

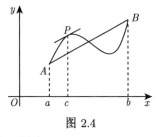

图 2.4

要证明定理 2.8, 实际上就是证明方程 $f'(x) - \dfrac{f(b) - f(a)}{b - a} = 0$ 在区间 (a, b) 内有解, 根据求导法则, 即得

$$\left(f(x) - \frac{f(b) - f(a)}{b - a} x \right)' = 0.$$

证明 设 $F(x) = f(x) - \dfrac{f(b) - f(a)}{b - a} x$, 显然 $F(x)$ 在 $[a, b]$ 上连续, 在 (a, b) 内可导, 且

$$F(a) = \frac{bf(a) - af(b)}{b - a} = F(b).$$

因此, 由 Rolle 中值定理, 存在 $c \in (a, b)$, 使得 $F'(c) = 0$. 从而, 定理的结论成立.

利用定理 2.8, 可证如下推论.

推论 如果对任意 $x \in (a, b)$, 都有 $f'(x) = 0$, 则函数 $f(x)$ 恒为常数.

证明 设任意不同两点 $x_1, x_2 \in (a, b)$, 则存在介于 x_1 与 x_2 之间的点 c, 使

$$f(x_2) - f(x_1) = f'(c)(x_2 - x_1) = 0.$$

也就是区间 (a, b) 内任意两点的函数值都相等, 因此 $f(x)$ 在区间 (a, b) 内恒为常数.

由上述推论立得 "导函数相等的两个函数仅相差一个常数", 并容易证明类似

$$\sin^2 x + \cos^2 x = 1, \quad \arcsin x + \arccos x = \frac{\pi}{2} \quad (|x| < 1)$$

等一些常见的恒等式.

如果函数 $f(x)$ 满足 Lagrange 中值定理的条件, 设 $x_0, x \in (a, b)$, 则存在介于 x_0 与 x 之间的点 c, 使得

$$f(x) - f(x_0) = f'(c)(x - x_0).$$

根据 c 的取值, 总可以找到 $\theta \in (0,1)$, 使

$$c = x_0 + \theta(x - x_0) = x_0 + \theta\Delta x, \quad \Delta x = x - x_0.$$

因此, θ 是 Δx 的函数, 且

$$\Delta y = f(x_0 + \Delta x) - f(x_0) = f'(x_0 + \theta\Delta x)\Delta x.$$

此前我们已经知道, 当 $|\Delta x|$ 充分小时, $\Delta y \approx \mathrm{d}y = f'(x_0)\Delta x$. 而上式给出了 Δy 与自变量增量 Δx 相关的精确表达式. 因此, Lagrange 中值定理也称为**有限增量定理**或**微分中值定理**.

例 2.21　设 $f(x) = ax^2 + bx + c, a \neq 0$, 求当 $\Delta x \to 0$ 时微分中值定理中 θ 的极限.

解　对任意的 $x_0, \Delta x \neq 0$, 计算 Δy 和 $f'(x_0 + \theta\Delta x)$:

$$\Delta y = f(x_0 + \Delta x) - f(x_0) = 2ax_0\Delta x + a(\Delta x)^2 + b\Delta x,$$

$$f'(x_0 + \theta\Delta x) = 2a(x_0 + \theta\Delta x) + b.$$

由 $\Delta y = f'(x_0 + \theta\Delta x)\Delta x$, 得

$$2ax_0\Delta x + a(\Delta x)^2 + b\Delta x = (2a(x_0 + \theta\Delta x) + b)\Delta x.$$

由此, 得

$$a(\Delta x)^2 = 2a\theta(\Delta x)^2.$$

因此 $\lim\limits_{\Delta x \to 0} \theta = \dfrac{1}{2}$.

例 2.22　设 $f(x) = x^3$, 求当 $\Delta x \to 0$ 时微分中值定理中 θ 的极限.

解　取任意的 $x_0 \neq 0, \Delta x \neq 0$, 由 $\Delta y = f'(x_0 + \theta\Delta x)\Delta x$, 得

$$3x_0 + \Delta x = 6x_0\theta + 3\theta^2\Delta x.$$

对上式两端关于 $\Delta x \to 0$ 取极限, 即得 $\lim\limits_{\Delta x \to 0} \theta = \dfrac{1}{2}$.

请思考当 $x_0 = 0$ 时, $\lim\limits_{\Delta x \to 0} \theta$ 的极限.

Lagrange 中值定理还可用于求含 $\dfrac{f(b) - f(a)}{b - a}$ 项的极限和证明含 $\dfrac{f(b) - f(a)}{b - a}$ 项的不等式.

例 2.23　求极限:

(1) $\lim\limits_{n \to \infty} n^2 \left(\arctan \dfrac{a}{n} - \arctan \dfrac{a}{n+1} \right) \ (a \neq 0)$; 　　(2) $\lim\limits_{x \to 0} \dfrac{\mathrm{e}^{\sin x} - \mathrm{e}^x}{\sin x - x}$.

解 (1) 设 $f(x) = \arctan x, x$ 介于 $\dfrac{a}{n}$ 和 $\dfrac{a}{n+1}$ 之间. 显然 $f(x)$ 满足 Lagrange 中值定理的条件, 所以, 在 $\dfrac{a}{n}$ 和 $\dfrac{a}{n+1}$ 之间存在一点 c, 使

$$\arctan \frac{a}{n} - \arctan \frac{a}{n+1} = \frac{1}{1+c^2} \frac{a}{n(n+1)},$$

且当 $n \to \infty$ 时, $c \to 0$. 因此,

$$\lim_{n \to \infty} n^2 \left(\arctan \frac{a}{n} - \arctan \frac{a}{n+1} \right) = \lim_{n \to \infty} \frac{1}{1+c^2} \frac{n^2}{n(n+1)} a = a.$$

(2) 设 $f(t) = \mathrm{e}^t$, t 介于 $\sin x$ 和 x 之间. 显然 $f(t)$ 满足 Lagrange 中值定理的条件, 因此, 在 $\sin x$ 和 x 之间存在点 c, 使

$$\frac{f(\sin x) - f(x)}{\sin x - x} = \frac{\mathrm{e}^{\sin x} - \mathrm{e}^x}{\sin x - x} = \mathrm{e}^c,$$

且当 $x \to 0$ 时, $c \to 0$. 因此,

$$\lim_{x \to 0} \frac{\mathrm{e}^{\sin x} - \mathrm{e}^x}{\sin x - x} = \lim_{c \to 0} \mathrm{e}^c = 1.$$

例 2.24 证明下列不等式:

(1) $\dfrac{x}{1+x} < \ln(1+x) < x, \ x > 0$;　　(2) $\dfrac{h}{1+h^2} < \arctan h < h, \ h > 0$.

解 (1) 设 $f(t) = \ln t, t \in [1, 1+x], x > 0$. 显然 $f(t)$ 满足 Lagrange 中值定理的条件, 因此存在点 $c \in (1, 1+x)$, 使

$$f(1+x) - f(1) = \ln(1+x) - \ln 1 = \frac{x}{c}.$$

由于 $1 < c < 1+x$, 所以有 $\dfrac{1}{1+x} < \dfrac{1}{c} < 1$. 代入上式即证

$$\frac{x}{1+x} < \ln(1+x) < x, \quad x > 0.$$

(2) 设 $f(x) = \arctan x$, 则 $f(x)$ 在 $[0, h]$ 上满足 Lagrange 中值定理的条件, 因此存在 $c \in (0, h)$, 使

$$\arctan h - \arctan 0 = \frac{h}{1+c^2}.$$

由于 $0 < c < h$, 因此 $\dfrac{h}{1+h^2} < \dfrac{h}{1+c^2} < h$. 所以

$$\frac{h}{1+h^2} < \arctan h < h, \quad h > 0.$$

2.4.3   Cauchy 中值定理

本小节将 Lagrange 中值定理推广到更一般的情况, 这就是 Cauchy 中值定理.

定理 2.9 (Cauchy 中值定理)   如果函数 $f(x), g(x)$ 满足以下条件:

(1) 在闭区间 $[a,b]$ 上连续;

(2) 在开区间 (a,b) 内可导;

(3) $g'(x) \neq 0, x \in (a,b)$,

则存在 $c \in (a,b)$, 使得

$$\frac{f(b) - f(a)}{g(b) - g(a)} = \frac{f'(c)}{g'(c)}.$$

只需要引入

$$F(x) = f(x) - f(a) - \frac{f(b) - f(a)}{g(b) - g(a)}(g(x) - g(a)),$$

利用 Rolle 中值定理即可证明定理 2.9.

例 2.25   设函数 $f(x)$ 在 $[0,1]$ 上连续, 在 $(0,1)$ 内可导. 证明存在一点 $c \in (0,1)$, 使得

$$f'(c) = 2c(f(1) - f(0)).$$

解   设 $g(x) = x^2, x \in [0,1]$. 显然 $f(x), g(x)$ 满足 Cauchy 中值定理的条件, 因此存在点 $c \in (0,1)$, 使

$$\frac{f(1) - f(0)}{g(1) - g(0)} = \frac{f'(c)}{g'(c)} = \frac{f'(c)}{2c}.$$

此即得证.

在三个中值定理中, Rolle 中值定理可以认为是最基础的, 因此其他两个定理都可以用它来证明, 而 Lagrange 中值定理是最常用的定理.

*例 2.26   函数 $f(x)$ 在 $[a,b]$ 上连续, 在 (a,b) 内可导, $b > a > 0, f'(x) \neq 0$. 证明存在 $\xi, \eta \in (a,b)$ 使

$$f'(\xi) = \frac{a+b}{2\eta}f'(\eta).$$

解   首先, 由 Lagrange 中值定理, 存在 $\xi \in (a,b)$, 使

$$f'(\xi) = \frac{f(b) - f(a)}{b - a}.$$

其次, 设 $g(x) = x^2 \ (0 < a \leqslant x \leqslant b)$, 因此 $g'(x) = 2x \neq 0$, 则由 Cauchy 中值定理, 存在 $\eta \in (a,b)$, 使

$$\frac{f(b) - f(a)}{b^2 - a^2} = \frac{f'(\eta)}{2\eta}.$$

由 $f'(x) \neq 0$, 得 $f(b) \neq f(a)$. 以上两式相除, 即证 $f'(\xi) = \dfrac{a+b}{2\eta}f'(\eta)$.

2.4.4 Taylor 公式

在 2.1 节我们知道, 如果函数 $f(x)$ 在点 x_0 处可导, 则有

$$f(x) = f(x_0) + f'(x_0)(x - x_0) + o(x - x_0),$$

即在点 x_0 附近, 函数 $f(x)$ 可以用一次多项式 $f(x_0) + f'(x_0)(x - x_0)$ 来近似, 且误差为 $o(x - x_0)$. 但现在有两个问题: 一是近似的精确程度往往不能满足实际需要; 二是难以估计具体的误差. 基于多项式具有非常好的性质, 为此, 希望找到一个 n 次多项式

$$p_n(x) = a_0 + a_1(x - x_0) + a_2(x - x_0)^2 + \cdots + a_n(x - x_0)^n$$

来近似函数 $f(x)$ 在点 x_0 处的值, 且能够确定误差 $|f(x) - p_n(x)|$ 的具体表达式. 假设

$$p_n(x_0) = f(x_0), p_n'(x_0) = f'(x_0), \cdots, p_n^{(n)}(x_0) = f^{(n)}(x_0),$$

则求 $p_n(x)$ 的各阶导数, 并代入上式, 即得

$$a_0 = f(x_0), a_1 = f'(x_0), a_2 = \frac{1}{2!}f''(x_0), \cdots, a_n = \frac{1}{n!}f^{(n)}(x_0).$$

这样就得到

$$p_n(x) = f(x_0) + f'(x_0)(x - x_0) + \frac{1}{2!}f''(x_0)(x - x_0)^2 + \cdots + \frac{1}{n!}f^{(n)}(x_0)(x - x_0)^n.$$

定理 2.10 (Taylor 公式) 假设函数 $f(x)$ 在点 x_0 的某邻域 $U(x_0)$ 内具有直到 $n+1$ 阶导数, 则对任意的 $x \in U(x_0)$, 存在 $c \in U(x_0)$, 使

$$f(x) = p_n(x) + R_n(x), \quad R_n(x) = \frac{f^{(n+1)}(c)}{(n+1)!}(x - x_0)^{n+1}.$$

证明 设 $R_n(x) = f(x) - p_n(x)$, 显然 $R_n(x)$ 在 $U(x_0)$ 内具有直到 $n+1$ 阶的导数, 且

$$R_n(x_0) = R_n'(x_0) = \cdots = R_n^{(n)}(x_0) = 0.$$

因此, 对函数 $R_n(x)$ 和 $(x - x_0)^{n+1}$ 在以 x_0 和 x 为端点的区间上运用 Cauchy 中值定理, 得

$$\frac{R_n(x)}{(x - x_0)^{n+1}} = \frac{R_n(x) - R_n(x_0)}{(x - x_0)^{n+1} - 0} = \frac{R_n'(c_1)}{(n+1)(c_1 - x_0)^n},$$

其中 c_1 介于 x 与 x_0 之间. 在以 c_1 和 x_0 为端点的区间上运用 Cauchy 中值定理, 得

$$\frac{R_n'(c_1)}{(n+1)(c_1-x_0)^n} = \frac{R_n''(c_2)}{n(n+1)(c_2-x_0)^{n-1}},$$

其中 c_2 介于 c_1 与 x_0 之间. 依次类推, 经 $n+1$ 次后, 即得定理中给定的 $R_n(x)$. 定理证毕.

定理 2.10 中的 $R_n(x)$ 称为 **Lagrange 型余项**, 公式 $f(x) = p_n(x) + R_n(x)$ 称为具有 Lagrange 型余项的 n 阶 **Taylor 公式**.

如果函数 $f(x)$ 满足 $|f^{(n+1)}(x)| \leqslant M$ ($M > 0$ 为常数), 则

$$|R_n(x)| \leqslant \frac{M}{(n+1)!}|x-x_0|^{n+1}, \quad \lim_{x \to x_0} \frac{R_n(x)}{(x-x_0)^n} = 0.$$

因此, 当 $x \to x_0$ 时, 误差 $R_n(x)$ 是比 $(x-x_0)^n$ 高阶的无穷小量, 即

$$R_n(x) = o((x-x_0)^n).$$

这样就可以得到 n 阶 **Peano**①**(佩亚诺) 余项公式**

$$f(x) = p_n(x) + o((x-x_0)^n).$$

当 $x_0 = 0$ 时, Taylor 公式也称为 Maclaurin②(麦克劳林) 公式; 当 $n = 0$ 时, Taylor 中值定理即为 Lagrange 中值定理.

例 2.27 解答下列各题:

(1) 求函数 $f(x) = \ln(1+x)$ 和 $f(x) = (1+x)^\lambda$ ($x > -1$) 的 Maclaurin 展开式;

(2) 求 $f(x) = \ln x$ 在 $x = 2$ 处的 Taylor 展开式;

(3) 求函数 $f(x) = \mathrm{e}^x$ 的具有 Lagrange 型余项的 Maclaurin 公式, 并计算 e 的值, 使其误差不超过 10^{-6}.

解　(1) 因为 $(\ln(1+x))^{(k)} = \dfrac{(-1)^{k-1}(k-1)!}{(1+x)^k}$, 所以,

$$\ln(1+x) = x - \frac{x^2}{2} + \frac{x^3}{3} - \cdots + \frac{(-1)^{n-1}}{n}x^n + o(x^n).$$

由于 $f^{(k)}(x) = \lambda(\lambda-1)\cdots(\lambda-k+1)(1+x)^{\lambda-k}$, 由此, 得

$$(1+x)^\lambda = 1 + \sum_{k=1}^{n} \frac{\lambda(\lambda-1)\cdots(\lambda-k+1)}{k!}x^k + o(x^n).$$

取 $\lambda = -1$, 得到

$$\frac{1}{1+x} = 1 - x + x^2 - \cdots + (-1)^n x^n + o(x^n).$$

---

① Peano (1858—1932), 意大利数学家.
② Maclaurin (1698—1746), 英国数学家.

在上式中, 将 x 替换为 $-x$, 得到

$$\frac{1}{1-x} = 1 + x + x^2 + \cdots + x^n + o(x^n).$$

(2) 由于 $f(x) = \ln x = \ln(2 + x - 2) = \ln\left(2\left(1 + \dfrac{x-2}{2}\right)\right) = \ln 2 + \ln\left(1 + \dfrac{x-2}{2}\right)$,

所以,

$$f(x) = \ln 2 + \frac{x-2}{2} - \frac{1}{2}\left(\frac{x-2}{2}\right)^2 + \cdots + \frac{(-1)^{n-1}}{n}\left(\frac{x-2}{2}\right)^n + o\left(\left(\frac{x-2}{2}\right)^n\right).$$

(3) 因为 $(\mathrm{e}^x)^{(n)} = \mathrm{e}^x$, 所以,

$$f(0) = f'(0) = \cdots = f^{(n)}(0) = 1.$$

于是, 所求的公式即为

$$\mathrm{e}^x = 1 + x + \frac{x^2}{2!} + \cdots + \frac{x^n}{n!} + \frac{\mathrm{e}^{\theta x}}{(n+1)!}x^{n+1}, \quad \theta \in (0,1), \quad x \in \mathbb{R}.$$

令 $x = 1$, 则

$$R_n(1) = \frac{\mathrm{e}^\theta}{(n+1)!} < \frac{3}{(n+1)!}.$$

当 $n = 9$ 时, $R_n(1) < \dfrac{3}{10!} = \dfrac{3}{3628800} < 10^{-6}$. 于是, e 的近似值为

$$\mathrm{e} \approx 1 + 1 + \frac{1}{2!} + \cdots + \frac{1}{9!} \approx 2.718282.$$

* 例 2.28　计算下列各题:

(1) 设 $f(x)$ 三阶可导, 且 $f'''(a) \neq 0$,

$$f(x) = f(a) + f'(a)(x-a) + \frac{f''(a + \theta(x-a))}{2}(x-a)^2 \quad (0 < \theta < 1),$$

求 $\lim\limits_{x \to a} \theta$;

(2) 设 $f(x)$ 在 $[-1, 1]$ 上有三阶连续导数, 且 $f(-1) = 0, f(1) = 1, f'(0) = 0$. 证明: 存在 $c \in (-1, 1)$, 使 $f'''(c) = 3$;

(3) 设 $f(x)$ 在 $[a, b]$ 上存在二阶导数, $f'\left(\dfrac{a+b}{2}\right) = 0$. 证明: 存在点 $c \in (a, b)$, 使得

$$|f''(c)| \geqslant \frac{4}{(b-a)^2}|f(b) - f(a)|.$$

解　(1) 将 $f(x)$ 在点 $x = a$ 处展开, 有

$$f(x) = f(a) + f'(a)(x-a) + \frac{f''(a)}{2!}(x-a)^2 + \frac{f'''(a)}{3!}(x-a)^3 + o((x-a)^3).$$

与给定已知等式相减, 得

$$f''(a+\theta(x-a)) = f''(a) + \frac{f'''(a)}{3}(x-a) + o(x-a).$$

将 $f''(x)$ 在 $x=a$ 处展开, 得

$$f''(x) = f''(a) + f'''(a)(x-a) + o(x-a).$$

以 $a+\theta(x-a)$ 替换上式的 x, 得

$$f''(a+\theta(x-a)) = f''(a) + f'''(a)\theta(x-a) + o(x-a).$$

由此, 得

$$\frac{1}{3}f'''(a)(x-a) + o(x-a) = f'''(a)\theta(x-a) + o(x-a).$$

于是 $\lim\limits_{x\to a}\theta = \dfrac{1}{3}$.

(2) 对任意的 $x\in[-1,1]$, 有

$$f(x) = f(0) + f'(0)x + \frac{1}{2!}f''(0)x^2 + \frac{1}{3!}f'''(\eta)x^3, \quad \eta \text{ 介于 } 0 \text{ 与 } x \text{ 之间}.$$

代入 $x=-1, x=1$, 得

$$0 = f(-1) = f(0) + \frac{1}{2}f''(0) - \frac{1}{6}f'''(\eta_1), \quad -1 < \eta < 0,$$

$$1 = f(1) = f(0) + \frac{1}{2}f''(0) + \frac{1}{6}f'''(\eta_2), \quad 0 < \eta < 1.$$

上述两式相减, 得

$$f'''(\eta_1) + f'''(\eta_2) = 6.$$

注意到 $f'''(x)$ 在 $[-1,1]$ 上连续, 因此存在最大值 M 和最小值 m, 从而有

$$m \leqslant f'''(\eta_1), \quad f'''(\eta_2) \leqslant M, \quad \text{即} \quad m \leqslant \frac{1}{2}(f'''(\eta_1) + f'''(\eta_2)) = 3 \leqslant M.$$

由连续函数的介值定理, 存在 $c \in (\eta_1, \eta_2) \subset (-1,1)$, 使 $f'''(c) = 3$.

(3) 由一阶 Taylor 公式, 得

$$f(a) = f\left(\frac{a+b}{2}\right) + \frac{(b-a)^2}{8}f''(c_1), \quad a < c_1 < \frac{a+b}{2},$$

$$f(b) = f\left(\frac{a+b}{2}\right) + \frac{(b-a)^2}{8}f''(c_2), \quad \frac{a+b}{2} < c_2 < b.$$

以上两式相减, 得到

$$\frac{4}{(b-a)^2}|f(b)-f(a)| = \frac{1}{2}|f''(c_1)-f''(c_2)| \leqslant \max\{|f''(c_1)|, |f''(c_2)|\} = |f''(c)|,$$

其中当 $|f''(c_1)| \leqslant |f''(c_2)|$ 时, $c=c_2$; 当 $|f''(c_1)| > |f''(c_2)|$ 时, $c=c_1$.

从例 2.28(注意第 (2) 小题与例 2.55 的区别) 看出, Taylor 公式有重要的应用. 除此之外, Taylor 公式还可以用于求极限. 在例 2.29 中, 读者应仔细体会 Taylor 公式中展开的阶数 (一般按同阶原则展开).

* 例 2.29 解答下列各题:

(1) 求极限 $\displaystyle\lim_{x\to 0} \frac{\cos x - e^{-\frac{x^2}{2}}}{x^4}$;

(2) 求极限 $\displaystyle\lim_{x\to 0} \frac{\ln(1+x) - \sin x}{x^2}$;

(3) 求极限 $\displaystyle\lim_{x\to +\infty} \left(\sqrt[6]{x^6+x^5} - \sqrt[6]{x^6-x^5}\right)$;

(4) 确定常数 A, B, C, 使得 $e^x(1+Bx+Cx^2) = 1+Ax+o(x^3)$.

解 (1) 分母为四次幂函数, 因此将 $\cos x$ 和 $e^{-\frac{x^2}{2}}$ 展开为四阶 Taylor 公式:

$$\cos x = 1 - \frac{x^2}{2!} + \frac{x^4}{4!} + o(x^4), \quad e^{-\frac{x^2}{2}} = 1 - \frac{x^2}{2} + \frac{1}{2!}\frac{x^4}{2^2} + o(x^4).$$

于是,

$$\lim_{x\to 0} \frac{\cos x - e^{-\frac{x^2}{2}}}{x^4} = \lim_{x\to 0} \frac{-\dfrac{1}{12}x^4 + o(x^4)}{x^4} = -\frac{1}{12}.$$

(2) 分母为二次幂函数, 因此

$$\ln(1+x) = x - \frac{1}{2}x^2 + o(x^2), \quad \sin x = x + o(x^2),$$

故,

$$\lim_{x\to 0} \frac{\ln(1+x) - \sin x}{x^2} = \lim_{x\to 0} \frac{-\dfrac{1}{2}x^2 + o(x^2)}{x^2} = -\frac{1}{2}.$$

(3) 作变换 $xt = 1$, 则原极限转化为

$$\lim_{t\to 0^+} \frac{\sqrt[6]{1+t} - \sqrt[6]{1-t}}{t}.$$

这是分母幂次为 1 的极限, 由此, 将 $\sqrt[6]{1+t}$ 和 $\sqrt[6]{1-t}$ 展开为一阶 Taylor 公式:

$$\sqrt[6]{1+t} = 1 + \frac{1}{6}t + o(t), \quad \sqrt[6]{1-t} = 1 - \frac{1}{6}t + o(t).$$

因此,

$$\lim_{x \to +\infty} (\sqrt[6]{x^6 + x^5} - \sqrt[6]{x^6 - x^5}) = \lim_{t \to 0^+} \frac{\frac{1}{3}t + o(t)}{t} = \frac{1}{3}.$$

(4) 因为 $e^x = 1 + x + \dfrac{x^2}{2} + \dfrac{x^3}{6} + o(x^3)$, 代入题目等式, 整理得

$$1 + (1 + B)x + \left(\frac{1}{2} + B + C\right)x^2 + \left(\frac{1}{6} + \frac{B}{2} + C\right)x^3 = 1 + Ax + o(x^3).$$

于是, 有 $1 + B = A, \dfrac{1}{2} + B + C = 0, \dfrac{1}{6} + \dfrac{B}{2} + C = 0.$ 解之, 得

$$A = \frac{1}{3}, \quad B = -\frac{2}{3}, \quad C = \frac{1}{6}.$$

在很多场合, 将 $f(b) - f(a)$ 表示成积分的形式是很有用的. 如果 $f'(x)$ 连续, 有

$$f(b) - f(a) = \int_a^b f'(x)\mathrm{d}x = (b - a)\int_0^1 f'(a + x(b - a))\mathrm{d}x.$$

依此类推, 如果 $f^{(n+1)}(x)$ 连续, 则有如下具有积分项的 Taylor 公式.

*定理 2.11 设函数 $f(x)$ 在 $x = 0$ 点的某邻域内具有直到 $n + 1$ 阶的连续导数, 则在此邻域内, 有

$$f(x) = f(0) + f'(0)x + \frac{f''(0)}{2!}x^2 + \cdots + \frac{f^{(n)}(0)}{n!}x^n + \int_0^x \frac{(x - t)^n f^{(n+1)}(t)}{n!}\mathrm{d}t.$$

证明 记

$$F(x) = f(x) - \left(f(0) + f'(0)x + \frac{f''(0)}{2!}x^2 + \cdots + \frac{f^{(n)}(0)}{n!}x^n + \int_0^x \frac{(x - t)^n f^{(n+1)}(t)}{n!}\mathrm{d}t\right),$$

只需要验证 $F(x)$ 在点 $x = 0$ 的邻域内恒为零即可. 因为 $F^{(n+1)}(x) \equiv 0$, 所以,

$$F(x) = C_0 + C_1 x + \cdots + C_n x^n.$$

显见,

$$F(0) = F'(0) = \cdots = F^{(n)}(0) = 0.$$

于是, 定理即证.

最后, 给出常用初等函数的 Taylor 公式:

$$\sin x = x - \frac{x^3}{3!} + \frac{x^5}{5!} + \cdots + (-1)^{n-1}\frac{x^{2n-1}}{(2n-1)!} + (-1)^n \frac{\cos\theta x}{(2n+1)!}x^{2n+1}, \quad 0 < \theta < 1;$$

$$\cos x = 1 - \frac{x^2}{2!} + \frac{x^4}{4!} + \cdots + (-1)^n\frac{x^{2n}}{(2n)!} + \frac{(-1)^{n+1}\cos\theta x}{(2n+2)!}x^{2n+2}, \quad 0 < \theta < 1;$$

$$\mathrm{e}^x = 1 + x + \frac{x^2}{2!} + \frac{x^3}{3!} + \cdots + \frac{x^n}{n!} + \frac{\mathrm{e}^{\theta x}}{(n+1)!} x^{n+1}, \quad 0 < \theta < 1;$$

$$(1+x)^\lambda = \sum_{k=0}^n \mathrm{C}_\lambda^k x^k + \frac{\lambda(\lambda-1)\cdots(\lambda-n)}{(n+1)!} x^{n+1} (1+\theta x)^{\lambda-n-1}, \quad 0 < \theta < 1;$$

$$\ln(1+x) = x - \frac{x^2}{2} + \frac{x^3}{3} + \cdots + (-1)^{n-1}\frac{x^n}{n} + \frac{(-1)^n}{n+1} \frac{x^{n+1}}{(1+\theta x)^{n+1}}, \quad 0 < \theta < 1.$$

习　题　2.4

1. 证明方程 $x^3 + 2x + 1 = 0$ 在区间 $(-1,0)$ 内有且仅有一个实根.

2. 设函数 $f(x)$ 在 $[0,1]$ 上连续, 在 $(0,1)$ 内可导, 且 $f(0) = 1, f(1) = 0$, 证明至少存在一点 $\xi \in (0,1)$, 使 $f'(\xi) = -\dfrac{f(\xi)}{\xi}$.

3. 不用求出函数 $f(x) = (x-1)(x-2)(x-3)(x-4)$ 的导数, 说明方程 $f'(x) = 0$ 有几个实根, 并指出它们所在的区间.

*4. 设 $f(x)$ 在 $[a,b]$ 上连续, 在 (a,b) 内可导, $f(a) = f(b) = 1$, 证明存在 $\xi, \eta \in (a,b)$, 使

$$\mathrm{e}^{\eta-\xi}(f(\eta) + f'(\eta)) = 1.$$

5. 设 $ab > 0$, $f(x)$ 在 $[a,b]$ 上可导, 证明存在 $\xi \in (a,b)$, 使

$$\frac{af(b) - bf(a)}{b-a} = f(\xi) - \xi f'(\xi).$$

6. 设 $a > b > 0, n > 1$, 证明: $nb^{n-1}(a-b) < a^n - b^n < na^{n-1}(a-b)$.

7. 证明下列不等式:

(1) $|\arctan a - \arctan b| \leqslant |a - b|$; 　　(2) 当 $x > 1$ 时, $\mathrm{e}^x > \mathrm{e}x$.

8. 证明恒等式: $\arcsin x + \arccos x = \dfrac{\pi}{2}$ $(-1 \leqslant x \leqslant 1)$.

9. 利用中值定理求下列极限:

(1) $\lim\limits_{x\to 0} \dfrac{(\tan x)^{\mathrm{e}} - (\sin x)^{\mathrm{e}}}{\mathrm{e}^{\tan x} - \mathrm{e}^{\sin x}}$; 　　　　(2) $\lim\limits_{x\to+\infty} \left(\sin\sqrt{x+1} - \sin\sqrt{x}\right)$;

(3) $\lim\limits_{x\to 0} \dfrac{\sin ax - \sin bx}{\mathrm{e}^{ax} - \mathrm{e}^{bx}}$.

10. 设函数 $f(x)$ 在 $x = 0$ 的某邻域内具有 n 阶导数, 且

$$f(0) = f'(0) = \cdots = f^{(n-1)}(0),$$

试用 Cauchy 中值定理证明: $\dfrac{f(x)}{x^n} = \dfrac{f^{(n)}(\theta x)}{n!}$, $0 < \theta < 1$.

11. 求函数 $f(x) = \sqrt{x}$ 按 $(x-4)$ 的幂展开的带有 Lagrange 型余项三阶 Taylor 公式.

12. 设 $f(x)$ 二阶可微, 将 $f(x+2h)$ 及 $f(x+h)$ 在点 x 处展开为二阶 Taylor 公式, 并证明

$$\lim\limits_{h\to 0} \frac{f(x+2h) - 2f(x+h) + f(x)}{h^2} = f''(x).$$

13. 利用三阶 Taylor 公式计算下列各近似值, 并估计误差:

(1) $\ln 1.2$;　　　　　　　　　　　　　　　(2) $\sin 18°$.

14. 利用带有 Peano 余项的 Maclaurin 公式计算极限: $\lim\limits_{x\to 0}\dfrac{\sin x - x\cos x}{\sin^3 x}$.

*15. 设 $f(x)$ 在 $[0,1]$ 上连续, $(0,1)$ 内可导, $f(0)=0, f(1)=\dfrac{1}{3}$, 证明存在点 $c_1 \in \left(0,\dfrac{1}{2}\right)$, $c_2 \in \left(\dfrac{1}{2},1\right)$, 使得 $f'(c_1)+f'(c_2)=c_1^2+c_2^2$.

2.5　未定式极限

2.5.1　$\dfrac{0}{0}$ 型和 $\dfrac{\infty}{\infty}$ 型

此前, 在求 $\lim \dfrac{f(x)}{g(x)}$ 极限时, 出现了 $\dfrac{0}{0}$ 型和 $\dfrac{\infty}{\infty}$ 型的极限, 此时它的极限值, 要么存在, 要么不存在或为 ∞. 例如,

$$\lim_{x\to 0}\frac{\sin x}{x}=1,\quad \lim_{x\to 0}\frac{\sin x}{x^2}=\infty.$$

这类极限不管存在与否, 都不能利用"商的极限运算法则"进行运算. 而 L'Hospital[①] (洛必达) 法则提供了一个有效的计算方法.

定理 2.12　如果函数 $f(x), g(x)$ 满足:

(1) 在 x_0 的某去心邻域 $\hat{U}(x_0)$ 内可导, 且 $g'(x)\neq 0$;

(2) $\lim\limits_{x\to x_0} f(x)=\lim\limits_{x\to x_0} g(x)=0$ 或 $\lim\limits_{x\to x_0} f(x)=\lim\limits_{x\to x_0} g(x)=\infty$;

(3) $\lim\limits_{x\to x_0}\dfrac{f'(x)}{g'(x)}$ 存在或为 ∞,

则有

$$\lim_{x\to x_0}\frac{f(x)}{g(x)}=\lim_{x\to x_0}\frac{f'(x)}{g'(x)}.$$

在运用洛必达法则时, 必须注意以下五点.

(1) 洛必达法则成立的前提条件: $\lim \dfrac{f'(x)}{g'(x)}$ 存在是 $\lim \dfrac{f(x)}{g(x)}$ 存在的充分条件, 而不是必要条件, 即使 $\lim \dfrac{f'(x)}{g'(x)}$ 不存在, $\lim \dfrac{f(x)}{g(x)}$ 的极限也可能存在. 例如, 极限 $I=\lim\limits_{x\to\infty}\dfrac{x+\sin x}{x-\sin x}$, 显然极限 $\lim\limits_{x\to\infty}\dfrac{1+\cos x}{1-\cos x}$ 不存在. 但

$$I=\lim_{x\to\infty}\frac{1+\dfrac{1}{x}\sin x}{1-\dfrac{1}{x}\sin x}=1.$$

---

① L'Hospital (1661—1704), 法国数学家.

(2) 该法则不是万能的: 单纯利用法则不能解决所有 $\dfrac{0}{0}$ 型或 $\dfrac{\infty}{\infty}$ 型的极限, 且有时也会发现是烦琐的. 例如,

$$\lim_{x\to+\infty}\frac{e^x+e^{-x}}{e^x-e^{-x}}=\lim_{x\to+\infty}\frac{e^x-e^{-x}}{e^x+e^{-x}}=\lim_{x\to+\infty}\frac{e^x+e^{-x}}{e^x-e^{-x}},$$

利用洛必达法则出现了循环的情形, 而例 2.23(2) 则非常烦琐. 因此, 在利用洛必达法则求极限时, 要注意与极限运算法则、等价无穷小、重要极限公式等知识点综合运用.

(3) 对于 $\dfrac{0}{0}$ 型或 $\dfrac{\infty}{\infty}$ 型的数列极限 $\lim\limits_{n\to\infty}\dfrac{f(n)}{g(n)}$, 应先转化为 $\lim\limits_{x\to+\infty}\dfrac{f(x)}{g(x)}$, 再利用洛必达法则求之, 而不能直接利用洛必达法则求之.

(4) 定理 2.12 的结论对 $x\to\infty$ 或其他单侧极限同样成立.

(5) 不能利用洛必达法则求 $\lim\limits_{x\to0}\dfrac{\sin x}{x}=\lim\limits_{x\to0}\dfrac{\cos x}{1}=1$, 这是因为在求 $(\sin x)'=\cos x$ 时, 要利用这一重要极限公式, 出现了逻辑循环.

下面给出定理 2.12 的证明. 由于 $\lim\limits_{x\to x_0}F(x)$ 与 $F(x)$ 在点 x_0 的取值情况无关, 所以可以假定 $f(x_0)=0,g(x_0)=0$. 于是, 在以 x_0 和 $x(\neq x_0)$ 为端点的区间上, $f(x),g(x)$ 满足 Cauchy 中值定理的条件, 也就是说, 存在介于 x 与 x_0 之间的点 c, 使得

$$\frac{f(x)}{g(x)}=\frac{f(x)-f(x_0)}{g(x)-g(x_0)}=\frac{f'(c)}{g'(c)}.$$

注意到当 $x\to x_0$ 时, 有 $c\to x_0$. 故由条件 (3), 定理的结论成立.

例 2.30　求极限:

(1) $\lim\limits_{x\to0}\dfrac{\sin x-x}{x^3}$;

(2) $\lim\limits_{x\to+\infty}\dfrac{\dfrac{\pi}{2}-\arctan x}{\sin\dfrac{1}{x}}$;

(3) $\lim\limits_{x\to0}\dfrac{(\tan x-x)\ln(1+x)}{e^x(x-\sin x)\sin 2x}$;

(4) $\lim\limits_{x\to0}\dfrac{3\sin x+x^2\cos\dfrac{1}{x}}{(1+\cos x)\ln(1+x)}$;

(5) $\lim\limits_{x\to0}\dfrac{\cos x-x^2\cos x-1}{\sin x^2}$;

(6) $\lim\limits_{x\to0}\dfrac{e^x-e^{\sin x}}{(x+x^2)\ln(1+x)\arcsin x}$.

解　(1) $\lim\limits_{x\to0}\dfrac{\sin x-x}{x^3}=\lim\limits_{x\to0}\dfrac{\cos x-1}{3x^2}=\lim\limits_{x\to0}\dfrac{-\sin x}{6x}=-\dfrac{1}{6}$.

(2) $\lim\limits_{x\to+\infty}\dfrac{\dfrac{\pi}{2}-\arctan x}{\sin\dfrac{1}{x}}=\lim\limits_{x\to+\infty}\dfrac{-\dfrac{1}{1+x^2}}{-\dfrac{1}{x^2}\cos\dfrac{1}{x}}=\lim\limits_{x\to+\infty}\dfrac{1}{\cos\dfrac{1}{x}}\lim\limits_{x\to+\infty}\dfrac{x^2}{1+x^2}=1.$

(3) $\lim\limits_{x\to0}\dfrac{(\tan x-x)\ln(1+x)}{e^x(x-\sin x)\sin 2x}=\lim\limits_{x\to0}\dfrac{(\tan x-x)x}{e^x(x-\sin x)2x}=\dfrac{1}{2}\lim\limits_{x\to0}\dfrac{\tan x-x}{x-\sin x}$

$$= \frac{1}{2} \lim_{x \to 0} \frac{\sec^2 x - 1}{1 - \cos x} = \frac{1}{2} \lim_{x \to 0} \frac{\tan^2 x}{1 - \cos x} = \frac{1}{2} \lim_{x \to 0} \frac{x^2}{\frac{x^2}{2}} = 1.$$

(4) $\displaystyle \lim_{x \to 0} \frac{3 \sin x + x^2 \cos \frac{1}{x}}{(1 + \cos x) \ln(1 + x)} = \frac{1}{2} \lim_{x \to 0} \frac{3 \sin x + x^2 \cos \frac{1}{x}}{x} = \frac{1}{2} \lim_{x \to 0} \left(\frac{3 \sin x}{x} + \frac{x^2 \cos \frac{1}{x}}{x} \right)$

$$= \frac{1}{2}(3 + 0) = \frac{3}{2}.$$

(5) $\displaystyle \lim_{x \to 0} \frac{\cos x - x^2 \cos x - 1}{\sin x^2} = \lim_{x \to 0} \frac{\cos x - 1 - x^2 \cos x}{x^2}$

$$= \lim_{x \to 0} \left(\frac{\cos x - 1}{x^2} - \frac{x^2 \cos x}{x^2} \right) = -\frac{1}{2} - 1 = -\frac{3}{2}.$$

(6) $\displaystyle \lim_{x \to 0} \frac{e^x - e^{\sin x}}{(x + x^2) \ln(1 + x) \arcsin x} = \lim_{x \to 0} \frac{e^{\sin x}(e^{x - \sin x} - 1)}{x^3 + x^4} = \lim_{x \to 0} \frac{x - \sin x}{x^3 + x^4}$

$$= \lim_{x \to 0} \frac{1 - \cos x}{3x^2 + 4x^3} = \frac{1}{6}.$$

由例 2.30 可以看到, 尽管是 $\frac{0}{0}$ 型或 $\frac{\infty}{\infty}$ 型极限, 但未必一定要运用洛必达法则, 尤其是 (4) 和 (5).

2.5.2　其他未定式极限

对于 $\frac{0}{0}$ 型或 $\frac{\infty}{\infty}$ 型的极限, 利用洛必达法则, 结合等价无穷小、极限运算法则等知识点已得到很好的解决, 接下来讨论 $0 \cdot \infty, 0^0, \infty^0, 1^\infty$ 等其他未定式极限问题.

对于 $0 \cdot \infty$ 型, 可以转化为 $\dfrac{0}{\dfrac{1}{\infty}} \to \dfrac{0}{0}$ 型, 也可以转化为 $\dfrac{\infty}{\dfrac{1}{0}} \to \dfrac{\infty}{\infty}$ 型. 至于对具体问题, 究竟转化为 $\frac{0}{0}$ 型, 还是 $\frac{\infty}{\infty}$ 型, 请读者体会下面的例子.

例 2.31　求极限 $\displaystyle \lim_{x \to 0^+} x \ln x$.

解　这是一个 $0 \cdot \infty$ 型的极限, 改写 $x \ln x = \dfrac{\ln x}{\dfrac{1}{x}}$ 就转化为 $\frac{\infty}{\infty}$ 型了, 改写 $x \ln x = \dfrac{x}{\dfrac{1}{\ln x}}$ 就转化为 $\frac{0}{0}$ 型了. 先看第一种情况:

$$\lim_{x \to 0^+} x \ln x = \lim_{x \to 0^+} \frac{\ln x}{\dfrac{1}{x}} = \lim_{x \to 0^+} \frac{\dfrac{1}{x}}{-\dfrac{1}{x^2}} = 0.$$

再看第二种情况:

$$\lim_{x \to 0^+} x \ln x = \lim_{x \to 0^+} \frac{x}{\dfrac{1}{\ln x}} = \lim_{x \to 0^+} \frac{1}{-\dfrac{1}{x \ln^2 x}} = -\lim_{x \to 0^+} x \ln^2 x,$$

这比求原极限还要复杂, 因为提高了 $\ln x$ 的阶数. 所以, 该题的第二种转化是不合适的.

例 2.32 求极限 $\displaystyle\lim_{x \to +\infty} x \left(\frac{\pi}{2} - \arctan x \right)$.

解 这也是 $0 \cdot \infty$ 型, 如果把 $x \left(\dfrac{\pi}{2} - \arctan x \right)$ 改写为 $\dfrac{\dfrac{\pi}{2} - \arctan x}{\dfrac{1}{x}}$ 就化成了 $\dfrac{0}{0}$ 型. 因此

$$\lim_{x \to +\infty} x \left(\frac{\pi}{2} - \arctan x \right) = \lim_{x \to +\infty} \frac{\dfrac{\pi}{2} - \arctan x}{\dfrac{1}{x}} = \lim_{x \to +\infty} \frac{-\dfrac{1}{1+x^2}}{-\dfrac{1}{x^2}} = 1.$$

如果改写成 $\dfrac{x}{\dfrac{1}{\dfrac{\pi}{2} - \arctan x}}$, 尽管转化成了 $\dfrac{\infty}{\infty}$ 型, 但利用洛必达法则计算, 会发现计算更加困难.

对 0^0 型, 可以如下转化: $0^0 \to \mathrm{e}^{0 \ln 0} \to \mathrm{e}^{0 \cdot \infty}$, 此即 $0 \cdot \infty$ 型. 同样地, 对 $\infty^0, 1^\infty$ 型,

$$\infty^0 \to \mathrm{e}^{0 \ln \infty} \to \mathrm{e}^{0 \cdot \infty} \to 0 \cdot \infty; \quad 1^\infty \to \mathrm{e}^{\infty \ln 1} \to \mathrm{e}^{0 \cdot \infty} \to 0 \cdot \infty.$$

对于 $\infty - \infty$ 型的极限, 先进行通分、化简等运算, 然后才可以进行计算.

例 2.33 求极限:

(1) $\displaystyle\lim_{x \to 1} \left(\frac{x}{x-1} - \frac{1}{\ln x} \right)$; (2) $\displaystyle\lim_{x \to 0^+} x^x$; (3) $\displaystyle\lim_{n \to \infty} \left(\cos \frac{1}{n} \right)^{n^2}$.

解 (1) $\displaystyle\lim_{x \to 1} \left(\frac{x}{x-1} - \frac{1}{\ln x} \right) = \lim_{x \to 1} \frac{x \ln x - x + 1}{(x-1) \ln x} = \lim_{x \to 1} \frac{\ln x}{1 + \ln x - \dfrac{1}{x}}$

$$= \lim_{x \to 1} \frac{\dfrac{1}{x}}{\dfrac{1}{x^2} + \dfrac{1}{x}} = \frac{1}{2}.$$

(2) $\displaystyle\lim_{x \to 0^+} x^x = \mathrm{e}^{\lim\limits_{x \to 0^+} x \ln x} = \mathrm{e}^0 = 1.$

(3) 这是数列型的 1^∞ 型的极限. 为此, 考虑 $\displaystyle\lim_{x\to+\infty}\left(\cos\frac{1}{x}\right)^{x^2}$. 由于

$$\lim_{x\to+\infty} x^2\ln\cos\frac{1}{x} = \lim_{x\to+\infty}\frac{\ln\cos\dfrac{1}{x}}{\dfrac{1}{x^2}} = \lim_{x\to+\infty}\frac{\dfrac{1}{\cos\dfrac{1}{x}}\cdot\dfrac{\sin\dfrac{1}{x}}{x^2}}{-\dfrac{2}{x^3}} = -\frac{1}{2}\lim_{x\to+\infty}\frac{x\sin\dfrac{1}{x}}{\cos\dfrac{1}{x}} = -\frac{1}{2}.$$

所以,

$$\lim_{x\to+\infty}\left(\cos\frac{1}{x}\right)^{x^2} = \mathrm{e}^{\lim\limits_{x\to+\infty} x^2\ln\cos\frac{1}{x}} = \mathrm{e}^{-\frac{1}{2}}.$$

于是,

$$\lim_{n\to\infty}\left(\cos\frac{1}{n}\right)^{n^2} = \mathrm{e}^{-\frac{1}{2}}.$$

习　题　2.5

1. 利用洛必达法则求下列极限:

(1) $\displaystyle\lim_{x\to 1}\frac{x^3+x-2}{x^2-3x+2}$;

(2) $\displaystyle\lim_{x\to 0}\frac{x-\arcsin x}{\sin^3 x}$;

(3) $\displaystyle\lim_{x\to\frac{\pi}{4}}\frac{\tan x-1}{\sin 4x}$;

(4) $\displaystyle\lim_{x\to 0}\frac{x(\mathrm{e}^x+1)-2(\mathrm{e}^x-1)}{x^3}$;

(5) $\displaystyle\lim_{x\to\frac{\pi}{2}}\frac{\tan x}{\tan 3x}$;

(6) $\displaystyle\lim_{x\to 0}\frac{\mathrm{e}^x-\sqrt{1+2x}}{\ln(1+x^2)}$;

(7) $\displaystyle\lim_{x\to 1}\left(\frac{x}{x-1}-\frac{1}{\ln x}\right)$;

(8) $\displaystyle\lim_{x\to 0}\left(\frac{1}{x}-\frac{1}{\mathrm{e}^x-1}\right)$;

(9) $\displaystyle\lim_{x\to 0+}\sin x\ln x$;

(10) $\displaystyle\lim_{x\to+\infty}\frac{x^a}{\mathrm{e}^{bx}}, a>0, b>0$;

(11) $\displaystyle\lim_{x\to 0+}(\tan x)^{\sin x}$;

(12) $\displaystyle\lim_{x\to\frac{\pi}{2}-}(\cos x)^{\frac{\pi}{2}-x}$;

(13) $\displaystyle\lim_{x\to 0}\left(\frac{(1+x)^{\frac{1}{x}}}{\mathrm{e}}\right)^{\frac{1}{x}}$;

(14) $\displaystyle\lim_{x\to\infty}\left(\cos\frac{1}{x}\right)^x$.

2. 已知极限 $\displaystyle\lim_{x\to+\infty}\frac{\ln(1+c\mathrm{e}^x)}{\sqrt{1+cx^2}}=4$, 求 c.

3. 讨论函数 $f(x)=\begin{cases}\left(\dfrac{(1+x)^{\frac{1}{x}}}{\mathrm{e}}\right)^{\frac{1}{x}}, & x>0,\\[3mm]\mathrm{e}^{-\frac{1}{2}}, & x\leqslant 0\end{cases}$ 在点 $x=0$ 处的连续性.

4. 确定 a,b, 使极限 $\displaystyle\lim_{x\to 0}\frac{1+a\cos 2x+b\cos 4x}{x^4}$ 存在, 并求此极限.

5. 若奇函数 $f(x)$ 在 $\mathbb{R}$ 上二阶可导, $g(x) = \begin{cases} \dfrac{f(x)}{x}, & x \neq 0, \\ a, & x = 0. \end{cases}$

(1) 求 a 的值, 使函数 $g(x)$ 在 $\mathbb{R}$ 上连续;

(2) 求 a 的值, 使函数 $g(x)$ 在 $\mathbb{R}$ 上可导.

2.6 函 数 性 态

在微分中值定理的基础上, 本节利用导数讨论函数的变化性态, 主要包括函数的单调性、极值与最值、凹凸性等.

2.6.1 函数的单调性

下面给出判定可导函数单调性的基本方法. 设函数 $f(x)$ 在 $[a,b]$ 上连续, 在 (a,b) 内可导, 则对 (a,b) 内任意两点 x_1, x_2(不妨设 $x_1 < x_2$), 应用 Lagrange 中值定理, 存在 $c \in (x_1, x_2)$, 使

$$f(x_2) - f(x_1) = f'(c)(x_2 - x_1).$$

因此, 如果知道了导函数 $f'(x)$ 的符号, 即可通过上式判定函数 $f(x)$ 的单调性.

定理 2.13 设函数 $f(x)$ 在 $[a,b]$ 上连续, 在 (a,b) 内可导.

(1) 若在 (a,b) 内 $f'(x) > 0$, 则函数 $f(x)$ 在 $[a,b]$ 上单调增加;

(2) 若在 (a,b) 内 $f'(x) < 0$, 则函数 $f(x)$ 在 $[a,b]$ 上单调减少.

根据定理 2.13, 讨论函数的单调性, 确定其导函数的符号即可. 确定函数的单调区间, 可按以下步骤进行:

(1) 确定函数的定义域;

(2) 求函数 $f'(x) = 0$ 的点和函数不可导的点, 以这些点为分界点, 将函数定义域划分为若干子区间;

(3) 在各个子区间上由 $f'(x)$ 的符号判定函数 $f(x)$ 的单调性.

例 2.34 讨论函数 $f(x) = e^{-x^2}$ 的单调性.

解 函数 $f(x)$ 的定义域为 $\mathbb{R}$, 且 $f'(x) = -2xe^{-x^2}$. 令 $f'(x) = 0$, 即得 $x_0 = 0$. 因此, 可将 $(-\infty, +\infty)$ 划分为两个子区间 $I_1 = (-\infty, 0)$, $I_2 = (0, +\infty)$.

在区间 I_1 上, $f'(x) > 0$, 因此, 函数单调增加; 在区间 I_2 上, $f'(x) < 0$, 因此, 函数单调减少.

例 2.35 确定下列函数的单调区间:

(1) $f(x) = 2x^3 - 6x^2 - 18x - 7$; (2) $f(x) = (2x - 5)x^{\frac{2}{3}}$.

解　(1) 函数 $f(x)$ 的定义域为 $\mathbb{R}$, $f'(x) = 6x^2 - 12x - 18 = 6(x+1)(x-3)$. 因此, 由 $f'(x) = 0$ 解得 $x_1 = -1, x_2 = 3$. 由此, 将区间 $(-\infty, +\infty)$ 划分为三个子区间

$$I_1 = (-\infty, -1), \quad I_2 = (-1, 3), \quad I_3 = (3, +\infty).$$

在区间 I_1 上, $f'(x) > 0$, 因此函数 $f(x)$ 在区间 I_1 上单调增加; 在区间 $(-1, 3)$ 上, $f'(x) < 0$, 因此函数 $f(x)$ 在区间 I_2 上单调减少; 在区间 I_3 上, $f'(x) > 0$, 因此函数在区间 I_3 上单调增加.

(2) 函数 $f(x)$ 的定义域为 $\mathbb{R}$, $f'(x) = \dfrac{10}{3} \dfrac{x-1}{x^{\frac{1}{3}}}$. 因此, 使 $f'(x) = 0$ 的点为 $x_1 = 1$, 函数不可导的点为 $x_2 = 0$. 由此, 将区间 $(-\infty, +\infty)$ 划分为三个子区间

$$I_1 = (-\infty, 0), \quad I_2 = (0, 1), \quad I_3 = (1, +\infty).$$

在区间 I_1 内, $f'(x) > 0$, 因此函数 $f(x)$ 在区间 I_1 上单调增加; 在区间 $(0, 1)$ 上, $f'(x) < 0$, 因此函数 $f(x)$ 在区间 I_2 上单调减少; 在区间 I_3 上, $f'(x) > 0$, 因此函数 $f(x)$ 在区间 I_3 上单调增加.

利用函数的单调性可以证明一些 "单变量型" 不等式和 "两点型" 不等式.

例 2.36　证明下列不等式:

(1) 当 $0 < x < \dfrac{\pi}{2}$ 时, 证明: $\sin x < x < \tan x$;

(2) 证明: $\tan x > x + \dfrac{1}{3}x^3, 0 < x < \dfrac{\pi}{2}$.

解　(1) 设 $f(x) = \sin x - x$, $g(x) = x - \tan x$, $0 < x < \dfrac{\pi}{2}$, 则

$$f'(x) = \cos x - 1 < 0, \quad g'(x) = \frac{\cos^2 x - 1}{\cos^2 x} < 0,$$

即函数 $f(x), g(x)$ 在定义的区间上单调减少, 所以, 当 $x > 0$ 时,

$$f(x) < f(0) = 0, \quad g(x) < g(0) = 0.$$

因此, $\sin x < x < \tan x$.

(2) 设 $f(x) = \tan x - x - \dfrac{1}{3}x^3$, $0 < x < \dfrac{\pi}{2}$, 则

$$f'(x) = \frac{1}{\cos^2 x} - 1 - x^2 = \frac{\sin x + x \cos x}{\cos^2 x}(\sin x - x \cos x).$$

由于当 $0 < x < \dfrac{\pi}{2}$ 时, $\dfrac{\sin x + x \cos x}{\cos^2 x} > 0$, 所以, 为确定 $f'(x)$ 的符号, 只需确定

$$g(x) = \sin x - x \cos x$$

的符号即可. 而 $g'(x) = x \sin x > 0 \left(0 < x < \dfrac{\pi}{2}\right)$. 因此 $g(x) > g(0) = 0$. 于是,

$f'(x) > 0$, 即函数 $f(x)$ 单调增加. 从而 $f(x) > f(0) = 0$ $(x > 0)$. 因此, 原不等式成立.

例 2.37 解答下列各题:

(1) 设 $a > b > 1$, 则 $\dfrac{\ln b}{\ln a} < \dfrac{a}{b}$; (2) 比较 e^π 与 π^e 的大小.

解 (1) 设 $f(x) = x \ln x - a \ln a$ $(x > 1)$, 则 $f'(x) = \ln x + 1 > 0$, 即函数 $f(x)$ 在 $x > 1$ 上单调增加, 于是, 由 $a > b > 1$, 得 $f(b) < f(a) = 0$. 此即 $b \ln b < a \ln a$. 于是, 原不等式成立.

(2) 设 $f(x) = x - \mathrm{e} \ln x$, $x \in [\mathrm{e}, \pi]$, 则由 $f'(x) = \dfrac{x - \mathrm{e}}{x}$, 得 $f(x)$ 在 $[\mathrm{e}, \pi]$ 上单调递增. 因此, 有 $f(\pi) > f(\mathrm{e})$, 即 $\pi > \mathrm{e} \ln \pi$. 从而, $\mathrm{e}^\pi > \pi^\mathrm{e}$.

例 2.38 证明方程 $\cos x + ax = 0$ $(a > 1)$ 只有一个实根, 且位于 $\left(-\dfrac{\pi}{2}, \dfrac{\pi}{2}\right)$ 内.

解 设 $f(x) = \cos x + ax$. 显然 $f(x)$ 在闭区间 $\left[-\dfrac{\pi}{2}, \dfrac{\pi}{2}\right]$ 上连续, 且

$$f\left(-\frac{\pi}{2}\right) = -\frac{\pi a}{2} < 0, \quad f\left(\frac{\pi}{2}\right) = \frac{\pi a}{2} > 0.$$

因此, 由零点定理, 存在 $c \in \left(-\dfrac{\pi}{2}, \dfrac{\pi}{2}\right)$, 使 $f(c) = 0$.

对任意 $x \in \mathbb{R}, f'(x) = a - \sin x > 0$, 即函数 $f(x)$ 在定义域内单调增加, 其图象与 x 轴只能有一个交点. 因此, 方程有唯一实根.

例 2.38 是利用函数单调性讨论方程根的唯一性问题, 也可以利用函数 $f(x)$ 的单调性讨论方程 $f(x) = 0$ 根的个数问题.

*例 2.39 讨论方程 $|x|^{\frac{1}{4}} + |x|^{\frac{1}{2}} - \cos x = 0$ 根的个数.

解 注意到函数 $f(x) = |x|^{\frac{1}{4}} + |x|^{\frac{1}{2}} - \cos x$ 是偶函数, 且当 $x > 1$ 时, $f(x) > 0$, 因此只需考虑 $f(x)$ 在 $(0, 1)$ 上根的个数即可.

由于 $f(0) = -1 < 0, f(1) = 2 - \cos 1 > 0$, 且

$$f'(x) = \frac{1}{4}x^{-\frac{3}{4}} + \frac{1}{2}x^{-\frac{1}{2}} + \sin x, \quad 0 < x < 1,$$

即 $f(x)$ 在 $(0, 1)$ 内单调增加. 因此方程 $f(x) = 0$ 在 $(0, 1)$ 内有且只有 1 个根. 于是, 方程 $f(x) = 0$ 在 $\mathbb{R}$ 内有且只有 2 个实根.

2.6.2 函数的极值

1. 函数存在极值的充分条件与必要条件

在 1.4 节我们已经知道, 函数的极值是一个局部性的概念, 它只与极值点附近的函数值进行比较. 例如, 如果满足 $\lim\limits_{x \to a} \dfrac{f(x) - f(a)}{(x - a)^2} = -1$ 的函数 $f(x)$, 由极限性质及

$$f(x) - f(a) = -(x - a)^2 + o((x - a)^2),$$

可知函数 $f(x)$ 在点 $x = a$ 取得极大值. 因为在 $x = a$ 邻域内, $f(x) \leqslant f(a)$.

　　这里考虑可导函数的极值问题. Fermat 定理给出了可导函数存在极值的必要条件, 即函数 $f(x)$ 在点 x_0 处取得极值, 且在该点处可导, 则 $f'(x_0) = 0$.

　　通常, 使 $f'(x) = 0$ 的点称为**驻点**. 函数的可能极值点包括驻点和不可导的点, 两者必居其一, 但反过来未必成立. 例如, $x = 0$ 是 $f(x) = x^3$ 的驻点, 但不是 x^3 的极值点 (图 2.5); $x = 0$ 是函数 $f(x) = |x|$ 的极值点, 但它是 $|x|$ 不可导的点 (图 2.6).

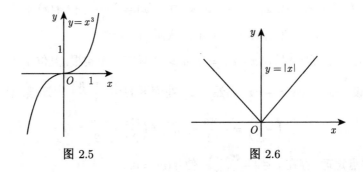

图 2.5　　　　　　　　　　　　　　　　图 2.6

　　定理 2.14 (极值第一充分条件)　　设函数 $f(x)$ 在点 x_0 的某邻域内可导, 且 $f'(x_0) = 0$.

　　(1) 如果在该邻域内, 当 $x < x_0$ 时, $f'(x) > 0$; 当 $x > x_0$ 时, $f'(x) < 0$(即函数 $f'(x)$ 的符号在点 x_0 左侧为正右侧为负), 则函数 $f(x)$ 在点 x_0 处取到极大值;

　　(2) 如果在该邻域内, 当 $x < x_0$ 时, $f'(x) < 0$; 当 $x > x_0$ 时, $f'(x) > 0$(即函数 $f'(x)$ 的符号在点 x_0 左侧为负右侧为正), 则函数 $f(x)$ 在点 x_0 处取到极小值;

　　(3) 如果在该邻域内, $f'(x) > 0$ 或 $f'(x) < 0$(即函数 $f'(x)$ 的符号在点 x_0 左右两侧不变), 则函数 $f(x)$ 在点 x_0 处没有极值.

　　定理 2.14 是容易理解的, 例如, 情形 (1), 函数 $f(x)$ 在点 x_0 的左侧单调增加, 右侧单调减少. 因此, $f(x_0)$ 是 $f(x)$ 的一个极大值 (图 2.7). 情形 (2) 也是如此 (图 2.8). 情形 (3), 函数 $f(x)$ 在整个邻域内要么单调增加, 要么单调减少, 于是点 x_0 不可能是 $f(x)$ 的极值点.

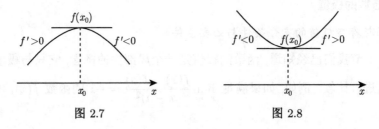

图 2.7　　　　　　　　　　　　　　　　图 2.8

例 2.40 求函数 $f(x) = x - \sqrt[3]{(x-1)^2}$ 的极值.

解 函数的定义域为 $(-\infty, +\infty)$,

$$f'(x) = 1 - \frac{2}{3\sqrt[3]{x-1}}.$$

令 $f'(x) = 0$, 解得 $x_1 = \dfrac{35}{27}$, $f(x)$ 不可导的点 $x_2 = 1$. 因此, 将定义域划分为三个子区间

$$I_1 = (-\infty, 1), \quad I_2 = \left(1, \frac{35}{27}\right), \quad I_3 = \left(\frac{35}{27}, +\infty\right).$$

在区间 I_1 上, $f'(x) > 0$; 在区间 $\left(1, \dfrac{35}{27}\right)$ 上, $f'(x) < 0$; 在区间 I_3 上, $f'(x) > 0$. 于是 $f(1) = 1$ 为函数的极大值, $f\left(\dfrac{35}{27}\right) = \dfrac{23}{27}$ 为函数的极小值.

在定理 2.14 的基础上, 如果 $f''(x_0)$ 存在, 且 $f''(x_0) \neq 0$, 则由

$$f''(x_0) = \lim_{x \to x_0} \frac{f'(x) - f'(x_0)}{x - x_0} \quad (\text{注意} f'(x_0) = 0)$$

存在 x_0 的邻域, 使 $f'(x)$ 在 x_0 的左侧与右侧的符号异号. 于是, 给出以下极值存在的第二充分条件.

定理 2.15 (极值第二充分条件) 设函数 $f(x)$ 在点 x_0 的某邻域 $U(x_0)$ 内可导, 且

$$f'(x_0) = 0, \quad f''(x_0) \neq 0,$$

则当 $f''(x_0) > 0$ 时, $f(x_0)$ 为极小值; 当 $f''(x_0) < 0$ 时, $f(x_0)$ 为极大值.

例 2.41 求下列函数的极值:

$(1) f(x) = x^3 - 3x^2 - 9x + 5$; (2) $f(x) = x^2 e^x$.

解 (1) 函数的定义域为 $(-\infty, +\infty)$, 由

$$f'(x) = 3x^2 - 6x - 9.$$

令 $f'(x) = 0$, 得 $x_1 = -1, x_2 = 3$. 由 $f''(x) = 6(x - 1)$. 因此,

$$f''(-1) = -12 < 0, \quad f''(3) = 12 > 0.$$

于是 $f(-1) = 10$ 为函数的极大值, $f(3) = -22$ 为函数的极小值.

(2) 函数 $f(x)$ 在 $\mathbb{R}$ 上一阶、二阶导数分别为

$$f'(x) = e^x(x^2 + 2x), \quad f''(x) = e^x(x^2 + 4x + 2).$$

解方程 $f'(x) = 0$ 得驻点 $x_1 = -2, x_2 = 0$. 由于 $f''(-2) = -2\mathrm{e}^{-2} < 0, f''(0) = 2 > 0$, 因此, 函数极大值为 $f(-2) = 4\mathrm{e}^{-2}$, 极小值为 $f(0) = 0$.

根据以上分析和例题, 判断函数 $f(x)$ 在点 x_0 是否存在极值, 一般包括四种情形:

情形一: 函数 $f(x)$ 在点 x_0 的邻域内不可导, 此时利用极值定义判定. 例如, 习题 2.6 第 17 题.

情形二: 函数 $f(x)$ 在点 x_0 的邻域内一阶可导, 此时利用定理 2.14 判定.

情形三: 函数 $f(x)$ 在点 x_0 的邻域内二阶可导, 且 $f''(x_0) \neq 0$, 此时利用定理 2.15 判定.

情形四: 函数 $f(x)$ 在点 x_0 的邻域内 n $(n \geqslant 3)$ 阶可导, 且 $f''(x_0) = 0$, 此时利用 Taylor 公式判定.

例 2.42   设函数 $f(x)$ 在点 x_0 处 n 阶可导, 且

$$f'(x_0) = f''(x_0) = \cdots = f^{(n-1)}(x_0) = 0, \quad f^{(n)}(x_0) \neq 0.$$

判断 x_0 是否为 $f(x)$ 的极值点?

解   由题设, 函数 $f(x)$ 的 Peano 余项的 Taylor 公式为

$$f(x) = f(x_0) + \frac{1}{n!} f^{(n)}(x_0)(x - x_0)^n + o((x - x_0)^n),$$

这说明即在 x_0 的某邻域内, $f(x) - f(x_0)$ 与 $\frac{1}{n!} f^{(n)}(x_0)(x - x_0)^n$ 同号. 因此,当 n 为奇数时, $f(x) - f(x_0)$ 在 x_0 两侧异号, x_0 不是极值点; 当 n 为偶数时, $f^{(n)}(x_0) > 0$, 则 x_0 为极小值点, 若 $f^{(n)}(x_0) < 0$, 则 x_0 为极大值点.

2. 函数的最大值和最小值

此前, 我们已经知道, 闭区间上的连续函数一定有最大值和最小值. 下面讨论最大值和最小值的具体求法.

对于函数 $f(x)$ 在闭区间 $[a, b]$ 上的最大值和最小值, 其最大值点和最小值点可能为区间 (a, b) 内的点或在区间的端点 a, b 处. 在开区间 (a, b) 内, 最值点一定也是极值点, 从而最大值点和最小值点可能是驻点或不可导点. 因此, 求 $f(x)$ 在闭区间 $[a, b]$ 上的最大值和最小值的主要方法是, 求函数 $f(x)$ 的驻点和不可导点 $x_1, x_2, \cdots, x_k$, 则函数的最大值 $\max\limits_{x \in [a,b]} f(x)$ 满足

$$\max_{x \in [a,b]} f(x) = \max\{f(x_1), f(x_2), \cdots, f(x_k), f(a), f(b)\};$$

函数的最小值 $\min\limits_{x \in [a,b]} f(x)$ 满足

$$\min_{x \in [a,b]} f(x) = \min\{f(x_1), f(x_2), \cdots, f(x_k), f(a), f(b)\}.$$

需要说明两点: 一是当 $x_0 \in (a, b)$ 是唯一驻点, 且根据实际问题最小值或最大值在区间 (a, b) 内得到, 这时 $f(x_0)$ 为极小 (大) 值, 也是最小 (大) 值; 二是函数 $f(x)$ 在区间 $[a, b]$ 上单调, 则 $f(a)$ 或 $f(b)$ 就是最小值或最大值.

对于非闭区间上函数的最值问题, 一般需要根据实际问题决定, 而且此时可能极值点一般是唯一的.

利用函数的最大值、最小值可以证明一些 "单变量" 的不等式: 如果 $f(a)$ 是 $f(x)$ 在区间上的最大值或最小值, 则有 $f(x) \leqslant f(a)$ 或 $f(x) \geqslant f(a)$.

例 2.43 求函数 $f(x) = |x| \mathrm{e}^x$ 在 $[-2, 1]$ 上的最大值与最小值.

解 首先, $x_1 = 0$ 是函数不可导的点. 其次, 由

$$f'(x) = -(x+1)\mathrm{e}^x \ (x < 0), \quad f'(x) = (x+1)\mathrm{e}^x \ (x > 0),$$

得 $x_2 = -1$ 是函数的驻点. 比较

$$f(-2) = 2\mathrm{e}^{-2}, \quad f(-1) = \mathrm{e}^{-1}, \quad f(0) = 0, \quad f(1) = \mathrm{e},$$

最大值 $f(1) = \mathrm{e}$, 最小值 $f(0) = 0$.

例 2.44 证明下列不等式:

(1) 当 $x < 1$ 时, $\mathrm{e}^x \leqslant \dfrac{1}{1-x}$;

(2) 证明 $\ln x + \dfrac{1}{x} \geqslant 1 \ (x > 0)$.

证明 (1) 当 $x < 1$ 时, 即证 $(1-x)\mathrm{e}^x \leqslant 1$. 因此, 令

$$f(x) = \mathrm{e}^x (1-x), \quad x < 1,$$

则 $f'(x) = -x\mathrm{e}^x$, 于是 $f(x)$ 只有唯一的驻点 $x_0 = 0$, 且当 $x < 0$ 时, $f'(x) > 0$; 当 $0 < x < 1$ 时, $f'(x) < 0$. 故 $f(0) = 1$ 是极大值, 也是最大值. 所以, 对任意的 $x < 1, f(x) \leqslant f(0) = 1$. 即证.

(2) 设 $f(x) = \ln x + \dfrac{1}{x}, x > 0$. 由 $f'(x) = \dfrac{1}{x} - \dfrac{1}{x^2} = 0$ 得唯一驻点 $x = 1$. 又当 $0 < x < 1$ 时, $f'(x) < 0, f(x)$ 单调减少; 当 $x > 1$ 时, $f'(x) > 0, f(x)$ 单调增加. 因此, 函数 $f(x)$ 在点 $x = 1$ 取得最小值 $f(1) = 1$. 所以, 当 $x > 0$ 时, $\ln x + \dfrac{1}{x} \geqslant 1$.

例 2.45 设 $0 \leqslant x \leqslant 1, p > 1$, 则 $\dfrac{1}{2^{p-1}} \leqslant x^p + (1-x)^p \leqslant 1$.

证明 设 $F(x) = x^p + (1-x)^p, x \in [0, 1]$, 则 $F(x)$ 连续, 且

$$F'(x) = px^{p-1} - p(1-x)^{p-1}.$$

令 $F'(x) = 0$ 得 $x_0 = \dfrac{1}{2}$, 而 $F(0) = F(1) = 1$, $F(x_0) = \dfrac{1}{2^{p-1}} < 1 \ (p > 1)$, 从而函数 $F(x)$ 在区间 $[0, 1]$ 上最大值为 1, 最小值为 $\dfrac{1}{2^{p-1}}$. 于是, 原不等式成立.

2.6.3　函数的凸性与渐近线

1. 函数的凸性

函数的单调性有助于了解函数图形的升降性态, 但仅此一点还不能准确反映函

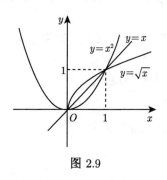

图 2.9

数图形的主要性态. 例如, 函数 $y=\sqrt{x}$ 和 $y=x^2$ 在区间 $[0,1]$ 上都是单调上升的, 但两者的图形还是有明显的差别: 它们的弯曲方向明显不同 (图 2.9). 这种差别就是所谓的 "凸性".

定义 2.3　设函数 $y = f(x)$ 在 (a,b) 内连续, 对任意的 $x_1, x_2 \in (a,b)$, 若恒有

$$f\left(\frac{x_1 + x_2}{2}\right) \leqslant \frac{f(x_1) + f(x_2)}{2},$$

则称曲线 $y = f(x)$ 在 (a,b) 内的图形是**向下凸**的 (图 2.10); 若

$$f\left(\frac{x_1 + x_2}{2}\right) \geqslant \frac{f(x_1) + f(x_2)}{2},$$

则称曲线 $y = f(x)$ 在 (a,b) 内的图形是**向上凸**的 (图 2.11).

在部分参考书中, 向下凸的函数称为凸函数, 向上凸的函数称为凹函数.

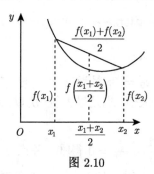

图 2.10

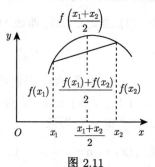

图 2.11

从几何上看, 在下凸弧上 (图 2.10), 曲线各点的切线斜率随 x 的增加而增大; 在上凸弧上 (图 2.11), 曲线各点的切线斜率随 x 增加而减少. 如果在 (a,b) 内 $f'(x)$ 存在, 则当 $f(x)$ 的图形为下凸时, $f'(x)$ 单调递增; 当 $f(x)$ 的图形为上凸时, $f'(x)$ 单调减少. 根据这一特性, 给出判定凸性的一个定理.

定理 2.16　设 $f(x)$ 在 (a,b) 内二阶可导, 在区间 (a,b) 内,

(1) 如果 $f''(x) \geqslant 0$, 则 $y = f(x)$ 的图形在 (a,b) 内下凸;

(2) 如果 $f''(x) \leqslant 0$, 则 $y = f(x)$ 的图形在 (a,b) 内上凸.

证明　设 $x_1, x_2 \in (a,b), x_0 = \dfrac{x_1 + x_2}{2}$ (不妨设 $x_1 < x_2$), 并记 $x_2 - x_0 =$

$x_0 - x_1 = h > 0$. 由 Lagrange 中值定理, 存在 $c_1 \in (x_1, x_0), c_2 \in (x_0, x_2)$, 使

$$f(x_2) - f(x_0) = f'(c_2)h, \quad f(x_0) - f(x_1) = f'(c_1)h.$$

由此,

$$f(x_2) + f(x_1) - 2f(x_0) = (f'(c_2) - f'(c_1))h.$$

再次利用 Lagrange 中值定理, 存在 $c \in (c_1, c_2)$, 使

$$f(x_1) + f(x_2) - 2f(x_0) = f''(c)(c_2 - c_1)h.$$

于是, 由条件 (1) 和 (2), 分别得 $f(x_1)+f(x_2)-2f(x_0)>0$ 和 $f(x_1)+f(x_2)-2f(x_0)<0$. 此即证明结论成立.

例 2.46　设 $x > 0, y > 0$, 证明 $x \ln x + y \ln y \geqslant (x + y) \ln \dfrac{x + y}{2}$.

解　设 $f(t) = t \ln t \ (t > 0)$. 计算 $f'(t) = \ln t + 1$, $f''(t) = \dfrac{1}{t} > 0$. 因此, 曲线 $y = f(t)$ 是向下凸的, 从而

$$f\left(\frac{x + y}{2}\right) \leqslant \frac{f(x) + f(y)}{2}, \quad x > 0, \ y > 0,$$

化简即得 $x \ln x + y \ln y \geqslant (x + y) \ln \dfrac{x + y}{2}$.

例 2.47　证明: 当 $0 < x < \pi$ 时, $\sin \dfrac{x}{2} > \dfrac{x}{\pi}$.

证明　设 $f(x) = \sin \dfrac{x}{2} - \dfrac{x}{\pi}$, 有

$$f''(x) = -\frac{1}{4}\sin\frac{x}{2} < 0, \quad 0 < x < \pi,$$

则曲线 $y = f(x)$ 在 $(0, \pi)$ 内是上凸的. 而 $f(0) = f(\pi) = 0$, 因此, 当 $0 < x < \pi$ 时, 点 $(0, 0)$ 和 $(\pi, 0)$ 所连接的弦在曲线 $y = f(x)$ 的下方, 即 $f(x) > 0$. 从而原不等式成立.

如果曲线 $y = f(x)$ 在区间 I 上是下凸 (上凸) 的, 则对于任意的 $x_i \in I$ 和满足 $0 \leqslant \lambda_i \leqslant 1$ 和 $\displaystyle\sum_{i=1}^{n} \lambda_i = 1$ 的 $\lambda_i \ (i = 1, 2, \cdots, n)$,

$$f\left(\sum_{i=1}^{n} \lambda_i x_i\right) \leqslant \sum_{i=1}^{n} \lambda_i f(x_i) \quad \left(f\left(\sum_{i=1}^{n} \lambda_i x_i\right) \geqslant \sum_{i=1}^{n} \lambda_i f(x_i)\right)$$

成立.

上述不等式称为 Jensen[1]不等式.

---

[1] Jensen (1859—1925), 丹麦数学家.

2. 曲线的拐点

定义 2.4　设点 $M_0(x_0, f(x_0))$ 为曲线 $y = f(x)$ 上的一点, 若曲线在点 M_0 的两侧有不同的凸性, 则点 M_0 称为曲线 $y = f(x)$ 的**拐点**(图 2.12).

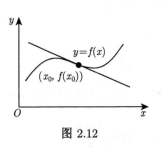

图 2.12

当 $f(x)$ 二阶连续可导时, 曲线 $y = f(x)$ 存在拐点的必要条件是 $f''(x_0) = 0$.

确定函数的凸性区间及拐点的步骤:

(1) 求 $f(x)$ 的定义域;

(2) 求 $f''(x) = 0$ 的点及 $f''(x)$ 不存在的点;

(3) 以 (2) 中的点为分界点划分定义域为子区间, 讨论 $f''(x)$ 在各子区间上的符号, 若 $f''(x)$ 在 x_0 左右变号, 则 $(x_0, f(x_0))$ 是拐点; 若 $f''(x)$ 在 x_0 左右不变号, 则 $(x_0, f(x_0))$ 不是拐点.

例 2.48　讨论曲线 $y = \ln(1 + x^2)$ 的凸性与拐点.

解　计算 $y' = \dfrac{2x}{1 + x^2}$, $y'' = \dfrac{2(1 - x^2)}{(1 + x^2)^2}$. 令 $y'' = 0$, 得 $x = \pm 1$. 这两点将函数的定义域分成三个子区间 $I_1 = (-\infty, -1), I_2 = (-1, 1), I_3 = (1, +\infty)$. 在 I_1 和 I_3 上, $y'' < 0$, 在 I_2 上, $y'' > 0$. 因此, 曲线在 $(-\infty, -1)$ 和 $(1, +\infty)$ 上是上凸的, 在区间 $[-1, 1]$ 上是下凸的, 点 $(-1, \ln 2)$ 和 $(1, \ln 2)$ 是曲线的拐点 (图 2.13).

例 2.49　求曲线 $y = f(x) = (x - 1)\sqrt[3]{x}$ 图形的凸性及对应曲线的拐点.

解　函数 $f(x)$ 的定义域为 $(-\infty, +\infty)$.

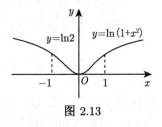

图 2.13

$$f'(x) = \sqrt[3]{x} + \frac{1}{3}(x - 1)\frac{1}{\sqrt[3]{x^2}}, \quad f''(x) = \frac{2(2x + 1)}{9\sqrt[3]{x^5}}.$$

当 $x = -\dfrac{1}{2}$ 时, $f''(x) = 0$; 当 $x = 0$ 时, $f''(x)$ 不存在. 因此, 将定义域划分为三个子区间

$$I_1 = \left(-\infty, -\frac{1}{2}\right), \quad I_2 = \left(-\frac{1}{2}, 0\right), \quad I_3 = (0, +\infty).$$

在区间 I_1 上, $f''(x) > 0$; 在区间 I_2 上, $f''(x) < 0$; 在区间 I_3 上, $f''(x) > 0$. 因此, 函数 $f(x)$ 在区间 I_1, I_3 内下凸, 在区间 I_2 上凸. 拐点为 $(0, f(0)), \left(-\dfrac{1}{2}, f\left(-\dfrac{1}{2}\right)\right)$.

3. 渐近线

为描述曲线在无穷远处的性态, 引入渐近线的概念. 通常, 把曲线 $y = f(x)$ 的渐近线划分为三类: 垂直渐近线、水平渐近线和斜渐近线.

(1) 若 $\lim\limits_{x \to c} f(x) = \infty$, 则称直线 $x = c$ 为曲线的垂直渐近线;

(2) 若 $\lim\limits_{x \to \infty} f(x) = p$, 则称直线 $y = p$ 为曲线的水平渐近线;

(3) 若 $\lim\limits_{x \to \infty} (f(x) - kx - b) = 0$, 则直线 $y = kx + b$ 为曲线的斜渐近线, 其中

$$k = \lim_{x \to \infty} \frac{f(x)}{x}, \quad b = \lim_{x \to \infty} (f(x) - kx).$$

例如, 对于曲线 $y = \dfrac{1}{x-1}$ $(x > 1)$, 由于

$$\lim_{x \to 1^+} \frac{1}{x-1} = \infty, \quad \lim_{x \to +\infty} \frac{1}{x-1} = 0,$$

所以直线 $x = 1$ 和 $y = 0$ 分别为该曲线的垂直渐近线和水平渐近线. 该曲线没有斜渐近线.

2.6.4 弧微分与曲线的曲率

曲率反映了曲线的弯曲程度, 例如, 直观上看直线是不弯曲的, 半径小的圆弯曲的程度比半径大的圆弯曲的要厉害些, 圆上每点处的弯曲程度是相同的. 在工程技术中, 梁或轴在外力作用下会发生弯曲, 为保证安全, 在设计时, 必须对其弯曲情况有比较好的了解, 以使弯曲限制在工程允许的范围之内.

设函数 $f(x)$ 一阶连续可导, 在曲线 $y = f(x)$ 上取定点 A 作为计算弧长的一点, $M(x, y)$ 是曲线上任意一点 (图 2.14). 规定:

(1) x 增大的方向为曲线的正向;

(2) 当弧段 $\overset{\frown}{AM}$ 的方向与曲线正向一致时, $s > 0$, 相反时, $s < 0$.

显然, 弧长 $s = s(x)$ 是变量 x 的单调增加函数. 在点 M 附近取点 $N(x + \Delta x, y + \Delta y)$, 相应得到弧长的增量 $\Delta s = \overset{\frown}{MN}$, 则

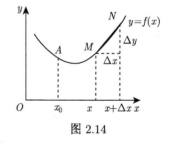

图 2.14

$$|MN|^2 = (\Delta x)^2 + (\Delta y)^2.$$

由此, 得

$$\frac{|MN|^2}{(\Delta s)^2} \cdot \frac{(\Delta s)^2}{(\Delta x)^2} = 1 + \left(\frac{\Delta y}{\Delta x} \right)^2.$$

注意到当 $\Delta x \to 0$ 时, $\dfrac{|MN|}{\Delta s} \to 1$. 因此, 令 $\Delta x \to 0$, 有

$$\frac{\mathrm{d}s}{\mathrm{d}x} = \pm \sqrt{1 + y'^2}.$$

注意到 $s(x)$ 单调递增, 故有

$$\mathrm{d}s = \sqrt{1 + f'^2(x)}\mathrm{d}x,$$

上式即为曲线的弧微分公式, 称为**弧微分**.

若平面上光滑曲线①方程的参数形式为 $\begin{cases} x = x(t), \\ y = y(t) \end{cases}$ $(a \leqslant t \leqslant b)$, 其向量形式定义为

$$\boldsymbol{r}(t) = (x(t), y(t)).$$

随 t 的增加, 曲线上点 $P = P(t)$ 从端点 $P(a)$ 沿曲线运动弧段的长度 $s = h(t)$ 的微分满足

$$\mathrm{d}s = |\boldsymbol{r}'(t)|\mathrm{d}t = \sqrt{x'^2(t) + y'^2(t)}\mathrm{d}t.$$

因为 $\boldsymbol{r}'(t) \neq 0$, 所以, 定义 $\boldsymbol{T}(t) = \dfrac{\boldsymbol{r}'(t)}{|\boldsymbol{r}'(t)|}$ (称为曲线在点 $P(t)$ 处的**单位切向量**), 则曲线在点 $P(t)$ 处的**曲率**定义为如下形式:

$$k = \left|\frac{\mathrm{d}\boldsymbol{T}}{\mathrm{d}s}\right| = \frac{|\boldsymbol{T}'(t)|}{|\boldsymbol{r}'(t)|}.$$

将曲线方程代入上式, 得到参数形式的曲线的曲率公式为

$$k = \frac{|x'(t)y''(t) - y'(t)x''(t)|}{(\sqrt{x'^2(t) + y'^2(t)})^3}.$$

显然, 如果曲线方程的表示形式为 $y = y(x)$ $(a \leqslant x \leqslant b)$, 则曲率公式为

$$k = \frac{|y''(x)|}{(\sqrt{1 + y'^2(x)})^3}.$$

例如, 对于直线方程 $y = ax + b$, 由于 $y'' = 0$, 所以, 直线方程的曲率 $k = 0$, 也就是说直线不弯曲. 再如, 圆方程的参数形式 $\begin{cases} x = r\cos t, \\ y = r\sin t \end{cases}$ $(0 \leqslant t \leqslant 2\pi)$, 则容易计算 $k = \dfrac{1}{r}$, 因此, 半径为 r 的圆上每一点的曲率相等, 且 r 越小, 曲率 k 越大, 即弯曲的越厉害.

最后给出曲率圆和曲率半径. 设曲线 C 的方程为 $y = f(x)$, C 上 P 点处的曲率为 $k = \dfrac{1}{\rho} \neq 0$. 若过点 P 处作一半径为 ρ 的圆, 使它在点 P 处与曲线 C 有相同的切线, 并在点 P 附近与该曲线位于切线的同侧, 则称这样的圆为曲线 C 在点 P

---

① 光滑曲线是指 $x(t), y(t)$ 一阶连续可导, 且 $x'^2(t) + y'^2(t) \neq 0$.

处的**曲率圆**或**密切圆**, $\rho = \dfrac{1}{k}$ 称为**曲率半径**.

曲率在工程领域有重要的应用, 例如, 道路弯道设计和机械工件的设计等都有实际的应用.

例 2.50 计算抛物线 $y = ax^2 + bx + c$ 上任意一点处的曲率, 并求曲率最大点的坐标.

解 计算 $y' = 2ax + b, y'' = 2a$, 代入曲率公式, 得

$$k = \frac{|2a|}{(\sqrt{(2ax+b)^2+1})^3}.$$

因曲率 k 的分子为常数, 故只要分母最小, k 就最大. 显然, 当 $2ax + b = 0$, 即 $x = -\dfrac{b}{2a}$ 时, k 的分母最小, 也就是曲率 k 最大, 且最大值为 $|2a|$. 而 $x = -\dfrac{b}{2a}$ 所对应的点为抛物线的顶点, 因此, 在抛物线的顶点处曲率最大.

习 题 2.6

1. 判断下列命题是否正确:

(1) 若函数 $f(x)$ 在 (a,b) 内可导, 且单调增加, 则在 (a,b) 内必有 $f'(x) > 0$;

(2) 若函数 $f(x)$ 和 $g(x)$ 在 (a,b) 内可导, 且 $f'(x) > g'(x)$, 则在 (a,b) 内必有 $f(x) > g(x)$;

(3) 若函数 $f(x)$ 在点 x_0 处取得极大值, 则必有 $f'(x_0) = 0$;

(4) 若函数 $f(x)$ 在 $[a,b]$ 上连续, 在 (a,b) 内可导, 且 $f'(x) > 0, f(a) = 0$, 则在 (a,b) 内必有 $f(x) > 0$.

2. 判断下列函数的单调性:

(1) $f(x) = \arctan x - x$;   (2) $f(x) = x - \ln(1 + x^2)$.

3. 确定下列函数的单调区间:

(1) $y = x^3 - 6x^2 - 15x + 2$;   (2) $y = \dfrac{\ln x}{x}$;   (3) $y = \ln(x + \sqrt{1+x^2})$.

4. 求下列函数的极值:

(1) $y = 2x^3 - 6x^2 - 18x + 7$;   (2) $y = x - \ln(1 + x)$;

(3) $y = 2x^3 - 3x^2$;   (4) $y = x + \sqrt{1 - x}$;

(5) $y = \dfrac{1 + 3x}{\sqrt{4 + 5x^2}}$;   (6) $y = \dfrac{3x^2 + 4x + 4}{x^2 + x + 1}$;

(7) $y = x^{\frac{1}{x}}$;   (8) $y = 3 - 2(x + 1)^{\frac{1}{3}}$;

(9) $y = \mathrm{e}^x \cos x$;   (10) $y = x + \tan x$.

5. 求下列曲线的凸区间与拐点:

(1) $y = 3x^2 - x^3$;   (2) $y = \dfrac{a^3}{a^2 + x^2} (a > 0)$;

(3) $y = \ln(1 + x^2)$;　　　　　　　　　　　(4) $y = x^x\ (x > 0)$.

6. 试问 a 为何值时, 函数 $f(x) = a\sin x + \dfrac{1}{3}\sin 3x$ 在 $x = \dfrac{\pi}{3}$ 处取得极值? 它是极大值还是极小值? 并求此极值.

7. 证明: 如果函数 $y = ax^3 + bx^2 + cx + d$ 满足条件 $b^2 - 3ac < 0$, 那么这个函数没有极值.

8. 求下列函数的最大值与最小值:

(1) $f(x) = x^2 - 4x + 6,\ -3 \leqslant x \leqslant 0$;　　　(2) $f(x) = |x^2 - 3x + 2|,\ -10 \leqslant x \leqslant 10$;

(3) $f(x) = \sqrt{5 - 4x},\ -1 \leqslant x \leqslant 1$;　　　(4) $f(x) = \dfrac{x}{x^2 + 1},\ x \geqslant 0$.

9. 证明下列不等式:

(1) 当 $x > 0$ 时, $1 + \dfrac{1}{2}x > \sqrt{1 + x}$;　　　(2) 当 $x > 0$ 时, $\ln(1 + x) > \dfrac{\arctan x}{1 + x}$;

(3) $\cos x > 1 - \dfrac{x^2}{2}\ (x \neq 0)$;　　　(4) $2x < \sin x + \tan x,\ x \in \left(0, \dfrac{\pi}{2}\right)$.

10. 利用函数图形的凸性, 证明下列不等式:

(1) $\dfrac{1}{2}(x^n + y^n) > \left(\dfrac{x + y}{2}\right)^n\ (x > 0, y > 0, x \neq y, n > 1)$;

(2) $\dfrac{e^x + e^y}{2} > e^{\frac{x+y}{2}}\ (x \neq y)$.

11. 利用函数的最大值或最小值证明不等式: $1 + x\ln(x + \sqrt{1 + x^2}) \geqslant \sqrt{1 + x^2}, x \in \mathbb{R}$.

12. 证明曲线 $y = \dfrac{x - 1}{x^2 + 1}$ 有三个拐点位于同一直线上.

13. 确定曲线 $y = ax^3 + bx^2 + cx + d$ 中的 a, b, c, d, 使得 $x = -2$ 处曲线有水平切线, $(1, -10)$ 为拐点, 且点 $(-2, 44)$ 在曲线上.

14. 要造一圆柱形油罐, 体积为 V, 问底半径 r 和高 h 等于多少时, 才能使表面积最小? 这时底直径与高的比是多少?

15. 计算等边双曲线 $xy = 1$ 在点 $(1, 1)$ 处的曲率.

16. 求曲线 $x = a\cos^3 t, y = a\sin^3 t$ 在 $t = t_0$ 相应点处的曲率.

17. 若函数 $f(x)$ 在点 $x = a$ 的某邻域内有定义, 且有

$$\lim_{x \to a} \frac{f(x) - f(a)}{x - a} = 1,$$

那么, $f(x)$ 在点 $x = a$ 处是否有极值? 若有极值, 是极大值还是极小值?

18. 函数 $f(x)$ 对于任意实数 x 满足方程 $xf''(x) + 3xf'^2(x) = 1 - e^{-x}$. 若 $f(x)$ 在点 $x = c\ (c \neq 0)$ 处有极值, 证明它是极小值.

19. 当曲线由极坐标方程 $r = r(\theta)$ 给出时, 证明弧微分公式为

$$ds = \sqrt{r^2(\theta) + r'^2(\theta)}d\theta.$$

20. 设 $y = f(x)$ 在点 $x = x_0$ 的某邻域内具有三阶连续导数, 如果 $f'(x_0) = 0, f''(x_0) = 0, f'''(x_0) \neq 0$, 问点 x_0 是否为极值点? 点 $(x_0, f(x_0))$ 是否为曲线的拐点? 为什么?

2.7　思考与拓展

问题 2.1: 导数的几个问题.

(1) 导函数的定义域. 设函数 $f(x)$ 的定义域为 A, 其导函数 $f'(x)$ 的定义域为 B, 则一般来说, $B \subseteq A$. 例如, 函数 $f(x) = |x|$ 的定义域为 $\mathbb{R}$, 而 $f'(x) = \begin{cases} 1, & x > 0, \\ -1, & x < 0 \end{cases}$ 的定义域为 $\mathbb{R} - \{0\}$.

(2) 导数与连续的关系. 第一, 可导一定连续, 但连续未必可导, 也即连续是可导的必要条件; 第二, 连续曲线在它的"尖点"处不可导; 第三, 函数 $f(x)$ 在点 x_0 处可导, 未必有导函数 $f'(x)$ 一定在点 x_0 连续. 例如, $f(x) = \begin{cases} x^2 \sin \dfrac{1}{x}, & x \neq 0, \\ 0, & x = 0, \end{cases}$ 根据导数定义和求导法则, 有

$$f'(x) = \begin{cases} 2x \sin \dfrac{1}{x} - \cos \dfrac{1}{x}, & x \neq 0, \\ 0, & x = 0. \end{cases}$$

但由于极限 $\lim\limits_{x \to 0} \cos \dfrac{1}{x}$ 不存在, 故 $\lim\limits_{x \to 0} f'(x)$ 不存在, 也就是导函数 $f'(x)$ 在点 $x_0 = 0$ 不连续.

(3) 复合函数的导数. 如果函数 $u = \phi(x)$ 在点 x_0 处可导, $y = f(u)$ 在 $u_0 = \phi(x_0)$ 处可导, 则复合函数 $y = f(\phi(x))$ 在点 x_0 处一定可导. 现在要问: 若一个函数可导, 另一个函数不可导, 或者两个函数都不可导, 复合后的函数是否一定不可导呢? 回答是不一定的. 例如:

(i) $u = \phi(x) = |x|$ 在 $x = 0$ 处不可导, $y = f(u) = u^2$ 在点 $u = \phi(0) = 0$ 处可导, 但复合函数 $y = f(\phi(x)) = x^2$ 在点 $x = 0$ 处可导;

(ii) $u = \phi(x) = x^2$ 在 $x = 0$ 处可导, $y = f(u) = |u|$ 在点 $u = \phi(0) = 0$ 处不可导, 但复合函数 $y = f(\phi(x)) = x^2$ 在点 $x = 0$ 处可导;

(iii) $u = \phi(x) = |x| + x$ 在 $x = 0$ 处不可导, $y = f(u) = u - |u|$ 在点 $u = \phi(0) = 0$ 处不可导, 但复合函数 $y = f(\phi(x)) = x + |x| - |x + |x|| = 0$ 在点 $x = 0$ 处可导.

(4) 在导数定义中, 一般排除 $f'(x_0) = \pm\infty$ 的情况, 即若 $f'(x_0) = \pm\infty$, 不能说函数 $f(x)$ 在点 x_0 处可微. 但在物理上, 无穷导数可解释为无穷速度 (这意味着出现某种"爆发"或"突变"); 在几何上, 无穷导数表示曲线在该点处的切线垂直于 x 轴.

问题 2.2: 对微分概念的认识.

微分具有两个特性, 一是自变量 x 的变化量 Δx 是与 x 无关的量, 称为自变量

的微分, 记为 $\mathrm{d}x = \Delta x$. 函数 $y = f(x)$ 在点 x_0 的微分定义为

$$\mathrm{d}y = A\mathrm{d}x,$$

这里 A 是不依赖于 Δx 的常数, 这说明 $\mathrm{d}y$ 是 $\mathrm{d}x$ 的线性函数; 二是由

$$\Delta y = A\Delta x + o(\Delta x)$$

知 Δy 与 $\mathrm{d}y$ 的差是关于 Δx 的高阶无穷小量.

对于一元函数, 可导与可微等价, 但以后在讨论 n 元函数时会发现, 偏导数存在与全微分存在是不等价的.

微分具有双重意义, 一方面它是一个无穷小量; 另一方面, 它表示一种与求导数密切相关的运算.

(1) 以直代曲和近似计算. 微分是在解决直与曲的矛盾中产生的, 具体地讲, 在微小的局部, 可以以直线近似代替曲线, 其直接应用是函数在局部范围内的线性化, 这为近似计算提供了简捷的途径, 即利用

$$f(x_0 + \Delta x) \approx f(x_0) + f'(x_0)\Delta x$$

来计算函数 $y = f(x)$ 在点 x_0 附近的点 $x + \Delta x$ 处函数值的近似值.

(2) 与积分建立联系. 微分是把微分学与积分学联系在一起的关键概念, 求不定积分是微分的逆运算. 事实上, 后面将会看到

$$\int \mathrm{d}f(x) = \int f'(x)\mathrm{d}x = f(x) + C, \quad C \text{ 为常数}.$$

以后还会发现, 熟练掌握微分运算将有助于不定积分的运算.

(3) 我们知道, 导数与微分是等价的, 但在一些运算中, 运用微分求导数会更方便. 从理论上讲, 导数的概念更基本, 但从使用范围来讲, 微分应更广泛些. 例如, 以微分形式表示的微分方程

$$f(x,y)\mathrm{d}y + g(x,y)\mathrm{d}x = 0,$$

这里 $\mathrm{d}y$ 与 $\mathrm{d}x$ 的地位是均等的, 既可以视 y 为 x 的函数, 也可以视 x 是 y 的函数, 这可以启发我们的数学思维.

问题 2.3: 求极限方法小结.

极限理论是微积分的基础, 求极限的问题贯穿于微积分始终, 其方法多种多样. 这里对求极限方法作一简单小结. 前面已经看到, 对于具体极限, 一般根据其极限的表现形式, 综合利用极限的运算法则、函数的连续性、重要极限公式、等价无穷

小量、洛必达法则、Lagrange 中值定理 (含 Taylor 公式) 和导数定义等知识点求之. 但以下三点应注意: 一是对于含根号的极限, 一般先有理化再求极限往往可以简化求极限计算过程; 二是如果 $\lim f(x) = A \neq 0$, 则可以通过

$$\lim f(x)g(x) = A \lim g(x)$$

简化求极限过程; 三是除以上求极限方法外, 后面还会看到其他求极限的方法, 例如, 利用无穷级数收敛性求极限、利用定积分定义求极限等.

例 2.51 计算 $I_1 = \lim\limits_{x \to 0} \dfrac{f(x)\mathrm{e}^x - f(0)}{f(x)\cos x - f(0)}$, $f'(0) \neq 0$.

解 $I_1 = \lim\limits_{x \to 0} \dfrac{f(x)\mathrm{e}^x - f(0)}{x - 0} \cdot \dfrac{x - 0}{f(x)\cos x - f(0)}$

$= \lim\limits_{x \to 0} \dfrac{\mathrm{e}^x(f(x)-f(0))+f(0)(\mathrm{e}^x - 1)}{x} \cdot \dfrac{1}{\dfrac{\cos x(f(x)-f(0))+f(0)(\cos x-1)}{x}}$

$= \dfrac{f'(0) + f(0)}{f'(0)}$.

例 2.52 求下列极限:

(1) $I_2 = \lim\limits_{x \to 0} \dfrac{3\tan x + x^2 \sin\dfrac{1}{x}}{(1 + \cos x)\ln(1 + x)}$; (2) $I_3 = \lim\limits_{x \to +\infty} \left(\dfrac{x^{1+x}}{(1+x)^x} - \dfrac{x}{\mathrm{e}} \right)$.

解 (1) 由于当 $x \to 0$ 时, $1 + \cos x \to 2$, 所以,

$$I_2 = \frac{1}{2} \lim_{x \to 0} \frac{3\tan x + x^2 \sin\dfrac{1}{x}}{\ln(1 + x)} = \frac{1}{2} \lim_{x \to 0} \frac{3\tan x + x^2 \sin\dfrac{1}{x}}{x} = \frac{3}{2}.$$

(2) 设 $\dfrac{1}{x} = t$, 则 $x \to +\infty$ 时, $t \to 0^+$. 因此,

$$I_3 = \lim_{t \to 0^+} \frac{\mathrm{e} - (1+t)^{\frac{1}{t}}}{\mathrm{e}t(1+t)^{\frac{1}{t}}} = \frac{1}{\mathrm{e}^2} \lim_{t \to 0^+} \frac{\mathrm{e}\left(1 - \mathrm{e}^{\frac{\ln(1+t)-t}{t}}\right)}{t} = -\frac{1}{\mathrm{e}} \lim_{t \to 0^+} \frac{\ln(1+t) - t}{t^2} = \frac{1}{2\mathrm{e}}.$$

问题 2.4: 微分中值定理的含义与作用.

中值定理是微分学的基本定理, 这是因为仅有导数与微分, 只能研究函数在一点处的变化率问题, 求函数在一点附近的近似值, 这些都是函数在微小局部的变化性态. 而中值定理, 特别是 Lagrange 中值定理为我们架设了沟通函数在区间上的变化 (改变量) 与函数在该区间内一点处导数之间的桥梁, 从而使我们能够利用导数来研究函数在区间上的整体性态 (例如, 单调性、极值与凸性等), 扩大了导数的应用范围.

（1）Rolle 中值定理不但是证明 Lagrange 中值定理与 Cauchy 中值定理的基础，而且可以用以判定导函数零点的存在性及其分布，所以也是研究函数方程根的存在性及其分布情况的重要方法. 我们知道，连续函数的零点定理也可以判定方程根的存在性及其分布，与 Rolle 中值定理相比，它们各具优点和局限性.

（2）Lagrange 中值定理不仅有明显的几何意义，也有明确的物理意义：函数 $y = f(x)$ 表示区间 $[a, b]$ 上变速直线运动物体的位移函数，则在 $\dfrac{f(b) - f(a)}{b - a} = f'(\xi)\,(\xi \in (a, b))$ 中，左端表示该物体在 $[a, b]$ 上的平均速度，右端表示区间 (a, b) 内时刻 ξ 该物体的运动速度.

Lagrange 中值定理在微积分中具有十分重要的地位，它是研究函数在区间上变化性态的理论基础. 函数的单调性、极值和凸性中许多重要结论的证明，该定理发挥着很大的作用. 类似 Rolle 中值定理、Lagrange 中值定理也可证明含导函数方程根的存在性及其分布，与此同时，Lagrange 中值定理还可以证明某些不等式.

例 2.53　设函数 $f(x)$ 二阶可导，且 $f''(x) < 0, f(0) = 0$. 证明对任何 $x_1 > 0$，$x_2 > 0$，有

$$f(x_1 + x_2) < f(x_1) + f(x_2).$$

证明　不妨设 $x_1 \leqslant x_2$. 由于 $f(0) = 0$，所以只要证明等价的不等式

$$f(x_1 + x_2) - f(x_2) < f(x_1) - f(0)$$

即可. 由 Lagrange 中值定理，存在 $\xi_1 \in (0, x_1), \xi_2 \in (x_2, x_1 + x_2)$，使

$$f(x_1) - f(0) = f'(\xi_1)x_1, \quad f(x_1 + x_2) - f(x_2) = f'(\xi_2)x_1.$$

由 $f''(x) < 0$ 知 $f'(x)$ 单调减少，并注意到 $\xi_1 < \xi_2$，即有 $f'(\xi_1) > f'(\xi_2)$. 因此，由 $x_1 > 0$，即知所证不等式成立.

（3）Cauchy 中值定理的主要作用有三方面：一是证明洛必达法则；二是证明 Taylor 定理；三是判定含导函数方程根的存在性.

（4）Taylor 定理的基本思想是用高阶多项式逼近高阶可微函数，它有两种形式，即具 Lagrange 型余项 $R_n(x)$ 和 Peano 余项 $o((x - x_0)^n)$ 的形式，前者是 Lagrange 中值定理的推广（$n = 0$ 时即 Lagrange 中值定理），后者是一阶微分公式的推广，它们都具有重要的理论意义和广泛的应用价值.

第一，进一步研究函数性态的理论基础. Lagrange 中值定理主要用于研究一阶导数相关的函数性态，Taylor 中值定理用来研究高阶导数有关的函数的性态. 例如，利用二阶导数值在驻点处的正负判定函数在驻点取极大值还是极小值.

第二，计算函数的近似值. 此前已经看到利用 Taylor 中值定理解决近似计算的问题.

第三, 求 $\dfrac{0}{0}$ 型极限的一个方法. 利用带有 Peano 余项的 Taylor 公式将不定式分子与分母中的函数分别展开, 使它们的多项式部分的最高次数相同, 就可以很容易求得极限.

第四, 证明不等式. 此前已经看到, 利用函数的单调性、Lagrange 中值定理、函数的凸性、函数的最大值和最小值可以证明不等式, 而带有 Lagrange 型余项的 Taylor 定理常用于证明与中间值 ξ 处二阶以上导数 (含二阶) 有关的不等式. 这里的难点在于展开点 x_0 的选取, 这没有一般规律可循, 要根据题目的特点和条件来确定.

例 2.54 解答下列各题:

(1) 设 $f''(x_0)$ 存在, $f'(x_0) \neq 0$, 证明

$$\lim_{x \to x_0} \left(\frac{1}{f(x) - f(x_0)} - \frac{1}{f'(x_0)(x - x_0)} \right) = -\frac{f''(x_0)}{2f'^2(x_0)};$$

(2) 求 $\displaystyle\lim_{x \to \infty} \left[x - x^2 \ln \left(1 + \frac{1}{x} \right) \right]$.

解 (1) 由于 $f(x) = f(x_0) + f'(x_0)(x - x_0) + \dfrac{f''(x_0)}{2}(x - x_0)^2 + o((x - x_0)^2)$, 所以

$$\frac{1}{f(x) - f(x_0)} - \frac{1}{f'(x_0)(x - x_0)}$$

$$= \frac{f'(x_0)(x - x_0) - (f(x) - f(x_0))}{(f(x) - f(x_0))f'(x_0)(x - x_0)}$$

$$= \frac{-\dfrac{1}{2}f''(x_0)(x - x_0)^2 + o((x - x_0)^2)}{(f'(x_0)(x - x_0))^2 + \dfrac{1}{2}f''(x_0)f'(x_0)(x - x_0)^3 + o((x - x_0)^3)}$$

$$= \frac{-\dfrac{1}{2}f''(x_0) + o(1)}{f'^2(x_0) + \dfrac{1}{2}f'(x_0)f''(x_0)(x - x_0) + o((x - x_0))}.$$

于是, 所求极限为 $-\dfrac{1}{2}\dfrac{f''(x_0)}{f'^2(x_0)}$.

(2) 由于 $\ln \left(1 + \dfrac{1}{x} \right) = \dfrac{1}{x} - \dfrac{1}{2x^2} + o\left(\dfrac{1}{x^2} \right)$, 所以

$$x - x^2 \ln \left(1 + \frac{1}{x} \right) = x - x^2 \left(\frac{1}{x} - \frac{1}{2x^2} + o\left(\frac{1}{x^2} \right) \right) = \frac{1}{2} + o(1).$$

于是, 所求极限为 $\dfrac{1}{2}$.

例 2.55　函数 $f(x)$ 在 $[-1,1]$ 上三阶可导, 且 $f(-1) = f(0) = 0$, $f(1) = 1$, $f'(0) = 0$. 证明存在 $\xi \in (-1,1)$, 使 $f'''(\xi) \geqslant 3$.

证明　利用 $f(x)$ 在点 $x_0 = 0$ 处 Taylor 公式, 对 $x \in [-1,1]$, 有

$$f(x) = f(0) + f'(0)x + \frac{f''(0)}{2!}x^2 + \frac{f'''(\eta)}{3!}x^3, \quad \eta \text{ 介于 } 0 \text{ 与 } x \text{ 之间}.$$

在上式中分别取 $x = -1, x = 1$, 并利用 $f(-1) = 0, f(1) = 1$, 得

$$0 = f(-1) = \frac{f''(0)}{2} - \frac{f'''(\eta_1)}{6}, \quad \eta_1 \in (-1,0); \quad 1 = f(1) = \frac{f''(0)}{2} + \frac{f'''(\eta_2)}{6}, \quad \eta_2 \in (0,1).$$

两式相减, 得 $f'''(\eta_1) + f'''(\eta_2) = 6$. 令 $f'''(\xi) = \max\{f'''(\eta_1), f'''(\eta_2)\}$, 则

$$2f'''(\xi) \geqslant f'''(\eta_1) + f'''(\eta_2) = 6.$$

因此, 存在 $\xi \in (-1,1)$, 使 $f'''(\xi) \geqslant 3$.

例 2.56　设 $f(x)$ 在 $[0,1]$ 上二阶可导, $|f(x)| \leqslant a, |f''(x)| \leqslant b$. 证明对任意的 $c \in (0,1), |f'(c)| \leqslant 2a + \dfrac{b}{2}$.

证明　对任意的 $c \in (0,1)$, 将 $f(0), f(1)$ 在点 $x_0 = c$ 处 Taylor 展开, 得

$$f(0) = f(c) - f'(c)c + \frac{f''(\xi_1)}{2!}c^2, \quad \xi_1 \in (0,c);$$
$$f(1) = f(c) + f'(c)(1-c) + \frac{f''(\xi_2)}{2!}(1-c)^2, \quad \xi_2 \in (c,1).$$

两式相减, 得

$$f(1) - f(0) = f'(c) + \frac{1}{2}(f''(\xi_2)(1-c)^2 - f''(\xi_1)c^2).$$

所以,

$$|f'(c)| = \left| f(1) - f(0) - \frac{1}{2}\left(f''(\xi_2)(1-c)^2 - f''(\xi_1)c^2\right) \right|$$

$$\leqslant |f(1)| + |f(0)| + \frac{1}{2}\left(|f''(\xi_2)|(1-c)^2 + |f''(\xi_1)|c^2\right)$$

$$\leqslant 2a + \frac{b}{2}(c^2 + (1-c)^2) \leqslant 2a + \frac{b}{2}.$$

例 2.57　求极限 $\lim\limits_{n \to \infty} \sin(2\pi \mathrm{e} n!)$.

解　注意到对 $x \in \mathbb{R}$,

$$\mathrm{e}^x = 1 + x + \frac{x^2}{2!} + \cdots + \frac{x^n}{n!} + \frac{x^{n+1}}{(n+1)!}\mathrm{e}^{\theta x}, \quad \theta \in (0,1).$$

取 $x = 1$, 并记 $k = \left(1 + 1 + \dfrac{1}{2!} + \cdots + \dfrac{1}{n!}\right) n!$, 得

$$2\pi en! = 2\pi \left[\left(1 + 1 + \frac{1}{2!} + \cdots + \frac{1}{n!}\right) n! + \frac{e^\theta}{n+1}\right] = 2k\pi + \frac{2\pi e^\theta}{n+1}.$$

由 k 为正整数, e^θ 有界, 因此

$$\lim_{n\to\infty} \sin(2\pi en!) = \lim_{n\to\infty} \sin\left(2k\pi + \frac{2\pi e^\theta}{n+1}\right) = \lim_{n\to\infty} \frac{2\pi}{n+1} e^\theta = 0.$$

例 2.58 设 $f(x)$ 在 $[0,1]$ 上可导, $f(0) = 0, f(1) = 1$, 正数 $\lambda_1, \lambda_2, \lambda_3$ 之和为 1, 证明存在三个不同的数 $x_1, x_2, x_3 \in (0,1)$, 使

$$\frac{\lambda_1}{f'(x_1)} + \frac{\lambda_2}{f'(x_2)} + \frac{\lambda_3}{f'(x_3)} = 1.$$

证明 利用介值定理, 选择 $0 < a < b < 1$, 使得 $f(a) = \lambda_1, f(b) = \lambda_1 + \lambda_2$, 分别在三个区间 $[0,a], [a,b], [b,1]$ 上利用 Lagrange 中值定理, 得到

$$\frac{f(a) - f(0)}{a - 0} = f'(x_1), \quad \frac{f(b) - f(a)}{b - a} = f'(x_2), \quad \frac{f(1) - f(b)}{1 - b} = f'(x_3),$$

这里 $x_1 \in (0,a), x_2 \in (a,b), x_3 \in (b,1)$. 由此, 得

$$\frac{\lambda_1}{f'(x_1)} = a, \quad \frac{\lambda_2}{f'(x_2)} = b - a, \quad \frac{1 - (\lambda_1 + \lambda_2)}{f'(x_3)} = 1 - b.$$

以上三式相加, 即证原等式成立.

问题 2.5: 极值与最值之间的关系.

先看两个例子.

设 $f(x) = e^x$ $(x \in [0, +\infty))$. 显然, $f(0) = 1$ 是函数 $f(x)$ 在 $[0, +\infty)$ 上的最小值, 但 $f(x)$ 在该区间上没有极值. 因为在点 $x = 0$ 处, 不存在邻域 $U(0)$(左半邻域函数无意义), 使得当 $x \in U(0)$ 时, $f(x) \geqslant f(0)$; 对于 $x_0 > 0$, 也不存在 x_0 的邻域 $U(x_0)$, 使得当 $x \in U(x_0)$ 时, $f(x) \geqslant f(x_0)$ 或 $f(x) \leqslant f(x_0)$. 因此, 函数 $f(x)$ 在区间 $[0, +\infty)$ 上没有极小值和极大值.

设 $f(x) = 3x - x^3$, 有

$$f'(x) = 3(1 - x^2), \quad f''(x) = -6x, \quad f'(\pm 1) = 0, \quad f''(\pm 1) = \mp 6,$$

因此, $f(1) = 2$ 为函数的极大值, $f(-1) = -2$ 为函数的极小值. 但该函数在 $(-\infty, +\infty)$ 上没有最大值和最小值.

由此可见, 极值点未必是最值点, 最值点也未必是极值点. 但下面结论是正确的: **设函数 $f(x)$ 在区间 I 上有最值点 x_0, 如果 x_0 在区间 I 的内部取得, 则 x_0 也是函数的极值点.**

复 习 题 2

1. 已知

$$0 < \lambda < 1, \quad f(\lambda x_1 + (1 - \lambda)x_2) \geqslant \lambda f(x_1) + (1 - \lambda)f(x_2) \quad (x_1 < x_2),$$

函数 $f(x)$ 在点 x_1, x_2 处的导数存在, 证明

$$f'(x_1) \geqslant \frac{f(x_2) - f(x_1)}{x_2 - x_1} \geqslant f'(x_2).$$

2. 函数 $f(x)$ 连续, 且满足 $f(x_1 + x_2) = f(x_1)f(x_2), f(0) > 0, f'(0) = 2$, 求 $f(x)$.

3. 求 a, b 使 $f(x) = \begin{cases} x^2 + 2x + 3, & x \leqslant 0, \\ ax + b, & x > 0 \end{cases}$ 在 $\mathbb{R}$ 上可导.

4. 解答下列各题:

(1) 已知 $F(x) = \max\{x, x^2\}, 0 < x < 2$, 求 $F'(x)$;

(2) 设 $f(x) = 3x^2 + x^2|x|$, 求使 $f^{(n)}(0)$ 存在的 n.

5. 已知 $y = y(x)$ 由参数方程 $\begin{cases} xe^t + t\cos x = \pi, \\ \sin t + \cos^2 t = y \end{cases}$ 所确定, 求曲线 $y = f(x)$ 在点 $(0, f(0))$ 处的切线方程.

6. 设函数 $f(x)$ 在区间 (a, ∞) 内二阶可导, 且

$$f(a + 1) = 0, \quad \lim_{x \to a^+} f(x) = 0, \quad \lim_{x \to +\infty} f(x) = 0.$$

证明存在 $\xi \in (a, +\infty)$, 使 $f''(\xi) = 0$.

7. 设函数 $f(x)$ 在区间 $[0, 1]$ 上二阶可导, 且 $f(0) = f(1)$, 证明存在 $\xi \in (0, 1)$, 使

$$f''(\xi) = \frac{2f'(\xi)}{1 - \xi}.$$

8. 设函数 $f(x)$ 在区间 $[0, 1]$ 上二阶可导, $f(0) = f(1) = 0$, $\min_{x \in [0,1]} f(x) = -1$. 证明

$$\max_{x \in [0,1]} f''(x) > 8.$$

9. 已知 $f(x)$ 在 x_0 处满足 $f(x_0) = 0, f'(x_0) = 0, \varphi(x)$ 在 x_0 及其邻域内有定义且有界. 证明 $F(x) = f(x)\varphi(x)$ 在点 x_0 处可导, 并求之.

10. 证明下列不等式:

(1) $e^{-x} + \sin x < 1 + \dfrac{x^2}{2}, x \in (0, \pi]$;　　(2) $1 + x\ln(x + \sqrt{1 + x^2}) > \sqrt{1 + x^2}, x > 0$.

11. 已知二阶可导函数 $f(x)$ 满足 $f''(x) < 0$, 证明对任意的 $x_1, x_2 \in (a, b), 0 < \lambda < 1$,

$$f(\lambda x_1 + (1 - \lambda)x_2) \geqslant \lambda f(x_1) + (1 - \lambda)f(x_2).$$

12. 设 $[0,1]$ 上二阶可导函数 $f(x)$ 满足 $f(0)=f(1),|f''(x)|\leqslant A$. 证明 $|f'(x)|\leqslant\dfrac{A}{2}$.

13. 已知二阶可导函数 $f(x)$ 满足 $\lim\limits_{x\to0}\dfrac{f(x)}{x}=1,f''(x)>0$, 证明 $f(x)\geqslant x$.

14. 解答下列各题:

(1) 已知 $f(x)=\dfrac{x^2}{1-x^2}$, 求 $f^{(n)}(0)$;

(2) 已知 $f(x)=\dfrac{1+x+x^2}{1-x+x^2}$, 求 $f^{(4)}(0)$.

15. 设函数 $f(x)$ 在点 x_0 的某邻域 $U(x_0)$ 内二阶可导, 当 h 充分小时,

$$f(x_0)<\frac{1}{2}(f(x_0+h)+f(x_0-h)).$$

证明 $f''(x)>0$.

16. 设函数 $f(x)$ 在闭区间 $[a,b]$ 上连续, 开区间 (a,b) 内可导, $0<a<b$. 证明存在 $\xi,\eta\in(a,b)$ 使 $f'(\xi)=\dfrac{\eta^2 f'(\eta)}{ab}$.

17. 已知 $a>0,b>0,a\neq b$, 证明:

(1) $a^p+b^p>2^{1-p}(a+b)^p\ (p>1)$;   (2) $a^p+b^p<2^{1-p}(a+b)^p\ (0<p<1)$.

18. 已知二阶可导函数 $f(x)$ 满足 $|f(x)|\leqslant M_0,|f''(x)|\leqslant M_2$, 证明 $|f'(x)|\leqslant\sqrt{2M_0M_2}$.

19. 已知函数 $f(x)$ 在点 x_0 的某邻域内具有直到 n 阶的连续导数, 且 $f^{(k)}(x_0)=0,k=2,3,\cdots,n-1,f^{(n)}(x_0)\neq0,0<|h|<\delta$,

$$f(x_0+h)-f(x_0)=hf'(x_0+\theta h),\quad 0<\theta<1.$$

证明 $\lim\limits_{h\to0}\theta=\dfrac{1}{\sqrt[n-1]{n}}$.

20. 设区间 $[0,4]$ 上二阶可导函数 $f(x)$ 满足 $f(0)=0,f(1)=1,f(4)=2$. 证明存在 $\xi\in(0,4)$, 使 $f''(\xi)=-\dfrac{1}{3}$.

21. 设函数 $f(x)$ 在区间 $[0,1]$ 上连续, $(0,1)$ 内可导, $f(0)=0,f(x)>0$. 证明对任意的 $k>0$, 存在 $\xi\in(0,1)$ 使

$$\frac{f'(\xi)}{f(\xi)}=\frac{kf'(1-\xi)}{f(1-\xi)}.$$

22. 设函数 $f(x)$ 在 $[1,+\infty)$ 上可导, $\lim\limits_{x\to+\infty}(f(x)+f'(x))=k$. 证明 $\lim\limits_{x\to+\infty}f(x)=k$.

23. 已知函数 $f(x)$ 在 $[a,b]$ 上连续, (a,b) 内二阶可导, 证明存在 $\xi\in(a,b)$, 使

$$f(b)-2f\left(\frac{b+a}{2}\right)+f(a)=\frac{(b-a)^2}{4}f''(\xi).$$

24. 设 $b>a>0$, 函数 $f(x)$ 在 $[a,b]$ 上连续, (a,b) 内可导, 证明存在 $\xi\in(a,b)$, 使

$$\frac{af(b)-bf(a)}{ab(b-a)}=\frac{\xi f'(\xi)-f(\xi)}{\xi^2}.$$

25. 设二阶可导函数 $f(x)$ 在 $[0,2]$ 上满足 $|f(x)| \leqslant 1, |f''(x)| \leqslant 1$. 证明 $|f'(x)| \leqslant 2$.

26. 设函数 $f(x)$ 在 $[a,b]$ 上连续, (a,b) 内可导, 且 $0 \leqslant a < b \leqslant \dfrac{\pi}{2}$. 证明存在 $\xi_1, \xi_2 \in (a,b)$ 使

$$f'(\xi_2) \tan \frac{a+b}{2} = f'(\xi_1) \frac{\sin \xi_2}{\cos \xi_1}.$$

27. 设函数 $f(x)$ 在闭区间 $[-2,2]$ 上二阶可导, 且 $|f(x)| \leqslant 1, f^2(0) + f'^2(0) = 4$. 证明存在 $\xi \in (-2,2)$, 使 $f(\xi) + f''(\xi) = 0$.

28. 设函数 $f(x), g(x)$ 在区间 $[a,b]$ 上一阶可导,

$$g(b) = g(a) = 1, \quad g(x) + g'(x) \neq 0, \quad f'(x) \neq 0.$$

证明存在 $\xi, \eta \in (a,b)$, 使

$$\frac{f'(\xi)}{f'(\eta)} = \frac{e^{\xi}(g(\xi) + g'(\xi))}{e^{\eta}}.$$

29. 设函数 $f(x)$ 在 $[0,+\infty)$ 上一阶可导, 且 $f(0) = 1, f(x) > |f'(x)| \ (x \geqslant 0)$. 证明当 $x > 0$ 时, $f(x) < e^x$.

30. 设 $f(x)$ 二次可微, $f(0) = f(1) = 0, \max\limits_{0 \leqslant x \leqslant 1} f(x) = 2$. 证明 $\min\limits_{0 \leqslant x \leqslant 1} f''(x) \leqslant -16$.

31. 就 k 的不同取值, 确定方程 $x - \dfrac{\pi}{2} \sin x = k$ 在开区间 $\left(0, \dfrac{\pi}{2}\right)$ 内根的个数, 并证明你的结论.

32. 讨论曲线 $y = 4\ln x + k$ 与 $y = 4x + \ln^4 x$ 的交点的个数.

33. 证明: 当 $x \geqslant 0$ 时, $f(x) = \displaystyle\int_0^x (t - t^2) \sin^{2n} t\, \mathrm{d}t$ 的最大值不超过 $\dfrac{1}{(2n+2)(2n+3)}$.

34. 证明下列不等式:

(1) $x^a - ax \leqslant 1 - a \ (x > 0, 0 < a < 1)$;

(2) $0 \leqslant \cos^m x \sin^n x \leqslant \dfrac{n^{\frac{n}{2}} m^{\frac{m}{2}}}{(n+m)^{\frac{m+n}{2}}}, \ m > 0, n > 0, 0 \leqslant x \leqslant \dfrac{\pi}{2}$.

35. 设函数 $f(x)$ 在 $x = 0$ 某邻域具有一阶连续导数, 且 $f(0) \neq 0, f'(0) \neq 0$. 若 $af(h) + bf(2h) - f(0)$ 在 $h \to 0$ 时是 h 的高阶无穷小, 确定 a, b 的值.

第 3 章　一元函数积分学及其应用

不定积分是研究导数的逆问题而引入的, 定积分则是研究微小量的无限积累问题而引入的, 它们是积分学的两个基本概念, 并通过 Newton[①]-Leibniz(牛顿-莱布尼茨) 公式 (微积分学的基本公式) 密切联系起来. 在数学发展史上, 定积分的概念早于微分, 直到 17 世纪, 出现了微积分的基本定理后, 积分学与微分学才构成一个完整的体系.

3.1　定积分的概念及性质

3.1.1　实例

1. 质点直线运动的路程

考虑一质点, 它以速度 $v = v(t)$ 做连续的直线运动, 且 $v(t) \geqslant 0$. 那么质点从时刻 t_0 到时刻 t 的这段时间区间 $[t_0, t]$ 内所经过的路程 s 如何计算?

我们知道, 如果质点沿直线以速度 v_0 做匀速运动, 这段时间的路程 $s = v_0(t - t_0)$. 但是当质点沿直线做变速运动, 就无法按此公式计算路程 s. 如果时间间隔很小, 可以在这很小的时间间隔内 "近似" 把质点运动看成匀速运动. 显然, 时间间隔越小, 这种近似度就越高. 为此, 可以归纳如下.

(1) 对区间 $[t_0, t]$ 任意划分为 n 个小时间段 $[t_{i-1}, t_i]$,

$$t_0 < t_1 < t_2 < \cdots < t_{i-1} < t_i < \cdots < t_n = t,$$

第 i 个时间段的长度为 $\Delta t_i = t_i - t_{i-1}$ $(i = 1, 2, \cdots, n)$.

(2) 在区间 $[t_{i-1}, t_i]$ 内任取一时刻 c_i, 当 Δt_i 很小时, 质点在小时间段 $[t_{i-1}, t_i]$ 内所经过的路程 Δs_i 可 "近似" 表示为 $v(c_i)\Delta t_i$. 从而质点在区间 $[t_0, t]$ 内所经过路程的近似值为

$$\sum_{i=1}^{n} v(c_i)\Delta t_i.$$

(3) 记 $\lambda = \max\limits_{1 \leqslant i \leqslant n} \{\Delta t_i\}$, 则当 $\lambda \to 0$ 时, 对时间区间 $[t_0, t]$ 实施了无限细分. 上述和式的极限就是变速直线运动的质点在时间区间 $[t_0, t]$ 内所经过的路程, 即

$$s = \lim_{\lambda \to 0} \sum_{i=1}^{n} v(c_i)\Delta t_i.$$

---

① Newton (1642—1727), 英国数学家、物理学家、天文学家.

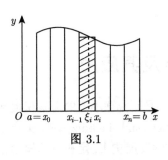

图 3.1

2. 曲边梯形的面积

由连续曲线弧 $y = f(x)$ $(f(x) \geqslant 0, x \in [a,b])$，直线 $x = a, x = b, y = 0$ 所围成的平面图形称为曲边梯形 (图 3.1). 显然, 如果曲线 $y = f(x)$ 为直线, 则曲边梯形为直角梯形, 其面积很容易计算, 但如果曲线不是直线, 利用上例的思想, 将区间 $[a,b]$ 无限细分, 在每一细分的小区间上, 可以近似看作矩形, 进行面积计算.

(1) 分划. 任意分划区间 $[a,b]$ 为 n 个小区间 $[x_{i-1}, x_i]$ $(i = 1, 2, \cdots, n)$, 其中小区间长度 $\Delta x_i = x_i - x_{i-1}$,

$$a = x_0 < x_1 < \cdots < x_{n-1} < x_n = b.$$

(2) 求近似和. 任取 $c_i \in [x_{i-1}, x_i]$ $(i = 1, 2, \cdots, n)$, 以 $[x_{i-1}, x_i]$ 为底, $f(c_i)$ 为高的矩形面积 $f(c_i)\Delta x_i$ 作为第 i 个小曲边梯形的面积近似值, 从而得到整个曲边梯形面积近似值为

$$\sum_{i=1}^{n} f(c_i)\Delta x_i.$$

(3) 取极限. 记 $\lambda = \max\limits_{1 \leqslant i \leqslant n} \{\Delta x_i\}$, 则曲边梯形的面积为

$$A = \lim_{\lambda \to 0} \sum_{i=1}^{n} f(c_i)\Delta x_i.$$

上述两个实例的背景不同, 一个求的是物理量, 另一个求的是几何量, 但处理问题的方法和思想完全一致: 分划、求近似和、取极限. 除此之外, 在其他实际问题中, 也会出现大量这样的问题需要采用类似的方法处理. 这就是本节要讨论的主要内容: 定积分.

3.1.2　定积分的定义

定义 3.1　设函数 $f(x)$ 在区间 $[a,b]$ 上有定义, 且有界. 对区间 $[a,b]$ 任意分划为 n 个子区间 $[x_{i-1}, x_i]$ $(i = 1, 2, \cdots, n)$, 其中第 i 个区间的长度为 $\Delta x_i = x_i - x_{i-1}$,

$$a = x_0 < x_1 < x_2 < \cdots < x_{i-1} < x_i < \cdots < x_{n-1} < x_n = b.$$

取区间 $[x_{i-1}, x_i]$ 的任意一点 c_i, 作和 $\sum\limits_{i=1}^{n} f(c_i)\Delta x_i$. 如果极限

$$\lim_{\lambda \to 0} \sum_{i=1}^{n} f(c_i)\Delta x_i$$

存在 (其中 $\lambda = \max\limits_{1 \leqslant i \leqslant n}\{\Delta x_i\}$), 且该极限与区间的分划和 c_i 的取法无关, 则称函数 $f(x)$ 在区间 $[a, b]$ 上 **Riemann**[①]**(黎曼) 可积**, 该极限值称为函数 $f(x)$ 在区间 $[a, b]$ 上的**定积分**或 **Riemann 积分**, 记为

$$\int_a^b f(x)\mathrm{d}x = \lim_{\lambda \to 0} \sum_{i=1}^n f(c_i)\Delta x_i,$$

这里 b, a 分别称为积分的上限、下限, $[a, b]$ 称为积分区间, $f(x)$ 称为被积函数, $f(x)\mathrm{d}x$ 称为被积表达式, x 称为被积变量, $\sum\limits_{i=1}^n f(c_i)\Delta x_i$ 称为 **Riemann 和**.

根据定义 3.1, 3.1.1 节实例 1 中的路程 $s = \int_{t_0}^t v(s)\mathrm{d}s$, 实例 2 中曲边梯形的面积 $S = \int_a^b f(x)\mathrm{d}x$.

在定义 3.1 中, 有以下五点需要特别提醒:

(1) 对区间 $[a, b]$ 的分划是任意的;

(2) 第 i 区间中 c_i 的选取是任意的;

(3) 在分划的最大区间长度 $\lambda \to 0$ 时, Riemann 和的极限存在, 才有 Riemann 积分存在 (请思考为什么不是由 $n \to \infty$ 时的极限定义定积分);

(4) 定积分的值与积分变量无关, 而与被积函数和积分区间有关, 也就是

$$\int_a^b f(x)\mathrm{d}x = \int_a^b f(t)\mathrm{d}t = \int_a^b f(u)\mathrm{d}u;$$

(5) 定积分 $\int_a^b f(x)\mathrm{d}x$ 是一个数值, 其值与积分区间 $[a, b]$ 和被积函数 $f(x)$ 有关. 请读者关注一些特殊积分区间 (例如, 对称区间) 和一些特殊 $f(x)$ 的定积分计算 (例如, 奇函数积分、偶函数积分和周期函数积分等).

如果知道了函数 $f(x)$ 在区间 $[a, b]$ 上可积, 则对一些特殊的区间分划 (例如, 等分区间) 和 c_i 的特殊取值 (例如, 取左端点、右端点、中间点等), 其 Riemann 和的极限在 $\lambda \to 0$ 时一定存在, 且等于 $\int_a^b f(x)\mathrm{d}x$. 利用此知识点, 第一, 可以得到如下结论: 如果函数 $f(x)$ 可积, 且等分区间 $[0, 1]$, 则

$$\lim_{n \to \infty} \sum_{k=1}^n f\left(\frac{k}{n}\right)\frac{1}{n} = \int_0^1 f(x)\mathrm{d}x.$$

例如,

$$\lim_{n \to \infty} \sum_{k=1}^n \frac{1}{n}\sqrt{1 + \frac{k}{n}} = \int_0^1 \sqrt{1 + x}\,\mathrm{d}x,$$

---

① Riemann (1826—1866), 德国数学家.

$$\lim_{n\to\infty}\left(\frac{1}{n+1}+\frac{1}{n+2}+\cdots+\frac{1}{n+n}\right)=\lim_{n\to\infty}\sum_{k=1}^{n}\frac{1}{1+\frac{k}{n}}\frac{1}{n}=\int_0^1\frac{1}{1+x}\mathrm{d}x.$$

第二, 近似计算定积分. 设 $f(x)$ 在区间 $[a,b]$ 上连续 (由以下定理, 它是可积的), 这时, 采取等分区间 $[a,b]$:

$$a=x_0<x_1<x_2<\cdots<x_{n-1}<x_n=b,\quad x_k=a+\frac{k}{n}(b-a)\quad(k=0,1,\cdots,n),$$

每个小区间的长度为 $\Delta x_k=\dfrac{b-a}{n}$. 在小区间 $[x_{i-1},x_i]$ 上取 $c_i=x_{i-1}$, 对于任一确定的 n, 有

$$\int_a^b f(x)\mathrm{d}x\approx\frac{b-a}{n}(f(x_0)+f(x_1)+\cdots+f(x_{n-1}));$$

如果取点 $c_i=x_i$, 则

$$\int_a^b f(x)\mathrm{d}x\approx\frac{b-a}{n}(f(x_1)+f(x_2)+\cdots+f(x_n)).$$

以上近似计算定积分的公式称为**矩形法公式**.

如果对一些特殊区间分划或第 i 区间的特殊取值, Riemann 和的极限当 $\lambda\to0$ 时不存在, 可以断定函数 $f(x)$ 在区间 $[a,b]$ 上不可积.

需要说明的是, 并非所有函数 $f(x)$ 在区间 $[a,b]$ 上都是可积的. 那么什么样的函数在区间 $[a,b]$ 上可积? 这里仅给出具体的结论, 有兴趣的读者可参考相应的参考书.

定理 3.1(可积的充分条件)　如果函数 $f(x)$ 在闭区间 $[a,b]$ 上有界, 且只有有限个间断点, 则 $f(x)$ 一定在区间 $[a,b]$ 上可积.

由定理 3.1, 闭区间 $[a,b]$ 上的连续函数 $f(x)$ 一定可积. 因此, 所有的初等函数在其定义区间内都是可积的.

例 3.1　利用定义计算定积分 $\displaystyle\int_a^b C\mathrm{d}x$, C 为常数.

解　由于常函数 $y=C$ 在区间 $[a,b]$ 连续, 因此一定可积, 也就是其 Riemann 和对区间 $[a,b]$ 的 n 等分和任意取值时的极限都存在. 此时,

$$x_i=a+\frac{b-a}{n}i\quad(i=0,1,2,\cdots,n),\quad\lambda=\frac{b-a}{n},\quad\Delta x_i=\frac{b-a}{n}.$$

对区间 $[x_{i-1},x_i]$ 中的任意点 c_i, $f(c_i)=C$. 因此,

$$\sum_{i=1}^{n}f(c_i)\Delta x_i=C\sum_{i=1}^{n}\Delta x_i=C(b-a).$$

从而, $\int_a^b C\mathrm{d}x = C(b-a)$.

由例 3.1 立即可以得到

$$\int_a^b 1 \cdot \mathrm{d}x = b - a.$$

例 3.2 利用定义计算定积分 $\int_0^1 x\mathrm{d}x$.

解 由于 $f(x) = x$ 在闭区间 $[0,1]$ 上连续, 所以, 同例 3.1, n 等分区间 $[0,1], x_i = \dfrac{i}{n}\ (i = 0,1,2,\cdots,n)$, 取 $c_i = \dfrac{i}{n}$, 第 i 区间长度 $\Delta x_i = \dfrac{1}{n}$. 那么, Riemann 和为

$$\sum_{i=1}^n f(c_i)\Delta x_i = \sum_{i=1}^n \frac{i}{n^2} = \frac{n(n+1)}{2n^2} = \frac{n+1}{2n}.$$

因此,

$$\int_0^1 x\mathrm{d}x = \lim_{n\to\infty} \frac{n+1}{2n} = \frac{1}{2}.$$

需要指出的是, 利用定义计算定积分对一些简单的函数是可行的, 但对于一些复杂的函数则非常困难, 因此有必要寻求计算定积分的一般方法.

3.1.3 定积分的性质

约定

$$\int_a^b f(x)\mathrm{d}x = -\int_b^a f(x)\mathrm{d}x, \qquad \int_a^a f(x)\mathrm{d}x = 0,$$

于是, 在以后出现的定积分中, 没有积分上限大于积分下限的要求.

以下出现的函数都在给定的积分区间上可积, 不再一一说明.

性质 3.1(线性性质) 设 α,β 为常数, 则

$$\int_a^b (\alpha f(x) + \beta g(x))\mathrm{d}x = \alpha \int_a^b f(x)\mathrm{d}x + \beta \int_a^b g(x)\mathrm{d}x.$$

性质 3.2(可加性) $\int_a^b f(x)\mathrm{d}x = \int_a^c f(x)\mathrm{d}x + \int_c^b f(x)\mathrm{d}x.$

性质 3.3 如果在区间 $[a,b]$ 上, $f(x) \geqslant 0$, 则

$$\int_a^b f(x)\mathrm{d}x \geqslant 0.$$

由性质 3.3, 立即可得到如下结论.

(1) 如果函数 $f(x) \geqslant g(x)\ (x \in [a,b])$, 则

$$\int_a^b f(x)\mathrm{d}x \geqslant \int_a^b g(x)\mathrm{d}x.$$

(2) $\left| \displaystyle\int_a^b f(x)\mathrm{d}x \right| \leqslant \displaystyle\int_a^b |f(x)|\mathrm{d}x,\ a \leqslant b.$

(3) 如果函数 $f(x)$ 在区间 $[a,b]$ 存在最大值 M 和最小值 m, 则 (这里用到例 3.1)

$$m(b-a) \leqslant \int_a^b f(x)\mathrm{d}x \leqslant M(b-a).$$

对于闭区间 $[a,b]$ 上的连续函数 $f(x)$, 如果 $f(x) \geqslant 0$, 则由曲边 $y=f(x)$ 和直线 $x=a,\ x=b, y=0$ 所围曲边梯形的面积等于 $\displaystyle\int_a^b f(x)\mathrm{d}x$; 如果 $f(x) \leqslant 0$, 则由曲边 $y=f(x)$ 和直线 $x=a, x=b, y=0$ 所围曲边梯形的面积等于 $-\displaystyle\int_a^b f(x)\mathrm{d}x.$ 因此, 如果函数 $f(x)$ 在区间 $[a,b]$ 上有正有负, 则定积分 $\displaystyle\int_a^b f(x)\mathrm{d}x$ 表示由曲边 $y=f(x)$ 和直线 $x=a, x=b, y=0$ 所围曲边梯形面积的**代数和**. 这就是定积分的几何意义. 例如, $y=\sqrt{a^2-x^2}\ (0 \leqslant x \leqslant a, a>0)$ 的图形表示 $\dfrac{1}{4}$ 圆周 (图 3.2). 因此,

$$\int_0^a \sqrt{a^2-x^2}\mathrm{d}x = \frac{1}{4}\pi a^2.$$

再如, 直线 $y=x-1, x=0, x=3, y=0$ 所围区域包括两个部分 (图 3.3), x 轴以上的部分 A_1 和 x 轴以下的部分 A_2, 显然 A_1 的面积 $S_1=2, A_2$ 的面积 $S_2=\dfrac{1}{2}$. 因此定积分

$$\int_0^3 (x-1)\mathrm{d}x = S_1 - S_2 = \frac{3}{2}.$$

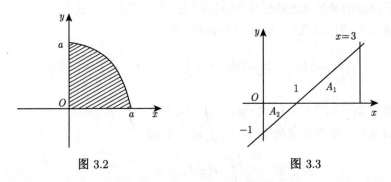

图 3.2　　　　　　　　　　　图 3.3

性质 3.4　设 $[c,d] \subset [a,b]$, 且区间 $[a,b]$ 上的连续函数 $f(x) \geqslant 0$, 则

$$\int_c^d f(x)\mathrm{d}x \leqslant \int_a^b f(x)\mathrm{d}x.$$

性质 3.1—性质 3.4 的证明利用定积分的定义即可完成, 请读者自行完成证明.

性质 3.5(积分中值定理) 设函数 $f(x)$ 在闭区间 $[a,b]$ 上连续, 则存在点 $c \in [a,b]$, 使得

$$\int_a^b f(x)\mathrm{d}x = f(c)(b-a).$$

证明 设 $f(x)$ 在 $[a,b]$ 上的最大值和最小值分别为 M,m, 那么由性质 3.3 的结论 (3), 有

$$m \leqslant \frac{1}{b-a}\int_a^b f(x)\mathrm{d}x \leqslant M.$$

于是, 由闭区间上连续函数的介值定理, 存在点 $c \in [a,b]$, 使

$$f(c) = \frac{1}{b-a}\int_a^b f(x)\mathrm{d}x.$$

由此得到所证结论成立.

通常, 称 $\dfrac{1}{b-a}\displaystyle\int_a^b f(x)\mathrm{d}x$ 为函数 $f(x)$ 在区间 $[a,b]$ 上的**平均值**. 这是有限算术平均值概念的拓展, 也是定积分的代数意义. 例如, 质点沿直线以速度 $v(t)$ 从时刻 t_1 到时刻 t_2, 则在区间 $[t_1, t_2]$ 的平均速度为

$$\overline{v} = \frac{1}{t_2 - t_1}\int_{t_1}^{t_2} v(t)\mathrm{d}t.$$

性质 3.5(也称为第一积分中值定理) 可以作如下推广.

性质 3.6 (第二积分中值定理) 设函数 $f(x)$ 在区间 $[a,b]$ 上连续, 函数 $g(x)$ 在区间 $[a,b]$ 上连续, 且保持符号不变, 则存在点 $c \in [a,b]$, 使

$$\int_a^b f(x)g(x)\mathrm{d}x = f(c)\int_a^b g(x)\mathrm{d}x.$$

例 3.3 比较 $\displaystyle\int_1^2 \ln x\mathrm{d}x$ 和 $\displaystyle\int_1^2 \ln^2 x\mathrm{d}x$ 的大小.

解 注意到当 $x \in [1,2]$ 时, $\ln x \geqslant \ln^2 x$. 因此,

$$\int_1^2 \ln x\mathrm{d}x \geqslant \int_1^2 \ln^2 x\mathrm{d}x.$$

例 3.4 解答下列各题:

(1) 估值定积分 $\displaystyle\int_{\frac{\pi}{4}}^{\frac{\pi}{3}} \frac{\mathrm{d}x}{1+\sin^2 x}$;

(2) 计算 $\displaystyle\lim_{n\to\infty}\int_0^{\frac{\pi}{6}} \sin^n x\mathrm{d}x.$

解　(1) 当 $x \in \left[\dfrac{\pi}{4}, \dfrac{\pi}{3}\right]$ 时, $\sin^2 x$ 是单调增加函数, 有

$$\frac{1}{2} = \sin^2 \frac{\pi}{4} \leqslant \sin^2 x \leqslant \sin^2 \frac{\pi}{3} = \frac{3}{4}.$$

因此,

$$\frac{4}{7} \leqslant \frac{1}{1 + \sin^2 x} \leqslant \frac{2}{3}.$$

于是,

$$\frac{\pi}{21} \leqslant \int_{\frac{\pi}{4}}^{\frac{\pi}{3}} \frac{\mathrm{d}x}{1 + \sin^2 x} \leqslant \frac{\pi}{18}.$$

(2) 由于 $0 \leqslant \sin^n x \leqslant \dfrac{1}{2^n}, 0 \leqslant x \leqslant \dfrac{\pi}{6}$, 所以

$$0 \leqslant \int_0^{\frac{\pi}{6}} \sin^n x \mathrm{d}x \leqslant \frac{\pi}{6 \cdot 2^n}.$$

于是, 由夹逼定理, 得 $\displaystyle\lim_{n \to \infty} \int_0^{\frac{\pi}{6}} \sin^n x \mathrm{d}x = 0.$

例 3.5　设连续函数 $f(x)$ 满足 $f(x) = x + 2\displaystyle\int_0^1 f(t)\mathrm{d}t$, 求 $f(x)$.

解　因为定积分 $\displaystyle\int_a^b f(x)\mathrm{d}x$ 是一定值, 所以可设 $\displaystyle\int_0^1 f(x)\mathrm{d}x = a$, 则 $f(x) = x + 2a$. 在等式两端积分, 得

$$\int_0^1 f(x)\mathrm{d}x = \int_0^1 x \mathrm{d}x + \int_0^1 2a \mathrm{d}x.$$

根据例 3.1 和例 3.2, 即得 $a = \dfrac{1}{2} + 2a$, 从而 $a = -\dfrac{1}{2}$. 于是 $f(x) = x - 1$.

习　题　3.1

1. 利用定积分定义计算 $\displaystyle\int_0^1 x^2 \mathrm{d}x$.

2. 利用定积分的几何意义, 证明下列等式:

(1) $\displaystyle\int_{-1}^1 2x \mathrm{d}x = 0$;　　　　　　　　　　(2) $\displaystyle\int_0^2 \sqrt{4 - x^2} \mathrm{d}x = \pi$;

(3) $\displaystyle\int_0^{2\pi} \sin x \mathrm{d}x = 0$;　　　　　　　　　(4) $\displaystyle\int_{-\frac{\pi}{2}}^{\frac{\pi}{2}} \cos x \mathrm{d}x = 2 \int_0^{\frac{\pi}{2}} \cos x \mathrm{d}x$.

3. 根据定积分的性质, 比较下列各对积分的大小:

(1) $\displaystyle\int_0^{\frac{\pi}{2}} \sin^{10} x \mathrm{d}x, \int_0^{\frac{\pi}{2}} \sin^2 x \mathrm{d}x$;　　　(2) $\displaystyle\int_0^1 x \mathrm{d}x, \int_0^1 \ln(1 + x) \mathrm{d}x$.

4. 设 $\int_{-2}^{1} 2f(x)\mathrm{d}x = 6, \int_{-1}^{3} f(x)\mathrm{d}x = 3, \int_{-1}^{3} g(x)\mathrm{d}x = 2$, 求下列定积分:

(1) $\int_{-2}^{1} f(x)\mathrm{d}x$;

(2) $\int_{-1}^{3} 3f(x)\mathrm{d}x$;

(3) $\int_{3}^{-1} g(x)\mathrm{d}x$;

(4) $\int_{-1}^{3} \frac{1}{2}(3f(x) + 4g(x))\mathrm{d}x$.

5. 估计下列各积分的值:

(1) $\int_{0}^{1} (x^3 + 1)\mathrm{d}x$;

(2) $\int_{\frac{\pi}{4}}^{\frac{\pi}{2}} (1 + \cos x)\mathrm{d}x$;

(3) $\int_{\frac{\sqrt{3}}{3}}^{\sqrt{3}} x \arctan x\mathrm{d}x$;

(4) $\int_{\frac{\pi}{4}}^{\frac{\pi}{2}} \frac{\sin x}{x}\mathrm{d}x$.

6. 设函数 $f(x)$ 在 $[0,1]$ 上连续, 在 $(0,1)$ 内可导, 且 $\int_{0}^{1} f(x)\mathrm{d}x = f(1)$, 证明至少存在一点 ξ, 使 $f'(\xi) = 0$.

7. 设 $f(x), g(x)$ 在 $[a,b]$ 上连续, 证明 Cauchy 不等式

$$\left(\int_{a}^{b} f(x)g(x)\mathrm{d}x \right)^2 \leqslant \int_{a}^{b} f^2(x)\mathrm{d}x \int_{a}^{b} g^2(x)\mathrm{d}x.$$

8. 设 $f(x)$ 在区间 $[0, +\infty)$ 上连续, $\lim\limits_{x \to +\infty} f(x) = A$. 证明 $\lim\limits_{x \to +\infty} \frac{1}{x} \int_{0}^{x} f(t)\mathrm{d}t = A$.

3.2　不定积分与微积分基本定理

3.2.1　原函数与不定积分

在 3.1 节讨论了定积分, 并且知道利用定义计算定积分是很困难的. 自然要寻求计算定积分的一般方法. 为此, 回忆第 2 章导数的知识, 我们知道, 如果函数 $f(x)$ 可导, 那么利用求导的运算法则、求导方法和基本公式, 即可得到导函数 $f'(x)$. 那么, 已知 $f'(x)$, 如何得到 $f(x)$ 呢?

定义 3.2　设 $f(x)$ 是定义区间 I 上的已知函数, 如果存在函数 $F(x)$, 使得在区间 I 上, $F'(x) = f(x)$, 则称函数 $F(x)$ 是函数 $f(x)$ 在区间 I 上的**原函数**.

例如, $(x^2)' = 2x, (\sin x)' = \cos x$, 因此, x^2 和 $\sin x$ 分别是 $2x$ 和 $\cos x$ 的原函数. 现在的问题是, 函数 $f(x)$ 应具备什么条件, 可以保证其原函数一定存在? 如果原函数存在, 是否唯一? 如果原函数不唯一, 同一函数的不同原函数之间具有什么关系?

首先, 回答后两个问题. 我们知道, 常数 C 的导数恒为零, 因此, 如果 $F(x)$ 是 $f(x)$ 的一个原函数, 注意到 $(F(x) + C)' = F'(x) = f(x)$, 所以 $F(x) + C$ 也是 $f(x)$ 的原函数. 这就是说, 如果函数 $f(x)$ 存在原函数, 则其原函数有无穷多个.

其次, 设 $F(x), G(x)$ 都是 $f(x)$ 的原函数, 则 $(F(x) - G(x))' = 0$, 因此, 同一函数的不同原函数之间仅相差一个常数.

最后, 来看第一个问题. 这就是原函数存在定理 (这里不予证明).

定理 3.2　区间 I 上的连续函数一定存在原函数.

由定理 3.2, 所有初等函数在其定义区间内都有原函数, 但原函数不一定都是初等函数, 例如, e^{-x^2}, $\dfrac{\sin x}{x}$ 等, 它们的原函数都不是初等函数.

综上分析, 如果函数 $F(x)$ 是函数 $f(x)$ 在区间 I 上的一个原函数, 那么函数 $f(x)$ 的所有原函数构成一个集合

$$\{F(x) + C | F'(x) = f(x), C \text{ 为任意常数}\}.$$

定义 3.3　若 $F(x)$ 是函数 $f(x)$ 在区间 I 上的一个原函数, 则 $f(x)$ 的原函数集合中的元素 $F(x) + C$ 称为 $f(x)$ 的**不定积分**, 记为 $\displaystyle\int f(x)\mathrm{d}x$, 即

$$\int f(x)\mathrm{d}x = F(x) + C,$$

其中, 称 $f(x)\mathrm{d}x$ 为被积表达式, $f(x)$ 为被积函数, x 为积分变量, C 为积分常数.

例如, $(x^3)' = 3x^2, (4^x)' = 4^x \ln 4, (\cos x)' = -\sin x$, 所以

$$\int x^2 \mathrm{d}x = \frac{1}{3}x^3 + C, \quad \int 4^x \mathrm{d}x = \frac{1}{\ln 4} 4^x + C, \quad \int \sin x \mathrm{d}x = -\cos x + C.$$

显然, 不定积分是求导运算的逆运算, 因此,

$$\left(\int f(x)\mathrm{d}x\right)' = f(x), \quad \int f'(x)\mathrm{d}x = f(x) + C.$$

不定积分有如下的基本公式 (其中 α, β 为常数):

$$\int (\alpha f(x) + \beta g(x))\mathrm{d}x = \alpha \int f(x)\mathrm{d}x + \beta \int g(x)\mathrm{d}x.$$

由第 2 章的基本初等函数的求导公式, 应熟练掌握这些基本初等函数不定积分的积分公式:

$$\int x^\mu \mathrm{d}x = \frac{x^{\mu+1}}{\mu+1} + C \ (\mu \neq -1); \qquad \int \frac{1}{x}\mathrm{d}x = \ln x + C^{①};$$

---

① 严格来讲, 函数 $\dfrac{1}{x}$ 是不可积的 (因为在点 $x = 0$ 处不连续), 但对于 $x > 0$, $\displaystyle\int \frac{1}{x}\mathrm{d}x = \ln x + C$; 对于 $x < 0$, $\displaystyle\int \frac{1}{x}\mathrm{d}x = \int \frac{1}{-x}\mathrm{d}(-x) = \ln(-x) + C$. 因此, 当 $x \neq 0$ 时, $\displaystyle\int \frac{1}{x}\mathrm{d}x = \ln|x| + C$. 为方便起见, 一般约定 $\displaystyle\int \frac{1}{x}\mathrm{d}x = \ln x + C(x \neq 0)$.

$$\int a^x \mathrm{d}x = \frac{a^x}{\ln a} + C \ (a > 0, a \neq 1); \qquad \int \mathrm{e}^x \mathrm{d}x = \mathrm{e}^x + C;$$

$$\int \sin x \mathrm{d}x = -\cos x + C; \qquad \int \cos x \mathrm{d}x = \sin x + C;$$

$$\int \sec^2 x \mathrm{d}x = \tan x + C; \qquad \int \csc^2 x \mathrm{d}x = -\cot x + C;$$

$$\int \frac{1}{1+x^2} \mathrm{d}x = \arctan x + C; \qquad \int \frac{1}{\sqrt{1-x^2}} \mathrm{d}x = \arcsin x + C.$$

例 3.6 求下列不定积分:

(1) $\int x\sqrt{x}\mathrm{d}x$; (2) $\int \mathrm{e}^{x-1}\mathrm{d}x$; (3) $\int (x - \sqrt{x})^2 \mathrm{d}x$;

(4) $\int \frac{(x-1)^2}{x^2} \mathrm{d}x$; (5) $\int 3^x \mathrm{e}^x \mathrm{d}x$; (6) $\int \frac{2x^4 + x^2 + 3}{x^2 + 1} \mathrm{d}x$.

解 (1) 由于 $x\sqrt{x} = x^{\frac{3}{2}}$, 所以, $\int x\sqrt{x}\mathrm{d}x = \frac{2}{5}x^{\frac{5}{2}} + C$.

(2) 由于 $\mathrm{e}^{x-1} = \dfrac{\mathrm{e}^x}{\mathrm{e}}$, 所以

$$\int \mathrm{e}^{x-1}\mathrm{d}x = \frac{\mathrm{e}^x}{\mathrm{e}} + C = \mathrm{e}^{x-1} + C.$$

(3) $\int (x - \sqrt{x})^2 \mathrm{d}x = \int (x^2 - 2x\sqrt{x} + x)\mathrm{d}x = \frac{1}{3}x^3 - \frac{4}{5}x^{\frac{5}{2}} + \frac{1}{2}x^2 + C$.

(4) $\int \dfrac{(x-1)^2}{x^2}\mathrm{d}x = \int \left(1 - \dfrac{2}{x} + \dfrac{1}{x^2}\right)\mathrm{d}x = x - 2\ln|x| - \dfrac{1}{x} + C$.

(5) $\int 3^x \mathrm{e}^x \mathrm{d}x = \int (3\mathrm{e})^x \mathrm{d}x = \dfrac{1}{\ln(3\mathrm{e})}(3\mathrm{e})^x + C = \dfrac{1}{1+\ln 3}3^x \mathrm{e}^x + C$.

(6) 由于 $\dfrac{2x^4 + x^2 + 3}{x^2 + 1} = 2x^2 - 1 + \dfrac{4}{x^2 + 1}$, 所以

$$\int \frac{2x^4 + x^2 + 3}{x^2 + 1}\mathrm{d}x = \int \left(2x^2 - 1 + \frac{4}{x^2 + 1}\right)\mathrm{d}x = \frac{2}{3}x^3 - x + 4\arctan x + C.$$

例 3.7 确定 A, B $(A \neq B)$ 使

$$\int \frac{\mathrm{d}x}{(a + b\cos x)^2} = \frac{A\sin x}{a + b\cos x} + B\int \frac{\mathrm{d}x}{a + b\cos x} \quad (a^2 \neq b^2).$$

解 在上式两端同时求导, 并化简, 得

$$\frac{1}{(a + b\cos x)^2} = \frac{Ab + Ba + (aA + bB)\cos x}{(a + b\cos x)^2}.$$

由此, 得 $bA + aB = 1, aA + bB = 0$. 解之, 得

$$A = \frac{b}{b^2 - a^2}, \quad B = -\frac{a}{b^2 - a^2}.$$

3.2.2　微积分基本定理

如果函数 $f(x)$ 在闭区间 $[a,b]$ 上连续, 则对任意的 $x \in [a,b]$, 函数 $f(x)$ 在区间 $[a,x]$ 上可积. 这样, 就得到一个变积分上限的积分函数 (称**变积分上限函数**)

$$F(x) = \int_a^x f(t)\mathrm{d}t.$$

以后还会出现变积分下限函数和积分上限与下限都变化的函数, 这样的函数统称为**变限函数**.

定理 3.3　若函数 $f(x)$ 在闭区间 $[a,b]$ 上连续, 则变积分上限函数 $F(x) = \int_a^x f(t)\mathrm{d}t$ 在 $[a,b]$ 上可导, 且 $F'(x) = f(x)$.

证明　对任意的 $x, x+h \in [a,b]$,

$$\Delta F(x) = F(x+h) - F(x) = \int_a^{x+h} f(t)\mathrm{d}t - \int_a^x f(t)\mathrm{d}t = \int_x^{x+h} f(t)\mathrm{d}t = f(c)h,$$

上式利用了积分中值定理, 这里 c 介于 $x+h$ 与 x 之间. 由于当 $h \to 0$ 时, $c \to x$, 所以,

$$F'(x) = \lim_{h \to 0} \frac{\Delta F(x)}{h} = \lim_{h \to 0} f(c) = \lim_{c \to x} f(c) = f(x).$$

根据定理 3.3, 变积分上限函数 $\int_a^x f(t)\mathrm{d}t$ 是 $f(x)$ 的一个原函数. 因此, 如果我们知道了 $f(x)$ 的一个原函数 $F(x)$, 则根据两个原函数之间仅相差一个常数, 就有

$$F(x) = \int_a^x f(t)\mathrm{d}t + C.$$

注意到 $C = F(a)$, 得

$$\int_a^b f(t)\mathrm{d}t = F(b) - C = F(b) - F(a).$$

定理 3.4　若函数 $f(x)$ 在闭区间 $[a,b]$ 上连续, $F(x)$ 是 $f(x)$ 的一个原函数, 则

$$\int_a^b f(t)\mathrm{d}t = F(b) - F(a).$$

为了方便, 常记为 $F(b) - F(a) = F(x)\Big|_a^b$.

以上公式称为 **Newton-Leibniz 公式**(简称 N-L 公式), 它架起了联系微分与定积分的桥梁, 也就是把函数 $f(x)$ 在区间 $[a,b]$ 上的定积分的计算转化为求 $f(x)$ 的原函数在区间 $[a,b]$ 上的增量, 从而解决了定积分的计算问题, 并且使计算变得

十分简单. 例如, $\arctan x$ 是 $\dfrac{1}{1+x^2}$ 的原函数, 所以

$$\int_0^1 \frac{1}{1+x^2}\mathrm{d}x = \arctan x \Big|_0^1 = \frac{\pi}{4}.$$

再如,

$$\int_{-1}^3 |x|\mathrm{d}x = \int_{-1}^0 (-x)\mathrm{d}x + \int_0^3 x\mathrm{d}x = -\frac{x^2}{2}\Big|_{-1}^0 + \frac{x^2}{2}\Big|_0^3 = 5.$$

$$\int_1^2 \frac{1}{x}\mathrm{d}x = \ln x \big|_1^2 = \ln 2.$$

N-L 公式成立的条件是 $f(x)$ 在区间 $[a,b]$ 上连续, 不清楚这一点可能会引起差错. 例如, $-\dfrac{1}{x}$ 是 $\dfrac{1}{x^2}$ 的原函数, 但下面的做法是错误的:

$$\int_{-1}^1 \frac{1}{x^2}\mathrm{d}x = -\frac{1}{x}\Big|_{-1}^1 = -2.$$

因为函数 $f(x) = \dfrac{1}{x^2}$ 在区间 $[-1,1]$ 上不连续 (该积分为后续介绍的广义积分).

如果函数 $f(x)$ 连续, $a(x), b(x)$ 可导, 请读者利用复合函数求导的知识, 证明

$$\frac{\mathrm{d}}{\mathrm{d}x}\int_{a(x)}^{b(x)} f(t)\mathrm{d}t = f(b(x))b'(x) - f(a(x))a'(x).$$

利用上述公式, 容易计算

$$\frac{\mathrm{d}}{\mathrm{d}x}\int_{\sin x}^{x^2}(1+t)\mathrm{d}t = (1+x^2)(x^2)' - (1+\sin x)(\sin x)' = 2x(1+x^2) - \cos x(1+\sin x),$$

$$\frac{\mathrm{d}}{\mathrm{d}x}\int_{2x}^0 \ln(1+t)\mathrm{d}t = -\ln(1+2x)(2x)' = -2\ln(1+2x).$$

注意 "求导变量含在被积函数中的一类变限函数" 求导问题: 一般是引入变换, 将被积函数中的求导变量转移到积分上限、下限或积分号之外. 例如 (其中引入了变换 $x - t = u$),

$$\frac{\mathrm{d}}{\mathrm{d}x}\int_0^x \sin(x-t)^2\mathrm{d}t = \frac{\mathrm{d}}{\mathrm{d}x}\int_0^x \sin u^2 \mathrm{d}u = \sin x^2.$$

例 3.8 解答下列各题:

(1) 设 $f(x) = \begin{cases} \dfrac{1}{2}\sin x, & 0 \leqslant x \leqslant \pi, \\ 0, & x < 0 \text{ 或 } x > \pi, \end{cases}$ 求 $\phi(x) = \displaystyle\int_0^x f(t)\mathrm{d}t$ 在 $(-\infty, +\infty)$ 内的表达式;

(2) 计算 $\lim\limits_{x \to 0} \dfrac{1}{x^3} \displaystyle\int_0^x \sin t^2 \mathrm{d}t$.

解　(1) 因为被积函数是分段函数, 所以通过计算定积分确定 $\phi(x)$ 的表达式时也应分段考虑. 当 $x < 0$ 时,

$$\phi(x) = \int_0^x f(t)\mathrm{d}t = \int_0^x 0\mathrm{d}t = 0;$$

当 $0 \leqslant x \leqslant \pi$ 时,

$$\phi(x) = \int_0^x f(t)\mathrm{d}t = \int_0^x \frac{1}{2} \sin t\mathrm{d}t = \frac{1}{2}(1 - \cos x);$$

当 $x > \pi$ 时,

$$\phi(x) = \int_0^x f(t)\mathrm{d}t = \int_0^\pi \frac{1}{2} \sin t\mathrm{d}t + \int_\pi^x 0\mathrm{d}t = 1.$$

综上,

$$\phi(x) = \begin{cases} 0, & x < 0, \\ \dfrac{1}{2}(1 - \cos x), & 0 \leqslant x \leqslant \pi, \\ 1, & x > \pi. \end{cases}$$

(2) 由于 $\displaystyle\int_0^x \sin t^2 \mathrm{d}t$ 是连续函数, 且 $\lim\limits_{x \to 0} \displaystyle\int_0^x \sin t^2 \mathrm{d}t = 0$, 因此, 由洛必达法则,

$$\lim_{x \to 0} \frac{1}{x^3} \int_0^x \sin t^2 \mathrm{d}t = \lim_{x \to 0} \frac{\sin x^2}{3x^2} = \lim_{x \to 0} \frac{x^2}{3x^2} = \frac{1}{3}.$$

例 3.9　设 $b > 0, f(x)$ 在 $[0, b]$ 上连续、单调增加, 证明

$$2\int_0^b xf(x)\mathrm{d}x \geqslant b\int_0^b f(x)\mathrm{d}x.$$

证明　设

$$F(t) = 2\int_0^t xf(x)\mathrm{d}x - t\int_0^t f(x)\mathrm{d}x, \quad t \in [0, b],$$

则 $F(0) = 0$, 且

$$F'(t) = tf(t) - \int_0^t f(x)\mathrm{d}x = tf(t) - tf(c), \quad c \in [0, t] \subset [0, b].$$

由于 $f(x)$ 单调增加, 所以 $F'(t) \geqslant 0$ $(t \in [0, b])$. 于是, $F(b) \geqslant F(0) = 0$. 从而结论成立.

习 题 3.2

1. 求函数 $y = \int_0^x \cos t \mathrm{d}t$ 当 $x = \dfrac{\pi}{4}$ 时的导数.

2. 设函数 $y = y(x)$ 由方程 $\int_0^y \mathrm{e}^t \mathrm{d}t + \int_0^x t \sin t \mathrm{d}t = 0$ 所确定, 求 $\dfrac{\mathrm{d}y}{\mathrm{d}x}$.

3. 计算下列各导数:

(1) $\dfrac{\mathrm{d}}{\mathrm{d}x} \int_a^b \mathrm{e}^{-x} \mathrm{d}x$;

(2) $\dfrac{\mathrm{d}}{\mathrm{d}x} \int_0^x (1 + t) \mathrm{d}t$;

(3) $\dfrac{\mathrm{d}}{\mathrm{d}x} \int_{x^2}^1 \sin t \mathrm{d}t$;

(4) $\dfrac{\mathrm{d}}{\mathrm{d}x} \int_x^{x^3} \dfrac{1}{\sqrt{1 + t^2}} \mathrm{d}t$.

4. 计算下列不定积分:

(1) $\displaystyle\int \left(\mathrm{e}^x + \dfrac{2}{x} \right) \mathrm{d}x$;

(2) $\displaystyle\int \left(\dfrac{1}{x} + \cos x \right) \mathrm{d}x$;

(3) $\displaystyle\int \mathrm{e}^x \left(1 - \dfrac{\mathrm{e}^{-x}}{\sqrt{x}} \right) \mathrm{d}x$;

(4) $\displaystyle\int \sqrt{x}(x - 1) \mathrm{d}x$;

(5) $\displaystyle\int \dfrac{2x^2}{x^2 + 1} \mathrm{d}x$;

(6) $\displaystyle\int (x + 1)^3 \mathrm{d}x$.

5. 计算下列定积分:

(1) $\displaystyle\int_0^1 (x^2 + x + 1) \mathrm{d}x$;

(2) $\displaystyle\int_0^{\frac{\pi}{2}} (2 \cos x + \sin x - 2) \mathrm{d}x$;

(3) $\displaystyle\int_1^{\sqrt{3}} \dfrac{1}{x^2 + 1} \mathrm{d}x$;

(4) $\displaystyle\int_0^1 \sqrt{x}(x^2 + x) \mathrm{d}x$;

(5) $\displaystyle\int_{-\frac{1}{2}}^{\frac{1}{2}} \dfrac{\mathrm{d}x}{\sqrt{1 - x^2}}$;

(6) $\displaystyle\int_0^{\sqrt{3}} \dfrac{\mathrm{d}x}{x^2 + 1}$.

6. 求函数 $F(x) = \int_0^x t(t - 4) \mathrm{d}t$ 在区间 $[-1, 4]$ 上的最大值和最小值.

7. 设 $f(x)$ 在 $[0, +\infty)$ 内连续, 且 $f(x) > 0$, 证明函数 $F(x) = \dfrac{\displaystyle\int_0^x t f(t) \mathrm{d}t}{\displaystyle\int_0^x f(t) \mathrm{d}t}$ 在 $(0, +\infty)$ 内为单调增加函数.

8. 求下列极限:

(1) $\displaystyle\lim_{x \to 0} \dfrac{x^4}{\displaystyle\int_0^{x^2} t \sqrt[3]{1 + t^2} \mathrm{d}t}$;

(2) $\displaystyle\lim_{x \to 0} \dfrac{1}{x^2} \int_{\cos x}^1 \mathrm{e}^{-t^2} \mathrm{d}t$;

(3) $\displaystyle\lim_{x \to \infty} \dfrac{1}{x} \int_0^x (1 + t^2) \mathrm{e}^{t^2 - x^2} \mathrm{d}t$.

9. 证明 $3x - 1 - \displaystyle\int_0^x \dfrac{\mathrm{d}t}{1 + t^2} = 0$ 在 $(0, 1)$ 内有唯一实根.

10. 设 $f(x) = \begin{cases} x^2, & x \in [0,1), \\ x, & x \in [1,2], \end{cases}$ 求 $\Phi(x) = \displaystyle\int_0^x f(t)\mathrm{d}t$ 在 $[0,2]$ 上的表达式, 并讨论 $\Phi(x)$ 在 $(0,2)$ 内的连续性.

3.3   不定积分的积分方法

利用基本积分公式和不定积分的性质可以计算简单的不定积分, 但更多的是一些复杂的不定积分, 如 $\displaystyle\int \mathrm{e}^x \sin x\mathrm{d}x$, 此法并不奏效. 本节将详细讨论计算不定积分的基本方法.

3.3.1   换元积分法

换元积分法是常用的方法之一, 其基本思想是通过 "重组被积表达式"

$$f(x)\mathrm{d}x = F(g(x))g'(x)\mathrm{d}x = F(g(x))\mathrm{d}g(x),$$

然后 "换元" $u = g(x)$, 转化为 $F(u)\mathrm{d}u$, 使之成为可直接积分的形式, 也就是

$$\int f(x)\mathrm{d}x = \int F(g(x))g'(x)\mathrm{d}x = \int F(g(x))\mathrm{d}g(x) = \int F(u)\mathrm{d}u, \quad u = g(x).$$

例如, $\displaystyle\int f(ax+b)\mathrm{d}x$ 型不定积分, 重组后化为

$$\int f(ax+b)\mathrm{d}x = \frac{1}{a}\int f(ax+b)\mathrm{d}(ax+b) = \frac{1}{a}\int f(u)\mathrm{d}u, \quad u = ax + b.$$

再如,

$$\int \frac{\mathrm{e}^x}{1+\mathrm{e}^x}\mathrm{d}x = \int \frac{1}{1+\mathrm{e}^x}\mathrm{d}(1+\mathrm{e}^x) = \int \frac{1}{u}\mathrm{d}u = \ln u + C = \ln(1+\mathrm{e}^x) + C, \quad u = 1 + \mathrm{e}^x.$$

$$\int 2x\mathrm{e}^{x^2}\mathrm{d}x = \int \mathrm{e}^{x^2}\mathrm{d}x^2 = \int \mathrm{e}^u\mathrm{d}u = \mathrm{e}^u + C = \mathrm{e}^{x^2} + C \quad (u = x^2).$$

通过以上分析及上面一些实例, 所谓 "重组", 就是重新组织被积表达式 $f(x)\mathrm{d}x$ 为 $F(g(x))\mathrm{d}g(x)$ 的形式. 但在实际问题中, 究竟如何 "重组", 有些不定积分可以类似上例直接 "重组", 而有些不定积分, 不仅需要熟练掌握微分的知识, 而且也应仔细观察其特点. 例如,

$$\int \frac{1}{\cos x}\mathrm{d}x = \int \frac{\cos x}{\cos^2 x}\mathrm{d}x = \int \frac{1}{1-\sin^2 x}\mathrm{d}\sin x = \frac{1}{2}\int \left(\frac{1}{1+\sin x} + \frac{1}{1-\sin x} \right) \mathrm{d}\sin x$$

$$= \frac{1}{2}\int \frac{1}{1+\sin x}\mathrm{d}(1+\sin x) - \frac{1}{2}\int \frac{1}{1-\sin x}\mathrm{d}(1-\sin x) = \frac{1}{2}\ln \frac{1+\sin x}{1-\sin x} + C.$$

$$\int \frac{1}{1+\sin x}\mathrm{d}x = \int \frac{1-\sin x}{\cos^2 x}\mathrm{d}x = \int \frac{1}{\cos^2 x}\mathrm{d}x + \int \frac{1}{\cos^2}\mathrm{d}\cos x = \tan x - \frac{1}{\cos x} + C.$$

例 3.10 求下列不定积分 (重组简单项型):

(1) $\displaystyle\int \frac{1}{(\arcsin x)^2}\frac{1}{\sqrt{1-x^2}}\mathrm{d}x$;

(2) $\displaystyle\int \frac{1+\ln x}{(x\ln x)^2}\mathrm{d}x$;

(3) $\displaystyle\int \frac{10^{\arccos x}}{\sqrt{1-x^2}}\mathrm{d}x$;

(4) $\displaystyle\int \frac{1}{x(1+3\ln x)}\mathrm{d}x$.

解 (1) 在被积函数 $f(x) = \dfrac{1}{(\arcsin x)^2}\dfrac{1}{\sqrt{1-x^2}}$ 中, 显然 $\dfrac{1}{\sqrt{1-x^2}}$ 比 $\dfrac{1}{(\arcsin x)^2}$ 要简单些, 且 $\dfrac{1}{\sqrt{1-x^2}}\mathrm{d}x = \mathrm{d}\arcsin x$, 因此,

$$\int \frac{1}{(\arcsin x)^2}\frac{1}{\sqrt{1-x^2}}\mathrm{d}x = \int \frac{1}{(\arcsin x)^2}\mathrm{d}\arcsin x = -\frac{1}{\arcsin x} + C.$$

(2) 在被积函数 $f(x) = \dfrac{1+\ln x}{(x\ln x)^2}$ 中, 显然 $1+\ln x$ 比 $\dfrac{1}{(x\ln x)^2}$ 要简单些, 且

$$(1+\ln x)\mathrm{d}x = \mathrm{d}(x\ln x),$$

因此,

$$\int \frac{1+\ln x}{(x\ln x)^2}\mathrm{d}x = \int \frac{1}{(x\ln x)^2}\mathrm{d}x\ln x = -\frac{1}{x\ln x} + C.$$

(3) 同理, $\displaystyle\int \frac{10^{\arccos x}}{\sqrt{1-x^2}}\mathrm{d}x = -\int 10^{\arccos x}\mathrm{d}\arccos x = -\frac{1}{\ln 10}10^{\arccos x} + C.$

(4) $\displaystyle\int \frac{1}{x(1+3\ln x)}\mathrm{d}x = \frac{1}{3}\int \frac{1}{1+3\ln x}\mathrm{d}(1+3\ln x) = \frac{1}{3}\ln(1+3\ln x) + C.$

例 3.11 求下列不定积分 (添加项重组型):

(1) $\displaystyle\int \frac{1}{x(1+x^9)}\mathrm{d}x$;

(2) $\displaystyle\int \frac{1}{1+\mathrm{e}^x}\mathrm{d}x$;

(3) $\displaystyle\int \frac{x+1}{x(1+x\mathrm{e}^x)}\mathrm{d}x$;

(4) $\displaystyle\int \frac{\cos^2 x - \sin x}{\cos x(1+\cos x\mathrm{e}^{\sin x})}\mathrm{d}x$.

解 (1) 分子、分母同乘以 x^8, 得

$$\int \frac{1}{x(1+x^9)}\mathrm{d}x = \int \frac{x^8}{x^9(1+x^9)}\mathrm{d}x = \frac{1}{9}\int \left(\frac{1}{x^9} - \frac{1}{1+x^9}\right)\mathrm{d}x^9 = \frac{1}{9}\ln\frac{x^9}{1+x^9} + C.$$

(2) 分子、分母同乘以 e^x, 得

$$\int \frac{1}{1+\mathrm{e}^x}\mathrm{d}x = \int \frac{1}{\mathrm{e}^x(1+\mathrm{e}^x)}\mathrm{d}\mathrm{e}^x = \int \left(\frac{1}{\mathrm{e}^x} - \frac{1}{1+\mathrm{e}^x}\right)\mathrm{d}\mathrm{e}^x = x - \ln(1+\mathrm{e}^x) + C.$$

(3) 分子、分母同乘以 e^x, 得

$$\int \frac{x+1}{x(1+xe^x)}dx = \int \frac{1}{xe^x(1+xe^x)}dxe^x = \ln \frac{xe^x}{1+xe^x} + C.$$

(4) 注意到 $(\cos xe^{\sin x})' = (\cos^2 x - \sin x)e^{\sin x}$, 分子、分母同乘以 $e^{\sin x}$, 得

$$\int \frac{\cos^2 x - \sin x}{\cos x(1+\cos xe^{\sin x})}dx = \int \frac{e^{\sin x}(\cos^2 x - \sin x)}{e^{\sin x}\cos x(1+\cos xe^{\sin x})}dx$$

$$= \int \frac{d\cos xe^{\sin x}}{\cos xe^{\sin x}(1+\cos xe^{\sin x})}$$

$$= \int \frac{1}{\cos xe^{\sin x}}d\cos xe^{\sin x} - \int \frac{1}{1+\cos xe^{\sin x}}d\cos xe^{\sin x}$$

$$= \ln \frac{\cos xe^{\sin x}}{1+\cos xe^{\sin x}} + C.$$

在此例中, 直接从 $f(x)$ 本身是不可能重组为可以换元的不定积分, 但经过适当的添加项后, 满足了重组的要求. 至于如何添加项, 应通过例 3.11 仔细品味.

3.3.2   分部积分法

在换元积分法中, 关键之处是被积表达式 $f(x)dx$ 可以重组为 $F(g(x))dg(x)$ 的形式. 但并非所有的不定积分都可以这样处理. 例如, $\int x\cos xdx$ 就无法做到这一点. 因此, 提出 "重组" 分部积分法, 也就是通过重组 $f(x)dx = F(x)dg(x)$, 并注意到 $d(uv) = vdu + udv$, 依此得到

$$\int f(x)dx = \int F(x)dg(x) = F(x)g(x) - \int F'(x)g(x)dx.$$

这一方法称为分部积分法, 其关键有两点: 一是被积函数 $f(x)$ 中哪些部分可以确定为 $F(x)$ 或者 $g(x)$, 这要具体问题具体分析; 二是 $\int F'(x)g(x)dx$ 一定要比原积分容易. 例如,

$$\int x\cos xdx = \frac{1}{2}\int \cos xdx^2 = \frac{x^2}{2}\cos x - \frac{1}{2}\int (\cos x)'x^2dx = \frac{x^2}{2}\cos x + \frac{1}{2}\int x^2\sin xdx.$$

显然这里的不定积分 $\int x^2\sin xdx$ 反而比原积分 $\int x\cos xdx$ 复杂了, 因为提高了 x 的幂次. 下面的重组处理是合理的:

$$\int x\cos xdx = \int xd\sin x = x\sin x - \int \sin xdx = x\sin x + \cos x + C.$$

可用分部积分法求积分的常见类型 (其中的 $P_n(x)$ 为 n 次多项式).

(1) $\displaystyle\int P_n(x)\mathrm{e}^{kx}\,\mathrm{d}x = \frac{1}{k}\int P_n(x)\mathrm{d}\mathrm{e}^{kx}\ (k \neq 0)$;

(2) $\displaystyle\int P_n(x)\cos ax\mathrm{d}x = \frac{1}{a}\int P_n(x)\mathrm{d}\sin ax\ (a \neq 0)$;

(3) $\displaystyle\int P_n(x)\sin ax\mathrm{d}x = -\frac{1}{a}\int P_n(x)\mathrm{d}\cos ax\ (a \neq 0)$;

(4) $\displaystyle\int P_n(x)\ln x\mathrm{d}x = \int \ln x\mathrm{d}\overline{P}_n(x)\ (P_n(x)\mathrm{d}x = \mathrm{d}\overline{P}_n(x))$;

(5) $\displaystyle\int P_n(x)\arcsin x\mathrm{d}x = \int \arcsin x\mathrm{d}\overline{P}_n(x)\ (P_n(x)\mathrm{d}x = \mathrm{d}\overline{P}_n(x))$;

(6) $\displaystyle\int P_n(x)\arccos x\mathrm{d}x = \int \arccos x\mathrm{d}\overline{P}_n(x)\ (P_n(x)\mathrm{d}x = \mathrm{d}\overline{P}_n(x))$;

(7) $\displaystyle\int \mathrm{e}^{kx}\sin ax\mathrm{d}x = \frac{1}{k}\int \sin ax\mathrm{d}\mathrm{e}^{kx} = -\frac{1}{a}\int \mathrm{e}^{kx}\mathrm{d}\cos ax\ (k \neq 0, a \neq 0)$;

(8) $\displaystyle\int \mathrm{e}^{kx}\cos ax\mathrm{d}x = \frac{1}{k}\int \cos ax\mathrm{d}\mathrm{e}^{kx} = \frac{1}{a}\int \mathrm{e}^{kx}\mathrm{d}\sin ax\ (k \neq 0, a \neq 0)$.

情形 (1)—(3) 是多项式不可重组型, 情形 (4)—(6) 是只能重组多项式型, 情形 (7) 和 (8) 是都可以重组型.

需要特别说明的是, 除以上常见情形之外, 可以利用分部积分方法积分的类型还有很多, 请读者一定要仔细研读与体会.

例 3.12 求下列不定积分:

(1) $\displaystyle\int \frac{x\mathrm{e}^x}{(1+\mathrm{e}^x)^2}\mathrm{d}x$;

(2) $\displaystyle\int \frac{\ln x}{(1+x^2)^{\frac{3}{2}}}\mathrm{d}x$;

(3) $\displaystyle\int \mathrm{e}^x\sin x\mathrm{d}x$;

(4) $\displaystyle\int x\arctan x\mathrm{d}x$.

解 (1) 由于 $\left(\dfrac{1}{1+\mathrm{e}^x}\right)' = -\dfrac{\mathrm{e}^x}{(1+\mathrm{e}^x)^2}$, 所以,

$$\int \frac{x\mathrm{e}^x}{(1+\mathrm{e}^x)^2}\mathrm{d}x = -\int x\mathrm{d}\frac{1}{1+\mathrm{e}^x} = -\frac{x}{1+\mathrm{e}^x} + \int \frac{1}{1+\mathrm{e}^x}\mathrm{d}x = -\frac{x}{1+\mathrm{e}^x} + x - \ln(1+\mathrm{e}^x) + C.$$

(2) 由于 $\left(\dfrac{x}{\sqrt{1+x^2}}\right)' = \dfrac{1}{(\sqrt{1+x^2})^3}$, 所以,

$$\int \frac{\ln x}{(1+x^2)^{\frac{3}{2}}}\mathrm{d}x = \int \ln x\mathrm{d}\frac{x}{\sqrt{1+x^2}} = \frac{x\ln x}{\sqrt{1+x^2}} - \int \frac{1}{\sqrt{1+x^2}}\mathrm{d}x$$

$$= \frac{x\ln x}{\sqrt{1+x^2}} - \ln(x + \sqrt{1+x^2}) + C.$$

(3) 方法一: 由于

$$\int e^x \sin x dx = \int \sin x de^x = e^x \sin x - \int e^x \cos x dx$$

$$= e^x \sin x - \int \cos x de^x = e^x \sin x - e^x \cos x - \int e^x \sin x dx.$$

因此, $\int e^x \sin x dx = \dfrac{e^x}{2}(\sin x - \cos x) + C.$

方法二: 由于

$$\int e^x \sin x dx = -\int e^x d\cos x = -e^x \cos x + \int e^x \cos x dx$$

$$= -e^x \cos x + \int e^x d\sin x = -e^x \cos x + e^x \sin x - \int e^x \sin x dx.$$

由此得到同样结果.

(4) $\displaystyle\int x \arctan x dx = \frac{1}{2}\int \arctan x dx^2 = \frac{x^2}{2}\arctan x - \frac{1}{2}\int \frac{x^2}{1+x^2}dx$

$$= \frac{x^2}{2} - \frac{1}{2}\int\left(1 - \frac{1}{1+x^2}\right)dx = \frac{x^2}{2} - \frac{x}{2} + \frac{1}{2}\arctan x + C.$$

例 3.13　求下列不定积分:

(1) $\displaystyle\int xe^x dx;$

(2) $\displaystyle\int x \ln x dx;$

(3) $\displaystyle\int \frac{\ln(1+x)}{\sqrt{x}}dx;$

(4) $\displaystyle\int (x^2+6)\cos x dx.$

解　(1) $\displaystyle\int xe^x dx = \int x de^x = xe^x - \int e^x dx = xe^x - e^x + C.$

(2) $\displaystyle\int x \ln x dx = \frac{1}{2}\int \ln x dx^2 = \frac{x^2 \ln x}{2} - \frac{1}{2}\int x dx = \frac{x^2 \ln x}{2} - \frac{x^2}{4} + C.$

(3) $\displaystyle\int \frac{\ln(1+x)}{\sqrt{x}}dx = 2\int \ln(1+x)d\sqrt{x} = 2\sqrt{x}\ln(1+x)dx - 2\int \frac{\sqrt{x}}{1+x}dx.$ 设

$\sqrt{x} = t$, 则 $dx = 2tdt$, 因此,

$$\int \frac{\sqrt{x}}{1+x}dx = \int \frac{2t^2}{1+t^2}dt = 2(t - \arctan t) + C = 2(\sqrt{x} - \arctan\sqrt{x}) + C,$$

故

$$\int \frac{\ln(1+x)}{\sqrt{x}}dx = 2\sqrt{x}\ln(1+x) - 4\sqrt{x} + 4\arctan\sqrt{x} + C.$$

(4) 利用分部积分方法, 得到

$$\int (x^2+6)\cos x\mathrm{d}x = \int (x^2+6)\mathrm{d}\sin x = (x^2+6)\sin x - \int 2x\sin x\mathrm{d}x$$

$$= (x^2+6)\sin x + 2\int x\mathrm{d}\cos x$$

$$= (x^2+6)\sin x + 2x\cos x - 2\sin x + C.$$

例 3.14　求下列不定积分:

(1) $\displaystyle\int \ln(1+x)\mathrm{d}x;$ 　　　　　　　　(2) $\displaystyle\int \sin(\ln x)\mathrm{d}x;$

(3) $\displaystyle\int \ln(x+\sqrt{1+x^2})\mathrm{d}x;$ 　　　　(4) $\displaystyle\int (\arcsin x)^2\mathrm{d}x.$

解　(1) $\displaystyle\int \ln(1+x)\mathrm{d}x = x\ln(1+x) - \int \frac{x}{1+x}\mathrm{d}x = x\ln(1+x) - x + \ln(1+x) + C.$

(2) $\displaystyle\int \sin(\ln x)\mathrm{d}x = x\sin(\ln x) - \int \cos(\ln x)\mathrm{d}x = x(\sin(\ln x) - \cos(\ln x)) - \int \sin(\ln x)\mathrm{d}x,$ 因此,

$$\int \sin(\ln x)\mathrm{d}x = \frac{x}{2}(\sin(\ln x) - \cos(\ln x)) + C.$$

(3) $\displaystyle\int \ln(x+\sqrt{1+x^2})\mathrm{d}x = x\ln(x+\sqrt{1+x^2}) - \int \frac{x}{\sqrt{1+x^2}}\mathrm{d}x$

$$= x\ln(x+\sqrt{1+x^2}) - \sqrt{1+x^2} + C.$$

(4) $\displaystyle\int (\arcsin x)^2\mathrm{d}x = x(\arcsin x)^2 - \int \frac{2x\arcsin x}{\sqrt{1-x^2}}\mathrm{d}x$

$$= x(\arcsin x)^2 + 2\sqrt{1-x^2}\arcsin x - 2x + C.$$

例 3.15　求下列不定积分:

(1) $\displaystyle\int e^{\sin x}\frac{x\cos^3 x - \sin x}{\cos^2 x}\mathrm{d}x;$ 　　　　(2) $\displaystyle\int \frac{x+\sin x}{1+\cos x}\mathrm{d}x.$

解　(1) $\displaystyle\int e^{\sin x}\frac{x\cos^3 x - \sin x}{\cos^2 x}\mathrm{d}x = \int x\mathrm{d}e^{\sin x} - \int e^{\sin x}\mathrm{d}\frac{1}{\cos x}$

$$= xe^{\sin x} - \int e^{\sin x}\mathrm{d}x - \frac{e^{\sin x}}{\cos x} + \int e^{\sin x}\mathrm{d}x$$

$$= xe^{\sin x} - \frac{e^{\sin x}}{\cos x} + C.$$

(2) $\displaystyle\int \frac{x+\sin x}{1+\cos x}\mathrm{d}x = \int x\mathrm{d}\tan\frac{x}{2} + \int \tan\frac{x}{2}\mathrm{d}x = x\tan\frac{x}{2} + C.$

例 3.14 属于直接分部型, 也就是直接让 $F(x) = f(x), g(x) = x$, 并依此分部积分; 例 3.15 属于分拆型, 也就是需要将复杂的被积函数进行分拆之后, 再实施分部积分. 这两个例题都比较典型, 请仔细体会.

3.3.3　四类特殊函数的不定积分

1. 有理函数的不定积分

若 $P_m(x), P_n(x)$ 分别是 m, n 次多项式, 则称 $\dfrac{P_m(x)}{P_n(x)}$ 为 x 的有理函数. 关于有理函数的积分一般步骤为:

(1) 如果是假分式, 化为 "多项式 + 真分式";

(2) 分拆真分式为各分式之和. 例如,

$$\frac{1}{x(1+x)} = \frac{1}{x} - \frac{1}{1+x}, \quad \frac{1}{x^2(1+x)} = \frac{1}{1+x} + \frac{1}{x^2} - \frac{1}{x}.$$

在实数范围内, 真分式一般可化为下列四种简单的形式 ($k \geqslant 2$ 为正整数):

$$\frac{A}{x-a}, \quad \frac{A}{(x-a)^k}, \quad \frac{Mx+N}{ax^2+bx+c}, \quad \frac{Mx+N}{(ax^2+bx+c)^k} \quad (b^2 - 4ac < 0).$$

从理论上讲有理函数是可以积分的, 但对于高次有理函数, 将它分拆为各分式之和并不是一件容易的事情, 尤其是幂次高的情形. 例如, 例 3.11 的 (1), 再如,

$$\int \frac{x^5 - x}{x^8 + 1} \mathrm{d}x = \frac{1}{2} \int \frac{(x^2)^2 - 1}{(x^2)^4 + 1} \mathrm{d}x^2 = \frac{1}{2} \int \frac{\mathrm{d}\left(x^2 + \dfrac{1}{x^2}\right)}{\left(x^2 + \dfrac{1}{x^2}\right)^2 - (\sqrt{2})^2}$$

$$= \frac{1}{4\sqrt{2}} \ln \left| \frac{\sqrt{2}x^2 - x^4 - 1}{\sqrt{2}x^2 + x^4 + 1} \right| + C,$$

并没有利用分拆的方法, 而是利用其他方法来计算.

例 3.16　求 $\displaystyle\int \frac{x^2 + 1}{1 + x^4} \mathrm{d}x$ 和 $\displaystyle\int \frac{1}{x^2(1 + x^2)} \mathrm{d}x$ 的不定积分.

解　(1) $\displaystyle\int \frac{x^2 + 1}{1 + x^4} \mathrm{d}x = \int \frac{1 + \dfrac{1}{x^2}}{x^2 + \dfrac{1}{x^2}} \mathrm{d}x = \int \frac{1}{\left(x - \dfrac{1}{x}\right)^2 + 2} \mathrm{d}\left(x - \frac{1}{x}\right)$

$$= \frac{1}{\sqrt{2}} \arctan \frac{1}{\sqrt{2}}\left(x - \frac{1}{x}\right) + C.$$

(2) $\displaystyle\int \frac{1}{x^2(1 + x^2)} \mathrm{d}x = \int \left(\frac{1}{x^2} - \frac{1}{1 + x^2}\right) \mathrm{d}x = -\frac{1}{x} - \arctan x + C.$

2. 三角函数的不定积分

例 3.17　求 $\displaystyle\int \sin^2 x \mathrm{d}x$ 和 $\displaystyle\int \cos^4 x \mathrm{d}x$ 的不定积分.

解　(1) $\displaystyle\int \sin^2 x \mathrm{d}x = \int \frac{1 - \cos 2x}{2} \mathrm{d}x = \frac{x}{2} - \frac{1}{4} \sin 2x + C.$

(2) 因为

$$\cos^4 x = \left(\frac{1+\cos 2x}{2}\right)^2 = \frac{1}{4}\left(1 + 2\cos 2x + \frac{1+\cos 4x}{2}\right) = \frac{3}{8} + \frac{\cos 2x}{2} + \frac{\cos 4x}{8},$$

所以,

$$\int \cos^4 x \mathrm{d}x = \frac{3x}{8} + \frac{1}{4}\sin 2x + \frac{1}{32}\sin 4x + C.$$

例 3.17 属于 $\int \sin^{2k} x \cos^{2l} x \mathrm{d}x$ 型的积分 (其中 $k, l \in \mathbb{N}$), 此时一般利用公式

$$\sin^2 x = \frac{1}{2}(1 - \cos 2x), \quad \cos^2 x = \frac{1}{2}(1 + \cos 2x),$$

化简后再进行积分.

例 3.18 求下列不定积分:

(1) $\int \sin^3 \mathrm{d}x$; (2) $\int \sin^2 x \cos^5 x \mathrm{d}x$; (3) $\int \frac{\sin^5 x}{\cos^4 x}\mathrm{d}x$.

解 (1) $\int \sin^3 \mathrm{d}x = -\int \sin^2 x \mathrm{d}\cos x = -\int (1 - \cos^2 x)\mathrm{d}\cos x$

$$= -\cos x + \frac{1}{3}\cos^3 x + C.$$

(2) $\int \sin^2 \cos^5 x \mathrm{d}x = \int \sin^2 x(1 - \sin^2 x)^2 \mathrm{d}\sin x = \frac{1}{3}\sin^3 x - \frac{2}{5}\sin^5 x + \frac{1}{7}\sin^7 x + C.$

(3) $\int \frac{\sin^5 x}{\cos^4 x}\mathrm{d}x = -\int \frac{(1 - \cos^2 x)^2}{\cos^4 x}\mathrm{d}\cos x = -\int \left(1 - \frac{2}{\cos^2 x} + \frac{1}{\cos^4 x}\right)\mathrm{d}\cos x$

$$= -\cos x - \frac{2}{\cos x} + \frac{1}{3\cos^3 x} + C.$$

例 3.18 属于 $\int \sin^{2k} x \cos^{2l+1} x \mathrm{d}x$ 或 $\int \sin^{2k+1} x \cos^{2l} x \mathrm{d}x$ 型的积分 (其中 $k, l \in \mathbb{N}$), 此时一般利用

$$\cos x \mathrm{d}x = \mathrm{d}\sin x \quad \text{或} \quad \sin x \mathrm{d}x = -\mathrm{d}\cos x$$

及公式 $\sin^2 x + \cos^2 x = 1$ 化简后再实施积分.

例 3.19 求不定积分 $\int \cos 3x \cos 2x \mathrm{d}x$.

解 $\int \cos 3x \cos 2x \mathrm{d}x = \frac{1}{2}\int (\cos x + \cos 5x)\mathrm{d}x = \frac{1}{2}\sin x + \frac{1}{10}\sin 5x + C.$

例 3.19 属 $\int \cos \alpha x \sin \beta x \mathrm{d}x$, $\int \sin \alpha x \sin \beta x \mathrm{d}x$, $\int \cos \alpha x \cos \beta x \mathrm{d}x$ 型积分, 此时利用积化和差公式化简后即可积分.

例 3.20　求下列不定积分:

(1) $\int \sec^6 x \mathrm{d}x$;　(2) $\int \tan^5 x \sec^3 x \mathrm{d}x$;　(3) $\int \dfrac{1+\cos^2 x}{1+\cos 2x}\mathrm{d}x$.

解　(1) $\displaystyle\int \sec^6 x \mathrm{d}x = \int \sec^4 x \mathrm{d}\tan x = \int (1+\tan^2 x)^2 \mathrm{d}\tan x$

$$= \tan x + \frac{2}{3}\tan^3 x + \frac{1}{5}\tan^5 x + C.$$

(2) $\displaystyle\int \tan^5 x \sec^3 x \mathrm{d}x = \int \tan^4 x \sec^2 x (\sec x \tan x)\mathrm{d}x = \int (\sec^2 x - 1)^2 \sec^2 x \mathrm{d}\sec x$

$$= \frac{1}{7}\sec^7 x - \frac{2}{5}\sec^5 x + \frac{1}{3}\sec^3 x + C.$$

(3) $\displaystyle\int \frac{1+\cos^2 x}{1+\cos 2x}\mathrm{d}x = \int \frac{1+\cos^2 x}{2\cos^2 x}\mathrm{d}x = \frac{1}{2}\int (\sec^2 x + 1)\mathrm{d}x = \frac{1}{2}(x + \tan x) + C.$

例 3.21　求 $\displaystyle\int \frac{1+\sin x}{1+\cos x}\mathrm{d}x$ 和 $\displaystyle\int \frac{\mathrm{d}x}{1+\sin x+\cos x}$ 的不定积分.

解　(1) 令 $t = \tan\dfrac{x}{2}$, 则

$$\int \frac{1+\sin x}{1+\cos x}\mathrm{d}x = \int \left(1+\frac{2t}{1+t^2}\right)\mathrm{d}t = t + \ln(1+t^2) + C = \tan\frac{x}{2} + \ln\left(1+\tan^2\frac{x}{2}\right) + C.$$

(2) 令 $t = \tan\dfrac{x}{2}$, 则

$$\int \frac{\mathrm{d}x}{1+\sin x+\cos x} = \int \frac{\mathrm{d}t}{1+t} = \ln\left(1+\tan\frac{x}{2}\right) + C.$$

对于 $\displaystyle\int R(\cos x, \sin x)\mathrm{d}x$, 可以用代换 $t = \tan\dfrac{x}{2}$, 并由

$$\sin x = \frac{2t}{1+t^2}, \quad \cos x = \frac{1-t^2}{1+t^2}, \quad \mathrm{d}x = \frac{2}{1+t^2}\mathrm{d}t,$$

将原积分化为有理函数的积分. 但一般尽量少用此法, 因为在很多情况下运用此法往往会使计算变得烦琐. 如果 $R(-\sin x, -\cos x) = R(\sin x, \cos x)$, 可以引入代换 $t = \tan x$ 计算; 如果 $R(\sin x, -\cos x) = -R(\sin x, \cos x)$, 可以引入代换 $t = \sin x$ 计算; 如果 $R(-\sin x, \cos x) = -R(\sin x, \cos x)$, 可以引入代换 $t = \cos x$ 计算.

3. 分段函数的不定积分

分段函数的积分在各区间上出现不同的积分常数. 由原函数的连续性, 可得到这些常数之间的联系, 使之可用同一个积分常数表示.

例 3.22 求不定积分 $\int f(x)\mathrm{d}x$:

(1) $f(x) = \max\{1, x^2, x^3\}$;

(2) $f(x) = \begin{cases} -\sin x, & x \geqslant 0, \\ x, & x < 0. \end{cases}$

解 (1) 注意到 $\max\{1, x^2, x^3\} = \begin{cases} x^3, & x > 1, \\ 1, & -1 \leqslant x \leqslant 1, \\ x^2, & x < -1, \end{cases}$ 因此,

$$\int \max\{1, x^2, x^3\}\mathrm{d}x = \begin{cases} \dfrac{1}{4}x^4 + C_1, & x > 1, \\ x + C_2, & -1 \leqslant x \leqslant 1, \\ \dfrac{1}{3}x^3 + C_3, & x < -1. \end{cases}$$

注意到原函数在点 $x = \pm 1$ 处的连续性, 得 $C_2 = -\dfrac{3}{4} + C_1$, $C_3 = -\dfrac{17}{12} + C_1$. 因此,

$$\int \max\{1, x^2, x^3\}\mathrm{d}x = \begin{cases} \dfrac{1}{4}x^4 + C_1, & x > 1, \\ x - \dfrac{3}{4} + C_1, & -1 \leqslant x \leqslant 1, \\ \dfrac{1}{3}x^3 - \dfrac{17}{12} + C_1, & x < -1. \end{cases}$$

(2) 由于在 $x = 0$ 处, $f(0-0) = f(0+0) = f(0) = 0$, 所以 $f(x)$ 在 $\mathbb{R}$ 内连续, 从而一定有原函数 $F(x)$, 且 $F(x)$ 连续可导. 根据 $f(x)$ 易求得

$$F(x) = \begin{cases} \cos x + C_1, & x \geqslant 0, \\ \dfrac{x^2}{2} + C_2, & x < 0. \end{cases}$$

根据 $F(x)$ 在 $x = 0$ 处连续性, 由 $F(0-0) = F(0+0) = F(0)$ 得 $1 + C_1 = C_2$. 从而,

$$\int f(x)\mathrm{d}x = \begin{cases} \cos x + C_1, & x \geqslant 0, \\ \dfrac{x^2}{2} + 1 + C_1, & x < 0. \end{cases}$$

4. 简单无理函数的不定积分

对某些简单的无理函数的不定积分, 一般通过引入相应代换化为有理函数的不定积分.

情形一: $\int R(x, \sqrt{a^2 - x^2})\mathrm{d}x$, $x = a\sin t, t \in \left(-\dfrac{\pi}{2}, \dfrac{\pi}{2}\right)$.

例 3.23　计算 $\int \sqrt{a^2 - x^2}\mathrm{d}x \ (a > 0)$ 和 $\int \dfrac{\mathrm{d}x}{(2x + 1)\sqrt{3 + 4x - 4x^2}}$ 的积分.

解　(1) 令 $x = a\sin t$, 则 $\mathrm{d}x = a\cos t\mathrm{d}t$, 因此

$$\int \sqrt{a^2 - x^2}\mathrm{d}x = a^2 \int \cos^2 t\mathrm{d}t = a^2 \left(\frac{t}{2} + \frac{1}{4}\sin 2t\right) + C$$
$$= \frac{x}{2}\sqrt{a^2 - x^2} + \frac{a^2}{2}\arcsin\frac{x}{a} + C.$$

(2) 由于 $\sqrt{3 - 4x + 4x^2} = \sqrt{4 - (2x - 1)^2}$, 所以, 令 $2x - 1 = 2\sin t$, 得

$$\int \frac{\mathrm{d}x}{(2x + 1)\sqrt{3 + 4x - 4x^2}} = \frac{1}{4}\int \frac{\mathrm{d}t}{1 + \sin t} = \frac{1}{4}\left(\tan t - \frac{1}{\cos t}\right) + C,$$

代回 x, 得

$$\int \frac{\mathrm{d}x}{(2x + 1)\sqrt{3 + 4x - 4x^2}} = \frac{1}{4}\left(\frac{2x - 1}{\sqrt{3 + 4x - 4x^2}} - \frac{2}{\sqrt{3 + 4x - 4x^2}}\right) + C.$$

情形二: $\int R(x, \sqrt{x^2 + a^2})\mathrm{d}x$, $x = a\tan t, \ t \in \left(-\dfrac{\pi}{2}, \dfrac{\pi}{2}\right)$.

例如, $\int \dfrac{1}{\sqrt{1 + x^2}}\mathrm{d}x$, 令 $x = \tan t$, 则 $\mathrm{d}x = \dfrac{1}{\cos^2 t}\mathrm{d}t$, 因此,

$$\int \frac{1}{\sqrt{1 + x^2}}\mathrm{d}x = \int \frac{\mathrm{d}t}{\cos t} = \ln\left(x + \sqrt{1 + x^2}\right) + C.$$

情形三: $\int R(x, \sqrt{x^2 - a^2})\mathrm{d}x$, $x = a\sec t, \ t \in \left(0, \dfrac{\pi}{2}\right)$.

情形四: $\int R(x, \sqrt[m]{x}, \sqrt[n]{x})\mathrm{d}x$, $t = \sqrt[p]{x}, p$ 为 m, n 最小公倍数.

例如, $\int \dfrac{\mathrm{d}x}{\sqrt{x} + \sqrt[4]{x}}$, 令 $\sqrt[4]{x} = t$, 则 $\mathrm{d}x = 4t^3\mathrm{d}t$, 因此,

$$\int \frac{\mathrm{d}x}{\sqrt{x} + \sqrt[4]{x}} = 4\int \frac{t^2}{t + 1}\mathrm{d}t = 4\int \left(t - 1 + \frac{1}{t + 1}\right)\mathrm{d}t = 2t^2 - 4t + 4\ln(1 + t) + C$$
$$= 2\sqrt{x} - 4\sqrt[4]{x} + 4\ln(1 + \sqrt[4]{x}) + C.$$

情形五: $\int R\left(x, \sqrt[m]{\dfrac{ax + b}{cx + d}}\right)\mathrm{d}x$, $t = \sqrt[m]{\dfrac{ax + b}{cx + d}}$.

例 3.24　计算 $\int \dfrac{1}{x}\sqrt{\dfrac{1 - x}{1 + x}}\mathrm{d}x$ 和 $\int \dfrac{x\mathrm{e}^x}{\sqrt{\mathrm{e}^x - 1}}\mathrm{d}x$.

解 (1) 对第一个积分, 令 $t = \sqrt{\dfrac{1-x}{1+x}}$, 则 $x = \dfrac{1-t^2}{1+t^2}$, $\mathrm{d}x = -\dfrac{4t}{(1+t^2)^2}\mathrm{d}t$. 因此,

$$
\begin{aligned}
\int \frac{1}{x}\sqrt{\frac{1-x}{1+x}}\mathrm{d}x &= -4\int \frac{t^2}{(1-t^2)(1+t^2)}\mathrm{d}t \\
&= 2\arctan\sqrt{\frac{1-x}{1+x}} + \ln\frac{\sqrt{1-x}-\sqrt{1+x}}{\sqrt{1-x}+\sqrt{1+x}} + C.
\end{aligned}
$$

(2) 对第二个积分, 令 $u = \sqrt{\mathrm{e}^x - 1}$, 则

$$
\begin{aligned}
\int \frac{x\mathrm{e}^x}{\sqrt{\mathrm{e}^x-1}}\mathrm{d}x &= 2\int \ln(1+u^2)\mathrm{d}u = 2u\ln(1+u^2) - 4u + 4\arctan u + C \\
&= 2x\sqrt{\mathrm{e}^x-1} - 4\sqrt{\mathrm{e}^x-1} + 4\arctan\sqrt{\mathrm{e}^x-1} + C.
\end{aligned}
$$

情形六: $\displaystyle\int R(x, \sqrt{ax^2+bx+c})\mathrm{d}x$, 注意到 $ax^2+bx+c = a\left(x+\dfrac{b}{2a}\right)^2 - \left(\dfrac{b^2}{4a}-c\right)$, 因此该类型不定积分可转化为上述其中的一些类型的不定积分.

在以上情形中, 这不是唯一的方法, 也未必是最简捷的方法, 对于具体问题, 要分析被积函数的具体情况, 尽量选择简单和恰当的积分方法. 例如, 求 $\displaystyle\int x\sqrt{a^2-x^2}\mathrm{d}x$, 显然利用以上代换的方法要复杂得多, 而实际上,

$$
\int x\sqrt{a^2-x^2}\mathrm{d}x = \frac{1}{2}\int \sqrt{a^2-x^2}\mathrm{d}x^2 = -\frac{1}{2}\int \sqrt{a^2-x^2}\mathrm{d}(a^2-x^2) = -\frac{1}{3}(\sqrt{a^2-x^2})^3 + C.
$$

3.3.4 定积分的计算

根据 Newton-Leibniz 公式和不定积分的积分方法, 现在计算定积分, 就变得容易多了. 当然, 要真正掌握, 不仅要很好地理解积分方法, 而且还需要注意把握一些计算细节.

例 3.25 计算定积分 $\displaystyle\int_4^9 \frac{1}{\sqrt{x}-1}\mathrm{d}x$.

解 方法一 设 $\sqrt{x}-1 = t$, 则

$$
\int \frac{1}{\sqrt{x}-1}\mathrm{d}x = \int \frac{2(t+1)}{t}\mathrm{d}t = 2\sqrt{x} + 2\ln(\sqrt{x}-1) + C.
$$

因此,

$$
\int_4^9 \frac{1}{\sqrt{x}-1}\mathrm{d}x = \left[2\sqrt{x} + 2\ln(\sqrt{x}-1)\right]\Big|_4^9 = 2 + \ln 4.
$$

方法二 设 $\sqrt{x}-1 = t$, 则

$$
\int_4^9 \frac{1}{\sqrt{x}-1}\mathrm{d}x = \int_1^2 \frac{2(t+1)}{t}\mathrm{d}t = (2t + 2\ln t)\Big|_1^2 = 2 + \ln 4.
$$

方法一和方法二的区别在于, 方法二中的积分上下限随引入代换 $\sqrt{x}-1=t$ 也进行了调整: 上限 $x_2=9$ 调整为 $t_2=\sqrt{9}-1=2$, 下限 $x_1=4$ 调整为 $t_1=\sqrt{4}-1=1$. 那么, 在调整过程中, 要注意什么问题, 或者要满足什么条件?

在定积分 $\int_a^b f(x)\mathrm{d}x$ 中, 若 $f(x)\mathrm{d}x=F(\phi(x))\mathrm{d}\phi(x)$, 则引入变换 $u=\phi(x)$, 相应地,

$$\int_a^b f(x)\mathrm{d}x=\int_{\phi(a)}^{\phi(b)} F(u)\mathrm{d}u.$$

为简化计算, 没有必要计算 $\int f(x)\mathrm{d}x=G(x)+C$ 后, 再利用 N-L 公式计算定积分, 只需 "换元时换限" 后直接计算即可. 这里的代换 $u=\phi(x)$ 需满足以下三个条件:

(1) $u=\phi(x)$ 在 a,b 构成的区间 (要么 $[a,b]$, 要么 $[b,a]$) 上有连续的导数;

(2) $u=\phi(x)$ 在区间上为单值函数;

(3) $\phi(a),\phi(b)$ 分别唯一对应于 a,b.

例 3.26　计算下列定积分:

(1) $\int_0^4 \dfrac{x+2}{\sqrt{2x+1}}\mathrm{d}x$;　　(2) $\int_1^{\mathrm{e}} \dfrac{\sqrt{1+\ln x}}{x}\mathrm{d}x$.

解　(1) 令 $\sqrt{2x+1}=t$, 则 $\mathrm{d}x=t\mathrm{d}t$, 且当 $x=0$ 时 $t=1$; 当 $x=4$ 时 $t=3$, 因此,

$$\int_0^4 \frac{x+2}{\sqrt{2x+1}}\mathrm{d}x=\int_1^3 \frac{\dfrac{t^2-1}{2}+2}{t}t\mathrm{d}t=\frac{1}{2}\int_1^3 (t^2+3)\mathrm{d}t=\frac{22}{3}.$$

(2) 设 $u=1+\ln x$, 则 $\mathrm{d}x=x\mathrm{d}u$, 且当 $x=1$ 时 $u=1$; 当 $x=\mathrm{e}$ 时 $u=2$, 因此,

$$\int_1^{\mathrm{e}} \frac{\sqrt{1+\ln x}}{x}\mathrm{d}x=\int_1^2 \sqrt{u}\mathrm{d}u=\frac{2}{3}u^{\frac{3}{2}}\Big|_1^2=\frac{2}{3}(2\sqrt{2}-1).$$

例 3.27(函数奇偶性在定积分中的应用)　已知函数 $f(x)$ 在 $[-a,a]\ (a>0)$ 上连续, 证明

(1) 若 $f(x)$ 为偶函数, 则 $\int_{-a}^a f(x)\mathrm{d}x=2\int_0^a f(x)\mathrm{d}x$;

(2) 若 $f(x)$ 为奇函数, 则 $\int_{-a}^a f(x)\mathrm{d}x=0$.

证明　因为

$$\int_{-a}^a f(x)\mathrm{d}x=\int_0^a f(x)\mathrm{d}x+\int_{-a}^0 f(x)\mathrm{d}x.$$

对上式的第二项积分引入变换 $u=-x$, 得

$$\int_{-a}^0 f(x)\mathrm{d}x=\int_0^a f(-u)\mathrm{d}u.$$

于是,
$$\int_{-a}^{a} f(x)\mathrm{d}x = \int_{0}^{a} (f(x) + f(-x))\mathrm{d}x.$$

若 $f(x)$ 为偶函数, 即有 $\int_{-a}^{a} f(x)\mathrm{d}x = 2\int_{0}^{a} f(x)\mathrm{d}x$; 若 $f(x)$ 奇函数, 即有 $\int_{-a}^{a} f(x)\mathrm{d}x = 0$.

在计算对称区间上定积分时, 如果被积函数为奇函数或偶函数, 利用此例的结论可大大简化计算量.

例 3.28 计算定积分:

(1) $I_1 = \int_{-\frac{\pi}{2}}^{\frac{\pi}{2}} (x^3 + \sin^2 x)\cos^2 x\mathrm{d}x$;   (2) $I_2 = \int_{-1}^{1} \frac{2x^2 + x\cos x}{1 + \sqrt{1 - x^2}}\mathrm{d}x$.

解 (1) 由于函数 $x^3\cos^2 x$ 为奇函数, $\sin^2 x\cos^2 x$ 为偶函数, 所以, 根据例 3.27,

$$I_1 = 2\int_{0}^{\frac{\pi}{2}} \sin^2 x\cos^2 x\mathrm{d}x = \frac{1}{2}\int_{0}^{\frac{\pi}{2}} \sin^2 2x\mathrm{d}x = \frac{\pi}{8}.$$

(2) 由于函数 $\dfrac{2x^2}{1 + \sqrt{1 - x^2}}$ 为偶函数, $\dfrac{x\cos x}{1 + \sqrt{1 - x^2}}$ 为奇函数, 所以, 根据例 3.27,

$$I_2 = 2\int_{0}^{1} \frac{2x^2}{1 + \sqrt{1 - x^2}}\mathrm{d}x = 4\int_{0}^{1} (1 - \sqrt{1 - x^2})\mathrm{d}x = 4 - \pi.$$

例 3.29 计算定积分 $\int_{0}^{\pi} \sqrt{\sin x - \sin^3 x}\mathrm{d}x$ 和 $\int_{0}^{\ln 5} \frac{\mathrm{e}^x\sqrt{\mathrm{e}^x - 1}}{\mathrm{e}^x + 3}\mathrm{d}x$.

解 (1) $\int_{0}^{\pi} \sqrt{\sin x - \sin^3 x}\mathrm{d}x = \int_{0}^{\pi} |\cos x|\sqrt{\sin x}\mathrm{d}x$

$$= \int_{0}^{\frac{\pi}{2}} \cos x\sqrt{\sin x}\mathrm{d}x + \int_{\frac{\pi}{2}}^{\pi} (-\cos x)\sqrt{\sin x}\mathrm{d}x$$

$$= \left(\frac{2}{3}\sin^{\frac{3}{2}} x\right)\Big|_{0}^{\frac{\pi}{2}} - \left(\frac{2}{3}\sin^{\frac{3}{2}} x\right)\Big|_{\frac{\pi}{2}}^{\pi} = \frac{4}{3}.$$

(2) 令 $t = \sqrt{\mathrm{e}^x - 1}$, 则 $x = \ln(1 + t^2), \mathrm{d}x = \dfrac{2t}{1 + t^2}\mathrm{d}t$. 所以,

$$\int_{0}^{\ln 5} \frac{\mathrm{e}^x\sqrt{\mathrm{e}^x - 1}}{\mathrm{e}^x + 3}\mathrm{d}x = 2\int_{0}^{2} \frac{t^2}{4 + t^2}\mathrm{d}t = 4 - 4\arctan\frac{t}{2}\Big|_{0}^{2} = 4 - \pi.$$

当被积函数中出现绝对值或根号的情况时, 注意在去绝对值或根号时被积函数在积分区间上的变号情况.

例 3.30 设函数 $f(x) = \begin{cases} \mathrm{e}^{-x}, & x \geqslant 0, \\ 1 + x^2, & x < 0, \end{cases}$ 计算 $\int_{\frac{1}{2}}^{2} f(x - 1)\mathrm{d}x$.

解　设 $u = x - 1$, 则 $\int_{\frac{1}{2}}^{2} f(x-1)\mathrm{d}x = \int_{-\frac{1}{2}}^{1} f(u)\mathrm{d}u$. 代入 $f(x)$, 并计算, 得

$$\int_{\frac{1}{2}}^{2} f(x-1)\mathrm{d}x = \int_{-\frac{1}{2}}^{1} f(u)\mathrm{d}u = \int_{-\frac{1}{2}}^{0} (1+u^2)\mathrm{d}u + \int_{0}^{1} \mathrm{e}^{-u}\mathrm{d}u = \frac{37}{24} - \frac{1}{\mathrm{e}}.$$

*例 3.31　函数 $f(x)$ 连续, 在点 $x = 0$ 处可导, 求

$$\lim_{a \to 0} \frac{1}{a^2} \int_{-a}^{a} (f(x+a) - f(x-a))\mathrm{d}x.$$

解　由于 $\int_{-a}^{a} (f(x+a) - f(x-a))\mathrm{d}x = \int_{0}^{2a} f(x)\mathrm{d}x - \int_{-2a}^{0} f(u)\mathrm{d}u$. 因此,

$$\lim_{a \to 0} \frac{1}{a^2} \int_{-a}^{a} (f(x+a) - f(x-a))\mathrm{d}x$$

$$= \lim_{a \to 0} \frac{1}{a^2} \left(\int_{0}^{2a} f(x)\mathrm{d}x - \int_{-2a}^{0} f(x)\mathrm{d}x \right) = \lim_{a \to 0} \frac{f(2a) - f(-2a)}{a}$$

$$= 2\lim_{a \to 0} \left(\frac{f(2a) - f(0)}{2a} + \frac{f(-2a) - f(0)}{-2a} \right) = 4f'(0).$$

*例 3.32　计算 $\int_{1}^{a} [x]f'(x)\mathrm{d}x$, 其中 $[a]$ 是 a 的整数部分, $a > 1$.

解　$\int_{1}^{a} [x]f'(x)\mathrm{d}x = \left(\int_{1}^{2} + \int_{2}^{3} + \cdots + \int_{[a]-1}^{[a]} + \int_{[a]}^{a} \right) [x]f'(x)\mathrm{d}x$

$$= \int_{1}^{2} f'(x)\mathrm{d}x + 2\int_{2}^{3} f'(x)\mathrm{d}x + \cdots$$

$$+ ([a]-1)\int_{[a]-1}^{[a]} f'(x)\mathrm{d}x + [a]\int_{[a]}^{a} f'(x)\mathrm{d}x$$

$$= -(f(1) + f(2) + \cdots + f([a])) + [a]f(a).$$

*例 3.33　设 $f(x) = \int_{0}^{x} \frac{\sin t}{\pi - t}\mathrm{d}t$, 求 $\int_{0}^{\pi} f(x)\mathrm{d}x$.

解　显然被积函数 $\frac{\sin t}{\pi - t}$ 比较复杂, 难以积分, 但利用分部积分 (注意 $f(0) = 0$), 得

$$\int_{0}^{\pi} f(x)\mathrm{d}x = \int_{0}^{\pi} f(x)\mathrm{d}(x-\pi) = (x-\pi)f(x)\Big|_{0}^{\pi} - \int_{0}^{\pi} (x-\pi)f'(x)\mathrm{d}x$$

$$= -\pi f(0) - \int_{0}^{\pi} (x-\pi)\frac{\sin x}{\pi - x}\mathrm{d}x$$

$$= -\pi f(0) + \int_{0}^{\pi} \sin x\,\mathrm{d}x = 2.$$

习 题 3.3

1. 计算下列不定积分:

(1) $\int e^{3t}dt$;

(2) $\int \sin^5 x \cos x dx$;

(3) $\int \dfrac{\cos \sqrt{t}}{\sqrt{t}}dt$;

(4) $\int x\sqrt{1-x^2}dx$;

(5) $\int \dfrac{1}{x(1+\ln^2 x)}dx$;

(6) $\int \dfrac{1-2\arctan x}{1+x^2}dx$;

(7) $\int \dfrac{1}{1+e^{-x}}dx$;

(8) $\int \dfrac{1}{e^x + e^{-x}}dx$;

(9) $\int \dfrac{\arctan \sqrt{x}}{\sqrt{x}(1+x)}dx$;

(10) $\int \dfrac{x}{\sqrt{1+x^2}}\tan \sqrt{1+x^2}dx$;

(11) $\int \dfrac{x+1}{x^2+2x+5}dx$;

(12) $\int \dfrac{1}{\sqrt{x}+\sqrt[3]{x}}dx$;

(13) $\int \dfrac{1}{1+\sqrt{x+1}}dx$;

(14) $\int \sin x \cos 3x dx$;

(15) $\int \sin 2x \sin 4x dx$;

(16) $\int \dfrac{x^3}{9+x^2}dx$;

(17) $\int \dfrac{x+1}{x^2\sqrt{x^2-1}}dx$;

(18) $\int \dfrac{1}{\sqrt{(2-x^2)^3}}dx$;

(19) $\int \dfrac{x^2}{\sqrt{a^2-x^2}}dx(a>0)$;

(20) $\int \dfrac{1}{x^2\sqrt{3+x^2}}dx$;

(21) $\int \dfrac{\sqrt{x-1}}{x}dx$;

(22) $\int \sqrt{\dfrac{1+x}{1-x}}dx$;

(23) $\int \dfrac{e^{2x}}{\sqrt{e^x+1}}dx$;

(24) $\int \dfrac{dx}{1+\sqrt{1-x^2}}$;

(25) $\int x\ln(x-1)dx$;

(26) $\int \arcsin x dx$;

(27) $\int x\arctan x dx$;

(28) $\int \dfrac{\ln^3 x}{x^2}dx$;

(29) $\int x^3 \cos x^2 dx$;

(30) $\int \cos(\ln x)dx$.

2. 设 $f(n) = \displaystyle\int_0^{\frac{\pi}{4}} \tan^n x dx$, n 是正整数, 证明 $f(3) + f(5) = \dfrac{1}{4}$.

3. 求 $\displaystyle\int_0^2 f(x-1)dx$, 其中 $f(x) = \begin{cases} \ln(1+x), & x \geqslant 0, \\ \dfrac{1}{2+x}, & x < 0. \end{cases}$

4. 设 $\dfrac{\sin x}{x}$ 是 $f(x)$ 的一个原函数, 求 $\displaystyle\int xf'(x)dx$.

5. 设 $f(x)$ 在 $[-a,a]$ 上连续, 证明 $\displaystyle\int_{-a}^a f(x)dx = \int_0^a (f(x)+f(-x))dx$. 并计算

$$\int_{-\frac{\pi}{4}}^{\frac{\pi}{4}} \dfrac{\cos x}{1+e^{-x}}dx.$$

6. 求下列定积分:

(1) $\displaystyle\int_0^{\frac{\pi}{2}} \cos^5 x \sin x dx$;

(2) $\displaystyle\int_0^1 \dfrac{x}{\sqrt{4-x^2}}dx$;

(3) $\displaystyle\int_{-2}^1 \dfrac{dx}{(11+5x)^3}$;

(4) $\displaystyle\int_1^{e^2} \dfrac{dx}{x\sqrt{1+\ln x}}$;

(5) $\displaystyle\int_1^e \dfrac{dx}{x(2x+1)}$;

(6) $\displaystyle\int_0^\pi (1-\sin^3 x)dx$;

(7) $\int_0^1 te^{-\frac{t^2}{3}}\,\mathrm{d}t$;

(8) $\int_1^4 \dfrac{\sin\sqrt{x}}{\sqrt{x}}\,\mathrm{d}x$;

(9) $\int_{-\pi}^\pi x^3\sin^2 x\,\mathrm{d}x$;

(10) $\int_{-\sqrt{3}}^{\sqrt{3}} \dfrac{x^5\sin^4 x}{1+x^4}\,\mathrm{d}x$;

(11) $\int_0^\pi \sqrt{2+2\cos 2x}\,\mathrm{d}x$;

(12) $\int_0^2 \sqrt{x^2-4x+4}\,\mathrm{d}x$;

(13) $\int_0^2 |1-x|\,\mathrm{d}x$;

(14) $\int_0^{\frac{\pi}{2}} |\sin x-\cos x|\,\mathrm{d}x$;

(15) $\int_0^\pi \sqrt{\sin^3 x-\sin^5 x}\,\mathrm{d}x$;

(16) $\int_0^a \sqrt{a^2-x^2}\,\mathrm{d}x\,(a>0)$;

(17) $\int_{\sqrt{2}}^2 \dfrac{\mathrm{d}x}{x\sqrt{x^2-1}}$;

(18) $\int_1^{\sqrt{3}} \dfrac{\sqrt{1+x^2}}{x^2}\,\mathrm{d}x$;

(19) $\int_1^4 \dfrac{\ln x}{\sqrt{x}}\,\mathrm{d}x$;

(20) $\int_0^1 e^{\sqrt{x+1}}\,\mathrm{d}x$;

(21) $\int_0^{\frac{\pi}{2}} \sqrt{1+\cos 2x}\,\mathrm{d}x$;

(22) $\int_0^{\frac{\pi}{4}} \dfrac{\cos x}{\sin x+\cos x}\,\mathrm{d}x$;

(23) $\int_0^e \ln(1+x^2)\,\mathrm{d}x$;

(24) $\int_0^\pi x\sin x\,\mathrm{d}x$;

(25) $\int_0^1 xe^{-x}\,\mathrm{d}x$;

(26) $\int_0^{\frac{\pi}{2}} e^{2x}\cos x\,\mathrm{d}x$;

(27) $\int_0^{\frac{1}{2}} \dfrac{x\arcsin x}{\sqrt{1-x^2}}\,\mathrm{d}x$;

(28) $\int_0^{\sqrt{\ln 2}} x^3 e^{-x^2}\,\mathrm{d}x$;

(29) $\int_0^{\frac{\pi}{2}} x^2\cos^2\dfrac{x}{2}\,\mathrm{d}x$;

(30) $\int_{\frac{1}{e}}^e |\ln x|\,\mathrm{d}x$.

7. 函数 $f(x)$ 的原函数 $F(x)>0$, 且 $F(0)=1$. 当 $x>1$ 时, $f(x)F(x)=\cos 2x$, 求 $f(x)$.

8. 设 $f(x)$ 在区间 $[a,b]$ 上有连续的二阶导数, $f(a)=f(b)=0$. 证明

$$\int_a^b f(x)\mathrm{d}x = \frac{1}{2}\int_a^b (x-a)(x-b)f''(x)\mathrm{d}x.$$

9. 计算下列极限:

(1) $\displaystyle\lim_{n\to\infty}\frac{1}{n}\sum_{k=1}^n \sqrt{1+\frac{k}{n}}$;

(2) $\displaystyle\lim_{n\to\infty}\ln\frac{\sqrt[n]{n!}}{n}$;

(3) $\displaystyle\lim_{n\to\infty}\frac{1}{n}\left(\sin\frac{\pi}{n}+\sin\frac{2\pi}{n}+\cdots+\sin\frac{(n-1)\pi}{n}\right)$.

10. 设函数 $f(x)$ 是周期为 T 的连续周期函数, 证明:

(1) $\displaystyle\int_a^{a+T} f(x)\mathrm{d}x = \int_0^T f(x)\mathrm{d}x$;

(2) $\displaystyle\int_a^{a+nT} f(x)\mathrm{d}x = n\int_0^T f(x)\mathrm{d}x$, 并以此计算 $\displaystyle\int_0^{n\pi}\sqrt{1+\sin 2x}\,\mathrm{d}x$.

3.4 广 义 积 分

前面讨论的定积分要求积分区间有限, 被积函数在积分区间上有界. 但在许多

实际问题中, 经常会出现两类特殊的情况: 一是无限的积分区间; 二是被积函数在积分区间上无界. 这就是本节要讨论的广义积分 (也称反常积分). 处理这类问题的方法就是将其转化为已知的定积分问题.

3.4.1 无限区间上的广义积分

定义 3.4 设函数 $f(x)$ 在区间 $[a, +\infty)$ 上连续, 如果极限 $\lim\limits_{t \to +\infty} \int_a^t f(x)\mathrm{d}x$ 存在, 则称广义积分 $\int_a^{+\infty} f(x)\mathrm{d}x$ **收敛**, 记作

$$\int_a^{+\infty} f(x)\mathrm{d}x = \lim_{t \to +\infty} \int_a^t f(x)\mathrm{d}x;$$

否则称广义积分 $\int_a^{+\infty} f(x)\mathrm{d}x$ **发散**.

类似地, 如果函数 $f(x)$ 在区间 $(-\infty, b]$ 上连续, 极限 $\lim\limits_{t \to -\infty} \int_t^b f(x)\mathrm{d}x$ 存在, 则称广义积分 $\int_{-\infty}^b f(x)\mathrm{d}x$ **收敛**, 记作

$$\int_{-\infty}^b f(x)\mathrm{d}x = \lim_{t \to -\infty} \int_t^b f(x)\mathrm{d}x;$$

否则称广义积分 $\int_{-\infty}^b f(x)\mathrm{d}x$ **发散**.

对于 $(-\infty, +\infty)$ 上连续函数 $f(x)$, 广义积分 $\int_{-\infty}^{+\infty} f(x)\mathrm{d}x$ 收敛的充分必要条件是广义积分 $\int_a^{+\infty} f(x)\mathrm{d}x$ 和 $\int_{-\infty}^a f(x)\mathrm{d}x$ 同时收敛. 也就是说, 只要广义积分 $\int_a^{+\infty} f(x)\mathrm{d}x$ 和 $\int_{-\infty}^a f(x)\mathrm{d}x$ 有一个发散, 则广义积分 $\int_{-\infty}^{+\infty} f(x)\mathrm{d}x$ 一定发散.

例 3.34 判断广义积分 $\int_0^{+\infty} \dfrac{1}{1+x^2}\mathrm{d}x$ 和 $\int_{-\infty}^{+\infty} \mathrm{e}^x\mathrm{d}x$ 的敛散性.

解 (1) 由于

$$\lim_{t \to +\infty} \int_0^t \frac{1}{1+x^2}\mathrm{d}x = \lim_{t \to +\infty} \arctan t = \frac{\pi}{2},$$

所以, 广义积分 $\int_0^{+\infty} \dfrac{1}{1+x^2}\mathrm{d}x$ 收敛.

(2) 由于

$$\lim_{t \to -\infty} \int_t^0 \mathrm{e}^x\mathrm{d}x = \lim_{t \to -\infty} (1 - \mathrm{e}^t) = 1, \quad \lim_{t \to +\infty} \int_0^t \mathrm{e}^x\mathrm{d}x = \lim_{t \to +\infty} (\mathrm{e}^t - 1) = +\infty,$$

所以, 广义积分 $\displaystyle\int_{-\infty}^{+\infty} e^x dx$ 发散.

例 3.35　讨论广义积分 $\displaystyle\int_{a}^{+\infty} \dfrac{1}{x^p} dx$ 的敛散性 $(a > 0)$.

解　当 $p < 1$ 时,

$$\lim_{t \to +\infty} \int_{a}^{t} \frac{1}{x^p} dx = \lim_{t \to +\infty} \frac{1}{1-p}(t^{1-p} - a^{1-p}) = +\infty;$$

当 $p = 1$ 时,

$$\lim_{t \to +\infty} \int_{a}^{t} \frac{1}{x} dx = \lim_{t \to +\infty} (\ln t - \ln a) = +\infty;$$

当 $p > 1$ 时,

$$\lim_{t \to +\infty} \int_{a}^{t} \frac{1}{x^p} dx = \lim_{t \to +\infty} (t^{1-p} - a^{1-p}) = \frac{a^{1-p}}{p-1}.$$

因此, 广义积分 $\displaystyle\int_{a}^{+\infty} \dfrac{1}{x^p} dx$ 对 $p \leqslant 1$ 发散, 对 $p > 1$ 收敛.

3.4.2　有限区间上无界函数的广义积分

定义 3.5　设函数 $f(x)$ 在区间 $(a, b]$ 上连续, 且在点 a 的右邻域内无界. 如果 $\displaystyle\lim_{t \to a^+} \int_{t}^{b} f(x) dx$ 存在, 则称广义积分 $\displaystyle\int_{a}^{b} f(x) dx$ **收敛**, 记作

$$\int_{a}^{b} f(x) dx = \lim_{t \to a^+} \int_{t}^{b} f(x) dx.$$

否则, 称广义积分 $\displaystyle\int_{a}^{b} f(x) dx$ **发散**.

类似地, 设函数 $f(x)$ 在区间 $[a, b)$ 上连续, 且在点 b 的左邻域内无界. 如果 $\displaystyle\lim_{t \to b^-} \int_{a}^{t} f(x) dx$ 存在, 则称广义积分 $\displaystyle\int_{a}^{b} f(x) dx$ **收敛**, 记作

$$\int_{a}^{b} f(x) dx = \lim_{t \to b^-} \int_{a}^{t} f(x) dx;$$

否则, 称广义积分 $\displaystyle\int_{a}^{b} f(x) dx$ **发散**.

设函数 $f(x)$ 在区间 $[a, b]$ 上除点 $c \in (a, b)$ 外连续, 在点 c 的某邻域内无界, 则广义积分 $\displaystyle\int_{a}^{b} f(x) dx$ 收敛的充分必要条件是广义积分 $\displaystyle\int_{c}^{b} f(x) dx$ 和 $\displaystyle\int_{a}^{c} f(x) dx$ 都

收敛, 也就是说, 只要 $\displaystyle\int_c^b f(x)\mathrm{d}x$ 和 $\displaystyle\int_a^c f(x)\mathrm{d}x$ 有一个发散, 则广义积分 $\displaystyle\int_a^b f(x)\mathrm{d}x$ 一定发散.

使函数 $f(x)$ 无界的点, 通常称为广义积分的**瑕点**.

例 3.36   解答下列各题:

(1) 计算 $\displaystyle\int_0^1 \ln x\mathrm{d}x$;

(2) 计算 $\displaystyle\int_1^{+\infty} \frac{1}{x\sqrt{x-1}}\mathrm{d}x$;

(3) 已知 $f(x) = \dfrac{(x+1)^2(x-1)}{x^3(x-2)}$, 计算 $I = \displaystyle\int_{-1}^{+\infty} \frac{f'(x)}{1+f^2(x)}\mathrm{d}x$.

解   (1)$x = 0$ 为积分的瑕点, 因此

$$\int_0^1 \ln x\mathrm{d}x = \lim_{a\to 0^+} \int_a^1 \ln x\mathrm{d}x = \lim_{a\to 0^+}(x\ln x - x)|_a^1 = \lim_{a\to 0^+}(-1 - a\ln a + a) = -1.$$

(2) 因为 $\displaystyle\lim_{x\to 1^+} \frac{1}{x\sqrt{x-1}} = \infty$, 所以该积分既是无限区间上的广义积分, 也是无界函数的广义积分. 设 $\sqrt{x-1} = t$, 则

$$\int_1^{+\infty} \frac{\mathrm{d}x}{x\sqrt{x-1}} = 2\int_0^{+\infty} \frac{\mathrm{d}t}{1+t^2} = 2\lim_{t\to+\infty}\int_0^t \frac{1}{1+u^2}\mathrm{d}u = 2\lim_{t\to+\infty}\arctan t = \pi.$$

(3) 注意到被积函数在点 $x = 0, x = 2$ 处无界, 因此

$$I = \int_{-1}^0 \frac{f'(x)}{1+f^2(x)}\mathrm{d}x + \int_0^2 \frac{f'(x)}{1+f^2(x)}\mathrm{d}x + \int_2^{+\infty} \frac{f'(x)}{1+f^2(x)}\mathrm{d}x.$$

由于

$$\int \frac{f'(x)}{1+f^2(x)}\mathrm{d}x = \int \frac{1}{1+f^2(x)}\mathrm{d}f(x) = \arctan f(x) + C,$$

所以, 利用广义积分计算方法, 得到 $I = -2\pi$.

定积分的换元积分法和分部积分法同样适用广义积分的计算.

为方便起见, 如果 $F(x)$ 是函数 $f(x)$ 的一个原函数, 则广义积分的计算也可以写为如下形式:

$$\int_a^{+\infty} f(x)\mathrm{d}x = F(+\infty) - F(a), \qquad \int_{-\infty}^b f(x)\mathrm{d}x = F(b) - F(-\infty);$$

$$\int_a^b f(x)\mathrm{d}x = F(b) - F(a+0), \quad a \text{ 为 } f(x) \text{ 的瑕点};$$

$$\int_a^b f(x)\mathrm{d}x = F(b-0) - F(a), \quad b \text{ 为 } f(x) \text{ 的瑕点}.$$

例 3.37　解答下列各题:

(1) 已知 $\lim\limits_{x\to\infty}\left(\dfrac{x+c}{x-c}\right)^x = \displaystyle\int_{-\infty}^c te^{2t}\mathrm{d}t$, 求 c;

(2) 证明: $\displaystyle\int_{-\infty}^{+\infty} xe^{-x^2}\mathrm{d}x = 0$;

(3) 计算 $\displaystyle\int_0^1 \dfrac{x\mathrm{d}x}{(2-x^2)\sqrt{1-x^2}}$.

解　(1) 由于 $\lim\limits_{x\to\infty}\left(\dfrac{x+c}{x-c}\right)^x = \lim\limits_{x\to\infty}\left(\left(1+\dfrac{2c}{x-c}\right)^{\frac{x-c}{2c}}\right)^{\frac{2cx}{x-c}} = e^{2c}$,

$$\int_{-\infty}^c te^{2t}\mathrm{d}t = \frac{1}{2}\int_{-\infty}^c t\mathrm{d}e^{2t} = \frac{1}{2}te^{2t}\bigg|_{-\infty}^c - \frac{1}{4}e^{2t}\bigg|_{-\infty}^c = \frac{c}{2}e^{2c} - \frac{1}{4}e^{2c}.$$

于是, 由题意, 得

$$e^{2c} = \frac{c}{2}e^{2c} - \frac{1}{4}e^{2c}.$$

解得 $c = \dfrac{5}{2}$.

(2) 由于

$$\int_0^{+\infty} xe^{-x^2}\mathrm{d}x = -\frac{1}{2}e^{-x^2}\bigg|_0^{+\infty} = \frac{1}{2}, \quad \int_{-\infty}^0 xe^{-x^2}\mathrm{d}x = -\frac{1}{2}e^{-x^2}\bigg|_{-\infty}^0 = -\frac{1}{2},$$

因此, 积分 $\displaystyle\int_{-\infty}^{+\infty} xe^{-x^2}\mathrm{d}x$ 收敛, 且

$$\int_{-\infty}^{+\infty} xe^{-x^2}\mathrm{d}x = \int_0^{+\infty} xe^{-x^2}\mathrm{d}x + \int_{-\infty}^0 xe^{-x^2}\mathrm{d}x = \frac{1}{2} - \frac{1}{2} = 0.$$

(3) $x = 1$ 为积分的瑕点. 设 $x = \sin t$, 则

$$\int_0^1 \frac{x\mathrm{d}x}{(2-x^2)\sqrt{1-x^2}} = \int_0^{\frac{\pi}{2}} \frac{\sin t\mathrm{d}t}{2-\sin^2 t} = -\int_0^{\frac{\pi}{2}} \frac{\mathrm{d}\cos t}{1+\cos^2 t} = \frac{\pi}{4}.$$

*例 3.38　求极限 $\lim\limits_{x\to+\infty} \dfrac{1}{x}\displaystyle\int_0^x |\cos t|\mathrm{d}t$.

解　对充分大的 x, 存在自然数 n, 使得 $n\pi \leqslant x < (n+1)\pi$. 由于 $|\cos t|$ 是周期为 π 的周期函数 (这里利用到习题 3.3 第 12 题的结论), 所以,

$$\int_0^x |\cos t|\mathrm{d}t = \int_0^{n\pi} |\cos t|\mathrm{d}t + \int_{n\pi}^x |\cos t|\mathrm{d}t = n\int_0^\pi |\cos t|\mathrm{d}t + \int_{n\pi}^x |\cos t|\mathrm{d}t$$

$$= 2n + \int_{n\pi}^x |\cos t|\mathrm{d}t.$$

注意到 $0 \leqslant \int_{n\pi}^{x} |\cos t| \mathrm{d}t \leqslant \pi$, 于是, 有

$$\frac{2n}{(n+1)\pi} \leqslant \frac{1}{x} \int_{0}^{x} |\cos t| \mathrm{d}t \leqslant \frac{2n+\pi}{n\pi}.$$

由于当 $n \to \infty$ 时, $\frac{2n}{(n+1)\pi} \to \frac{2}{\pi}$, $\frac{2n+\pi}{n\pi} \to \frac{2}{\pi}$. 所以,

$$\lim_{x \to +\infty} \frac{1}{x} \int_{0}^{x} |\cos t| \mathrm{d}t = \frac{2}{\pi}.$$

注意, 此题与第 1 章复习题第 17 题一样, 不能利用洛必达法则计算, 这是因为当 $x \to +\infty$ 时, 不能保证 $\int_{0}^{x} f(t)\mathrm{d}t$ 为无穷大.

*例 3.39 证明 $\int_{0}^{+\infty} \frac{\sin x}{x} \mathrm{d}x$ 收敛.

证明 因为 $\lim_{x \to 0} \frac{\sin x}{x} = 1$, 所以, $x = 0$ 是函数 $\frac{\sin x}{x}$ 的可去间断点, 而

$$\int_{0}^{+\infty} \frac{\sin x}{x} \mathrm{d}x = \int_{0}^{1} \frac{\sin x}{x} \mathrm{d}x + \int_{1}^{+\infty} \frac{\sin x}{x} \mathrm{d}x,$$

于是, 要证明 $\int_{0}^{+\infty} \frac{\sin x}{x} \mathrm{d}x$ 收敛, 只需证明 $\int_{1}^{+\infty} \frac{\sin x}{x} \mathrm{d}x$ 收敛.

$$\int_{1}^{+\infty} \frac{\sin x}{x} \mathrm{d}x = \int_{1}^{+\infty} \frac{1}{x} \mathrm{d}(-\cos x) = -\frac{\cos x}{x} \Big|_{1}^{+\infty} - \int_{1}^{+\infty} \frac{\cos x}{x^2} \mathrm{d}x$$
$$= \cos 1 - \int_{1}^{+\infty} \frac{\cos x}{x^2} \mathrm{d}x.$$

因为 $\int_{1}^{+\infty} \frac{\cos x}{x^2} \mathrm{d}x$ 绝对收敛, 所以 $\int_{0}^{+\infty} \frac{\sin x}{x} \mathrm{d}x$ 收敛.

*3.4.3 Γ 函数

这里介绍在理论和应用上有重要意义的 Γ 函数, 其定义为

$$\Gamma(s) = \int_{0}^{+\infty} x^{s-1} \mathrm{e}^{-x} \mathrm{d}x \quad (s > 0).$$

考虑

$$\Gamma(s) = \int_{0}^{1} x^{s-1} \mathrm{e}^{-x} \mathrm{d}x + \int_{1}^{+\infty} x^{s-1} \mathrm{e}^{-x} \mathrm{d}x \quad (s > 0),$$

上式第一部分记为 $\Gamma_1(s)$, 第二部分记为 $\Gamma_2(s)$.

现在考虑它们的收敛性. 由于 $x^{s-1}\mathrm{e}^{-x}$ 在 $x \in (0,1]$ 上非负, 且当 $s \geqslant 1$ 时, $x^{s-1}\mathrm{e}^{-x}$ 在 $[0,1]$ 上连续, 所以 $\int_0^1 x^{s-1}\mathrm{e}^{-x}\mathrm{d}x$ 在 $s \geqslant 1$ 时收敛. 对于 $0 < s < 1$, 由

$$\lim_{x\to 0^+} \frac{1}{x^{s-1}\mathrm{e}^{-x}} = 0$$

可知, 函数 $x^{s-1}\mathrm{e}^{-x}$ 在点 $x = 0$ 的邻域内无界. 但对任意的 $x \in (0,1]$,

$$x^{s-1}\mathrm{e}^{-x} \leqslant \frac{1}{x^{1-s}}.$$

因此, 广义积分 $\int_0^1 x^{s-1}\mathrm{e}^{-x}\mathrm{d}x$ 收敛. 从而 $\Gamma_1(s)$ 在 $s > 0$ 时收敛.

下面考虑 $\Gamma_2(s)$. 由于对 $k \in \mathbb{R}^+, k - s > 2$, 有

$$\lim_{x\to +\infty} x^{k-s}(x^{s-1}\mathrm{e}^{-x}) = \lim_{x\to +\infty} \frac{x^{k-1}}{\mathrm{e}^x} = 0.$$

所以, 广义积分 $\Gamma_2(s)$ 收敛.

综上, $\Gamma(s)$ 对 $s > 0$ 是收敛的广义积分, 并有如下公式 (证明略去).

$$\Gamma(s+1) = s\Gamma(s) \ (s > 0), \quad \Gamma(n+1) = n!;$$

$$\Gamma(s)\Gamma(1-s) = \frac{\pi}{\sin \pi s} \quad (0 < s < 1);$$

$$\lim_{s\to 0^+} \Gamma(s) = +\infty, \quad \Gamma\left(\frac{1}{2}\right) = \sqrt{\pi}.$$

例 3.40　计算 $\int_0^{+\infty} \mathrm{e}^{-x^2}\mathrm{d}x$.

解　令 $x = \sqrt{t}$, 则 $\mathrm{d}x = \frac{1}{2\sqrt{t}}\mathrm{d}t$. 因此

$$\int_0^{+\infty} \mathrm{e}^{-x^2}\mathrm{d}x = \frac{1}{2}\int_0^{+\infty} t^{-\frac{1}{2}}\mathrm{e}^{-t}\mathrm{d}t = \frac{1}{2}\Gamma\left(\frac{1}{2}\right) = \frac{\sqrt{\pi}}{2}.$$

习　题　3.4

1. 判定下列广义积分的收敛性, 若收敛, 计算其值:

(1) $\int_1^{+\infty} \frac{1}{x^3}\mathrm{d}x$;

(2) $\int_0^{+\infty} \mathrm{e}^{-2x}\mathrm{d}x$;

(3) $\int_1^{+\infty} \frac{\arctan x}{1+x^2}\mathrm{d}x$;

(4) $\int_{-\infty}^{+\infty} \frac{\mathrm{d}x}{x^2+2x+2}$;

(5) $\displaystyle\int_a^{+\infty} \frac{\mathrm{d}x}{x\ln^2 x}(a>1)$;

(6) $\displaystyle\int_0^1 \frac{\mathrm{d}x}{\sqrt{1-x}}$;

(7) $\displaystyle\int_0^a \frac{\mathrm{d}x}{\sqrt{a^2-x^2}}(a>0)$;

(8) $\displaystyle\int_{-1}^1 \frac{1}{x^2}\mathrm{d}x$;

(9) $\displaystyle\int_1^e \frac{\mathrm{d}x}{x\sqrt{1-(\ln x)^2}}$;

(10) $\displaystyle\int_1^2 \frac{x}{\sqrt{x-1}}\mathrm{d}x$.

*2. 判定下列广义积分的收敛性:

(1) $\displaystyle\int_0^{+\infty} \mathrm{e}^{-x}\sin 2x\mathrm{d}x$;

(2) $\displaystyle\int_1^{+\infty} \frac{x\arctan x}{1+x^3}\mathrm{d}x$;

(3) $\displaystyle\int_1^2 \frac{\mathrm{d}x}{\ln x}$;

(4) $\displaystyle\int_0^1 \frac{1}{\sqrt{x}}\sin\frac{1}{\sqrt{x}}\mathrm{d}x$.

*3. 用 Γ 函数表示下列积分:

(1) $\displaystyle\int_0^{+\infty} \mathrm{e}^{-x^n}\mathrm{d}x(n>0)$;   (2) $\displaystyle\int_0^1 \ln\frac{1}{x}\mathrm{d}x$;   (3) $\displaystyle\int_0^{+\infty} x^2\mathrm{e}^{-x}\mathrm{d}x$.

*4. 证明以下各式, 其中 $n\in\mathbb{N}$:

(1) $2\cdot4\cdot6\cdot\cdots\cdot2n=2^n\Gamma(n+1)$;

(2) $1\cdot3\cdot5\cdot\cdots\cdot(2n-1)=\dfrac{\Gamma(2n)}{2^{n-1}\Gamma(n)}$.

3.5 定积分的应用

3.5.1 微元法

利用定积分计算实际问题的基本思想是微元法 (也称元素法). 我们回到 3.1 节讨论变速直线运动的路程和曲边梯形面积问题: 通过 "分划、求近似和、求极限" 等步骤, 利用 "以直代曲" 的思想, 得到

$$A=\lim_{\lambda\to 0}\sum_{i=1}^n f(c_i)\Delta x_i=\int_a^b f(x)\mathrm{d}x,$$

其中 λ 是任意分划区间 $[a,b]$ 得到的最大子区间的长度, c_i 为第 i 个子区间 $[x_{i-1},x_i]$ 上任意一点. 我们对此进一步分析, 上述步骤体现两个主要过程: 一是 "无限细分的过程", 包括任意分划区间 $[a,b]$, 在区间 $[x_{i-1},x_i]$ 上任意取一点, 求近似值

$$\Delta A_i\approx f(c_i)\Delta x_i \quad (i=1,2,\cdots,n).$$

在这里, 以 $[x,x+\mathrm{d}x]$ 表示第 i 个子区间, c_i 取 x, 以 ΔA 代替 ΔA_i, 则

$$\Delta A\approx f(x)\Delta x.$$

注意到当 $\lambda \to 0$ 时, 任意分划得到的所有子区间的长度都趋于零, 所以这个过程可称为 "无限细分的过程". 在这一过程中, 由于考虑了求极限过程, 所以 Δx 可视为 $\mathrm{d}x$, ΔA 可视为 $\mathrm{d}A$, 于是, 就有如下微分式[①]

$$\mathrm{d}A = f(x)\mathrm{d}x.$$

　　二是 "无限求和过程", 包括了求有限和 (即 Riemann 和)、求极限, 从而得到无限和

$$A = \lim_{\lambda \to 0} \sum_{i=1}^{n} f(c_i)\Delta x_i = \int_a^b f(x)\mathrm{d}x,$$

也就是在区间 $[a,b]$ 上求 $\mathrm{d}A$ 的和, 得到

$$A = \sum_{x \in [a,b]} \mathrm{d}A = \int_a^b f(x)\mathrm{d}x.$$

　　上述的分析在理论上表明: 定积分的本质体现了无限细分过程和无限求和过程的有机结合. 在实际应用中, 它给出了一种利用定积分解决实际问题的重要方法, 即**微元法**. 微元法本质上就是 "以直代曲" "以匀速代非匀速" "以线性代非线性".

　　(1) 使用微元法的条件. 若某一具体问题所求的量 Q 满足以下条件, 那么即可采用该法得到它的积分表达式: 量 Q 对于变量 x 的变化区间 $[a,b]$ 具有可加性, 即如果把区间 $[a,b]$ 分划为 n 个子区间 $[x_{i-1}, x_i]$ $(i = 1, 2, \cdots, n)$, 则量 Q 相应地分成 n 个部分分量 ΔQ_i $(i = 1, 2, \cdots, n)$, 且量 Q 等于所有分量 ΔQ_i 之和; 对每个分量 ΔQ_i 可以找到近似表达式 $\Delta Q_i \approx f(c_i)\Delta x_i$, 且极限 $\displaystyle\lim_{\lambda \to 0} \sum \Delta Q_i$ 存在, 其中

$$\Delta x_i = x_i - x_{i-1}, \quad \lambda = \max\{\Delta x_i\}, \quad c_i \in [x_{i-1}, x_i].$$

　　(2) 使用微元法得到所求量 Q 的积分表达式的步骤. 在变量 x 变化区间 $[a,b]$ 上任意选取子区间 $[x, x+\mathrm{d}x]$, 写出量 Q 的微元

$$\mathrm{d}Q = f(x)\mathrm{d}x.$$

在区间 $[a,b]$ 上求这些微元的和 $Q = \displaystyle\sum_{x \in [a,b]} \mathrm{d}Q = \int_a^b f(x)\mathrm{d}x.$

---

① 设 $A(x) = \displaystyle\int_a^x f(t)\mathrm{d}t$, 则存在介于 $x + \mathrm{d}x$ 和 x 之间的 ξ, 使

$$\Delta A = A(x + \mathrm{d}x) - A(x) = \int_x^{x+\mathrm{d}x} f(t)\mathrm{d}t = f(\xi)\mathrm{d}x.$$

由于 $f(x)$ 连续, 所以, 当 $\mathrm{d}x \to 0$ 时, $f(\xi) \to f(x)$, 于是

$$f(\xi)\mathrm{d}x = (f(x) + o(1))\mathrm{d}x,$$

其中 $o(1)$ 表示当 $\mathrm{d}x \to 0$ 时的无穷小量. 所以

$$\Delta A = f(x)\mathrm{d}x + o(1)\mathrm{d}x,$$

从而 $\mathrm{d}A = f(x)\mathrm{d}x$.

3.5.2 几何上的应用

1. 平面图形的面积

在直角坐标情形, 3.1 节已讲到曲边梯形的面积问题. 这里考虑更一般情况, 即该图形由连续曲线 $y = f_1(x), y = f_2(x)$ $(f_1(x) \leqslant f_2(x))$ 和直线 $x = a, x = b$ $(a < b)$ 围成, 那么该图形 (图 3.4) 的面积计算公式即为

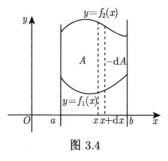

图 3.4

$$A = \int_a^b (f_2(x) - f_1(x)) \mathrm{d}x.$$

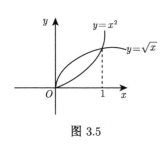

图 3.5

例 3.41 计算由两条抛物线 $y^2 = x$ 和 $x^2 = y$ 围成图形 (图 3.5) 的面积.

解 求解两条抛物线的交点得到变量 x 的变化区间 $[0, 1]$, 而且, 在该区间上 $\sqrt{x} \geqslant x^2$. 因此, 所求的面积为

$$A = \int_0^1 (\sqrt{x} - x^2) \mathrm{d}x = \frac{1}{3}.$$

例 3.42 计算由抛物线 $y^2 = 2x$ 和直线 $y = x - 4$ 围成图形 (图 3.6) 的面积.

解 求解抛物线和直线的交点, 得到变量 y 的变化区间 $[-2, 4]$, 且在该区间上, $y + 4 \geqslant \dfrac{y^2}{2}$, 因此, 所求的面积为

$$A = \int_{-2}^4 \left(y + 4 - \frac{y^2}{2} \right) \mathrm{d}y = 18.$$

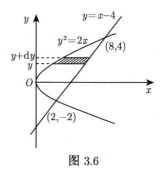

图 3.6

在极坐标情形, 设由连续曲线 $\rho = \rho(\theta)$ $(\geqslant 0)$ 和射线 $\theta = \alpha, \theta = \beta$ $(\alpha \leqslant \beta)$ 围成一平面图形 (图 3.7), 在区间 $[\alpha, \beta]$ 上取 $[\theta, \theta + \mathrm{d}\theta]$, 则得到这块曲边扇形的面积微分形式为 $\mathrm{d}A = \dfrac{1}{2}\rho^2(\theta)\mathrm{d}\theta$. 因此, 所求的面积为

$$A = \sum_{\theta \in [\alpha, \beta]} \mathrm{d}A = \frac{1}{2} \int_\alpha^\beta \rho^2(\theta) \mathrm{d}\theta.$$

例如, 心形线 $\rho = a(1 + \cos\theta)$ $(a > 0)$ 所围成的图形 (图 3.8) 的面积

$$A = \frac{1}{2} \int_0^{2\pi} a^2 (1 + \cos\theta)^2 \mathrm{d}\theta = \frac{3}{2}\pi a^2.$$

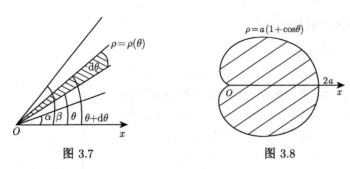

图 3.7　　　　　　　　　　　　　　图 3.8

例 3.43　求椭圆 $\dfrac{x^2}{a^2} + \dfrac{y^2}{b^2} = 1$ 所围成的面积.

解　根据椭圆的性质, 所求椭圆的面积等于其在第一象限部分面积的 4 倍. 椭圆的参数方程 (第一象限) 为

$$\begin{cases} x = a\cos t, \\ y = b\sin t \end{cases} \left(0 \leqslant t \leqslant \dfrac{\pi}{2}\right).$$

因此, 所求面积

$$A = 4\int_0^a y\mathrm{d}x = 4b\int_0^a \sqrt{1 - \dfrac{x^2}{a^2}}\mathrm{d}x = 4\dfrac{b}{a}\int_0^a \sqrt{a^2 - x^2}\mathrm{d}x = 4\int_0^{\frac{\pi}{2}} ab\sin^2 t\mathrm{d}t = \pi ab.$$

2. 体积

首先, 考虑旋转体的体积, 由一个平面图形绕平面上一条直线旋转一周形成的立体称为旋转体, 这条直线称为旋转轴. 例如, 圆柱体可以视为矩形绕它的一条边旋转一周而成的立体.

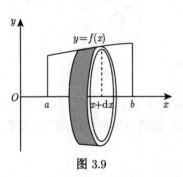

图 3.9

设曲边梯形由连续曲线 $y = f(x) \geqslant 0$ 及直线 $y = 0, x = a, x = b\ (a < b)$ 所围, 求该曲边梯形绕 x 轴旋转一周形成旋转体的体积 (图 3.9). 在区间 $[a, b]$ 上取子区间 $[x, x + \mathrm{d}x]$, 则这部分旋转体的体积微元

$$\mathrm{d}V = \pi f^2(x)\mathrm{d}x,$$

因此, 绕 x 轴旋转一周形成旋转体的体积为

$$V_x = \sum_{x \in [a,b]} \mathrm{d}V = \int_a^b \pi f^2(x)\mathrm{d}x.$$

利用同样的方法可以推出: 由曲线 $x = \varphi(y)$, 直线 $y = c, y = d\,(c < d)$ 与 y 轴所围成的曲边梯形, 绕 y 轴旋转一周所生成的旋转体的体积为

$$V_y = \pi \int_c^d [\varphi(y)]^2 \mathrm{d}y.$$

其次, 考虑平行截面面积为已知的立体的体积. 设一空间立体介于过点 $x = a, x = b$ $(a < b)$ 且垂直于 x 轴的两个平面之间, 垂直于 x 的任一截面面积为已知的连续函数 $A(x)$ $(x \in [a, b])$(图 3.10), 则利用微元法可以得到该立体的体积为

$$V = \int_a^b A(x)\mathrm{d}x.$$

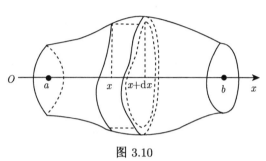

图 3.10

例 3.44 解答下列各题:

(1) 平面图形由双曲线 $xy = a$ $(a > 0)$ 与直线 $x = a, x = 2a, y = 0$ 所围成, 求这图形绕 x 轴旋转一周生成旋转体的体积;

(2) 椭圆 $\dfrac{x^2}{a^2} + \dfrac{y^2}{b^2} = 1$ 绕 x 轴旋转一周生成旋转椭球体的体积;

(3) 图形由曲线 $x = y^2$, 直线 $y = 1, x = 0$ 所围成, 求这图形绕 y 轴旋转一周生成旋转体的体积;

(4) 一平面经过半径为 r 的圆柱体的底圆中心, 并与底面交成角 α (图 3.11), 计算这个平面截圆柱体所得立体的体积.

解 (1) 以 x 为积分变量, 其变化区间为 $[a, 2a]$, 旋转体中相应于 $[a, 2a]$ 上任一小区间 $[x, x + \mathrm{d}x]$ 的薄片的体积近似于底半径为 $\dfrac{a}{x}$, 高为 $\mathrm{d}x$ 的扁圆柱体的体积, 即体积微元

$$\mathrm{d}V = \pi \frac{a^2}{x^2}\mathrm{d}x.$$

于是, 所求旋转体的体积

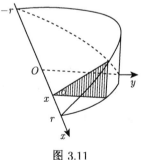

图 3.11

$$V = \sum_{x \in [a, 2a]} \mathrm{d}V = \pi \int_a^{2a} \frac{a^2}{x^2}\mathrm{d}x = \frac{\pi a}{2}.$$

(2) 该旋转体可视为椭圆 $y = \dfrac{b}{a}\sqrt{a^2 - x^2}$ 及所围图形绕 x 轴旋转一周而成

的立体. 以 x 为积分变量, 其变化区间为 $[-a, a]$, 并在相应区间上任取一小区间 $[x, x + \mathrm{d}x]$ 的薄片的体积微元为

$$\mathrm{d}V = \frac{\pi b^2}{a^2}(a^2 - x^2)\mathrm{d}x,$$

于是, 椭球体的体积为

$$V = \sum_{x \in [-a, a]} \mathrm{d}V = \int_{-a}^{a} \frac{\pi b^2}{a^2}(a^2 - x^2)\mathrm{d}x = \frac{4}{3}\pi a b^2.$$

(3) 以 y 为积分变量, 其变化区间为 $[0, 1]$, 并在该区间上任取一小区间 $[y, y + \mathrm{d}y]$, 该薄片的体积近似于底半径为 y^2, 高为 $\mathrm{d}y$ 的扁圆柱体的体积, 即体积微元

$$\mathrm{d}V = \pi(y^2)^2\mathrm{d}y.$$

于是, 旋转体的体积为

$$V = \sum_{y \in [0, 1]} \mathrm{d}V = \int_{0}^{1} \pi y^4 \mathrm{d}y = \frac{\pi}{5}.$$

(4) 建立坐标系, 取平面与圆柱体底面的交线为 x 轴, 底面上过圆心且垂直于 x 轴的直线为 y 轴. 在 $[-r, r]$ 上, 任取点 x, 作与 x 轴的平面, 截得一直角三角形, 它的两条直角边分别为 y 和 $y \tan \alpha$, 面积为

$$A(x) = \frac{1}{2}y^2 \tan \alpha = \frac{1}{2}(r^2 - x^2)\tan \alpha.$$

因此, 所求立体的体积为

$$V = \int_{-r}^{r} \frac{1}{2}(r^2 - x^2)\tan \alpha \mathrm{d}x = \frac{2}{3}r^3 \tan \alpha.$$

3. 曲线的弧长

根据几何学的知识, 光滑曲线是可以求长的 (这里不予证明), 这里讨论光滑曲线的弧长问题. 在 2.6 节, 我们已经知道, 光滑曲线 $\begin{cases} x = \varphi(t), \\ y = \psi(t) \end{cases}$ $(a \leqslant t \leqslant b)$ 的弧微分

$$\mathrm{d}s = \sqrt{\varphi'^2(t) + \psi'^2(t)}\mathrm{d}t,$$

因此, 区间段 $[a, b]$ 的弧长

$$s = \sum_{t \in [a, b]} \mathrm{d}s = \int_{a}^{b} \sqrt{\varphi'^2(t) + \psi'^2(t)}\mathrm{d}t.$$

如果光滑曲线方程为 $y = f(x)$ $(a \leqslant x \leqslant b)$, 那么, 视 x 为参数, 改写为参数方程形式 $\begin{cases} x = x, \\ y = f(x) \end{cases}$ $(a \leqslant x \leqslant b)$, 于是其弧长公式为

$$s = \int_a^b \sqrt{1 + y'^2}\mathrm{d}x.$$

如果光滑曲线以极坐标形式 $r = r(\theta)$ $(\alpha \leqslant \theta \leqslant \beta)$ 给出, 由于 $\begin{cases} x = r(\theta)\cos\theta, \\ y = r(\theta)\sin\theta, \end{cases}$ 所以,

$$x'^2(\theta) + y'^2(\theta) = r^2(\theta) + r'^2(\theta),$$

于是, 其弧长公式为

$$s = \int_\alpha^\beta \sqrt{r^2(\theta) + r'^2(\theta)}\mathrm{d}\theta.$$

例 3.45 解答下列各题:

(1) 求星形线 $x = a\cos^3 t, y = a\sin^3 t$ $(a > 0)$ 的弧长;

(2) 求抛物线 $y^2 = 2px$ 从顶点到这曲线上一点 $M(2p, 2p)$ 的弧长.

解 (1) 根据星形线的特点, 其弧长为其在第一象限的 4 倍. 因此, 弧长

$$s = 4\int_0^{\frac{\pi}{2}} \sqrt{x'^2(t) + y'^2(t)}\mathrm{d}t = 12a\int_0^{\frac{\pi}{2}} \cos t\sin t\mathrm{d}t = 6a.$$

(2) 取 y 为积分变量, 由于 $x = \dfrac{y^2}{2p}$, 从而, 弧微分

$$\mathrm{d}s = \sqrt{1 + \frac{y^2}{p^2}}\mathrm{d}y = \frac{\sqrt{p^2 + y^2}}{p}\mathrm{d}y.$$

所以, 所求弧长为

$$s = \int_0^{2p} \frac{\sqrt{p^2 + y^2}}{p}\mathrm{d}y = \frac{p}{2}(2\sqrt{5} + \ln(2 + \sqrt{5})).$$

3.5.3 物理上的应用

1. 变力沿直线做功

假设物体受大小为 F 的恒力作用, 沿直线从点 a 移动到点 b, 力的方向与位移方向一致, 那么该力使物体从 a 移动到 b 所做的功为 $W = F(b - a)$. 但如果 F 是位移 x 的函数 $F(x)$, 就不可以直接应用恒力做功的公式. 设 $F(x)$ $(x \in [a, b])$ 连续,

取 $[a, b]$ 上任一子区间 $[x, x + \mathrm{d}x]$. 因此, 大小为 $F(x)$ 的力使物体从点 x 到 $x + \mathrm{d}x$ 做的功微元

$$\mathrm{d}W = F(x)\mathrm{d}x.$$

于是, 大小为 $F(x)$ 的力使物体从点 a 移动到点 b 所做的功

$$W = \sum_{x \in [a, b]} \mathrm{d}W = \int_a^b F(x)\mathrm{d}x.$$

例 3.46　把质量为 m 的物体从地球表面升高到离地面距离为 h 的位置时, 需做功多少? 要使物体远离地球不再返回地面, 物体垂直离开地球时的初速度 (第二宇宙速度) 至少为多少? 取重力加速度为 g, 地球质量为 M, 地球半径为 R.

解　以地球球心为坐标原点建立直角坐标系, x 轴垂直向上. 由万有引力公式, 地球对质量为 m 的物体在与地球中心相距 x 处的引力大小为

$$F = k\frac{Mm}{x^2}, \quad k \text{ 为万有引力常数.}$$

物体在地球表面 $(x = R)$ 时, 地球对物体的引力大小为 mg, 因此由 $k\dfrac{Mm}{R^2} = mg$ 得到 $k = \dfrac{gR^2}{M}$. 于是

$$F = F(x) = \frac{mgR^2}{x^2}.$$

取 x 为积分变量, 它的变化区间为 $[R, R + h]$. 在 $[R, R + h]$ 上任意取子区间 $[x, x + \mathrm{d}x]$, 当物体从 x 移动到 $x + \mathrm{d}x$ 时, 功微元为

$$\mathrm{d}W = \frac{mgR^2}{x^2}\mathrm{d}x.$$

于是, 所求的功

$$W(h) = \int_R^{R+h} \mathrm{d}W = \int_R^{R+h} \frac{mgR^2}{x^2}\mathrm{d}x = \frac{mgRh}{R + h}.$$

要使物体远离地球, 不再返回地面, 需要做的功为

$$W = \lim_{h \to +\infty} \frac{mgRh}{R + h} = mgR,$$

这里 $g = 9.8\mathrm{m/s}^2$, $R = 6.371 \times 10^6 \mathrm{m}$.

由能量守恒定律, 要使物体不再返回地面, 则物体具有的初始动能 $\dfrac{1}{2}mv_0^2$ 至少应等于物体脱离地球所做的功 mgR, 即 $mgR = \dfrac{1}{2}mv_0^2$. 于是, 第二宇宙速度

$$v_0 = \sqrt{2gR} \approx 11.2(\mathrm{km/s}).$$

2. 液体静压力 (水压力)

由物理学知识, 在液面下深度为 h 处的压强为 $p = h\gamma, \gamma = \rho g$ 为液体的比重, ρ 为液体的密度, g 为重力加速度. 如果有一面积为 A 的薄板水平放置在液面下深度 h 处, 那么薄板一侧所受液体压力的大小为 $F = pA$. 但如果把薄板垂直放置在液体里, 由于压强随水的深度变化而变化, 所以薄板一侧在不同深度处所受压力是不同的. 设薄板的曲边方程 $y = f(x)$ 在区间 $[a, b]$ 上连续, 在 $[a, b]$ 上任意取子区间 $[x, x + dx]$, 则宽度为 dx 的薄板条视为水平放置在液体里 (图 3.12), 此薄板条的面积为 $f(x)dx$. 因此, 薄板一侧所受液体压力大小的微元

$$dF = \gamma x f(x) dx.$$

于是, 薄板所受液体压力的大小

$$F = \sum_{x \in [a,b]} dF = \int_a^b \gamma x f(x) dx = \rho g \int_a^b x f(x) dx.$$

例 3.47 设一等腰梯形状的金属薄片, 其上、下底分别为 8cm, 18cm, 高为 10cm, 垂直放置在水中 (水的比重 μ), 两底边与水平面平行且上底距水面 6cm. 求该薄片的每一面所受水压力的大小.

解 建立直角坐标系, 使得 y 轴在水平面上, 等腰梯形关于 x 轴对称, x 轴方向向下 (图 3.13). 由对称性, 只需求该梯形在第一象限部分所受水压力的大小即可. 梯形上边界方程 $y = \frac{1}{2}x + 1$, 下边界方程 $y = 0, x \in [6, 16]$. 因此,

$$F = 2 \int_6^{16} \mu x \left(\frac{1}{2}x + 1 - 0 \right) dx = \frac{4540\mu}{3}.$$

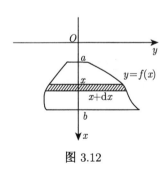

图 3.12

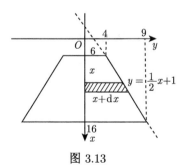

图 3.13

3. 引力

根据物理学知识, 质量为 m_1, m_2, 相距 r 的两个质点之间的引力大小为

$$F = k\frac{m_1 m_2}{r^2}, \quad k \text{ 为万有引力常数},$$

引力的方向沿两个质点连线的方向.

如果计算一根细棒或一平面对一质点的引力, 则由于细棒或平面上各点与质点的距离是变化的, 且各点对该质点的引力方向也在变化着. 因此不能再利用上式进行计算.

例 3.48   设有一长度为 l、线密度为 ρ 的均匀细棒, 在其中垂线上距离棒 a 单位处有一质量为 m 的质点. 计算该棒对质点的引力.

解   取直角坐标系, 如图 3.14 所示, 使棒位于 y 轴上, 质点位于 x 轴上, 棒的中点为坐标系原点. 取 $y\left(-\dfrac{l}{2}\leqslant y\leqslant\dfrac{l}{2}\right)$ 为积分变量. 在 $[y,y+\mathrm{d}y]$ 上的一段棒可以被近似视为一质点, 质量为 $\rho\mathrm{d}y$, 到质点的距离为 $r=\sqrt{a^2+y^2}$, 因此, 得到引力 (微元) 大小 $\mathrm{d}F=k\dfrac{m\rho\mathrm{d}y}{a^2+y^2}$. 该引力不是对 y 的可加量, 不能直接对上式积分. 但是它沿 x 轴和 y 轴的两个分量都是可加量, 且

$$\mathrm{d}F_x=\mathrm{d}F\cos\theta=-\frac{km\rho\mathrm{d}y}{a^2+y^2}\frac{a}{\sqrt{a^2+y^2}},\quad \mathrm{d}F_y=0.$$

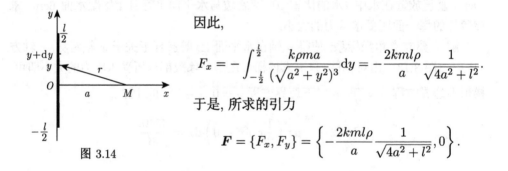

图 3.14

因此,

$$F_x=-\int_{-\frac{l}{2}}^{\frac{l}{2}}\frac{k\rho ma}{(\sqrt{a^2+y^2})^3}\mathrm{d}y=-\frac{2kml\rho}{a}\frac{1}{\sqrt{4a^2+l^2}}.$$

于是, 所求的引力

$$\boldsymbol{F}=\{F_x,F_y\}=\left\{-\frac{2kml\rho}{a}\frac{1}{\sqrt{4a^2+l^2}},0\right\}.$$

4. 直线状物体的质量

设直线段 l 的线密度为 $\rho(x)$ $(x\in[a,b])$, 且 $\rho(x)$ 为连续函数, 求直线段的质量. 采用同样的方法, 在区间 $[a,b]$ 上取子区间 $[x,x+\mathrm{d}x]$, 则其质量微元

$$\mathrm{d}m=\rho(x)\mathrm{d}x.$$

因此, 直线段的质量 $m=\displaystyle\sum_{x\in[a,b]}=\int_a^b\rho(x)\mathrm{d}x.$

3.5.4   积分不等式

积分不等式是一类重要的不等式, 它在分析、计算等领域有重要的应用. 这里提供证明积分不等式的五种主要方法.

1. 利用函数的单调性证明积分不等式

函数单调性证明 "两点型" 和 "单变量型" 不等式是一个有效方法, 对 "两点型" 不等式, 一般设其中一点为变量 x, 引入辅助函数, 再验证其单调性.

例 3.49 设连续函数 $f(x), g(x)$ 具有相同的单调性, 证明

$$(b-a)\int_a^b f(x)g(x)\mathrm{d}x \geqslant \int_a^b f(x)\mathrm{d}x \int_a^b g(x)\mathrm{d}x.$$

证明 这属于 "两点型" 不等式, 为此, 设

$$F(x) = (x-a)\int_a^x f(t)g(t)\mathrm{d}t - \int_a^x f(t)\mathrm{d}t \int_a^x g(t)\mathrm{d}t, \quad x \in [a,b].$$

对 $F(x)$ 求导, 并注意到 $x - a = \int_a^x \mathrm{d}t$, $f(x)\int_a^x g(t)\mathrm{d}t = \int_a^x f(x)g(t)\mathrm{d}t$, 得到

$$F'(x) = \int_a^x (f(t) - f(x))(g(t) - g(x))\mathrm{d}t.$$

由于 $f(x), g(x)$ 具有相同的单调性, 所以 $(f(t) - f(x))(g(t) - g(x)) \geqslant 0$, 也就是 $F'(x) \geqslant 0$. 从而 $F(x)$ 在区间 $[a,b]$ 上单调增加. 于是有 $F(b) \geqslant F(a) = 0$. 由此, 不等式成立.

例 3.50 设 $f(x)$ 在区间 $[0,1]$ 上连续, 且 $f(x) > 0$ 单调减少, 证明

$$\frac{\displaystyle\int_0^1 xf^2(x)\mathrm{d}x}{\displaystyle\int_0^1 xf(x)\mathrm{d}x} \leqslant \frac{\displaystyle\int_0^1 f^2(x)\mathrm{d}x}{\displaystyle\int_0^1 f(x)\mathrm{d}x}.$$

证明 根据题意, 只需证明不等式

$$\int_0^1 xf^2(x)\mathrm{d}x \int_0^1 f(x)\mathrm{d}x \leqslant \int_0^1 f^2(x)\mathrm{d}x \int_0^1 xf(x)\mathrm{d}x$$

即可. 为此, 设

$$F(x) = \int_0^x tf^2(t)\mathrm{d}t \int_0^x f(t)\mathrm{d}t - \int_0^x f^2(t)\mathrm{d}t \int_0^x tf(t)\mathrm{d}t, \quad x \in [0,1],$$

则

$$F'(x) = \int_0^x (x-t)(f(x) - f(t))f(t)f(x)\mathrm{d}t.$$

注意到 $f(x) > 0$, 且单调减少, 因此 $F'(x) \leqslant 0$. 从而 $F(1) \leqslant F(0) = 0$, 故原不等式成立.

例 3.51　设 $f(x)$ 在 $[0,1]$ 可导, 且 $f(0) = 0, 0 \leqslant f'(x) \leqslant 1$. 证明

$$\left(\int_0^1 f(x)\mathrm{d}x\right)^2 \geqslant \int_0^1 f^3(x)\mathrm{d}x.$$

证明　由 $0 \leqslant f'(x) \leqslant 1, f(0) = 0$, 即得 $f(x) \geqslant 0 \ (x \in [0,1])$, 设

$$F(t) = \left(\int_0^t f(x)\mathrm{d}x\right)^2 - \int_0^t f^3(x)\mathrm{d}x, \quad t \in [0,1],$$

则

$$F'(t) = f(t)G(t), \quad G(t) = 2\int_0^t f(x)\mathrm{d}x - f^2(t).$$

而

$$G'(t) = 2f(t)(1 - f'(t)) \geqslant 0,$$

因此, 当 $t \geqslant 0$ 时, $G(t) \geqslant G(0) = 0$, 即 $G(t) \geqslant 0$, 也就是 $F'(t) \geqslant 0$. 于是, 当 $t \in [0,1]$ 时, $F(1) \geqslant F(0) = 0$. 由此, 不等式成立.

2. 利用微分中值定理证明积分不等式

利用微分中值定理, 尤其是 Taylor 中值定理证明积分不等式, 需要注意的是 "展开点" 的选取, 请读者通过下面例题仔细体会.

例 3.52　设函数 $f(x)$ 在区间 $[a,b]$ 上二阶可导, $f(a) = f(b) = 0$, $M = \max\limits_{x\in[a,b]} |f''(x)|$. 证明

$$\left|\int_a^b f(x)\mathrm{d}x\right| \leqslant \frac{(b-a)^3}{12}M.$$

证明　将 $f(a), f(b)$ 分别在点 $x_0 = x \in (a,b)$ 处 Taylor 展开, 得

$$f(a) = f(x)+f'(x)(a-x)+\frac{f''(c_1)}{2}(a-x)^2, \quad f(b) = f(x)+f'(x)(b-x)+\frac{f''(c_2)}{2}(b-x)^2,$$

其中 $c_1 \in (a,x), c_2 \in (x,b)$. 将以上两式相加, 得

$$f(x) = \frac{f'(x)}{2}(2x - a - b) - \frac{f''(c_1)}{4}(a - x)^2 - \frac{f''(c_2)}{4}(b - x)^2.$$

由此, 得

$$\int_a^b f(x)\mathrm{d}x = \int_a^b \left(\frac{f'(x)}{2}(2x - a - b) - \frac{f''(c_1)}{4}(a - x)^2 - \frac{f''(c_2)}{4}(b - x)^2\right) \mathrm{d}x.$$

计算

$$\int_a^b \frac{f'(x)}{2}(2x - a - b)\mathrm{d}x = \int_a^b xf'(x)\mathrm{d}x - \frac{a+b}{2}\int_a^b f'(x)\mathrm{d}x = -\int_a^b f(x)\mathrm{d}x.$$

因此,
$$\int_a^b f(x)\mathrm{d}x = -\frac{1}{8}\int_a^b (f''(c_1)(a-x)^2 + f''(c_2)(b-x)^2)\mathrm{d}x.$$
于是,
$$\left|\int_a^b f(x)\mathrm{d}x\right| = \left|-\frac{1}{8}\int_a^b (f''(c_1)(a-x)^2 + f''(c_2)(b-x)^2)\mathrm{d}x\right|$$
$$\leqslant \frac{M}{8}\int_a^b ((x-a)^2 + (x-b)^2)\mathrm{d}x \leqslant \frac{M}{12}(b-a)^3.$$

此即为要证明的不等式.

例 3.53 已知函数 $f(x)$ 在区间 $[0,2]$ 上可导 $,f(0)=f(2)=1,|f'(x)|\leqslant 1$. 证明
$$1 \leqslant \int_0^2 f(x)\mathrm{d}x \leqslant 3.$$

证明 由题目中关于 $f(x)$ 的条件, 易知 $f(x)$ 在区间 $[0,1]$ 和 $[1,2]$ 上满足 Lagrange 中值定理的条件, 因此, 存在 $c_1 \in (0,1), c_2 \in (1,2)$, 使得
$$f(x) - f(0) = f'(c_1)x, \quad f(x) - f(2) = f'(c_2)(x-2).$$

由于 $f(0)=f(2)=1,|f'(x)|\leqslant 1$, 所以,
$$1-x \leqslant f(x) \leqslant 1+x, \quad x-1 \leqslant f(x) \leqslant 3-x.$$
于是,
$$\frac{1}{2} = \int_0^1 (1-x)\mathrm{d}x \leqslant \int_0^1 f(x)\mathrm{d}x \leqslant \int_0^1 (1+x)\mathrm{d}x = \frac{3}{2},$$
$$\frac{1}{2} = \int_1^2 (x-1)\mathrm{d}x \leqslant \int_1^2 f(x)\mathrm{d}x \leqslant \int_1^2 (3-x)\mathrm{d}x = \frac{3}{2}.$$
由以上两式, 并注意到
$$\int_0^2 f(x)\mathrm{d}x = \int_0^1 f(x)\mathrm{d}x + \int_1^2 f(x)\mathrm{d}x,$$
即可证明原不等式成立.

3. 利用 Cauchy 不等式证明积分不等式

已知函数 $f(x),g(x)$ 在区间 $[a,b]$ 上连续, 则成立 Cauchy 不等式 (习题 3.1 第 7 题)
$$\left(\int_a^b f(x)g(x)\mathrm{d}x\right)^2 \leqslant \int_a^b f^2(x)\mathrm{d}x \int_a^b g^2(x)\mathrm{d}x.$$

例 3.54　函数 $f(x)$ 在区间 $[0,1]$ 上可导, $f(0) = f(1) = 0$, 证明

$$\int_0^1 f^2(x)\mathrm{d}x \leqslant \frac{1}{4} \int_0^1 f'^2(x)\mathrm{d}x.$$

证明　由于 $f(0) = f(1) = 0$, 所以

$$f(x) = \int_0^x f'(t)\mathrm{d}t, \quad f(x) = \int_1^x f'(t)\mathrm{d}t, \quad x \in [0,1].$$

于是, 由 Cauchy 不等式, 得

$$f^2(x) = \left(\int_0^x f'(t)\mathrm{d}t \right)^2 \leqslant \int_0^x 1^2\mathrm{d}t \int_0^x f'^2(t)\mathrm{d}t \leqslant x \int_0^1 f'^2(t)\mathrm{d}t,$$

$$f^2(x) = \left(-\int_x^1 f'(t)\mathrm{d}t \right)^2 \leqslant \int_x^1 1^2\mathrm{d}t \int_x^1 f'^2(t)\mathrm{d}t \leqslant (1-x) \int_0^1 f'^2(t)\mathrm{d}t.$$

由此, 得 $\left(k = \int_0^1 f'^2(t)\mathrm{d}t \right)$

$$\int_0^{\frac{1}{2}} f^2(x)\mathrm{d}x \leqslant k \int_0^{\frac{1}{2}} x\mathrm{d}x = \frac{k}{8}, \quad \int_{\frac{1}{2}}^1 f^2(x)\mathrm{d}x \leqslant k \int_{\frac{1}{2}}^1 (1-x)\mathrm{d}x = \frac{k}{8}.$$

于是

$$\int_0^1 f^2(x)\mathrm{d}x = \int_0^{\frac{1}{2}} f^2(x)\mathrm{d}x + \int_{\frac{1}{2}}^1 f^2(x)\mathrm{d}x \leqslant \frac{1}{4} \int_0^1 f'^2(x)\mathrm{d}x.$$

即证.

例 3.55　证明 $0 \leqslant \int_0^{\frac{\pi}{2}} \sqrt{x} \cos x\mathrm{d}x \leqslant \sqrt{\dfrac{\pi^3}{32}}$.

证明　不等式左端是显然的, 下面证明不等式右端. 由 Cauchy 不等式, 得

$$\int_0^{\frac{\pi}{2}} \sqrt{x} \cos x\mathrm{d}x \leqslant \sqrt{\int_0^{\frac{\pi}{2}} x\mathrm{d}x} \sqrt{\int_0^{\frac{\pi}{2}} \cos^2 x\mathrm{d}x}.$$

而

$$\int_0^{\frac{\pi}{2}} x\mathrm{d}x = \frac{\pi^2}{8}, \quad \int_0^{\frac{\pi}{2}} \cos^2 x\mathrm{d}x = \frac{x}{2} + \frac{\sin 2x}{4} \bigg|_0^{\frac{\pi}{2}} = \frac{\pi}{4}.$$

于是,

$$0 \leqslant \int_0^{\frac{\pi}{2}} \sqrt{x} \cos x\mathrm{d}x \leqslant \sqrt{\frac{\pi^3}{32}}.$$

例 3.56 设 $f(x)$ 在区间 $[a,b]$ 上连续, $f(x) \geqslant 0$, $\int_a^b f(x)\mathrm{d}x = 1$. 证明

$$\left(\int_a^b f(x)\sin\lambda x\mathrm{d}x \right)^2 + \left(\int_a^b f(x)\cos\lambda x\mathrm{d}x \right)^2 \leqslant 1.$$

证明 由于 $f(x) \geqslant 0$, 所以, 由 Cauchy 不等式, 得

$$\left(\int_a^b f(x)\sin\lambda x\mathrm{d}x \right)^2 = \left(\int_a^b \sqrt{f(x)}(\sqrt{f(x)}\sin\lambda x)\mathrm{d}x \right)^2$$

$$\leqslant \int_a^b f(x)\mathrm{d}x \int_a^b f(x)\sin^2\lambda x\mathrm{d}x,$$

$$\left(\int_a^b f(x)\cos\lambda x\mathrm{d}x \right)^2 = \left(\int_a^b \sqrt{f(x)}(\sqrt{f(x)}\cos\lambda x)\mathrm{d}x \right)^2$$

$$\leqslant \int_a^b f(x)\mathrm{d}x \int_a^b f(x)\cos^2\lambda x\mathrm{d}x.$$

将以上两式相加, 即得

$$\left(\int_a^b f(x)\sin\lambda x\mathrm{d}x \right)^2 + \left(\int_a^b f(x)\cos\lambda x\mathrm{d}x \right)^2 \leqslant \left(\int_a^b f(x)\mathrm{d}x \right)^2 = 1.$$

因此, 原不等式成立.

4. 利用定积分的性质证明积分不等式

例 3.57 证明下列不等式:

(1) $\left| \int_n^{n+p} \sin x^2\mathrm{d}x \right| \leqslant \dfrac{1}{n}, p > 0$;　　　　(2) $\int_0^{\sqrt{2\pi}} \sin x^2\mathrm{d}x \geqslant 0$.

证明 (1) 由于

$$\int_n^{n+p} \sin x^2\mathrm{d}x = -\int_n^{n+p} \frac{1}{2x}\mathrm{d}\cos x^2 = -\frac{\cos x^2}{2x}\Big|_n^{n+p} - \frac{1}{2}\int_n^{n+p} \frac{\cos x^2}{x^2}\mathrm{d}x,$$

因此,

$$\left| \int_n^{n+p} \sin x^2\mathrm{d}x \right| \leqslant \frac{1}{2}\left(\frac{1}{n+p} + \frac{1}{n} \right) + \frac{1}{2}\int_n^{n+p} \frac{1}{x^2}\mathrm{d}x = \frac{1}{n}.$$

于是, 原不等式得证.

(2) 令 $x^2 = t$, 则

$$\int_0^{\sqrt{2\pi}} \sin x^2\mathrm{d}x = \int_0^{2\pi} \frac{\sin u}{2\sqrt{u}}\mathrm{d}u = \int_0^\pi \frac{\sin u}{2\sqrt{u}}\mathrm{d}u + \int_\pi^{2\pi} \frac{\sin u}{2\sqrt{u}}\mathrm{d}u$$

$$= \int_0^\pi \frac{\sin x}{2}\left(\frac{1}{\sqrt{x}} - \frac{1}{\sqrt{x+\pi}} \right)\mathrm{d}x \geqslant 0.$$

例 3.58   证明不等式 $\displaystyle\int_1^{\sqrt{3}} \frac{\sin x}{\mathrm{e}^x(1+x^2)}\mathrm{d}x \leqslant \frac{\pi}{12\mathrm{e}}$.

证明   根据题目中的条件, 显然

$$\frac{\sin x}{\mathrm{e}^x(1+x^2)} \leqslant \frac{1}{\mathrm{e}(1+x^2)}.$$

因此,

$$\int_1^{\sqrt{3}} \frac{\sin x}{\mathrm{e}^x(1+x^2)}\mathrm{d}x \leqslant \int_1^{\sqrt{3}} \frac{1}{\mathrm{e}(1+x^2)}\mathrm{d}x = \frac{1}{\mathrm{e}}\arctan x \bigg|_1^{\sqrt{3}} = \frac{\pi}{12\mathrm{e}}.$$

不等式得证.

例 3.59   证明不等式 $\dfrac{2\pi}{9} \leqslant \displaystyle\int_{\frac{1}{\sqrt{3}}}^{\sqrt{3}} x\arctan x\mathrm{d}x \leqslant \dfrac{4\pi}{9}$.

证明   由积分中值定理, 存在点 $c \in \left[\dfrac{1}{\sqrt{3}}, \sqrt{3}\right]$, 使得

$$\int_{\frac{1}{\sqrt{3}}}^{\sqrt{3}} x\arctan x\mathrm{d}x = \arctan c \int_{\frac{1}{\sqrt{3}}}^{\sqrt{3}} x\mathrm{d}x = \frac{4}{3}\arctan c.$$

由于 $\arctan x$ 在区间 $\left[\dfrac{1}{\sqrt{3}}, \sqrt{3}\right]$ 是单调增加函数, 所以 $\dfrac{\pi}{6} \leqslant \arctan c \leqslant \dfrac{\pi}{3}$. 代入上式, 即得

$$\frac{2\pi}{9} \leqslant \int_{\frac{1}{\sqrt{3}}}^{\sqrt{3}} x\arctan x\mathrm{d}x \leqslant \frac{4\pi}{9}.$$

例 3.60   设 $f(x)$ 在区间 $[0,1]$ 上单调不增的连续函数, 证明对任意 $a \in (0,1)$, 有

$$\int_0^a f(x)\mathrm{d}x \geqslant a \int_0^1 f(x)\mathrm{d}x.$$

证明   利用积分中值定理,

$$\int_0^a f(x)\mathrm{d}x - a \int_0^1 f(x)\mathrm{d}x = \int_0^a f(x)\mathrm{d}x - a \int_0^a f(x)\mathrm{d}x - a \int_a^1 f(x)\mathrm{d}x$$
$$= a(1-a)(f(c_1) - f(c_2)), \quad c_1 \in (0,a), \quad c_2 \in (a,1).$$

由于 $f(x)$ 单调不增, 所以 $f(c_1) - f(c_2) \geqslant 0$. 于是, 原不等式得证.

例 3.61   证明不等式 $\dfrac{2}{\sqrt[4]{\mathrm{e}}} \leqslant \displaystyle\int_0^2 \mathrm{e}^{x^2-x}\mathrm{d}x \leqslant 2\mathrm{e}^2$.

证明   设 $f(x) = \mathrm{e}^{x^2-x}, x \in [0,2]$. 由 $f'(x) = (2x-1)\mathrm{e}^{x^2-x} = 0$ 知, 函数 $f(x)$ 在区间 $(0,2)$ 内有唯一驻点 $x_0 = \dfrac{1}{2}$. 计算

$$f(0) = 1, \quad f(2) = \mathrm{e}^2, \quad f\left(\frac{1}{2}\right) = \frac{1}{\sqrt[4]{\mathrm{e}}}.$$

因此, $f(x)$ 的最小值为 $f\left(\dfrac{1}{2}\right)$, 最大值为 e^2. 根据定积分的性质,

$$\min_{x\in[0,2]}\{f(x)\}(2-0) \leqslant \int_0^2 e^{x^2-x}dx \leqslant \max_{x\in[0,2]}\{f(x)\}(2-0).$$

原不等式得证.

5. 其他方法证明积分不等式

例 3.62 设 $a>0, b>0, f(x)\geqslant 0$, 在 $[-a,b]$ 上连续, $\int_{-a}^b xf(x)dx=0$. 证明

$$\int_{-a}^b x^2 f(x)dx \leqslant ab\int_{-a}^b f(x)dx.$$

证明 根据题目中的条件, 可以得到

$$(b-x)(x+a)f(x)\geqslant 0 \quad (x\in[-a,b]).$$

因此, 有 $x^2 f(x)\leqslant abf(x)+(b-a)xf(x)$. 于是,

$$\int_{-a}^b x^2 f(x)dx \leqslant ab\int_{-a}^b f(x)dx + (b-a)\int_{-a}^b xf(x)dx = ab\int_{-a}^b f(x)dx.$$

例 3.63 已知 $f(x)=\int_x^{x+1}\sin e^t dt$, 证明 $e^x|f(x)|\leqslant 2$.

证明 设 $u=e^t$, 则

$$\begin{aligned}
f(x) &= \int_{e^x}^{e^{x+1}}\frac{1}{u}\sin u\,du = -\int_{e^x}^{e^{x+1}}\frac{1}{u}d\cos u \\
&= \frac{\cos e^x}{e^x} - \frac{\cos e^{x+1}}{e^{x+1}} - \int_{e^x}^{e^{x+1}}\frac{1}{u^2}\cos u\,du,
\end{aligned}$$

于是,

$$|f(x)| \leqslant \frac{1}{e^x} + \frac{1}{e^{x+1}} + \int_{e^x}^{e^{x+1}}\frac{1}{u^2}du = \frac{2}{e^x}.$$

故原不等式成立.

习 题 3.5

1. 求下列各组曲线所围成图形的面积:

(1) $y=e^x, y=e$ 与 $x=0$;

(2) $y=\dfrac{1}{x}$ 与直线 $y=x$ 及 $x=2$;

(3) $y = 4 - x^2$ 与直线 $x = 4, x = 0, y = 0$;

(4) $y = \mathrm{e}^x, y = \mathrm{e}^{-x}$ 与直线 $x = 1$.

2. 直线段 $y = \dfrac{k}{h}x\ (0 \leqslant x \leqslant h)$ 绕 x 轴旋转一周所形成锥体的体积.

3. $y = \sin x, y = 0\ (0 \leqslant x \leqslant \pi)$ 分别绕 x 轴和 y 轴旋转一周形成立体的体积.

4. 求下列平面曲线的弧长:

(1) $y = \ln x, \sqrt{3} \leqslant x \leqslant \sqrt{8}$;

(2) $x = \mathrm{e}^t \sin t, y = \mathrm{e}^t \cos t, 0 \leqslant t \leqslant 1$;

(3) $y = \dfrac{\mathrm{e}^x + \mathrm{e}^{-x}}{2}, 0 \leqslant x \leqslant a$.

5. 一金属棒长 3m, 点 x 处的线密度为 $\rho(x) = \dfrac{1}{\sqrt{x+1}}(\mathrm{kg/m})$, 问 x 为何值时, $[0, x]$ 一段的质量为全棒质量的一半.

6. 在一个带 $+q$ 的电荷所产生的电场作用下, 一个单位正电荷沿直线从距离点电荷 a 处移动到 b 处 $(a < b)$, 求电场力所做的功.

7. 洒水车上的水箱是一个横放的椭圆柱体, 其顶部面的长、短半轴分别为 bm 和 am, 试就下列两种情况分别计算水箱顶部面所受的压力 (水密度为 ρ).

(1) 当水装满时;

(2) 当水刚好半箱时.

*8. 设 $f(x)$ 在 $[a, b]$ 上连续, 证明 $\left(\displaystyle\int_a^b f(x)\mathrm{d}x \right)^2 \leqslant (b - a) \displaystyle\int_a^b f^2(x)\mathrm{d}x$.

*9. 设 $f(x)$ 在 $[a, b]$ 上连续, 且 $f(x) > 0$, 证明 $\displaystyle\int_a^b f(x)\mathrm{d}x \displaystyle\int_a^b \dfrac{\mathrm{d}x}{f(x)} \geqslant (b - a)^2$.

*10. 设 $f(x)$ 在 $[0, 1]$ 上连续, 且 $\displaystyle\int_0^1 xf(x)\mathrm{d}x = \displaystyle\int_0^1 f(x)\mathrm{d}x$, 证明存在 $\xi \in (0, 1)$, 使得

$$\int_0^\xi f(x)\mathrm{d}x = 0.$$

*11. 设 $f(x)$ 在 $[a, b]$ 上二阶可导, 且 $f''(x) < 0$, 证明

$$\int_a^b f(x)\mathrm{d}x \leqslant (b - a)f\left(\dfrac{a + b}{2} \right).$$

*12. 设 $f(x)$ 在 $[0, 1]$ 上有连续的一阶导数, 且 $f(0) = f(1) = 0$, 证明

$$\int_0^1 |f(x)|\mathrm{d}x \leqslant \dfrac{M}{4}, \quad M = \max_{0 \leqslant x \leqslant 1} |f'(x)|.$$

*13. 设 $f(x)$ 在 $[a, b]$ 上具有连续导数, 且 $f(a) = f(b) = 0, \displaystyle\int_a^b f^2(x)\mathrm{d}x = 1$, 证明

$$\int_a^b (f'(x))^2\mathrm{d}x \int_a^b x^2 f^2(x)\mathrm{d}x \geqslant \dfrac{1}{4}.$$

*14. 设函数 $f(x)$ 在 $[0, 2]$ 上连续, 在 $(0, 2)$ 上可导, 且 $\dfrac{9}{4} \displaystyle\int_{\frac{2}{3}}^2 xf(x)\mathrm{d}x = f\left(\dfrac{1}{3} \right)$, 证明至少存在一点 ξ, 使 $f'(\xi) = -\dfrac{f(\xi)}{\xi}$.

*15. 设 $f(x)$ 在 $[0,1]$ 上连续可导, 且 $f(0) = 0, f(1) = 1$, 证明

$$\int_0^1 |f'(x) - f(x)|\mathrm{d}x \geqslant \frac{1}{\mathrm{e}}.$$

3.6 思考与拓展

问题 3.1: 不定积分.

(1) 函数的原函数. 尽管相当多函数的原函数可以用初等函数表示出来, 但并不是所有的原函数都能够实现的. 例如, 不定积分

$$\int \frac{1}{\ln x}\mathrm{d}x, \quad \int \frac{\sin x}{x}\mathrm{d}x, \quad \int \mathrm{e}^{x^2}\mathrm{d}x, \quad \int \sin x^2\mathrm{d}x$$

等. 特别指出, 以下三种椭圆积分也不能表示成初等函数:

$$\int \frac{\mathrm{d}\phi}{\sqrt{1 - k^2 \sin^2 \phi}}, \quad \int \sqrt{1 - k^2 \sin^2 \phi}\mathrm{d}\phi, \quad \int \frac{\mathrm{d}\phi}{(1 + k^2 \sin^2 \phi)\sqrt{1 - k^2 \sin^2 \phi}},$$

其中 $k \in (0,1)$.

(2) 不定积分的表示形式不是唯一的. 由于计算方法的不同, 会导致不定积分表示形式的不同. 例如, 不定积分 $\int \sin x \cos x\mathrm{d}x$, 利用换元法, 得到

$$\int \sin x \cos x\mathrm{d}x = \frac{1}{2}\sin^2 x + C = -\frac{1}{2}\cos^2 x + C,$$

利用三角函数的倍角公式, 得

$$\int \sin x \cos x\mathrm{d}x = -\frac{1}{4}\cos 2x + C.$$

利用 $F'(x) = f(x)$ 不难验证, 上述两个结果都是正确的.

问题 3.2: 不定积分与定积分的差异与联系.

就定义而言, 区间 $[a,b]$ 上函数 $f(x)$ 的不定积分 $\int f(x)\mathrm{d}x$ 是其原函数的一般表达式, 是一函数族, 而定积分 $\int_a^b f(x)\mathrm{d}x$ 是 Riemann 和 $R = \sum_{i=1}^n f(\xi)\Delta x_i$ 当 $\lambda \to 0$ 时的极限, 它是一个常数.

就概念产生的背景而言, 原函数与不定积分是为了研究逆运算提出的, 即求原函数与求导是互逆运算. 定积分是根据研究面积与路程等实际问题的需要建立起来的, 微分 (微元)$f(x)\mathrm{d}x$ 与定积分之间则是局部与整体的关系 (简单地讲, 定积分是无穷多个微元之 "和").

定积分与不定积分存在的条件不同.

(1) 区间 $[a,b]$ 上的可积函数 $f(x)$ 未必有原函数. 例如, 函数 $f(x) = \begin{cases} 1, & x>0, \\ 0, & x=0, \\ 1, & x<0 \end{cases}$

在区间 $[-1,1]$ 上有界, 且只有一个间断点, 因此, 根据定积分存在的条件, 它是可积的. 但它不存在原函数. 事实上, 设 $F(x) = \displaystyle\int_0^x f(x)\mathrm{d}x$, 则 $F(x) = |x|$, 它在 $x=0$ 处不可导. 如果 $f(x)$ 在 $[-1,1]$ 上存在原函数 (不妨记为 $G(x)$), 那么, 根据原函数的定义, $G(x)$ 在 $[-1,1]$ 上必可导, 且 $G'(x) = f(x)$. 因此, 在 $(0,1)$ 上应有 $G(x) = x + C_1$, 在 $(-1,0)$ 上应有 $G(x) = -x + C_2$. 由 $G(x)$ 的连续性, $G(0-0) = G(0+0)$, 得 $C_1 = C_2 = 0$, 即 $G(x) = |x| = F(x)$, 但 $F(x)$ 在 $x=0$ 处不可导.

(2) 函数 $f(x)$ 在 $[a,b]$ 上存在原函数, 但 $f(x)$ 未必可积. 例如, 定义在 $[-1,1]$ 上的函数

$$f(x) = \begin{cases} 2x\sin\dfrac{1}{x^2} - \dfrac{2}{x}\cos\dfrac{1}{x^2}, & x \neq 0, \\ 0, & x=0 \end{cases}$$

在 $x=0$ 处不连续, 在 $x=0$ 的邻域内无界, 因此, 该函数在区间 $[-1,1]$ 上定积分不存在. 但该函数存在原函数

$$F(x) = \begin{cases} x^2 \sin\dfrac{1}{x^2}, & x \neq 0, \\ 0, & x=0. \end{cases}$$

如果函数 $f(x)$ 在区间 $[a,b]$ 上连续, 则变上限函数 $\Phi(x) = \displaystyle\int_a^x f(x)\mathrm{d}x$ 具有双重身份, 既是定积分, 又是原函数. 这种双重身份建立了不定积分与定积分之间联系的桥梁, 并为定积分的计算提供了有效的工具, 构建了重要的微积分基本定理 ——Newton-Leibniz 公式.

再如, 符号函数

$$\mathrm{sgn}x = \begin{cases} 1, & x > 0, \\ 0, & x = 0, \\ -1, & x < 0 \end{cases}$$

在 $[-1,1]$ 上可积, 因为它只有一个第一类间断点. 但该函数不存在原函数 (请读者证明).

通过这两个问题, 应该注意数学的严谨性. 仅凭直觉, 往往会得出未必可靠的结论, 要把直觉上升到严谨的数学理论, 必须严格加以论证. 有时候, 这种验证也可以通过寻找反例以否定由直觉得到结论的正确性. 这是研究和学习数学的一种重要方法.

问题 3.3: 定积分是一种新型的极限.

数列极限 $\lim\limits_{n\to\infty} u_n$ 考虑的是 u_n 在 $n\to\infty$ 时的变化状态, 其中 u_n 是由 n 唯一确定的; 函数 $\lim\limits_{x\to x_0} f(x)$ 考虑的是函数 $f(x)$ 在 $x\to x_0$ 时的变化状态, 其中 $f(x)$ 由 x 唯一确定. 而在定积分定义中, Riemann 和 $R=\sum\limits_{i=1}^{n} f(\xi_i)\Delta x_i$ 的极限 $\lim\limits_{\lambda\to 0} R$ 中, R 并不是由 λ 唯一确定. 事实上, 对于每一个 λ, 不仅区间的分法有无穷多种, 而且对每一种分法, 点 $\xi_i \in [x_{i-1}, x_i]$ 的选取方法也有无穷多种. 因此, R 不是 λ 的函数, 从而 Riemann 和的极限不同于数列或函数的极限. 在拓扑学中, 往往采用点网来推广数列的概念, 可对这种新的极限给出准确的描述.

这里仅指出, Riemann 和 R 的极限的存在性有类似于数列或函数的极限的基本描述: 当 λ 充分小时, $|R-A|<\varepsilon$ ($\varepsilon>0$ 是事先给定的数, A 是常数). 同时, R 的极限有更多的要求, 对这种充分小的 λ, 必须考虑对应的所有分法和每一个分法中任意的点 ξ_i 的选取, 使得 $|R-A|<\varepsilon$.

问题 3.4: 换元积分.

(1) 不定积分的换元包括两种情形: 一是"重组换元", 即重组

$$f(x)\mathrm{d}x = F(g(x))\mathrm{d}g(x),$$

令 $u=g(x)$ 即可; 二是对一些特殊的不定积分的直接换元. 例如, 积分

$$\int \frac{1}{\sqrt{x}+\sqrt[3]{x}}\mathrm{d}x, \quad t=\sqrt[6]{x}.$$

对第二类换元方法, 一定要注意换元之后, 应保证积分变量 x 的范围不能有变化. 例如, 令 $x=t^2$, 则积分

$$I=\int |x|\mathrm{d}x = 2\int t^3\mathrm{d}t = \frac{x^2}{2}+C.$$

此题的解法是错误的, 原因在于被积函数 $f(x)=|x|$ 的定义域为 $(-\infty, +\infty)$, 而换元之后, 将 x 限制在区间 $[0, +\infty)$ 上了, 这是不允许的. 此外, 对第二类换元法, 还需要考虑它的逆变换在相应区间上的存在性. 例如, 积分 $\int \frac{1}{\sqrt{x^2-1}}\mathrm{d}x$, 如果引入变换 $x=\sec t$, 则应限制 $t\in\left(0, \frac{\pi}{2}\right)$.

(2) 定积分的换元法. 不定积分的换元的主要目的是通过换元, 得到被积函数的原函数的一般表示式. 定积分的换元目的是求出积分值, 它换元的同时, 要相应变换积分的上限、下限, 将原积分变换成一个积分值相等的新积分. 所以, 定积分经过换元后, 不必再去关心原来被积函数的原函数, 也不必关心原来被积函数是否存在原函数等问题. 这是不定积分的换元与定积分的换元的区别. 当然, 对积分

$\displaystyle\int_a^b f(x)\mathrm{d}x$, 引进变换 $x = \phi(t)$ 后, 需要求使 $f(x)$ 连续的区间 I 包含 $\phi(t)$ 的值域.

例如, 积分 $I = \displaystyle\int_0^{\frac{1}{2}} \sqrt{1-x^2}\mathrm{d}x$, 引入变换 $x = \sin t\ \left(0 \leqslant t \leqslant \dfrac{\pi}{6}\right)$, 则

$$I = \int_0^{\frac{\pi}{6}} |\cos t|\cos t\,\mathrm{d}t = \frac{1}{2}\left(1 + \frac{1}{2}\sin 2t\right)\Big|_0^{\frac{\pi}{6}} = \frac{\pi}{12} + \frac{\sqrt{3}}{8}.$$

需要注意的是, 有些定积分的计算必须要利用换元积分技巧才能解决问题. 例如, 积分 $I = \displaystyle\int_0^{\frac{\pi}{4}} \ln(1+\tan x)\mathrm{d}x$, 作换元 $x = \dfrac{\pi}{4} - t$, 则

$$I = -\int_{\frac{\pi}{4}}^0 \ln\left(1 + \frac{1-\tan t}{1+\tan t}\right)\mathrm{d}t = \int_0^{\frac{\pi}{4}} \ln\frac{2}{1+\tan t}\mathrm{d}t = \frac{\pi}{4}\ln 2 - I,$$

因此 $I = \dfrac{\pi}{8}\ln 2$.

(3) 定积分换元中容易出现的错误. 在利用换元计算定积分时, 一定要注意积分上限、下限的正确替换, 以及所作变换是否满足换元积分法的条件. 对开方所取得的量, 应首先加上绝对值, 再由积分区间确定其正负以保证其值非负. 例如, 下列积分的计算是错误的:

$$I = \int_0^\pi \frac{\sec^2 x}{\sec^2 x + \tan^2 x}\mathrm{d}x = \int_0^\pi \frac{\mathrm{d}\tan x}{1+2\tan^2 x} = \frac{1}{\sqrt{2}}\arctan(\sqrt{2}x)\Big|_0^\pi = 0.$$

因为积分区间包含点 $x = \dfrac{\pi}{2}$, 而 $\tan x$ 在该点间断, 所以 $F(x) = \dfrac{1}{\sqrt{2}}\arctan(\sqrt{2}x)$ 不是被积函数在区间 $[0,\pi]$ 上的原函数, 自然也就不能以 $F(x)$ 利用 Newton-Leibniz 公式计算该积分.

复习题 3

1. 已知可导函数 $f(x)$ 满足 $f(x) = 1 + \dfrac{1}{x}\displaystyle\int_1^x f(t)\mathrm{d}t\ (x>0)$, 求 $f(x)$.

2. 已知曲线 $y = ax^2 + bx + c$ 过原点. 当 $0 \leqslant x \leqslant 1$ 时, $y \geqslant 0$. 该抛物线与 x 轴及 $x = 1$ 所围图形的面积为 $\dfrac{1}{3}$. 求 a, b, c 使此图形绕 x 轴旋转一周生成的旋转体的体积最小.

3. 计算下列各题:

(1) $\displaystyle\int_0^{\frac{\pi}{2}} \frac{\sin x\cos x}{a^2\cos^2 x + b^2\sin^2 x}\mathrm{d}x, b > a > 0$;

(2) 已知二阶可导函数 $f(x)$ 满足 $f(\pi) = 2, \displaystyle\int_0^\pi (f(x) + f''(x))\sin x\,\mathrm{d}x = 5$, 求 $f(0)$.

4. 证明下列不等式:

(1) $2 \leqslant \int_{-1}^{1} \sqrt{1 + x^4}\mathrm{d}x \leqslant 2\sqrt{2}$; (2) $\dfrac{1}{2} \leqslant \int_{0}^{\frac{1}{2}} \dfrac{1}{\sqrt{1 - x^n}}\mathrm{d}x \leqslant \dfrac{\pi}{6}(n > 2)$.

5. 求下列极限:

(1) $\lim\limits_{x \to +\infty} \dfrac{\displaystyle\int_{0}^{x} \dfrac{1}{\sqrt[3]{x^3 + 5x^2 + 2}}\mathrm{d}x}{\ln x}$; (2) $\lim\limits_{x \to +\infty} \dfrac{1}{x} \displaystyle\int_{0}^{x} |\sin t|\mathrm{d}t$.

6. 设 $f(x)$ 可导, $f(0) = 0, F(x) = \displaystyle\int_{0}^{x} t^{n-1}f(x^n - t^n)\mathrm{d}t$, 证明 $\lim\limits_{x \to 0} \dfrac{F(x)}{x^{2n}} = \dfrac{1}{2n}f'(0)$.

7. 已知函数 $f(x)$ 在区间 $[a, b]$ 上二阶可导, $f'(x) > 0, f''(x) > 0$. 证明

$$(b - a)f(a) < \int_{a}^{b} f(x)\mathrm{d}x < \frac{b - a}{2}(f(a) + f(b)).$$

8. 设函数 $f(x)$ 在区间 $[a, b]$ 上一阶可导, 且 $f(a) = 0$. 证明

$$\int_{a}^{b} f^2(x)\mathrm{d}x \leqslant \frac{(b - a)^2}{2} \int_{a}^{b} f'^2(x)\mathrm{d}x.$$

9. 已知 $F(x)$ 为 $f(x)$ 的原函数, $x \geqslant 0, f(x)F(x) = \dfrac{x\mathrm{e}^x}{2(1 + x)^2}, F(0) = 1, F(x) > 0$. 求 $F(x)$.

10. 问 a, b, c 为何值时, $\lim\limits_{x \to 0} \dfrac{1}{\sin x - ax} \displaystyle\int_{b}^{x} \dfrac{t^2}{\sqrt{1 + t^2}}\mathrm{d}t = c$.

11. 设连续函数 $f(x)$ 满足 $F(x) = \displaystyle\int_{0}^{x} (x - 2t)f(t)\mathrm{d}t$, 证明

(1) 若 $f(x) = f(-x)$, 则 $F(x) = F(-x)$;

(2) 若 $f(x)$ 单调减少, 则 $F(x)$ 单调增加.

12. 设函数 $f(x)$ 在区间 $[0, 1]$ 上一阶可导, $f(1) - f(0) = 1$, 证明 $\displaystyle\int_{0}^{1} f'^2(x)\mathrm{d}x \geqslant 1$.

13. 设函数 $f(x)$ 在区间 $(-a, a)$ 上连续, $a > 0, f'(0) \neq 0$.

(1) 证明存在 $\theta \in (0, 1)$ 使 $\displaystyle\int_{0}^{x} f(t)\mathrm{d}t + \int_{0}^{-x} f(t)\mathrm{d}t = x(f(\theta x) - f(-\theta x))$;

(2) 求 $\lim\limits_{x \to 0} \theta$.

14. 已知函数 $f(x)$ 在区间 $[0, 1]$ 上连续, $0 < m \leqslant f(x) \leqslant M$. 证明

$$\int_{0}^{1} f(x)\mathrm{d}x \int_{0}^{1} \frac{1}{f(x)}\mathrm{d}x \leqslant \frac{(M + m)^2}{4Mm}.$$

15. 设函数 $f(x)$ 连续, $f(1) = 1, \displaystyle\int_{0}^{x} tf(2x - t)\mathrm{d}t = \dfrac{1}{2}\arctan x^2$, 求 $\displaystyle\int_{1}^{2} f(x)\mathrm{d}x$.

16. 已知 $f(x)$ 连续, $\displaystyle\int_{0}^{x} tf(x - t)\mathrm{d}t = \int_{0}^{x} \sin t\mathrm{d}t$, 求 $\displaystyle\int_{0}^{\frac{\pi}{2}} f(x)\mathrm{d}x$.

17. 设 $f(x)$ 在 $[0,1]$ 连续, $f(0) = 3$, 且对任意的 $x, y \in [0,1]$, 成立 $|f(x) - f(y)| \leqslant |x - y|$. 估计 $\displaystyle\int_0^1 f(x)\mathrm{d}x$.

18. 设 $f(x)$ 在 $(0, +\infty)$ 上可导, $f(1) = \dfrac{5}{2}$, 对所有 $x \in (0, +\infty), t \in (0, +\infty)$, 均有 $\displaystyle\int_1^{xt} f(u)\mathrm{d}u = t \int_1^x f(u)\mathrm{d}u + x \int_1^t f(u)\mathrm{d}u$, 求 $f(x)$.

19. 已知 $f(x)$ 连续, 且 $\displaystyle\int_0^{2x} x f(t)\mathrm{d}t + 2 \int_x^0 t f(2t)\mathrm{d}t = 2x^3(x-1)$. 求 $f(x)$ 在 $[0,2]$ 上的最值.

20. 设 $f(x)$ 可导, 且有

$$f'(x) + x f'(x-1) = 4, \qquad \int_0^1 f(xt)\mathrm{d}t + \int_0^x f(t-1)\mathrm{d}t = x^3 + x^2 + 2x.$$

求 $f(x)$.

21. 设 $f(x)$ 在 $[0,1]$ 上有二阶连续导数, 证明

$$\int_0^1 f(x)\mathrm{d}x = \frac{1}{2}(f(0) + f(1)) - \frac{1}{2}\int_0^1 x(1-x)f''(x)\mathrm{d}x.$$

22. 设函数 $f(x)$ 在区间 $[0,1]$ 上一阶可导, 证明对任意的 $x \in [0,1]$, 有

$$|f(x)| \leqslant \int_0^1 (|f(t)| + |f'(t)|)\mathrm{d}t.$$

23. 设 $f(x)$ 在 $[-1,1]$ 上连续, 证明 $\displaystyle\lim_{h \to 0^+} \int_{-1}^1 \frac{h}{h^2 + x^2} f(x)\mathrm{d}x = \pi f(0)$.

24. 设函数 $f(x)$ 在 $[0, 2\pi]$ 上的导数连续, $f'(x) \geqslant 0$. 证明对任意自然数 n, 有

$$\left| \int_0^{2\pi} f(x)\sin nx \,\mathrm{d}x \right| \leqslant \frac{2}{n}[f(2\pi) - f(0)].$$

第 4 章　常微分方程

　　常微分方程是现代数学的一个重要分支, 在自然科学领域和经济社会科学领域, 都有十分重要的应用, 已成为我们认识客观世界的一个重要手段. 建立微分方程要用到导数的概念, 求解微分方程则要用到积分的知识. 因此微分方程是微积分的一个综合运用.

4.1　常微分方程的基本概念

4.1.1　实例

　　先看以下几个实例, 它们都与函数的变化率 (即导数) 有关.

　　实例 1　已知平面上一条曲线 $y = y(x)$ 通过点 $(\pi, -1)$, 且该曲线上任何一点 (x, y) 处的切线的斜率为 $\cos x$, 求该曲线方程.

　　根据题意及导数的几何意义, 容易得到曲线 $y = y(x)$ 满足

$$\frac{\mathrm{d}y}{\mathrm{d}x} = \cos x \tag{4.1}$$

和条件

$$y(\pi) = -1. \tag{4.2}$$

容易验证 $y = \sin x + C$ 满足式 (4.1), 再代入条件 (4.2) 得 $C = -1$. 因此, 该曲线方程为 $y = \sin x - 1$.

　　实例 2　质量为 m 的物体在重力作用下自由下落, 已知物体下落 $(t = 0)$ 时的初始位置为 s_0, 初始速度为 v_0, 若不计空气阻力, 求物体下落时路程随时间的变化规律.

　　由 Newton 定律, 物体运动规律 $s = s(t)$ 应满足 $F = m\dfrac{\mathrm{d}^2 s}{\mathrm{d}t^2}$. 而 $F = mg$ (g 为重力加速度), 所以

$$\frac{\mathrm{d}^2 s}{\mathrm{d}t^2} = g, \tag{4.3}$$

$$t = 0 : s(t) = s_0, \quad s'(t) = v_0. \tag{4.4}$$

注意到, 函数 $s(t) = \dfrac{1}{2}gt^2 + C_1 t + C_2$ 满足式 (4.3), 这里 C_1, C_2 是任意常数. 因此, 由条件 (4.4), 即得 $C_1 = v_0, C_2 = s_0$. 于是

$$s(t) = \frac{1}{2}gt^2 + v_0 t + s_0.$$

将形如式 (4.1) 和式 (4.3) 的含未知函数微分 (或导数) 的等式称为常微分方程, 其精确定义如下.

定义 4.1　设变量 y 是自变量 x 的函数, 将自变量 x 和变量 y 及其直到 n 阶导数 (或微分) 联系起来的等式

$$F(x, y, y', y'', \cdots, y^{(n)}) = 0 \tag{4.5}$$

称为**常微分方程**, 其中出现的未知函数导数的最高阶数 n 称为方程的**阶**, 这时称方程 (4.5) 为 n 阶常微分方程.

需要说明的是, n 阶微分方程可以不含 $x, y, y', \cdots, y^{(n-1)}$ 等项, 但一定要含 $y^{(n)}$ 项. 以下是几个著名的常微分方程:

(1) Bessel[①](贝塞尔) 方程 $z^2 u''(z) + z u'(z) + (z^2 - a^2) u = 0$, 这是二阶常微分方程;

(2) D'Alembert[②](达朗贝尔) 方程 $y = x f(y') + g(y')$, 这是一阶常微分方程;

(3) Bernoulli[③](伯努利) 方程 $\dfrac{\mathrm{d}y}{\mathrm{d}x} + p(x) y = q(x) y^n$ $(n \neq 0, n \neq 1)$, 这是一阶常微分方程;

(4) Euler 方程 $x^n y^{(n)} + a_1 x^{n-1} y^{(n-1)} + \cdots + a_{n-1} x y' + a_n y = 0$, 其中 $a_1, a_2, \cdots, a_n$ 为常数, 这是 n 阶常微分方程.

设 $y_1, y_2, \cdots, y_m$ 都是 x 的函数, 联系自变量 x 和变量 $y_1, y_2, \cdots, y_m$ 及其有限阶导数 (或微分) 的一组等式

$$\begin{cases} F_1(x, y_1, y_2, \cdots, y_m; y_1', y_2', \cdots, y_m'; \cdots; y_1^{(n)}, y_2^{(n)}, \cdots, y_m^{(n)}) = 0, \\ F_2(x, y_1, y_2, \cdots, y_m; y_1', y_2', \cdots, y_m'; \cdots; y_1^{(n)}, y_2^{(n)}, \cdots, y_m^{(n)}) = 0, \\ \qquad\qquad\qquad\qquad \cdots\cdots \\ F_m(x, y_1, y_2, \cdots, y_m; y_1', y_2', \cdots, y_m'; \cdots; y_1^{(n)}, y_2^{(n)}, \cdots, y_m^{(n)}) = 0 \end{cases} \tag{4.6}$$

称为**常微分方程组**.

常微分方程 (组) 的特征是, 不管未知函数有几个, 但自变量只有一个. 如果自变量多于一个时, 就称为偏微分方程 (组). 本书所讲的微分方程专指常微分方程.

4.1.2　基本概念

1. 解、通解与特解

研究微分方程的主要目的是求解微分方程, 并通过得到方程的解研究或解释自然现象或解决工程技术和经济社会等问题. 如果在定义区间 I 上存在函数 $y = \phi(x)$,

---

① Bessel (1784—1846), 德国数学家.
② D'Alembert (1717—1783), 法国数学家、物理学家.
③ Bernoulli (1654—1705), 瑞士数学家.

使对任意的 $x \in I, \phi(x)$ 具有直到 n 阶的连续导数, 且代入方程 (4.5) 使之成为恒等式, 则称函数 $y = \phi(x)$ 是方程 (4.5) 的**解**. 例如, $y = \sin x$ 是方程 (4.1) 的解, $s = \frac{1}{2}gt^2$ 是方程 (4.3) 的解.

同样地, 对微分方程组, 如果存在具有直到 n 阶连续导数的 m 个函数 $y_i = \phi_i(x)$ $(i = 1, 2, \cdots, m)$, 使对定义区间上任意的 x, 代入方程组 (4.6) 使之成为恒等式, 则称 $y_i = \phi_i(x)$ $(i = 1, 2, \cdots, m)$ 是方程组 (4.6) 的**解**.

对于 n 阶微分方程求解, 理论上讲, 可归结为逐次积分的过程, 每次积分都会出现一个任意常数, 因此, 在方程解的表达式中会出现 n 个相互独立的任意常数, 得到 $y = y(x, c_1, c_2, \cdots, c_n)$ 满足方程, 称这样的解为微分方程的**通解**[①], 不含任意常数的解称为微分方程的**特解**. 例如, $y = \sin x + C$ 是一阶微分方程 (4.1) 的通解, 而 $y = \sin x$ 为微分方程 (4.1) 的一个特解.

微分方程的特解 $y = \phi(x)$ 在几何上表示**一条积分曲线**, 通解 $y = \phi(x, C)$ 由于含有常数 C, 因此它表示一族积分曲线.

例 4.1 解答下列各题:

(1) 验证 $y = C_1\mathrm{e}^{-x} + C_2\mathrm{e}^{-4x}$ 是二阶微分方程

$$y'' + 5y' + 4y = 0$$

的通解;

(2) 求以 $x^5 - 2y = Cx$ 为通解的微分方程, 其中 C 为任意常数.

解 (1) 对 $y = C_1\mathrm{e}^{-x} + C_2\mathrm{e}^{-4x}$, 求 y' 和 y'', 得到

$$y' = -C_1\mathrm{e}^{-x} - 4C_2\mathrm{e}^{-4x}, \quad y'' = C_1\mathrm{e}^{-x} + 16C_2\mathrm{e}^{-4x}.$$

代入原方程, 有 $y'' + 5y' + 4y \equiv 0$. 另外, $y = C_1\mathrm{e}^{-x} + C_2\mathrm{e}^{-4x}$ 中含有 2 个相互独立的任意常数, 因此, $y = C_1\mathrm{e}^{-x} + C_2\mathrm{e}^{-4x}$ 是原方程的通解.

(2) 对 $x^5 - 2y = Cx$ 求导, 得 $5x^4 - 2y' = C$. 将此式代入前式, 消去常数 C 并化简, 得微分方程为

$$xy' - y - 2x^5 = 0.$$

2. 线性与非线性

在 n 阶微分方程 (4.5) 中, 如果 F 是未知函数 $y(x)$ 及其各阶导数 $y'(x), y''(x), \cdots,$ $y^{(n)}(x)$ 的线性函数, 则称方程 (4.5) 为**线性方程**. 否则称为**非线性方程**. 例如, 方程 (4.1) 和方程 (4.3)、Bessel 方程和 Euler 方程为线性微分方程, 而 D'Alembert 方程和 Bernoulli 方程为非线性微分方程.

[①] 通解定义中要求两点: 一是所含的任意常数的个数等于方程的阶数; 二是这些常数是相互独立的 (即相互之间不能合并).

本书主要讨论线性微分方程求解问题, 对非线性微分方程, 除了一些特殊的方程可通过初等的方法给出解的表达式, 一般是很难得到其解的.

3. 定解条件

在给定微分方程后, 为得到其特解, 通常需要另外提出附加条件. 这些附加条件称为**定解条件**. 例如, 方程 (4.2) 即为方程 (4.1) 的定解条件, 方程 (4.4) 即为方程 (4.3) 的定解条件.

定解条件分为**初始条件**和**边界条件**. 如果定解条件是在自变量的同一点处给定, 这样的条件称为初始条件; 如果在不同点处给定, 则称为边界条件. 例如, 条件 (4.2) 和条件 (4.4) 都是初始条件.

具有初始条件的微分方程称为 **Cauchy 问题**(也称**初值问题**), 具有边界条件的微分方程称为**边值问题**.

习 题 4.1

1. 求下列微分方程的阶, 并判断其是否是线性微分方程:

(1) $3x(y')^2 - 4y^2y' = 0$;

(2) $xy''' = e^x y'' - x^3 y + \sin x$;

(3) $(7x - 4y)\mathrm{d}x + (2x + y)\mathrm{d}y = 0$;

(4) $y'' = (y')^3 - 2xy' + \ln x$.

2. 验证下列各题中所给的函数是否是对应微分方程的解:

(1) $(y')^2 + y^2 - 1 = 0$, $y = \cos(x + 2014)$;

(2) $y'' + 4y' + 4y = 0$, $y = C_1 e^{-2x} + C_2 x e^{-2x}$, 其中 C_1, C_2 是任意常数;

(3) $(x - 2y)y' = 2x - y$, $x^2 - xy + y^2 = C$, C 为任意常数;

(4) $(xy - x)y'' + xy'^2 + yy' - 2y' = 0$, $y = \ln(xy)$.

3. 求出下列各题中给定的曲线族所满足的微分方程:

(1) $y = Cx - x^2$;

(2) $y = C_1 e^{2x} + C_2 x e^{2x}$;

(3) $(x - C)^2 + y^2 = 1$;

(4) $y = C_1 e^x \cos\sqrt{2}x + C_2 e^x \sin\sqrt{2}x$.

4.2 一阶常微分方程

一阶常微分方程的一般形式为

$$\frac{\mathrm{d}y}{\mathrm{d}x} = f(x, y), \tag{4.7}$$

也可以写为如下形式:

$$P(x, y)\mathrm{d}x + Q(x, y)\mathrm{d}y = 0.$$

需要指出的是, 并不是所有的一阶常微分方程都可以利用初等积分方法求其解的表达式, 例如, 方程 $\dfrac{\mathrm{d}y}{\mathrm{d}x} = e^{x^2 - y^2}$ 是不能利用初等积分方法求其解的. 因此, 下面讨论几类可求解的一阶微分方程.

4.2.1 可分离变量方程

如果微分方程 (4.7) 中的 $f(x, y)$ 为 $h(x)g(y)$ 型, 这样的方程称为**可分离变量方程**(也称为**变量可分离方程**). 这是因为它化为

$$\frac{1}{g(y)}\mathrm{d}y = h(x)\mathrm{d}x, \quad g(y) \neq 0$$

形式后, 变量 y 与 x 完全分离. 对上式两端直接积分

$$\int \frac{\mathrm{d}y}{g(y)} = \int h(x)\mathrm{d}x,$$

即可得其解.

例 4.2 求解微分方程 $y\mathrm{d}x - (x^2 - 4x)\mathrm{d}y = 0$.

解 原方程可化为

$$\frac{\mathrm{d}y}{y} = \frac{\mathrm{d}x}{x^2 - 4x} = \frac{1}{4}\left(\frac{1}{x-4} - \frac{1}{x}\right)\mathrm{d}x.$$

对上式两端积分, 得

$$\ln y = \frac{1}{4}\ln\left|\frac{x-4}{x}\right| + C_1,$$

这里 C_1 为积分常数. 于是, 得微分方程的解为

$$y = C\left(\frac{x-4}{x}\right)^{\frac{1}{4}}, \quad C \text{ 为任意常数.}$$

例 4.3 已知函数 $f(x)$ 连续, 且 $f(x) = \int_0^{2x} f\left(\frac{t}{2}\right)\mathrm{d}t + \ln 2$. 求 $f(x)$.

解 由 $f(x) = \int_0^{2x} f\left(\frac{t}{2}\right)\mathrm{d}t + \ln 2$ 得

$$f'(x) = 2f(x), \quad f(0) = \ln 2.$$

于是, $\dfrac{\mathrm{d}f(x)}{f(x)} = 2\mathrm{d}x$, 解之, 得

$$f(x) = C\mathrm{e}^{2x}.$$

由 $f(0) = \ln 2$, 得 $C = \ln 2$. 于是, 所求的函数为

$$f(x) = \mathrm{e}^{2x}\ln 2.$$

对于例 4.3 这一类题目, 应注意积分等式中所隐含的定解条件, 这往往根据定积分的性质来确定.

4.2.2　齐次方程

在一阶微分方程中, 有些方程可以通过适当的变量代换, 化为可分离变量方程, 齐次方程就是其中的一类. 如果方程 (4.7) 中的 $f(x, y)$ 可以改写为

$$f(x, y) = \phi \left(\frac{y}{x} \right) \quad \left(\text{例如}, f(x, y) = \frac{x^2 + y^2}{xy} = \frac{y}{x} + \frac{1}{\frac{y}{x}} \right),$$

则方程 (4.7) 即为

$$\frac{\mathrm{d}y}{\mathrm{d}x} = \phi \left(\frac{y}{x} \right).$$

这样的方程称为**齐次方程**. 此时, 设 $u = \frac{y}{x}$, 则由 $\frac{\mathrm{d}y}{\mathrm{d}x} = u + x \frac{\mathrm{d}u}{\mathrm{d}x}$, 齐次方程化为

$$x \frac{\mathrm{d}u}{\mathrm{d}x} = \phi(u) - u.$$

这是可分离变量方程

$$\frac{\mathrm{d}u}{\phi(u) - u} = \frac{\mathrm{d}x}{x}.$$

利用可分离变量方程求解 $u = u(x)$, 再代入 $u = \frac{y}{x}$ 即得原方程的解.

例 4.4　求方程

$$(x^2 + y^2)\mathrm{d}x = 2xy\mathrm{d}y$$

满足 $y(1) = 0$ 的解.

解　原方程可以变形为

$$\frac{\mathrm{d}y}{\mathrm{d}x} = \frac{1 + \left(\dfrac{y}{x} \right)^2}{2 \dfrac{y}{x}}.$$

令 $u = \frac{y}{x}$, 则

$$\frac{2u}{1 - u^2} \mathrm{d}u = \frac{1}{x} \mathrm{d}x.$$

两边积分, 得

$$-\ln(1 - u^2) = \ln x + C_1.$$

由此, 得 $Cx(1 - u^2) = 1$. 由于 $y(1) = 0$, 有 $C = 1$. 于是, 微分方程初值问题的解为

$$x^2 - y^2 = x.$$

对于方程

$$\frac{\mathrm{d}y}{\mathrm{d}x} = \frac{A_1 x + B_1 y + C_1}{A_2 x + B_2 y + C_2},$$

如果 $C_1 = C_2 = 0$ 时, 则该方程为齐次的. 否则为非齐次的, 但引入变换

$$x = X + h, \quad y = Y + k, \quad k, h \text{ 为待定常数},$$

有

$$\frac{\mathrm{d}Y}{\mathrm{d}X} = \frac{A_1 X + B_1 Y + A_1 h + B_1 k + C_1}{A_2 X + B_2 Y + A_2 h + B_2 k + C_2}.$$

如果 $\dfrac{A_1}{A_2} \neq \dfrac{B_1}{B_2}$, 那么方程组

$$A_1 h + B_1 k + C_1 = 0, \quad A_2 h + B_2 k + C_2 = 0$$

得到唯一的 h, k, 使得原方程化为

$$\frac{\mathrm{d}Y}{\mathrm{d}X} = \frac{A_1 X + B_1 Y}{A_2 X + B_2 Y}.$$

这就转化为齐次方程.

如果 $\dfrac{A_1}{A_2} = \dfrac{B_1}{B_2} = \lambda$, 那么

$$\frac{\mathrm{d}y}{\mathrm{d}x} = \frac{A_1 x + B_1 y + C_1}{\lambda(A_1 x + B_1 y) + C_2}.$$

引入变换 $v = A_1 x + B_1 y$, 则得到如下可分离变量方程

$$\frac{1}{B_1}\left(\frac{\mathrm{d}v}{\mathrm{d}x} - A_1\right) = \frac{v + C_1}{\lambda v + C_2}.$$

这一方法可以推广至如下类型的方程

$$\frac{\mathrm{d}y}{\mathrm{d}x} = f(u), \quad u = \frac{A_1 x + B_1 y + C_1}{A_2 x + B_2 y + C_2}.$$

例 4.5 求解方程 $(2x + y - 4)\mathrm{d}x + (x + y - 1)\mathrm{d}y = 0$.

解 令 $x = X + h, y = Y + k$, 得

$$(2X + Y + 2h + k - 4)\mathrm{d}X + (X + Y + k + h - 1)\mathrm{d}Y = 0.$$

由方程组 $2h + k - 4 = 0, h + k - 1 = 0$ 解得 $h = 3, k = -2$. 因此, 令 $x = X + 3$, $y = Y - 2$, 原方程化为

$$\frac{\mathrm{d}Y}{\mathrm{d}X} = -\frac{2X + Y}{X + Y}.$$

令 $u = \dfrac{Y}{X}$, 得

$$-\frac{u + 1}{u^2 + 2u + 2}\mathrm{d}u = \frac{\mathrm{d}X}{X}.$$

解得 $Y^2 + 2XY + 2X^2 = C$. 因此, 原方程的解为

$$2x^2 + 2xy + y^2 - 8x - 2y = C.$$

4.2.3 一阶线性微分方程

形如

$$\frac{\mathrm{d}y}{\mathrm{d}x} + p(x)y = q(x) \tag{4.8}$$

的方程称为**一阶线性微分方程**, 其中 $p(x), q(x)$ 为已知连续函数. 若 $q(x) \equiv 0$, 则称为**齐次线性方程**, 否则称为**非齐次线性方程**.

下面利用**常数变易法**求得一阶线性方程 (4.8) 的通解表达式为

$$y = \left(C + \int q(x)\mathrm{e}^{\int p(x)\mathrm{d}x}\mathrm{d}x \right) \mathrm{e}^{-\int p(x)\mathrm{d}x}. \tag{4.9}$$

由于齐次方程

$$y' + p(x)y = 0$$

是可分离变量方程, 所以利用分离变量的求解方法, 得到它的通解为

$$y = C\mathrm{e}^{-\int p(x)\mathrm{d}x}.$$

令

$$y = C(x)\mathrm{e}^{-\int p(x)\mathrm{d}x}$$

是方程 (4.8) 的解, 其中 $C(x)$ 待定. 将上式代入方程 (4.8), 经计算, 得

$$C'(x) = q(x)\mathrm{e}^{\int p(x)\mathrm{d}x}.$$

直接积分上式, 有

$$C(x) = \int q(x)\mathrm{e}^{\int p(x)\mathrm{d}x}\mathrm{d}x + C.$$

至此, 即得到一阶非齐次线性微分方程 (4.8) 的通解公式 (4.9).

分析式 (4.9), 可以发现一阶非齐次线性微分方程的通解由两部分组成: 一部分为齐次线性微分方程的通解; 另一部分为非齐次线性微分方程的一个特解.

例 4.6 求方程 $y' + 2xy = 2x\mathrm{e}^{-x^2}$ 的通解.

解 这是一阶非齐次线性微分方程, 其中 $p(x) = 2x, q(x) = 2x\mathrm{e}^{-x^2}$, 代入公式 (4.9), 得

$$\begin{aligned} y &= \mathrm{e}^{-\int 2x\mathrm{d}x} \left(\int 2x\mathrm{e}^{-x^2}\mathrm{e}^{\int 2x\mathrm{d}x}\mathrm{d}x + C \right) \\ &= \mathrm{e}^{-x^2} \left(\int 2x\mathrm{e}^{-x^2}\mathrm{e}^{x^2}\mathrm{d}x + C \right) \\ &= \mathrm{e}^{-x^2}(x^2 + C). \end{aligned}$$

同理, 如下形式的一阶非齐次线性方程

$$\frac{\mathrm{d}x}{\mathrm{d}y} + p(y)x = q(y)$$

的通解表达式为

$$x = \left(C + \int q(y)\mathrm{e}^{\int p(y)\mathrm{d}y}\mathrm{d}y \right) \mathrm{e}^{-\int p(y)\mathrm{d}y}.$$

例 4.7　解方程 $\dfrac{\mathrm{d}y}{\mathrm{d}x} = \dfrac{1}{x+y}$.

解　将方程变形为

$$\frac{\mathrm{d}x}{\mathrm{d}y} - x = y.$$

这是关于 y 为自变量 x 为未知函数的线性方程, 因此, 其通解为

$$x = C\mathrm{e}^y - y - 1.$$

例 4.7 也可以引入代换 $u = x + y$, 化为可分离变量方程

$$\frac{u}{u+1}\mathrm{d}u = \mathrm{d}x.$$

与此同时, 例 4.7 也说明, 在一阶微分方程中, 一般不限定自变量与因变量的从属关系, 由此也可以把微分方程写为如下形式

$$p(x,y)\mathrm{d}x + q(x,y)\mathrm{d}y = 0$$

更具优势.

例 4.8　求满足 $f(x) + 2\displaystyle\int_0^x f(x)\mathrm{d}x = x^2$ 的可导函数 $f(x)$.

解　由 $f(x) + 2\displaystyle\int_0^x f(x)\mathrm{d}x = x^2$ 得

$$f'(x) + 2f(x) = 2x, \quad f(0) = 0.$$

由式 (4.9), 得

$$f(x) = C\mathrm{e}^{-2x} + x - \frac{1}{2}.$$

由 $f(0) = 0$, 得 $C = \dfrac{1}{2}$. 于是, 所求的函数为

$$f(x) = \frac{1}{2}\mathrm{e}^{-2x} + x - \frac{1}{2}.$$

4.2.4　Bernoulli 方程

形如

$$\frac{\mathrm{d}y}{\mathrm{d}x} + p(x)y = q(x)y^n \quad (n \neq 0, n \neq 1)$$

的方程称为 **Bernoulli 方程**. 当 $n \neq 0, n \neq 1$ 时, 这是非线性微分方程. 引入变换 $z = y^{1-n}$, 由于

$$\frac{\mathrm{d}z}{\mathrm{d}x} = (1-n)y^{-n}\frac{\mathrm{d}y}{\mathrm{d}x},$$

所以, 得

$$\frac{\mathrm{d}z}{\mathrm{d}x} + (1-n)p(x)z = (1-n)q(x).$$

这是一阶线性微分方程, 求出其解后, 以 y^{1-n} 代替 z 即可.

例 4.9　求方程 $\dfrac{\mathrm{d}y}{\mathrm{d}x} - 6\dfrac{y}{x} = -xy^2$ 的通解.

解　该方程 $n = 2$, 令 $z = y^{-1}$, 那么

$$\frac{\mathrm{d}z}{\mathrm{d}x} = -y^{-2}\frac{\mathrm{d}y}{\mathrm{d}x},$$

代入原方程, 得

$$\frac{\mathrm{d}z}{\mathrm{d}x} + \frac{6}{x}z = x,$$

则

$$z = \frac{C}{x^6} + \frac{x^2}{8}.$$

因此, 原方程的解为

$$8yC - 8x^6 + x^8y = 0.$$

本节最后需要说明的是, 有一些一阶微分方程通过引入变换后转化为可求解类型.

例 4.10　求解下列方程:

(1) $\dfrac{\mathrm{d}y}{\mathrm{d}x} = \dfrac{1}{x+y} + 1$;　　　　　　　(2) $xy' + y = y(\ln x + \ln y)$.

解　(1) 设 $u = x + y$, 则原方程化为

$$\frac{\mathrm{d}u}{\mathrm{d}x} = \frac{1+2u}{u}.$$

这是可分离变量方程, 其解为

$$\frac{1}{2}u - \frac{1}{4}\ln(1+2u) = x + C.$$

代入 $u = x + y$, 得到原方程的通解为 $\frac{1}{2}(y - x) - \frac{1}{4}\ln(1 + 2x + 2y) = C$.

(2) 设 $u = xy$, 则原方程化为

$$\frac{1}{u\ln u}\mathrm{d}u = \frac{\mathrm{d}x}{x}.$$

因此, 得 $\ln u = Cx$, 于是, 原方程的解为 $xy = \mathrm{e}^{Cx}$.

<h3 style="text-align:center">习 题 4.2</h3>

1. 求下列微分方程的通解:

(1) $y' = \mathrm{e}^y \cos x$;

(2) $y' = \mathrm{e}^{x+y}$;

(3) $\dfrac{\mathrm{d}x}{\mathrm{d}t} = \dfrac{t\sqrt{1+t^2}}{x\mathrm{e}^x}$;

(4) $\sec^2 x \tan y \mathrm{d}x + \sec^2 y \tan x \mathrm{d}y = 0$;

(5) $y' = \dfrac{\sqrt{1-y^2}}{\sqrt{1-x^2}}$;

(6) $y' = a(y^2 + y') + xy'$.

2. 求下列齐次微分方程的通解:

(1) $xy' = y + x\sin^2\dfrac{y}{x}$;

(2) $xy' - y - x\mathrm{e}^{\frac{y}{x}} = 0$;

(3) $(x^3 + y^3)\mathrm{d}x = 3xy^2\mathrm{d}y$;

(4) $\left(2x\sin\dfrac{y}{x} + 3y\cos\dfrac{y}{x}\right)\mathrm{d}x - 3x\cos\dfrac{y}{x}\mathrm{d}y = 0$.

3. 求下列非齐次微分方程的通解:

(1) $\dfrac{\mathrm{d}y}{\mathrm{d}x} + y = \mathrm{e}^{-x}$;

(2) $\dfrac{\mathrm{d}y}{\mathrm{d}x} + 2xy = 4x$;

(3) $xy' + y = x^2 + 3x + 2$;

(4) $y' + y\cos x = \mathrm{e}^{-\sin x}$;

(5) $y'\cos x = y\sin x + \sin 2x$;

(6) $\cos^2 t\dfrac{\mathrm{d}y}{\mathrm{d}t} - y - \tan t = 0$.

4. 求下列 Bernoulli 方程的通解:

(1) $\dfrac{\mathrm{d}y}{\mathrm{d}x} - 3xy = xy^2$;

(2) $\dfrac{\mathrm{d}y}{\mathrm{d}x} + y = y^2(\cos x - \sin x)$;

(3) $x\dfrac{\mathrm{d}y}{\mathrm{d}x} + 2y = \dfrac{y^3}{x}$;

(4) $x\mathrm{d}y - (y + xy^3(1 + \ln x))\mathrm{d}x = 0$.

5. 设函数 $f(x)$ 具有一阶连续导数, 且满足 $f(x) = \int_0^x (x^2 - t^2)f'(t)\mathrm{d}t + x^2$, 求 $f(x)$.

6. 函数 $y = y(x)$ 由参数方程 $\begin{cases} x = x(t), \\ y = \displaystyle\int_0^{t^2}\ln(1+s)\mathrm{d}s \end{cases}$ 确定, 其中 $x = x(t)$ 是初值问题

$\begin{cases} \dfrac{\mathrm{d}x}{\mathrm{d}t} - 2t\mathrm{e}^{-x} = 0, \\ x(0) = 0 \end{cases}$ 的解, 求 $\dfrac{\mathrm{d}^2y}{\mathrm{d}x^2}$.

7. 验证形如 $\dfrac{\mathrm{d}y}{\mathrm{d}x} = f(x+y)$ 的微分方程, 可经过变量代换化为可分离变量方程, 并求解方程 $\dfrac{\mathrm{d}y}{\mathrm{d}x} = \dfrac{1}{(x+y)^2}$.

8. 验证形如 $yf(xy)\mathrm{d}x + xg(xy)\mathrm{d}y = 0$ 的微分方程, 可经过变量代换化为可分离变量方程, 并求其通解.

4.3 高阶常微分方程

二阶及以上的微分方程称为高阶微分方程. 对于高阶常微分方程, 可以利用初等积分方法求解的方程类型更少些.

4.3.1 可降阶的高阶常微分方程

1. $y^{(n)} = f(x)$ 型

对该类型方程的求解比较简单, 只要视 $y^{(n-1)}$ 为未知函数, 就是关于新未知函数的一阶微分方程, 直接积分, 就得到一个 $n-1$ 阶的微分方程:

$$y^{(n-1)} = \int f(x)\mathrm{d}x + C_1.$$

同理,

$$y^{(n-2)} = \int \left(\int f(x)\mathrm{d}x + C_1 \right) \mathrm{d}x = \int \left(\int f(x)\mathrm{d}x \right) \mathrm{d}x + C_1 x + C_2.$$

依次类推, 连续积分 n 次, 即得到原方程的通解 (注意含有 n 个任意常数).

例 4.11　求解 $y''' = \mathrm{e}^{3x} + \sin x$.

解　对所给方程连续积分三次, 得

$$y'' = \frac{1}{3}\mathrm{e}^{3x} - \cos x + C_1,$$

$$y' = \frac{1}{9}\mathrm{e}^{3x} - \sin x + C_1 x + C_2,$$

$$y = \frac{1}{27}\mathrm{e}^{3x} + \cos x + \frac{1}{2}C_1 x^2 + C_2 x + C_3.$$

2. $y'' = f(x, y')$ 型

方程

$$y'' = f(x, y')$$

的右端不显含未知变量 y, 对于这类方程, 设 $p = y'$, 那么 $y'' = p'$, 原方程就化为关于未知函数 p 的一阶微分方程

$$p' = f(x, p),$$

然后判断其所属类型, 利用相应求解方法求解即可.

例 4.12　求微分方程 $(1 + x^2)y'' = 2xy'$ 满足 $y(0) = 1, y'(0) = 3$ 的特解.

解 设 $p = y'$, 则有

$$\frac{\mathrm{d}p}{p} = \frac{2x}{1+x^2}\mathrm{d}x.$$

求解, 得

$$y' = p = C_1(1+x^2).$$

再次积分, 得

$$y = C_1\left(x + \frac{1}{3}x^3\right) + C_2.$$

由定解条件, 得 $C_1 = 3, C_2 = 1$. 因此, 所求的特解为

$$y = x^3 + 3x + 1.$$

3. $y'' = f(y, y')$ 型

方程

$$y'' = f(y, y')$$

中不显含自变量 x, 此时, 由 $p = y'$, 可以得到

$$\frac{\mathrm{d}^2 y}{\mathrm{d}x^2} = \frac{\mathrm{d}p}{\mathrm{d}y}\frac{\mathrm{d}y}{\mathrm{d}x} = p\frac{\mathrm{d}p}{\mathrm{d}y},$$

即得

$$p\frac{\mathrm{d}p}{\mathrm{d}y} = f(y, p).$$

这属于一阶微分方程, 确定所属类型, 并按所属类型求解即可.

例 4.13 求微分方程 $y'' + \frac{y'^2}{1+y} = 0$ 的解.

解 令 $y' = p$, 经计算得

$$p\left(\frac{\mathrm{d}p}{\mathrm{d}y} + \frac{p}{1+y}\right) = 0.$$

若 $\dfrac{\mathrm{d}p}{\mathrm{d}y} + \dfrac{p}{1+y} = 0$, 这是可分离变量方程, 计算得

$$p = \frac{C_1}{1+y}.$$

将 $p = y'$ 代入, 并计算, 得

$$(1+y)^2 = 2C_1 x + C_2.$$

若 $p = 0$, 则得方程的一个解为 $y = C$. 这一解含在第一种情形中. 因此, 原方程的解为

$$(1 + y)^2 = 2C_1 x + C_2.$$

*例 4.14   已知 $y = y(x)$ 二阶连续可导, 且 $y'(x) > 0, y(0) = 1$. 过曲线 $y = y(x)$ 上任一点 $P(x, y)$ 作切线及 x 轴的垂线, 上述两直线与 x 轴所围面积记为 S_1, 区间 $[0, x]$ 上以 $y = y(x)$ 为曲边的曲边梯形面积记为 S_2. 已知 $2S_1 - S_2 = 1$, 求 $y(x)$.

解   由题意得

$$\frac{y^2}{y'} - \int_0^x y(s)\mathrm{d}s = 1.$$

对上式两边关于 x 求导数, 得

$$(y')^2 - yy'' = 0.$$

令 $y' = p(y)$, 则 $y'' = p'(y)p(y)$, 从而上面的微分方程化为

$$p(y)(p(y) - yp'(y)) = 0.$$

于是得到 $p(y) = 0$ (因为 $y' > 0$ 舍去), 或 $p(y) - yp'(y) = 0$. 注意到 $y(0) = 1$, $y'(0) = 1$, 得到所求的曲线为 $y = \mathrm{e}^x$.

4.3.2 n 阶线性常微分方程

n 阶线性常微分方程的一般形式为

$$y^{(n)} + a_1(x)y^{(n-1)} + \cdots + a_n(x)y = f(x), \tag{4.10}$$

其中 $a_1(x), a_2(x), \cdots, a_n(x), f(x)$ 为已知连续函数. 式 (4.10) 称为**非齐次线性微分方程**. 如果 $f(x) \equiv 0$, 方程

$$y^{(n)} + a_1(x)y^{(n-1)} + \cdots + a_n(x)y = 0 \tag{4.11}$$

称为**齐次线性微分方程**.

设方程 (4.10) 和方程 (4.11) 的解集分别为 S_f, S_0, 则容易证明下面结论.

(1) 若 $y_1(x), y_2(x), \cdots, y_n(x) \in S_0$, 则 $\sum\limits_{k=1}^{n} C_k y_k(x) \in S_0$, 其中 C_k $(k = 1, 2, \cdots, n)$ 为任意常数.

(2) 若 $y_0(x) \in S_0, y_1(x) \in S_f$, 则 $y_0(x) + y_1(x) \in S_f$.

(3) 若 $y_1(x), y_2(x) \in S_f$, 则 $y_1(x) - y_2(x) \in S_0$.

(4) 若 $y_1(x) \in S_{f_1}, y_2(x) \in S_{f_2}$, 则 $y_1(x) + y_2(x) \in S_{f_1+f_2}$.

根据上面的结论 (2), 如果 $Y_0(x)$ 为齐次线性微分方程 (4.11) 的通解, $y_*(x)$ 为非齐次线性微分方程 (4.10) 的一个特解, 则方程 (4.10) 的通解

$$y(x) = Y_0(x) + y_*(x),$$

即它包括两部分: 一部分是齐次线性微分方程 (4.11) 的通解, 另一部分为非齐次线性微分方程 (4.10) 的一个特解. 例如, $y_1(x) = -x^2$ 是方程 $(x^2+1)y'' - 2xy' = 2x^2 - 2$ 的一个特解, 可以验证该方程对应齐次线性微分方程 $(x^2+1)y'' - 2xy' = 0$ 的通解为

$$Y(x) = C_1 \left(\frac{1}{3}x^3 + x \right) + C_2.$$

因此, 非齐次线性微分方程 $(x^2+1)y'' - 2xy' = 2x^2 - 2$ 的通解为

$$y(x) = C_1 \left(\frac{1}{3}x^3 + x \right) + C_2 - x^2.$$

再由结论 (1), 设 $Y_0(x) = \sum_{k=1}^{n} C_k y_k(x)$, 问 $Y_0(x)$ 是否为方程 (4.11) 的通解? 回答是否定的. 只有当

$$y_1(x), y_2(x), \cdots, y_n(x)$$

线性无关时, 才能保证 $Y_0(x)$ 是方程 (4.11) 的通解.

所谓函数 $f_1(x), f_2(x), \cdots, f_n(x)$ 在定义区间 I 上线性无关, 是指对任意的 $x \in I$, 只有当 $k_1 = k_2 = \cdots = k_n = 0$, 才能保证

$$k_1 f_1(x) + k_2 f_2(x) + \cdots + k_n f_n(x) \equiv 0.$$

否则为线性相关. 例如, 函数 $1, x, x^2, \cdots, x^{n-1}$ 在 $\mathbb{R}$ 上线性无关, 而函数 $2x, 3x$ 线性相关. 两个函数 $f(x), g(x)$ 线性无关的充分必要条件是 $\dfrac{f(x)}{g(x)}$ 不是常数.

例 4.15 设 y_1, y_2, y_3 是方程

$$y'' + p(x)y' + q(x)y = f(x)$$

的线性无关解, 求方程的通解.

解 由于 $y_1 - y_3, y_2 - y_3$ 是齐次线性微分方程 $y'' + p(x)y' + q(x)y = 0$ 的线性无关解 (请读者验证), 所以, 齐次线性微分方程的通解为

$$Y = C_1(y_1 - y_3) + C_2(y_2 - y_3).$$

于是, 原方程的通解为

$$y = y_3 + Y = y_3 + C_1(y_1 - y_2) + C_2(y_2 - y_3).$$

对方程 (4.10) 或方程 (4.11) 的求解是困难的, 下面讨论 n 阶齐次线性微分方程的一个特例 —— 常系数微分方程

$$y^{(n)} + a_1 y^{(n-1)} + \cdots + a_n y = 0. \tag{4.12}$$

我们知道, 一阶常系数微分方程 $y' + ay = 0$ 的一个解为 $y = \mathrm{e}^{-ax}$. 自然就问, 方程 (4.12) 是否具有指数形式的解? 事实上, 回答是肯定的. 设方程 (4.12) 具有指数形式

$$y = \mathrm{e}^{rx}$$

的解, 代入方程, 则有

$$(r^n + a_1 r^{n-1} + \cdots + a_n)\mathrm{e}^{rx} = 0.$$

称代数方程

$$r^n + a_1 r^{n-1} + \cdots + a_n = 0$$

为微分方程 (4.12) 的**特征方程**. 这样, 求解 n 阶微分方程 (4.12) 转化为求解代数方程.

根据一元 n 次代数方程的知识, 特征方程在复数范围内有 n 个根 (重根以重数计). 因此, 由微分方程通解的定义, 如果 r 是单实根, 对应 1 个解 e^{rx}; 如果 r 为 k 重实根, 对应 k 个解

$$\mathrm{e}^{rx}, x\mathrm{e}^{rx}, \cdots, x^{k-1}\mathrm{e}^{rx};$$

如果 $\alpha + \beta \mathrm{i}$ 为单复根, 对应 2 个解

$$\mathrm{e}^{\alpha x} \cos \beta x, \quad \mathrm{e}^{\alpha x} \sin \beta x;$$

如果 $\alpha + \beta \mathrm{i}$ 为 k 重复根, 对应 $2k$ 个解

$$\mathrm{e}^{\alpha x} \cos \beta x, x\mathrm{e}^{\alpha x} \cos \beta x, \cdots, x^{k-1}\mathrm{e}^{\alpha x} \cos \beta x, \mathrm{e}^{\alpha x} \sin \beta x, x\mathrm{e}^{\alpha x} \sin \beta x, \cdots, x^{k-1}\mathrm{e}^{\alpha x} \sin \beta x.$$

综上所述, 根据特征方程的根, 对应微分方程的解, 见表 4.1.

表 4.1

特征方程的根	特征根 r 对应的微分方程解的形式
单实根 r	$C\mathrm{e}^{rx}$
一对单复根 $\alpha \pm \beta \mathrm{i}$	$\mathrm{e}^{\alpha x}(C_1 \sin \beta x + C_2 \cos \beta x)$
k 重实根 r	$\mathrm{e}^{rx}(C_1 + C_2 x + \cdots + C_k x^{k-1})$
一对 k 重复根 $\alpha \pm \beta \mathrm{i}$	$\mathrm{e}^{\alpha x}((C_1 + C_2 x + \cdots + C_k x^{k-1}) \sin \beta x + (D_1 + D_2 x + \cdots + D_k x^{k-1}) \cos \beta x)$

例 4.16 求 $y^{(5)} + y^{(3)} = 0$ 的通解.

解 原微分方程的特征方程是 $r^5 + r^3 = 0$, 特征根为 $r_1 = r_2 = r_3 = 0, r_4 = \mathrm{i}, r_5 = -\mathrm{i}$, 所以原微分方程的通解是

$$y = C_1 + C_2 x + C_3 x^2 + C_4 \sin x + C_5 \cos x.$$

4.3.3 Euler 方程

变系数的 n 阶微分方程一般是难以求解的, 但少数微分方程可以通过引入合适的代换求解. 例如, Euler 方程

$$x^n y^{(n)} + a_1 x^{n-1} y^{(n-1)} + \cdots + a_{n-1} x y' + a_n y = 0,$$

其中 $a_1, \cdots, a_{n-1}, a_n$ 为常数.

引入变换

$$x = \mathrm{e}^t,$$

经计算, 得

$$\frac{\mathrm{d}y}{\mathrm{d}x} = \frac{\mathrm{d}y}{\mathrm{d}t}\frac{\mathrm{d}t}{\mathrm{d}x} = \mathrm{e}^{-t}\frac{\mathrm{d}y}{\mathrm{d}t}, \quad \frac{\mathrm{d}^2 y}{\mathrm{d}x^2} = \mathrm{e}^{-2t}\left(\frac{\mathrm{d}^2 y}{\mathrm{d}t^2} - \frac{\mathrm{d}y}{\mathrm{d}t}\right),$$

$$\cdots\cdots$$

$$\frac{\mathrm{d}^k y}{\mathrm{d}x^k} = \mathrm{e}^{-kt}\left(\frac{\mathrm{d}^k y}{\mathrm{d}t^k} + b_1\frac{\mathrm{d}^{k-1} y}{\mathrm{d}t^{k-1}} + \cdots + b_{k-1}\frac{\mathrm{d}y}{\mathrm{d}t}\right),$$

这里 $b_1, b_2, \cdots, b_{k-1}$ 为常数. 于是, 得到如下 n 阶常系数微分方程

$$\frac{\mathrm{d}^n y}{\mathrm{d}t^n} + p_1\frac{\mathrm{d}^{n-1} y}{\mathrm{d}t^{k-1}} + \cdots + p_{n-1}\frac{\mathrm{d}y}{\mathrm{d}t} + p_n y = 0,$$

其中 $p_1, \cdots, p_{n-1}, p_n$ 为常数.

例 4.17 求解微分方程 $x^2\dfrac{\mathrm{d}^2 y}{\mathrm{d}x^2} - x\dfrac{\mathrm{d}y}{\mathrm{d}x} + y = 0$.

解 令 $x = \mathrm{e}^t$, 经计算, 得

$$\frac{\mathrm{d}^2 y}{\mathrm{d}t^2} - 2\frac{\mathrm{d}y}{\mathrm{d}t} + y = 0.$$

其特征方程为 $r^2 - 2r + 1 = 0$. 因此, $y = (C_1 + C_2 t)\mathrm{e}^t$. 于是, 原方程的解为

$$y = x(C_1 + C_2 \ln x).$$

假设 Euler 方程具有如下形式的解 $y = x^r$, 代入方程, 得到关于 r 的代数方程

$$r(r-1)\cdots(r-n+1) + a_1 r(r-1)\cdots(r-n+2) + \cdots + a_n = 0.$$

于是, 若代数方程有 k 重实根 r_0, 则 Euler 方程通解中的对应项为

$$x^{r_0}(C_1 + C_2 \ln x + \cdots + C_k \ln^{k-1} x);$$

若代数方程有 k 重复根 $\alpha + \mathrm{i}\beta$, 则 Euler 方程通解中对应项为

$$x^{\alpha}((C_1 + C_2 \ln x + \cdots + C_k \ln^{k-1} x) \sin(\beta \ln x)$$
$$+ (D_1 + D_2 \ln x + \cdots + D_k \ln^{k-1} x) \cos(\beta \ln x)).$$

例 4.18 求解方程 $x^2 \dfrac{\mathrm{d}^2 y}{\mathrm{d}x^2} + 3x \dfrac{\mathrm{d}y}{\mathrm{d}x} + 5y = 0$.

解 设 $y = x^r$, 经计算, 得到代数方程

$$r(r - 1) + 3r + 5 = 0.$$

解之, 得 $r = -1 \pm 2\mathrm{i}$. 于是, 原方程的解为

$$y = x^{-1}(C_1 \sin(2 \ln x) + C_2 \cos(2 \ln x)).$$

习 题 4.3

1. 求下列微分方程的通解:

(1) $y'' = x + \sin x$;   (2) $y'' = \dfrac{1}{1 + x^2}$;

(3) $y''' = x\mathrm{e}^x$;   (4) $(4x - 1)y'' - 4y' = 0$;

(5) $xy'' + y' = 0$;   (6) $y'' = (y')^3 + y'$.

2. 验证 $y_1 = \mathrm{e}^{x^2}$ 和 $y_2 = x\mathrm{e}^{x^2}$ 都是微分方程 $y'' - 4xy' + (4x^2 - 2)y = 0$ 的解, 并写出该微分方程的通解.

3. 已知 $y = 1, y = x, y = x^2$ 是某二阶非齐次线性微分方程的三个解, 求该方程的通解.

4. 求下列微分方程的通解:

(1) $y'' + 5y' + 6y = 0$;   (2) $y'' + 6y' + 9y = 0$;

(3) $y^{(4)} - y = 0$;   (4) $y^{(4)} + 5y'' - 36y = 0$.

5. 求解下列 Euler 方程:

(1) $9x^2 y'' + 3xy' + y = 0$;   (2) $(x + 1)^2 y'' - 2(x + 1)y' + 2y = 0$.

4.4 二阶常系数非齐次常微分方程

4.4.1 二阶齐次常系数微分方程

我们知道, 二阶齐次常系数常微分方程

$$y'' + py' + qy = 0 \quad (p, q \text{ 为常数})$$

的特征方程为

$$r^2 + pr + q = 0.$$

根据代数学知识, 其根存在三种情形: 不相等的实根、相等实根和复根. 依此, 得到常系数微分方程的通解为

$$y = \begin{cases} C_1 \mathrm{e}^{r_1 x} + C_2 \mathrm{e}^{r_2 x}, & \text{特征方程有不等实根 } r_1, r_2, \\ (C_1 + C_2 x)\mathrm{e}^{rx}, & \text{特征方程有等实根 } r, \\ \mathrm{e}^{\alpha x}(C_1 \sin \beta x + C_2 \cos \beta x), & \text{特征方程有复根 } \alpha \pm \beta \mathrm{i}. \end{cases}$$

有此准备, 接下来讨论二阶非齐次常微分方程

$$y'' + py' + qy = f(x)$$

的通解问题. 同时, 根据前面的结论, 只需求其中一个特解即可. 下面介绍两类 $f(x)$ 特解的求法.

4.4.2　$f(x) = P_m(x)\mathrm{e}^{\lambda x}$ 型

对于

$$f(x) = P_m(x)\mathrm{e}^{\lambda x},$$

其中 $P_m(x)$ 为 m 次多项式. 设其一个特解为

$$y_0 = Q(x)\mathrm{e}^{\lambda x}, \quad Q(x) \text{ 为待定的多项式},$$

将 y_0, y_0' 和 y_0'' 代入方程, 得

$$Q''(x) + (2\lambda + p)Q'(x) + (\lambda^2 + p\lambda + q)Q(x) = P_m(x).$$

若 λ 不是特征方程 $r^2 + pr + q = 0$ 的根, 即 $\lambda^2 + p\lambda + q \neq 0$, 则 $Q(x)$ 为 m 次多项式

$$Q_m(x) = b_0 x^m + b_1 x^{m-1} + \cdots + b_m,$$

代入上式, 比较 x 的幂次, 就可以得到 $Q(x)$.

　　若 λ 是特征方程的单根, 即 $\lambda^2 + p\lambda + q = 0, 2\lambda + p \neq 0$, 则 $Q'(x)$ 为 m 次多项式, 因此, 设 $Q(x) = xQ_m(x)$. 利用同样的方法得到 $Q_m(x)$ 的系数.

　　若 λ 是特征方程的重根, 即 $\lambda^2 + \lambda p + q = 0, 2\lambda + p = 0$, 则 $Q''(x)$ 为 m 次多项式, 因此, 设 $Q(x) = x^2 Q_m(x)$. 利用同样的方法得到 $Q_m(x)$.

　　综上, 该情形方程的一个特解具有如下形式:

$$y^* = Q_m(x) x^k \mathrm{e}^{\lambda x},$$

其中 $k = \begin{cases} 0, & \lambda\ \text{不是特征根}, \\ 1, & \lambda\ \text{是单特征根}, \\ 2, & \lambda\ \text{是重特征根}. \end{cases}$

例 4.19　求解微分方程 $y'' - 2y' = 3x + 1$.

解　对应齐次微分方程的特征方程为 $r^2 - 2r = 0$, 其根为 $r_1 = 0, r_2 = 2$. 于是, 齐次方程的通解为

$$Y = C_1 + C_2 e^{2x}.$$

由于 $\lambda = 0$ 是特征方程的单根, 所以设非齐次微分方程的一个特解为

$$y_0 = x(b_0 x + b_1).$$

代入方程, 得 $2b_0 - 2(2b_0 x + b_1) = 3x + 1$. 比较两端系数, 得 $b_0 = -\dfrac{3}{4}, b_1 = -\dfrac{5}{4}$. 因此, 方程的特解为

$$y_0 = -\frac{3}{4}x^2 - \frac{5}{4}x.$$

于是, 方程的通解为

$$y = C_1 + C_2 e^{2x} - \frac{3}{4}x^2 - \frac{5}{4}x.$$

4.4.3　$f(x) = e^{\lambda x}(P_s(x)\cos\omega x + Q_t(x)\sin\omega x)$ 型

对于

$$f(x) = e^{\lambda x}(P_s(x)\cos\omega x + Q_t(x)\sin\omega x),$$

其中 $P_s(x), Q_t(x)$ 分别为 s, t 次多项式. 利用 4.4.2 小节同样的方法, 可以证明, 此时方程的一个特解为

$$y^* = e^{\lambda x}x^k(\overline{P}_m(x)\cos\omega x + \overline{Q}_m(x)\sin\omega x),$$

其中 $m = \max\{s, t\}, k = \begin{cases} 0, & \lambda + \omega i\ \text{不是特征根}, \\ 1, & \lambda + \omega i\ \text{是特征根}. \end{cases}$

例 4.20　求方程 $y'' + y = x\cos 2x$ 的一个特解.

解　显见,

$$\lambda = 0, \quad \omega = 2, \quad P_s(x) = x, \quad Q_t(x) = 0.$$

齐次微分方程的特征方程为 $r^2 + 1 = 0$, 因此 $\lambda + i\omega$ 不是特征根. 设方程的特解为

$$y_0 = (ax + b)\cos 2x + (cx + d)\sin 2x.$$

代入方程, 得到

$$(-3ax - 3b + 4c)\cos 2x - (3cx + 3d + 4a)\sin 2x.$$

比较系数, 得

$$a = -\frac{1}{3}, \quad b = 0, \quad c = 0, \quad d = \frac{4}{9}.$$

于是, 方程的一个特解为

$$y_0 = -\frac{1}{3}x\cos 2x + \frac{4}{9}\sin 2x.$$

例 4.21 设函数

$$y = e^x(C_1 \sin x + C_2 \cos x)$$

为某二阶常系数微分方程的通解, 求该方程.

解 这是求解微分方程的反问题. 具体方法是由通解确定特征根, 导出特征方程, 从而确定微分方程的.

由给定的通解, 其特征方程的特征根为 $r_{1,2} = 1 \pm i$, 由此, 得

$$p = -(r_1 + r_2) = 2, \quad q = r_1 r_2 = 2.$$

因此特征方程为 $r^2 - 2r + 2 = 0$. 于是, 所求的微分方程为

$$y'' - 2y' + 2y = 0.$$

例 4.22 求微分方程 $y'' + y = x^2 + 1 + \sin x$ 的一个特解.

解 该方程的特征方程为 $r^2 + 1 = 0$, 其根为 $r_{1,2} = \pm i$. 从而, 方程

$$y'' + y = x^2 + 1$$

的特解形式为 $y_1 = ax^2 + bx + c$. 代入方程, 经计算, 得 $a = 1, b = 0, c = -1$.

方程

$$y'' + y = \sin x$$

的特解形式为 $y_2 = x(A\cos x + B\sin x)$. 代入方程, 经计算, 得 $A = -\frac{1}{2}, B = 0$. 于是, 原方程的一个特解的形式为

$$y_0 = ax^2 + bx + c + Ax\cos x + Bx\sin x = x^2 - 1 - \frac{x}{2}\cos x.$$

例 4.23 已知函数 $\phi(x)$ 连续, 且满足

$$\phi(x) = e^x + \int_0^x t\phi(t)\mathrm{d}t - x\int_0^x \phi(t)\mathrm{d}t,$$

求 $\phi(x)$.

解 对 $\phi(x) = e^x + \int_0^x t\phi(t)\mathrm{d}t - x\int_0^x \phi(t)\mathrm{d}t$ 求导, 得 $\phi(x)$ 满足的微分方程为

$$\phi''(x) + \phi(x) = e^x.$$

同时, 根据积分的性质, 有

$$\phi(0) = \phi'(0) = 1.$$

齐次微分方程对应的特征方程为 $r^2 + 1 = 0$. 因此特征根是 $r_1 = i, r_2 = -i$. 设微分方程的特解是 $\phi_1(x) = Ae^x$, 将其代入到上面微分方程, 得到特解 $\phi_1(x) = \dfrac{1}{2}e^x$. 所求通解为

$$\phi(x) = C_1 \sin x + C_2 \cos x + \frac{1}{2}e^x.$$

利用 $\phi(0) = \phi'(0) = 1$, 得到 $C_1 = C_2 = \dfrac{1}{2}$. 从而原问题的解

$$\phi(x) = \frac{1}{2}\sin x + \frac{1}{2}\cos x + \frac{1}{2}e^x.$$

习 题 4.4

1. 求下列微分方程的通解:

(1) $y'' - 3y' = x - 1$; (2) $2y'' + 5y' = 5x^2 - 2x - 1$;

(3) $2y'' + y' - y = 2e^x$; (4) $y'' + 3y' + 2y = 3xe^{-x}$;

(5) $y'' + 4y = x\cos x$; (6) $y'' - y = \sin^2 x$.

2. 求下列微分方程初值问题的解:

(1) $y'' - 4y' = 5, y(0) = 1, y'(0) = 0$;

(2) $y'' + y = 2\cos x, y(0) = 1, y'(0) = 0$;

(3) $y'' - y = 4xe^x, y(0) = 0, y'(0) = 1$;

(4) $4y'' + 16y' + 15y = 4e^{-\frac{3}{2}x}, y(0) = 3, y'(0) = -\dfrac{11}{2}$.

3. 设二阶常系数线性微分方程 $y'' + ay' + by = ce^x$ 的一个特解是 $y = 2e^{2x} + (1+x)e^x$, 试确定常数 a, b, c, 并求该微分方程的通解.

4. 将 $x = x(y)$ 所满足的微分方程

$$\frac{\mathrm{d}^2 x}{\mathrm{d}y^2} + (y + \sin x)\left(\frac{\mathrm{d}x}{\mathrm{d}y}\right)^3 = 0$$

变换为 $y = y(x)$ 满足的微分方程, 并求解.

5. 利用 $x = \cos t (0 < t < \pi)$ 化简微分方程 $(1 - x^2)y'' - xy' + y = 0$, 并求满足初始条件 $y(0) = 1, y'(0) = 2$ 的特解.

4.5 微分方程应用

在诸多自然科学和工程技术领域中, 有很多物理现象的基本定律和经济生活中的问题通常以微分方程的形式表示出来. 例如, 振动问题、电磁振荡问题等.

4.5.1 几何上的应用

这类问题通常利用到导数与定积分等基本概念的几何意义和性质. 例如, 导数的几何意义为曲线的斜率、曲线的曲率公式等.

例 4.24 目标追踪问题. 设位于坐标系原点的甲舰向位于 x 轴上点 $A(1,0)$ 的乙舰发射制导导弹, 导弹始终对准乙舰. 如果乙舰以最大的速度 v_0 沿平行于 y 轴的直线行驶, 导弹的速度为 $5v_0$, 求导弹运行的曲线方程.

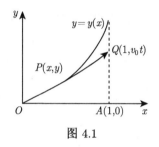

图 4.1

解 设导弹的运行轨迹曲线为 $y = y(x)$, 经时间 t, 导弹位于点 $P(x,y)$ 处, 乙舰位于点 $Q(1,v_0t)$(图 4.1). 由于导弹始终指向乙舰, 所以直线 PQ 是导弹轨迹曲线弧 $\overset{\frown}{OP}$ 在点 P 处的斜线, 故斜率

$$\frac{\mathrm{d}y}{\mathrm{d}x} = \frac{v_0t - y}{1 - x}.$$

由于弧 $\overset{\frown}{OP}$ 的长度是 $|AQ|$ 的 5 倍, 即

$$\int_0^x \sqrt{1 + y'^2}\mathrm{d}x = 5v_0t.$$

由此, 得到

$$(1 - x)y' + y = \frac{1}{5}\int_0^x \sqrt{1 + y'^2}\mathrm{d}x.$$

这是一类含未知函数的**积分方程**, 两端对 x 求导, 得

$$(1 - x)y'' = \frac{1}{5}\sqrt{1 + y'^2}.$$

满足的初始条件为 $y(0) = 0, y'(0) = 0$. 解之, 得导弹运行的曲线方程为

$$y = -\frac{5}{8}(1 - x)^{\frac{4}{5}} + \frac{5}{12}(1 - x)^{\frac{6}{5}} + \frac{5}{24}.$$

例 4.25 连续凸曲线弧过点 $A(0,1), B(1,0)$, 对其上任意点 $P(x,y)$, 恒有弧 $\overset{\frown}{AP}$ 与弦 AP 之间的面积等于 P 点横坐标的三次方. 求该曲线的方程.

解 设所求曲线为 $y = f(x)$, 则依题意, 有

$$\int_0^x f(t)\mathrm{d}t - \frac{1 + f(x)}{2}x = x^3.$$

对上式求导, 得 $y = f(x)$ 满足的微分方程为

$$y' - \frac{1}{x}y = -6x - \frac{1}{x},$$

满足的初始条件为 $f(1) = 0$. 求解, 得曲线方程为 $y = 1 + 5x - 6x^2$.

4.5.2 物理上的应用

这类问题要用到物理学中一些定律及实验规律, 常用的有 Newton 定律、万有引力定律、电流与电场的定律等.

例 4.26 水中下沉的物体. 现向海中下沉某种探测仪器, 按要求, 需确定下沉的深度 y(从海平面算起) 与下沉速度 v 的关系. 仪器在重力作用下, 从海平面由静止开始铅直下沉, 在下沉过程中要受到阻力的作用. 设仪器的质量为 m, 体积为 B, 海水的比重为 ρ, 仪器所受阻力与下沉速度成正比, 比例系数为 k $(k > 0)$.

解 取起始下沉点为坐标系的原点 O, y 轴的正向铅直向下, 仪器所受的重力为 $P = mg$ (g 为重力加速度), 浮力为 $f = -\rho B$, 阻力为 $R = -k\dfrac{\mathrm{d}y}{\mathrm{d}t}$. 根据 Newton 定律 $F = ma$, 得微分方程

$$m\frac{\mathrm{d}^2 y}{\mathrm{d}t^2} = mg - \rho B - k\frac{\mathrm{d}y}{\mathrm{d}t}.$$

初始条件为 $v(0) = 0$. 设 $v = \dfrac{\mathrm{d}y}{\mathrm{d}t}$, 注意到

$$\frac{\mathrm{d}^2 y}{\mathrm{d}t^2} = \frac{\mathrm{d}v}{\mathrm{d}t} = v\frac{\mathrm{d}v}{\mathrm{d}y},$$

原方程可化为

$$mv\frac{\mathrm{d}v}{\mathrm{d}y} = mg - \rho B - kv.$$

解之, 并注意 $v(0) = 0$, 得到

$$y = -\frac{m}{k}v + \frac{m(\rho B - mg)}{k^2}\ln\left|\frac{mg - \rho B - kv}{mg - \rho B}\right|.$$

例 4.27 自由落体的速度. 某一距地面的物体, 受地球引力作用, 由静止开始自由下落, 求它到地面时的速度和所需要的时间 (不计空气阻力).

解 取地球中心为坐标系原点 O, y 轴方向铅直向上, 物体位于 y 轴的正实轴上. 设物体的质量为 m, 物体开始下落时与地球的距离为 h, 地球半径和质量分别为 R, M, 时刻 t 物体的位置为 $y = y(t)$. 根据万有引力定律, 微分方程为

$$m\frac{\mathrm{d}^2 y}{\mathrm{d}t^2} = -\frac{kmM}{y^2} \quad (k \text{ 为引力常数}),$$

满足的初始条件为 $y(0) = h, y'(0) = 0$. 因为 $y = R$ 时, 加速度 $\dfrac{\mathrm{d}^2 y}{\mathrm{d}t^2} = -g$ (负号表示物体加速度方向与 y 轴正向相反), 所以, 所求问题满足

$$\frac{\mathrm{d}^2 y}{\mathrm{d}t^2} = -\frac{gR^2}{y^2}, \quad y(0) = h, \quad y'(0) = 0.$$

解之, 得

$$v = -R\sqrt{\frac{2g}{y} - \frac{2g}{h}}.$$

代入 $y = R$, 得到物体落地时的速度为

$$v_1 = -\sqrt{\frac{2gR(h - R)}{h}}.$$

下面求物体落地的时间. 由于

$$\frac{\mathrm{d}y}{\mathrm{d}t} = v = -R\sqrt{\frac{2g}{y} - \frac{2g}{h}},$$

即

$$\mathrm{d}t = -\frac{1}{R}\sqrt{\frac{h}{2g}}\sqrt{\frac{y}{h - y}}\mathrm{d}y.$$

利用分离变量方法, 注意到 $y(0) = h$, 求得

$$t = \frac{1}{R}\sqrt{\frac{h}{2g}}\left(\sqrt{hy - y^2} + h\arccos\sqrt{\frac{y}{h}}\right),$$

代入 $y = R$, 得到物体落地所需时间为

$$t_0 = \frac{1}{R}\sqrt{\frac{h}{2g}}\left(\sqrt{hR - R^2} + h\arccos\sqrt{\frac{R}{h}}\right).$$

例 4.28 R-L 电路. 设有一个 R-L 串联电路 (图 4.2), 其中电源电动势 $E = E_m \sin \omega t$ $(E_m, \omega$ 为常数), 电阻 R 和电感 L 都是常数, 在 $t = 0$ 时接通电路, 求电流 $i(t)$ 的变化规律.

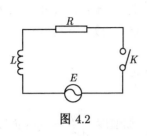

图 4.2

解   由电学知识, 当电流变化时, L 上有感应电动势 $-L\dfrac{\mathrm{d}i}{\mathrm{d}t}$. 利用回路电压定律, 得

$$E - L\frac{\mathrm{d}i}{\mathrm{d}t} - iR = 0.$$

由此, 得到电流 $i(t)$ 满足的微分方程为

$$\frac{\mathrm{d}i}{\mathrm{d}t} + \frac{R}{L}i = \frac{E_m}{L}\sin\omega t,$$

满足的初始条件为 $i(0) = 0$. 求解, 得

$$i(t) = \frac{\omega L E_m}{R^2 + \omega^2 L^2}\mathrm{e}^{-\frac{R}{L}t} + \frac{E_m}{R^2 + \omega^2 L^2}(R\sin\omega t - \omega L\cos\omega t).$$

上式可改写为

$$i(t) = \frac{\omega L E_m}{R^2 + \omega^2 L^2}\mathrm{e}^{-\frac{R}{L}t} + \frac{E_m}{\sqrt{R^2 + \omega^2 L^2}}\sin(\omega t - \phi),$$

其中

$$\sin\phi = \frac{\omega L}{\sqrt{R^2 + \omega^2 L^2}}, \quad \cos\phi = \frac{R}{\sqrt{R^2 + \omega^2 L^2}}, \quad \phi = \arctan\frac{\omega L}{R}.$$

当 t 增大时, $i(t)$ 表达式中第一项 (称为**暂态电流**) 呈负指数衰减而趋向于零, 第二项 (称为**稳态电流**) 为正弦函数, 其周期与电动势的周期相同, 但相位落后 ϕ.

该题建立的关于电流 $i(t)$ 的方程描述的是振动问题, 弹簧的振动、电路中的电磁振荡、钟摆的往复摆动、乐器弦线的振动、机床主轴的振动等, 都属于这类问题.

例 4.29   某湖泊的水量为 V, 每年排入湖泊内含污染物 A 的污水量为 $\dfrac{V}{6}$, 流入湖泊内不含 A 的水量为 $\dfrac{V}{6}$, 流出湖泊的水量为 $\dfrac{V}{3}$. 已知年底湖中 A 的含量为 $5m_0$, 超过国家规定指标. 为了治理污染, 从下一年起, 限定排入湖泊中含 A 污染物的浓度不超过 $\dfrac{m_0}{V}$. 问至多需要多少年, 湖泊中污染物 A 的含量降至 m_0 以内 (设湖泊中 A 的浓度是均匀的)?

解   设起始治理年 $(t = 0)$ 开始, 第 t 年湖中污染物 A 的总量为 m, 浓度为 $\dfrac{m}{V}$. 在时间间隔 $[t, t + \mathrm{d}t]$ 内, 排入和流出湖泊中 A 的量分别为 $\dfrac{m_0}{V} \cdot \dfrac{V}{6}\mathrm{d}t$ 和

$\dfrac{m}{V} \cdot \dfrac{V}{3} \mathrm{d}t$, 因此, 在时段 $\mathrm{d}t$ 内, 污染物 A 的改变量为

$$\mathrm{d}m = \left(\frac{m_0}{6} - \frac{m}{3}\right) \mathrm{d}t, \quad 即 \quad \frac{6}{m_0 - 2m} \mathrm{d}m = \mathrm{d}t.$$

解之, 得

$$m = \frac{m_0}{2} - C\mathrm{e}^{-\frac{t}{3}}.$$

利用 $m(0) = 5m_0$, 得

$$m = m_0 \left(\frac{1}{2} + \frac{9}{2}\mathrm{e}^{-\frac{t}{3}}\right).$$

令 $m = m_0$, 得 $t = 6\ln 3$, 即至多经过 $6\ln 3$ 年, 湖泊中污染物 A 的含量降至 m_0 以内.

习 题 4.5

1. 一质点由原点开始 $(t = 0)$ 沿直线运动, 已知在时刻 t 的加速度为 $t^2 - 1$, 而在 $t = 1$ 时速度为 $1/3$, 求位移 x 与时间 t 的函数关系.

2. 设一平面曲线的曲率处处为 1, 求曲线方程.

3. 质量为 200g 的物体悬挂于弹簧呈平衡状态, 现将物体下拉, 当弹簧伸长 20cm 时, 以初速度 0 放开, 使之振动. 假设介质的阻力与速度成正比, 速度为 1cm/s, 阻力为 0.1N, 弹性系数 $k = 5\mathrm{kg/cm}$. 求运动方程.

4. 一单摆长为 l, 质量为 m, 做简谐运动 (无阻尼运动). 假设其来往摆动之偏角 θ 很小, 求单摆的运动方程 (用 $\theta(t)$ 描述), 并求单摆的周期.

5. 某飞行器在降落时, 为减少滑行距离, 在触地的瞬间, 飞行器尾部张开降落伞, 以增大阻力, 使飞行器迅速减速并停下. 现有质量为 9000kg 的飞行器, 着陆时水平速度为 700km/h. 经测试, 减速伞打开后, 飞行器所受阻力与其速度成正比 (比例系数 $k = 6 \times 10^6$). 问从着陆点算起, 飞行器滑行的最长距离是多少?

6. 设 $y = f(x)$ 是第一象限内连接点 $A(0, 1), B(1, 0)$ 的一段连续曲线, $M(x, y)$ 为该曲线上任一点, 点 C 为 M 在 x 轴上的投影, O 为坐标原点. 若梯形 $OCMA$ 的面积与曲边三角形 CBM 面积之和为 $\dfrac{x^3}{6} + \dfrac{1}{3}$. 求 $f(x)$ 的表达式.

4.6 思考与拓展

问题 4.1: 微分方程的解.

(1) 并非所有微分方程都有通解. 例如, 微分方程 $|y'|^4 + 1 = 0$ 显然无解, 而 $y'^2 + 2y^4 = 0$ 只有一个解 $y = 0$.

(2) 微分方程的通解并不是包含所有的解. 例如, 微分方程 $y'^2 + y^2 - 1 = 0$ 的通解为 $y = \cos(x + C)$, 但不论任意常数 C 如何取值, 该解都不包含解 $y = \pm 1$. 未能包含在通解中的解称为微分方程的**奇解**.

问题 4.2: 一阶微分方程的解法.

一阶微分方程求解可以按照以下程序进行: 考察所给的一阶微分方程是否为五类方程 (变量可分离方程、齐次方程以及可化为齐次方程的方程、一阶线性方程、Bernoulli 方程和全微分方程①) 之一, 然后按照相应的方法求解. 如果从方程的形式上难以判定其类型, 可考虑以下方法:

(1) 调整自变量与未知函数位置, 即调整 $\dfrac{\mathrm{d}y}{\mathrm{d}x}$ 为 $\dfrac{\mathrm{d}x}{\mathrm{d}y}$;

(2) 根据方程的特点, 作适当的变量代换 (自变量代换、未知函数代换或自变量与未知函数的混合代换).

问题 4.3: 微分方程的应用问题.

微分方程是数学建模的最重要、最有效的工具之一. 虽然建模的方法因实际问题而异, 但归结起来, 主要有两种模式.

模式一: 根据已知的定理、定律直接列方程. 对于力学、物理学、化学及数学本身的一些分支提出的实际问题, 常常可以根据各学科已知的定理或定律给出问题中一些变量及其变化率之间的关系, 直接列出微分方程. 例如, 在物理上, 多采用 $F = ma$ 和能量守恒定理、质量守恒定理、动量守恒定理 (对流体问题尤其如此) 建立微分方程; 几何上, 往往考虑变斜率的曲线、变曲率的曲线等. 利用定理定律分析问题、建立模型的其中一个基本思想是微积分的微元法.

模式二: 综合模拟近似建模. 经济、生物等学科, 以及其他应用领域提出的问题, 其规律常常不是很清楚, 或者不能用确定的关系式表示出来. 如果采用数学模型研究这些实际问题, 只能利用综合模拟近似的方法建立模型. 下面以描述肿瘤生长规律的数学模型为例说明之.

肿瘤是危害身体健康的最可怕疾病之一, 科学家从不同角度展开研究, 目的是要控制其发展速度. 通过临床观察, 得到如下信息:

(1) 根据现有手段, 肿瘤细胞数超过 10^{11} 时, 临床才可以观察到;

(2) 肿瘤生长初期, 每经一定的时间间隔, 其细胞数目就增加一倍;

(3) 在肿瘤生长后期, 由于各种生理条件的限制, 其细胞数逐渐趋向于某个稳定值.

假定肿瘤细胞的增长速度与当时这种细胞数目成正比, 比例系数为 λ. 设在时刻 t 肿瘤细胞数为 $x(t)$, 则得到微分方程模型为

---

① 本书第 7 章将会介绍.

$$\frac{\mathrm{d}x}{\mathrm{d}t} = \lambda x(t).$$

其解为 $x(t) = Ce^{\lambda t}$. 由临床观察信息 (1), $x(0) = 10^{11}$, 得到肿瘤生长规律满足

$$x(t) = 10^{11}e^{\lambda t}.$$

根据信息 (2), 设细胞增加一倍所需要的时间为 T, 则 $T = \frac{\ln 2}{\lambda}$.

以上模型不能反映信息 (3) 的规律. 因此, 需要作一修正, 提出如下模型. 假设相对增长率随细胞数目 $x(t)$ 的增加而减少, 若用 N 表示因生理限制导致肿瘤数目的极限值, $g(x)$ 表示相对增长率 $\frac{x'(t)}{x}$, 则 $g(x)$ 为 x 的单调减函数. 为处理方便, 假定 $g(x) = a + bx$. 由于 $x(t) = x(0)$ 时, $g(x) = \lambda$; 当 $x(t) = N$ 时, $g(x) = 0$. 因此, 得

$$g(x) = \lambda \frac{N - x(t)}{N - x(0)}.$$

从而, $x(t)$ 满足的微分方程为

$$x'(t) = \lambda x(t) \frac{N - x(t)}{N - x(0)}.$$

其解为

$$x(t) = x(0) \left(\frac{x(0)}{N} + \left(1 - \frac{x(0)}{N} \right) e^{-\alpha t} \right)^{-1},$$

这里 $\alpha = \frac{\lambda N}{N - x(0)}$.

根据具体问题建立微分方程、建立数学模型, 是考察我们的综合应用能力的重要方面, 应给予充分重视. 具体例题可参见本书第 9 章.

复 习 题 4

1. 求 $y''y^2 + 1 = 0$ 的积分曲线, 使该积分曲线过点 $\left(0, \frac{1}{2} \right)$, 且在该点处切线斜率为 2.

2. 求解下列微分方程:

(1) $(1 + x^2)\mathrm{d}y + (2xy + 3x^2 + 3)\mathrm{d}x = 0$; (2) $\frac{\mathrm{d}y}{\mathrm{d}x} = \frac{1}{2x + e^{2y}}$;

(3) $\frac{\mathrm{d}y}{\mathrm{d}x} = \frac{1}{x^2 + y^2 + 2xy}$; (4) $\frac{\mathrm{d}y}{\mathrm{d}x} = \frac{y}{2x} + \frac{1}{2y} \tan \frac{y^2}{x}$.

3. 求方程 $y'' + 4y' + 5y = 8\cos x$ 当 $x \to -\infty$ 时的有界解.

4. 方程 $y''' - y' = 0$ 的哪一条积分曲线在原点有拐点, 且以 $y = 2x$ 为它的切线.

5. 已知连续函数 $y(x)$ 满足

$$y = 1 + \frac{1}{3}\int_0^x (-y'' - 2y + 6 + \mathrm{e}^{-t})\mathrm{d}t, \quad y'(0) = 0,$$

求 $y(x)$.

6. 设 $f(x)$ 是以 ω 为周期的连续函数. 证明对线性方程 $y' + ky = f(x)$ (k 为非零的常数) 存在唯一的以 ω 为周期的特解, 且求其解.

7. 曲线 L 在第一象限内运动, 其上任一点 M 处切线与 y 轴相交于 A. 已知 $MA = OA$, L 过点 $\left(\frac{3}{2}, \frac{3}{2}\right)$, 求 L 满足的曲线方程.

8. 设 $f(x)$ 连续, 且

$$f(t) = \mathrm{e}^{4\pi t^2} + \iint\limits_{x^2+y^2 \leqslant 4t^2} f\left(\frac{1}{2}\sqrt{x^2+y^2}\right)\mathrm{d}x\mathrm{d}y,$$

求 $f(x)$.

9. 已知曲线 $y = f(x)$ ($x > 0$) 是方程 $2y'' + y' - y = (4 - 6x)\mathrm{e}^{-x}$ 的一条积分曲线, 此曲线通过原点且在该点处切线斜率为 0.

(1) 求曲线 $y = f(x)$ 到 x 轴的最大距离;

(2) 计算 $\displaystyle\int_0^{+\infty} f(x)\mathrm{d}x$.

10. 设函数 $f(x), g(x)$ 满足 $f'(x) = g(x), g(x) = 1 + \displaystyle\int_0^x (6\sin^2 t - f(t))\mathrm{d}t, f(0) = 1$. 求

$$\int_0^{\frac{\pi}{2}} \left(\frac{f(x)}{x+1} + g(x)\ln(x+1)\right)\mathrm{d}x.$$

11. 设物体 A 从点 $(0,1)$ 出发, 以速度大小为常数 v 沿 y 轴正向运动, 物体 B 从点 $(-1,0)$ 与 A 同时出发, 其速度为 $2v$, 方向始终指向 A. 试建立物体 B 的运动轨迹所满足的微分方程, 并写出定解条件.

12. 连续上凸曲线 $y = y(x)$ 上任意点 $P(x,y)$ 的曲率为 $\dfrac{1}{\sqrt{1+y'^2}}$, 且在点 $(0,1)$ 处的切线方程为 $y = x + 1$. 求 $y = y(x)$ 的极值.

13. 初始质量为 M 的雨点在空气中自由下落, 在下落过程中雨点按 mg/s 均匀蒸发, 且遇到的空气阻力与下落速度 $v(t)$ 成正比, 比例系数 $k > 0$. 雨点初始速度为 0, 求 $v(t)$.

14. 长为 l 的链条放在无摩擦桌面上, 使链条在桌边悬挂下来的长度为 b. 求重力使链条全部滑离桌面所需时间.

15. 设函数 $f(t)$ 在 $[0, +\infty)$ 上连续, $\Omega(t) = \{(x,y,z) | x^2 + y^2 + z^2 \leqslant t^2, z \geqslant 0\}$, $\Sigma(t)$ 是 $\Omega(t)$ 的表面, $D(t)$ 是 $\Omega(t)$ 在 xOy 平面内的投影区域, $L(t)$ 是 $D(t)$ 的边界曲线. 已知当 $t \geqslant 0$ 时, 恒有

$$\oint_{L(t)} f(x^2+y^2)\sqrt{x^2+y^2}\mathrm{d}s + \oint_{\Sigma(t)} (x^2+y^2+z^2)\mathrm{d}S$$

$$= \iint\limits_{D(t)} f(x^2+y^2)\mathrm{d}\sigma + \iiint\limits_{\Omega(t)} \sqrt{x^2+y^2+z^2}\mathrm{d}v,$$

求 $f(t)$ 的表达式.

16. 已知 $f(u)$ 为可微函数, $z = xf\left(\dfrac{y}{x}\right) + y$ 满足 $xz_x - yz_y = 2z$, $f(1) = 1$. 求 $f(u)$.

17. 设函数 $f(u)$ 具有二阶连续导数, $z = f(\mathrm{e}^x \sin y)$ 满足

$$z_{xx} + z_{yy} = (z+1)\mathrm{e}^{2x}, \quad f(0) = 0, \quad f'(0) = 0,$$

求 $f(u)$.

18. 设方程 $y'' + \alpha y' + \beta y = \gamma \mathrm{e}^x$ 的一个解为 $y_0 = \mathrm{e}^{2x} + (1+x)\mathrm{e}^x$, 确定常数 α, β, γ, 并求方程的通解.

第5章 向量代数与解析几何

解析几何是数和形的结合, 它们的结合是通过坐标系来实现的. 坐标系把数和形有机地结合起来, 一方面通过数量关系来研究空间几何图形, 另一方面借助于几何直观研究代数方程的性质. 向量是空间解析几何的主要工具. 向量代数和解析几何又是研究多元函数微积分学所必须具备的知识.

5.1 向量代数

5.1.1 向量的概念

在学习电学、力学、运动学时会发现, 其中的一些量要完整刻画出来, 不仅有大小, 而且有方向, 如力、电场、速度和加速度等. 把既有大小, 又有方向的量称为**向量**或**矢量**. 为区别于数量, 向量一般用黑体字母 $a, b, \cdots$ 表示, 也可以表示为 $\vec{a}, \vec{b}, \cdots$.

对于线段, 如果规定了它的起点 A 和终点 B, 就得到一条有向线段 $\overrightarrow{AB}$(记为 a), 即为一个向量. 线段 AB 的长度, 即为向量 a 的大小, 称为向量 a 的**长度**或**模**, 记为 $|\overrightarrow{AB}|$ 或 $|a|$. 从 A 到 B 的方向, 即为向量 a 的方向.

长度为 1 的向量称为**单位向量**, 长度为零的向量称为**零向量**(记为 **0**). 零向量的起点和终点重合, 因此零向量没有确定的方向. 一般约定, 零向量可以指向任意的方向.

在今后的学习中, 一般不考虑向量的起点, 因此只要经过平移, 起点和终点分别重合的向量认为是同一个向量.

与向量 a 大小相等、方向相反的向量, 称为向量 a 的**负向量**, 记为 $-a$. 根据负向量的定义, 成立 $-(-a) = a$. 由此, $\overrightarrow{AB} = -\overrightarrow{BA}$.

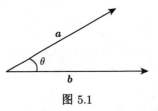

图 5.1

与向量 a 大小相等、方向相同的向量 b 称为与 a **相等**的向量, 记为 $a = b$.

设两个非零向量 a 和 b, 作 $\overrightarrow{OA} = a, \overrightarrow{OB} = b$, 称 $\theta = \angle AOB$ 为向量 a 与 b 的**夹角**(图 5.1), 记为 $\theta = \langle a, b \rangle$. 规定 $0 \leqslant \theta \leqslant \pi$, 同时规定零向量与非零向量之间的夹角可以在 0 到 π 之间任意取值.

如果 $\theta = 0$ 或 π, 就称向量 a 与 b **平行**, 记为 $a // b$; 如果 $\theta = \dfrac{\pi}{2}$, 就称向量 a

与 **b 垂直**, 记为 $a \perp b$. 显然, 零向量与任意向量既平行又垂直.

若两个向量的起点和终点在同一条直线上, 这样的两个向量称为**共线**; 类似地, 三个及以上向量的起点和终点在同一张平面上, 这样的向量称为**共面**.

5.1.2 向量的线性运算

1. 向量的加法运算和减法运算

力学上关于力、速度、加速度的合成的**平行四边形法则**(图 5.2) 告诉我们, 向量 a 和 b(分别表示为 $\overrightarrow{AB}, \overrightarrow{AD}$) 不平行时, 以 AB, AD 为邻边作一平行四边形 $ABCD$, 连接对角线 AC, 那么 $\overrightarrow{AC}$ 就是向量 a 与 b 的合成, 称为向量 a 与 b 的和, 记为 $a + b$. 向量 $\overrightarrow{DB}$ 即为向量 a 与 b 的差, 记为 $a - b$.

向量 a 与 b 的和 (即向量的加法运算) 也可以用**三角形法则**(图 5.3) 表述: 取点 A 为起点作向量 $\overrightarrow{AB} = a$, 以 B 为起点作向量 $\overrightarrow{BC} = b$, 连接 AC, 则向量

$$c = \overrightarrow{AC} = a + b.$$

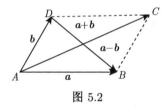

图 5.2

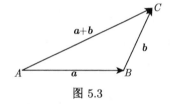

图 5.3

由向量的加法运算, 可以看到, 向量的减法

$$a - b = a + (-b).$$

由于三角形两边之和大于第三边, 所以有如下三角不等式:

$$|a + b| \leqslant |a| + |b|, \quad |a - b| \leqslant |a| + |b|.$$

向量的加法运算满足如下运算规律:

(1)(交换律) $a + b = b + a$;

(2)(结合律) $(a + b) + c = a + (b + c)$;

(3) $(-a) + a = 0, \ a + 0 = a$.

由于向量的加法运算满足交换律和结合律, 所以, 向量 $a_1, a_2, \cdots, a_n$ 的加法表示为

$$a_1 + a_2 + \cdots + a_n,$$

并按向量相加的三角形法则, 可得 n 个向量相加的法则: 前一向量的终点作为次一向量的起点, 相继作向量 $a_1, a_2, \cdots, a_n$, 再以第 1 个向量的起点为起点, 第 n 个向量的终点为终点作一向量, 这个向量即为 n 个向量的和向量.

例 5.1　设 a, b, c 是三个方向不同的向量, 证明依次连接它们的终点与起点构成一个三角形的充分必要条件为 $a + b + c = 0$.

证明　必要性. 依次连接 a, b, c 的终点与起点, 构成 $\triangle ABC$, 设 $a = \overrightarrow{AB}, b = \overrightarrow{BC}, c = \overrightarrow{CA}$. 因 $a + b + c$ 的起点、终点重合, 由多边形法则, $a + b + c = 0$.

充分性. 取 $\overrightarrow{AB} = a, \overrightarrow{BC} = b$, 则 $\overrightarrow{AC} = a + b$. 由题设条件, 得 $\overrightarrow{AC} + c = 0$, 因此, $c = -\overrightarrow{AC} = \overrightarrow{CA}$. 这说明向量 a 的起点与向量 c 的终点重合. 于是, 三个向量 $\overrightarrow{AB}, \overrightarrow{BC}, \overrightarrow{CA}$ 构成 $\triangle ABC$.

2. 向量与数的乘法

向量 a 与实数 λ 的乘积称为**向量的数乘**, 记为 λa. 它是一个向量, 大小为

$$|\lambda a| = |\lambda||a|,$$

方向与 λ 的符号有关: 当 $\lambda > 0$ 时与 a 同向, 当 $\lambda < 0$ 时与 a 反向. 但始终与向量 a 共线.

易知, $0a = 0, \lambda 0 = 0$. 若 $\lambda a = 0$, 则要么 $\lambda = 0$, 要么 $a = 0$.

向量的数乘满足以下运算规律 $(\lambda, \mu \in \mathbb{R})$:

(1)(结合律) $\lambda(\mu a) = \mu(\lambda a) = (\lambda \mu) a$;

(2)(分配律) $(\lambda + \mu) a = \lambda a + \mu a, \lambda(a + b) = \lambda a + \lambda b$.

向量的加法运算、减法运算和数乘运算统称为向量的线性运算. 向量的线性运算可以用于描述向量的共线和共面的特征.

定理 5.1　若向量 $a \neq 0$, 则向量 a, b 共线的充分必要条件是存在唯一的实数 λ, 使得 $b = \lambda a$. 若向量 a 与向量 b 不平行, 则向量 a, b, c 共面的充分必要条件是存在唯一的实数 λ, μ, 使得 $c = \lambda a + \mu b$.

证明略.

5.1.3　向量线性运算的坐标表示

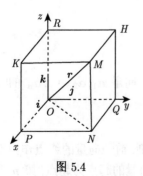

图 5.4

我们把向量置于坐标系中讨论, 就可以建立向量线性运算的坐标表示. 在直角坐标系 $Oxyz$ 中, 以 O 为起点, 分别取与坐标轴 Ox, Oy, Oz 的正方向同向的三个单位向量, 分别记为 i, j, k. 设有向量 r, 由于向量可以平移, 所以, 假定向量 r 的起点为坐标系原点 O, 终点为 M, 则向量 $r = \overrightarrow{OM}$ 称为点 M 的**向径**. 以 OM 为对角线, 三个坐标轴为棱作长方体 (图 5.4), 有

$$r = \overrightarrow{OM} = \overrightarrow{OP} + \overrightarrow{PN} + \overrightarrow{NM} = \overrightarrow{OP} + \overrightarrow{OQ} + \overrightarrow{OR}.$$

设 $\overrightarrow{OP} = x\boldsymbol{i}$, $\overrightarrow{OQ} = y\boldsymbol{j}$, $\overrightarrow{OR} = z\boldsymbol{k}$, 则

$$\boldsymbol{r} = \overrightarrow{OM} = x\boldsymbol{i} + y\boldsymbol{j} + z\boldsymbol{k}.$$

上式称为向量 $\boldsymbol{r}$ 的**坐标分解式**, $x\boldsymbol{i}, y\boldsymbol{j}, z\boldsymbol{k}$ 为向量 $\boldsymbol{r}$ 沿三个坐标轴方向的分向量.

　　显然, 给定向量 $\boldsymbol{r}$, 就确定点 M 及它的三个分向量, 也就确定了 x, y, z 三个有序数; 反过来, 三个数 x, y, z, 也就确定了一个向量 $\boldsymbol{r}$ 和点 M. 这样, 建立了向量 $\boldsymbol{r}$ 与点 M 之间的一一对应关系. 于是, 点 M 的坐标 (x, y, z) 就称为向量 $\boldsymbol{r}$ 在坐标系中的坐标, 记为

$$\boldsymbol{r} = (x, y, z) = x\boldsymbol{i} + y\boldsymbol{j} + z\boldsymbol{k}.$$

为强调向量的坐标分解, 空间直角坐标系也简记为 $\{O; \boldsymbol{i}, \boldsymbol{j}, \boldsymbol{k}\}$.

　　根据单位向量 $\boldsymbol{i}, \boldsymbol{j}, \boldsymbol{k}$ 的定义, 它们的坐标满足

$$\boldsymbol{i} = (1, 0, 0), \quad \boldsymbol{j} = (0, 1, 0), \quad \boldsymbol{k} = (0, 0, 1).$$

　　利用向量的坐标, 向量的运算转化为向量坐标的代数运算. 这样, 零向量就是所有分量为零的向量, 即 $\boldsymbol{0} = (0, 0, 0)$. 向量 $\boldsymbol{a} = (a_x, a_y, a_z)$ 与 $\boldsymbol{b} = (b_x, b_y, b_z)$ 相等, 当且仅当对应分量都相等. 例如,

$$\boldsymbol{a} = (1, 0, 2), \quad \boldsymbol{b} = (x, y, z),$$

若 $\boldsymbol{a} = \boldsymbol{b}$, 则必有 $x = 1, y = 0, z = 2$.

　　对于向量 $\boldsymbol{a} = (a_x, a_y, a_z)$ 与 $\boldsymbol{b} = (b_x, b_y, b_z)$, 其加法 (减法) 和实数 λ 与向量 $\boldsymbol{a}$ 的数乘的代数表示分别为

$$\boldsymbol{a} \pm \boldsymbol{b} = (a_x \pm b_x, a_y \pm b_y, a_z \pm b_z); \quad \lambda\boldsymbol{a} = (\lambda a_x, \lambda a_y, \lambda a_z).$$

而向量 $\boldsymbol{r} = (x, y, z)$ 的长度 $|\boldsymbol{r}| = \sqrt{x^2 + y^2 + z^2}$.

　　设点 A, B 的坐标分别为 $A(x_1, y_1, z_1), B(x_2, y_2, z_2)$, 则由 $\overrightarrow{AB} = \overrightarrow{OB} - \overrightarrow{OA}$, 得

$$\overrightarrow{AB} = (x_2 - x_1, y_2 - y_1, z_2 - z_1), \quad |\overrightarrow{AB}| = \sqrt{(x_2 - x_1)^2 + (y_2 - y_1)^2 + (z_2 - z_1)^2}.$$

5.1.4　向量的方向余弦与向量的投影

　　非零向量 $\boldsymbol{r} = (x, y, z)$ 与直角坐标系的三个坐标轴正向的夹角 α, β, γ 称为向量 $\boldsymbol{r}$ 的**方向角**. 显然,

$$\cos\alpha = \frac{x}{|\boldsymbol{r}|}, \quad \cos\beta = \frac{y}{|\boldsymbol{r}|}, \quad \cos\gamma = \frac{z}{|\boldsymbol{r}|}.$$

容易计算, 方向角满足

$$\cos^2 \alpha + \cos^2 \beta + \cos^2 \gamma = 1, \quad \frac{r}{|r|} = (\cos \alpha, \cos \beta, \cos \gamma).$$

因此方向角的余弦构成一单位向量 $(\cos \alpha, \cos \beta, \cos \gamma)$, 且该单位向量即为向量 r 的单位化. 把 $\cos \alpha, \cos \beta, \cos \gamma$ 称为向量 r 的**方向余弦**.

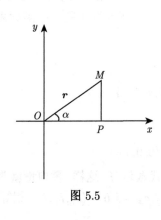

图 5.5

考虑二维位置向量 $r = \overrightarrow{OM} = (x, y)$(图 5.5), 过点 M 作与 x 轴垂直的直线交 x 轴于点 P, 那么点 P 就是点 M 在 x 轴上的投影. 作向量 $\overrightarrow{OP} = xi$, 称 $\overrightarrow{OP}$ 为向量 r 在 x 轴上的投影向量, 而 $x = |r| \cos \alpha$ 称为向量 r 在 x 轴上的投影. 同理, $y = |r| \sin \alpha$ 为向量 r 在 y 轴上的投影, 向量 yj 为向量 r 在 y 轴上的投影向量.

一般地, 向量 a, b 的起点为同一点 P(否则, 平移到同一点即可), $\overrightarrow{PQ} = a, \overrightarrow{PR} = b, a$ 与 b 的夹角为 θ, S 是点 R 在直线 PQ 上的投影, 那么, $\overrightarrow{PS}$ 就称为向量 b 在向量 a 上的**投影向量**, $|b| \cos \theta$ 称为 b 在 a 上的投影, 记为 $\mathrm{Prj}_a b$.

依此定义, 向量 $r = (x, y, z)$ 在三个坐标轴上的投影, 即为

$$x = \mathrm{Prj}_i r, \quad y = \mathrm{Prj}_j r, \quad z = \mathrm{Prj}_k r.$$

习 题 5.1

1. 设 $u = a + b - 2c, v = 4a - 3b + c$, 试用 a, b, c 表示 $3u + 2v$.

2. 求平行于向量 $a = (1, -3, 2)$ 的单位向量.

3. 设向量 $a = (a_x, a_y, a_z), b = (b_x, b_y, b_z)$, 且 $a \neq 0$. 证明 $a \, / \! / \, b$ 的充分必要条件是

$$\frac{b_x}{a_x} = \frac{b_y}{a_y} = \frac{b_z}{a_z}.$$

这里约定: 若分母为 0, 则分子也为 0.

4. 已知两点 $A(4, 0, 1)$ 和 $B(3, \sqrt{2}, 2)$, 试求向量 $\overrightarrow{AB}$ 的模、方向余弦和方向角.

5. 设向量 a 的模是 5, 它与 x 轴的夹角是 $\dfrac{\pi}{4}$, 求向量 $2a$ 在 x 轴上的投影.

6. 向量的终点为 $B(2, -1, 7)$, 它在 x 轴、y 轴和 z 轴上的投影依次为 $4, -4$ 和 7. 求该向量的起点 A 的坐标.

7. 设向量 $a = (4, 5, -3), b = (2, 3, 6)$, 求与 a 同向的单位向量 a^0 及 b 的方向余弦.

5.2 向量的数量积、向量积与混合积

5.2.1 向量的数量积

物体在外力 $\boldsymbol{F}$ 作用下由点 A 移动到点 B, 如果力 $\boldsymbol{F}$ 的方向与位移 $\overrightarrow{AB} = \boldsymbol{n}$ 的夹角为 θ, 由力学知识, 力 $\boldsymbol{F}$ 作用于物体所做的功为

$$W = |\boldsymbol{n}||\boldsymbol{F}|\cos\theta.$$

把功 W 与向量 $\boldsymbol{F}$ 和 $\boldsymbol{n}$ 的这种关系进行数学上抽象和概括, 就得到向量数量积的概念.

定义 5.1 向量 $\boldsymbol{a}$ 与 $\boldsymbol{b}$ 的长度和它们之间夹角余弦的乘积, 称为向量 $\boldsymbol{a}$ 与 $\boldsymbol{b}$ 的**数量积**(也称**内积**), 记为

$$\boldsymbol{a} \cdot \boldsymbol{b} = |\boldsymbol{a}||\boldsymbol{b}|\cos\theta \quad (\theta = \langle \boldsymbol{a}, \boldsymbol{b} \rangle).$$

根据数量积的定义, 显见, 向量的数量积 $\boldsymbol{a} \cdot \boldsymbol{b}$ 是一个实数, 且

$$|\boldsymbol{a}| = \sqrt{\boldsymbol{a} \cdot \boldsymbol{a}}, \quad \cos\theta = \frac{\boldsymbol{a} \cdot \boldsymbol{b}}{|\boldsymbol{a}||\boldsymbol{b}|} \quad (\boldsymbol{a} \neq \boldsymbol{0}, \boldsymbol{b} \neq \boldsymbol{0}).$$

当向量 $\boldsymbol{a} \neq \boldsymbol{0}$ 时, $|\boldsymbol{b}|\cos\theta$ 是向量 $\boldsymbol{b}$ 在向量 $\boldsymbol{a}$ 上的投影, 因此, $\boldsymbol{a} \cdot \boldsymbol{b} = |\boldsymbol{a}|\mathrm{Prj}_{\boldsymbol{a}}\boldsymbol{b}$. 同理, $\boldsymbol{a} \cdot \boldsymbol{b} = |\boldsymbol{b}|\mathrm{Prj}_{\boldsymbol{b}}\boldsymbol{a}$.

对于向量的数量积, 容易证明如下结论成立:

(1)(交换律) $\boldsymbol{a} \cdot \boldsymbol{b} = \boldsymbol{b} \cdot \boldsymbol{a}$;

(2)(分配律) $\boldsymbol{a} \cdot (\boldsymbol{b} + \boldsymbol{c}) = \boldsymbol{a} \cdot \boldsymbol{b} + \boldsymbol{a} \cdot \boldsymbol{c}$;

(3)(结合律) $(\lambda\boldsymbol{a}) \cdot \boldsymbol{b} = \lambda(\boldsymbol{a} \cdot \boldsymbol{b}) = \boldsymbol{a} \cdot (\lambda\boldsymbol{b})$, $\lambda \in \mathbb{R}$;

(4)(正定性) $|\boldsymbol{a}|^2 = \boldsymbol{a} \cdot \boldsymbol{a} \geqslant 0 (|\boldsymbol{a}|^2$ 也简记为 $\boldsymbol{a}^2$), 等号成立的充分必要条件为 $\boldsymbol{a} = \boldsymbol{0}$;

(5) $\boldsymbol{a} \perp \boldsymbol{b}$ 的充分必要条件是 $\boldsymbol{a} \cdot \boldsymbol{b} = 0$.

根据上述结论, 可以证明

$$\boldsymbol{i} \cdot \boldsymbol{i} = 1, \quad \boldsymbol{j} \cdot \boldsymbol{j} = 1, \quad \boldsymbol{k} \cdot \boldsymbol{k} = 1;$$
$$\boldsymbol{i} \cdot \boldsymbol{j} = \boldsymbol{j} \cdot \boldsymbol{i} = \boldsymbol{i} \cdot \boldsymbol{k} = \boldsymbol{k} \cdot \boldsymbol{i} = \boldsymbol{j} \cdot \boldsymbol{k} = \boldsymbol{k} \cdot \boldsymbol{j} = 0.$$

于是, 如果 $\boldsymbol{a} = (a_1, a_2, a_3) = a_1\boldsymbol{i} + a_2\boldsymbol{j} + a_3\boldsymbol{k}, \boldsymbol{b} = (b_1, b_2, b_3) = b_1\boldsymbol{i} + b_2\boldsymbol{j} + b_3\boldsymbol{k}$, 则

$$\boldsymbol{a} \cdot \boldsymbol{b} = a_1b_1 + a_2b_2 + a_3b_3, \quad \boldsymbol{a} \cdot \boldsymbol{a} = a_1^2 + a_2^2 + a_3^2.$$

进一步, 若 $\boldsymbol{a} \neq \boldsymbol{0}, \boldsymbol{b} \neq \boldsymbol{0}$, 则它们的夹角余弦为

$$\cos\theta = \frac{\boldsymbol{a} \cdot \boldsymbol{b}}{|\boldsymbol{a}||\boldsymbol{b}|} = \frac{a_1b_1 + a_2b_2 + a_3b_3}{\sqrt{a_1^2 + a_2^2 + a_3^2}\sqrt{b_1^2 + b_2^2 + b_3^2}}.$$

例 5.2　解答下列各题:

(1) 设向量 $\boldsymbol{p}, \boldsymbol{q}, \boldsymbol{r}$ 两两垂直, 其大小分别为 1,2,3, 求 $|\boldsymbol{p} + \boldsymbol{q} + \boldsymbol{r}|$;

(2) 已知 $|\boldsymbol{a}| = 1, |\boldsymbol{b}| = 2, \langle \boldsymbol{a}, \boldsymbol{b} \rangle = \dfrac{\pi}{3}, \boldsymbol{c} = 2\boldsymbol{a} - \boldsymbol{b}, \boldsymbol{d} = \boldsymbol{a} + \lambda \boldsymbol{b}$. 求实数 λ, 使 $\boldsymbol{c} \perp \boldsymbol{d}$; 并问当 $\lambda = 1$ 时, 求 $\langle \boldsymbol{c}, \boldsymbol{d} \rangle$;

(3) 设一质点在力 $\boldsymbol{F} = (-2, 1, 2)$(单位: N) 作用下, 由点 $A(1,1,1)$ 移动到点 $B(0,0,5)$(位移, 单位: m), 求力 $\boldsymbol{F}$ 所做的功, 并求力 $\boldsymbol{F}$ 与位移向量 $\overrightarrow{AB}$ 的夹角.

解　(1) 由于

$$
\begin{aligned}
|\boldsymbol{p} + \boldsymbol{q} + \boldsymbol{r}|^2 &= (\boldsymbol{p} + \boldsymbol{q} + \boldsymbol{r}) \cdot (\boldsymbol{p} + \boldsymbol{q} + \boldsymbol{r}) \\
&= \boldsymbol{p}^2 + \boldsymbol{q}^2 + \boldsymbol{r}^2 + 2\boldsymbol{p} \cdot \boldsymbol{q} + 2\boldsymbol{p} \cdot \boldsymbol{r} + 2\boldsymbol{q} \cdot \boldsymbol{r} = 1^2 + 2^2 + 3^2 = 14.
\end{aligned}
$$

于是 $|\boldsymbol{p} + \boldsymbol{q} + \boldsymbol{r}| = \sqrt{14}$.

(2) $\boldsymbol{c} \perp \boldsymbol{d}$ 的充分必要条件是 $\boldsymbol{c} \cdot \boldsymbol{d} = 0$, 而

$$
\boldsymbol{c} \cdot \boldsymbol{d} = (2\boldsymbol{a} - \boldsymbol{b}) \cdot (\boldsymbol{a} + \lambda \boldsymbol{b}) = 1 - 2\lambda.
$$

因此当 $\lambda = \dfrac{1}{2}$ 时, $\boldsymbol{c} \perp \boldsymbol{d}$.

当 $\lambda = 1$ 时, 经计算, $\boldsymbol{c} \cdot \boldsymbol{d} = -1, |\boldsymbol{c}| = 2, \boldsymbol{d} = \sqrt{7}$, 因此,

$$
\cos \langle \boldsymbol{c}, \boldsymbol{d} \rangle = \frac{\boldsymbol{c} \cdot \boldsymbol{d}}{|\boldsymbol{c}||\boldsymbol{d}|} = -\frac{1}{2\sqrt{7}}.
$$

故 $\langle \boldsymbol{c}, \boldsymbol{d} \rangle = \arccos \dfrac{-1}{2\sqrt{7}}$.

(3) 由于 $\overrightarrow{AB} = (-1, -1, 4)$, 因此, 力 $\boldsymbol{F}$ 所做的功为

$$
W = \boldsymbol{F} \cdot \overrightarrow{AB} = (-2, 1, 2) \cdot (-1, -1, 4) = 9 (\text{J}).
$$

由于

$$
\cos \langle \boldsymbol{F}, \overrightarrow{AB} \rangle = \frac{\boldsymbol{F} \cdot \overrightarrow{AB}}{|\boldsymbol{F}||\overrightarrow{AB}|} = \frac{9}{3 \times 3\sqrt{2}} = \frac{\sqrt{2}}{2},
$$

因此, 力 $\boldsymbol{F}$ 与 $\overrightarrow{AB}$ 的夹角为 $\dfrac{\pi}{4}$.

*例 5.3　解答下列各题:

(1) 已知圆 O 的半径为 R, P, Q 为圆上两点, 其圆心角为 $\theta \in \left(0, \dfrac{\pi}{2}\right), a > 0, b > 0$, 求

$$
\lim_{\theta \to 0} \frac{1}{\theta^2} (|a\overrightarrow{OP}| + |b\overrightarrow{OQ}| - |a\overrightarrow{OP} + b\overrightarrow{OQ}|);
$$

(2) 证明平行四边形两条对角线的平方和等于各边的平方和.

解　(1) 显然 $|\overrightarrow{OP}| = R, |\overrightarrow{OQ}| = R$, 且由

$$
|a\overrightarrow{OP} + b\overrightarrow{OQ}| = \sqrt{(a\overrightarrow{OP} + b\overrightarrow{OQ}) \cdot (a\overrightarrow{OP} + b\overrightarrow{OQ})} = R\sqrt{a^2 + b^2 + 2ab\cos\theta}.
$$

得

$$\lim_{\theta\to 0}\frac{1}{\theta^2}(|a\overrightarrow{OP}|+|b\overrightarrow{OQ}|-|a\overrightarrow{OP}+b\overrightarrow{OQ}|)=\lim_{\theta\to 0}\frac{R(a+b-\sqrt{a^2+b^2+2ab\cos\theta})}{\theta^2}$$
$$=\frac{Rab}{2(a+b)}.$$

(2) 设平行四边形如图 5.2 所示, 于是,

$$|\overrightarrow{AC}|^2=\overrightarrow{AC}\cdot\overrightarrow{AC}=(\boldsymbol{a}+\boldsymbol{b})\cdot(\boldsymbol{a}+\boldsymbol{b})=\boldsymbol{a}^2+2\boldsymbol{a}\cdot\boldsymbol{b}+\boldsymbol{b}^2,$$

$$|\overrightarrow{DB}|^2=\overrightarrow{DB}\cdot\overrightarrow{DB}=(\boldsymbol{a}-\boldsymbol{b})\cdot(\boldsymbol{a}-\boldsymbol{b})=\boldsymbol{a}^2-2\boldsymbol{a}\cdot\boldsymbol{b}+\boldsymbol{b}^2.$$

以上两式相加, 可得

$$|\overrightarrow{AC}|^2+|\overrightarrow{DB}|^2=2(\boldsymbol{a}^2+\boldsymbol{b}^2)=|\overrightarrow{AB}|^2+|\overrightarrow{BC}|^2+|\overrightarrow{CD}|^2+|\overrightarrow{DA}|^2.$$

5.2.2 向量的向量积

力对于可以绕轴线转动物体发生的作用, 一方面与力的大小有关, 另一方面与力跟轴线的垂直距离 (称为力臂) 有关. 如在用一定的力推门时, 所推的地方离门轴的距离越远就越省力. 在力学中, 为刻画对绕轴线转动物体的这种作用, 引入了力矩的概念. 我们将力矩概念在数学上抽象推广, 就形成了向量的向量积.

定义 5.2 向量 $\boldsymbol{a},\boldsymbol{b}$ 的**向量积**(也称外积) 是一个向量, 记为 $\boldsymbol{a}\times\boldsymbol{b}$, 其大小满足

$$|\boldsymbol{a}\times\boldsymbol{b}|=|\boldsymbol{a}||\boldsymbol{b}|\sin\theta\quad(\theta=\langle\boldsymbol{a},\boldsymbol{b}\rangle),$$

其方向垂直于向量 $\boldsymbol{a}$ 和 $\boldsymbol{b}$, 且符合右手法则, 即当右手四指从 $\boldsymbol{a}$ 弯向 $\boldsymbol{b}$(转向小于 π 弧度), 大拇指的方向就是 $\boldsymbol{a}\times\boldsymbol{b}$ 的方向 (图 5.6).

根据定义 5.2, 容易发现, 如果向量 $\boldsymbol{a},\boldsymbol{b}$ 不共线, 则 $|\boldsymbol{a}\times\boldsymbol{b}|$ 就是以 $\boldsymbol{a},\boldsymbol{b}$ 为邻边构成的平行四边形的面积, $\frac{1}{2}|\boldsymbol{a}\times\boldsymbol{b}|$ 就是以 $\boldsymbol{a},\boldsymbol{b}$ 为邻边组成的三角形面积; 当 $\boldsymbol{a},\boldsymbol{b}$ 共线时, 有 $|\boldsymbol{a}\times\boldsymbol{b}|=0$. 因此, 有如下结论: 向量 $\boldsymbol{a},\boldsymbol{b}$ 共线 (或平行) 的充分必要条件是 $\boldsymbol{a}\times\boldsymbol{b}=\boldsymbol{0}$.

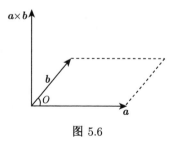

图 5.6

向量积满足以下性质:

(1) $\boldsymbol{a}\times\boldsymbol{b}=-\boldsymbol{b}\times\boldsymbol{a}$;

(2)(分配律) $\boldsymbol{a}\times(\boldsymbol{b}+\boldsymbol{c})=\boldsymbol{a}\times\boldsymbol{b}+\boldsymbol{a}\times\boldsymbol{c},\ (\boldsymbol{a}+\boldsymbol{b})\times\boldsymbol{c}=\boldsymbol{a}\times\boldsymbol{c}+\boldsymbol{b}\times\boldsymbol{c}$;

(3)(结合律) $(\lambda\boldsymbol{a})\times\boldsymbol{b}=\lambda(\boldsymbol{a}\times\boldsymbol{b})=\boldsymbol{a}\times(\lambda\boldsymbol{b}),\lambda\in\mathbb{R}$.

根据定义 5.2 及向量积的性质, 容易证明:

$$i \times i = j \times j = k \times k = 0,$$

$$i \times j = -j \times i = k, \quad j \times k = -k \times j = i, \quad k \times i = -i \times k = j.$$

于是, 由上述结论, 可以推出 $a \times b$ 的行列式表示式为 (其中 $a = (a_1, a_2, a_3), b = (b_1, b_2, b_3)$)

$$a \times b = \begin{vmatrix} i & j & k \\ a_1 & a_2 & a_3 \\ b_1 & b_2 & b_3 \end{vmatrix} = \begin{vmatrix} a_2 & a_3 \\ b_2 & b_3 \end{vmatrix} i - \begin{vmatrix} a_1 & a_3 \\ b_1 & b_3 \end{vmatrix} j + \begin{vmatrix} a_1 & a_2 \\ b_1 & b_2 \end{vmatrix} k,$$

其中

$$\begin{vmatrix} a_2 & a_3 \\ b_2 & b_3 \end{vmatrix} = a_2 b_3 - a_3 b_2, \quad \begin{vmatrix} a_1 & a_3 \\ b_1 & b_3 \end{vmatrix} = a_1 b_3 - a_3 b_1, \quad \begin{vmatrix} a_1 & a_2 \\ b_1 & b_2 \end{vmatrix} = a_1 b_2 - a_2 b_1.$$

例 5.4   计算下列各题:

(1) 设 $a = (0, -2, 1), b = (2, -1, 1)$, 计算 $a \times b$;

(2) 已知三角形的三个顶点分别为 $A(1, 1, 1), B(2, 0, 1), C(-1, 1, 2)$, 求该三角形的面积 S.

解   (1) 直接代入公式, 可得

$$a \times b = \begin{vmatrix} i & j & k \\ 0 & -2 & 1 \\ 2 & -1 & 1 \end{vmatrix} = -i + 2j + 4k.$$

(2) 注意到 $\overrightarrow{AB} = (1, -1, -2), \overrightarrow{AC} = (-2, 0, 1)$, 因此, 根据向量积的几何意义, 三角形的面积 $S = \frac{1}{2} |\overrightarrow{AB} \times \overrightarrow{AC}|$, 而

$$\overrightarrow{AB} \times \overrightarrow{AC} = \begin{vmatrix} i & j & k \\ 1 & -1 & -2 \\ -2 & 0 & 1 \end{vmatrix} = -i + 3j - 2k,$$

因此, $S = \frac{1}{2} |(-1, 3, -2)| = \frac{1}{2} \sqrt{14}$.

*5.2.3   向量的混合积

给定三个向量 a, b, c, 因为 $a \times b$ 仍是一个向量, 所以, 它与向量 c 作内积, 得到向量的**混合积**, 记为 $(a \times b) \cdot c = (a, b, c)$.

如果 $\boldsymbol{a} = (a_1, a_2, a_3), \boldsymbol{b} = (b_1, b_2, b_3), \boldsymbol{c} = (c_1, c_2, c_3)$, 则可证明混合积的行列式表示式为

$$(\boldsymbol{a}, \boldsymbol{b}, \boldsymbol{c}) = \begin{vmatrix} a_1 & a_2 & a_3 \\ b_1 & b_2 & b_3 \\ c_1 & c_2 & c_3 \end{vmatrix}.$$

由上面的行列式表示式, 易证向量的混合积满足以下公式:

$$(\boldsymbol{a} \times \boldsymbol{b}) \cdot \boldsymbol{c} = (\boldsymbol{b} \times \boldsymbol{c}) \cdot \boldsymbol{a} = (\boldsymbol{c} \times \boldsymbol{a}) \cdot \boldsymbol{b}.$$

混合积的几何意义: $|(\boldsymbol{a} \times \boldsymbol{b}) \cdot \boldsymbol{c}|$ 表示以 $\boldsymbol{a}, \boldsymbol{b}, \boldsymbol{c}$ 为棱的平行六面体的体积.

根据混合积的几何意义, 容易发现: 向量 $\boldsymbol{a}, \boldsymbol{b}, \boldsymbol{c}$ 共面的充要条件是 $(\boldsymbol{a}, \boldsymbol{b}, \boldsymbol{c}) = 0$; 向量 $\boldsymbol{a}, \boldsymbol{b}, \boldsymbol{c}$ 不共面的充分必要条件是 $(\boldsymbol{a}, \boldsymbol{b}, \boldsymbol{c}) \neq 0$.

例 5.5 判断四个点 $A(1, 0, 1), B(4, 4, 6), C(2, 2, 3), D(-1, 1, 2)$ 是否在同一平面上.

解 由于 $\boldsymbol{a} = \overrightarrow{AB} = (3, 4, 5), \boldsymbol{b} = \overrightarrow{AC} = (1, 2, 2), \boldsymbol{c} = \overrightarrow{AD} = (-2, 1, 1)$, 这三个向量的混合积为

$$(\boldsymbol{a}, \boldsymbol{b}, \boldsymbol{c}) = \begin{vmatrix} 3 & 4 & 5 \\ 1 & 2 & 2 \\ -2 & 1 & 1 \end{vmatrix} = 5 \neq 0,$$

因此, 四个点 A, B, C, D 不在同一平面上.

最后需要说明的是, 向量的另一形式的混合积定义为

$$\boldsymbol{a} \times (\boldsymbol{b} \times \boldsymbol{c}) = (\boldsymbol{a} \cdot \boldsymbol{c})\boldsymbol{b} - (\boldsymbol{a} \cdot \boldsymbol{b})\boldsymbol{c},$$

它仍然是一个向量.

习 题 5.2

1. 已知三点 $A(1, 1, 1), B(2, 1, 2)$ 和 $C(3, 0, -1)$, 求 $\overrightarrow{AB} \cdot \overrightarrow{AC}$ 和 $\overrightarrow{AB} \times \overrightarrow{AC}$.

2. 已知向量 $\boldsymbol{a}$ 与 $\boldsymbol{b}$ 垂直, 且 $|\boldsymbol{a}| = 5, |\boldsymbol{b}| = 12$, 求 $|\boldsymbol{a} - \boldsymbol{b}|$.

3. 已知 $\overrightarrow{OA} = \boldsymbol{i} + \boldsymbol{j} + 2\boldsymbol{k}, \overrightarrow{OB} = 2\boldsymbol{i} - 3\boldsymbol{j} + \boldsymbol{k}$, 求 $\triangle AOB$ 的面积.

4. 设 $\boldsymbol{a} = (3, 5, -2), \boldsymbol{b} = (2, 1, 4)$, 问 m 和 n 满足怎样的关系, 能使得 $m\boldsymbol{a} + n\boldsymbol{b}$ 与 z 轴垂直.

5. 已知三角形的三个顶点为 $A(1, 1, 1), B(2, 2, 1), C(2, 1, 2)$, 求 $\angle BAC$.

*6. 已知向量 $\boldsymbol{a} = \boldsymbol{i} - \boldsymbol{j} + 2\boldsymbol{k}, \boldsymbol{b} = \boldsymbol{j} - \boldsymbol{k}$ 和 $\boldsymbol{c} = 2\boldsymbol{i} + 3\boldsymbol{j} - \boldsymbol{k}$, 求 $(\boldsymbol{a} \times \boldsymbol{b}) \cdot \boldsymbol{c}$ 和 $\boldsymbol{a} \times (\boldsymbol{b} \times \boldsymbol{c})$.

*7. 设 $|\boldsymbol{a}| = 3, |\boldsymbol{b}| = 4$, 且 $\boldsymbol{a} \perp \boldsymbol{b}$, 求 $|(\boldsymbol{a} + \boldsymbol{b}) \times (\boldsymbol{a} - \boldsymbol{b})|$.

8. 设向量 $\boldsymbol{a} \neq \boldsymbol{0}, \boldsymbol{b} \neq \boldsymbol{0}$, 且 $(\boldsymbol{a} + 3\boldsymbol{b}) \perp (7\boldsymbol{a} - 5\boldsymbol{b}), (\boldsymbol{a} - 4\boldsymbol{b}) \perp (7\boldsymbol{a} - 2\boldsymbol{b})$, 求 $\boldsymbol{a}$ 与 $\boldsymbol{b}$ 的夹角.

5.3　空间曲面及其方程

5.3.1　曲面方程

在日常生活和科学技术中, 经常会遇到各种类型的曲面, 如飞机的内侧面与外侧面、弧形屋顶的表面等. 任何曲面都可以视为点的几何轨迹, 也就是可以用代数方程表示出来. 如果曲面 S 与三元方程 $F(x,y,z)=0$ 具有以下关系:

(1) 曲面 S 上任意一点都满足方程 $F(x,y,z)=0$;

(2) 满足方程 $F(x,y,z)=0$ 的点 (x,y,z) 都在曲面 S 上,

那么, 方程 $F(x,y,z)=0$ 就称为曲面 S 的方程, 曲面 S 就称为方程 $F(x,y,z)=0$ 的图形(图 5.7).

关于曲面, 主要研究两个问题, 一是已知曲面 S 上的点所满足的几何条件建立曲面方程; 二是已知曲面方程研究曲面 S 的形状.

例 5.6　建立球心在点 $M_0(a,b,c)$, 半径为 R 的球面方程.

解　设 $M(x,y,z)$ 为球面上任意一点, 则由 $|\overrightarrow{MM_0}|=R$, 得球面满足的方程为

$$(x-a)^2+(y-b)^2+(z-c)^2=R^2.$$

如果球心在原点, 那么球面方程为 $x^2+y^2+z^2=R^2$. 显然, $z=\sqrt{R^2-x^2-y^2}$ 表示上半球面, $z=-\sqrt{R^2-x^2-y^2}$ 表示下半球面.

以一条平面曲线绕其平面上一条直线旋转一周生成的曲面称为**旋转曲面**, 旋转曲线称为**母线**, 定直线称为**旋转轴**. 在 yOz 坐标面上, 已知曲线 C 的方程为

$$f(y,z)=0,$$

把曲线 C 绕 z 轴旋转一周, 就得到一个以 z 轴为旋转轴的旋转曲面 (图 5.8). 设点 $M_1(0,y_1,z_1)$ 为曲线 C 上任一点, 即 $f(y_1,z_1)=0$. 当曲线 C 绕 z 轴旋转时,

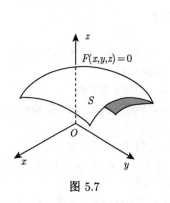

图 5.7

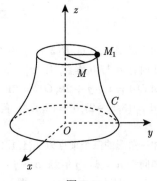

图 5.8

点 M_1 绕 z 轴旋转到另一点 $M(x, y, z)$, 这时 $z = z_1$ 保持不变, 而点 M 到 z 轴的距离为

$$|y_1| = \sqrt{x^2 + y^2}.$$

代入 $f(y_1, z_1) = 0$ $(z_1 = z)$, 即得旋转曲面方程为

$$f(\pm\sqrt{x^2 + y^2}, z) = 0.$$

类似地, 曲线 C 绕 y 轴旋转一周生成的曲面方程为

$$f(y, \pm\sqrt{x^2 + z^2}) = 0.$$

请读者推导 xOy 坐标面上曲线 $f(x, y) = 0$ 分别绕 x 轴与 y 轴旋转一周生成的旋转曲面方程和 zOx 坐标面上曲线 $f(z, x) = 0$ 分别绕 z 轴与 x 轴旋转一周生成的旋转曲面方程.

例 5.7 直线 L 绕另一与其相交的直线旋转一周生成的曲面称为**圆锥面**, 两直线的交点称为**顶点**, 两直线的夹角 α 称为圆锥面的**半顶角** $\left(这里 0 < \alpha < \dfrac{\pi}{2}\right)$. 建立顶点在坐标原点、旋转轴为 z 轴、半顶角为 α 的圆锥面 (图 5.9) 方程.

解 在 yOz 坐标面上, 直线 L 的方程为 $z = y \cot\alpha$. 由于绕 z 轴旋转一周, 因此, 将 y 换为 $\pm\sqrt{x^2 + y^2}$, 即得圆锥面方程为

$$z = \pm\sqrt{x^2 + y^2} \cot\alpha.$$

令 $a = \cot\alpha$, 则圆锥面方程可写为

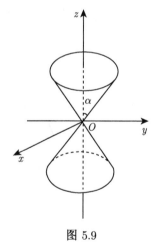

图 5.9

$$z^2 = a^2(x^2 + y^2).$$

这里列举三种常见的旋转曲面.

(1) 旋转抛物面 (图 5.10). 将 yOz 平面上的抛物线 $y^2 = 2pz$ 绕 z 轴旋转一周生成的曲面称为**旋转抛物面**, 其方程为 $x^2 + y^2 = 2pz$.

(2) 旋转椭球面 (图 5.11). 将 xOy 平面上的椭圆 $\dfrac{x^2}{a^2} + \dfrac{y^2}{b^2} = 1$ 绕 y 轴旋转一周生成的曲面称为**旋转椭球面**, 其方程为 $\dfrac{x^2 + z^2}{a^2} + \dfrac{y^2}{b^2} = 1$.

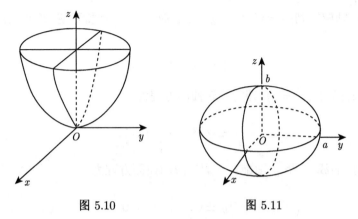

图 5.10   图 5.11

(3) 旋转双曲面. 将 zOx 平面上的双曲线 $\dfrac{x^2}{a^2} - \dfrac{z^2}{c^2} = 1$ 绕 z 周旋转一周生成

的曲面称为**旋转单叶双曲面**(图 5.12(a)), 其方程为 $\dfrac{x^2 + y^2}{a^2} - \dfrac{z^2}{c^2} = 1$; 绕 x 轴旋转

一周生成的曲面为**旋转双叶双曲面**(图 5.12(b)), 其方程为 $\dfrac{x^2}{a^2} - \dfrac{y^2 + z^2}{c^2} = 1$.

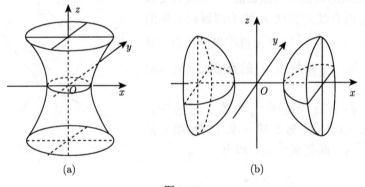

(a)   (b)

图 5.12

　　下面讨论柱面. 平行于定直线并沿定曲线 C 移动的直线 L 的轨迹称为**柱面**.
定直线称为柱面的**母线**, 定曲线 C 称为柱面的**准线**. 这里只讨论母线平行于坐标轴
的柱面. 设有一个不含 z 的方程, 如 $x^2 + y^2 = R^2$ 在 xOy 平面上, 它表示圆心在原
点、半径为 R 的圆, 在空间中, 它表示何曲面? 注意到曲面方程不含变量 z, 也就
是说, 对任意的 z, 只要 x, y 满足方程, 这些点都落在该曲面上. 换句话讲, 凡是过
xOy 面的圆 $x^2 + y^2 = R^2$ 上一点 $M(x, y, 0)$, 且平行于 z 轴的直线 l 都在该曲面上.
当 M 沿圆周运动时, 直线 l 就生成一个母线平行于 z 轴的圆柱面. 而不在圆柱面
上的任一点 N, 它在 xOy 面上的投影 Q 必不满足圆的方程. 所以方程 $x^2 + y^2 = R^2$
就表示为母线平行于 z 轴的圆柱面.

一般地, 在空间中, 不含 z 仅含 x, y 的方程 $F(x, y) = 0$ 表示母线平行于 z 轴的柱面, xOy 面上的曲线 $F(x, y) = 0$ 为该柱面的准线. 同理, 不含 x 仅含 y, z 的方程 $F(y, z) = 0$ 表示母线平行于 x 轴的柱面, yOz 面上的曲线 $F(y, z) = 0$ 为该柱面的准线; 不含 y 仅含 z, x 的方程 $F(z, x) = 0$ 表示母线平行于 y 轴的柱面, zOx 面上的曲线 $F(z, x) = 0$ 为该柱面的准线.

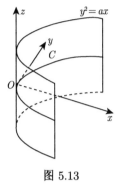

图 5.13

例如, 在空间中, 方程 $y^2 = ax$ 表示母线平行于 z 轴的柱面, xOy 面上的抛物线 $y^2 = ax$ 为这个柱面的准线. 该柱面称为**抛物柱面**(图 5.13). 类似地, 有母线平行于 z 轴的椭圆柱面 $\dfrac{x^2}{a^2} + \dfrac{y^2}{b^2} = 1$, 双曲柱面 $\dfrac{x^2}{a^2} - \dfrac{y^2}{b^2} = 1$.

抛物柱面、椭圆柱面和双曲柱面统称为**二次柱面**.

5.3.2 二次曲面

类似于二次曲线的定义, 将三元二次方程 $F(x, y, z) = 0$ 所表示的曲面称为**二次曲面**, 相应地, 空间平面为**一次曲面**.

常见的二次曲面有九种, 以下给出其标准形式, 至于曲面的形状, 请读者自行利用 Matlab 等数学工具软件绘制.

(1)**椭圆锥面**, 如 $\dfrac{x^2}{a^2} + \dfrac{y^2}{b^2} = z^2$.

以垂直于 z 轴的平面 $z = t$ 截此曲面, 得到平面 $z = t$ 上的椭圆

$$\frac{x^2}{(at)^2} + \frac{y^2}{(bt)^2} = 1 \quad (t \neq 0).$$

当 t 变化时, 上式表示一族长短轴比例不变的椭圆. 当 $|t|$ 由大到小变化, 这组椭圆也由大到小, 最后缩为一点.

平面 $z = t$ 与曲面 $F(x, y, z) = 0$ 的交线称为**截线**. 通过这种截线的变化确定曲面形状的方法称为**截痕法**.

(2)**椭球面**, 如 $\dfrac{x^2}{a^2} + \dfrac{y^2}{b^2} + \dfrac{z^2}{c^2} = 1$. 当 $a = b = c$ 时, 椭球面即为球面.

(3)**双叶双曲面**, 如 $\dfrac{x^2}{a^2} - \dfrac{y^2}{b^2} - \dfrac{z^2}{c^2} = 1$.

(4)**单叶双曲面**, 如 $\dfrac{x^2}{a^2} + \dfrac{y^2}{b^2} - \dfrac{z^2}{c^2} = 1$.

(5)**椭圆抛物面**, 如 $\dfrac{x^2}{a^2} + \dfrac{y^2}{b^2} = z$.

(6)**双曲抛物面**(也称为**马鞍面**), 如 $\dfrac{x^2}{a^2} - \dfrac{y^2}{b^2} = z$.

(7)**椭圆柱面**, 如 $\dfrac{x^2}{a^2} + \dfrac{y^2}{b^2} = 1$.

(8)**双曲柱面**, 如 $\dfrac{x^2}{a^2} - \dfrac{y^2}{b^2} = 1$.

(9)**抛物柱面**, 如 $x^2 = ay$.

至于对一般二次曲面, 如何化为标准形式, 这由线性代数中的二次型理论予以解决.

习 题 5.3

1. 一动点与两定点 $(2, 1, -1)$ 和 $(1, -2, 0)$ 等距离, 求该动点的轨迹方程.

2. 方程 $x^2 + y^2 + z^2 - 4x + 2y - 2z = 0$ 表示什么曲面?

3. 求下列旋转曲面的方程:

(1) 将 xOz 坐标面上的抛物线 $z^2 = 4x$ 绕 x 轴旋转一周;

(2) 将 yOz 坐标面上的椭圆 $\dfrac{y^2}{4} + \dfrac{z^2}{9} = 1$ 分别绕 y 轴、z 轴旋转一周.

4. 指出下列方程在平面解析几何和空间解析几何中分别表示什么图形:

(1) $x = 4$;   (2) $z = 2x + 1$;   (3) $x^2 + y^2 = 9$;

(4) $2x^2 - y^2 = 1$;   (5) $y^2 = 2x$.

5. 已知球面的一条直径的两个端点分别为 $(2, -3, 5)$ 和 $(4, 1, -3)$, 求该球面的方程.

6. 说明下列旋转曲面是怎样形成的, 并画出它们所表示的曲面:

(1) $z = \sqrt{x^2 + y^2}$;   (2) $z = 2 - x^2 - y^2$.

5.4 空间曲线和向量函数

5.4.1 空间曲线及其方程

空间曲线可以视为两个曲面的交线. 设两个曲面方程分别为

$$F(x, y, z) = 0, \quad G(x, y, z) = 0,$$

它们交线 C 上的任何点的坐标同时满足这两个方程. 反过来, 如果点 M 不在曲线 C 上, 那么它不可能同时在这两个曲面上, 所以它的坐标不满足这两个方程. 因此, 空间曲线 C 的方程就表示为 $\begin{cases} F(x, y, z) = 0, \\ G(x, y, z) = 0. \end{cases}$

例 5.8 方程组 $\begin{cases} x^2 + y^2 = 1, \\ x + 2z = 6 \end{cases}$ 表示何种曲线?

解 方程组的第一个方程表示母线平行于 z 轴的圆柱面, 其准线为 xOy 面上的圆, 圆心为 $(0,0)$, 半径为 1. 方程组中第二个方程为母线平行于 y 轴的柱面, 它的准线为 zOx 面上的直线, 因此, 它是一个平面. 所以该方程组表示平面与圆柱面的交线, 且它是一个椭圆.

空间曲线 C 的方程也可以由参数形式 $\begin{cases} x = x(t), \\ y = y(t), \\ z = z(t) \end{cases}$ (其中 t 为参数) 给出.

例 5.9 如果空间一点 M 以角速度 ω 绕 z 轴旋转, 同时以线速度 v 沿平行于 z 轴的正向上升 (其中 ω, v 都为常数), 那么点 M 的几何轨迹为**螺旋线**. 建立螺旋线的参数方程.

解 取时间 t 为参数. 当 $t = 0$ 时, 动点 M 位于点 $A(a,0,0)$ 处, 经过时间 $t > 0$, 动点由 A 运动到曲面上一点 $M(x,y,z)$ (图 5.14), 它在 xOy 面上的投影为 $M'(x,y,0)$. 由于动点在圆柱面上以角速度 ω 绕 z 轴旋转, 所以

$$x = |OM'| \cos \omega t = a \cos \omega t,$$
$$y = |OM'| \sin \omega t = a \sin \omega t.$$

由于动点同时以速度 v 沿平行于 z 轴的正向上升, 所以, $z = |MM'| = vt$. 于是, 螺旋线的参数方程为

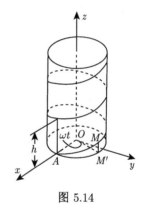

图 5.14

$$\begin{cases} x = a \cos \omega t, \\ y = a \sin \omega t, \\ z = vt. \end{cases}$$

螺旋线是生活中的一种常见的空间曲线. 例如, 螺钉的外缘曲线. 动点 M 旋转一周上升固定的高度 $\dfrac{2v}{\omega}\pi$ 在工程技术上称为**螺距**.

例 5.10 化曲线 $\begin{cases} x^2 + y^2 + z^2 = 1, \\ y = z \end{cases}$ 为参数方程.

解 把第二个方程代入第一个方程, 得到等价的方程组 $\begin{cases} x^2 + 2y^2 = 1, \\ z = y. \end{cases}$ 该

曲线为平面 $z = y$ 上的一个圆, 因此其参数方程为

$$
\begin{cases}
x = \cos t, \\
y = \dfrac{1}{\sqrt{2}} \sin t, \quad (0 \leqslant t \leqslant 2\pi). \\
z = \dfrac{1}{\sqrt{2}} \sin t
\end{cases}
$$

5.4.2　空间曲线在坐标面上的投影

设空间曲线 C 的方程为 $\begin{cases} F(x,y,z) = 0, \\ G(x,y,z) = 0. \end{cases}$ 如果从该方程组中消去变量 z, 得到 $H(x,y) = 0$, 那么当点 M 的坐标满足曲线方程, 则一定满足方程 $H(x,y) = 0$, 也就是说曲线 C 完全落在 $H(x,y) = 0$ 表示的曲面上, 而这一曲面表示的是一个母线平行于 z 轴的柱面, 且包含了曲线 C.

以曲线 C 为准线, 母线平行于 z 轴的柱面称为曲线 C 关于 xOy 面的**投影柱面**, 这个投影柱面与 xOy 面的交线称为曲线 C 在 xOy 面上的**投影曲线**. 投影曲线方程为

$$
\begin{cases}
H(x,y) = 0, \\
z = 0.
\end{cases}
$$

同理, 可以得到曲线 C 在 yOz 面和 zOx 面上的投影曲线的方程分别为

$$
\begin{cases}
K(y,z) = 0, \\
x = 0;
\end{cases}
\qquad
\begin{cases}
R(z,x) = 0, \\
y = 0.
\end{cases}
$$

例 5.11　求曲线 $\begin{cases} x^2 + y^2 = z, \\ z = 1 - y \end{cases}$ 在三个坐标面上的投影曲线方程.

解　从方程组中消去 z, 得 $x^2 + y^2 = 1 - y$. 于是, 在 xOy 坐标面上的投影曲线方程为

$$
\begin{cases}
x^2 + y^2 + y = 1, \\
z = 0.
\end{cases}
$$

从方程组中消去 y 后, 得到曲线在 zOx 坐标面上的投影曲线方程为

$$
\begin{cases}
x^2 + (1-z)^2 = z, \\
y = 0.
\end{cases}
$$

曲线在 yOz 坐标面上的投影曲线方程为

$$
\begin{cases}
z = 1 - y, \\
x = 0,
\end{cases}
\qquad
\frac{-1-\sqrt{5}}{2} \leqslant y \leqslant \frac{-1+\sqrt{5}}{2}.
$$

*5.4.3 向量函数

所谓向量函数, 顾名思义, 向量的分量不再是数, 而是变量的函数, 它在描述空间曲线和质点在空间的运动时尤为简洁.

设 $f(t), g(t), h(t)$ 是定义在集合 $I \subset \mathbb{R}$ 上的实值函数, 那么称

$$\boldsymbol{r}(t) = \{f(t), g(t), h(t)\}$$

为定义在集合 I 上的**向量函数**, 其中的 $f(t), g(t), h(t)$ 称为 $\boldsymbol{r}(t)$ 的分量函数.

向量函数的定义域为各分量函数定义域的交集.

如果函数 $f(t), g(t), h(t)$ 在 $t \to a$ 时的极限都存在, 则称 $\boldsymbol{r}(t)$ 在 $t \to a$ 时存在极限, 记为

$$\lim_{t \to a} \boldsymbol{r}(t) = \{\lim_{t \to a} f(t), \lim_{t \to a} g(t), \lim_{t \to a} h(t)\}.$$

如果 $\boldsymbol{r}(t)$ 在 $t = a$ 的邻域内有定义, 且

$$\lim_{t \to a} \boldsymbol{r}(t) = \boldsymbol{r}(a),$$

则称向量函数 $\boldsymbol{r}(t)$ 在 $t = a$ 处连续; 进一步, 如果

$$\lim_{s \to 0} \frac{\boldsymbol{r}(s + a) - \boldsymbol{r}(a)}{s}$$

的极限存在, 则称向量函数 $\boldsymbol{r}(t)$ 在点 $t = a$ 处可导, 记为 $\boldsymbol{r}'(a)$. 易证

$$\boldsymbol{r}'(a) = \lim_{s \to 0} \frac{\boldsymbol{r}(s + a) - \boldsymbol{r}(a)}{s} = \{f'(a), g'(a), h'(a)\}.$$

自然地, 如果 $\boldsymbol{r}(t)$ 对其定义区间内每一点都可导, 则称 $\boldsymbol{r}(t)$ 在定义区间上可导, 记为 $\dfrac{\mathrm{d}\boldsymbol{r}}{\mathrm{d}t}$ 或 $\boldsymbol{r}'(t)$. 此时, 也有

$$\mathrm{d}\boldsymbol{r}(t) = \{f'(t)\mathrm{d}t, g'(t)\mathrm{d}t, h'(t)\mathrm{d}t\} = \{f'(t), g'(t), h'(t)\}\mathrm{d}t.$$

连续的向量函数和空间曲线之间有着密切的关系. 如果 $f(t), g(t), h(t)$ 是定义在区间 I 上的连续函数, 那么参数方程 $\begin{cases} x = f(t), \\ y = g(t), \\ z = h(t) \end{cases}$ 就表示空间的一条曲线 C. 如果把曲线 C 上的点 $M(x(t), y(t), z(t))$ 的位置向量记为 $\boldsymbol{r}(t)$, 即 $\boldsymbol{r}(t) = \overrightarrow{OM}$, 则参数方程就可以写为向量的形式

$$\boldsymbol{r}(t) = \{f(t), g(t), h(t)\} = f(t)\boldsymbol{i} + g(t)\boldsymbol{j} + h(t)\boldsymbol{k}.$$

因此, 在几何上, $\boldsymbol{r}'(a)$ 表示曲线 $\boldsymbol{r} = \boldsymbol{r}(t)$ 在 $t = a$ 处的切向量.

向量函数的求导法则与一般实函数的求导法则非常类似, 这里总结如下 (证明略去).

定理 5.2　设 $u(t), v(t)$ 是可导的向量函数, $f(t)$ 是可导的实函数, c 是常数, 则

(1) $(u(t) + v(t))' = u'(t) + v'(t)$;

(2) $(f(t)u(t))' = f'(t)u(t) + f(t)u'(t), (cu(t))' = cu'(t)$;

(3) $(u(t) \cdot v(t))' = u'(t) \cdot v(t) + u(t) \cdot v'(t)$;

(4) $(u(t) \times v(t))' = u'(t) \times v(t) + u(t) \times v'(t)$;

(5) $(u(f(t)))' = f'(t)u'(f(t))$.

例 5.12　如果 $|r(t)| = c$(常数), 证明对任意的 t, 都有 $r(t) \perp r'(t)$.

证明　因为 $r(t) \cdot r(t) = c^2$. 两边求导, 得

$$2r'(t) \cdot r(t) = (c^2)' = 0.$$

于是, 由 $r'(t) \cdot r(t) = 0$, 即证 $r(t) \perp r'(t)$.

例 5.13　设动点的位置向量 $r = \{t^2, e^t, te^t\}$, 求时刻 $t = 0$ 的速度、加速度和速率.

解　由于

$$v(t) = r'(t) = \{2t, e^t, (1+t)e^t\}, \quad a(t) = v'(t) = \{2, e^t, (2+t)e^t\}.$$

所以, 时刻 $t = 0$ 的速度和加速度分别为 $v(0) = \{0, 1, 1\}, a(0) = \{2, 1, 2\}$, 速率为

$$|v(0)| = \sqrt{0^2 + 1^2 + 1^2} = \sqrt{2}.$$

习　题　5.4

1. 将下列曲线的一般方程化为参数方程:

(1) $\begin{cases} z = x^2 + y^2, \\ z = 4; \end{cases}$
　　　　　　　　　　　　　　　(2) $\begin{cases} x^2 + y^2 + z^2 = 9, \\ y = x. \end{cases}$

2. 求两球面 $x^2 + y^2 + z^2 = 1$ 及 $x^2 + (y-1)^2 + (z-1)^2 = 1$ 的交线在各坐标面上的投影曲线.

3. 设一个立体由上半球面 $z = \sqrt{4 - x^2 - y^2}$ 与锥面 $z = \sqrt{3(x^2 + y^2)}$ 所围成, 求它在 xOy 面上的投影.

4. 求母线平行于 x 轴且通过曲线 $\begin{cases} 2x^2 + y^2 + z^2 = 16, \\ x^2 - y^2 + z^2 = 0 \end{cases}$ 的柱面方程.

*5. 求曲线 $r = (t - \sin t)i + (1 - \cos t)j + \left(4 \sin \dfrac{t}{2}\right)k$ 在 $t_0 = \dfrac{\pi}{2}$ 相应点处的切向量.

5.5 平面与直线

5.5.1 平面及其方程

垂直于一个平面的非零向量称为该平面的**法向量**. 显见, 平面上的任意向量都与其法向量垂直.

设 $M(x,y,z)$ 和 $M_0(x_0,y_0,z_0)$ 分别为平面 π 上的动点和定点 (图 5.15) 平面的法向量 $\boldsymbol{n}=(A,B,C)$, 则由法向量的定义, 立得

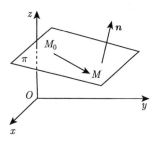

图 5.15

$$\boldsymbol{n} \cdot \overrightarrow{M_0M} = 0.$$

于是有平面的**点法式**方程

$$A(x-x_0) + B(y-y_0) + C(z-z_0) = 0. \qquad (5.1)$$

例 5.14 求过点 $M_1(2,-3,1), M_2(4,1,3), M_3(1,0,2)$ 的平面 π 的方程.

解 由于平面 π 的法向量 $\boldsymbol{n}$ 与平面上任意向量都垂直, 而向量 $\overrightarrow{M_1M_2}, \overrightarrow{M_1M_3}$ 在平面 π 上, 因此

$$\boldsymbol{n} = \overrightarrow{M_1M_2} \times \overrightarrow{M_1M_3} = \begin{vmatrix} \boldsymbol{i} & \boldsymbol{j} & \boldsymbol{k} \\ 2 & 4 & 2 \\ -1 & 3 & 1 \end{vmatrix} = -2\boldsymbol{i} - 4\boldsymbol{j} + 10\boldsymbol{k},$$

这里 $\overrightarrow{M_1M_2} = (2,4,2), \overrightarrow{M_1M_3} = (-1,3,1)$. 于是, 所求平面 π 的方程为

$$-2(x-2) - 4(y+3) + 10(z-1) = 0,$$

化简得 $x + 2y - 5z + 9 = 0$.

平面方程 (5.1) 可以化为 $Ax + By + Cz - (Ax_0 + By_0 + Cz_0) = 0$, 因此, 由 $D = -(Ax_0 + By_0 + Cz_0)$ 的形式, 即得平面方程的**一般形式**

$$Ax + By + Cz + D = 0. \qquad (5.2)$$

在方程 (5.2) 中, 如果 $D = 0$, 那么 $Ax + By + Cz = 0$ 表示过原点的平面; 如果 $A = 0$, 那么 $By + Cz + D = 0$ 表示平行于 x 轴的平面, 因为此时的法向量 $\boldsymbol{n} = (0,B,C)$ 与 $\boldsymbol{i}$ 垂直; 同样地, 如果 $B = 0, D \neq 0$, 那么 $Ax + Cz + D = 0$ 表示平行于 y 轴的平面; 如果 $C = 0, D \neq 0$, 那么 $Ax + By + D = 0$ 表示平行于 z 轴的平面.

如果 $A = B = 0, D \neq 0$, 那么 $Cz + D = 0$ 表示平行于 xOy 坐标面的平面, 因为平面的法向量 $\boldsymbol{n} = (0, 0, C)$ 与 $\boldsymbol{i}$ 和 $\boldsymbol{j}$ 都垂直. 同理, 如果 $A = C = 0, D \neq 0$, 那么 $By + D = 0$ 表示平行于 zOx 坐标面的平面; 如果 $B = C = 0, D \neq 0$, 那么 $Ax + D = 0$ 表示平行于 yOz 坐标面的平面.

例 5.15　设平面与 x, y, z 轴的交点依次为 $P(a, 0, 0), Q(0, b, 0), R(0, 0, c)$, 其中 a, b, c 都不为零, 求该平面方程.

解　设所求平面方程为 $Ax + By + Cz + D = 0$. 将 P, Q, R 三点的坐标代入, 得

$$A = -\frac{D}{a}, \quad B = -\frac{D}{b}, \quad C = -\frac{D}{c}.$$

因此, 所求的平面方程为

$$\frac{x}{a} + \frac{y}{b} + \frac{z}{c} = 1. \tag{5.3}$$

方程 (5.3) 称为平面的**截距式**方程, a, b, c 分别称为该平面在 x 轴、y 轴、z 轴上的**截距**.

下面讨论两平面之间的位置关系. 设平面 π_i 的方程为

$$\pi_i : A_i x + B_i y + C_i z + D_i = 0 \quad (i = 1, 2),$$

它们的位置关系通过其法向量 $\boldsymbol{n}_i = (A_i, B_i, C_i)$ 体现. 这就是如下的结论.

$\pi_1 \perp \pi_2$ 充分必要条件是 $\boldsymbol{n}_1 \perp \boldsymbol{n}_2$,　即　$\boldsymbol{n}_1 \cdot \boldsymbol{n}_2 = \boldsymbol{0}$.

$\pi_1 /\!/ \pi_2$ 充分必要条件是 $\boldsymbol{n}_1 /\!/ \boldsymbol{n}_2$,　即　$\boldsymbol{n}_1 \times \boldsymbol{n}_2 = \boldsymbol{0}$.

如果 π_1 与 π_2 既不平行也不垂直, 则它们之间的夹角 θ 的余弦满足

$$\cos\theta = \frac{|\boldsymbol{n}_1 \cdot \boldsymbol{n}_2|}{|\boldsymbol{n}_1||\boldsymbol{n}_2|} = \frac{|A_1 A_2 + B_1 B_2 + C_1 C_2|}{\sqrt{A_1^2 + B_1^2 + C_1^2}\sqrt{A_2^2 + B_2^2 + C_2^2}}.$$

例 5.16　一平面过点 $M_1(1, 1, 1), M_2(0, 1, -1)$ 且垂直于平面 $x + y + z = 1$, 求其方程.

解　设所求平面方程的法向量为 $\boldsymbol{n} = (A, B, C)$, 则

$$\boldsymbol{n} \cdot \overrightarrow{M_1 M_2} = 0, \quad \boldsymbol{n} \cdot (1, 1, 1) = 0,$$

其中 $\overrightarrow{M_1 M_2} = (-1, 0, -2)$, $(1, 1, 1)$ 为平面 $x + y + z + 1 = 0$ 的法向量. 由此得到 $A = -2C, B = C$. 从而 $\boldsymbol{n} = (-2, 1, 1)C$. 于是, 所求的平面方程为

$$-2(x - 1) + (y - 1) + (z - 1) = 0,$$

即 $2x - y - z = 0$.

例 5.17 设 $P_0(x_0, y_0, z_0)$ 为平面

$$\pi : Ax + By + Cz + D = 0$$

外一点, 求点 P_0 到平面 π 的距离 d(图 5.16).

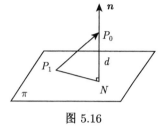

解 在平面 π 上任意取一点 $P_1(x_1, y_1, z_1)$, 则点 P_0 到平面 π 的距离即为向量 $\overrightarrow{P_1P_0}$ 在法向量 $\boldsymbol{n}$ 上投影的绝对值, 即

图 5.16

$$d = |\mathrm{Prj}_{\boldsymbol{n}} \overrightarrow{P_1P_0}| = \frac{|\boldsymbol{n} \cdot \overrightarrow{P_1P_0}|}{|\boldsymbol{n}|}.$$

代入 P_1, P_0 的坐标, 并注意到 $P_1 \in \pi$, 得

$$d = \frac{|Ax_0 + By_0 + Cz_0 + D|}{\sqrt{A^2 + B^2 + C^2}}. \tag{5.4}$$

式 (5.4) 即为平面外一点到平面的距离公式. 特别地, 原点 $O(0, 0, 0)$ 到平面 π 的距离为

$$d = \frac{|D|}{\sqrt{A^2 + B^2 + C^2}}.$$

例 5.18 求两平行平面 $\pi_i : Ax + By + Cz + D_i = 0$ $(i = 1, 2)$ 之间的距离.

解 两平行平面之间的距离可视为一个平面上任一点到另一平面的距离. 设 $P_0(x_0, y_0, z_0)$ 是平面 π_2 上的任意一点, 即

$$Ax_0 + By_0 + Cz_0 + D_2 = 0.$$

由例 5.17, 点 P_0 到平面 π_1 的距离为

$$d = \frac{|Ax_0 + By_0 + Cz_0 + D_1|}{\sqrt{A^2 + B^2 + C^2}} = \frac{|D_1 - D_2|}{\sqrt{A^2 + B^2 + C^2}}.$$

5.5.2 空间直线及其方程

空间直线 L 可以看成两个平面的交线. 因此, 如果平面的方程为

$$\pi_i : A_i x + B_i y + C_i z + D_i = 0 \quad (i = 1, 2),$$

则直线 L 上的任一点的坐标满足这两个平面方程, 即满足

$$\begin{cases} A_1 x + B_1 y + C_1 z + D_1 = 0, \\ A_2 x + B_2 y + C_2 z + D_2 = 0. \end{cases} \tag{5.5}$$

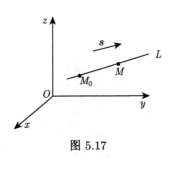

图 5.17

反过来, 如果点 M 不在直线 L 上, 自然不可能同时在平面 π_1 和 π_2 上. 因此, 方程 (5.5) 称为空间直线的**一般方程**.

通常, 称平行于直线 L 的非零向量为该直线的**方向向量**. 显见, 直线上任一向量都与方向向量平行. 为此, 设点 $M_0(x_0, y_0, z_0)$ 和 $M(x, y, z)$ 分别为直线 L 上的定点和动点 (图 5.17), 直线 L 的方向向量 $s = (m, n, p)$, 则由于 $\overrightarrow{M_0M}$ 与 s 平行, 因此, 由 5.1 节习题 4 的结论得到直线的**对称式方程**:

$$\frac{x - x_0}{m} = \frac{y - y_0}{n} = \frac{z - z_0}{p}.$$

如果方向向量中有为 0 的分量, 例如, $m = 0$, 对称式直线方程形式上仍写为

$$\frac{x - x_0}{0} = \frac{y - y_0}{n} = \frac{z - z_0}{p}.$$

上式第一项表示 $x = x_0$. 由直线的对称式方程, 如果令

$$\frac{x - x_0}{m} = \frac{y - y_0}{n} = \frac{z - z_0}{p} = t,$$

则得直线的**参数式方程**:

$$\begin{cases} x = x_0 + mt, \\ y = y_0 + nt, \quad (t \text{ 为参数}). \\ z = z_0 + pt \end{cases}$$

例 5.19　将直线方程 $\begin{cases} x + y + z = 1, \\ 2x - y + 3z = 4 \end{cases}$ 表示为对称式和参数式方程.

解　首先, 求直线上一定点坐标 (x_0, y_0, z_0). 例如, 可取 $z_0 = -1$, 得 $\begin{cases} x + y = 2, \\ 2x - y = 7, \end{cases}$
解得 $x_0 = 3, y_0 = -1$. 因此, 直线一定点的坐标为 $(3, -1, -1)$.

其次, 求直线的方向向量. 由于两平面的交线与平面的法向量 $n_1 = (1, 1, 1)$ 和 $n_2 = (2, -1, 3)$ 都垂直, 因此, 方向向量可取

$$s = n_1 \times n_2 = \begin{vmatrix} i & j & k \\ 1 & 1 & 1 \\ 2 & -1 & 3 \end{vmatrix} = 4i - j - 3k.$$

于是, 直线的对称式方程为

$$\frac{x-3}{4} = \frac{y+1}{-1} = \frac{z+1}{-3}.$$

令 $\dfrac{x-3}{4} = \dfrac{y+1}{-1} = \dfrac{z+1}{-3} = t$, 得直线的参数方程为

$$\begin{cases} x = 3 + 4t, \\ y = -1 - t, \quad (t \text{ 为参数}). \\ z = -1 - 3t \end{cases}$$

*例 5.20 求螺旋线 $r(t) = (2\cos t, \sin t, t)$ 在点 $t = \dfrac{\pi}{2}$ (空间直角坐标系下对应点坐标为 $\left(0, 1, \dfrac{\pi}{2}\right)$) 处的切线方程.

解 由于 $r'(t) = (-2\sin t, \cos t, 1)$, 代入 $t = \dfrac{\pi}{2}$ 得到在该点处的切向量为 $r'\left(\dfrac{\pi}{2}\right) = \{-2, 0, 1\}$. 因此, 曲线在该点处的切线方程为

$$\frac{x}{-2} = \frac{y-1}{0} = \frac{z - \dfrac{\pi}{2}}{1}.$$

由立体几何知识, 空间两条直线可以是异面直线, 也可以是共面直线. 共面情形下, 两条直线可以平行 (含重合特殊情形)、相交. 设共面两条直线 L_i 的方向向量为 $s_i = (m_i, n_i, p_i)$ $(i = 1, 2)$, 则成立如下结论:

$L_1 \perp L_2$ 充分必要条件是 $s_1 \cdot s_2 = 0$, 即 $m_1 m_2 + n_1 n_2 + p_1 p_2 = 0$.

$L_1 // L_2$ 充分必要条件是 $s_1 \times s_2 = 0$, 即 $\dfrac{m_1}{m_2} = \dfrac{n_1}{n_2} = \dfrac{p_1}{p_2}$.

如果 L_1 与 L_2 既不平行也不垂直, 那么两直线之间的夹角 θ 余弦满足 (规定两直线的方向向量的夹角为两直线的夹角)

$$\cos\theta = \frac{|s_1 \cdot s_2|}{|s_1||s_2|} = \frac{|m_1 m_2 + n_1 n_2 + p_1 p_2|}{\sqrt{m_1^2 + n_1^2 + p_1^2}\sqrt{m_2^2 + n_2^2 + p_2^2}}.$$

例 5.21 解答下列各题:

(1) 求直线 $L_1 : x - 1 = \dfrac{y-2}{-4} = z - 1$ 与 $L_2 : \begin{cases} x + y + 2 = 0, \\ y - 2z + 2 = 0 \end{cases}$ 的夹角;

(2) 设直线 $L_1 : x - 1 = \dfrac{y+1}{2} = \dfrac{z-1}{\lambda}, L_2 : x + 1 = y - 1 = z$, 确定 λ 的值, 使直线 L_1 与 L_2 异面.

解 (1) 直线 L_1 的方向向量 $s_1 = (1, -4, 1)$, 直线 L_2 的方向向量

$$s_2 = \begin{vmatrix} i & j & k \\ 1 & 1 & 0 \\ 0 & 1 & -2 \end{vmatrix} = -2i + 2j + k.$$

因此, 两直线的夹角余弦

$$\cos\theta = \frac{|s_1 \cdot s_2|}{|s_1||s_2|} = \frac{|-2 \times 1 - 2 \times 4 + 1 \times 1|}{\sqrt{4+4+1}\sqrt{1+16+1}} = \frac{1}{\sqrt{2}},$$

即 $\theta = \dfrac{\pi}{4}$.

(2) 直线 L_1 过点 $P_1(1, -1, 1)$, 方向向量 $s_1 = (1, 2, \lambda)$. 直线 L_2 过点 $P_2(-1, 1, 0)$, 方向向量 $s_2 = (1, 1, 1)$, 因此, 三个向量 $\overrightarrow{P_1P_2}, s_1, s_2$ 的混合积为

$$A = (\overrightarrow{P_1P_2}, s_1, s_2) = \begin{vmatrix} -2 & 2 & -1 \\ 1 & 2 & \lambda \\ 1 & 1 & 1 \end{vmatrix} = 4\lambda - 5.$$

若混合积 $A \neq 0 \left(\text{即} \lambda \neq \dfrac{5}{4}\right)$ 时, 三向量 $\overrightarrow{P_1P_2}, s_1, s_2$ 不共面, 由于 P_1, P_2 分属于直线 L_1, L_2 不同的点, 从而两直线是异面直线.

5.5.3   直线与平面的位置关系

由空间解析几何知识, 直线与平面的位置关系可以相交 (垂直是相交的特殊情形), 也可以平行 (直线落在平面上是平行的特殊情形).

设直线的方向向量 $s = (m, n, p)$, 平面的法向量 $n = (A, B, C)$. 直线与平面垂直相当于直线的方向向量与平面的法向量平行, 所以直线与平面垂直的充分必要条件为 $s \times n = 0$, 即

$$\frac{A}{m} = \frac{B}{n} = \frac{C}{p}.$$

直线与平面平行相当于直线的方向向量与平面的法向量垂直, 所以直线与平面平行的充分必要条件为 $s \cdot n = 0$, 即

$$Am + Bn + Cp = 0.$$

如果直线与平面既不平行也不垂直, 直线和它在平面上的投影直线的夹角 $\alpha \left(0 \leqslant \alpha \leqslant \dfrac{\pi}{2}\right)$ 称为直线与平面的夹角 (图 5.18). 显然,

$$\alpha = \left|\frac{\pi}{2} - \langle s, n\rangle\right|.$$

因此,

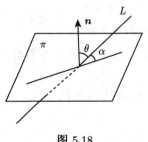

图 5.18

$$\sin\alpha = |\cos\langle s, n\rangle| = \frac{|Am + Bn + Cp|}{\sqrt{A^2 + B^2 + C^2}\sqrt{m^2 + n^2 + p^2}}.$$

例 5.22 求过点 $(1, -2, 3)$ 且与平面 $2x + 3y - 5z = 1$ 垂直的直线方程.

解 由于所求直线垂直于已知平面, 所以可取平面的法向量 $\boldsymbol{n} = (2, 3, -5)$ 为直线的方向向量 $\boldsymbol{s}$. 于是, 所求的直线方程为

$$\frac{x-1}{2} = \frac{y+2}{3} = \frac{z-3}{-5}.$$

例 5.23 求直线 $\dfrac{x-1}{1} = \dfrac{y-1}{1} = \dfrac{z-1}{2}$ 与平面 $2x + y - z + 1 = 0$ 的交点及夹角.

解 直线的参数方程 $x = 1 + t, y = 1 + t, z = 1 + 2t$, 代入平面方程, 得

$$2(1+t) + (1+t) - (1+2t) + 1 = 0.$$

解之, 得到 $t = -3$. 代入直线方程, 即得直线与平面的交点为 $(-2, -2, -5)$.

直线的方向向量 $\boldsymbol{s} = (1, 1, 2)$, 平面的法向量 $\boldsymbol{n} = (2, 1, -1)$. 因此, 夹角正弦为

$$\sin \phi = \frac{|\boldsymbol{s} \cdot \boldsymbol{n}|}{|\boldsymbol{s}||\boldsymbol{n}|} = \frac{1}{6}.$$

因此, 直线与平面的夹角为 $\arcsin \dfrac{1}{6}$.

本节最后介绍平面束的概念. 通过空间直线 L 可以作无穷多个平面, 这些平面的集合称为过直线 L 的平面束. 设直线 L 作为平面 π_1, π_2 的交线, 其方程为

$$\begin{cases} A_1 x + B_1 y + C_1 z + D_1 = 0, \\ A_2 x + B_2 y + C_2 z + D_2 = 0. \end{cases}$$

构造新的方程 (其中 λ 为任意参数)

$$A_1 x + B_1 y + C_1 z + D_1 + \lambda (A_2 x + B_2 y + C_2 z + D_2) = 0,$$

即

$$(A_1 + \lambda A_2)x + (B_1 + \lambda B_2)y + (C_1 + \lambda C_2)z + (D_1 + \lambda D_2) = 0.$$

由于 π_1 与 π_2 是相交平面, 也就是说 $A_1 : B_1 : C_1 \neq A_2 : B_2 : C_2$, 所以, 对任意的 λ, 上式表示一个新的平面方程 (记为 π), 且容易发现, 凡满足直线 L 点的坐标一定满足 π 的方程. 于是, π 为过直线 L 的 (不包括平面 π_2 的) 所有平面, 此即**平面束**.

例 5.24 求直线 $L : \begin{cases} x + y - z - 1 = 0, \\ x - y + z + 1 = 0 \end{cases}$ 在平面 $\pi : x + y + z = 0$ 上的投影直线的方程.

解 显然直线 L 在平面 π 上的投影可以看成是过直线 L 与平面 π 垂直的平面 π' 与平面 π 的交线. 因此平面 π' 的方程可设为

$$(1+\lambda)x + (1-\lambda)y + (\lambda-1)z + \lambda - 1 = 0.$$

由于所求平面 π' 与平面 π 垂直, 而平面 π 的法向量为 $(1,1,1)$, 所以

$$(1+\lambda) \cdot 1 + (1-\lambda) \cdot 1 + (\lambda-1) \cdot 1 = 0.$$

由此得到 $\lambda = -1$. 代入平面束, 得到过直线 L 且与 π 垂直的平面 π' 方程为 $y - z - 1 = 0$. 于是, 所求的投影直线的方程为

$$\begin{cases} y - z - 1 = 0, \\ x + y + z = 0. \end{cases}$$

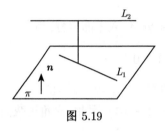

图 5.19

例 5.25　求两异面直线 $L_1: \dfrac{x-1}{1} = \dfrac{y}{-4} = \dfrac{z+3}{1}$ 和 $L_2: \dfrac{x}{2} = \dfrac{y+2}{-2} = \dfrac{z}{-1}$ 之间的最短距离 (图 5.19).

解　先将直线 L_1 的方程改写为一般式: $\begin{cases} x - z - 4 = 0, \\ 4x + y - 4 = 0, \end{cases}$　过 L_1 的平面束方程为

$$4x + y - 4 + \lambda(x - z - 4) = 0, \quad \text{即} \quad (\lambda+4)x + y - \lambda z - 4(\lambda+1) = 0.$$

从中找一与 L_2 平行的平面 π, 为此, 令

$$(\lambda+4, 1, -\lambda) \cdot (2, -2, -1) = 0.$$

求得 $\lambda = -2$. 所以过 L_1 且与平面 π 平行的平面 π 的方程为 $2x + y + 2z + 4 = 0$. L_2 上任一点到平面 π 的距离就是 L_1 与 L_2 之间的最短距离. 所以, L_2 上的点 $(0, -2, 0)$ 到 π 的距离为

$$d = \frac{|-2+4|}{\sqrt{2^2 + 1^2 + 2^2}} = \frac{2}{3}.$$

此即为所求的距离.

习　题　5.5

1. 求经过点 $(3, 0, -1)$ 且与平面 $3x + 8y + 5z - 12 = 0$ 平行的平面方程.

2. 求经过点 $(1, -1, 1), (2, -2, -2)$ 和 $(1, 0, 2)$ 的平面方程.

3. 一平面经过点 $(1,0,-1)$ 且平行于向量 $\boldsymbol{a} = (2,1,1)$ 和 $\boldsymbol{b} = (1,-1,0)$, 试求这个平面的方程.

4. 求点 $(2,1,0)$ 到平面 $3x + 4y + 5z = 0$ 的距离.

5. 设一平面经过原点及 $(6,-3,2)$, 且与平面 $4x - y + 2z = 8$ 垂直, 求此平面的方程.

6. 求过点 $(-3,2,5)$ 且与直线 $\begin{cases} x - 4z - 3 = 0, \\ 2x - y - 5z - 1 = 0 \end{cases}$ 平行的直线方程.

7. 用对称式方程和参数方程表示直线 $\begin{cases} x - y + z = 1, \\ 2x + y + z = 4. \end{cases}$

8. 求与两平面 $x - 4z = 3$ 和 $2x - y - 5z = 1$ 的交线平行且过点 $(-3,2,5)$ 的直线的方程.

9. 求直线 $\dfrac{x-1}{1} = \dfrac{y}{1} = \dfrac{z-1}{-1}$ 在平面 $\pi : x - y + 2z - 1 = 0$ 上的投影直线的方程.

10. 求过点 $(2,1,3)$ 且与直线 $\dfrac{x+1}{3} = \dfrac{y-1}{2} = \dfrac{z}{-1}$ 垂直相交的直线的方程.

11. 判定下列各题中直线与直线、平面与平面或直线与平面的位置关系:

(1) $L_1 : \begin{cases} x = 1 + 3t, \\ y = -1 - 2t, \\ z = -2 + 3t, \end{cases}$ $L_2 : \begin{cases} x = -t, \\ y = 1 + 2t, \\ z = 2t; \end{cases}$

(2) $L_1 : \dfrac{x-2}{3} = \dfrac{y-3}{-2} = \dfrac{z+2}{1}$, $L_2 : \dfrac{x-0}{6} = \dfrac{y+1}{-4} = \dfrac{z-5}{2}$;

(3) $L : \dfrac{x-2}{4} = \dfrac{y-9}{3} = \dfrac{z-1}{1}$, $\pi : 3x + 5y - z = 2$;

(4) $L : \dfrac{x-13}{8} = \dfrac{y-1}{2} = \dfrac{z-4}{3}$, $\pi : x + 2y - 4z + 1 = 0$;

(5) $\pi_1 : 2x + 3y - z + 1 = 0$, $\pi_2 : -2x + y - 3z = 0$.

5.6　思考与拓展

问题 5.1: 对解析几何的再认识.

近代数学的开端以解析几何的产生为标志. 1637 年, Descartes[①](笛卡儿) 在总结此前几何思想的基础上, 进行系列创造性的工作, 出版了《几何学》一书, 宣告解析几何的诞生. 解析几何是用代数的方法研究一次与二次曲线、二次曲面的数学分支. 之前, 代数与几何是相互独立的, 或至多在形式上相互借用而已. 在解析几何中, 代数与几何达到了有机结合的地步, 体现了解析几何的两个基本的思想: 一是通过平面 (空间) 坐标系建立数对 (在空间为三个有序数组成的数组) 和平面 (空间) 的点之间的对应关系; 二是通过平面 (空间) 坐标系建立二元或三元方程组与平面曲线或空间曲线与曲面的对应关系.

---

① Descartes (1596—1650), 法国数学家.

解析几何的创立, 开始了用代数方法解决几何问题的新时代, 为代数学的研究提供了新的工具. 它不仅为抽象的代数和方程提供了形象直观的模型, 而且把几何思想向代数渗透, 开拓了代数学新的研究领域. 例如, 线性代数中的 "线性" 与 "空间" 的概念并不是代数本身固有的, 而是几何语言的转化, 解析几何不仅在 17 世纪和 18 世纪为微积分的创立奠定了基础, 而且在当今也为几何定理的机器证明提供了启示. 在西方数学发展过程的相当长的时期, 几何至高无上, 一切代数问题都要用几何方法去解决. 几何代数化的思想对近代和现代数学的发展产生了深远的影响.

解析几何在计算方法上具有显著的特点, 因而被迅速应用于各个科学领域.

问题 5.2: 对向量的再认识.

向量是研究解析几何的重要工具, 在解析几何中, 不仅直线与平面可以用向量定义, 而且点、直线与平面之间的位置关系都可以由向量的运算来表示. 如果考虑向量函数, 就可以结合数学分析的工具对更广泛的几何对象进行更深入的研究.

(1) 向量的共线. 定理 5.1 是建立数轴的理论依据. 要确定一个数轴, 只要取定一点为原点, 再选定一个方向和单位长即可. 也就是说, 给定一个点 O 和一个单位向量 e, 就确定一个数轴. 事实上, 对于该轴上任意一点 P, 对应一个向量 $\overrightarrow{OP}$. 因为它与单位向量 e 共线, 因此存在唯一的实数 x, 使 $\overrightarrow{OP} = xe$. 反过来, 给出一个实数 x, 可以在该轴上作一个向量 (起点为 O, 终点为 P) $\overrightarrow{OP} = xe$. 这说明了数轴上所有的点 P 与实数 x 全体建立了一一对应. 这时, x 称为点 P 的**坐标**.

由此, 在空间中, 取定点 O 为原点, 选三条过点 O 且相互正交的数轴, 它们单位向量分别为 i, j, k, 就构成坐标系. 以 O 为起点, 空间中任意一点 Q 为终点的向量 $\overrightarrow{OQ}$ 就可以唯一分解成三个分向量之和

$$\overrightarrow{OQ} = a + b + c,$$

使得 a, b, c 分别与 i, j, k 共线, 从而唯一地确定了一个三元数组 (x, y, z) 满足

$$a = xi, \quad b = yj, \quad c = zk.$$

于是, 空间中点 Q 的全体与有序的三元数组 (x, y, z) 全体建立了一一对应关系.

类似地, 平面中点 P 的全体与二元有序数组 (x, y) 的全体建立一一对应的关系.

(2) 向量的共面. 设向量 a, b, c 共面, a, b 不共线, 则存在唯一的实数 k, m, 使

$$c = ka + mb.$$

这里, 如果不指明 a, b 不共线, 则结论未必成立. 实际上, 当 a, b 共线而它们与 c 不共线, 不妨设 $b = \lambda a$, 则

$$c = ka + mb = (k + \lambda m)a,$$

即 c 与 a 共线, 但这是矛盾的.

对上述向量的共线与共面进行归纳, 归纳出线性代数的重要概念 ——**线性表示**. 对一组向量 a, a_i $(i = 1, 2, \cdots, s)$, 如果存在实数 $k_1, k_2, \cdots, k_s$ 使

$$a = k_1 a_1 + k_2 a_2 + \cdots + k_s a_s,$$

则称向量 a 可由向量 $a_1, a_2, \cdots, a_s$ **线性表示**, $k_1, k_2, \cdots, k_s$ 为表示系数. 依此, 向量 $a \neq 0$, 与向量 a 共线的向量 b 都可以用 a 线性表示; 只要向量 a, b 不共线, 由 a, b 确定的平面上任意向量 c 都可以由 a, b 线性表示.

(3) 向量在解析几何中的地位和作用. 向量原本是具有大小和方向的重要几何量, 由于它能用有序数组给出其坐标表示, 从而建立了形和数的密切联系, 使向量成为形与数的有机结合体, 为用代数方法解决几何问题提供了有力工具.

解析几何是通过坐标系建立几何图形 (曲线、曲面等) 与代数方程之间的联系. 在构建坐标系 (如直角坐标系) 时, 从根本上说, 必须先有向量的坐标, 然后再建立点的坐标. 因为平面和空间的坐标系是由数轴构成的, 在建立数轴时, 先要引进有向线段及该线段的数值, 有向线段就是向量, 有向线段的数值就是向量的坐标. 要建立点 P 在坐标系中的坐标, 通常利用与该点相对应的向径 $r(P)$ 关于基本单位向量 (例如, i, j, k) 的坐标分解式, 其中还用到了向量的加法运算. 因此, 在这个意义上讲, 向量在解析几何中是一个最基本的概念.

由于空间中任一点 P 与该点的向径 $r(P)$ 一一对应, 点 P 与向径 $r(P)$ 的坐标是相同的. 所以, 许多空间曲线或曲面的数量方程可用向量的形式来表示. 例如, 平面方程 $Ax + By + Cz + D = 0$ 可以表示为 $n \cdot r + D = 0$, 其中 $n = (A, B, C), r = (x, y, z)$. 球面方程

$$(x - x_0)^2 + (y - y_0)^2 + (z - z_0)^2 = R^2$$

可表示为 $\|r - r_0\| = R$, 其中 $r = (x, y, z), r_0 = (x_0, y_0, z_0)$.

问题 5.3: 常见二次曲面的参数方程.

在用微分理论研究曲面的几何问题时, 使用曲面的参数方程或其向量形式往往是比较方便的, 常用的数学软件的曲面作图功能一般也是针对参数方程设计的. 需要注意的是, 与曲线的参数形式一样, 曲面的参数方程也不是唯一的, 曲面的参数可以根据实际需要自行选取. 但是化曲面的一般形式为参数方程常常也是困难的, 没有普遍适用的方法, 有大量的曲面方程无法参数化.

对照直角坐标方程, 给出几种二次曲面的常用参数方程 (各方程中参数 $a > 0$, $b > 0, c > 0$), 见表 5.1.

表 5.1　二次曲面的常用参数方程

曲面名称	直角坐标方程	参数方程
椭球面	$\dfrac{x^2}{a^2} + \dfrac{y^2}{b^2} + \dfrac{z^2}{c^2} = 1$	$x = a\sin\phi\cos\theta, y = b\sin\phi\sin\theta, z = c\cos\phi$ $\phi \in [0,\pi], \quad \theta \in [0,2\pi]$
椭圆抛物面	$\dfrac{x^2}{a^2} + \dfrac{y^2}{b^2} = z$	$x = av\cos u, y = bv\sin u, z = v^2$ $u \in [0,2\pi], \quad v \in [0,+\infty)$
双曲抛物面	$\dfrac{x^2}{a^2} - \dfrac{y^2}{b^2} = z$	$x = a(u+v), y = b(u-v), z = 4uv, u, v \in \mathbb{R}$ 或 $x = au, y = bv, z = u^2 - v^2, u, v \in \mathbb{R}$
单叶双曲面	$\dfrac{x^2}{a^2} + \dfrac{y^2}{b^2} - \dfrac{z^2}{c^2} = 1$	$x = a\cosh u\cos v, y = b\cosh u\sin v, z = c\sinh u$ $u \in \mathbb{R}, \quad v \in [0,2\pi]$
双叶双曲面	$\dfrac{x^2}{a^2} + \dfrac{y^2}{b^2} - \dfrac{z^2}{c^2} = -1$	$x = a\sqrt{u^2-1}\cos v, y = b\sqrt{u^2-1}\sin v, z = cu$ $u \in (-\infty,-1] \cup [1,+\infty), \quad v \in [0,2\pi]$
锥面	$\dfrac{x^2}{a^2} + \dfrac{y^2}{b^2} - \dfrac{z^2}{c^2} = 0$	$x = av\cos u, y = bv\sin u, z = cv, u \in [0,2\pi], v \in \mathbb{R}$

问题 5.4: 极坐标系、球坐标系和柱坐标系.

在诸如分析和讨论函数、曲线、曲面的性质及计算定积分时, 经常要建立坐标系. 除了常见的平面和空间直角坐标系, 有时还会用到极坐标系、球坐标系和柱坐标系. 这里作简单介绍.

(1) 极坐标系.

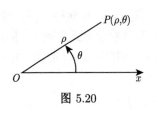

图 5.20

如图 5.20 所示, 在平面直角坐标系 $Oxyz$ 中, 点 $M(x,y)$ 的位置也可以这样确定:令 $\rho = \sqrt{x^2 + y^2} = |\overrightarrow{OM}|$, 以 $\overrightarrow{Ox}$ 为始边, $\overrightarrow{OM}$ 为终边的有向角角度为 $\theta(0 \leqslant \theta \leqslant 2\pi)$, 则称 (ρ,θ) 为点 M 的**极坐标**, 称点 O 为**极点**, $\overrightarrow{Ox}$ 为**极轴**, ρ 为**极径**, θ 为**极角**. 极点 O 的极径 $\rho = 0$, 极角 θ 可以取任意值. 称确定了极点、极轴和极角正方向的坐标系为**极坐标系**.

上面约定了 $\rho \geqslant 0, 0 \leqslant \theta < 2\pi$, 这样在建立极坐标系之后, 除极点外平面上的点和极坐标是一一对应的. $\rho =$ 正常数, 表示的是圆心在极点的圆; $\theta =$ 常数, 表示的是过极点的一条射线.

若极坐标系的极点是平面直角坐标系 Oxy 的原点 O, 极轴为 $\overrightarrow{Ox}$, 极角的正方向为逆时针方向, 则平面上一点 M 的平面直角坐标 (x,y) 与极坐标 (ρ,θ) 之间的关系为

$$\begin{cases} x = \rho \cos \theta, \\ y = \rho \sin \theta, \end{cases} \quad \rho \geqslant 0, \ 0 \leqslant \theta < 2\pi.$$

(2) **球坐标系.**

如图 5.21 所示, 空间直角坐标系 $Oxyz$ 中的点 $M(x, y, z)$ 还可用三个有序的数 ρ, ϕ, θ 来确定, 其中 ρ 为原点 O 到点 M 间的距离, ϕ 为 $\overrightarrow{OM}$ 与 $\overrightarrow{Oz}$ 的夹角, θ 为从 z 轴的正半轴看由 $\overrightarrow{Ox}$ 按逆时针方向旋转到 $\overrightarrow{OP}$ 的角, 这里 P 为点 M 在 xOy 平面上的投影. 称有序数组 (ρ, ϕ, θ) 为点 M 的**球坐标**. 这里 ρ, ϕ, θ 的变化范围是 $0 \leqslant \rho < +\infty, 0 \leqslant \phi \leqslant \pi, 0 \leqslant \theta \leqslant 2\pi$.

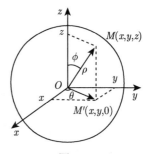

图 5.21

特别地, $\rho = $ 常数, 表示的是以原点为球心的球面, $\phi = $ 常数, 表示的是以原点为顶点, z 轴为轴的圆锥面, $\theta = $ 常数, 表示的是过 z 轴的半平面.

点 M 的直角坐标 (x, y, z) 与球坐标 (ρ, ϕ, θ) 的关系为

$$\begin{cases} x = |\overrightarrow{OP}| \cos \theta = \rho \sin \phi \cos \theta, \\ y = |\overrightarrow{OP}| \sin \theta = \rho \sin \phi \sin \theta, \\ z = \rho \cos \phi, \end{cases} \quad 0 \leqslant \rho < +\infty, 0 \leqslant \phi \leqslant \pi, 0 \leqslant \theta \leqslant 2\pi.$$

(3) **柱坐标系.**

在空间直角坐标系 $Oxyz$ 中, 先以 O 为极点, $\overrightarrow{Ox}$ 为极轴, 以由右手法则确定的由 $\overrightarrow{Ox}$ 到 $\overrightarrow{Oy}$ 的方向为正方向在 xOy 平面建立极坐标系, 则该极坐标系与 z 轴可确定空间中任意一点的位置. 这样就建立了柱坐标系. 设 $M(x, y, z)$ 为空间中任意一点, 并设点 M 在 xOy 平面上投影点 P 的极坐标为 (ρ, θ), 则称 (ρ, θ, z) 为点 M 的**柱坐标**, 这里规定 ρ, θ, z 的变化范围为 $0 \leqslant \rho < +\infty, 0 \leqslant \theta \leqslant 2\pi, -\infty < z < +\infty$.

特别地, $\rho = $ 常数, 表示的是以 z 轴为母线的圆柱面; $\theta = $ 常数, 表示的是过 z 轴的半平面; $z = $ 常数, 表示的是与 xOy 平面平行的平面.

点 M 的直角坐标 (x, y, z) 与柱坐标 (ρ, θ, z) 的关系为

$$\begin{cases} x = \rho \cos \theta, \\ y = \rho \sin \theta, \\ z = z, \end{cases} \quad 0 \leqslant \rho < +\infty, \ 0 \leqslant \theta \leqslant 2\pi, \ -\infty < z < +\infty.$$

复 习 题 5

1. 非零向量 $\boldsymbol{a}, \boldsymbol{b}, \boldsymbol{c}$ 不共线, 证明 $\boldsymbol{a} + \boldsymbol{b} + \boldsymbol{c} = \boldsymbol{0}$ 的充分必要条件是 $\boldsymbol{a} \times \boldsymbol{b} = \boldsymbol{b} \times \boldsymbol{c} = \boldsymbol{c} \times \boldsymbol{a}$.

2. 设向量 $\boldsymbol{a} = (2, -1, -2), \boldsymbol{b} = (1, 1, z)$, 问 z 为何值时 $\boldsymbol{a}$ 与 $\boldsymbol{b}$ 的夹角 $\langle \boldsymbol{a}, \boldsymbol{b} \rangle$ 最小?

3. 设 a, b 为两个向量, 且 $|a| = 2, |b| = 3, \langle a, b \rangle = \dfrac{\pi}{6}$, 求以 $a + 2b$ 和 $a - 3b$ 为边的平行四边形的面积.

4. 求以向量 $a = 2i + 5j, b = 3j + 3k, a = 2j - 5k$ 为相邻三棱的平行六面体的体积.

5. 证明: 四点 $A(2, -1, -2), B(1, 2, 1), C(2, 3, 0), D(1, 0, -6)$ 在同一平面上.

6. 求过点 $(-1, 0, 4)$, 且平行于平面 $3x - 4y + z - 10 = 0$, 又与直线 $\dfrac{x+1}{1} = \dfrac{y-3}{1} = \dfrac{z}{2}$ 相交的直线的方程.

7. 将两曲面 $z = \sqrt{x}$ 与 $y = 0$ 的交线绕 z 轴旋转一周, 求所生成的旋转曲面的方程.

8. 设平面 π 的方程为 $\dfrac{x}{a} + \dfrac{y}{b} + \dfrac{z}{c} = 1$, 证明:

(1) 若 d 为原点到 π 的距离, 则 $\dfrac{1}{d^2} = \dfrac{1}{a^2} + \dfrac{1}{b^2} + \dfrac{1}{c^2}$;

(2) 平面被三坐标面所截得的三角形面积为

$$A = \frac{1}{2} \sqrt{a^2 b^2 + b^2 c^2 + c^2 a^2}.$$

9. 设 M_0 是直线 L 外一点, M 是 L 上任意一点, 且直线 L 的方向向量为 s, 试证: 点 M_0 到直线 L 的距离为 $d = \dfrac{|\overrightarrow{MM_0} \times s|}{|s|}$.

10. 已知点 $A(1, 0, 0)$ 及点 $B(0, 2, 1)$, 试在 z 轴上求一点 C, 使得 $\triangle ABC$ 的面积最小.

11. 设直线 l: $\begin{cases} x + y + b = 0, \\ x + ay - z - 3 = 0 \end{cases}$　在平面 π 上, 而平面 π 与曲面 $z = x^2 + y^2$ 相切于点 $(1, -2, 5)$, 求 a, b 的值.

第6章　多元函数微分学及其应用

多元函数微分学是一元函数微分学的推广和发展, 它们有许多类似之处, 也有不少本质的差异. 为更好理解并掌握多元函数微分学的基本理论和方法, 读者应善于分析比较多元函数微分学与一元函数微分学的基本理论和方法的异同点.

6.1　多　元　函　数

6.1.1　区域

讨论一元函数经常用到邻域和区间的概念, 同样地, 讨论多元函数也需要引入邻域和区域的概念.

设点 $P(a_1, a_2, \cdots, a_n) \in \mathbb{R}^n, \delta > 0$, 与点 P 距离小于 δ 的点 $Q(x_1, x_2, \cdots, x_n)$ 的全体称为点 P 的 δ **邻域**, 记为

$$U(P, \delta) = \{(x_1, x_2, \cdots, x_n) | \sqrt{(x_1 - a_1)^2 + (x_2 - a_2)^2 + \cdots + (x_n - a_n)^2} < \delta\}.$$

集合 $\hat{U}(P, \delta) = U(P, \delta) - \{P\}$ 称为点 P 的**去心邻域**, 即

$$\hat{U}(P, \delta) = \{(x_1, x_2, \cdots, x_n) | 0 < \sqrt{(x_1 - a_1)^2 + (x_2 - a_2)^2 + \cdots + (x_n - a_n)^2} < \delta\}.$$

如果不强调 δ, 邻域和去心邻域也可简记为 $U(P)$ 和 $\hat{U}(P)$.

为方便计, 今后 $\mathbb{R}^n$ 中点的坐标表示为 $\boldsymbol{x} = (x_1, x_2, \cdots, x_n)$.

在 $\mathbb{R}^2$ 内, 邻域 $U(P, \delta)$, 即为以点 P 为圆心、δ 为半径圆的内部; 在 $\mathbb{R}^3$ 内, 邻域 $U(P, \delta)$, 即为以点 P 为球心、δ 为半径球的内部.

利用邻域描述点与点集之间的关系. 点 $P \in \mathbb{R}^n$ 与集合 $E \subset \mathbb{R}^n$ 之间必有以下三种关系之一:

(1) 如果点 $P \in E$, 且存在点 P 的某个邻域 $U(P)$, 使得 $U(P) \subset E$, 则称点 P 为集 E 的**内点**(图 6.1 中, P_3 为 E 的内点);

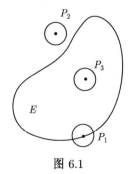

图 6.1

(2) 如果存在点 P 的某个邻域 $U(P)$, 使得 $U(P) \cap E = \varnothing$, 则称点 P 为集 E 的**外点**(外点显然不属于集合 E)(图 6.1 中, P_2 为 E 的外点);

(3) 如果点 P 的任一邻域 $U(P)$ 既含有 E 的点, 又不含有 E 的点, 则称点 P 为集 E 的**边界点**(图 6.1 中, P_1 为 E 的边界点).

如果对于任意给定的 δ, 点 P 的去心邻域 $\hat{U}(P, \delta)$ 总有 E 的点, 则称点 P 为 E 的**聚点**.

内点一定属于集合 E, 外点一定不属于集合 E, 边界点和聚点可能属于集合 E, 也可能不属于集合 E, 集合 E 的内点及边界上的点都是 E 的聚点. 边界点的全体组成 E 的**边界**, 记为 ∂E.

例 6.1   设平面点集 $E = \{(x, y) | 1 < x^2 + y^2 \leqslant 2\}$, 写出它的内点、外点、边界点和聚点.

解   满足 $1 < x^2 + y^2 < 2$ 的点都是 E 的内点; 满足 $x^2 + y^2 < 1, x^2 + y^2 > 2$ 的点都是外点; 满足 $x^2 + y^2 = 1, x^2 + y^2 = 2$ 的点都是边界点; 满足 $1 \leqslant x^2 + y^2 \leqslant 2$ 的点都是聚点.

设集合 E 是 $\mathbb{R}^n$ 中的一个点集, 如果属于 E 的任意一点 P 都是其内点, 且集合 E 是连通的 ①, 则称 E 为**区域**. 例如, 平面点集 $\{(x, y) | x^2 + y^2 < 1\}$ 是区域, 但 $\{(x, y) | x \neq 0\}$ 不是区域, 因为它不连通.

边界点属于 E 的连通集合称为闭区域, 例如, 区域 $\{(x, y) | x^2 + y^2 \leqslant 1\}$ 是闭区域.

对于区域 E, 如果存在正常数 M, 使得 $|PQ| \leqslant M$, 则称区域 E 是有界区域, 否则为无界区域, 其中 P, Q 为 E 中任意两点. 例如, $\{(x, y) | x^2 + y^2 < 1\}$ 是有界区域, 而 $\{(x, y) | x > 0\}$ 是无界区域.

6.1.2 n 元函数及二元函数的极限

在实际问题中, 经常会遇到多个变量之间的依赖关系, 数学上描述这种关系的就是多元函数. 例如, 底圆半径为 r、高为 h 的圆柱体的体积 V 存在如下关系:

$$V = \pi r^2 h \quad (r > 0, h > 0);$$

旋转抛物面方程 $z = x^2 + y^2$. 这两个例子的共性是一个变量按一定的规则依赖于其他两个变量.

定义 6.1   设集合 $A \subseteq \mathbb{R}^n, B \subseteq \mathbb{R}$ 非空, 如果存在对应法则 f, 使得对集合 A 中任意点 $\boldsymbol{x}$, 都在集合 B 中存在唯一的 u 与之对应, 则称该对应法则 f 为定义于集合 A、取值集合 B 的 n **元函数**, 记为

$$u = f(\boldsymbol{x}),$$

---

① E 内任何两点都可以用折线相连, 且该折线上的点也都属于 E.

其中集合 A 称为函数 f 的定义域, 集合 $f(A) = \{u | u = f(\boldsymbol{x}), \boldsymbol{x} \in A\}$ 称为函数 f 的值域. 显然, $f(A) \subseteq B$.

类似于一元函数, 定义域和对应法则同样是 n 元函数两个重要的决定要素. 约定, 在讨论 n 元函数时, 以使 $u = f(\boldsymbol{x})$ 有意义的变量 $\boldsymbol{x}$ 的值组成的点集为该函数的定义域. 例如, 二元函数 $u = \sqrt{x_1 - x_2}$ 的定义域为 $\{(x_1, x_2) | x_1 - x_2 \geqslant 0\}$, 这是一无界区域. 而函数 $u = \arcsin(x_1^2 + x_2^2)$ 的定义域为有界区域 $\{(x_1, x_2) | x_1^2 + x_2^2 \leqslant 1\}$.

通常, 定义域为 D 的二元函数 $u = f(x, y)$ 的几何图形是三维空间中的一张曲面, 它的几何轨迹集合表示为

$$\{(x, y, u) | u = f(x, y), (x, y) \in D\}.$$

当 $n \geqslant 2$ 时, n 元函数也称为多元函数.

下面以二元函数为例, 讨论二元函数的极限.

定义 6.2 二元函数 $f(x, y)$ 在点 $P_0(x_0, y_0)$ 的某去心邻域内有定义, 若存在常数 A, 使对任意的 $\varepsilon > 0$, 总存在 $\delta = \delta(\varepsilon) > 0$, 使对任意的 $P(x, y) \in \hat{U}(P_0, \delta)$, 都有

$$|f(P) - A| = |f(x, y) - A| < \varepsilon,$$

则称函数 $f(x, y)$ 在 $P \to P_0$ 时有极限 A, 记作

$$\lim_{P \to P_0} f(P) = \lim_{(x, y) \to (x_0, y_0)} f(x, y) = A.$$

为区别一元函数的极限, 二元函数的极限称为**二重极限**.

对二重极限 $\lim\limits_{P \to P_0} f(P) = A$, 这里需注意 $P \to P_0$ 的方式是任意的. 在数学上, 以点 P 与 P_0 的距离趋于 0(即 $P \to P_0$) 等价表述为

$$|PP_0| = \sqrt{(x - x_0)^2 + (y - y_0)^2} \to 0.$$

例 6.2 求极限 $\lim\limits_{(x, y) \to (0, 0)} \dfrac{xy^2 \sin y}{x^2 + y^2}$.

解 由于

$$0 \leqslant \left| \frac{xy^2 \sin y}{x^2 + y^2} \right| \leqslant \left| \frac{(x^2 + y^2) y \sin y}{2(x^2 + y^2)} \right| \leqslant \frac{|y \sin y|}{2} \leqslant \frac{|y|}{2} \leqslant \frac{1}{2} \sqrt{x^2 + y^2}.$$

对任意的 $\varepsilon > 0$, 取 $\delta = 2\varepsilon$, 那么当 $(x, y) \in \hat{U}((0, 0), \delta)$ 时, 总有

$$\left| \frac{xy^2 \sin y}{x^2 + y^2} - 0 \right| \leqslant \frac{1}{2} \sqrt{x^2 + y^2} < \varepsilon.$$

所以, 根据定义 6.2, $\lim\limits_{(x, y) \to (0, 0)} \dfrac{xy^2 \sin y}{x^2 + y^2} = 0$.

对于极限 $\lim\limits_{P \to P_0} f(P)$, 如果仅知道动点 P 在区域 D 内沿某特定曲线趋于 P_0 时, $f(P)$ 趋于确定的常数, 并不能断言 $f(P)$ 在点 P_0 处的极限存在. 因此, 若沿曲线 $y = y(x, k)$ 动点 P 趋于 P_0, $f(P)$ 的极限与 k 有关 (注意: 即使与 k 无关也不能得出极限存在的结论), 或者沿两条特殊曲线 $P \to P_0$ 时, $f(P)$ 的极限不同, 这都可以断言二元函数的极限不存在.

例 6.3　证明下列函数的极限不存在:

(1) $\lim\limits_{(x,y) \to (0,0)} \dfrac{x^2 y^2}{x^2 y^2 + (x - y)^2}$;　　　　　(2) $\lim\limits_{(x,y) \to (0,0)} \dfrac{x + y}{x - y}$.

解　(1) 沿直线 $y = x$ 时,

$$\lim\limits_{(x,y) \to (0,0)} \frac{x^2 y^2}{x^2 y^2 + (x - y)^2} = 1;$$

而沿直线 $x = 0$ 时,

$$\lim\limits_{(x,y) \to (0,0)} \frac{x^2 y^2}{x^2 y^2 + (x - y)^2} = 0.$$

因此, 该极限不存在.

(2) 由于沿直线 $y = kx$, $\dfrac{x + y}{x - y} = \dfrac{1 + k}{1 - k}$, 所以,

$$\lim\limits_{(x,y) \to (0,0)} \frac{x + y}{x - y} = \frac{1 + k}{1 - k}$$

与参数 k 有关, 于是该极限不存在.

必须注意, 二重极限 $\lim\limits_{(x,y) \to (x_0, y_0)} f(x, y)$ 不能通过 $\lim\limits_{\rho \to 0^+} f(x_0 + \rho \cos \theta, y_0 + \rho \sin \theta)$ 求之. 例如,

$$\lim\limits_{(x,y) \to (0,0)} \frac{y^2}{x^4 + y^2} = \lim\limits_{\rho \to 0^+} \frac{\sin^2 \theta}{\rho^2 \cos^4 \theta + \sin^2 \theta} = 1,$$

但沿曲线 $y = kx^2$, 其极限为 $\dfrac{k^2}{1 + k^2}$. 因此, 该二元函数的极限不存在.

根据一元函数利用定义计算极限的经验知道, 利用定义计算二重极限会更加困难. 不过, 在求二元函数的极限时, 一元函数极限的部分计算方法和极限运算规则还是有效的. 例如, 等价无穷小、根号有理化、无穷小量与有界量之积仍为无穷小量、夹逼定理等, 以及极限的四则运算: 如果 $\lim\limits_{P \to P_0} f(P)$ 和 $\lim\limits_{P \to P_0} g(P)$ 的极限都存在, 则

$$\lim\limits_{P \to P_0} (f(P) \pm g(P)) = \lim\limits_{P \to P_0} f(P) \pm \lim\limits_{P \to P_0} g(P);$$
$$\lim\limits_{P \to P_0} f(P) g(P) = \lim\limits_{P \to P_0} f(P) \lim\limits_{P \to P_0} g(P);$$

$$\lim_{P \to P_0} \frac{f(P)}{g(P)} = \frac{\lim\limits_{P \to P_0} f(P)}{\lim\limits_{P \to P_0} g(P)} \quad \left(\lim_{P \to P_0} g(P) \neq 0\right).$$

例 6.4 求下列函数的极限:

(1) $\lim\limits_{(x,y)\to(0,0)} \dfrac{1-\cos\sqrt{x^2+y^2}}{(x^2+y^2)\mathrm{e}^{x^2y^2}}$;

(2) $\lim\limits_{(x,y)\to(0,0)} \dfrac{\sqrt{1+xy}-1}{xy}$;

(3) $\lim\limits_{(x,y)\to(0,0)} (x^2+y^2)\sin\dfrac{1}{x+y}$;

(4) $\lim\limits_{(x,y)\to(0,0)} \dfrac{xy}{\sqrt{x^2+y^2}}$;

(5) $\lim\limits_{(x,y)\to(0,0)} (x^2+y^2)^{x^2y^2}$;

(6) $\lim\limits_{(x,y)\to(0,0)} \dfrac{\mathrm{e}^{xy}\cos y}{1+x+y}$.

解 (1) 由于当 $(x,y)\to(0,0)$ 时, $1-\cos\sqrt{x^2+y^2} \sim \dfrac{1}{2}(x^2+y^2)$. 于是,

$$\lim_{(x,y)\to(0,0)} \frac{1-\cos\sqrt{x^2+y^2}}{(x^2+y^2)\mathrm{e}^{x^2y^2}} = \lim_{(x,y)\to(0,0)} \frac{1}{2\mathrm{e}^{x^2y^2}} = \frac{1}{2}.$$

(2) $\lim\limits_{(x,y)\to(0,0)} \dfrac{\sqrt{1+xy}-1}{xy} = \lim\limits_{(x,y)\to(0,0)} \dfrac{1}{\sqrt{1+xy}+1} = \dfrac{1}{2}.$

(3) 当 $(x,y)\to(0,0)$ 时, x^2+y^2 是无穷小量, $\sin\dfrac{1}{x+y}$ 是有界量, 因此,

$$\lim_{(x,y)\to(0,0)} (x^2+y^2)\sin\frac{1}{x+y} = 0.$$

(4) 由于 $0 \leqslant |xy| \leqslant \dfrac{1}{2}(x^2+y^2)$, 所以

$$0 \leqslant \left|\frac{xy}{\sqrt{x^2+y^2}}\right| \leqslant \frac{1}{2}\sqrt{x^2+y^2} \to 0 \quad ((x,y)\to(0,0)).$$

于是, 由夹逼定理,

$$\lim_{(x,y)\to(0,0)} \frac{xy}{\sqrt{x^2+y^2}} = 0.$$

(5) 因为 $(x^2+y^2)^{x^2y^2} = \mathrm{e}^{x^2y^2\ln(x^2+y^2)}$, 而

$$0 \leqslant x^2y^2|\ln(x^2+y^2)| \leqslant \left(\frac{x^2+y^2}{2}\right)^2 |\ln(x^2+y^2)|.$$

令 $x^2+y^2=t$, 当 $(x,y)\to(0,0)$ 时, $t\to0^+$. 所以,

$$\lim_{t\to0^+} t^2\ln t = \lim_{t\to0^+} \frac{\ln t}{\dfrac{1}{t^2}} = -\lim_{t\to0^+} \frac{t^2}{2} = 0.$$

故
$$\lim_{(x,y)\to(0,0)}(x^2+y^2)^{x^2y^2}=1.$$

(6) 由于 $(x,y)\to(0,0)$ 时, $1+x+y\to1\neq0, \mathrm{e}^{xy}\cos y\to1$, 所以,
$$\lim_{(x,y)\to(0,0)}\frac{\mathrm{e}^{xy}\cos y}{1+x+y}=1.$$

注意, 例 6.4 中的各小题都各具特点, 应仔细体会. 同时要注意 (4) 和 (5) 利用了不等式 $2|xy|\leqslant x^2+y^2$.

需要特别注意的是, 一般地讲,
$$\lim_{(x,y)\to(x_0,y_0)}f(x,y)\neq\lim_{x\to x_0}(\lim_{y\to y_0}f(x,y)),\quad\lim_{(x,y)\to(x_0,y_0)}f(x,y)\neq\lim_{y\to y_0}(\lim_{x\to x_0}f(x,y)),$$

上述两式的后者称为**累次极限**; 另外, 利用等价无穷小求极限
$$\lim_{(x,y)\to(0,0)}\frac{\sin xy}{y}=\lim_{(x,y)\to(0,0)}\frac{xy}{y}=\lim_{(x,y)\to(0,0)}x=0$$

是错误的 (请读者思考其原因), 其正确做法是
$$0\leqslant\left|\frac{\sin xy}{y}\right|\leqslant\frac{|xy|}{|y|}=|x|\to0\quad((x,y)\to(0,0)).$$

由此, 由夹逼定理, $\lim\limits_{(x,y)\to(0,0)}\dfrac{\sin xy}{y}=0.$

6.1.3　二元函数的连续性

类似于一元函数, 给出二元函数连续性的定义.

定义 6.3　设二元函数 $f(x,y)$ 在定义域 D 内的点 $P_0(x_0,y_0)$ 某邻域内有定义, 如果
$$\lim_{(x,y)\to(x_0,y_0)}f(x,y)=f(x_0,y_0),$$

则称函数 $f(x,y)$ 在点 $P_0(x_0,y_0)$ **连续**. 否则, 称函数 $u=f(x,y)$ 在点 $P_0(x_0,y_0)$ **不连续**(此时, 点 $P_0(x_0,y_0)$ 称为函数 $u=f(x,y)$ 的**间断点**).

进一步, 如果函数 $f(x,y)$ 在定义域内每一点都连续, 则称函数 $f(x,y)$ 是定义域 D 上的**连续函数**.

根据定义, 函数 $u=f(P)$ 在点 $P_0(x_0,y_0)$ 间断, 则必满足以下三个条件之一:

(1) 函数 $u=f(P)$ 在点 P_0 处无定义;

(2) 函数 $u=f(P)$ 在点 P_0 处有定义, 但 $\lim\limits_{p\to P_0}f(P)$ 不存在;

(3) 函数 $u=f(P)$ 在点 P_0 处有定义, 且 $\lim\limits_{p\to P_0}f(P)$ 存在, 但不等于 $f(P_0)$.

例如, 直线 $y = x$ 上任意一点都是函数 $u = \dfrac{1}{x-y}$ 的间断点.

二元函数的连续概念可相应推广到 n 元函数, 这里略去.

完全类似一元函数, n 元连续函数的和、差、积、商 (分母不为零) 仍然为连续函数, 连续函数的复合函数仍为连续函数; 一切初等函数在其定义区域内都是连续函数.

根据 n 元函数的连续性, 如果函数 $f(x,y)$ 在点 (x_0, y_0) 处连续, 则 $f(x_0, y_0)$ 就是函数 $f(x,y)$ 在 $(x,y) \to (x_0, y_0)$ 时的极限. 例 6.4 中 (1) 小题最后一步用到此点.

例 6.5 求极限:

(1) $\lim\limits_{(x,y)\to(0,0)} (1+x+y)\mathrm{e}^{x^2+y^2}$;　　　　(2) $\lim\limits_{(x,y)\to(1,0)} \dfrac{\ln(x+\mathrm{e}^y)}{\sqrt{x^2+y^2}}$.

解　(1) 函数 $f(x,y) = (1+x+y)\mathrm{e}^{x^2+y^2}$ 是初等函数, 它的定义域为 $\mathbb{R}^2$, 且在点 $(0,0)$ 连续, 因此,

$$\lim_{(x,y)\to(0,0)} (1+x+y)\mathrm{e}^{x^2+y^2} = f(0,0) = 1.$$

(2) 显然 $(1,0)$ 是函数 $f(x,y) = \dfrac{\ln(x+\mathrm{e}^y)}{\sqrt{x^2+y^2}}$ 的连续点, 因此,

$$\lim_{(x,y)\to(1,0)} \frac{\ln(x+\mathrm{e}^y)}{\sqrt{x^2+y^2}} = f(1,0) = \ln 2.$$

有界闭区域上连续 n 元函数具有以下性质.

(1)(有界性与最值性质) 有界闭区域 D 上连续 n 元函数一定有最大值和最小值, 因此也一定有界.

(2)(介值性质) 有界闭区域上连续的 n 元函数一定能取得介于最大值和最小值之间的任何值.

习　题　6.1

1. 设 $f(x,y) = x^2 + y^2, \varphi(x,y) = x^2 - y^2$, 求 $f(\varphi(x,y), y^2)$.

2. 求下列函数的定义域:

(1) $f(x,y) = \dfrac{x^2(1-y)}{1-x^2-y^2}$;　　　　(2) $z = \arcsin\dfrac{y}{x}$;

(3) $z = \ln(y^2 - 2x + 1)$;　　　　(4) $z = \dfrac{1}{\sqrt{x+y}} + \dfrac{1}{\sqrt{x-y}}$.

3. 求下列极限:

(1) $\lim\limits_{(x,y)\to(0,0)} \dfrac{x^2 \sin y}{x^2 + y^2}$;　(2) $\lim\limits_{(x,y)\to(\infty,2)} \left(1+\dfrac{y}{x}\right)^{3x}$;　(3) $\lim\limits_{(x,y)\to(0,0)} \dfrac{2-\sqrt{xy+4}}{xy}$;

(4) $\lim\limits_{(x,y)\to(2,0)} \dfrac{\tan xy}{y}$;　　(5) $\lim\limits_{(x,y)\to(0,0)} (x^2+y^2)^{xy}$.

4. 证明下列极限不存在:

(1) $\lim\limits_{(x,y)\to(0,0)} \dfrac{xy^2}{x^2+y^4}$;　(2) $\lim\limits_{(x,y)\to(0,0)} \dfrac{xy^3}{x^2+y^6}$;　(3) $\lim\limits_{(x,y)\to(0,0)} \dfrac{xy}{x^2+y^2}$.

5. 判断下列函数在点 $(0,0)$ 处的连续性:

(1) $u = \begin{cases} 1, & xy \neq 0, \\ 0, & xy = 0; \end{cases}$　　(2) $u = \begin{cases} \dfrac{\sin(x^3+y^3)}{x^2+y^2}, & x^2+y^2 \neq 0, \\ 0, & x^2+y^2 = 0. \end{cases}$

6.2　偏导数与全微分

6.2.1　n 元函数的偏导数

这里, 主要讨论二元函数的偏导数, 读者可以在此基础上, 给出 n 元函数偏导数的概念.

在二元函数 $u = f(x,y)$ 中, 与一元函数比较, 有两个自变量 x,y, 但如果固定其中一个自变量 (如 y), 这时对变量 x 而言, $u = f(x,y)$ 就是"一元"函数了. 因此, 在点 (x_0,y_0) 处就有自变量增量 Δx 和函数增量 $\Delta u = f(x_0+\Delta x,y_0) - f(x_0,y_0)$. 于是, 就可以给出二元函数偏导数的概念.

定义 6.4　设二元函数 $u = f(x,y)$ 在点 $P_0(x_0,y_0)$ 某邻域内有定义, 如果极限

$$\lim_{\Delta x\to 0} \frac{f(x_0+\Delta x,y_0) - f(x_0,y_0)}{\Delta x}$$

存在, 则称该极限为函数 $u = f(x,y)$ 在点 P_0 处对变量 x **可导**(也称在点 P_0 处对变量 x 存在**偏导数**), 记为

$$f_x(x_0,y_0) = \lim_{\Delta x\to 0} \frac{f(x_0+\Delta x,y_0) - f(x_0,y_0)}{\Delta x},$$

也记为 $\left.\dfrac{\partial u}{\partial x}\right|_{(x_0,y_0)}$, $\left.\dfrac{\partial f}{\partial x}\right|_{(x_0,y_0)}$ 或 $u_x(x_0,y_0)$.

类似地, 如果极限

$$\lim_{\Delta y\to 0} \frac{f(x_0,y_0+\Delta y) - f(x_0,y_0)}{\Delta y}$$

存在, 则称该极限为函数 $u = f(x,y)$ 在点 P_0 处对变量 y **可导**(也称在点 P_0 处对变量 y 存在**偏导数**), 记为

$$f_y(x_0,y_0) = \lim_{\Delta y\to 0} \frac{f(x_0,y_0+\Delta y) - f(x_0,y_0)}{\Delta y}.$$

也记为 $\dfrac{\partial u}{\partial y}\bigg|_{(x_0,y_0)}$, $\dfrac{\partial f}{\partial y}\bigg|_{(x_0,y_0)}$ 或 $u_y(x_0,y_0)$.

如果函数 $u = f(x,y)$ 对区域 D 内每一点关于变量 x, y 都存在偏导数, 那么就称函数 $u = f(x,y)$ 在区域 D 内存在偏导数, 相应地, 记为

$$u_x(x,y), \quad u_y(x,y); \quad f_x(x,y), \quad f_y(x,y);$$

或

$$\frac{\partial u}{\partial x}(x,y), \quad \frac{\partial u}{\partial y}(x,y); \quad \frac{\partial f}{\partial x}(x,y), \quad \frac{\partial f}{\partial y}(x,y).$$

根据偏导数的定义, 求二元函数的偏导数并不需要新的方法和技巧, 因为这里一个变量变化时, 另一变量保持不变. 所以仍然是一元函数的求导问题, 也就是在求 u_x 时, 只需视变量 y 为常数; 在求 u_y 时, 只需视变量 x 为常数即可.

例 6.6 解答下列各题:

(1) 求 $u = x^2 y + y^2$ 在点 $(2,3)$ 处的偏导数;

(2) 求函数 $u = x^2 + 3xy + \sin y$ 的偏导数 u_x 和 u_y;

(3) 设 $f(x,y) = \begin{cases} \dfrac{x^2 y}{x^4 + y^2}, & x^2 + y^2 \neq 0, \\ 0, & x^2 + y^2 = 0, \end{cases}$ 求 $f(x,y)$ 的偏导数.

解 (1) 把 y 视为常量, 对 x 求导得 $u_x = 2xy$; 把 x 视为常量, 对 y 求导得 $u_y = x^2 + 2y$. 将点 $(2,3)$ 代入上面的结果, 得

$$\frac{\partial u}{\partial x}\bigg|_{(2,3)} = 12, \quad \frac{\partial u}{\partial y}\bigg|_{(2,3)} = 10.$$

(2) 按照求偏导数的方法, 直接计算, 得

$$u_x = (x^2 + 3xy + \sin y)_x = 2x + 3y; \quad u_y = (x^2 + 3xy + \sin y)_y = 3x + \cos y.$$

(3) 当 $(x,y) \neq (0,0)$ 时, 有

$$f_x(x,y) = \frac{2xy(x^4 + y^2) - 4x^5 y}{(x^4 + y^2)^2} = \frac{2xy(y^2 - x^4)}{(x^4 + y^2)^2}, \quad f_y(x,y) = \frac{x^2(x^4 - y^2)}{(x^4 + y^2)^2};$$

当 $(x,y) = (0,0)$ 时, 由偏导数的定义, 得

$$f_x(0,0) = \lim_{\Delta x \to 0} \frac{f(\Delta x, 0) - f(0,0)}{\Delta x} = \lim_{\Delta x \to 0} \frac{0}{\Delta x} = 0,$$

$$f_y(0,0) = \lim_{\Delta y \to 0} \frac{f(0, \Delta y) - f(0,0)}{\Delta y} = \lim_{\Delta y \to 0} \frac{0}{\Delta y} = 0.$$

于是,

$$f_x(x,y) = \begin{cases} \dfrac{2xy(y^2 - x^4)}{(x^4 + y^2)^2}, & x^2 + y^2 \neq 0, \\ 0, & x^2 + y^2 = 0; \end{cases} \qquad f_y(x,y) = \begin{cases} \dfrac{x^2(x^4 - y^2)}{(x^4 + y^2)^2}, & x^2 + y^2 \neq 0, \\ 0, & x^2 + y^2 = 0. \end{cases}$$

例 6.7　设 $u = y^x$ $(y > 0, y \neq 1)$, 证明 $\dfrac{1}{\ln y} u_x + \dfrac{y}{x} u_y = 2u$.

证明　因为 $u_x = y^x \ln y, u_y = xy^{x-1}$, 所以,

$$\frac{1}{\ln y} u_x + \frac{y}{x} u_y = \frac{1}{\ln y} y^x \ln y + \frac{y}{x} xy^{x-1} = 2y^x = 2u.$$

二元函数 $u = f(x, y)$ 的偏导数 $f_x(P_0)$ 与 $f_y(P_0)$ 的几何意义: $f_x(P_0)$ 表示曲线 $\begin{cases} u = f(x, y), \\ y = y_0 \end{cases}$ 关于 x 轴在点 P_0 的切线斜率. 类似地可给出 $f_y(P_0)$ 的几何意义.

6.2.2　二元函数偏导数与一元函数导数的差异

例 6.8　已知理想气体的状态方程满足 $PV = RT$ (R 为常数), 证明

$$\frac{\partial P}{\partial V} \frac{\partial V}{\partial T} \frac{\partial T}{\partial P} = -1.$$

证明　由 $P = \dfrac{RT}{V}$, 得 $\dfrac{\partial P}{\partial V} = -\dfrac{RT}{V^2}$; 由 $V = \dfrac{RT}{P}$, 得 $\dfrac{\partial V}{\partial T} = \dfrac{R}{P}$; 由 $T = \dfrac{PV}{R}$, 得 $\dfrac{\partial T}{\partial P} = \dfrac{V}{R}$. 所以

$$\frac{\partial P}{\partial V} \frac{\partial V}{\partial T} \frac{\partial T}{\partial P} = -\frac{RT}{V^2} \times \frac{R}{P} \times \frac{V}{R} = -\frac{RT}{PV} = -1.$$

例 6.8 说明, 偏导数的符号仅仅是一个记号, 并不像一元函数的导数那样可视为 $\mathrm{d}y$ 与 $\mathrm{d}x$ 的商. 这是二元函数与一元函数差异之一.

在一元函数中, 我们知道, 可导必然连续, 但连续未必可导. 那么, 对于二元函数, 该结论又如何呢?

例 6.9　已知 $u = \begin{cases} \dfrac{x^2 y}{x^4 + y^2}, & x^2 + y^2 \neq 0, \\ 0, & x^2 + y^2 = 0, \end{cases}$ 求函数 $u = f(x, y)$ 在点 $(0,0)$ 的偏导数 $f_x(0,0)$ 和 $f_y(0,0)$, 并求 $\lim\limits_{(x,y) \to (0,0)} f(x, y)$.

解　由例 6.6 (3), $f_x(0,0) = f_y(0,0) = 0$, 即函数 $u = f(x, y)$ 在点 $(0,0)$ 处的偏导数 $f_x(0,0), f_y(0,0)$ 都存在. 但当点 (x, y) 沿抛物线 $y = kx^2$ 轴趋近于点 $(0,0)$ 时, 极限

$$\lim_{(x,y) \to (0,0)} f(x, y) = \lim_{(x,y) \to (0,0)} \frac{kx^4}{x^4 + k^2 x^4} = \frac{k}{1 + k^2},$$

也就是函数 $u = f(x, y)$ 在点 $(0, 0)$ 不连续.

由例 6.9 可以看出, 偏导数存在但函数未必连续, 也就是说不连续的二元函数的偏导数仍有可能存在, 这是与一元函数的差异之二, 也是很重要的差异. 产生这一差异的主要原因是, 研究二元函数在点 P_0 处的偏导数的存在性时, 仅考虑函数在动点 P 沿平行于坐标轴的直线趋向于 P_0 时的性态, 而二元函数的连续性研究的是在动点 P 以任意方式趋向于定点 P_0 时的性态.

这些差异对于 $n \, (n > 2)$ 元函数也是有效的. 同时, 根据差异之一, 以后还可以看到, n 元函数的偏导数与全微分的关系完全区别于一元函数 "可导与可微" 等价的结论, 这是二元函数与一元函数差异之三.

6.2.3 高阶偏导数

如同一元函数, 对于多元函数也有高阶偏导数的概念. 设二元函数 $u = f(x, y)$ 在区域 D 内具有一阶偏导数 $u_x(x, y), u_y(x, y)$, 显然它们都是变量 x, y 的函数, 如果在区域 D 内它们的偏导数也存在, 则称为函数 $u = f(x, y)$ 的**二阶偏导数**. 由于对变量求导次序的不同, 函数 $u = f(x, y)$ 的二阶偏导数包含:

$$u_{xx}(x, y) = (u_x(x, y))_x, \quad u_{yy}(x, y) = (u_y(x, y))_y,$$
$$u_{xy}(x, y) = (u_x(x, y))_y, \quad u_{yx}(x, y) = (u_y(x, y))_x,$$

其中 $u_{xy}(x, y)$ 和 $u_{yx}(x, y)$ 称为函数 $u = f(x, y)$ 的**二阶混合偏导数**, 一般情况下,

$$u_{xy}(x, y) \neq u_{yx}(x, y).$$

这是因为

$$u_{xy}(x, y) = \lim_{\Delta y \to 0} \frac{u_x(x, y + \Delta y) - u_x(x, y)}{\Delta y},$$
$$u_{yx}(x, y) = \lim_{\Delta x \to 0} \frac{u_y(x + \Delta x, y) - u_y(x, y)}{\Delta x}.$$

例 6.10 设 $f(x, y) = \begin{cases} \dfrac{xy(x^2 - y^2)}{x^2 + y^2}, & x^2 + y^2 \neq 0, \\ 0, & x^2 + y^2 = 0, \end{cases}$ 证明 $f_{xy}(0, 0) \neq f_{yx}(0, 0)$.

证明 由于

$$f_x(x, y) = \begin{cases} \dfrac{y(x^2 - y^2)}{x^2 + y^2} + \dfrac{4x^2 y^3}{(x^2 + y^2)^2}, & x^2 + y^2 \neq 0, \\ 0, & x^2 + y^2 = 0; \end{cases}$$

$$f_y(x, y) = \begin{cases} \dfrac{x(x^2 - y^2)}{x^2 + y^2} - \dfrac{4x^3 y^2}{(x^2 + y^2)^2}, & x^2 + y^2 \neq 0, \\ 0, & x^2 + y^2 = 0. \end{cases}$$

所以,

$$f_{xy}(0,0) = \lim_{y \to 0} \frac{f_x(0,y) - f_x(0,0)}{y} = \lim_{y \to 0} \frac{-y}{y} = -1,$$

$$f_{yx}(0,0) = \lim_{x \to 0} \frac{f_y(x,0) - f_y(0,0)}{x} = \lim_{x \to 0} \frac{x}{x} = 1.$$

故 $f_{xy}(0,0) \neq f_{yx}(0,0)$.

例 6.10 充分说明了二阶混合偏导数一般是不相等的, 那么在什么条件下才能保证相等呢?

定理 6.1　如果函数 $u = f(x,y)$ 在区域 D 内的二阶混合偏导数 u_{xy}, u_{yx} 连续, 则这两个混合偏导数相等 (此时与求导次序无关).

通常, 二元函数 $u = f(x,y)$ 的 n 阶偏导数表示为

$$\frac{\partial^n u}{\partial^k x \partial^{n-k} y} \quad (0 \leqslant k \leqslant n).$$

例 6.11　设 $u = x^3 y + \sin(xy)$, 求 $u_{xx}, u_{xy}, u_{yx}, u_{yy}, u_{xyx}, u_{xxy}$ 和 u_{yxx}.

解　由于 $u_x = 3x^2 y + y\cos(xy), u_y = x^3 + x\cos(xy)$, 所以,

$$u_{xx} = (u_x)_x = 6xy - y^2\sin(xy), \quad u_{yy} = (u_y)_y = -x^2\sin(xy),$$

$$u_{xy} = (u_x)_y = (3x^2 y + y\cos(xy))_y = 3x^2 + \cos(xy) - xy\sin(xy),$$

$$u_{yx} = (u_y)_x = (x^3 + x\cos(xy))_x = 3x^2 + \cos(xy) - xy\sin(xy);$$

$$u_{xyx} = (u_{xy})_x = (3x^2 + \cos(xy) - xy\sin(xy))_x = 6x - 2y\sin(xy) - xy^2\cos(xy),$$

$$u_{xxy} = (u_{xx})_y = (6xy - y^2\sin(xy))_y = 6x - 2y\sin(xy) - xy^2\cos(xy),$$

$$u_{yxx} = (u_{yx})_x = (3x^2 + \cos(xy) - xy\sin(xy))_x = 6x - 2y\sin(xy) - xy^2\cos(xy).$$

依此类推, 可以定义 n $(n > 2)$ 元函数的高阶偏导数, 而且, 类似定理 6.1, 高阶混合偏导数在连续的条件下同样与求导次序无关. 对于 n 元函数 $u = f(x_1, x_2, \cdots, x_n)$, 它的 p 阶偏导数 (如果存在) 记为

$$\frac{\partial^p u}{\partial x_1^{k_1} \partial x_2^{k_2} \cdots \partial x_n^{k_n}},$$

其中 $k_1, k_2, \cdots, k_n$ 是非负整数, 且满足 $\sum_{i=1}^{n} k_i = p$.

例 6.12　设 $u = z\arctan\dfrac{x}{y}$, 证明

$$\frac{\partial^2 u}{\partial x^2} + \frac{\partial^2 u}{\partial y^2} + \frac{\partial^2 u}{\partial z^2} = 0.$$

上式是一个特殊的**二阶偏微分方程**, 这是著名的 Laplace[①](拉普拉斯) 方程, 它描述了重要的物理现象, 例如, 稳定的电场、磁场和温度场等.

证明　由于 $u_x = \dfrac{yz}{x^2+y^2}, u_y = -\dfrac{xz}{x^2+y^2}, u_z = \arctan\dfrac{x}{y}$, 所以,

$$u_{xx} = -\frac{2xyz}{(x^2+y^2)^2}, \quad u_{yy} = \frac{2xyz}{(x^2+y^2)^2}, \quad u_{zz} = 0.$$

代入 $u_{xx} + u_{yy} + u_{zz}$, 即证.

6.2.4　n 元函数的全微分

对于二元函数 $u = f(x,y)$, 我们已经知道, $f(x_0+\Delta x, y_0) - f(x_0, y_0)$ 反映了自变量 x 取得增量 Δx 时函数值的增量, 该增量称为函数 $f(x,y)$ 在点 (x_0, y_0) 处对 x 的**偏增量**. 同样地, $f(x_0, y_0+\Delta y) - f(x_0, y_0)$ 反映了函数 $f(x,y)$ 在点 (x_0, y_0) 处对变量 y 的**偏增量**. 于是, 当 $f_x(x_0, y_0)$ 和 $f_y(x_0, y_0)$ 存在时, 自然就有**偏微分** $f_x(x_0, y_0)\Delta x$ 和 $f_y(x_0, y_0)\Delta y$. 那么, 对于函数在点 (x_0, y_0) 处的**全增量**

$$\Delta u = f(x_0 + \Delta x, y_0 + \Delta y) - f(x_0, y_0)$$

是否会有**全微分**的概念?

定义 6.5　函数 $u = f(x,y)$ 在点 $P(x,y)$ 处的某邻域内有定义, 如果该函数在点 $P(x,y)$ 处的全增量

$$\Delta u = f(x + \Delta x, y + \Delta y) - f(x, y)$$

可以表示为

$$\Delta u = A\Delta x + B\Delta y + o(\rho),$$

其中 A, B 仅与变量 x, y 有关, 而与 $\Delta x, \Delta y$ 无关, $o(\rho)$ 是当 $\rho \to 0^+$ 时的高阶无穷小量 (这里 $\rho = \sqrt{(\Delta x)^2 + (\Delta y)^2}$), 则称函数 $u = f(x,y)$ 在点 $P(x,y)$ 处**可微分**, 且 Δu 的线性主部 $A\Delta x + B\Delta y$ 称为函数 $u = f(x,y)$ 在点 $P(x,y)$ 处的**全微分**, 记为

$$\mathrm{d}u = A\Delta x + B\Delta y \quad \text{或} \quad \mathrm{d}u = A\mathrm{d}x + B\mathrm{d}y.$$

与一元函数的微分比较, 共性有三点: 一是 $\mathrm{d}u$ 为 Δx 和 Δy 的线性主部; 二是 $\Delta u - \mathrm{d}u$ 为当 $\rho \to 0^+$ 时比 ρ 高阶的无穷小量; 三是由可微分和连续的定义, 函数 $u = f(x,y)$ 在点 $P(x,y)$ 处可微分, 则函数在点 $P(x,y)$ 处一定连续.

如果函数 $u = f(x,y)$ 在其定义区域 D 内每一点都可微分, 则称函数在定义区域 D 内可微分.

---

① Laplace (1749—1827), 法国数学家、物理学家.

现在的问题是, 如何确定 $A(x,y), B(x,y)$? 函数 $u = f(x,y)$ 在什么条件下可微分? 全微分存在与偏导数之间有何关系?

定理 6.2(可微分的必要条件)　函数 $u = f(x,y)$ 在点 $P(x,y)$ 处可微分, 则函数在该点的偏导数 u_x, u_y 必存在, 且

$$\mathrm{d}u = u_x \Delta x + u_y \Delta y = u_x \mathrm{d}x + u_y \mathrm{d}y.$$

证明　由函数 $u = f(x,y)$ 在点 $P(x,y)$ 处可微分, 故

$$\Delta u = f(x + \Delta x, y + \Delta y) - f(x,y) = A\Delta x + B\Delta y + o(\rho).$$

特别地, 取 $\Delta y = 0$, 则 $\rho = |\Delta x|$. 于是, 有

$$f(x + \Delta x, y) - f(x,y) = A\Delta x + o(|\Delta x|).$$

从而,

$$\lim_{\Delta x \to 0} \frac{f(x + \Delta x, y) - f(x,y)}{\Delta x} = \lim_{\Delta x \to 0} \frac{A\Delta x + o(|\Delta x|)}{\Delta x} = A.$$

故偏导数 $u_x(x,y)$ 存在且等于 A. 同理可证 $u_y(x,y) = B$. 综上, 有

$$\mathrm{d}u = u_x(x,y)\mathrm{d}x + u_y(x,y)\mathrm{d}y.$$

定理 6.2 说明, 函数 $u = f(x,y)$ 的偏导数存在只是该函数可微分的必要条件, 而不是充分条件. 因此, 尽管 $u_x(x,y), u_y(x,y)$ 存在, 表达式

$$u_x(x,y)\Delta x + u_y(x,y)\Delta y$$

也未必是该函数的全微分. 例如, 函数 $u = \sqrt{xy}$ 在点 $(0,0)$ 处偏导数存在, 且 $u_x(0,0) = u_y(0,0) = 0$. 但函数在点 $(0,0)$ 处不可微. 这是因为当沿直线 $\Delta y = \Delta x, \Delta x \to 0, \Delta y \to 0$ 时,

$$\frac{\Delta u - (u_x(0,0)\Delta x + u_y(0,0)\Delta y)}{\rho} = \frac{\sqrt{\Delta x \Delta y}}{\sqrt{(\Delta x)^2 + (\Delta y)^2}} \to \frac{1}{\sqrt{2}} \neq 0.$$

那么, 如何判断二元函数在某一点可微分?　直观上看, 当在一点放大函数 $u = f(x,y)$ 的图象看到的似乎是一张平面, 这说明函数 $f(x,y)$ 在这点附近近似于一个线性函数 $z = L(x,y)$, 且只要这一近似足够好, 就说函数 $u = f(x,y)$ 在这点是可微分的.

定理 6.3(可微分的充分条件) 如果函数 $u = f(x, y)$ 的偏导数 $u_x(x, y), u_y(x, y)$ 在点 $P(x, y)$ 连续, 则函数 $u = f(x, y)$ 在该点可微分.

*证明 函数在点 $P(x, y)$ 处的全增量

$$\Delta u = f(x + \Delta x, y + \Delta y) - f(x, y)$$
$$= (f(x + \Delta x, y + \Delta y) - f(x, y + \Delta y)) + (f(x, y + \Delta y) - f(x, y)).$$

根据条件, 在以 $x, x + \Delta x$ 和 $y, y + \Delta y$ 为区间端点的区间上应用 Lagrange 中值定理, 得

$$f(x + \Delta x, y + \Delta y) - f(x, y + \Delta y) = f_x(x + \theta_1 \Delta x, y + \Delta y)\Delta x \quad (0 < \theta_1 < 1),$$

$$f(x, y + \Delta y) - f(x, y) = f_y(x, y + \theta_2 \Delta y)\Delta y \quad (0 < \theta_2 < 1).$$

由偏导数的连续性, 存在当 $\Delta x \to 0, \Delta y \to 0$ 时的无穷小量 ε_1 和 ε_2, 使得

$$f_x(x + \theta_1 \Delta x, y + \Delta y)\Delta x = (f_x(x, y) + \varepsilon_1)\Delta x, \quad f_y(x, y + \theta_2 \Delta y)\Delta y = (f_y(x, y) + \varepsilon_2)\Delta y.$$

因此,

$$\Delta u = f_x(x, y)\Delta x + f_y(x, y)\Delta y + \varepsilon(\Delta x, \Delta y), \quad \varepsilon(\Delta x, \Delta y) = \varepsilon_1 \Delta x + \varepsilon_2 \Delta y.$$

容易看出,

$$\left| \frac{\varepsilon(\Delta x, \Delta y)}{\rho} \right| = \left| \frac{\varepsilon(\Delta x, \Delta y)}{\sqrt{(\Delta x)^2 + (\Delta y)^2}} \right| < |\varepsilon_1| + |\varepsilon_2| \to 0.$$

故

$$\varepsilon(\Delta x, \Delta y) = o(\rho), \quad \rho \to 0^+,$$

即

$$\Delta u = f_x(x, y)\Delta x + f_y(x, y)\Delta y + o(\rho).$$

于是, 函数 $u = f(x, y)$ 在点 $P(x, y)$ 处可微分.

定理 6.3 表明, 函数 $u = f(x, y)$ 的偏导数存在且连续, 则该函数可微分. 并且, 由证明过程可以看到, 欲验证 $u = f(x, y)$ 在点 $P(x, y)$ 处可微分, 只需验证

$$\Delta u - (f_x(x, y)\Delta x + f_y(x, y)\Delta y)$$

是 $\rho \to 0^+$ 时的高阶无穷小量 $o(\rho)$ 即可.

例 6.13 验证函数 $u = f(x, y)$ 在点 $(0, 0)$ 处的可微性:

$$(1)\ f(x, y) = \begin{cases} \dfrac{xy}{\sqrt{x^2 + y^2}}, & x^2 + y^2 \neq 0, \\ 0, & x^2 + y^2 = 0; \end{cases}$$

(2) $f(x,y) = \begin{cases} (x^2 + y^2) \sin \dfrac{1}{x^2 + y^2}, & x^2 + y^2 \neq 0, \\ 0, & x^2 + y^2 = 0. \end{cases}$

解　(1) 由偏导数的定义求得 $f_x(0,0) = 0, f_y(0,0) = 0$. 沿直线 $\Delta y = k\Delta x$, 极限

$$\lim_{\rho \to 0^+} \frac{\Delta z - (f_x(0,0)\Delta x + f_y(0,0)\Delta y)}{\rho} = \lim_{\Delta x \to 0, \Delta y \to 0} \frac{\Delta x \Delta y}{\Delta x^2 + \Delta y^2} = \frac{k}{1 + k^2},$$

即该极限不存在. 于是函数 $u = f(x,y)$ 在点 $(0,0)$ 处不可微.

(2) 由偏导数的定义, 得 $f_x(0,0) = f_y(0,0) = 0$. 因此, 函数的增量与微分之差

$$\Delta u - (f_x(0,0)\Delta x + f_y(0,0)\Delta y) = ((\Delta x)^2 + (\Delta y)^2) \sin \frac{1}{(\Delta x)^2 + (\Delta y)^2} = \rho^2 \sin \frac{1}{\rho^2} = o(\rho).$$

由微分的定义, 函数 $u = f(x,y)$ 在点 $(0,0)$ 可微.

综上, 我们清晰地得到二元函数的可微分、连续、偏导数之间的关系 (二元函数可微分, 也称二元函数全微分存在):

(1) 全微分存在 $\Rightarrow \begin{cases} \text{函数连续,} \\ \text{偏导数存在;} \end{cases}$

(2) 偏导数存在 + 偏导数连续 $\Rightarrow$ 全微分存在;

(3) 偏导数存在不能保证全微分存在, 偏导存在与连续之间没有必然联系.

关于二元函数全微分的定义以及可微分的必要条件与充分条件可以推广到 n 元函数 $u = f(x_1, x_2, \cdots, x_n)$ 的情形, 且若 u 的一阶偏导数存在且连续, 则

$$\mathrm{d}u = \frac{\partial u}{\partial x_1}\mathrm{d}x_1 + \frac{\partial u}{\partial x_2}\mathrm{d}x_2 + \cdots + \frac{\partial u}{\partial x_n}\mathrm{d}x_n.$$

例 6.14　求函数 $u = x^2 + xy - y^2$ 和 $u = \left(\dfrac{x}{y}\right)^z$ 的全微分.

解　(1) 因为 $u_x = 2x + y, u_y = x - 2y$ 连续, 所以

$$\mathrm{d}u = u_x\mathrm{d}x + u_y\mathrm{d}y = (2x + y)\mathrm{d}x + (x - 2y)\mathrm{d}y.$$

(2) 因为

$$u_x = \frac{z}{y}\left(\frac{x}{y}\right)^{z-1}, \quad u_y = -\frac{z}{y}\left(\frac{x}{y}\right)^z, \quad u_z = \left(\frac{x}{y}\right)^z \ln\frac{x}{y},$$

所以

$$\mathrm{d}u = \frac{z}{y}\left(\frac{x}{y}\right)^{z-1}\mathrm{d}x - \frac{z}{y}\left(\frac{x}{y}\right)^z\mathrm{d}y + \left(\frac{x}{y}\right)^z \ln\frac{x}{y}\mathrm{d}z.$$

与一元函数类似, 利用二元函数的全微分可以进行近似计算. 如果 $u = f(x, y)$ 在点 $P_0(x_0, y_0)$ 处可微分, 则当 $|\Delta x|$ 和 $|\Delta y|$ 很小时,

$$f(x_0 + \Delta x, y_0 + \Delta y) \approx f(x_0, y_0) + f_x(x_0, y_0)\Delta x + f_y(x_0, y_0)\Delta y.$$

例 6.15 计算 $\sin 31° \tan 44°$ 的值.

解 设 $f(x, y) = \sin x \tan y$. 注意到 $31° = \dfrac{\pi}{6} + \dfrac{\pi}{180}$, $44° = \dfrac{\pi}{4} - \dfrac{\pi}{180}$, 取

$$x_0 = \frac{\pi}{6}, \quad y_0 = \frac{\pi}{4}, \quad \Delta x = \frac{\pi}{180}, \quad \Delta y = -\frac{\pi}{180},$$

因此

$$f(x_0, y_0) = \frac{1}{2}, \quad f_x(x_0, y_0) = \frac{\sqrt{3}}{2}, \quad f_y(x_0, y_0) = 1.$$

于是

$$\sin 31° \tan 44° \approx \frac{1}{2} + \frac{\sqrt{3}}{2}\frac{\pi}{180} + \left(-\frac{\pi}{180}\right) \approx 0.4766.$$

习 题 6.2

1. 求下列函数的一阶偏导数:

(1) $z = x^3 y - y^3 x$;

(2) $z = \dfrac{x^2 + y^2}{xy}$;

(3) $z = \sqrt{\ln xy}$;

(4) $z = \sin(xy) + \cos^2(xy)$;

(5) $u = x^{\frac{y}{z}}$;

(6) $z = (1 + xy)^x$;

(7) $z = \displaystyle\int_x^y e^{t^2} \mathrm{d}t$;

(8) $u = \sin(x_1 + 2x_2 + 3x_3 + \cdots + nx_n)$;

(9) $z = \dfrac{x - y}{x + y}$;

(10) $u = \dfrac{(x + y)e^z}{x + y + z}$.

2. 设 $z = xy + xe^{\frac{y}{x}}$, 验证 $x\dfrac{\partial z}{\partial x} + y\dfrac{\partial z}{\partial x} = xy + z$.

3. 设 $f(x, y) = xy + (y - 1)^2 \arcsin\sqrt{\dfrac{x}{y}}$, 求 $f_x(x, 1)$.

4. 求下列函数的偏导数 $\dfrac{\partial^2 z}{\partial x^2}, \dfrac{\partial^2 z}{\partial y^2}, \dfrac{\partial^2 z}{\partial x \partial y}$:

(1) $z = x^4 + y^4 - 4x^2 y^2$;

(2) $z = \arctan\dfrac{y}{x}$;

(3) $z = \sin(x + y) + \cos(x - y)$;

(4) $z = x^{\ln(x+y)}$.

5. 设 $u = \sqrt{x^2 + y^2 + z^2}$, 证明: $\dfrac{\partial^2 u}{\partial x^2} + \dfrac{\partial^2 u}{\partial y^2} + \dfrac{\partial^2 u}{\partial z^2} = \dfrac{2}{u}$.

6. 求下列函数的全微分 $\mathrm{d}z$:

(1) $z = xy + \dfrac{x}{y}$;

(2) $z = \sin(xy^2)$;

(3) $z = \mathrm{e}^{\frac{y}{x}}$;　　　　　　　　　　　　　　　(4) $z = \dfrac{y}{\sqrt{x^2 + y^2}}$.

7. 讨论函数 $f(x, y)$ 在点 $(0, 0)$ 处的连续性、可导性与可微性:

(1) $f(x, y) = \begin{cases} (x^2 + y^2) \sin \dfrac{1}{\sqrt{x^2 + y^2}}, & x^2 + y^2 \neq 0, \\ 0, & x^2 + y^2 = 0; \end{cases}$

(2) $f(x, y) = \begin{cases} xy \sin \dfrac{1}{x^2 + y^2}, & x^2 + y^2 \neq 0, \\ 0, & x^2 + y^2 = 0; \end{cases}$

(3) $f(x, y) = \begin{cases} \dfrac{1 - \mathrm{e}^{x^2 + y^2}}{x^2 + y^2}, & x^2 + y^2 \neq 0, \\ 0, & x^2 + y^2 = 0. \end{cases}$

8. 验证:

(1) $u = x^2 - y^2$ 满足 Laplace 方程 $u_{xx} + u_{yy} = 0$;

(2) $u = \mathrm{e}^{-a^2 k^2 t} \sin kx$ 满足热传导方程 $u_t = a^2 u_{xx}$.

6.3　复合函数与隐函数求导法

6.3.1　复合函数求导法

我们知道, 一元复合函数是按照链式法则求导的, 这一方法可以推广到 n 元复合函数, 但这里要注意变量的增加对于求导的影响. 按照中间变量的情况, 分为两种情形: 中间变量一元型、中间变量多元型, 它们分别体现在定理 6.4 和定理 6.5 之中.

定理 6.4　设函数 $z = f(u, v), u = u(t), v = v(t)$, 且函数 $f(u, v)$ 在点 (u, v) 处可微, $u(t), v(t)$ 在对应点 t 处可导, 则复合函数 $z = f(u(t), v(t))$ 在点 t 处可导, 且

$$\frac{\mathrm{d}z}{\mathrm{d}t} = \frac{\partial z}{\partial u}\frac{\mathrm{d}u}{\mathrm{d}t} + \frac{\partial z}{\partial v}\frac{\mathrm{d}v}{\mathrm{d}t}.$$

由于 $z = f(u(t), v(t))$ 实际上是 t 的一元函数, 所以, 上式也称为**全导数**. 函数的复合关系如图 6.2 所示.

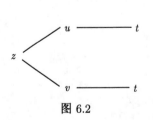

图 6.2

证明　由函数 $z = f(u, v)$ 在点 (u, v) 处可微可以知道

$$\Delta z = f_u(u, v)\Delta u + f_v(u, v)\Delta v + o(\rho),$$

这里 $o(\rho)$ 是当 $\rho \to 0^+$ 时比 ρ 高阶的无穷小量. 由此, 得

$$\frac{\Delta z}{\Delta t} = f_u(u, v)\frac{\Delta u}{\Delta t} + f_v(u, v)\frac{\Delta v}{\Delta t} + \frac{o(\rho)}{\Delta t}.$$

由于 $u = u(t), v = v(t)$ 可导, 所以当 $\Delta t \to 0$ 时, 由 $\Delta u \to 0, \Delta v \to 0$, 即有

$$\rho = \sqrt{(\Delta u)^2 + (\Delta v)^2} \to 0^+.$$

若 $\rho = 0$, 当然有 $\dfrac{o(\rho)}{\Delta t} = 0$; 若 $\rho \neq 0$, 则

$$\frac{o(\rho)}{\Delta t} = \frac{o(\rho)}{\rho} \frac{\rho}{\Delta t} = \pm \frac{o(\rho)}{\rho} \sqrt{\left(\frac{\Delta u}{\Delta t}\right)^2 + \left(\frac{\Delta v}{\Delta t}\right)^2} \to 0, \quad \Delta t \to 0.$$

于是,

$$\lim_{\Delta t \to 0} \frac{\Delta z}{\Delta t} = \lim_{\Delta t \to 0} \left(f_u(u,v) \frac{\Delta u}{\Delta t} + f_v(u,v) \frac{\Delta v}{\Delta t} + \frac{o(\rho)}{\Delta t} \right) = f_u(u,v)u'(t) + f_v(u,v)v'(t),$$

即

$$\frac{\mathrm{d}z}{\mathrm{d}t} = z_u(u,v)u'(t) + z_v(u,v)v'(t).$$

在求 $z = f(u,v)$ 的高阶导数时, $z_u(u,v)$ 和 $z_v(u,v)$ 仍然是 u,v 的函数. 例如,

$$\begin{aligned}
\frac{\mathrm{d}^2 z}{\mathrm{d}t^2} &= \frac{\mathrm{d}}{\mathrm{d}t}(z_u(u,v)u'(t) + z_v(u,v)v'(t)) \\
&= \frac{\mathrm{d}z_u(u,v)}{\mathrm{d}t}u'(t) + z_u(u,v)\frac{\mathrm{d}u'(t)}{\mathrm{d}t} + \frac{\mathrm{d}z_v(u,v)}{\mathrm{d}t}v'(t) + z_v(u,v)\frac{\mathrm{d}v'(t)}{\mathrm{d}t} \\
&= (z_{uu}(u,v)u'(t) + z_{uv}(u,v)v'(t))u'(t) + z_u(u,v)u''(t) \\
&\quad + (z_{vu}(u,v)u'(t) + z_{vv}(u,v)v'(t))v'(t) + z_v(u,v)v''(t) \\
&= z_{uu}(u,v)u'^2(t) + z_{vv}(u,v)v'^2(t) \\
&\quad + (z_{uv}(u,v) + z_{vu}(u,v))u'(t)v'(t) + z_u(u,v)u''(t) + z_v(u,v)v''(t).
\end{aligned}$$

例 6.16 设 $z = \sin(u+v), u = t^2, v = \mathrm{e}^t$, 求 $\dfrac{\mathrm{d}^2 z}{\mathrm{d}t^2}$.

解 方法一 由于 $\dfrac{\mathrm{d}z}{\mathrm{d}t} = (2t + \mathrm{e}^t)\cos(u+v)$, 所以

$$\begin{aligned}
\frac{\mathrm{d}^2 z}{\mathrm{d}t^2} &= \frac{\mathrm{d}}{\mathrm{d}t}\left(\frac{\mathrm{d}z}{\mathrm{d}t}\right) \\
&= (2 + \mathrm{e}^t)\cos(u+v) - (2t + \mathrm{e}^t)^2 \sin(u+v) \\
&= (2 + \mathrm{e}^t)\cos(t^2 + \mathrm{e}^t) - (2t + \mathrm{e}^t)^2 \sin(t^2 + \mathrm{e}^t).
\end{aligned}$$

方法二 由于 $z = \sin(u+v) = \sin(t^2 + \mathrm{e}^t)$, 因此,

$$z'(t) = \cos(t^2 + \mathrm{e}^t)(2t + \mathrm{e}^t), \quad z''(t) = (2 + \mathrm{e}^t)\cos(t^2 + \mathrm{e}^t) - (2t + \mathrm{e}^t)^2 \sin(t^2 + \mathrm{e}^t).$$

定理 6.5 设函数 $u = \phi(x,y), v = \psi(x,y)$ 在点 (x,y) 处存在偏导数, 复合函数 $z = f(u,v)$ 在对应点 (u,v) 处可微, 则

$$\frac{\partial z}{\partial x} = \frac{\partial z}{\partial u}\frac{\partial u}{\partial x} + \frac{\partial z}{\partial v}\frac{\partial v}{\partial x}, \quad \frac{\partial z}{\partial y} = \frac{\partial z}{\partial u}\frac{\partial u}{\partial y} + \frac{\partial z}{\partial v}\frac{\partial v}{\partial y}.$$

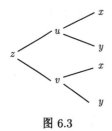

函数的复合关系如图 6.3 所示.

例 6.17　设 $z = (1 + xy)^{x+y}$, 求 z_x 和 z_{xy}.

解　设 $u = 1 + xy, v = x + y$, 则 $z = u^v$. 因此,

$$z_u = vu^{v-1}, \quad z_v = u^v \ln u,$$

图 6.3　　$z_{uu} = v(v-1)u^{v-2}, \quad z_{vv} = u^v \ln^2 u, \quad z_{uv} = u^{v-1}(v \ln u + 1).$

于是,

$$z_x = z_u u_x + z_v v_x = u^v \left(\frac{vy}{u} + \ln u \right) = (1 + xy)^{x+y} \left(\frac{y(x+y)}{1+xy} + \ln(1+xy) \right),$$

$$z_{xy} = (1 + xy)^{x+y-2}[xy(x+y)(x+y-1)$$
$$+ (x+y)(1+xy)((x+y)\ln(1+xy) + 1)$$
$$+ (1+xy)(x+y) + (1+xy)^2 \ln^2(1+xy)].$$

例 6.18　设 $u = f(x, y)$ 在平面区域 D 上可微, 证明在 $D - \{0, 0\}$ 上成立

$$(u_x)^2 + (u_y)^2 = (u_\rho)^2 + \frac{(u_\theta)^2}{\rho^2},$$

其中 $x = \rho \cos \theta, y = \rho \sin \theta, \rho \geqslant 0, 0 \leqslant \theta \leqslant 2\pi$.

证明　因为

$$u_\rho = u_x x_\rho + u_y y_\rho = u_x \cos \theta + u_y \sin \theta,$$

$$u_\theta = u_x x_\theta + u_y y_\theta = -u_x \rho \sin \theta + u_y \rho \cos \theta,$$

所以,

$$(u_\rho)^2 + \frac{(u_\theta)^2}{\rho^2} = (u_x \cos \theta + u_y \sin \theta)^2 + \frac{(-u_x \rho \sin \theta + u_y \rho \cos \theta)^2}{\rho^2} = (u_x)^2 + (u_y)^2,$$

即所证明的结论成立.

对定理 6.4 和定理 6.5, 作如下说明:

一是定理的结论都可以推广到更多变量的情形;

二是注意复合函数存在偏导数的条件是 "可微分";

三是在处理具体问题时, 可以用序号 i $(i = 1, 2, \cdots, n)$ 表示复合函数的第 i 个中间变量, 例如, $z = f(\sin(x+y), \mathrm{e}^{xy}, x), f_1'$ 就表示第 1 个中间变量 $u = \sin(x+y)$ 的一阶偏导数, f_2' 就表示第 2 个中间变量 e^{xy} 的一阶偏导数, f_{21}'' 就表示第 1 个中间变量和第 2 个中间变量的二阶混合偏导数;

四是在 $z = f(u(x,y),x,y)$ 中, z_x 与 f_x 和 z_y 与 f_y 的含义是不同的, z_x 和 z_y 是将 $z = f(u(x,y),x,y)$ 视为自变量 x,y 的二元函数的偏导数, f_x 和 f_y 是将 $z = f(u,x,y)$ 视为变量 u,x,y 的三元函数的偏导数;

五是在求导过程中, 务必理清各变量之间的关系 (是否有复合关系, 如何复合等), 有关的每个复合关系都要求导;

六是要注意复合函数的高阶偏导数计算.

例 6.19 设 $z = f(x^2, \sin x)$ 可微, 求 $\dfrac{\mathrm{d}^2 z}{\mathrm{d}x^2}$.

解 由于 $\dfrac{\mathrm{d}z}{\mathrm{d}x} = 2x f_1' + f_2' \cos x$, 所以,

$$\frac{\mathrm{d}^2 z}{\mathrm{d}x^2} = 2f_1' + 2x(2x f_{11}'' + f_{12}'' \cos x) - f_2' \sin x + \cos x(2x f_{21}'' + f_{22}'' \cos x)$$
$$= 2f_1' + 4x^2 f_{11}'' + 2x \cos x(f_{12}'' + f_{21}'') - f_2' \sin x + f_{22}'' \cos^2 x.$$

*例 6.20 已知 $z = f(x,y)$ 可微分, 且 $f(1,1) = 1, f_x(1,1) = 2, f_y(1,1) = 3, \phi(x) = f(x, f(x,x))$, 求 $\dfrac{\mathrm{d}\phi^3(x)}{\mathrm{d}x}\bigg|_{x=1}$.

解 由于 $\phi'(x) = f_x(x, f(x,x)) + f_y(x, f(x,x))(f_x(x,x) + f_y(x,x))$, 所以, 根据题设, 得

$$\frac{\mathrm{d}\phi^3(x)}{\mathrm{d}x}\bigg|_{x=1} = 3\phi^2(x)\phi'(x)|_{x=1} = 54.$$

我们知道, 一元函数具有一阶微分形式的不变性, 自然要问, 对于 n 元函数是否有相应的结论? 这个问题的回答是肯定的. 下面以二元函数为例加以说明. 设函数 $z = f(u,v)$ 有连续偏导数, 则

$$\mathrm{d}z = z_u \mathrm{d}u + z_v \mathrm{d}v,$$

这里 u, v 为自变量. 如果 u, v 是中间变量, 都是 x, y 的函数, $u = \phi(x,y)$, $v = \psi(x,y)$ 具有连续偏导数, 则

$$\mathrm{d}z = z_x \mathrm{d}x + z_y \mathrm{d}y.$$

注意到 $z_x = z_u u_x + z_v v_x, z_y = z_u u_y + z_v v_y$, 代入上式, 计算后得

$$\mathrm{d}z = z_u(u_x \mathrm{d}x + u_y \mathrm{d}y) + z_v(v_x \mathrm{d}x + v_y \mathrm{d}y) = z_u \mathrm{d}u + z_v \mathrm{d}v.$$

由此可见, 不论 u, v 是自变量还是中间变量, 总有 $\mathrm{d}z = \dfrac{\partial z}{\partial u}\mathrm{d}u + \dfrac{\partial z}{\partial v}\mathrm{d}v$. 应注意的是, 只是形式不变, 而内容有区别. 若 u, v 是自变量, 则 $\mathrm{d}u$ 和 $\mathrm{d}v$ 是独立的; 若 u, v 是中间变量 $u = \varphi(x,y), v = \psi(x,y)$, 且这两个函数都有连续的偏导数, 则 $\mathrm{d}u$ 和 $\mathrm{d}v$ 分别为 $\varphi(x,y)$ 和 $\psi(x,y)$ 的全微分. 这种性质称为**一阶全微分形式的不变性**.

在计算某些较复杂的复合函数的偏导数或全微分时, 可以利用全微分的形式不变性, 由外向内逐层微分, 以得到需要的结果.

例 6.21　求解下列各题:

(1) 设 $z = f(x, u, v), u = \phi(x), v = \psi(x, y)$ 的所有偏导数连续, 求 z_x, z_y;

(2) 求 $z = \mathrm{e}^{xy} \sin(x+y)$ 的全微分;

(3) 设 $z = f(x, u, v)$ 可微, $u = g(x, v, y), v = h(x, y)$ 的偏导数存在, 求 $\mathrm{d}z, z_x, z_y$;

(4) 设 $f(u, v)$ 可微, 求 $w = f\left(\dfrac{x}{y}, \dfrac{y}{z}\right)$ 的偏导数.

解　(1) 利用全微分形式不变性, 得

$$
\begin{aligned}
\mathrm{d}z &= f_x \mathrm{d}x + f_u \mathrm{d}u + f_v \mathrm{d}v \\
&= f_x \mathrm{d}x + f_u \phi'(x) \mathrm{d}x + f_v(\psi_x \mathrm{d}x + \psi_y \mathrm{d}y) \\
&= (f_x + f_u \phi'(x) + f_v \psi_x) \mathrm{d}x + f_v \psi_y \mathrm{d}y.
\end{aligned}
$$

所以, $z_x = f_x + f_u \phi'(x) + f_v \psi_x, z_y = f_v \psi_y$.

(2) $\mathrm{d}z = \mathrm{e}^{xy} \mathrm{d}\sin(x+y) + \sin(x+y) \mathrm{d}(\mathrm{e}^{xy})$

$\qquad = \mathrm{e}^{xy} \cos(x+y) \mathrm{d}(x+y) + \mathrm{e}^{xy} \sin(x+y) \mathrm{d}(xy)$

$\qquad = \mathrm{e}^{xy} [\cos(x+y) + y \sin(x+y)] \mathrm{d}x + \mathrm{e}^{xy} [\cos(x+y) + x \sin(x+y)] \mathrm{d}y.$

(3) 利用全微分形式不变性,

$$
\mathrm{d}z = f_x \mathrm{d}x + f_u \mathrm{d}u + f_v \mathrm{d}v,
$$

而

$$
\mathrm{d}u = g_x \mathrm{d}x + g_v \mathrm{d}v + g_y \mathrm{d}y, \quad \mathrm{d}v = h_x \mathrm{d}x + h_y \mathrm{d}y,
$$

所以,

$$
\mathrm{d}z = (f_x + f_u g_x + f_v h_x + f_u g_v h_x) \mathrm{d}x + (f_u g_y + f_v h_y + f_u g_v h_y) \mathrm{d}y,
$$

且 $z_x = f_x + f_u g_x + f_v h_x + f_u g_v h_x, z_y = f_u g_y + f_v h_y + f_u g_v h_y$.

(4) 利用全微分形式的不变性, 有

$$
\mathrm{d}w = f_1' \mathrm{d}\frac{x}{y} + f_2' \mathrm{d}\frac{y}{z} = f_1' \frac{y\mathrm{d}x - x\mathrm{d}y}{y^2} + f_2' \frac{z\mathrm{d}y - y\mathrm{d}z}{z^2} = \frac{f_1'}{y}\mathrm{d}x + \left(\frac{f_2'}{z} - \frac{xf_1'}{y^2}\right)\mathrm{d}y - \frac{yf_2'}{z^2}\mathrm{d}z.
$$

因此,

$$
w_x = \frac{f_1'}{y}, \quad w_y = \frac{f_2'}{z} - \frac{xf_1'}{y^2}, \quad w_z = -\frac{yf_2'}{z^2}.
$$

6.3.2 隐函数的微分法

此前, 我们已经学习了二元方程 $F(x,y)=0$ 所确定的隐函数的求导方法. 但当时是假定存在可微的隐函数前提下实施的, 并不是所有的二元函数 $F(x,y)=0$ 都能够确定一个隐函数. 那么怎样的方程可以唯一确定一个具有连续导数的隐函数?

定理 6.6 设函数 $F(x,y)$ 满足以下条件:

(1) 在点 $P_0(x_0,y_0)$ 某邻域内具有连续的偏导数;

(2) $F(x_0,y_0)=0$;

(3) $F_y(x_0,y_0) \neq 0$,

则方程 $F(x,y)=0$ 在点 P_0 的某邻域内唯一确定一个具有连续导数的函数 $y=y(x)$, 并在含 x_0 的某开区间上满足

$$F(x,y(x))=0, \quad y_0=y(x_0), \quad \frac{\mathrm{d}y}{\mathrm{d}x}=-\frac{F_x}{F_y}.$$

例 6.22 函数 $y=y(x)$ 由方程 $\mathrm{e}^y+xy-1=0$ 确定, 求 $y'(x)$.

解 设 $F(x,y)=\mathrm{e}^y+xy-1$, 则 $F_x=y, F_y=x+\mathrm{e}^y$. 由此, 得

$$y'(x)=-\frac{F_x}{F_y}=-\frac{y}{\mathrm{e}^y+x}.$$

定理 6.6 可以毫无困难地推广到 n 元方程 $F(x_1,x_2,\cdots,x_n)=0$.

定理 6.7 函数 $F(x,y,z)$ 满足:

(1) 在点 $P_0(x_0,y_0,z_0)$ 的某邻域内具有连续偏导数;

(2) $F(P_0)=0$;

(3) $F_z(P_0) \neq 0$,

则在点 P_0 的一个邻域内, 唯一确定一个具有连续偏导数的函数 $z=z(x,y)$ 满足

$$F(x,y,z(x,y))=0, \quad z_0=z(x_0,y_0), \quad z_x=-\frac{F_x}{F_z}, \quad z_y=-\frac{F_y}{F_z}.$$

定理 6.6 和定理 6.7 的证明这里略去.

根据定理 6.7, 如果 $F_y(P_0) \neq 0$ 或 $F_x(P_0) \neq 0$, 则在点 P_0 的某邻域内唯一存在一个具有连续偏导数的函数 $y=y(z,x)$ 或 $x=x(y,z)$.

例 6.23 由方程 $\frac{x}{z}-\ln\frac{z}{y}=0$ 确定 z 是 x,y 的函数, 求 $\frac{\partial z}{\partial x}, \frac{\partial^2 z}{\partial x \partial y}$.

解 设 $F(x,y,z)=\frac{x}{z}-\ln\frac{z}{y}$, 则 $F_x=\frac{1}{z}, F_y=\frac{1}{y}, F_z=-\frac{x+z}{z^2}$, 因此,

$$\frac{\partial z}{\partial x}=-\frac{F_x}{F_z}=\frac{z}{z+x}, \quad \frac{\partial^2 z}{\partial x \partial y}=\frac{\partial}{\partial y}\left(\frac{\partial z}{\partial x}\right)=\frac{xz^2}{y(x+z)^3}.$$

例 6.24　已知可微函数 $\phi(cx - az, cy - bz) = 0$ 确定了函数 $z = z(x,y)$, 其中 a, b, c 为常数, 证明 $az_x + bz_y = c$.

证明　设 $F(x, y, z) = \phi(cx - az, cy - bz)$, 则

$$z_x = -\frac{F_x}{F_z} = \frac{c\phi'_1}{a\phi'_1 + b\phi'_2}, \quad z_y = -\frac{F_y}{F_z} = \frac{c\phi'_2}{a\phi'_1 + b\phi'_2}.$$

因此 $az_x + bz_y = c$.

下面考虑方程组 $\begin{cases} F(x, y, u, v) = 0, \\ G(x, y, u, v) = 0 \end{cases}$ 的情形. 一般情况下, 由两个方程组成的方程组可能确定两个函数. 这里略去定理的具体内容, 请通过具体实例体会该情形的求偏导数问题.

例 6.25　由方程组 $\begin{cases} xu - yv = 0, \\ yu + xv = 1 \end{cases}$ 确定函数 $u = u(x,y), v = v(x,y)$, 求 u_x, u_y, v_x, v_y.

解　将方程组关于 x 求偏导, 得

$$\begin{cases} u + xu_x - yv_x = 0, \\ yu_x + v + xv_x = 0. \end{cases}$$

这是关于以 u_x, v_x 为未知元的二元线性方程组, 当 $x^2 + y^2 \neq 0$ 时, 求解得

$$u_x = -\frac{xu + yv}{x^2 + y^2}, \quad v_x = \frac{yu - xv}{x^2 + y^2}.$$

同理, 可得

$$u_y = \frac{xv - yu}{x^2 + y^2}, \quad v_y = -\frac{xu + yv}{x^2 + y^2}.$$

*例 6.26　已知 $u = f(x, y, z)$ 可微分, $y = y(x), z = z(x)$ 由

$$e^{xy} - x = 2, \quad e^x = \int_0^{x-z} \frac{\sin t}{t} \mathrm{d}t$$

确定. 求 $\dfrac{\mathrm{d}u}{\mathrm{d}x}$.

解　注意到 $\dfrac{\mathrm{d}u}{\mathrm{d}x} = f_x + f_y \dfrac{\mathrm{d}y}{\mathrm{d}x} + f_z \dfrac{\mathrm{d}z}{\mathrm{d}x}$, 并由

$$e^{xy}(y + xy'(x)) - 1 = 0, \quad e^x = \frac{\sin(x - z)}{x - z}(1 - z'(x)),$$

解得

$$y'(x) = \frac{1 - e^{xy}y}{xe^{xy}}, \quad z'(x) = 1 + \frac{(z - x)e^x}{\sin(x - z)}.$$

于是,

$$u'(x) = f_x + f_y y'(x) + f_z z'(x) = f_x + f_z + \frac{(1 - e^{xy}y)f_y}{xe^{xy}} + \frac{(z-x)e^x f_z}{\sin(x-z)}.$$

习　题　6.3

1. 设 $z = u^v, u = \sin t, v = e^t$, 求 $\dfrac{\mathrm{d}z}{\mathrm{d}t}$.

2. 求由下列方程所确定函数指定的导数或偏导数:

(1) $xe^y + ye^x - e^{xy} = 0$, 求 $\dfrac{\mathrm{d}y}{\mathrm{d}x}$;

(2) $e^{-xy} - 2z + e^z = 0$, 求 $\dfrac{\partial z}{\partial x}, \dfrac{\partial z}{\partial y}, \dfrac{\partial^2 z}{\partial x \partial y}$;

(3) $F(x, x+y, x+y+z) = 0$, 求 $\dfrac{\partial z}{\partial x}, \dfrac{\partial z}{\partial y}$;

(4) $F(xz, yz) = 0$, 求 $\dfrac{\partial z}{\partial x}, \dfrac{\partial z}{\partial y}$.

3. 设 $u = F(x, y, z), z = f(x, y), y = \varphi(x)$, 求 $\dfrac{\mathrm{d}u}{\mathrm{d}x}$.

4. 求下列函数的一阶偏导数 (f 有一阶连续偏导数):

(1) $u = f(x^2 - y^2, e^{xy})$;　　　　(2) $u = x^3 f\left(xy, \dfrac{y}{x}\right)$.

5. 设 $z = f(x^2 - y^2, 2xy)$, 其中 f 具有二阶连续的偏导数, 求 $\dfrac{\partial^2 z}{\partial x^2}, \dfrac{\partial^2 z}{\partial x \partial y}, \dfrac{\partial^2 z}{\partial y^2}$.

6. 设 $y \ln y = x + y$, 求 $\dfrac{\mathrm{d}y}{\mathrm{d}x}$ 和 $\dfrac{\mathrm{d}^2 y}{\mathrm{d}x^2}$.

7. 设 $\sin y + e^x - xy^2 = 0$, 求 $\dfrac{\mathrm{d}y}{\mathrm{d}x}$ 和 $\dfrac{\mathrm{d}^2 y}{\mathrm{d}x^2}$.

8. 设 $x + 2y + z - 2\sqrt{xyz} = 0$, 求 $\dfrac{\partial z}{\partial x}, \dfrac{\partial z}{\partial y}$.

9. 设 $z = z(x, y)$ 由方程 $x^2 + y^2 + z^2 = yf\left(\dfrac{z}{y}\right)$ 确定, 其中 f 可微, 证明:

$$(x^2 - y^2 - z^2)\frac{\partial z}{\partial x} + 2xy\frac{\partial z}{\partial y} = 2xz.$$

10. 已知 $z = z(x, y)$ 由方程 $\dfrac{x}{z} = e^{y+z}$ 所确定, 其中 z 可微, 求 $\dfrac{\partial^2 z}{\partial x \partial y}$.

11. 设 $\begin{cases} x^2 + y^2 + z^2 = 1, \\ z = x^2 + y^2, \end{cases}$ 求 $\dfrac{\mathrm{d}y}{\mathrm{d}x}, \dfrac{\mathrm{d}z}{\mathrm{d}x}$.

12. 设 $\begin{cases} x = e^u + u \sin v, \\ y = e^u - u \cos v, \end{cases}$ 求 $\dfrac{\partial u}{\partial x}, \dfrac{\partial u}{\partial y}, \dfrac{\partial v}{\partial x}, \dfrac{\partial v}{\partial y}$.

13. 设 $z = z(x, y)$ 由方程 $F(xy, y+z, xz) = 0$ 所确定, F 可微, 求 $\dfrac{\partial z}{\partial x}, \dfrac{\partial z}{\partial y}$.

14. 设函数 F 具有连续偏导数, 求由下列方程所确定函数 $z = f(x,y)$ 的全微分 $\mathrm{d}z$:
(1) $F(x+y, y+z, z+x) = 0$;　　　(2) $z = F(xz, z-y)$.

6.4　方向导数与梯度

6.4.1　方向导数

由于多元函数自变量的增加和定义域是多维空间的变化, 当自变量在定义域内一定点沿不同方向变化时, 函数值的变化快慢不尽相同. 为刻画这一现象, 提出方向导数的概念. 同时, 在许多工程技术问题中, 有时需要知道 n 元函数 $u = f(p)$ 在某一定点 p_0 沿某一方向 n 的变化率问题. 例如, 在气象学中, 为了预报在某地的风速和风向, 就要研究气压在该地区沿不同风向升降的速度; 在电学中, 需要知道电场中某点的电位沿什么方向变化最快, 以得到最大变化率. 解决这些问题, 就需要讨论多元函数的方向导数.

定义 6.6　设 $p = (x_1, x_2, \cdots, x_n)$, 对任意单位向量 n, 如果极限

$$\lim_{h \to 0^+} \frac{f(p + hn) - f(p)}{h}$$

存在, 则该极限称为函数 f 在点 p 的**方向导数**, 记为 $\frac{\partial f}{\partial n}(p)$, 即

$$\frac{\partial f}{\partial n}(p) = \lim_{h \to 0^+} \frac{f(p + hn) - f(p)}{h}.$$

方向导数计算本质上仍然是一元函数导数的计算, 因为若令 $\phi(h) = f(p + hn)$, 那么

$$\lim_{h \to 0^+} \frac{\phi(h) - \phi(0)}{h} = \lim_{h \to 0^+} \frac{f(p + hn) - f(p)}{h},$$

所以 $\frac{\partial f}{\partial n} = \phi'_+(0)$. 例如, 函数 $f(x,y) = xy$ 在点 $(1,2)$ 处沿方向 $n = \left(\frac{1}{2}, \frac{\sqrt{3}}{2}\right)$ 的方向导数

$$\phi(h) = f(p + hn) = f\left(1 + \frac{h}{2}, 2 + \frac{\sqrt{3}}{2}h\right) = \left(1 + \frac{h}{2}\right)\left(2 + \frac{\sqrt{3}}{2}h\right),$$

则

$$\phi'(h) = 1 + \frac{\sqrt{3}}{2} + \frac{\sqrt{3}}{2}h,$$

从而 $\frac{\partial f}{\partial n}(1,2) = \phi'_+(0) = 1 + \frac{\sqrt{3}}{2}$.

一个自然的问题是, 偏导数、全微分与方向导数之间存在怎样的关系? 以三元函数 $u = f(x, y, z)$ 为例, 容易发现, 沿三个坐标轴的正方向 $\boldsymbol{i}, \boldsymbol{j}$ 和 $\boldsymbol{k}$,

$$\frac{\partial u}{\partial \boldsymbol{i}} = f_x(x, y, z), \quad \frac{\partial u}{\partial \boldsymbol{j}} = f_y(x, y, z), \quad \frac{\partial u}{\partial \boldsymbol{k}} = f_z(x, y, z);$$

沿三个坐标轴的负方向,

$$\frac{\partial u}{\partial(-\boldsymbol{i})} = -f_x(x, y, z), \quad \frac{\partial u}{\partial(-\boldsymbol{j})} = -f_y(x, y, z), \quad \frac{\partial u}{\partial(-\boldsymbol{k})} = -f_z(x, y, z).$$

因此, 可以得出一个结论是, 即使偏导数存在, 方向导数也未必存在. 因为偏导数存在只是保证函数在一个固定方向的方向导数存在, 并不能保证沿任何方向的方向导数存在. 例如, 函数

$$f(x, y) = \begin{cases} \dfrac{xy}{\sqrt{x^2 + y^2}} \sin \dfrac{1}{x^2 + y^2}, & x^2 + y^2 \neq 0, \\ 0, & x^2 + y^2 = 0. \end{cases}$$

易知 $f_x(0, 0) = f_y(0, 0) = 0$. 但方向导数

$$\frac{\partial f}{\partial \boldsymbol{n}}(0, 0) = \lim_{t \to 0^+} \frac{f(0 + t\cos\alpha, 0 + t\cos\beta) - f(0, 0)}{t} = \lim_{t \to 0^+} \cos\alpha \cos\beta \sin\frac{1}{t^2},$$

极限不存在, 因此该函数的方向导数不存在.

那么, 方向导数存在, 能否得到 "偏导数存在" 呢? 答案是否定的. 这是因为方向导数是单侧极限, 偏导数是双侧极限. 例如, 函数

$$f(x, y) = \sqrt{x^2 + y^2} \cos(x^2 + y^2)$$

在点 (0,0) 处沿方向 $\boldsymbol{n} = (\cos\alpha, \sin\alpha)$ 的方向导数 $\dfrac{\partial f}{\partial \boldsymbol{n}}(0, 0) = 1$, 但

$$f_x(0, 0) = \lim_{\Delta x \to 0} \frac{f(\Delta x, 0) - f(0, 0)}{\Delta x} = \lim_{\Delta x \to 0} \frac{|\Delta x| \cos(\Delta x)^2}{\Delta x}$$

不存在. 同理可验证 $f_y(0, 0)$ 不存在.

定理 6.8 设函数 f 在点 $\boldsymbol{p}$ 可微, 则函数 f 在点 $\boldsymbol{p}$ 处沿单位向量 $\boldsymbol{n}$ 一定存在方向导数, 且

$$\frac{\partial f}{\partial \boldsymbol{n}}(\boldsymbol{p}) = \boldsymbol{n} \cdot \nabla f(\boldsymbol{p}),$$

这里 $\nabla f(\boldsymbol{p}) = (f_{x_1}, f_{x_2}, \cdots, f_{x_n})$.

定理 6.8 说明, 函数全微分存在, 则该函数的方向导数也一定存在, 但反过来, 这一结论是不成立的. 同时, 根据定理 6.8, 对于二元函数 $u = f(x, y)$, 设单位向量

n 与坐标轴正向的夹角分别为 α, β, 则 $\boldsymbol{n} = (\cos\alpha, \cos\beta)$. 因此, 如果 $u = f(x,y)$ 可微分, 则

$$\frac{\partial u}{\partial \boldsymbol{n}}(x,y) = u_x(x,y)\cos\alpha + u_y(x,y)\cos\beta.$$

类似地, 对于三元函数 $u = f(x,y,z)$, 设单位向量 $\boldsymbol{n}$ 与坐标轴正向的夹角分别为 α, β, γ, 如果 $u = f(x,y,z)$ 可微分, 则

$$\frac{\partial u}{\partial \boldsymbol{n}}(x,y,z) = u_x(x,y,z)\cos\alpha + u_y(x,y,z)\cos\beta + u_z(x,y,z)\cos\gamma.$$

下面以二元函数 $u = f(x,y)$ 为例证明定理 6.8. 设 $\cos\alpha, \cos\beta$ 是单位向量 $\boldsymbol{n}$ 的方向余弦, 点 $(x+\Delta x, y+\Delta y)$ 和 (x,y) 都在沿方向 $\boldsymbol{n}$ 所在的直线上, 且 (x,y) 为始点. 由于函数 $u = f(x,y)$ 可微, 所以

$$\Delta u = f(x+\Delta x, y+\Delta y) - f(x,y) = f_x(x,y)\Delta x + f_y(x,y)\Delta y + o(\rho),$$

这里 $o(\rho)$ 是当 $\rho = \sqrt{(\Delta x)^2 + (\Delta y)^2} \to 0^+$ 时比 ρ 高阶的无穷小量. 根据假设, 记

$$\Delta x = \rho\cos\alpha, \quad \Delta y = \rho\cos\beta,$$

于是

$$\lim_{\rho\to 0^+}\frac{\Delta u}{\rho} = f_x(x,y)\lim_{\rho\to 0^+}\frac{\Delta x}{\rho} + f_y(x,y)\lim_{\rho\to 0^+}\frac{\Delta y}{\rho} + \lim_{\rho\to 0^+}\frac{o(\rho)}{\rho}$$
$$= f_x(x,y)\cos\alpha + f_y(x,y)\cos\beta.$$

例 6.27　求函数 $f(x,y) = x^2 y^3$ 在点 $(2,-1)$ 处沿方向 $\boldsymbol{a} = (2,5)$ 的方向导数.

解　由于 $f_x(2,-1) = 2xy^3|_{(2,-1)} = -4$, $f_y(2,-1) = 3x^2 y^2|_{(2,-1)} = 12$, 向量 $\boldsymbol{a}$ 单位化, 得到单位向量 $\boldsymbol{n} = \left(\dfrac{2}{\sqrt{29}}, \dfrac{5}{\sqrt{29}}\right)$. 所以, 所求的方向导数为

$$\frac{\partial f}{\partial \boldsymbol{n}}(2,-1) = -4\times\frac{2}{\sqrt{29}} + 12\times\frac{5}{\sqrt{29}} = \frac{52}{\sqrt{29}}.$$

例 6.28　求函数 $f(x,y,z) = \ln(x^2 + y^2 + z^2)$ 在点 $P(1,1,1)$ 处沿从点 P 到 $Q(2,3,3)$ 方向的方向导数.

解　将向量 $\overrightarrow{PQ} = (1,2,2)$ 单位化, 得 $\boldsymbol{n} = \dfrac{1}{3}(1,2,2)$. 由于

$$f_x = \frac{2x}{x^2+y^2+z^2}, \quad f_y = \frac{2y}{x^2+y^2+z^2}, \quad f_z = \frac{2z}{x^2+y^2+z^2}.$$

所以, $f_x(P) = f_y(P) = f_z(P) = \dfrac{2}{3}$. 于是,

$$\frac{\partial f}{\partial \boldsymbol{n}}(P) = \frac{2}{3}\times\frac{1}{3} + \frac{2}{3}\times\frac{2}{3} + \frac{2}{3}\times\frac{2}{3} = \frac{10}{9}.$$

6.4.2 梯度

已知 n 元函数 $u = f(\boldsymbol{p})$, $\boldsymbol{p} = (x_1, x_2, \cdots, x_n)$, 其偏导数组成的向量

$$\left\{ \frac{\partial f}{\partial x_1}, \frac{\partial f}{\partial x_2}, \cdots, \frac{\partial f}{\partial x_n} \right\}$$

称为函数 $u = f(\boldsymbol{p})$ 在点 $\boldsymbol{p}$ 处的**梯度**, 记为 $\nabla f(\boldsymbol{p})$ 或 $\operatorname{grad} f(\boldsymbol{p})$.

显然, 函数的梯度是一向量, 其大小 (或模) 为

$$|\nabla f(\boldsymbol{p})| = \sqrt{f_{x_1}^2 + f_{x_2}^2 + \cdots + f_{x_n}^2}.$$

设它与单位向量 $\boldsymbol{n}$ 的夹角为 θ, 则

$$\frac{\partial u}{\partial \boldsymbol{n}}(\boldsymbol{p}) = |\nabla f(\boldsymbol{p})| \cos \theta.$$

因此, 当方向 $\boldsymbol{n}$ 与 $\nabla f(\boldsymbol{p})$ 的方向一致时, $\cos \theta = 1$, 方向导数达到最大值 $|\nabla f(\boldsymbol{p})|$. 因此, 函数梯度的方向是函数在点 $\boldsymbol{p}$ 处方向导数取得最大值的方向.

一般说来, 如果区域 D 中每一点 $\boldsymbol{p}$ 都对应着一个向量 $\boldsymbol{a}$, 则称向量 $\boldsymbol{a}$ 为 D 上的一个**向量场**. 于是, $\nabla f(\boldsymbol{p})$ 是其定义区域上的一个向量场, 这一向量场称为**梯度场**, 它是物理学中电场、力场、温度场等概念的数学表达. 梯度场是一特殊的向量场, 但向量场未必是梯度场.

例 6.29 求 $\nabla V(x, y, z)$, 其中 $V(x, y, z) = \dfrac{k}{\sqrt{x^2 + y^2 + z^2}}$ (k 为常数).

解 因为

$$V_x = -\frac{kx}{\sqrt{(x^2 + y^2 + z^2)^3}}, \quad V_y = -\frac{ky}{\sqrt{(x^2 + y^2 + z^2)^3}}, \quad V_z = -\frac{kz}{\sqrt{(x^2 + y^2 + z^2)^3}},$$

所以,

$$\nabla V = -\frac{k}{\sqrt{(x^2 + y^2 + z^2)^3}}(x, y, z).$$

这个三维空间的梯度场在物理学中有重要的意义. 例如, 在电学中, 设坐标原点 $O(0,0,0)$ 放置一个单位正电荷 Q_0, 在点 $P(x, y, z)$ 放置一个单位负电荷 Q_1, 则根据库仑定理, Q_0 对 Q_1 产生一个吸引力 $\boldsymbol{F}$, 其大小为 $\dfrac{k}{r^2}$ ($r = \sqrt{x^2 + y^2 + z^2}$ 为 Q_0 与 Q_1 的距离), 其方向指向原点 O. 于是, 向量

$$\boldsymbol{F} = \nabla V(x, y, z),$$

也就是说, 电荷之间的吸引力 $\boldsymbol{F}$ 所定义的向量场 (即为通常的电场) 是一个梯度场, 产生这一梯度场的函数 $V(x, y, z)$ 称为**势函数**.

在空间解析几何中, 曲线方程 $L : \begin{cases} z = f(x,y), \\ z = C \end{cases}$ 表示曲面 $z = f(x,y)$ 被平面 $z = C$ 所截得到的曲线, L 在 xOy 面上的投影是一条平面曲线 $L_1 : f(x,y) = C$. 由于 $z = f(x,y)$ 在 L_1 上所有点处的函数值都是 C, 所以称平面曲线 L_1 为函数 $z = f(x,y)$ 的**等值线**.

在地图学中, 等值线也称等高线. 曲面在等高线密集的地方比较陡峭, 稀疏的地方比较平坦. 如果 $f(x,y)$ 表示坐标点 (x,y) 的高度, 引一条曲线垂直于所有等高线, 则得到一条最陡的上山曲线.

习　题　6.4

1. 求函数 $f(x,y) = x^2 + y^2$ 在点 $(1,2)$ 处沿从点 $(1,2)$ 到点 $(2, 2 + \sqrt{3})$ 方向的方向导数.

2. 求函数 $z = \ln(x + y)$ 在抛物线 $y^2 = 4x$ 上点 $(1,2)$ 处, 沿该抛物线在该点处指向 x 轴正向的切线方向的方向导数.

3. 求函数 $u = xy^2 + z^3 - xyz$ 在点 $(1,1,2)$ 处沿方向角为 $\alpha = \dfrac{\pi}{3}, \beta = \dfrac{\pi}{4}, \gamma = \dfrac{\pi}{3}$ 的方向导数.

4. 求函数 $u = x^2 + y^2 + z^2$ 在曲线 $x = t, y = t^2, z = t^3$ 上点 $(1,1,1)$ 处, 沿曲线在该点的切线正方向 (对应于 t 增大的方向) 的方向导数.

5. 设 $f(x,y,z) = x^2 + y^2 + 2z^2 + xy + 3x - 6z$, 求 $\mathrm{grad} f(1,1,1)$.

6. 求下列函数在给定点的最大变化率及其相应的方向:

(1) $f(x,y) = \ln(x^2 + y^2)$, $(-1, 2)$; 　　(2) $f(x,y,z) = \dfrac{x}{y} + \dfrac{y}{z}$, $(4, 2, 1)$.

7. 求下列函数的梯度:

(1) $u = \sqrt{x^2 + y^2}$; 　(2) $u = \dfrac{xyz}{x + y + z}$; 　(3) $u = \mathrm{e}^{x+y} \sin(xy)$.

6.5　偏导数的应用

*6.5.1　Taylor 公式

这里仅讨论二元函数的 Taylor 公式, 其思想和方法都可以照搬到 n 元函数. 设 h, k 为常数, 引入算符

$$h \frac{\partial}{\partial x} + k \frac{\partial}{\partial y},$$

其作用于二元函数 $f(x,y)$ 就是

$$\left(h \frac{\partial}{\partial x} + k \frac{\partial}{\partial y} \right) f(x,y) = h \frac{\partial f(x,y)}{\partial x} + k \frac{\partial f(x,y)}{\partial y},$$

且算符

$$\left(h \frac{\partial}{\partial x} + k \frac{\partial}{\partial y} \right)^2 = h^2 \frac{\partial^2}{\partial x^2} + 2hk \frac{\partial^2}{\partial x \partial y} + k^2 \frac{\partial^2}{\partial y^2}.$$

依此类推, 可以定义算符 $\left(h\dfrac{\partial}{\partial x} + k\dfrac{\partial}{\partial y}\right)^{n}$.

设 $\phi(t) = f(x_0 + ht, y_0 + kt)$, 且 $f(x, y)$ 具有直到 n 阶连续偏导数, 则根据全导数公式, 可以得到

$$\phi'(t) = \left(h\frac{\partial}{\partial x} + k\frac{\partial}{\partial y}\right) f(x_0 + ht, y_0 + kt),$$

$$\phi''(t) = \left(h\frac{\partial}{\partial x} + k\frac{\partial}{\partial y}\right)^{2} f(x_0 + ht, y_0 + kt),$$

$$\cdots\cdots$$

$$\phi^{(n)}(t) = \left(h\frac{\partial}{\partial x} + k\frac{\partial}{\partial y}\right)^{(n)} f(x_0 + ht, y_0 + kt).$$

定理 6.9 设函数 $z = f(x, y)$ 在点 $P_0(x_0, y_0)$ 的某邻域 $U(P_0)$ 内连续, 且存在直到 $n + 1$ 阶连续偏导数, 线段 $PQ \in U(P_0)$, 其中 $Q(x, y) \in U(P_0)$, 令 $x = x_0 + h, y = y_0 + k$, 则

$$f(x, y) = f(x_0, y_0) + \left(h\frac{\partial}{\partial x} + k\frac{\partial}{\partial y}\right) f(x_0, y_0) + \frac{1}{2!}\left(h\frac{\partial}{\partial x} + k\frac{\partial}{\partial y}\right)^{2} f(x_0, y_0) + \cdots$$

$$+ \frac{1}{n!}\left(h\frac{\partial}{\partial x} + k\frac{\partial}{\partial y}\right)^{n} f(x_0, y_0) + \frac{1}{(n+1)!}\left(h\frac{\partial}{\partial x} + k\frac{\partial}{\partial y}\right)^{n+1} f(\xi, \eta),$$

其中 ξ 介于 x 与 x_0 之间, η 介于 y 与 y_0 之间.

上式就是函数 $z = f(x, y)$ 在点 $P_0(x_0, y_0)$ 处具有 Lagrange 型余项

$$R_n(\xi, \eta) = \frac{1}{(n+1)!}\left(h\frac{\partial}{\partial x} + k\frac{\partial}{\partial y}\right)^{n+1} f(\xi, \eta)$$

的 n 阶 Taylor 公式.

证明 设 $\phi(t) = f(x_0 + ht, y_0 + kt)$, 则 $\phi(0) = f(x_0, y_0)$, $\phi(1) = f(x, y)$, 且 $\phi(t)$ 在区间 $[0, 1]$ 上具有直到 $n + 1$ 阶连续导数, 因此, 由一元函数的 Taylor 公式, 得

$$\phi(1) = \phi(0) + \phi'(0) + \frac{1}{2!}\phi''(0) + \cdots + \frac{1}{n!}\phi^{(n)}(0) + \frac{1}{(n+1)!}\phi^{(n+1)}(\theta), \quad \theta \in (0, 1).$$

根据 $\phi(t)$ 的定义, 即得

$$\phi^{(l)}(0) = \left(h\frac{\partial}{\partial x} + k\frac{\partial}{\partial y}\right)^{l} f(x_0, y_0),$$

$$\phi^{(n+1)}(\theta) = \left(h\frac{\partial}{\partial x} + k\frac{\partial}{\partial y}\right)^{n+1} f(\xi, \eta), \quad l = 0, 1, \cdots, n,$$

其中 $\xi = x_0 + h\theta$ 介于 x 与 x_0 之间, $\eta = y_0 + k\theta$ 介于 y 与 y_0 之间. 于此, 定理证毕.

当 $n = 0$ 时, 定理 6.9 的结论为

$$f(x,y) = f(x_0, y_0) + \left(h\frac{\partial}{\partial x} + k\frac{\partial}{\partial y} \right) f(\xi, \eta),$$

这是二元函数 $f(x,y)$ 的 Lagrange 中值定理.

当 $x_0 = 0, y_0 = 0, h = x, k = y$, 定理 6.9 的结论为

$$f(x,y) = \sum_{l=0}^{n} \frac{1}{l!} \left(x\frac{\partial}{\partial x} + y\frac{\partial}{\partial y} \right)^l f(0,0) + \frac{1}{(n+1)!} \left(x\frac{\partial}{\partial x} + y\frac{\partial}{\partial y} \right)^{n+1} f(\theta x, \theta y), \quad \theta \in (0,1),$$

这是 n 阶 Maclaurin 公式.

例 6.30　求 $f(x,y) = \ln(1 + x + y)$ 的三阶 Maclaurin 公式.

解　因为

$$f_x(x,y) = f_y(x,y) = \frac{1}{1+x+y},$$

$$f_{xx}(x,y) = f_{yy}(x,y) = f_{xy}(x,y) = -\frac{1}{(1+x+y)^2},$$

$$\frac{\partial^3 f(x,y)}{\partial x^k \partial y^{3-k}} = \frac{2!}{(1+x+y)^3}, \quad k = 0,1,2,3,$$

$$\frac{\partial^4 f(x,y)}{\partial x^k \partial y^{4-k}} = -\frac{3!}{(1+x+y)^4}, \quad k = 0,1,2,3,4.$$

所以

$$\left(x\frac{\partial}{\partial x} + y\frac{\partial}{\partial y} \right) f(0,0) = x + y, \quad \left(x\frac{\partial}{\partial x} + y\frac{\partial}{\partial y} \right)^2 f(0,0) = -(x+y)^2,$$

$$\left(x\frac{\partial}{\partial x} + y\frac{\partial}{\partial y} \right)^3 f(0,0) = 2(x+y)^3.$$

因此,

$$\ln(1+x+y) = x + y - \frac{1}{2}(x+y)^2 + \frac{1}{3}(x+y)^3 - \frac{1}{4}\frac{(x+y)^4}{(1+\theta x+\theta y)^4}, \quad \theta \in (0,1).$$

例 6.31　设 $f(x,y) = x^y$, 利用 $f(x,y)$ 在点 $(1,4)$ 的二阶 Taylor 公式, 近似计算 $(1.08)^{3.96}$.

解　由 $f(x,y) = x^y$, 得 $f(1,4) = 1$; 由 $f_x(x,y) = yx^{y-1}, f_y(x,y) = x^y \ln x$, 得 $f_x(1,4) = 4, f_y(1,4) = 0$. 完全类似, 得

$$f_{xx}(1,4) = 12, \quad f_{xy}(1,4) = 1, \quad f_{yy}(1,4) = 0.$$

于是,

$$x^y \approx f(1,4) + f_x(1,4)(x-1) + f_y(1,4)(y-4)$$
$$+ \frac{1}{2!}(f_{xx}(1,4)(x-1)^2 + 2f_{xy}(1,4)(x-1)(y-4) + f_{yy}(1,4)(y-4)^2)$$
$$= 1 + 4(x-1) + 6(x-1)^2 + (x-1)(y-4),$$

代入 $x = 1.08, y = 3.96$, 得 $(1.08)^{3.96} \approx 1.3552$.

6.5.2 几何上的应用

作为二元函数微分法几何应用, 本节主要建立空间曲线的切线方程和法平面方程、曲面的切平面与法线方程.

1. 空间曲线的切线方程与法平面方程

设光滑空间曲线 Γ 的向量形式为 $\boldsymbol{r}(t) = \{x(t), y(t), z(t)\}$, 在曲线 Γ 上取一点 $t = t_0$ 的对应点 $M(x_0, y_0, z_0)$, 若 $x(t), y(t), z(t)$ 在点 t_0 可导, 且 $x'(t_0), y'(t_0), z'(t_0)$ 不全为零, 则曲线在点 M 处的**切向量**为

$$\boldsymbol{n} = \{x'(t_0), y'(t_0), z'(t_0)\},$$

则曲线在点 M 处的切线方程为

$$\frac{x - x_0}{x'(t_0)} = \frac{y - y_0}{y'(t_0)} = \frac{z - z_0}{z'(t_0)}.$$

过点 M 与切线垂直的平面称为曲线 Γ 在 M 处的**法平面**(图 6.4), 它是过点 M 以 $\boldsymbol{n}$ 为法向量的平面, 其方程为

$$x'(t_0)(x - x_0) + y'(t_0)(y - y_0) + z'(t_0)(z - z_0) = 0.$$

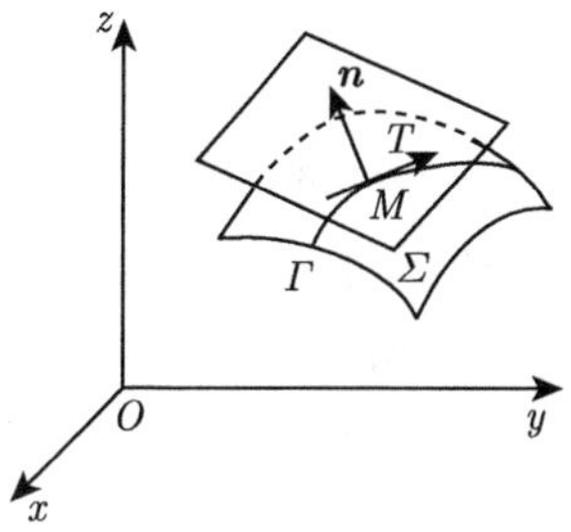

图 6.4

如果曲线以其他形式给出, 选定其中一个变量为参变量, 就可以求出曲线的切向量, 从而给出曲线的切线方程和法平面方程. 例如, 光滑曲线 $\begin{cases} y = y(x), \\ z = z(x), \end{cases}$ 记 $x = x$, 则该曲线在点 $M(x_0, y_0, z_0)$ 处的切线方程为

$$\frac{x - x_0}{1} = \frac{y - y_0}{y'(x_0)} = \frac{z - z_0}{z'(x_0)};$$

法平面方程为

$$(x - x_0) + y'(x_0)(y - y_0) + z'(x_0)(z - z_0) = 0.$$

例 6.32　解答下列各题:

(1) 求曲线 $\begin{cases} x = \displaystyle\int_0^t e^{u^2} du, \\ y = 2\sin t + \cos t, \\ z = 1 + e^{3t} \end{cases}$ 在 $t = 0$ 处的切线方程;

(2) 求曲线 $\begin{cases} x^2 + y^2 + z^2 = 9, \\ xy - z = 0 \end{cases}$ 在点 $(1, 2, 2)$ 的切线方程和法平面方程.

解　(1) 因为 $x'(t) = e^{t^2}, y'(t) = 2\cos t - \sin t, y'(t) = 3e^{3t}$, 于是, 曲线在点 $t = 0$ 处的切向量为 $(x'(0), y'(0), z'(0)) = (1, 2, 3)$. $t = 0$ 对应曲线上的点 $(x(0), y(0), z(0)) = (0, 1, 2)$ 于是, 所求的切线方程为

$$\frac{x - 0}{1} = \frac{y - 1}{2} = \frac{z - 2}{3}.$$

(2) 选定 x 为参变量, $y = y(x), z = z(x)$ 由方程组确定, 因此, 根据隐函数求导方法, 得

$$2x + 2yy'(x) + 2zz'(x) = 0, \quad y + xy'(x) - z'(x) = 0.$$

解之得 $y'(1) = -\dfrac{5}{4}, z'(1) = \dfrac{3}{4}$. 于是, 曲线在点 $(1, 2, 2)$ 处的切线方程和法平面方程分别为

$$\frac{x - 1}{4} = \frac{y - 2}{-5} = \frac{z - 2}{3}, \quad 4(x - 1) - 5(y - 2) + 3(z - 2) = 0.$$

2. 曲面的切平面与法线方程

设曲面 S 的方程 $F(x, y, z) = 0, P_0(x_0, y_0, z_0)$ 为曲面上一点, $F(x, y, z)$ 在点 P_0 可微分, 且偏导数不全为零. 在曲面 S 上, 通过点 P_0 任作一条曲线 Γ, 其参数方程为 $r(t) = \{x(t), y(t), z(t)\}$, 则 $F(x(t), y(t), z(t)) = 0$. 根据复合函数求导法则, 得

$$F_x \frac{dx}{dt} + F_y \frac{dy}{dt} + F_z \frac{dz}{dt} = 0.$$

记对应于 P_0 的参数 $t = t_0$, 代入 (x_0, y_0, z_0), 有 $\nabla F(P_0) \cdot r'(t_0) = 0$. 若 $x'(t_0), y'(t_0), z'(t_0)$ 不全为零, 则曲线 Γ 的切向量 $r'(t_0)$ 与向量 $n = \{F_x(P_0), F_y(P_0), F_z(P_0)\}$ 垂直. 也就是说, 曲面 S 上任意一条在点 P_0 处有切线的曲线, 其在点 P_0 处的切线都与一向量 n 垂直. 因此, 这些切线都在同一个平面内, 这个平面称为曲面 S 的切平面, 其方程为

$$F_x(P_0)(x - x_0) + F_y(P_0)(y - y_0) + F_z(P_0)(z - z_0) = 0.$$

综上, 以下四点需注意:

(1) 曲面在点 P_0 处切平面的法向量 $\boldsymbol{n} = \nabla F(P_0)$ 称为曲面在该点的**法向量**;

(2) 若曲面的方程 $z = f(x,y)$ ($f(x,y)$ 可微), 则其法向量为 $\{f_x(P_0), f_y(P_0), -1\}$, 于是, 切平面方程为

$$z - z_0 = f_x(P_0)(x - x_0) + f_y(P_0)(y - y_0);$$

(3) 曲面 S 在点 P_0 的切平面过点 P_0 的法线称为曲面在该点的**法线**, 其方程为

$$\frac{x - x_0}{F_x(P_0)} = \frac{y - y_0}{F_y(P_0)} = \frac{z - z_0}{F_z(P_0)};$$

(4) 要使曲面 S 在点 P_0 存在切平面, 函数 $F(x,y,z)$ 在点 P_0 处可微分是必要的, 若仅仅是存在偏导数, 未必存在切平面.

例 6.33 解答下列各题:

(1) 在曲面 $z = xy$ 上求一点, 使该点的法线垂直于平面 $x + 3y + z + 9 = 0$, 并写出该法线方程;

(2) 求曲面 $x^2 + \cos(xy) + yz + x = 0$ 在点 $(0, 1, -1)$ 处的切平面方程;

(3) 求椭球面 $x^2 + 2y^2 + z^2 = 1$ 上平行于平面 $x - y + 2z = 0$ 的切平面方程.

解 (1) 设 $F(x,y,z) = z - xy$, 则 $\nabla F = \{F_x, F_y, F_z\} = \{-y, -x, 1\}$. 为使曲面的法线垂直于已知曲面, 只要 ∇F 平行于平面 $x + 3y + z + 9 = 0$ 的法向量 $\{1, 3, 1\}$, 即

$$\frac{-y}{1} = \frac{-x}{3} = \frac{1}{1}.$$

由此, 可得 $x = -3, y = -1$. 代入曲面得 $z = 3$. 所以, 所求点的坐标为 $(-3, -1, 3)$, 且曲面在该点处的法线方程为

$$\frac{x + 3}{1} = \frac{y + 1}{3} = \frac{z - 3}{1}.$$

(2) 设 $F(x,y,z) = x^2 + \cos(xy) + yz + x$, 则

$$\nabla F = (F_x, F_y, F_z) = (2x - y\sin(xy) + 1, -x\sin(xy) + z, y).$$

代入点的坐标, 得 $\nabla F(0, 1, -1) = (1, -1, 1)$. 因此, 所求切平面方程为

$$x - (y - 1) + (z + 1) = 0, \quad \text{即} \quad x - y + z + 2 = 0.$$

(3) 设切点 $M(x_0, y_0, z_0), F(x,y,z) = x^2 + 2y^2 + z^2 - 1$, 则

$$\nabla F(M) = 2(x_0, 2y_0, z_0).$$

由题设, 所求切平面与已知平面平行, 即

$$\frac{x_0}{1} = \frac{2y_0}{-1} = \frac{z_0}{1} = t.$$

而 M 在椭球面上, 因此 $t^2 + 2\left(-\frac{t}{2}\right)^2 + (2t)^2 = 1$, 解之, 得 $t = \pm\sqrt{\frac{2}{11}}$. 从而,

$$x_0 = \pm\sqrt{\frac{2}{11}}, \quad y_0 = \mp\frac{1}{2}\sqrt{\frac{2}{11}}, \quad z_0 = \pm 2\sqrt{\frac{2}{11}}.$$

于是, 所求切平面方程为 $(x - x_0) - (y - y_0) + 2(z - z_0) = 0$, 即

$$x - y + 2z = \sqrt{\frac{11}{2}} \quad \text{和} \quad x - y + 2z = -\sqrt{\frac{11}{2}}.$$

*例 6.34   证明曲面 $z = x + f(y - z)$ 上任一点的切平面平行于定直线, 其中 f 具有一阶连续导数.

证明   设 $F(x, y, z) = z - x - f(y - z)$, 则

$$F_x = -1, \quad F_y = -f'(y - z), \quad F_z = 1 + f'(y - z),$$

因此, 曲面上任意一点 $P_0(x_0, y_0, z_0)$ 处切平面的法向量

$$\boldsymbol{n} = \nabla F(P_0) = \{-1, -f'(y_0 - z_0), 1 + f'(y_0 - z_0)\}.$$

容易验证 $\boldsymbol{n} \cdot \{1, 1, 1\} = 0$. 因此, 该切平面与方向向量为 $\{1, 1, 1\}$ 的定直线平行.

*例 6.35   已知 $F(u, v)$ 可微, 证明曲面 $F\left(\dfrac{x - a}{z - c}, \dfrac{y - b}{z - c}\right) = 0$ 上任一点的切平面过一定点.

证明   过曲面上任意一点 (x_0, y_0, z_0) 处切平面的法向量为

$$\{(z_0 - c)F_1', (z_0 - c)F_2', -(x_0 - a)F_1' - (y_0 - b)F_2'\}.$$

由此即得到过点 (x_0, y_0, z_0) 的切平面方程为

$$(z_0 - c)F_1'(x - x_0) + (z_0 - c)F_2'(y - y_0) - ((x_0 - a)F_1' + (y_0 - b)F_2')(z - z_0) = 0.$$

显见, 该切平面过定点 (a, b, c). 此即所证.

6.5.3   二元函数的极值和最值

定义 6.7   设定义于非空集合 $D \subseteq \mathbb{R}^n$ 上的 n 元函数 $z = f(\boldsymbol{x})$, 点 $\boldsymbol{x}_0 \in D$ 的某个邻域记为 $U(\boldsymbol{x}_0)$. 如果对任意的 $\boldsymbol{x} \in D \cap U(\boldsymbol{x}_0)$, 都有

$$f(\boldsymbol{x}) \geqslant f(\boldsymbol{x}_0) \quad (f(\boldsymbol{x}) \leqslant f(\boldsymbol{x}_0)),$$

则称函数 $z = f(\boldsymbol{x})$ 在点 $\boldsymbol{x}_0$ 有**极小值(极大值)**, $\boldsymbol{x}_0$ 称为**极小值点(极大值点)**. 如果对任意的 $\boldsymbol{x} \in D$, 都有

$$f(\boldsymbol{x}) \geqslant f(\boldsymbol{x}_0) \quad (f(\boldsymbol{x}) \leqslant f(\boldsymbol{x}_0)),$$

则称函数 $z = f(\boldsymbol{x})$ 在集合 D 上有**最小值(最大值)**, $\boldsymbol{x}_0$ 称为**最小值点(最大值点)**. 极大值和极小值统称函数的极值, 最大值和最小值统称函数的最值.

根据定义, 与一元函数类似, n 元函数的极值是一个局部概念, 是函数在某一定点附近取到的最小值或最大值, 而最值是一个整体概念. 例如, 函数 $z = x^2 + y^2$ 在点 $(0,0)$ 取到极小值, 函数 $z = -(x^2 + y^2)$ 在点 $(0,0)$ 取到极大值, 函数 $z = xy$ 在点 $(0,0)$ 没有极值.

下面讨论二元函数 $z = f(x,y)$ 取到极值的充分条件或必要条件, 并给出极值的计算方法.

定理 6.10(极值存在的必要条件) 若函数 $z = f(x,y)$ 在点 (x_0, y_0) 存在偏导数, 且在该点处有极值, 则有

$$f_x(x_0, y_0) = 0, \quad f_y(x_0, y_0) = 0.$$

证明 不妨设 (x_0, y_0) 是极大值点, 则 $x = x_0$ 也是一元函数 $z = f(x, y_0)$ 的极大值点. 根据一元函数极值存在的必要条件和函数 $z = f(x,y)$ 偏导数存在的条件, 即有 $f_x(x_0, y_0) = 0$. 同理可证 $f_y(x_0, y_0) = 0$.

类似于一元函数, 使得 $f_x(x,y) = 0$ 和 $f_y(x,y) = 0$ 同时满足的点 (x_0, y_0) 称为函数 $z = f(x,y)$ 的**驻点**.

可能极值点要么是函数的驻点, 要么是函数不可导的点, 但驻点和不可导点未必是极值点. 例如, $(0,0)$ 是函数 $z = xy$ 的驻点, 但不是该函数的极值点.

定理 6.11(极值存在的充分条件) 设函数 $z = f(x,y)$ 在 (x_0, y_0) 的某邻域内连续, 且存在二阶连续偏导数, $f_x(x_0, y_0) = 0, f_y(x_0, y_0) = 0$. 记

$$A = f_{xx}(x_0, y_0), \quad B = f_{xy}(x_0, y_0), \quad C = f_{yy}(x_0, y_0),$$

$$\Delta(x_0, y_0) = \begin{vmatrix} A & B \\ B & C \end{vmatrix} = AC - B^2,$$

那么,

(1) 当 $\Delta(x_0, y_0) > 0$ 时, 若 $A(x_0, y_0) > 0$(或 $C(x_0, y_0) > 0$), 则 $f(x_0, y_0)$ 为极小值; 若 $A(x_0, y_0) < 0$(或 $C(x_0, y_0) < 0$), 则 $f(x_0, y_0)$ 为极大值;

(2) 当 $\Delta(x_0, y_0) < 0$ 时, $f(x_0, y_0)$ 不是极值;

(3) 当 $\Delta(x_0, y_0) = 0$ 时, 不能确定 $f(x_0, y_0)$ 是否为极值.

利用 Taylor 公式可以证明该定理, 我们这里略去.

根据定理 6.11, 有两种情形需要利用极值的定义判断函数的极值: 一是偏导数不存在的点 (这些点也可能是极值点, 例如, $(0,0)$ 是函数 $z = \sqrt{x^2 + y^2}$ 的极值点, 但函数在这点不可导); 二是 $\Delta(x,y) = 0$ 的点.

例 6.36　求函数 $f(x,y) = x^4 + y^4 - 4xy$ 的极值.

解　由 $f_x(x,y) = 4x^3 - 4y = 0$, $f_y(x,y) = 4y^3 - 4x = 0$, 得驻点 $(0,0),(1,1)$ 和 $(-1,-1)$. 由

$$f_{xx} = 12x^2, \quad f_{xy}(x,y) = -4, \quad f_{yy} = 12y^2,$$

计算 $\Delta(x,y) = 144x^2y^2 - 16$. 于是,

$$\Delta(0,0) = -16 < 0, \quad \Delta(1,1) = 128 > 0, \quad \Delta(-1,-1) = 128 > 0.$$

因此, 点 $(0,0)$ 不是极值点; 点 $(1,1)$ 和 $(-1,-1)$ 是极小值点, 且 $f(1,1) = f(-1,-1) = -2$.

此前已经知道, 有界闭区域上连续函数一定有最大值和最小值, 与一元函数类似, 多元函数取到最值点有三种可能情形: 边界上的点、驻点和不可导的点. 具体做法:

(1) 求函数 $f(x,y)$ 在区域 D 内的全部极值点;

(2) 求函数 $f(x,y)$ 在 D 的边界上的最值点;

(3) 将上述各点的函数值求出后进行比较, 确定函数的最值.

在实际问题中, 根据问题的具体特点, 如果知道**可微函数 $f(x,y)$ 的最值一定在区域 D 的内部得到**, 而函数 $f(x,y)$ 在 D 内只有一个极值点, 那么可以肯定该极值点就是函数 $f(x,y)$ 在区域 D 上的最值点.

例 6.37　把一个正数 A 分成三个正数之和, 如何才能使它们的乘积最大?

解　设三个正数分别为 $x,y,A-x-y$, 则该问题即求 x,y 使 $u = xy(A-x-y)$ 在区域 $D = \{(x,y)|x > 0, y > 0, x+y < A\}$ 上最大. 因为由

$$u_x = y(A - 2x - y) = 0, \quad u_y = x(A - 2y - x) = 0$$

得到区域 D 内的驻点为 $\left(\dfrac{A}{3}, \dfrac{A}{3}\right)$. 显然这是函数在区域 D 内的唯一驻点, 且函数必在区域 D 内有最大值. 于是, 当三等分 A 时, 三个正数的乘积为最大.

例 6.38　求函数 $f(x,y) = x^2 - 2xy + 2y$ 在区域 $D = \{(x,y)|0 \leqslant x \leqslant 3, 0 \leqslant y \leqslant 2\}$ 上的最值.

解　首先, 由 $f_x = 2x - 2y = 0, f_y = -2x + 2 = 0$ 得到区域 D 内唯一驻点 $(1,1)$. 由于 $f(x,y)$ 的可微性, 它在 D 内的极值只有 $f(1,1) = 1$.

其次, 考虑边界上的情况. 区域 D 的边界划分成四种情形如下.

(1)$L_1 : y = 0$, $0 \leqslant x \leqslant 3$, 此时 $f(x, y) = x^2$, 最大值为 9, 最小值为 0;

(2)$L_2 : x = 3$, $0 \leqslant y \leqslant 2$, 此时 $f(x, y) = 9 - 4y$, 最大值为 9, 最小值为 1;

(3)$L_3 : y = 2$, $0 \leqslant x \leqslant 3$, 此时 $f(x, y) = x^2 - 4x - 4$, 最大值为 4, 最小值为 0;

(4)$L_4 : x = 0$, $0 \leqslant y \leqslant 2$, 此时 $f(x, y) = 2y$, 最大值为 4, 最小值为 0.

于是, $f(x, y)$ 在区域 D 上的最大值为 9, 最小值为 0.

6.5.4 条件极值的 Lagrange 乘数法

6.5.3 小节讨论的函数极值问题, 没有其他条件的约束, 这种极值称为**无条件极值**(也称**无约束极值**). 在实际极值问题中, 经常会遇到对函数的变量附加一些约束条件. 具有附加约束条件的极值问题 (也称优化问题) 表述为

$$\max f(\boldsymbol{x}) \quad \text{或} \quad \min f(\boldsymbol{x}), \quad \text{使得} \quad \boldsymbol{g}(\boldsymbol{x}) = \boldsymbol{0}, \tag{6.1}$$

其中 $f(\boldsymbol{x})$ 是定义于 n 维区域 D 上的实函数, 称为**目标函数**, $\boldsymbol{g}(\boldsymbol{x}) : D \to \mathbb{R}^m$ 称为**约束函数**, $\boldsymbol{g}(\boldsymbol{x}) = \boldsymbol{0}$ 称为**约束条件**. 求解问题 (6.1) 通常意味着找到 $\boldsymbol{x}_0 \in D$, 使得

$$f(\boldsymbol{x}_0) = \max\{f(\boldsymbol{x}) : \boldsymbol{x} \in D, \boldsymbol{g}(\boldsymbol{x}) = \boldsymbol{0}\}$$

或

$$f(\boldsymbol{x}_0) = \min\{f(\boldsymbol{x}) : \boldsymbol{x} \in D, \boldsymbol{g}(\boldsymbol{x}) = \boldsymbol{0}\}.$$

这样的 $\boldsymbol{x}_0$ 称为问题 (6.1) 的**最优解**, $f(\boldsymbol{x}_0)$ 称为**最优值**.

以下以二元函数为例, 说明寻找函数 $z = f(x, y)$ 在条件 $g(x, y) = 0$ 下取得极值的思想. 假设 (x_0, y_0) 是满足条件的极值点, $f(x, y), g(x, y)$ 在点 (x_0, y_0) 的某邻域内一阶偏导数存在且连续. 如果 $g_y(x_0, y_0) \neq 0$, 则由隐函数存在定理, $g(x, y) = 0$ 能确定函数 $y = y(x)$, 代入 $z = f(x, y) = f(x, y(x))$, 并关于 x 求导, 得

$$z'(x) = f_x(x, y) + f_y(x, y)y'(x), \quad y'(x) = -\frac{g_x(x, y)}{g_y(x, y)}.$$

因此,

$$z'(x) = f_x(x, y) - f_y(x, y)\frac{g_x(x, y)}{g_y(x, y)}.$$

由于 (x_0, y_0) 是函数 $z = f(x, y(x))$ 的无条件极值点, 所以

$$z'(x_0) = f_x(x_0, y_0) - f_y(x_0, y_0)\frac{g_x(x_0, y_0)}{g_y(x_0, y_0)} = 0.$$

上式表明 $\nabla f(x_0, y_0)$ 与 $\nabla g(x_0, y_0)$ 平行, 即存在常数 μ, 使

$$\nabla f(x_0, y_0) = \mu \nabla g(x_0, y_0).$$

结合 $g(x_0, y_0) = 0$, 点 (x_0, y_0) 满足

$$\begin{cases} f_x(x_0, y_0) = \mu g_x(x_0, y_0), \\ f_y(x_0, y_0) = \mu g_y(x_0, y_0), \\ g(x_0, y_0) = 0. \end{cases}$$

如果引入函数 $F(x, y) = f(x, y) - \mu g(x, y)$, 则上述方程组就可化为

$$\begin{cases} F_x(x_0, y_0) = 0, \\ F_y(x_0, y_0) = 0, \\ g(x_0, y_0) = 0. \end{cases}$$

综上, 得到求条件极值的 Lagrange **乘数法**: 构造 Lagrange 函数

$$L(x, y, \lambda) = f(x, y) + \lambda g(x, y),$$

由方程组

$$\begin{cases} L_x(x, y, \lambda) = 0, \\ L_y(x, y, \lambda) = 0, \\ g(x, y) = 0, \end{cases}$$

解出 (x, y) 即为所求的约束极值的可能极值点.

例 6.39　求函数 $z = xy$ 在条件 $x + y^2 = 1$ 下的极值.

解　构造 Lagrange 函数 $L(x, y, \lambda) = xy + \lambda(x + y^2 - 1)$. 求解方程组

$$\begin{cases} L_x = y + \lambda = 0, \\ L_y = x + 2y\lambda = 0, \\ x + y^2 - 1 = 0, \end{cases}$$

得 $x = \dfrac{2}{3}, y = \pm\dfrac{1}{\sqrt{3}}$.

将 $x = 1 - y^2$ 代入 $z = xy = y(1 - y^2) = g(y)$, 计算

$$g''\left(\frac{1}{\sqrt{3}}\right) < 0, \quad g''\left(-\frac{1}{\sqrt{3}}\right) > 0,$$

于是 $z\left(\dfrac{2}{3}, \dfrac{1}{\sqrt{3}}\right) = \dfrac{2\sqrt{3}}{9}$ 是极大值, $z\left(\dfrac{2}{3}, -\dfrac{1}{\sqrt{3}}\right) = -\dfrac{2\sqrt{3}}{9}$ 是极小值.

例 6.40　求表面积为 a^2 且体积为最大的长方体的体积.

解　设长方体的三个边长分别为 x, y, z, 则该问题就是在条件

$$g(x, y, z) = 2xy + 2yz + 2zx = a^2$$

下求函数 $f(x,y,z) = xyz \ (x > 0, y > 0, z > 0)$ 的最大值. 为此, 构造 Lagrange 函数

$$L(x,y,z,\lambda) = xyz + \lambda(2xy + 2yz + 2zx - a^2).$$

求解方程组
$$
\begin{cases}
L_x = yz + 2\lambda(y + z) = 0, \\
L_y zx + 2\lambda(x + z) = 0, \\
L_z xy + 2\lambda(x + y) = 0, \\
L_\lambda 2xy + 2yz + 2zx - a^2 = 0,
\end{cases}
$$
得 $x = y = z = \dfrac{a}{\sqrt{6}}$. 这是唯一的可能极值点, 且问题本身一定存在最大值. 所以, 以边长为 $\dfrac{a}{\sqrt{6}}$ 的正方体的体积最大, 体积为 $\dfrac{\sqrt{6}a^3}{36}$.

例 6.41 某企业生产一件产品的成本为 c, 每件产品的销售价格为 p, 销售量为 x. 假设该企业的生产处于平衡状态, 即产品的生产量等于销售量. 根据市场预测, 销售量 x 与价格 p 之间存在如下关系:

$$x = Me^{-ap} \quad (M > 0, a > 0),$$

其中 M 为市场最低需求量, a 为价格系数. 同时, 生产部门根据对生产环节的分析, 每件产品的生产成本 $c = c_0 - k \ln x (k > 0, x > 1)$, 其中 c_0 为生产一件产品的成本, k 为规模系数.

根据上述条件, 应如何确定产品的售价 p, 才能使企业获得最大利润?

解 设企业获得的利润为 u, 则 $u = (p - c)x$. 于是问题化为求利润函数 u 在约束条件

$$x - Me^{-ap} = 0 \quad \text{和} \quad c - c_0 + k \ln x = 0$$

下的极值问题.

作 Lagrange 函数

$$L(x, p, c, \lambda_1, \lambda_2) = (p - c)x + \lambda_1(x - Me^{-ap}) + \lambda_2(c - c_0 + k \ln x).$$

解方程组
$$
\begin{cases}
L_x = p - c + \lambda_1 + \lambda_2 \dfrac{k}{x} = 0, \\
L_p = x + aM\lambda_1 e^{-ap} = 0, \\
L_c = -x + \lambda_2 = 0, \\
L_{\lambda_1} = x - Me^{-ap} = 0, \\
L_{\lambda_2} = c - c_0 + k \ln x = 0,
\end{cases}
$$

得

$$p = \frac{c_0 - k\ln M + \dfrac{1}{a} - k}{1 - ak}.$$

因为问题本身可知最优价格必定存在, 所以求得的 p 就是该产品的最优价格.

习　题　6.5

1. 求螺旋线 $x = 2\cos t, y = 2\sin t, z = 3t$ 在对应于 $t = \dfrac{\pi}{4}$ 处的切线方程及法平面方程.

2. 求曲线 $y^2 = 2mx, z^2 = m - x$ 在点 (x_0, y_0, z_0) 处的切线和法平面方程.

3. 求曲线 $\begin{cases} x^2 + y^2 + z^2 - 3x = 0, \\ 2x - 3y + 5z - 4 = 0 \end{cases}$ 在点 $(1,1,1)$ 处的切线及法平面方程.

4. 求曲面 $2x^2 + 3y^2 + z^2 = 9$ 在 $(1, -1, 2)$ 处的切平面方程及法线方程.

5. 证明曲面 $x^{\frac{2}{3}} + y^{\frac{2}{3}} + z^{\frac{2}{3}} = a^{\frac{2}{3}} (a > 0)$ 上任意一点处的切平面在三个坐标轴上的截距的平方和为 a^2.

6. 求下列函数的驻点和极值:

(1) $f(x,y) = x^2 + y^2 + x^2 y + 4$;　　　(2) $f(x,y) = 3x^2 y + y^3 - 3x^2 - 3y^2 + 2$;

(3) $f(x,y) = x^2 + y^2 + \dfrac{1}{x^2 y^2}$;　　　(4) $f(x,y) = \mathrm{e}^x \cos y$.

7. 求下列函数在有界闭区域 D 上的最大值和最小值:

(1) $f(x,y) = x^2 + y^2 + x^2 y,\ D = \{(x,y) | |x| \leqslant 1, |y| \leqslant 1\}$;

(2) $f(x,y) = 1 + xy - x - y,\ D$ 由抛物线 $y = x^2$ 和直线 $y = 4$ 所围成;

(3) $f(x,y) = 2x^2 + x + y^2 - 2,\ D = \{(x,y) | x^2 + y^2 \leqslant 4\}$;

(4) $f(x,y) = x^2 + y^2 - xy - x - y,\ D$ 由 $x \geqslant 0, y \geqslant 0, x + y \leqslant 3$ 所围成.

8. 函数 $f(x,y) = 2x^2 + ax + xy^2 + 2y$ 在点 $(1, -1)$ 处取得极值, 求常数 a.

9. 利用 Lagrange 乘数法求下列函数在附加条件下的最大值和最小值:

(1) $f(x,y,z) = xyz,\ x^2 + 2y^2 + 3z^2 = 6$;

(2) $f(x,y) = \mathrm{e}^{-xy},\ x^2 + 4y^2 \leqslant 1$;

(3) $f(x,y) = x + 2y,\ x + y + z = 1, y^2 + z^2 = 4$.

10. 求椭球面 $\dfrac{x^2}{3} + \dfrac{y^2}{2} + z^2 = 1$ 被平面 $x + y + z = 0$ 截得椭圆的长半轴与短半轴的长度.

6.6　思考与拓展

问题 6.1: n 元函数的极限与一元函数极限的区别.

n 元函数的极限与一元函数极限的定义, 从形式上看是一样的, 但深究会发现, 在邻域的几何形式方面存在着很大的差别. 点在一维空间的邻域是一个开区间; 点在二维空间的邻域是一个开圆盘; 点在 $n \geqslant 3$ 维空间的邻域是一个开球. 因此, 在一维空间, 点 $x \to x_0$ 只有两个方向的路径, 即 x_0 的左侧和右侧; 而在二维或高维空间, 点 $x \to x_0$ 却有无穷多个方向路径, 这就是为什么一元函数极限存在的充分必要条件是左极限和右极限存在且相等, 而对于多元函数的极限, 却没有相应的结论. 因此, 许多反例说明, 对于二元函数, 即使点 (x, y) 沿任何曲线 $y = y(x, k)$ 趋于 (x_0, y_0) 时的极限存在且相等, 也不能保证二元函数的极限存在.

数学思想方法告诉我们, 在推广某一数学概念时, 由于考虑了新的因素, 形成了更大的研究集合, 所以, 推广后, 既保留了原概念的一些共性, 也会有新的思想. 这就是数学概念的继承和发展.

问题 6.2: 导数与微分概念的推广.

n 元函数的导数与微分概念和一元函数相比, 有许多 "相悖" 之处.

(1) 一元函数 $f(x)$ 在点 x_0 处可导, 则 $f(x)$ 在点 x_0 处连续; n 元函数 $f(x)$ 在点 x_0 处所有偏导数都存在, 但函数 $f(x)$ 未必在点 x_0 处连续.

(2) 一元函数 $f(x)$ 在点 x_0 可导, 则 $f(x)$ 在点 x_0 处可微; n 元函数 $f(x)$ 在点 x_0 处所有偏导数都存在, 但函数 $f(x)$ 未必在点 x_0 处可微.

产生这些 "怪现象" 的原因是偏导数的概念不是一元函数导数概念的完全推广.

若多元函数 $u = f(x)$ 在点 x_0 处的所有自变量增量的线性组合

$$A_1 \Delta x_1 + A_2 \Delta x_2 + \cdots + A_n \Delta x_n$$

满足当 $x \to x_0$ 时,

$$\Delta u = f(x) - f(x_0) = A_1 \Delta x_1 + A_2 \Delta x_2 + \cdots + A_n \Delta x_n + o(|x - x_0|),$$

则称函数 $u = f(x)$ 在点 x_0 处可微, 称 $\mathrm{d}u = A_1 \Delta x_1 + A_2 \Delta x_2 + \cdots + A_n \Delta x_n$ 是函数 $u = f(x)$ 的全微分. 我们知道, 当函数 $u = f(x)$ 可微时, 它的所有一阶偏导数存在, 且 $A_i = \dfrac{\partial f(x_0)}{\partial x_i}$ $(i = 1, 2, \cdots, n)$, 即

$$\mathrm{d}u = \frac{\partial f(x_0)}{\partial x_1} \Delta x_1 + \frac{\partial f(x_0)}{\partial x_2} \Delta x_2 + \cdots + \frac{\partial f(x_0)}{\partial x_n} \Delta x_n.$$

注意到在全微分中, 每个自变量增量的地位是一样的, 也就是上式每一项刚好是一个偏微分, 从而全微分等于所有偏微分之和. 于是, 全微分的概念是一元函数微分概念的完全推广.

多元函数的微分法是微积分学的重要组成部分, 也是积分学和级数理论的必要基础. 此外, 其本身具有重要的实际应用价值.

问题 6.3: 多元函数的最大值与最小值.[①]

---

① 汪林, 等. 数学分析问题研究与评注. 北京: 科学出版社, 1995.

我们知道, 若一元函数 $f(x)$ 在区间 I 上可微, 在 I 的内部有唯一的驻点 x_0, 那么点 x_0 也是函数 $f(x)$ 在区间 I 上的最大值点或最小值点. 但对于 n 元函数, 这一结论就可能不再成立了. 这就是前面讲到多元函数最大值和最小值时, 为什么附加 "如果知道函数 f 的最大值或最小值在 D 的内部得到" 的条件.

例 6.42　研究函数 $f(x,y) = x^3 - 4x^2 + 2xy - y^2$ 在 D 上的最大值, 其中 $D = \{(x,y)| -1 \leqslant x \leqslant 4, -1 \leqslant y \leqslant 1\}$.

解　由 $f_x(x,y) = 3x^2 - 8x + 2y = 0, f_y(x,y) = 2x - 2y = 0$, 得驻点 $(x,y) = (0,0), (2,2)$. 但点 $(2,2) \notin D$, 因此, 函数 f 在 D 内有唯一驻点 $(0,0)$.

计算 $f''_{xx}(x,y), f''_{xy}(x,y), f''_{yy}(x,y)$, 得

$$f''_{xx}(0,0)f''_{yy}(0,0) - (f''_{xy}(0,0))^2 = 12 > 0, \quad f''_{xx}(0,0) = -8 < 0,$$

因此, $(0,0)$ 是函数 f 在 D 内唯一的极大值点, 在这一点的极大值 $f(0,0) = 0$. 但 $f(0,0)$ 并不是该函数的最大值, 它的最大值出现在边界上, 为 $f(4,1) = 7$.

这个函数在全平面上有两个驻点, 只是在 D 内有唯一驻点. 于是会问: 是否存在二元可微函数, 它在全平面上只有一个驻点, 且这驻点又是极值点, 但这点并不是最大值点?

例 6.43　研究函数

$$f(x,y) = 8 \arctan^3 x - 8 \arctan^2 x + \arctan x \arctan y - \frac{1}{8} \arctan^2 y$$

在全平面上的最大值.

解　显然函数 $f(x,y)$ 是初等函数, 且它在全平面上可微. 由 $f_x(x,y) = 0$, $f_y(x,y) = 0$ 解得驻点 $(0,0), \left(\tan \frac{1}{2}, \tan 2\right)$. 由于 $\left(\tan \frac{1}{2}, \tan 2\right)$ 无意义, 舍去, 因此, 函数在全平面上有唯一的驻点.

计算二阶偏导数, 得

$$f''_{xx}(0,0)f''_{yy}(0,0) - (f''_{xy}(0,0))^2 = 3 > 0, \quad f''_{xx}(0,0) = -16 < 0.$$

因此, 点 $(0,0)$ 是函数的极大值点, 但并不是最大值点, 因为 $f(\tan 1, \tan 1) = \frac{7}{8} > 0$. 其实, 这函数的最大值是不存在的.

复习题 6

1. 函数 $u = F(x,y,z)$ 在条件 $\varphi(x,y,z) = 0$ 下有极值 $u_0 = F(x_0,y_0,z_0)$, 其中函数 F 和 φ 具有一阶连续偏导且全不为零, 证明曲面 $u_0 = F(x,y,z)$ 与曲面 $\varphi(x,y,z) = 0$ 在点 (x_0,y_0,z_0) 处相切.

2. 函数 $f(x,y) = x^2 - 2xy + y^2$, 求

(1) 在点 $(2,3)$ 处的梯度 ∇f;

(2) 在点 $(2,3)$ 处方向导数的最大值.

3. 讨论 $f(x,y) = \begin{cases} \sqrt{x^2+y^2}\sin\dfrac{1}{\sqrt{x^2+y^2}}, & x^2+y^2 \neq 0, \\ 0, & x^2+y^2 = 0 \end{cases}$ 在点 $(0,0)$ 处 $f(x,y)$ 的二阶偏导数的存在性.

4. 函数 $x = x(u,v), y = y(u,v)$ 由 $xu + y = 1, x - yv = 0$ 确定, 求 x_{uv}, y_{uv}.

5. 求 $z = 1 + x + 2y$ 在区域 $D = \{x \geqslant 0, y \geqslant 0, x+y \leqslant 1\}$ 上的最大值.

6. 证明曲面 $ax + by + cz = f(x^2 + y^2 + z^2)$ 在点 (x_0, y_0, z_0) 的法向量与向量 $\{x_0, y_0, z_0\}$ 及 $\{a, b, c\}$ 共面, 其中 f 可微.

7. 已知二元函数 $f(x,y) = \begin{cases} \dfrac{x^3}{x^2+y^2}, & (x,y) \neq (0,0), \\ 0, & (x,y) = (0,0), \end{cases}$ 证明 $f(x,y)$ 在点 $(0,0)$ 处连续但不可微.

8. 函数 $z = z(x,y)$ 由可微函数 $f(x^2 - y^2, y^2 - z^2, z^2 - x^2) = 0$ 确定, 求 $\mathrm{d}z$.

9. 已知点 $M(x_0, y_0, z_0)$ 是曲面 $z = xf\left(\dfrac{y}{x}\right)$ 上的任一点. 证明该点处曲面的法线垂直于向径 $\overrightarrow{OM}$, 其中 f 可微.

10. 在曲面 $z = 3x^2 + 2y^2$ 上求一点, 使曲面在该点的切平面垂直于直线

$$\frac{x-1}{3} = \frac{y-2}{2} = z+1,$$

写出此切平面方程.

11. 证明曲面 $\sqrt{x} + \sqrt{y} + \sqrt{z} = \sqrt{a}$ $(a > 0)$ 上任一点的切平面在三个坐标轴上截距之和等于常数.

12. 设 $z = f(x + g(x-y), y), f, g$ 偏导数存在, 求 z_{xx} 和 z_{yy}.

13. 已知 $u = u(x)$ 由 $u = f(x,y), g(x,y,z) = 0, h(x,z) = 0$ 和 $g_y \neq 0, h_z \neq 0$ 确定, 求 $\dfrac{\mathrm{d}u}{\mathrm{d}x}$.

14. 求球面 $x^2 + y^2 + z^2 = 6$ 与抛物面 $z = x^2 + y^2$ 的交线在点 $(1,1,2)$ 处的切线方程.

15. 证明曲面 $F(x - my, z - ny) = 0$ 的所有切平面恒与定直线平行, 其中 F 可微.

16. 证明在光滑曲面 $F(x,y,z) = 0$ 上距原点最近的点处的法线必过原点.

17. 已知 $u = x - 2y, v = x + ay$ 将 $6z_{xx} + z_{xy} - z_{yy} = 0$ 化为 $z_{uv} = 0$, 求 a.

18. 设 n 是曲面 $2x^2 + 3y^2 + z^2 = 6$ 在点 $P(1,1,1)$ 处的外法向量, 求 $u = \dfrac{\sqrt{6x^2 + 8y^2}}{z}$ 在点 P 沿 n 的方向导数.

19. 设有一座小山, 其底部所在平面为 xOy 平面, 底部的区域为 $D: x^2 + y^2 - xy \leqslant 75$, 小山高度函数为 $h = 75 - x^2 - y^2 + xy$.

(1) 设 $M(x_0, y_0) \in D$, 问 $h(x,y)$ 在该点沿平面上什么方向的方向导数最大 (记为 $g(x_0, y_0)$)?

(2) 请在山脚下选择攀登该小山的最佳起始点.

20. 已知 $f(x, y, z) = \ln x + \ln y + 3 \ln z$, 在位于第一象限的球面 $x^2 + y^2 + z^2 = 5r^2$ 上找一点, 使函数在此点具有最大值, 并用此结论证明对于任意正的实数, 成立

$$abc^3 \leqslant 27 \left(\frac{a+b+c}{5} \right)^5.$$

21. 已知函数 $z = f(x, y)$ 的全微分 $\mathrm{d}z = 2x\mathrm{d}x - 2y\mathrm{d}y$, 并且 $f(1,1) = 2$, 求 $f(x, y)$ 在椭圆区域 $D : x^2 + \dfrac{y^2}{4} \leqslant 1$ 上的最大值与最小值.

22. 证明: 旋转曲面 $z = f(\sqrt{x^2 + y^2})$ 上任一点的法线与旋转轴相交, 其中 f 可微.

23. 已知直线 $l : \begin{cases} x + y + b = 0, \\ x + ay - z = 3 \end{cases}$ 落在平面 π 上, 且平面 π 在点 $(1, -2, 5)$ 处与曲面 $z = x^2 + y^2$ 相切, 求 a, b.

24. 设二元函数 $f(x, y)$ 有连续偏导数, $f(1, 0) = f(0, 1)$, 证明: 在单位圆上至少有两点满足方程 $y f_x(x, y) = x f_y(x, y)$.

第7章 多元函数积分学及其应用

多元函数积分同样是从一元函数积分推广而来, 但多元函数的积分要复杂得多. 一元函数积分推广到平面区域或空间区域, 即重积分, 推广到曲线或曲面上, 即曲线积分或曲面积分, 不管哪种积分形式, 这些积分的计算最终都要化归为一元函数定积分进行计算.

7.1 n 重 积 分

7.1.1 n 重积分的定义

给定有界区域 $Q \subset \mathbb{R}^n$ 及 Q 上的实函数 $f(\boldsymbol{x})$, 如何定义 Q 上的 n 重积分? 当 $n = 1$ 时, 回忆定积分的定义: 对区域 $Q = [a,b]$ 任意分划、在第 i 区间上任意取点作 Riemann 和、对 Riemann 和求极限. 那么, 当 $n > 1$ 时, 遇到两个问题.

第一, 如何对区域 Q 任意分划? 对一维情形, 由于直线上的点是有序的, 所以, 对区间 $[a,b]$ 之间可以任意插入 $k-1$ 个分点

$$a = x_0 < x_1 < \cdots < x_{k-1} < x_k = b,$$

构成了一维情形下的区域 $Q = [a,b]$ 的一个任意分划, 每个小区间自然就有长度 $\Delta p_i = \Delta x_i = x_i - x_{i-1}$. 而对于 n 维情形下的区域 Q, 显然是不能任意插入 k 个点进行分划. 况且, 即使任意分划了, 也未必像一维情形, 是可以求 "长度" 的. 基于本书的定位, 我们暂且承认 n 维区域 Q 是可以进行任意分划, 对于这样能够进行任意分划, 且可以明确每个分划 "长度" 的区域 Q 称为**可求积区域**[①].

第二, 何谓 Q 的分划越来越细? 对于一维情形, $\lambda = \max\limits_{1 \leqslant i \leqslant k} \{\Delta x_i\}$ 保证了分划越来越细, 但对于 n 维情形就未必了. 例如, 二维图形 Δp_i, 无论其面积如何小, 都有可能其上的两点, 它们的距离非常大. 为解决这一问题, 定义 $\lambda = \max\limits_{1 \leqslant i \leqslant k} \|\Delta p_i\|$, 其中 $\|\Delta p_i\|$ 称为量 Δp_i 的模 (这里定义为 Δp_i 的直径 —— Δp_i 中任何两点之间的距离最大值).

有了以上准备, 可以给出 n 重积分的定义.

定义 7.1 设 $Q \subset \mathbb{R}^n$ 是一可求积区域, 函数 $f(\boldsymbol{x})$ 是定义于区域 Q 上的有界实函数, 对区域 Q 任意分划成 k 个子区域 $\Delta p_1, \Delta p_2, \cdots, \Delta p_k$, 并令 $\lambda = \max\limits_{1 \leqslant i \leqslant k} \|\Delta p_i\|$,

---

① 胡适耕, 张显文. 数学分析原理与方法. 北京: 科学出版社, 2008.

对子区域 Δp_i 内任意一点 $\boldsymbol{\xi}_i$, 作 Riemann 和 $\sum\limits_{i=1}^{k} f(\boldsymbol{\xi}_i)\Delta p_i$. 如果 Riemann 和的极

限 $\lim\limits_{\lambda \to 0} \sum\limits_{i=1}^{k} f(\boldsymbol{\xi}_i)\Delta p_i$ 存在, 且该极限值与分划及 $\boldsymbol{\xi}_i$ 取法无关, 则该极限称函数 $f(\boldsymbol{x})$

在区域 Q 上的 n **重积分**或 Riemann **积分**(此时也说 $f(\boldsymbol{x})$ 在区域 Q 上可积), 记为

$$\int_Q f(\boldsymbol{x})\mathrm{d}p = \lim_{\lambda \to 0} \sum_{i=1}^{k} f(\boldsymbol{\xi}_i)\Delta p_i,$$

这里, Q 为积分区域, $f(\boldsymbol{x})\mathrm{d}p$ 为被积分表达式, $f(\boldsymbol{x})$ 为被积函数.

n 重积分 $\int_Q f(\boldsymbol{x})\mathrm{d}p$ 既然是定积分 $\int_a^b f(x)\mathrm{d}x$ 的拓展, 也就清楚地表达了积分

的三要素: 被积函数 $f(\boldsymbol{x})$、积分区域 Q 和积分单元 $\mathrm{d}p$. 在积分的实际应用中, 有时

也将 $\mathrm{d}p$ 写成 $\mathrm{d}x_1\mathrm{d}x_2\cdots\mathrm{d}x_n$.

当 $n = 2$ 时, 积分单元 $\mathrm{d}p = \mathrm{d}\sigma = \mathrm{d}x\mathrm{d}y$ 为面积单元, 此时重积分称为**二重积**

分, 记为 $\iint\limits_{D} f(x,y)\mathrm{d}x\mathrm{d}y$ (D 为平面上的有界区域); 当 $n = 3$ 时, 积分单元 $\mathrm{d}p =$

$\mathrm{d}v = \mathrm{d}x\mathrm{d}y\mathrm{d}z$ 为体积单元, 此时重积分称为**三重积分**, 记为 $\iiint\limits_{\Omega} f(x,y,z)\mathrm{d}x\mathrm{d}y\mathrm{d}z$ (Ω

为空间中的有界区域).

7.1.2 n 重积分的性质

既然重积分与定积分在定义上高度类似, 就可以毫无困难地建立以下定理和重

积分的性质.

定理 7.1 有界区域 $Q \subset \mathbb{R}^n$ 上的连续函数 $f(\boldsymbol{x})$ 一定可积.

定理 7.2 设函数 $f(\boldsymbol{x}), g(\boldsymbol{x})$ 在区域 $Q \subset \mathbb{R}^n$ 上可积, 则以下结论成立:

(1) (**线性性质**) $\int_Q (\alpha f(\boldsymbol{x}) + \beta g(\boldsymbol{x}))\mathrm{d}p = \alpha \int_Q f(\boldsymbol{x})\mathrm{d}p + \beta \int_Q g(\boldsymbol{x})\mathrm{d}p,\ \alpha, \beta \in \mathbb{R}$.

(2) (**积分可加性**) 设 $Q = Q_1 \cup Q_2, Q_1 \cap Q_2 = \varnothing$, 则

$$\int_Q f(\boldsymbol{x})\mathrm{d}p = \int_{Q_1} f(\boldsymbol{x})\mathrm{d}p + \int_{Q_2} f(\boldsymbol{x})\mathrm{d}p.$$

(3) 若在区域 Q 上, $f(\boldsymbol{x}) \geqslant 0$, 则 $\int_Q f(\boldsymbol{x})\mathrm{d}p \geqslant 0$.

(4) (**积分中值定理**) 若 $A \leqslant f(\boldsymbol{x}) \leqslant B, g(\boldsymbol{x})$ 在区域 Q 上不变号, 则存在 $\mu \in$

$[A, B]$, 使

$$\int_Q f(\boldsymbol{x})g(\boldsymbol{x})\mathrm{d}p = \mu \int_Q g(\boldsymbol{x})\mathrm{d}p;$$

特别地, 当 $f(\boldsymbol{x})$ 在有界闭区域 Q 上连续, 则

$$\int_Q f(\boldsymbol{x})g(\boldsymbol{x})\mathrm{d}p = f(\boldsymbol{\xi})\int_Q g(\boldsymbol{x})\mathrm{d}p, \quad \boldsymbol{\xi} \in Q.$$

(5) $\left|\int_Q f(\boldsymbol{x})\mathrm{d}p\right| \leqslant \int_Q |f(\boldsymbol{x})|\mathrm{d}p.$

(6) 若 $Q_1 \subset Q_2 \subseteq Q, f(\boldsymbol{x}) \geqslant 0 \ (\boldsymbol{x} \in Q)$, 则

$$\int_{Q_1} f(\boldsymbol{x})\mathrm{d}p \leqslant \int_{Q_2} f(\boldsymbol{x})\mathrm{d}p.$$

7.1.3 二重积分与三重积分

设二元函数 $z = f(x,y)$ 是定义在二维有界区域 D 上的连续有界函数, 对区域 D 以曲线网格形式的任何分划为 n 个子区域 $\Delta\sigma_1, \Delta\sigma_2, \cdots, \Delta\sigma_n$, 令 $\lambda = \max\limits_{1 \leqslant i \leqslant n} \{\|\Delta\sigma_i\|\}$, 则根据定义 7.1, 对任意的 $(\xi_i, \eta_i) \in \Delta\sigma_i$,

$$\iint\limits_D f(x,y)\mathrm{d}\sigma = \lim_{\lambda \to 0} \sum_{i=1}^n f(\xi_i, \eta_i)\Delta\sigma_i.$$

二重积分的性质利用定理 7.2 直接套用过来, 这里不再赘述. 从几何上讲, 二重积分表示**曲顶柱体** (图 7.1) 体积的代数和, 这里的曲顶柱体是指, 以曲面 $z = f(x,y)$ 为顶、以区域 D 为底、以区域 D 的边界 C 为准线、母线平行于 z 轴的柱面为侧面形成的几何图形. 因此, 当 $f(x,y) \geqslant 0$ 时, 二重积分 $\iint\limits_D f(x,y)\mathrm{d}\sigma$ 表示曲顶柱体的体积. 当 $f(x,y) \equiv 1$ 时, $\iint\limits_D \mathrm{d}\sigma$ 表示区域 D 的面积, 记为 $\sigma(D)$.

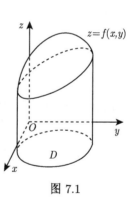

图 7.1

例 7.1 比较下列重积分的大小:

(1) 已知区域 D_1 为正方形, D_2 为 D_1 边界的内切圆, D_3 为 D_1 边界的外接圆

$$f(x,y) = \mathrm{e}^{2y-x^2-y^2-2x}, \quad I_i = \iint\limits_{D_i} f(x,y)\mathrm{d}x\mathrm{d}y, \quad i = 1,2,3.$$

比较 I_1, I_2, I_3 的大小;

(2) 已知

$$I_1 = \iint\limits_D (x+y)^2\mathrm{d}x\mathrm{d}y, \quad I_2 = \iint\limits_D (x+y)^3\mathrm{d}x\mathrm{d}y, \quad D: x+y \leqslant 1, x \geqslant 0, y \geqslant 0.$$

比较 I_1, I_2 的大小.

解   (1) 根据 D_1, D_2, D_3 的定义, 显然有 $D_2 \subset D_1 \subset D_3$. 因此, 由 $f(x, y) \geqslant 0$, I_1, I_2, I_3 的大小关系为

$$I_2 \leqslant I_1 \leqslant I_3.$$

(2) 当 $0 \leqslant x + y \leqslant 1$ 时, $(x + y)^2 \geqslant (x + y)^3$. 因此 $I_1 \geqslant I_2$.

例 7.2   已知 $f(x, y)$ 连续, 求 $\displaystyle\lim_{(a,b)\to(0,0)} \frac{1}{\pi ab} \iint\limits_{D} f(x, y)\mathrm{d}x\mathrm{d}y$, $D: \dfrac{x^2}{a^2} + \dfrac{y^2}{b^2} \leqslant 1$.

解   根据题设条件, 由积分中值定理, 存在 $(\xi, \eta) \in D$, 使得

$$\iint\limits_{D} f(x, y)\mathrm{d}x\mathrm{d}y = f(\xi, \eta) \iint\limits_{D} \mathrm{d}x\mathrm{d}y,$$

这里 $\displaystyle\iint\limits_{D} \mathrm{d}x\mathrm{d}y = \pi ab$ 为椭圆面积. 当 $(a, b) \to (0, 0)$ 时, $(\xi, \eta) \to (0, 0)$. 因此, 由 $f(x, y)$ 的连续性, $f(\xi, \eta) \to f(0, 0)$ $((\xi, \eta) \to (0, 0))$. 故

$$\lim_{(a,b)\to(0,0)} \frac{1}{\pi ab} \iint\limits_{D} f(x, y)\mathrm{d}x\mathrm{d}y = f(0, 0).$$

例 7.3   利用二重积分定义计算 $\displaystyle\iint\limits_{D} xy\mathrm{d}x\mathrm{d}y$, 其中区域 $D: 0 \leqslant x, y \leqslant 1$.

解   由于 $f(x, y) = xy$ 在区域 D 上连续, 所以积分 $\displaystyle\iint\limits_{D} xy\mathrm{d}x\mathrm{d}y$ 存在, 且

$$\iint\limits_{D} xy\mathrm{d}x\mathrm{d}y = \lim_{\lambda\to 0} \sum_i f(\xi_i, \eta_i)\Delta\sigma_i$$

与 D 的分划和 (ξ_i, η_i) 取法无关. 于是, 用平行于坐标轴的直线网

$$x = \frac{i}{n}, \quad y = \frac{j}{n} \quad (i, j = 1, 2, \cdots, n-1)$$

将区域 D 均分成 n^2 个小正方形子区域, 则每个子区域面积 $\Delta\sigma_i = \dfrac{1}{n^2} = \lambda$. 在每个小正方形上取右上角顶点 $\left(\dfrac{i}{n}, \dfrac{j}{n}\right)$ 作为 ξ_i, η_i, 从而得 Riemann 和

$$\sum_{i=1}^{n}\sum_{j=1}^{n} \frac{i}{n}\frac{j}{n}\frac{1}{n^2} = \frac{1}{n^4}\frac{n^2(n+1)^2}{4} = \frac{(n+1)^2}{4n^2}.$$

因此,

$$\iint\limits_{D} xy\mathrm{d}x\mathrm{d}y = \lim_{n\to\infty} \frac{(n+1)^2}{4n^2} = \frac{1}{4}.$$

回忆区间 $I = [a,b]$ 上的定积分 $\displaystyle\int_I f(x)\mathrm{d}x = \int_a^b f(x)\mathrm{d}x$, a, b 为区间 I 的两个端点. 如果 $f(x) \equiv 1$, 则 $\displaystyle\int_I \mathrm{d}x$ 表示区间 I 的长度; 进一步, 在定积分计算时, 对于一些特殊的被积函数, 可以通过"换元" $x = \phi(s)$, 区间 I 化为 I' (其中 I 的端点 a, b 分别唯一对应于 I' 的端点 t_1, t_2), 如果 $\phi(s)$ 连续可导, 且是区间 I 上的单值函数, 则

$$\int_a^b f(x)\mathrm{d}x = \int_I f(x)\mathrm{d}x = \int_{I'} f(\phi(s))\phi'(s)\mathrm{d}s = \int_{t_1}^{t_2} f(\phi(s))\phi'(s)\mathrm{d}s.$$

上述结论可以推广到二重积分和三重积分.

其一, 重积分是一定值, 其值仅与积分区域和被积函数有关. 基于此, 在今后一定要关注对一般积分区域和被积函数的重积分计算与特殊积分区间 (例如, 与圆域、球体、柱体有关的区域, 与坐标轴对称区域等) 及特殊被积函数 (例如, $f(x^2 + y^2)$ 或 $f(x^2 + y^2 + z^2)$, 奇偶函数等) 的重积分计算.

其二, 当 $f(x,y) \equiv 1$ 时, 二重积分 $\displaystyle\iint\limits_{D} \mathrm{d}\sigma$ 即为区域 D 的面积, 记为 $\sigma(D)$; 当 $f(x,y,z) \equiv 1$ 时, 三重积分 $\displaystyle\iiint\limits_{\Omega} \mathrm{d}v$ 表示区域 Ω 的体积, 记为 $V(\Omega)$.

其三, 对于二重积分 $\displaystyle\iint\limits_{D} f(x,y)\mathrm{d}x\mathrm{d}y$, 设变换 $\phi : x = x(s,t), y = y(s,t)$ $((s,t) \in D')$ 在 D' 上连续可导, 且 $\dfrac{\partial(x,y)}{\partial(s,t)} \neq 0$, 并把区域 D 唯一变换为 D', 则面积单元

$$\mathrm{d}\sigma = \mathrm{d}x\mathrm{d}y = \left|\frac{\partial(x,y)}{\partial(s,t)}\right|\mathrm{d}s\mathrm{d}t \left(\frac{\partial(x,y)}{\partial(s,t)} = \begin{vmatrix} x_s & x_t \\ y_s & y_t \end{vmatrix} = x_s y_t - y_s x_t\right).$$ 因此

$$\iint\limits_{D} f(x,y)\mathrm{d}x\mathrm{d}y = \iint\limits_{D'} f(x(s,t), y(s,t))\left|\frac{\partial(x,y)}{\partial(s,t)}\right|\mathrm{d}s\mathrm{d}t;$$

设变换 $\phi : x = x(s,t,u), y = y(s,t,u), z = z(s,t,u)$ $((s,t,u) \in \Omega')$ 在 Ω' 上连续可导, 且 $\dfrac{\partial(x,y,z)}{\partial(s,t,u)} \neq 0$, 并把区域 Ω 唯一变换为 Ω', 则体积单元 $\mathrm{d}v = \mathrm{d}x\mathrm{d}y\mathrm{d}z =$

$\left| \dfrac{\partial(x,y,z)}{\partial(s,t,u)} \right| \mathrm{d}s\mathrm{d}t\mathrm{d}u.$ 因此

$$\iiint\limits_{\Omega} f(x,y,z)\mathrm{d}x\mathrm{d}y\mathrm{d}z = \iiint\limits_{\Omega'} f(x(s,t,u),y(s,t,u)) \left| \frac{\partial(x,y,z)}{\partial(s,t,u)} \right| \mathrm{d}s\mathrm{d}t\mathrm{d}u,$$

其中 $\dfrac{\partial(x,y,z)}{\partial(s,t,u)} = \begin{vmatrix} x_s & x_t & x_u \\ y_s & y_t & y_u \\ z_s & z_t & z_u \end{vmatrix}$ 是三阶行列式, 其计算参见线性代数书目.

　　以上给出了今后面积单元在极坐标系下的变换公式、体积单元在球坐标系与柱坐标系下的变换公式的理论基础. 这里面积单元和体积单元的变换公式推导请读者参阅数学分析相关书目.

习　题　7.1

　　1. 判别下列积分的符号:

(1) $\iint\limits_{D} \ln(x^2+y^2)\mathrm{d}x\mathrm{d}y$, 其中 D 由直线 $|x|+|y| \leqslant 1$ 围成的区域;

(2) $\iint\limits_{D} \sqrt[3]{1-x^2-y^2}\mathrm{d}x\mathrm{d}y$, 其中 D 是圆域 $x^2+y^2 \leqslant 4$;

(3) $\iint\limits_{D} \arcsin(x+y)\mathrm{d}x\mathrm{d}y$, 其中 $D = \{(x,y)|0 \leqslant x \leqslant 1, -1 \leqslant y \leqslant 1-x\}$.

　　2. 判断正误:

(1) 在区域 D 上, $f(x,y) > g(x,y)$, 则 $\iint\limits_{D}(f(x,y)-g(x,y))\mathrm{d}\sigma$ 表示以 $z=g(x,y)$ 为底,
$z=f(x,y)$ 为顶的曲顶柱体的体积;

(2) 如果 $\iint\limits_{D} f(x,y)\mathrm{d}\sigma \geqslant \iint\limits_{D} g(x,y)\mathrm{d}\sigma$, 则 $f(x,y) \geqslant g(x,y)$;

(3) 如果 $D_1 \subset D_2$, 则 $\iint\limits_{D_1} f(x,y)\mathrm{d}\sigma \leqslant \iint\limits_{D_2} f(x,y)\mathrm{d}\sigma$.

　　3. 由二重积分的几何意义, 计算 $\iint\limits_{D}(1-x-y)\mathrm{d}\sigma = f(\xi,\eta)\sigma(D)$ 中 $f(\xi,\eta)$ 的值, 其中 D 是顶点为 $(0,0),(1,0),(0,1)$ 的三角形, $\sigma(D)$ 是 D 的面积.

　　4. 估计下列积分的值:

(1) $I_1 = \iint\limits_{D} xy(x^2+y^2)\mathrm{d}\sigma$ 的值, 其中 $D = \{(x,y)|0 \leqslant x \leqslant 1, 0 \leqslant y \leqslant 1\}$;

(2) $I_2 = \iint\limits_D e^{x+y} \mathrm{d}x\mathrm{d}y$, 其中 $D = \{(x,y) | 0 \leqslant x \leqslant 1, 0 \leqslant y \leqslant 1\}$;

(3) $I_3 = \iint\limits_D (4x^2 + y^2 + 9)\mathrm{d}x\mathrm{d}y$, 其中 $D = \{(x,y) | x^2 + y^2 \leqslant 4\}$;

(4) $I_4 = \iint\limits_D \dfrac{1}{\ln(4 + x + y)}\mathrm{d}x\mathrm{d}y$, 其中 $D = \{(x,y) | 0 \leqslant x \leqslant 4, 0 \leqslant y \leqslant 8\}$.

5. 设函数 $f(x,y)$ 在区域 $D : x^2 + y^2 \leqslant R^2$ 上连续, 证明

$$\lim_{R \to 0} \frac{1}{R^2} \iint\limits_D f(x,y)\mathrm{d}x\mathrm{d}y = \pi f(0,0).$$

6. 比较下列各组积分的大小:

(1) $\iint\limits_D \ln(x+y)\mathrm{d}\sigma$, $\iint\limits_D \ln^2(x+y)\mathrm{d}\sigma$, 其中 $D = \{(x,y) | 0 \leqslant x \leqslant 1, 3 \leqslant y \leqslant 5\}$;

(2) $\iiint\limits_\Omega (x+y+z)\mathrm{d}v$, $\iiint\limits_\Omega (x+y+z)^2\mathrm{d}v$, 其中 Ω 由平面 $x+y+z=1$ 与三个坐标轴围

成的四面体.

7.2 重积分的计算

重积分定义本身给出了计算重积分的方法, 但回顾利用定积分的定义计算定积分的困难性, 利用定义计算重积分的难度就可想而知. 如何寻求较为简便的方法计算重积分, 是本节的主要内容.

7.2.1 二重积分的计算

1. 直角坐标系下计算二重积分

直角坐标系下二重积分计算的基本方法是**"穿入穿出法"**, 即平行于 y 轴方向从下向上穿入穿出积分区域 D, 确定区域 D 的穿入边界函数 $y = \phi_1(x)$ 和穿出边界函数 $y = \phi_2(x)$, 再确定变量 x 的变化范围 $x \in [a,b]$ (图 7.2), 则

$$\iint\limits_D f(x,y)\mathrm{d}x\mathrm{d}y = \int_a^b \left(\int_{\phi_1(x)}^{\phi_2(x)} f(x,y)\mathrm{d}y \right)\mathrm{d}x = \int_a^b \mathrm{d}x \int_{\phi_1(x)}^{\phi_2(x)} f(x,y)\mathrm{d}y.$$

上述的计算方法称为 "先 y 后 x 型", 同样也有 "先 x 后 y 型": 平行于 x 轴正向方向从左向右穿入穿出积分区域 D, 确定区域 D 的穿入边界函数 $x = \psi_1(y)$ 和穿出边界函数 $x = \psi_2(y)$, 再确定变量 y 的变化范围 $y \in [c,d]$ (图 7.3), 则

$$\iint\limits_D f(x,y)\mathrm{d}x\mathrm{d}y = \int_c^d \left(\int_{\psi_1(y)}^{\psi_2(y)} f(x,y)\mathrm{d}x \right)\mathrm{d}y = \int_c^d \mathrm{d}y \int_{\psi_1(y)}^{\psi_2(y)} f(x,y)\mathrm{d}x.$$

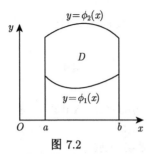

图 7.2

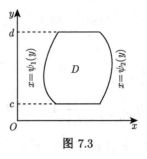

图 7.3

例 7.4　计算下列积分:

(1) $\iint\limits_{D} xy\mathrm{d}x\mathrm{d}y$, 其中 D 由直线 $2x+y=2$ 与坐标轴围成的区域;

(2) $\iint\limits_{D} \mathrm{e}^{y^2}\mathrm{d}x\mathrm{d}y$, 其中 D 由直线 $y=x, y=1, x=0$ 所围成;

(3) $\iint\limits_{D} \dfrac{\sin x}{x}\mathrm{d}x\mathrm{d}y$, 其中 D 由直线 $y=x, x=1, y=0$ 所围成.

解　(1) 根据区域 D 的结构, 平行于 y 轴正向方向从下向上穿入穿出区域 D, 穿入边界函数和穿出边界函数分别为 $y=0, y=2-2x$, 且 $x\in[0,1]$ (图 7.4(a)). 因此,

$$\iint\limits_{D} xy\mathrm{d}x\mathrm{d}y = \int_0^1 x\mathrm{d}x \int_0^{2-2x} y\mathrm{d}y = \int_0^1 x(2-4x+2x^2)\mathrm{d}x = \frac{1}{6}.$$

此题也可平行于 x 轴正向方向从左向右穿入穿出区域 D, 穿入边界函数 $x=0$ 和穿出边界函数 $x=1-\dfrac{1}{2}y$, 且 $y\in[0,2]$ (图 7.4(b)). 因此,

$$\iint\limits_{D} xy\mathrm{d}x\mathrm{d}y = \int_0^2 y\mathrm{d}y \int_0^{1-\frac{1}{2}y} x\mathrm{d}x = \int_0^2 y\left(\frac{1}{2}-\frac{1}{2}y+\frac{1}{8}y^2\right)\mathrm{d}y = \frac{1}{6}.$$

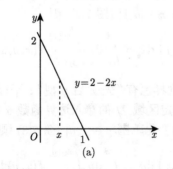

(a)

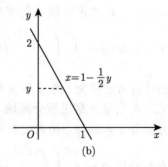

(b)

图 7.4

(2) 根据区域 D 的结构, 平行于 x 轴正向方向从左向右穿入穿出区域 D, 穿入边界函数和穿出边界函数分别为 $x = 0, x = y$, 且 $y \in [0, 1]$ (图 7.5). 因此,

$$\iint\limits_{D} \mathrm{e}^{y^2}\mathrm{d}x\mathrm{d}y = \int_0^1 \mathrm{e}^{y^2}\mathrm{d}y \int_0^y \mathrm{d}x = \int_0^1 y\mathrm{e}^{y^2}\mathrm{d}y$$

$$= \frac{1}{2}\int_0^1 \mathrm{e}^{y^2}\mathrm{d}y^2 = \frac{1}{2}\,\mathrm{e}^{y^2}\Big|_0^1 = \frac{1}{2}(\mathrm{e} - 1).$$

如果按照平行于 y 轴正向方向从下而上穿入穿出区域 D, 得

$$\iint\limits_{D} \mathrm{e}^{y^2}\mathrm{d}x\mathrm{d}y = \int_0^1 \mathrm{d}x \int_x^1 \mathrm{e}^{y^2}\mathrm{d}y,$$

显见, 这是不能积分的. 因此, 此法不可用.

(3) 根据区域 D 的结构, 平行于 y 轴正向方向从下向上穿入穿出区域 D, 穿入边界函数和穿出边界函数分别为 $y = 0, y = x$, 且 $x \in [0, 1]$ (图 7.6). 因此

$$\iint\limits_{D} \frac{\sin x}{x}\mathrm{d}x\mathrm{d}y = \int_0^1 \frac{\sin x}{x}\mathrm{d}x \int_0^x \mathrm{d}y = \int_0^1 \sin x\mathrm{d}x = 1 - \cos 1.$$

如果按照平行于 x 轴正向方向从左而右穿入穿出区域 D, 得

$$\iint\limits_{D} \frac{\sin x}{x}\mathrm{d}x\mathrm{d}y = \int_0^1 \mathrm{d}y \int_y^1 \frac{\sin x}{x}\mathrm{d}x,$$

显见, 这是不能积分的. 因此, 此法不可用.

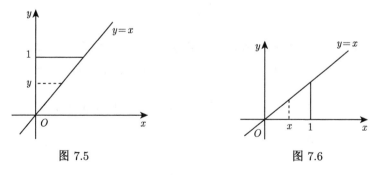

图 7.5　　　　　　　　　　　图 7.6

在例 7.4 中, (1) 小题两种穿入穿出方式都可以进行计算, 而对于 (2) 和 (3) 两题, 只可以有一种穿入穿出方式. 因此, 进行二重积分计算, 首先要确定正确的穿入穿出方式, 利用一种穿入穿出方式出现积分困难或者不能积分时, 应及时调整另一种穿入穿出方式. 同时, 还有一个问题需要注意, 对一些积分区域, 不管哪种穿入穿

出方式, 其穿入边界函数或穿出边界函数不能用一个解析表达式表示, 此时要考虑分割积分区域利用可加性进行积分.

例 7.5　计算 $\iint\limits_{D} xy \mathrm{d}x \mathrm{d}y$, 其中 D 由抛物线 $y^2 = 2x$ 与直线 $y = x - 4$ 所围成.

解法一　由于平行于 y 轴正向方向从下向上穿入穿出积分区域 D 时, 穿入边界不能用一个解析式表示, 以直线 $x = 2$ 将区域 D 划分为 D_1 和 D_2 (图 7.7(a)), 其中 $D_1: -\sqrt{2x} \leqslant y \leqslant \sqrt{2x}, x \in [0, 2]; D_2: x - 4 \leqslant y \leqslant \sqrt{2x}, x \in [2, 8]$. 因此,

$$\iint\limits_{D} xy \mathrm{d}x \mathrm{d}y = \int_{D_1} xy \mathrm{d}x \mathrm{d}y + \int_{D_2} xy \mathrm{d}x \mathrm{d}y = \int_0^2 \mathrm{d}x \int_{-\sqrt{2x}}^{\sqrt{2x}} xy \mathrm{d}y + \int_2^8 \mathrm{d}x \int_{x-4}^{\sqrt{2x}} xy \mathrm{d}y = 90.$$

解法二　平行于 x 轴正向方向从左向右穿入穿出区域 D, 穿入的边界函数 $x = \dfrac{1}{2}y^2$, 穿出的边界函数 $x = y + 4$, 且 $y \in [-2, 4]$ (图 7.7(b)). 因此

$$\iint\limits_{D} xy \mathrm{d}x \mathrm{d}y = \int_{-2}^4 \mathrm{d}y \int_{\frac{1}{2}y^2}^{y+4} xy \mathrm{d}x = \frac{1}{2} \int_{-2}^4 \left(y^3 + 8y^2 + 16y - \frac{y^5}{4} \right) \mathrm{d}y = 90.$$

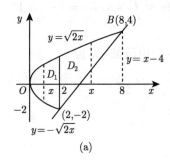 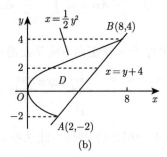

(a)　　　　　　　　　　(b)

图 7.7

关于函数奇偶性在计算二重积分中的应用: 如果积分区域 D 关于 y 轴或 x 轴对称, 函数 $f(x, y)$ 关于变量 x 或 y 是奇函数, 则积分 $\iint\limits_{D} f(x, y) \mathrm{d}x \mathrm{d}y = 0$; 如果积分区域 D 关于 y 轴或 x 轴对称, 函数 $f(x, y)$ 关于变量 x 或 y 是偶函数, 则

$$\iint\limits_{D} f(x, y) \mathrm{d}x \mathrm{d}y = 2 \int_{D_1} f(x, y) \mathrm{d}x \mathrm{d}y, \quad D_1 \text{为对称轴一侧的部分}.$$

例 7.6　计算下列积分:

(1) $\iint\limits_{D} (2x^2 y + \sin(xy)) \mathrm{d}x \mathrm{d}y$, 其中区域 D 由曲线 $y = x^3$, 直线 $x = -1, y = 1$ 所围成 (图 7.8);

(2) $\iint\limits_{D} \dfrac{1+xy}{1+x^2+y^2}\mathrm{d}\sigma$, 其中 $D = \{(x,y)|x \geqslant 0,$

$x^2+y^2 \leqslant 1\}$.

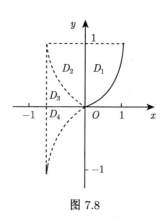

图 7.8

解 (1) 如图 7.8 所示, 引入曲线 $y = -x^3$, 将区域 D 分成四个子区域, 且 D_1 和 D_2 关于 y 轴对称, D_3 和 D_4 关于 x 轴对称. 因为函数 $\sin(xy)$ 关于 x 和 y 都是奇函数, 所以

$$\iint\limits_{D_1+D_2} \sin(xy)\mathrm{d}x\mathrm{d}y = 0, \quad \iint\limits_{D_3+D_4} \sin(xy)\mathrm{d}x\mathrm{d}y = 0.$$

函数 $2x^2y$ 关于 y 是奇函数, 关于 x 是偶函数, 所以

$$\iint\limits_{D_3+D_4} 2x^2y\mathrm{d}x\mathrm{d}y = 0, \quad \iint\limits_{D_1+D_2} 2x^2y\mathrm{d}x\mathrm{d}y = 2\iint\limits_{D_1} 2x^2y\mathrm{d}x\mathrm{d}y.$$

而

$$\iint\limits_{D_1} 2x^2y\mathrm{d}x\mathrm{d}y = \int_0^1 2x^2\mathrm{d}x \int_{x^3}^1 y\mathrm{d}y = \int_0^1 (1-x^6)x^2\mathrm{d}x = \frac{2}{9}.$$

因此, 所求二重积分的值为 $\dfrac{4}{9}$.

(2) 区域 D 为右半圆, 且关于 x 轴对称, 函数 $\dfrac{xy}{1+x^2+y^2}$ 关于 y 为奇函数, 因此,

$$\iint\limits_{D} \frac{xy}{1+x^2+y^2}\mathrm{d}\sigma = 0.$$

于是 (下式最后一步利用后续的极坐标计算比较简单),

$$\iint\limits_{D} \frac{1+xy}{1+x^2+y^2}\mathrm{d}\sigma = \iint\limits_{D} \frac{1}{1+x^2+y^2}\mathrm{d}\sigma = \frac{\pi}{2}\ln 2.$$

例 7.7 已知 $f(x,y) = 2xy - \iint\limits_{D} f(x,y)\mathrm{d}x\mathrm{d}y$, 其中 $D : 0 \leqslant x \leqslant 1, 0 \leqslant y \leqslant 1$, 求 $f(x,y)$.

解 注意到二重积分 $\iint\limits_{D} f(x,y)\mathrm{d}\sigma$ 是一定值, 记为 a, 则 $f(x,y) = 2xy - a$. 两端积分, 即有 $a = \iint\limits_{D}(2xy - a)\mathrm{d}x\mathrm{d}y$. 计算

$$\iint\limits_{D}(2xy-a)\mathrm{d}x\mathrm{d}y = 2\iint\limits_{D} xy\mathrm{d}x\mathrm{d}y - a\iint\limits_{D}\mathrm{d}x\mathrm{d}y = 2\int_0^1 x\mathrm{d}x \int_0^1 y\mathrm{d}y - a\sigma(D) = \frac{1}{2} - a.$$

于是, $a = \dfrac{1}{4}$. 故 $f(x,y) = 2xy - \dfrac{1}{4}$.

2. 极坐标系下计算二重积分

如果积分区域与"圆"有关, 或被积函数为 $f(x^2 + y^2)$ 型, 则一般利用极坐标计算积分. 在极坐标系 $\begin{cases} x = r\cos\theta, \\ y = r\sin\theta \end{cases}$ 下, 区域 D (图 7.9(a)) 化为

$$D' : r_1(\theta) \leqslant r \leqslant r_2(\theta), \quad \alpha \leqslant \theta \leqslant \beta,$$

面积单元 $\mathrm{d}\sigma = r\mathrm{d}r\mathrm{d}\theta$. 因此, 二重积分

$$\iint\limits_{D} f(x,y)\mathrm{d}x\mathrm{d}y = \int_{\alpha}^{\beta} \mathrm{d}\theta \int_{r_1(\theta)}^{r_2(\theta)} f(r\cos\theta, r\sin\theta)r\mathrm{d}r,$$

其中 $r_1(\theta), r_2(\theta)$ 的确定: 自坐标系原点 (极点) 出发的射线穿过区域 D, 穿入函数为 $r_1(\theta)$, 穿出函数为 $r_2(\theta)$, 这里 $r_1(\theta), r_2(\theta)$ 是通过将极坐标代入直角坐标方程而得到的. 如果极坐标系原点在区域 D 的内部, 则 $\theta \in [0, 2\pi]$ (图 7.9(b)).

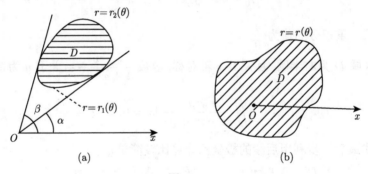

(a)　　　　　　　　　　　　　　(b)

图 7.9

例 7.8　证明不等式 $\dfrac{61\pi}{165} \leqslant \iint\limits_{x^2 + y^2 \leqslant 1} \sin(\sqrt{x^2 + y^2})^3 \mathrm{d}x\mathrm{d}y \leqslant \dfrac{2\pi}{5}$.

解　引入利用极坐标系, 二重积分可化为

$$\iint\limits_{x^2 + y^2 \leqslant 1} \sin(\sqrt{x^2 + y^2})^3 \mathrm{d}x\mathrm{d}y = \int_{0}^{2\pi} \mathrm{d}\theta \int_{0}^{1} r\sin r^3 \mathrm{d}r = 2\pi \int_{0}^{1} r\sin r^3 \mathrm{d}r.$$

当 $x > 0$ 时, 不等式 $x - \dfrac{x^3}{3!} \leqslant \sin x \leqslant x \ (0 \leqslant x \leqslant 1)$ 成立, 因此,

$$r^4 - \frac{r^{10}}{6} \leqslant r\sin r^3 \leqslant r^4.$$

而 $\int_0^1 r^4 \mathrm{d}r = \dfrac{1}{5}$, $\int_0^1 \left(r^4 - \dfrac{r^{10}}{6} \right) \mathrm{d}r = \dfrac{61}{66 \times 5}$. 由此即证原不等式成立.

例 7.9 计算 $\displaystyle\iint_D \sqrt{1+x^2+y^2}\mathrm{d}x\mathrm{d}y$, 其中区域 $D : x^2 + y^2 \leqslant 1, x \geqslant 0, y \geqslant 0$.

解 根据区域 D 的结构, 在极坐标系下, $r_1(\theta) = 0, r_2(\theta) = 1, \theta \in \left[0, \dfrac{\pi}{2} \right]$, 因此,

$$\iint_D \sqrt{1+x^2+y^2}\mathrm{d}x\mathrm{d}y = \int_0^{\frac{\pi}{2}} \mathrm{d}\theta \int_0^1 r\sqrt{1+r^2}\mathrm{d}r = \frac{\pi}{4} \int_0^1 \sqrt{1+r^2}\mathrm{d}r^2 = \frac{\pi}{6}((\sqrt{2})^3 - 1).$$

例 7.10 将下列直角坐标系下二重积分化为极坐标系下积分:

(1) $\displaystyle\iint_D f(x,y)\mathrm{d}x\mathrm{d}y$, 其中区域 D 由 $y = x, y = \sqrt{3}x, x = 3$ 所围;

(2) $\displaystyle\iint_D f(x,y)\mathrm{d}x\mathrm{d}y$, 其中区域 D 由 $y = x^2, y = 1, x = 0$ 所围.

解 (1) 根据区域 D 的结构, 从坐标系原点出发的射线穿过区域 D, 穿入的边界函数为 $r_1(\theta) = 0$, 穿出的边界在直角坐标系下的方程为 $x = 3$, 转化为极坐标系下的方程为 $r_2(\theta) = \dfrac{3}{\cos\theta}, \theta \in \left[\dfrac{\pi}{4}, \dfrac{\pi}{3} \right]$. 因此,

$$\iint_D f(x,y)\mathrm{d}x\mathrm{d}y = \int_{\frac{\pi}{4}}^{\frac{\pi}{3}} \mathrm{d}\theta \int_0^{\frac{3}{\cos\theta}} f(r\cos\theta, r\sin\theta)r\mathrm{d}r.$$

(2) 根据区域 D 的结构, 极坐标系原点出发的射线穿过区域 D 时, 穿入的边界函数 $r_0(\theta) = 0$, 而穿出的边界函数有两个解析表达式, 一个是 $r_2(\theta) = \dfrac{\sin\theta}{\cos^2\theta}$ (因在直角坐标系下的方程为 $y = x^2$), $\theta \in \left[0, \dfrac{\pi}{4} \right]$; 另一个是 $r_2(\theta) = \dfrac{1}{\sin\theta}$ (因直角坐标系下的方程为 $y = 1$), $\theta \in \left[\dfrac{\pi}{4}, \dfrac{\pi}{2} \right]$. 因此,

$$\iint_D f(x,y)\mathrm{d}x\mathrm{d}y = \int_0^{\frac{\pi}{4}} \mathrm{d}\theta \int_0^{\frac{\sin\theta}{\cos^2\theta}} f(r\cos\theta, r\sin\theta)r\mathrm{d}r + \int_{\frac{\pi}{4}}^{\frac{\pi}{2}} \mathrm{d}\theta \int_0^{\frac{1}{\sin\theta}} f(r\cos\theta, r\sin\theta)r\mathrm{d}r.$$

*例 7.11 已知函数 $f(x)$ 为一阶连续可导函数, 且 $f(0) = 0$, 求

$$\lim_{t\to 0^+} \frac{1}{\pi t^3} \iint_{x^2+y^2 \leqslant t^2} f(\sqrt{x^2+y^2})\mathrm{d}x\mathrm{d}y.$$

解   利用极坐标系, 得

$$\iint\limits_{x^2+y^2\leqslant t^2} f(\sqrt{x^2+y^2})\mathrm{d}x\mathrm{d}y = \int_0^{2\pi} \mathrm{d}\theta \int_0^t f(r)r\mathrm{d}r = 2\pi \int_0^t rf(r)\mathrm{d}r,$$

因此,

$$\lim_{t\to 0^+} \frac{1}{\pi t^3} \iint\limits_{x^2+y^2\leqslant t^2} f(\sqrt{x^2+y^2})\mathrm{d}x\mathrm{d}y = \lim_{t\to 0^+} \frac{2\displaystyle\int_0^t rf(r)\mathrm{d}r}{t^3} = \frac{2}{3}f'(0).$$

3. 交换积分次序

直角坐标系下交换积分次序就是将 "先 x 后 y 型" 转化为 "先 y 后 x 型", 或者将 "先 y 后 x 型" 转化为 "先 x 后 y 型", 也就是交换穿入穿出的方式: "由下而上" 交换为 "由左而右". 反过来亦如此. 具体做法: ① 确定穿入穿出的方式; ② 确定积分区域 D; ③ 交换积分次序.

例 7.12   交换下列积分次序 (其中 $f(x,y)$ 在所给定的区域上连续):

(1) $\displaystyle\int_1^{\mathrm{e}} \mathrm{d}x \int_0^{\ln x} f(x,y)\mathrm{d}y$;   (2) $\displaystyle\int_{-1}^0 \mathrm{d}y \int_2^{1-y} f(x,y)\mathrm{d}x$;

(3) $\displaystyle\int_0^1 \mathrm{d}x \int_0^x f(x,y)\mathrm{d}y + \int_1^2 \mathrm{d}x \int_0^{2-x} f(x,y)\mathrm{d}y$.

解   (1) 依题意, 积分区域 D 由曲线 $y=\ln x$ 和直线 $y=0, x=\mathrm{e}$ 围成. 交换积分次序, 得

$$\int_1^{\mathrm{e}} \mathrm{d}x \int_0^{\ln x} f(x,y)\mathrm{d}y = \int_0^1 \mathrm{d}y \int_{\mathrm{e}^y}^{\mathrm{e}} f(x,y)\mathrm{d}x.$$

(2) 依题意, 积分区域 D 由直线 $x+y=1, y=0, x=2$ 围成, 改变积分次序, 得

$$\int_{-1}^0 \mathrm{d}y \int_2^{1-y} f(x,y)\mathrm{d}x = -\int_{-1}^0 \mathrm{d}y \int_{1-y}^2 f(x,y)\mathrm{d}x = \int_1^2 \mathrm{d}x \int_0^{1-x} f(x,y)\mathrm{d}y.$$

(3) 依题意, 积分区域 D 由直线 $y=x, x+y=2, y=0$ 围成, 交换积分次序, 得

$$\int_0^1 \mathrm{d}x \int_0^x f(x,y)\mathrm{d}y + \int_1^2 \mathrm{d}x \int_0^{2-x} f(x,y)\mathrm{d}y = \int_0^1 \mathrm{d}y \int_y^{2-y} f(x,y)\mathrm{d}x.$$

*例 7.13   已知函数 $f(x)$ 在区间 $[0,1]$ 上一阶连续可导, $\displaystyle\int_0^1 f(x)\mathrm{d}x = A$, 求

$$\int_0^1 \mathrm{d}x \int_x^1 f(x)f(y)\mathrm{d}y.$$

解   由所求积分 $\displaystyle\int_0^1 \mathrm{d}x \int_x^1 f(x)f(y)\mathrm{d}y$, 发现积分区域 D 由直线 $y=x, y=1$

和 $x = 0$ 所围成. 因此, 交换积分次序, 得

$$\int_0^1 \mathrm{d}x \int_x^1 f(x)f(y)\mathrm{d}y = \int_0^1 f(y)\left(\int_0^y f(x)\mathrm{d}x\right)\mathrm{d}y = \frac{1}{2}\int_0^1 \mathrm{d}\left(\int_0^y f(x)\mathrm{d}x\right)^2$$
$$= \frac{1}{2}\left(\int_0^1 f(x)\mathrm{d}x\right)^2 = \frac{A^2}{2}.$$

需要说明的是, 不论是利用直角坐标系计算二重积分还是利用极坐标系计算二重积分, 当二重积分化为二次积分后, 二次积分的上限一定不能小于下限. 这是因为, 对定积分, 子区间 Δx_i 可正可负, 故积分上、下限没有大小的限制; 对二重积分, $\Delta \sigma_i$ 既表示第 i 个子区域, 又表示该子区域的面积, 而面积只能正不能负.

7.2.2 三重积分的计算

三重积分计算的基本思想仍然是化为定积分后再进行计算. 具体办法同样采用**穿入穿出**的办法: ① 确定积分区域 Ω; ② 平行于 z 轴正向方向从下向上穿入穿出积分区域 Ω, 确定穿入边界函数 $z = z_1(x,y)$, 穿出边界函数 $z = z_2(x,y)$; ③ 确定 Ω 在 xOy 面的投影 D_{xy} (图 7.10). 由此即得

$$\iiint\limits_{\Omega} f(x,y,z)\mathrm{d}v = \iint\limits_{D_{xy}} \left(\int_{z_1(x,y)}^{z_2(x,y)} f(x,y,z)\mathrm{d}z\right)\mathrm{d}x\mathrm{d}y.$$

这是先 z 后 xy 型. 当然, 根据积分区域 Ω 的结构, 可以按照先 x 后 yz 型或先 y 后 zx 型计算三重积分 (请读者类似推导).

这一计算方法称为"**先一后二法**". 以下情形可利用"**先二后一法**"进行计算: 如果积分区域 Ω 可表示为 $F(x,y) \leqslant h(z), z_1 \leqslant z \leqslant z_2$, 则

$$\iiint\limits_{\Omega} f(x,y,z)\mathrm{d}v = \int_{z_1}^{z_2} \mathrm{d}z \iint\limits_{F(x,y)\leqslant h(z)} f(x,y,z)\mathrm{d}x\mathrm{d}y.$$

例 7.14 计算下列三重积分:

(1) 设 Ω 由平面 $x + y + z = 1$ 和三个坐标面围成 (图 7.11), 计算 $\iiint\limits_{\Omega} y\mathrm{d}v$;

(2) 计算 $I = \iiint\limits_{\Omega} y\cos(x+z)\mathrm{d}v$, 其中 Ω 是由抛物柱面 $y = \sqrt{x}$ 与平面 $x+z = \dfrac{\pi}{2}$ 所围的区域;

(3) 计算 $I = \iiint\limits_{\Omega} z\mathrm{d}v$, 其中 Ω 是由锥面 $R^2z^2 = h^2(x^2 + y^2)$ 及平面 $z = h$ 所围成的区域.

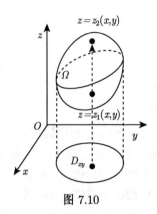

图 7.10

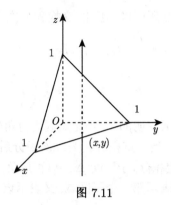

图 7.11

解　(1) 区域 Ω 在 xOy 面上投影 $D_{xy} = \{(x,y) | 0 \leqslant y \leqslant 1-x, 0 \leqslant x \leqslant 1\}$, 且穿入区域 Ω 的边界函数为 $z_1 = 0$, 穿出区域 Ω 的边界函数为 $z_2 = 1-x-y$. 因此,

$$\iiint\limits_{\Omega} y \mathrm{d}v = \iint\limits_{D_{xy}} \left(\int_0^{1-x-y} y \mathrm{d}z \right) \mathrm{d}x\mathrm{d}y = \iint\limits_{D_{xy}} y(1-x-y)\mathrm{d}x\mathrm{d}y = \frac{1}{24}.$$

(2) 区域 Ω 在 zOx 坐标面上投影区域

$$D_{zx} = \left\{ (z,x) \,\middle|\, 0 \leqslant x \leqslant \frac{\pi}{2}, 0 \leqslant z \leqslant \frac{\pi}{2} - x \right\},$$

且穿入区域 Ω 的边界函数 $y = 0$, 穿出区域 Ω 的边界函数为 $y = \sqrt{x}$. 因此,

$$I = \iint\limits_{D_{zx}} \mathrm{d}z\mathrm{d}x \int_0^{\sqrt{x}} y \cos(x+z) \mathrm{d}y = \int_0^{\frac{\pi}{2}} \mathrm{d}x \int_0^{\frac{\pi}{2}-x} \mathrm{d}z \int_0^{\sqrt{x}} y \cos(x+z) \mathrm{d}y = \frac{\pi^2}{16} - \frac{1}{2}.$$

(3) 区域 Ω 在 xOy 坐标面上的投影 $D_{xy} = \{(x,y) | x^2 + y^2 \leqslant R^2\}$, 且穿入区域 Ω 的边界函数 $z = \dfrac{h}{R}\sqrt{x^2+y^2}$, 穿出区域 Ω 的边界函数 $z = h$, 因此,

$$I = \iint\limits_{D_{xy}} \mathrm{d}x\mathrm{d}y \int_{\frac{h}{R}\sqrt{x^2+y^2}}^{h} z\mathrm{d}z = \frac{1}{2} \iint\limits_{D_{xy}} \left(h^2 - \frac{h^2}{R^2}(x^2+y^2) \right) \mathrm{d}x\mathrm{d}y = \frac{\pi}{4}R^2h^2.$$

例 7.15　求下列三重积分:

(1) $I_1 = \iiint\limits_{\Omega} z^2 \mathrm{d}v, \ \Omega : \dfrac{x^2}{a^2} + \dfrac{y^2}{b^2} + \dfrac{z^2}{c^2} \leqslant 1$;

(2) $I_2 = \iiint\limits_{\Omega} \dfrac{1}{1+x^2+y^2} \mathrm{d}v, \ \Omega : 0 \leqslant z \leqslant h, x^2 + y^2 \leqslant 4z$.

解 (1) 由于 Ω 可表示为 $\dfrac{x^2}{a^2} + \dfrac{y^2}{b^2} \leqslant 1 - \dfrac{z^2}{c^2}, -c \leqslant z \leqslant c$, 因此,

$$I_1 = \int_{-c}^{c} z^2 \mathrm{d}z \iint\limits_{\frac{x^2}{a^2}+\frac{y^2}{b^2}\leqslant 1-\frac{z^2}{c^2}} \mathrm{d}x\mathrm{d}y = \int_{-c}^{c} z^2 \pi ab \left(1 - \frac{z^2}{c^2}\right) \mathrm{d}z = \frac{4}{15}\pi abc^3.$$

(2) 依题意,

$$I_2 = \int_0^h \mathrm{d}z \iint\limits_{x^2+y^2\leqslant 4z} \frac{1}{1+x^2+y^2}\mathrm{d}x\mathrm{d}y$$

$$= \int_0^h \mathrm{d}z \int_0^{2\pi} \mathrm{d}\theta \int_0^{2\sqrt{z}} \frac{r}{1+r^2}\mathrm{d}r = \frac{\pi}{4}((1+4h)\ln(1+4h)-4h).$$

如果积分区域与 "球" 有关, 或者被积函数为 $f(x^2 + y^2 + z^2)$ 型, 一般采用球面坐标系

$$\begin{cases} x = r \sin\phi\cos\theta, \\ y = r \sin\phi\sin\theta, \\ z = r \cos\phi \end{cases}$$

进行积分. 这时, 体积单元 $\mathrm{d}v = r^2 \sin\phi \mathrm{d}r\mathrm{d}\phi\mathrm{d}\theta$, 三重积分改写为

$$\iiint\limits_{\Omega} f(x,y,z)\mathrm{d}v = \iiint\limits_{\Omega} f(r\sin\phi\cos\theta, r\sin\phi\sin\theta, r\cos\phi)r^2 \sin\phi \mathrm{d}r\mathrm{d}\phi\mathrm{d}\theta,$$

其中 ϕ, θ 的区间由下述方式确定: 对于区域面上的点 M, ϕ 为向径 $\overrightarrow{OM}$ 与 z 轴正向的夹角 $(0 \leqslant \phi \leqslant \pi)$, θ 为 M 在 xOy 平面上投影 M' 构成向量 $\overrightarrow{OM'}$ 与 x 轴正向的夹角 (图 7.12).

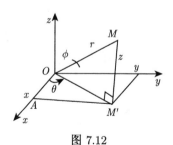

图 7.12

例 7.16 已知函数 $f(u)$ 具有一阶连续导数, 且 $f(0) = 0$, 求

$$\lim_{t\to 0} \frac{1}{\pi t^4} \iiint\limits_{x^2+y^2+z^2\leqslant t^2} f(\sqrt{x^2+y^2+z^2})\mathrm{d}v.$$

解 计算

$$\iiint\limits_{x^2+y^2+z^2\leqslant t^2} f(\sqrt{x^2+y^2+z^2})\mathrm{d}v = \int_0^\pi \mathrm{d}\phi \int_0^{2\pi} \mathrm{d}\theta \int_0^t r^2 f(r)\sin\phi\mathrm{d}r = 4\pi \int_0^t r^2 f(r)\mathrm{d}r.$$

因此,

$$\lim_{t\to 0}\frac{1}{\pi t^4}\iiint\limits_{x^2+y^2+z^2\leqslant t^2} f(\sqrt{x^2+y^2+z^2})\mathrm{d}v = \lim_{t\to 0}\frac{4\int_0^t r^2 f(r)\mathrm{d}r}{t^4} = f'(0).$$

例 7.17 计算三重积分 $\iiint\limits_{\Omega}\sqrt{x^2+y^2+z^2}\mathrm{d}v$, 其中 Ω 是球体 $x^2+y^2+z^2\leqslant z$.

解 积分区域在球面坐标系下可表示为

$$\Omega = \left\{(r,\phi,\theta)\Big| 0\leqslant r\leqslant\cos\phi, 0\leqslant\phi\leqslant\frac{\pi}{2}, 0\leqslant\theta\leqslant 2\pi\right\}.$$

因此,

$$\iiint\limits_{\Omega}\sqrt{x^2+y^2+z^2}\mathrm{d}v = \int_0^{2\pi}\mathrm{d}\theta\int_0^{\frac{\pi}{2}}\mathrm{d}\phi\int_0^{\cos\phi} r^3\sin\phi\mathrm{d}r = \frac{\pi}{10}.$$

例 7.18 计算三重积分 $\iiint\limits_{\Omega}(x^2+y^2+z^2)\mathrm{d}v$, 其中 Ω 由圆锥面 $x^2+y^2=z^2$ 与上半球面 $x^2+y^2+z^2=R^2$ 所围成.

解 积分区域 Ω 在球坐标系下可表示为

$$\Omega = \left\{(r,\phi,\theta)\Big| 0\leqslant r\leqslant R, 0\leqslant\phi\leqslant\frac{\pi}{4}, 0\leqslant\theta\leqslant 2\pi\right\}.$$

因此,

$$\iiint\limits_{\Omega}(x^2+y^2+z^2)\mathrm{d}v = \int_0^{2\pi}\mathrm{d}\theta\int_0^{\frac{\pi}{4}}\mathrm{d}\phi\int_0^R r^4\sin\phi\mathrm{d}r = \frac{2-\sqrt{2}}{5}\pi R^5.$$

在柱坐标系 $\begin{cases} x = r\cos\theta, \\ y = r\sin\theta, \\ z = z \end{cases}$ 下, 区域 Ω 可表示为 $z_1(r)\leqslant z\leqslant z_2(r)$, 而且投影

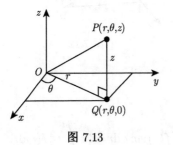

图 7.13

为圆域, 则多利用柱坐标系积分 (体积单元 $\mathrm{d}v = r\mathrm{d}r\mathrm{d}\theta\mathrm{d}z$):

$$\iiint\limits_{\Omega} f(x,y,z)\mathrm{d}v = \iiint\limits_{\Omega} f(r\cos\theta, r\sin\theta, z)r\mathrm{d}r\mathrm{d}\theta\mathrm{d}z,$$

其中 θ 为 $\overrightarrow{OP}$ 的 xOy 面内投影 $\overrightarrow{OQ}$ 与 x 轴正向的夹角 (图 7.13).

例 7.19 计算三重积分 $\iiint\limits_{\Omega} (x^2 + y^2 + z)\mathrm{d}v$, 其中 Ω 由曲线 $\begin{cases} y^2 = 2z, \\ x = 0 \end{cases}$ 绕

z 轴旋转一周生成的曲面与平面 $z = 4$ 围成的区域.

解 积分区域 Ω 在柱面坐标系下表示为

$$\Omega = \left\{ (r, \theta) \Big| 0 \leqslant r \leqslant \sqrt{8}, 0 \leqslant \theta \leqslant 2\pi, \frac{r^2}{2} \leqslant z \leqslant 4 \right\}.$$

因此,

$$\iiint\limits_{\Omega} (x^2 + y^2 + z)\mathrm{d}v = \int_0^{2\pi} \mathrm{d}\theta \int_0^{\sqrt{8}} r\mathrm{d}r \int_{\frac{r^2}{2}}^{4} (r^2 + z)\mathrm{d}z = \frac{256\pi}{3}.$$

7.2.3 重积分的应用

此前, 已经知道了二重积分和三重积分的一些几何上的应用, 例如, $\iint\limits_{D} \mathrm{d}x\mathrm{d}y$ 表

示平面有界区域 D 的面积, $\iiint\limits_{\Omega} \mathrm{d}x\mathrm{d}y\mathrm{d}z$ 表示空间有界区域 Ω 的体积; 以 xOy 面

上的闭区域 D 为底, 以 $z = f(x, y)$ $(f(x, y) \geqslant 0)$ 为顶的曲顶柱体的体积 V 可用二重积分表示为

$$V = \iint\limits_{D} f(x, y)\mathrm{d}x\mathrm{d}y,$$

这里主要讨论重积分在物理上的应用.

1. 平面薄板、空间物体的质量与质心

平面薄板的质量 m 是它的面密度函数 $\mu = \mu(x, y)$ 在薄板所占平面区域 D 上的二重积分. 在区域 D 内任取一直径很小的"微元" ΔD, 其面积为 $\mathrm{d}\sigma$, 则当 $\mu(x, y)$ 连续时, 小块薄板的质量近似等于 $\mu(x, y)\mathrm{d}\sigma$, 由此, ΔD 的质量微元为 $\mathrm{d}m = \mu(x, y)\mathrm{d}\sigma$. 于是, 薄板的质量

$$m = \sum_{(x,y) \in D} \mathrm{d}m = \sum_{(x,y) \in D} \mu(x, y)\mathrm{d}\sigma = \iint\limits_{D} \mu(x, y)\mathrm{d}\sigma.$$

平面薄板 ΔD 对 y 轴的静力矩近似等于 $x\mu(x, y)\mathrm{d}\sigma$, 由此, 平面薄板 ΔD 对 y 轴的静力矩微元 $\mathrm{d}m_y = x\mu(x, y)\mathrm{d}\sigma$. 因此, 平面薄板对 y 轴的静力矩

$$m_y = \sum_{(x,y) \in D} \mathrm{d}m_y = \sum_{(x,y) \in D} x\mu(x, y)\mathrm{d}\sigma = \iint\limits_{D} x\mu(x, y)\mathrm{d}\sigma.$$

同理得到平面薄板对 x 轴的静力矩为

$$m_x = \sum_{(x,y) \in D} \mathrm{d}m_x = \sum_{(x,y) \in D} y\mu(x,y)\mathrm{d}\sigma = \iint\limits_D y\mu(x,y)\mathrm{d}\sigma.$$

于是, 其质心坐标 (x_0, y_0) 表示为

$$x_0 = \frac{m_y}{m} = \frac{\iint\limits_D x\mu(x,y)\mathrm{d}\sigma}{\iint\limits_D \mu(x,y)\mathrm{d}\sigma}, \quad y_0 = \frac{m_x}{m} = \frac{\iint\limits_D y\mu(x,y)\mathrm{d}\sigma}{\iint\limits_D \mu(x,y)\mathrm{d}\sigma}.$$

类似地, 空间物体的质量 m 是它的体密度函数 $\mu = \mu(x,y,z)$ 在物体所占空间区域 Ω 上的三重积分, 即 $m = \iiint\limits_\Omega \mu(x,y,z)\mathrm{d}v$. 物体对三个坐标面的静力矩分别为

$$m_{xy} = \iiint\limits_\Omega z\mu(x,y,z)\mathrm{d}v, \quad m_{yz} = \iiint\limits_\Omega x\mu(x,y,z)\mathrm{d}v, \quad m_{zx} = \iiint\limits_\Omega y\mu(x,y,z)\mathrm{d}v,$$

物体的质心坐标 (x_0, y_0, z_0) 表示为

$$x_0 = \frac{m_{yz}}{m}, \quad y_0 = \frac{m_{zx}}{m}, \quad z_0 = \frac{m_{xy}}{m}.$$

2. 转动惯量

设平面薄板的面密度函数为 $\mu(x,y)$, 其边界曲线围成的平面闭区域记为 D, 在其中任取微元 ΔD, 其面积为 $\mathrm{d}\sigma$, 则当 $\mu(x,y)$ 连续时, 小块薄板质量近似等于 $\mu(x,y)\mathrm{d}\sigma$, 它绕 y 轴转动的转动惯量近似等于 $x^2\mu(x,y)\mathrm{d}\sigma$, 以此得到 ΔD 的转动惯量微元 $\mathrm{d}I_y = x^2\mu(x,y)\mathrm{d}\sigma$. 于是, 平面薄板绕 y 轴转动的转动惯量为

$$I_y = \sum_{(x,y) \in D} \mathrm{d}I_y = \sum_{(x,y) \in D} x^2\mu(x,y)\mathrm{d}\sigma = \iint\limits_D x^2\mu(x,y)\mathrm{d}\sigma.$$

同理, 得到平面薄板绕 x 轴转动和原点 O 转动的转动惯量分别为

$$I_x = \iint\limits_D y^2\mu(x,y)\mathrm{d}\sigma, \quad I_O = \iint\limits_D (x^2 + y^2)\mu(x,y)\mathrm{d}\sigma.$$

类似地, 对于空间物体, 假设体密度为 $\mu(x,y,z)$, 其边界曲面围成的闭区域为 Ω, 则该物体绕 x 轴、y 轴、z 轴和原点 O 转动的转动惯量分别为

$$I_x = \iiint\limits_\Omega (y^2 + z^2)\mu(x,y,z)\mathrm{d}v, \quad I_y = \iiint\limits_\Omega (z^2 + x^2)\mu(x,y,z)\mathrm{d}v,$$

$$I_z = \iiint\limits_{\Omega} (x^2 + y^2)\mu(x, y, z)\mathrm{d}v, \quad I_O = \iiint\limits_{\Omega} (x^2 + y^2 + z^2)\mu(x, y, z)\mathrm{d}v.$$

3. 引力

设有空间物体的体密度函数为 $\mu(x, y, z)$, 其边界曲面所围成的空间闭区域为 Ω. 在 Ω 外一点 $P_0(x_0, y_0, z_0)$ 处有一质量为 m 的质点, 下面利用元素法推导 Ω 对质点 P_0 的引力.

在区域 Ω 内任取微元 ΔV, 其体积为 $\mathrm{d}v$. 设 $P(x, y, z)$ 为 ΔV 内任一点, 则当 $\mu(x, y, z)$ 连续时, 小块立体的质量近似等于 $\mu(x, y, z)\mathrm{d}v$. 将小块立体的质量看成集中在点 P 处, 于是按照两个质点的引力公式, 可得这一小块物体对质点 P_0 的引力微元 $\mathrm{d}\boldsymbol{F}$ 在 z 轴方向分力的大小等于

$$\mathrm{d}F_z = \frac{Gm\mu(x, y, z)\mathrm{d}v}{r^2}\cos\gamma = Gm\frac{(z - z_0)\mu(x, y, z)}{((x - x_0)^2 + (y - y_0)^2 + (z - z_0)^2)^{\frac{3}{2}}}\mathrm{d}v,$$

其中 G 为引力常数, γ 为 $\mathrm{d}\boldsymbol{F}$ 与 z 轴正向的夹角, r 为点 P 与 P_0 的距离, 且

$$r = \sqrt{(x - x_0)^2 + (y - y_0)^2 + (z - z_0)^2}.$$

于是, 空间物体 Ω 对质点 P_0 的引力 $\boldsymbol{F}$ 在 z 轴方向的分力大小

$$F_z = \sum_{(x,y,z)\in\Omega} \mathrm{d}F_z = \iiint\limits_{\Omega} Gm\frac{(z - z_0)\mu(x, y, z)}{((x - x_0)^2 + (y - y_0)^2 + (z - z_0)^2)^{\frac{3}{2}}}\mathrm{d}v.$$

同理, 可得到 $\boldsymbol{F}$ 在 x 轴和 y 轴方向的分力分别为

$$F_x = \iiint\limits_{\Omega} Gm\frac{(x - x_0)\mu(x, y, z)}{((x - x_0)^2 + (y - y_0)^2 + (z - z_0)^2)^{\frac{3}{2}}}\mathrm{d}v,$$

$$F_y = \iiint\limits_{\Omega} Gm\frac{(y - y_0)\mu(x, y, z)}{((x - x_0)^2 + (y - y_0)^2 + (z - z_0)^2)^{\frac{3}{2}}}\mathrm{d}v.$$

平面物体对质点引力公式这里略去.

例 7.20 求由直线 $2x + y = 6$ 与坐标轴所围成三角形均匀薄片的质心.

解 由于薄片为均匀的, 所以其质心为

$$x_0 = \frac{1}{A}\iint\limits_{D} x\mathrm{d}\sigma, \quad y_0 = \frac{1}{A}\iint\limits_{D} y\mathrm{d}\sigma,$$

这里 A 为三角形的面积, 且 $A = \frac{1}{2} \times 3 \times 6 = 9$. 故

$$x_0 = \frac{1}{9}\iint\limits_{D} x\mathrm{d}\sigma = \frac{1}{9}\int_0^3 \mathrm{d}x \int_0^{6-2x} x\mathrm{d}y = 1, \quad y_0 = \frac{1}{9}\iint\limits_{D} y\mathrm{d}\sigma = \frac{1}{9}\int_0^3 \mathrm{d}x \int_0^{6-2x} y\mathrm{d}y = 2.$$

于是, 质心位于 $(1, 2)$.

例 7.21　求均匀圆柱体 $\Omega = \{(x, y, z) | x^2 + y^2 \leqslant R^2, 0 \leqslant z \leqslant H\}$ 绕 x 轴的转动惯量.

解　设密度函数为 μ, 则直接代入转动惯量公式, 得

$$I_x = \iiint\limits_{\Omega} (y^2 + z^2)\mu dv = \mu \int_0^{2\pi} d\theta \int_0^R d\rho \int_0^H (\rho^2 \sin^2\theta + z^2)\rho dz = \frac{\mu\pi}{4}HR^4 + \frac{\mu\pi}{3}H^3R^2.$$

请读者计算绕 y 轴、z 轴和原点转动的转动惯量.

例 7.22　设有一半径为 R 的均匀球体, 其密度为常数 $\mu = 1$, 求该物体对位于球面上某点处单位质量质点的引力.

解　建立球心在原点的坐标系, 并使质点位于 z 轴上点 P_0 处, 则球面方程为 $x^2 + y^2 + z^2 = R^2$, P_0 的坐标为 $(0, 0, R)$. 由于均匀球体关于 z 轴对称, 故球体对 P_0 处的质点的引力在 x 轴和 y 轴方向的分力 $F_x = F_y = 0$. 因此, 只需计算 z 轴方向的分力 F_z.

$$F_z = \iiint\limits_{\Omega} \frac{G(z - R)}{(x^2 + y^2 + (z - R)^2)^{\frac{3}{2}}} dv$$

$$= \int_{-R}^R dz \iint\limits_{x^2 + y^2 \leqslant R^2 - z^2} \frac{G(z - R)}{(x^2 + y^2 + (z - R)^2)^{\frac{3}{2}}} dxdy = -\frac{4\pi GR}{3}.$$

习　题　7.2

1. 计算下列二重积分:

(1) $\displaystyle\iint\limits_{D} \frac{x^2}{y^2} dxdy$, 其中 D 是由直线 $x = 2, y = x$ 和双曲线 $xy = 1$ 所围的;

(2) $\displaystyle\iint\limits_{D} \sin(x + y)dxdy, D = [0, \pi] \times [0, \pi]$;

(3) $\displaystyle\iint\limits_{D} (x^2 - y)dxdy$, 其中 $D = \{(x, y) | x^2 + y^2 \leqslant 1\}$;

(4) $\displaystyle\iint\limits_{D} \frac{1 + xy}{1 + x^2 + y^2} dxdy$, 其中 $D = \{(x, y) | x^2 + y^2 \leqslant 1, x \geqslant 0\}$;

(5) $\displaystyle\iint\limits_{D} |x^2 + y^2 - 1|dxdy$, 其中 $D = \{(x, y) | 0 \leqslant x \leqslant 1, 0 \leqslant y \leqslant 1\}$;

(6) $\displaystyle\iint\limits_{D} x^2 e^{-y^2} dxdy$, 其中 D 是以 $(0, 0), (1, 1), (0, 1)$ 为顶点的三角形;

(7) $\displaystyle\iint\limits_{D} \dfrac{\sin y}{y}\mathrm{d}x\mathrm{d}y$, 其中 $D = \left\{(x,y)\,\middle|\,x \leqslant y, x \geqslant \dfrac{2}{\pi}y^2\right\}$;

(8) $\displaystyle\iint\limits_{D} xy^2\mathrm{d}\sigma$, 其中 $D = \{(x,y)\,|\,4x \geqslant y^2, x \leqslant 1\}$.

2. 交换下列积分次序:

(1) $\displaystyle\int_0^1 \mathrm{d}x \int_{x^2}^{2-x} f(x,y)\mathrm{d}y$;

(2) $\displaystyle\int_0^1 \mathrm{d}x \int_0^{\sqrt{2x-x^2}} f(x,y)\mathrm{d}y + \int_1^2 \mathrm{d}x \int_0^{2-x} f(x,y)\mathrm{d}y$;

(3) $\displaystyle\int_0^{2a} \mathrm{d}x \int_{\sqrt{2ax-x^2}}^{\sqrt{2ax}} f(x,y)\mathrm{d}y\ (a>0)$;   (4) $\displaystyle\int_0^4 \mathrm{d}y \int_{\sqrt{4-y}}^{\sqrt{4y-y^2}} f(x,y)\mathrm{d}x$;

(5) $\displaystyle\int_0^2 \mathrm{d}y \int_{y^2}^{2y} f(x,y)\mathrm{d}x$;   (6) $\displaystyle\int_1^2 \mathrm{d}x \int_{\frac{1}{x}}^{x} f(x,y)\mathrm{d}y$.

3. 化下列二次积分为极坐标形式的二次积分:

(1) $\displaystyle\int_0^1 \mathrm{d}y \int_0^1 f(x,y)\mathrm{d}x$;   (2) $\displaystyle\int_0^1 \mathrm{d}x \int_x^{\sqrt{3}x} f\left(\dfrac{y}{x}\right)\mathrm{d}y$;

(3) $\displaystyle\int_0^1 \mathrm{d}x \int_0^{\sqrt{1-x^2}} f(x^2+y^2)\mathrm{d}y$;   (4) $\displaystyle\int_0^1 \mathrm{d}x \int_{x^2}^{x} f(x,y)\mathrm{d}y$.

4. 利用极坐标计算下列各题:

(1) $\displaystyle\iint\limits_{D} \mathrm{e}^{x^2+y^2}\mathrm{d}\sigma$, 其中 $D = \{(x,y)\,|\,x^2+y^2 \leqslant 4\}$;

(2) $\displaystyle\iint\limits_{D} \sin(x^2+y^2)\mathrm{d}\sigma$, 其中 $D = \{(x,y)\,|\,\pi^2 \leqslant x^2+y^2 \leqslant 4\pi^2\}$;

(3) $\displaystyle\iint\limits_{D} \arctan\dfrac{y}{x}\mathrm{d}\sigma$, 其中 $D = \{(x,y)\,|\,x^2+y^2 \leqslant R^2\}$;

(4) $\displaystyle\iint\limits_{D} \dfrac{x+y}{x^2+y^2}\mathrm{d}\sigma$, 其中 $D = \{(x,y)\,|\,x+y>1, x^2+y^2 \leqslant 1\}$.

5. 计算下列各题:

(1) $\displaystyle\int_0^1 f(x)\mathrm{d}x$, 其中 $f(x) = \int_0^{\sqrt{x}} \mathrm{e}^{-\frac{y^2}{2}}\mathrm{d}y$;   (2) $\displaystyle\int_0^1 \mathrm{d}x \int_x^{\sqrt{x}} \dfrac{\sin y}{y}\mathrm{d}y$.

6. 计算下列三重积分:

(1) $\displaystyle\iiint\limits_{\Omega} (x+z)\mathrm{d}v$, 其中 Ω 由锥面 $z = \sqrt{x^2+y^2}$ 与 $z = \sqrt{1-x^2-y^2}$ 所围成的区域;

(2) $\displaystyle\iiint\limits_{\Omega} z\mathrm{d}v$, 其中 Ω 由 $x^2+y^2+z^2 \geqslant z$ 和 $x^2+y^2+z^2 \leqslant 2z$ 所围成;

(3) $\iiint\limits_{\Omega} \dfrac{\mathrm{d}v}{(1+x+y+z)^2}$, 其中 Ω 由平面 $x+y+z=1$ 和三个坐标轴所围成;

(4) $\iiint\limits_{\Omega} z\mathrm{d}v$, 其中 Ω 由圆锥面 $z^2=\dfrac{h^2}{a^2}(x^2+y^2)$ 与平面 $z=h$ $(h>0)$ 所围成.

7. 选择适当的坐标系计算下列三重积分:

(1) $\iiint\limits_{\Omega} z^2\mathrm{d}v$, 其中 Ω 由球面 $x^2+y^2+z^2=1$ 与 $x^2+y^2+(z-1)^2=1$ 围成的公共区域;

(2) $\iiint\limits_{\Omega} \mathrm{e}^{x^3}\mathrm{d}v$, 其中 Ω 由锥面 $x^2=y^2+z^2$ 与平面 $x=1$ 围成的闭区域;

(3) $\iiint\limits_{\Omega} xyz\mathrm{d}v$, 其中 Ω 由平面 $z=0, z=y, z=1$ 与柱面 $y=x^2$ 围成的区域;

(4) $\iiint\limits_{\Omega} (x^2+y^2+z^2)\mathrm{d}v$, 其中 Ω 由 $x^2+y^2=1$ 与 $z=0, z=1$ 围成的区域.

8. 利用柱坐标或球坐标计算三重积分:

(1) $\iiint\limits_{\Omega} (x+y+z)\mathrm{d}v$, 其中 Ω 由圆锥面 $z=1-\sqrt{x^2+y^2}$ 与平面 $z=0$ 围成的闭区域;

(2) $\iiint\limits_{\Omega} z\sqrt{x^2+y^2}\mathrm{d}v$, 其中 Ω 由柱面 $y=\sqrt{2x-x^2}$ 与平面 $z=0, z=1$ 围成的闭区域;

(3) $\iiint\limits_{\Omega} \dfrac{1}{\sqrt{x^2+y^2+z^2}}\mathrm{d}v$, 其中 Ω 由 $x^2+y^2+z^2=2az$ 围成的闭区域.

9. 求均匀薄板的质心, 设薄板所占的闭区域 D 为:

(1) 由 $y^2=4ax$ 与 $y=2a$ 和 y 轴围成;

(2) 由 $y=1-x^2$ 与 $y=2x^2-5$ 围成.

10. 设球体占有闭区域 $\Omega=\{(x,y,z)|x^2+y^2+z^2\leqslant 4z\}$, 已知其内任一点处的密度与该点到坐标原点的距离成正比, 比例系数为 k $(k>0)$, 求这球体的质心.

11. 设均匀薄板所占闭区域 D 如下, 求指定的转动惯量:

(1) 边长为 a 与 b 的矩形薄板对两条边的转动惯量;

(2) D 由 $y=1-x^2$ 与 x 轴围成, 求 I_x, I_y, I_O.

12. yOz 面内的曲线 $z=y^2$ 绕 z 轴旋转一周得到旋转曲面, 这个曲面与平面 $z=2$ 所围立体上任一点处的密度为 $\mu(x,y,z)=\sqrt{x^2+y^2}$, 求该立体绕 z 轴转动的转动惯量.

13. 设有柱壳, 由柱面 $x^2+y^2=4, x^2+y^2=9$ 和平面 $z=4, z=0$ 围成, 均匀密度为 μ, 求它对位于原点质量为 m 的质点的引力.

7.3　曲　线　积　分

7.3.1　对弧长的曲线积分

设有平面曲线段 L, 其上每点有线密度为 $\rho(x,y)$, 问其质量如何? 解决这一问题的思想仍然是"分划、求近似和、取极限". 于是, 给出如下对弧长曲线积分的定义.

定义 7.2　设曲线 L 是 xOy 平面上一条可求长曲线①, 端点分别为 A,B, 函数 $f(x,y)$ 在曲线 L 上连续. 在 L 上任意取 $n+1$ 个分点 $A = A_0, A_1, \cdots, A_{n-1}, A_n = B$, 将曲线 L 分成 n 个小弧段 $\widehat{A_{i-1}A_i}$ $(i = 1, 2, \cdots, n)$, 其长度记为 $\Delta s_i = \widehat{A_{i-1}A_i}$, 在小弧段 $\widehat{A_{i-1}A_i}$ 上任取一点 (ξ_i, η_i) $(i = 1, 2, \cdots, n)$, 作 Riemann 和 $\sum\limits_{i=1}^{n} f(\xi_i, \eta_i)\Delta s_i$. 设 $\lambda = \max\limits_{1 \leqslant i \leqslant n}\{\Delta s_i\}$. 如果极限 $\lim\limits_{\lambda \to 0} \sum\limits_{i=1}^{n} f(\xi_i, \eta_i)\Delta s_i$ 存在, 则称该极限为函数 $f(x,y)$ 在曲线 L 上**对弧长的曲线积分**(也称**第一曲线积分**), 记为

$$\int_L f(x,y)\mathrm{d}s = \lim_{\lambda \to 0} \sum_{i=1}^{n} f(\xi_i, \eta_i)\Delta s_i,$$

这里称 $f(x,y)$ 为被积函数, L 为积分路径, $\mathrm{d}s$ 为弧长积分单元. 如果曲线 L 为闭合曲线 (即起点和终点重合), 则对弧长积分记为 $\oint_L f(x,y)\mathrm{d}s$.

定义 7.2 可以推广到三维空间的曲线积分 $\int_L f(x,y,z)\mathrm{d}s$.

根据定义 7.2, 曲线构件的质量 $m = \int_L \rho(x,y,z)\mathrm{d}s$, 且曲线构件 L 关于三个坐标面的静力矩

$$m_{yz} = \int_L x\rho(x,y,z)\mathrm{d}s, \quad m_{zx} = \int_L y\rho(x,y,z)\mathrm{d}s, \quad m_{xy} = \int_L z\rho(x,y,z)\mathrm{d}s,$$

这里 $\rho(x,y,z)$ 为线密度. 于是, 曲线构件的质心坐标为

$$x_0 = \frac{m_{yz}}{m}, \quad y_0 = \frac{m_{zx}}{m}, \quad z_0 = \frac{m_{xy}}{m}.$$

它绕 z 轴转动的转动惯量 (读者不难推导绕 x 轴、y 轴和原点转动的转动惯量)

$$I_z = \int_L (x^2 + y^2)\rho(x,y,z)\mathrm{d}s.$$

---

① 今后总假定讨论的曲线都是光滑的或逐段光滑的, 因此它们是可求长曲线.

第一曲线积分具有以下性质 (证明略去):

(1) $\displaystyle\int_L \mathrm{d}s$ 表示曲线 L 的弧长;

(2) $\displaystyle\int_L (\alpha f + \beta g)\mathrm{d}s = \alpha \int_L f\mathrm{d}s + \beta \int_L g\mathrm{d}s, \alpha, \beta \in \mathbb{R}$;

(3) $\displaystyle\int_L f\mathrm{d}s = \int_{L_1} f\mathrm{d}s + \int_{L_2} f\mathrm{d}s,\ L = L_1 + L_2$;

(4) 在曲线 L 上, $f(x,y) \leqslant g(x,y)$, 则

$$\int_L f(x,y)\mathrm{d}s \leqslant \int_L g(x,y)\mathrm{d}s.$$

第一曲线积分的计算同样是化为定积分进行计算, 但这里必须保证**定积分的下限不超过上限**. 对第一曲线积分, 包括接下来将要讲到的第二曲线积分和曲面积分, 注意被积函数 $f(x,y,z)$ (对 $f(x,y)$ 也如此) 中变量 (x,y,z) 落在曲线或曲面上, 了解这一点可以简化计算过程. 例如,

$$\oint_{x^2+y^2=a^2} (x^2+y^2)\mathrm{d}s = a^2 \oint_{x^2+y^2=a^2} \mathrm{d}s = a^2 \times 2\pi a = 2\pi a^3.$$

如果曲线方程以参数形式 $x = x(t), y = y(t)\ (a \leqslant t \leqslant b)$ 给出, 由于弧微分

$$\mathrm{d}s = \sqrt{x'^2(t) + y'^2(t)}\mathrm{d}t,$$

所以, 第一曲线积分

$$\int_L f(x,y)\mathrm{d}s = \int_a^b f(x(t),y(t))\sqrt{x'^2(t) + y'^2(t)}\mathrm{d}t;$$

如果曲线方程为 $y = y(x)\ (a \leqslant x \leqslant b)$, 则

$$\int_L f(x,y)\mathrm{d}s = \int_a^b f(x,y(x))\sqrt{1 + y'^2(x)}\mathrm{d}x.$$

对于三维情形, 如果曲线 L 的参数方程为 $x = x(t), y = y(t), z = z(t)(a \leqslant t \leqslant b)$, 则

$$\int_L f(x,y,z)\mathrm{d}s = \int_a^b f(x(t),y(t),z(t))\sqrt{x'^2(t) + y'^2(t) + z'^2(t)}\mathrm{d}t.$$

读者可完全类似给出三维情形下积分曲线方程为一般形式的计算公式.

例 7.23　计算 $\displaystyle\int_L x\mathrm{d}s$, 其中 L 是抛物线 $y = \dfrac{x^2}{2}$ 上点 $O(0,0)$ 与点 $B(2,2)$ 之间的一段弧.

解 由于 L 由 $y = \dfrac{x^2}{2}$ $(x \in [0,2])$ 给出, 所以,

$$\int_L x\mathrm{d}s = \int_0^2 x\sqrt{1+x^2}\mathrm{d}x = \frac{1}{3}(5\sqrt{5}-1).$$

例 7.24 计算 $\displaystyle\int_L (x^2+y^2+z^2)\mathrm{d}s$, 其中 L 是螺旋线

$$x = a\cos t, \quad y = a\sin t, \quad z = kt \quad (0 \leqslant t \leqslant 2\pi, k > 0).$$

解 由于

$$\sqrt{x'^2(t) + y'^2(t) + z'^2(t)} = \sqrt{a^2+k^2},$$

所以,

$$\int_L (x^2+y^2+z^2)\mathrm{d}s = \int_0^{2\pi}(a^2+k^2t^2)\sqrt{a^2+k^2}\mathrm{d}t = \frac{2\pi}{3}\sqrt{a^2+k^2}(3a^2+4\pi^2k^2).$$

例 7.25 计算 $\displaystyle\int_L x^2\mathrm{d}s$, 其中 L 为球面 $x^2+y^2+z^2 = a^2$ 被平面 $x+y+z=0$ 所截得的圆周.

解 曲线 L 参数方程并不容易给出, 但注意到 L 关于 x, y, z 对称性及 $(x,y,z) \in L$, 得

$$\int_L x^2\mathrm{d}s = \int_L y^2\mathrm{d}s = \int_L z^2\mathrm{d}s.$$

因此,

$$\int_L x^2\mathrm{d}s = \frac{1}{3}\int_L (x^2+y^2+z^2)\mathrm{d}s = \frac{a^2}{3}\int_L \mathrm{d}s = \frac{2\pi}{3}a^3.$$

对称性和几何意义是简化积分计算常用技巧, 请仔细品味, 加以灵活运用.

例 7.26 解答下列各题:

(1) 已知上半圆周 $L: x^2+y^2 = a^2$ $(y \geqslant 0)$ 的质量分布是不均匀的, 其线密度 $\rho(x,y) = x^2+y$, 求其质心 (x_0, y_0);

(2) 计算螺线 $x = \cos t, y = \sin t, z = t$ 对应于参数 $t=0$ 到 $t=2\pi$ 的一段弧绕原点转动的转动惯量 (螺线的线密度 $\rho = 1$);

(3) 求一均匀半圆 (密度 $\rho = 1$) 对位于其中心的单位质点的引力.

解 (1) 曲线 L 的参数方程 $x = a\cos t, y = a\sin t$ $(0 \leqslant t \leqslant \pi)$, 其质量为

$$m = \int_L (x^2+y)\mathrm{d}s = \int_0^\pi (a^2\cos^2 t + a\sin t)a\mathrm{d}t = \frac{\pi}{2}a^3 + 2a^2.$$

由于上半圆周 L 关于 y 轴对称, 且 $\rho(x,y)$ 关于 x 是偶函数, 所以 $x_0 = 0$, 关于 x 轴的静力矩

$$m_x = \int_L y\rho \mathrm{d}s = \int_L y(x^2 + y)\mathrm{d}s = \frac{a^3}{6}(3\pi + 4a).$$

因此,

$$y_0 = \frac{m_x}{m} = \frac{4a^2 + 3\pi a}{12 + 3\pi a}.$$

所以质心坐标为 $\left(0, \dfrac{4a^2 + 3\pi a}{12 + 3\pi a}\right)$.

(2) 转动惯量

$$\begin{aligned}
I_O &= \int_L (x^2 + y^2 + z^2)\mathrm{d}s \\
&= \int_0^{2\pi} (\cos^2 t + \sin^2 t + t^2)\sqrt{2}\mathrm{d}t = \sqrt{2}\int_0^{2\pi}(1 + t^2)\mathrm{d}t = \frac{\sqrt{2}}{3}\pi(6 + 8\pi^2).
\end{aligned}$$

(3) 为计算方便, 取半圆的圆心为坐标系原点, 半圆位于坐标系上半平面, 半径为 R, 则 $x = R\cos\theta, y = R\sin\theta$ $(\theta \in [0,\pi])$. 由对称性, 引力 $\boldsymbol{F}$ 在 x 轴上投影 $F_x = 0$, 故只需要计算 $\boldsymbol{F}$ 在 y 轴上投影 F_y. 任取弧长微元 $\mathrm{d}s$, 它对原点处单位质量的质点的引力为

$$\mathrm{d}\boldsymbol{F} = \frac{k\rho}{R^2}\mathrm{d}s\boldsymbol{r}_0,$$

其中 k 为引力常数, $\boldsymbol{r}_0$ 为向径的单位向量, 代入 $\rho = 1, \mathrm{d}s = R\mathrm{d}\theta$, 得

$$\mathrm{d}F_y = \frac{k}{R^2}\sin\theta\mathrm{d}s = \frac{k}{R}\sin\theta\mathrm{d}\theta.$$

因此,

$$F_y = \int_0^{\pi}\frac{k}{R}\sin\theta\mathrm{d}\theta = \frac{2k}{R}.$$

7.3.2 对坐标的曲线积分

对弧长的曲线积分是无方向的, 不能解决有关对方向有要求的实际问题, 如变力 $\boldsymbol{F}$ 沿曲线移动物体做功问题. 设一质点受变力 $\boldsymbol{F}(x,y)$ 的作用, 沿平面上曲线段 L 从点 A 运动到点 B, 此时, 力 $\boldsymbol{F}(x,y)$ 不断在变化, 而且力的方向也在不断变化, 如何计算力 $\boldsymbol{F}$ 的做功问题?

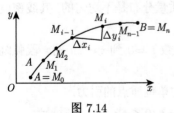

图 7.14

从 A 向 B 对曲线段一个分法 (图 7.14): $A = M_0, M_1, \cdots, M_{n-1}, M_n = B$, 记 $\overset{\frown}{M_{i-1}M_i}$ 的弧长 Δs_i, 任取 $(\xi_i, \eta_i) \in \overset{\frown}{M_{i-1}M_i}$. 当 $\lambda = \max\limits_{1 \leqslant i \leqslant n}\{\Delta s_i\}$ 很小时, 每个弧段 $\overset{\frown}{M_{i-1}M_i}$ 上的力近似

于常力 $\boldsymbol{F}(\xi_i, \eta_i)$, 且该常力使质点从点 M_{i-1} 运动到点 M_i 所做的功 W_i 有近似表达式

$$W_i \approx \boldsymbol{F}(\xi_i, \eta_i) \cdot \overrightarrow{M_{i-1}M_i}.$$

因此, 力 $\boldsymbol{F}(x, y)$ 使质点从 A 运动到 B 所做的功

$$W \approx \sum_{i=1}^{n} \boldsymbol{F}(\xi_i, \eta_i) \cdot \overrightarrow{M_{i-1}M_i}.$$

因为

$$\overrightarrow{M_{i-1}M_i} = (x_i - x_{i-1}, y_i - y_{i-1}) = (\Delta x_i, \Delta y_i),$$

又设 $\boldsymbol{F} = \{P(x, y), Q(x, y)\}$, 则有

$$W = \lim_{\lambda \to 0} \sum_{i=1}^{n} \boldsymbol{F}(\xi_i, \eta_i) \cdot \overrightarrow{M_{i-1}M_i} = \lim_{\lambda \to 0} \sum_{i=1}^{n} (P(\xi_i, \eta_i)\Delta x_i + Q(\xi_i, \eta_i)\Delta y_i).$$

于是, 抛开物理背景, 这种和的极限就称为对坐标的曲线积分 (也称为第二曲线积分).

定义 7.3 设 L 为 xOy 平面上从点 A 到 B 的一条有向光滑曲线弧段, 函数 $P(x, y), Q(x, y)$ 在曲线 L 上有定义且有界, 在 L 上从 A 到 B 的方向任意插入点列 $M_1(x_1, y_1), M_2(x_2, y_2), \cdots, M_{n-1}(x_{n-1}, y_{n-1})$ 把 L 分成 n 个小弧段

$$\overparen{M_{i-1}M_i} \quad (i = 1, 2, \cdots, n; \ M_0 = A, M_n = B).$$

设 $\Delta x_i = x_i - x_{i-1}, \Delta y_i = y_i - y_{i-1}, (\xi_i, \eta_i)$ 为第 i 小弧段 $\overparen{M_{i-1}M_i}$ 上任意一点, λ 为各小弧段长度的最大值, $\Delta \boldsymbol{r}_i = \{\Delta x_i, \Delta y_i\}, \boldsymbol{F}(x, y) = \{P(x, y), Q(x, y)\}$. 如果极限

$$\lim_{\lambda \to 0} \sum_{i=1}^{n} \boldsymbol{F}(\xi_i, \eta_i) \cdot \Delta \boldsymbol{r}_i$$

存在, 则称此极限为向量场 $\boldsymbol{F}$ 沿有向曲线 L 的**对坐标的曲线积分**[1] (也称**第二曲线积分**), 记为

$$\int_L \boldsymbol{F} \cdot \mathrm{d}\boldsymbol{r} = \int_L P(x, y)\mathrm{d}x + Q(x, y)\mathrm{d}y = \lim_{\lambda \to 0} \sum_{i=1}^{n} \boldsymbol{F}(\xi_i, \eta_i) \cdot \Delta \boldsymbol{r}_i,$$

其中 $\boldsymbol{r}$ 为曲线 L 的向量表示, 曲线 L 称为**积分曲线**(也称积分路径).

根据定义 7.3, 若 $\boldsymbol{F}(x, y, z) = \{P(x, y, z), Q(x, y, z), R(x, y, z)\}, \boldsymbol{r} = \{x, y, z\}$, 则

$$\int_L \boldsymbol{F} \cdot \mathrm{d}\boldsymbol{r} = \int_L P(x, y, z)\mathrm{d}x + Q(x, y, z)\mathrm{d}y + R(x, y, z)\mathrm{d}z.$$

---

[1] 连续函数对坐标的曲线积分总是存在的, 以后总假定函数在积分曲线上连续.

如果曲线 L 是闭合的, 即曲线的起点与终点重合, 则第二曲线积分可写为 $\oint_L \boldsymbol{F} \cdot \mathrm{d}\boldsymbol{r}$.

第二曲线积分具有以下性质:

(1) $\displaystyle\int_L (k_1 \boldsymbol{F}_1 + k_2 \boldsymbol{F}_2) \cdot \mathrm{d}\boldsymbol{r} = k_1 \int_L \boldsymbol{F}_1 \cdot \mathrm{d}\boldsymbol{r} + k_2 \int_L \boldsymbol{F}_2 \cdot \mathrm{d}\boldsymbol{r}$, k_1, k_2 为常数;

(2) 设曲线 L 由两段曲线弧 L_1, L_2 组成, 且 L_1, L_2 的方向相同, 则

$$\int_L \boldsymbol{F} \cdot \mathrm{d}\boldsymbol{r} = \int_{L_1} \boldsymbol{F} \cdot \mathrm{d}\boldsymbol{r} + \int_{L_2} \boldsymbol{F} \cdot \mathrm{d}\boldsymbol{r};$$

(3) 以 L^- 表示与曲线 L 的反向曲线段, 则 $\displaystyle\int_L \boldsymbol{F} \cdot \mathrm{d}\boldsymbol{r} = -\int_{L^-} \boldsymbol{F} \cdot \mathrm{d}\boldsymbol{r}$.

根据性质 (3), 关于第二曲线积分, **必须注意积分曲线的方向**, 这是与第一曲线积分的根本区别. 从物理方面考虑, 在计算质点沿路径运动所做的功时, 若把起点与终点位置对换, 则所求的功刚好是原来的相反数.

假设曲线 L 的向量表示式为 $\boldsymbol{r} = \boldsymbol{r}(t)$[①], 且当 t 从 a 单调变到 b 时, $t = a$ 对应曲线 L 的起点, $t = b$ 对应曲线 L 的终点, 于是

$$\int_L \boldsymbol{F} \cdot \mathrm{d}\boldsymbol{r} = \int_a^b \boldsymbol{F}(\boldsymbol{r}(t)) \cdot \boldsymbol{r}'(t) \mathrm{d}t,$$

这里必须注意, 为保证 $\boldsymbol{r}'(t)$ 总指向参数增加的一侧, 在上式中, 必须保证**积分下限一定对应于曲线 L 的起点, 积分上限一定对应于曲线 L 的终点**.

例 7.27　计算 $\displaystyle\int_L \boldsymbol{F} \cdot \mathrm{d}\boldsymbol{r}$, 其中 $\boldsymbol{F} = \{y, x\}$, L 为从点 $(0,0)$ 到 $(1,1)$ 再到 $(2,0)$ 的有向折线段.

解　设 L_1 为由 $(0,0)$ 到 $(1,1)$ 的有向线段, 视 x 为参变量, 那么 L_1 的向量表示为 $\boldsymbol{r}_1(x) = \{x, x\}$. 因此 $\boldsymbol{r}_1'(x) = \{1, 1\}$. 同样地, L_2 为由 $(1,1)$ 到 $(2,0)$ 的有向线段, 其向量表示为 $\boldsymbol{r}_2(x) = \{x, 2-x\}$, 从而 $\boldsymbol{r}_2'(x) = \{1, -1\}$. 于是,

$$
\begin{aligned}
\int_L \boldsymbol{F} \cdot \mathrm{d}\boldsymbol{r} &= \int_{L_1} \boldsymbol{F} \cdot \mathrm{d}\boldsymbol{r}_1 + \int_{L_2} \boldsymbol{F} \cdot \mathrm{d}\boldsymbol{r}_2 \\
&= \int_0^1 \{x, x\} \cdot \{1, 1\} \mathrm{d}x + \int_1^2 \{2-x, x\} \cdot \{1, -1\} \mathrm{d}x \\
&= \int_0^1 2x \mathrm{d}x + \int_1^2 (2 - 2x) \mathrm{d}x = 0.
\end{aligned}
$$

例 7.28　设力场 $\boldsymbol{F} = \{y, -x, x+y+z\}$, 求力 $\boldsymbol{F}$ 将质点由 $A(a, 0, 0)$ 沿曲线 L 运动到 $B(a, 0, c)$ 所做的功, 其中 L 分别是 (1) 点 A 与 B 连接的直线段 L_1; (2) **螺旋线** $L_2 : x = a\cos t, y = a\sin t, z = \dfrac{c}{2\pi} t$, c 是常数.

---

① 例如, 曲线 L 参数形式为 $x = x(t), y = y(t), z = z(t)$, 则其向量形式即为 $\boldsymbol{r}(t) = (x(t), y(t), z(t))$.

解 (1) 直线 L_1 的方程为 $x = a, y = 0, z = t$, 起点 A 对应于 $t = 0$, 终点 B 对应于 $t = c$, 所以,

$$\int_{L_1} \boldsymbol{F} \cdot \mathrm{d}\boldsymbol{r} = \int_{L_1} y\mathrm{d}x - x\mathrm{d}y + (x + y + z)\mathrm{d}z = \int_0^c (a + t)\mathrm{d}t = ac + \frac{c^2}{2}.$$

(2) 对螺旋线 L_2, 起点 A 对应于 $t = 0$, 终点 B 对应于 $t = 2\pi$, 且

$$\boldsymbol{r}'(t) = \left\{ -a\sin t, a\cos t, \frac{c}{2\pi} \right\}.$$

所以,

$$\int_{L_2} \boldsymbol{F} \cdot \mathrm{d}\boldsymbol{r} = \int_0^{2\pi} \left(-a^2\sin^2 t - a^2\cos^2 t + \left(a\cos t + a\sin t + \frac{c}{2\pi t} \right) \frac{c}{2\pi} \right) \mathrm{d}t = -2\pi a^2 + \frac{c^2}{2}.$$

这个例子说明, 在同一力场中, 虽然质点的位移都是从点 A 运动到 B, 但由于运动的路径不同, 力所做的功也不同. 这说明曲线积分的值不仅与起点和终点有关, 也与积分路径有关.

例 7.29 计算 $\int_L 2xy\mathrm{d}x + x^2\mathrm{d}y$, 其中曲线 L 为如下形式:

(1) 抛物线 $x = y^2$ 上从点 $O(0,0)$ 到点 $B(1,1)$ 的一段弧;

(2) 有向直线段 $OB, O(0,0), B(1,1)$;

(3) 有向折线段 $OAB, O(0,0), A(1,0), B(1,1)$.

解 (1) 曲线 $L : x = y^2, y$ 从 0 到 1, 因此

$$\int_L 2xy\mathrm{d}x + x^2\mathrm{d}y = \int_0^1 (2y^2 \times y \times 2y + y^4)\mathrm{d}y = \int_0^1 5y^4\mathrm{d}y = 1.$$

(2) 设有向直线段 OB 参数方程为 $x = t, y = t$, 起点和终点分别对应于 $t = 0, t = 1$, 因此,

$$\int_L 2xy\mathrm{d}x + x^2\mathrm{d}y = \int_0^1 (2t \times t + t^2)\mathrm{d}t = 3\int_0^1 t^2\mathrm{d}t = 1.$$

(3) 有向直线段 OAB 由有向直线段 OA 和 AB 组成, 所以,

$$\int_L 2xy\mathrm{d}x + x^2\mathrm{d}y = \int_{OA} 2xy\mathrm{d}x + x^2\mathrm{d}y + \int_{AB} 2xy\mathrm{d}x + x^2\mathrm{d}y = \int_0^1 0\mathrm{d}x + \int_0^1 \mathrm{d}y = 1.$$

例 7.29 可以看到, 第二曲线积分尽管积分路径不同, 但其值相等. 至于何时可以保证第二曲线积分与三个积分路径无关, 以后会有进一步讨论.

　　既然两类曲线积分的计算都划归定积分进行计算, 那么二者之间一定存在某种关系, 尽管它们对曲线 L 的方向要求是不同的. 设有向光滑曲线弧 L 以弧长 s 为参数的参数方程为

$$x = \phi(s), \quad y = \psi(s) \quad (0 \leqslant s \leqslant l),$$

这里 l 为曲线弧段的长度, L 的方向为由点 A 到点 B 的方向, 即 s 增加的方向. 设曲线 L 切向量与 x 轴和 y 轴正向的夹角分别为 α, β, 切向量的方向与有向曲线弧方向一致. 根据弧微分 $\mathrm{d}s$ 与 $\mathrm{d}x, \mathrm{d}y$ 的关系:

$$\cos \alpha = \frac{\mathrm{d}x}{\mathrm{d}s}, \quad \cos \beta = \frac{\mathrm{d}y}{\mathrm{d}s}.$$

切向量的方向与曲线 L 的方向一致, 所以 ($\boldsymbol{n} = \{\cos \alpha, \cos \beta\}$, $\boldsymbol{F} = \{P(x,y), Q(x,y)\}$),

$$\int_L \boldsymbol{F} \cdot \mathrm{d}\boldsymbol{r} = \int_L P(x,y)\mathrm{d}x + Q(x,y)\mathrm{d}y = \int_L \boldsymbol{F} \cdot \boldsymbol{n}\mathrm{d}s.$$

　　例如, 对坐标的积分 $\int_L P(x,y)\mathrm{d}x + Q(x,y)\mathrm{d}y$ 化为对弧长的积分 (其中 L 为沿上半圆周 $x^2 + y^2 = 2x$ 从点 $(0,0)$ 到 $(1,1)$ 的弧段), 曲线 $L : F(x,y) = x^2 + y^2 - 2x = 0$ 的切线向量为 $\left\{1, \dfrac{\mathrm{d}y}{\mathrm{d}x}\right\} = \left\{1, -\dfrac{F_x}{F_y}\right\} = \left\{1, \dfrac{1-x}{y}\right\}$, 其方向余弦为 $\cos \alpha = \sqrt{2x - x^2}$, $\cos \beta = 1 - x$. 于是

$$\int_L P(x,y)\mathrm{d}x + Q(x,y)\mathrm{d}y = \int_L (P(x,y)\cos \alpha + Q(x,y)\cos \beta)\mathrm{d}s$$
$$= \int_L (\sqrt{2x - x^2}P(x,y) + (1-x)Q(x,y))\mathrm{d}s.$$

　　类似地, 在空间曲线 L 上, 定义有向曲线 L 的切向量与 x, y, z 轴正向的夹角分别为 α, β, γ, 则它的单位向量表示为 $\boldsymbol{n} = \{\cos \alpha, \cos \beta, \cos \gamma\}$. 因此, 两类曲线积分的联系是

$$\int_L \boldsymbol{F} \cdot \mathrm{d}\boldsymbol{r} = \int_L \boldsymbol{F} \cdot \boldsymbol{n}\mathrm{d}s, \quad \boldsymbol{F} = \{P(x,y,z), Q(x,y,z), Q(x,y,z)\}.$$

　　在以上讨论两类曲线积分的联系时, 读者可能会有这样的疑问: 左端是第二曲线积分, 对曲线 L 是有方向要求的, 右端是第一曲线积分, 对曲线 L 没有方向的要求, 它们如何能画上等号呢? 但请注意, 左端积分曲线由 L 改为 L^-, 左端积分要改变符号, 不过此时 $\cos \alpha, \cos \beta, \cos \gamma$ 也改变了符号 (注意到 α, β, γ 都是变量 x, y, z 的函数), 也就是说右端积分的符号改变体现在被积函数中.

习　题　7.3

1. 计算下列第一曲线积分:

(1) $\displaystyle\int_L (x+y)\mathrm{d}s$, 其中 L 是以 $O(0,0), A(2,0), B(0,2)$ 为顶点的三角形;

(2) $\displaystyle\int_L \sqrt{x^2+y^2}\mathrm{d}s$, 其中 L 是以原点为中心, a 为半径的左半圆周;

(3) $\displaystyle\int_L |y|\mathrm{d}s$, 其中 L 为单位圆周 $x^2+y^2=1$;

(4) $\displaystyle\int_L (x^2+y^2)\mathrm{d}s$, 其中 L 为圆周 $x^2+y^2=a^2$;

(5) $\displaystyle\int_L xz^2\mathrm{d}s$, 其中 L 是以 $(0,6,-1)$ 到 $(4,1,5)$ 的线段;

(6) $\displaystyle\int_L \sqrt{2y^2+z^2}\mathrm{d}s$, 其中 L 是球面 $x^2+y^2+z^2=a^2$ 与平面 $x=y$ 相交的圆周.

2. 计算下列第二类曲线积分:

(1) $\displaystyle\int_L (x^2-y^2)\mathrm{d}x$, 其中 L 是抛物线 $y=x^2$ 上从点 $(0,0)$ 到 $(2,4)$ 的一段弧;

(2) $\displaystyle\int_L y\mathrm{d}x+x\mathrm{d}y$, 其中 L 是圆周 $x=R\cos t, y=R\sin t$ 上对应 t 从 0 到 $\dfrac{\pi}{2}$ 的一段弧;

(3) $\displaystyle\oint_L (-2xy-y^2)\mathrm{d}x-(2xy+x^2-x)\mathrm{d}y$, 其中 L 是以 $(0,0),(1,0),(1,1),(0,1)$ 为顶点的正方形的正向边界线;

(4) $\displaystyle\int_L (x+y)\mathrm{d}x+(y-x)\mathrm{d}y$, 其中 L 是曲线 $x=2t^2+t+1, y=t^2+1$ 从点 $(1,1)$ 到点 $(4,2)$ 上的一段弧;

(5) $\displaystyle\int_L \dfrac{x\mathrm{d}y-y\mathrm{d}x}{x^2+y^2}$, 其中 L 是螺旋线 $x=a\cos t, y=a\sin t, z=bt$ 上由参数 $t=0$ 到 $t=2\pi$ 的一段有向弧;

(6) $\displaystyle\oint_L (z-y)\mathrm{d}x+(x-z)\mathrm{d}y+(x-y)\mathrm{d}z$, 其中 L 为椭圆周 $\begin{cases} x^2+y^2=1, \\ x-y+z=2, \end{cases}$ 从 z 轴正向看取顺时针方向.

3. 设 L 是椭圆 $\dfrac{x^2}{4}+\dfrac{y^2}{3}=1$, 其周长是 a, 计算 $\displaystyle\oint_L (2xy+3x^2+4y^2)\mathrm{d}s$.

4. 一条金属丝形状为半圆形 $x^2+y^2=1 \ (y\geqslant 0)$, 且底部要比顶部粗. 如果每点的线密度正比于距离直线 $y=1$ 的距离, 试求出金属丝的质心.

5. 求 $\displaystyle\int_L \boldsymbol{F}\cdot\mathrm{d}\boldsymbol{r}$, 其中 $\boldsymbol{F}(x,y)=xy\boldsymbol{i}+x^2\boldsymbol{j}$, 且 L 由 $\boldsymbol{r}(t)=\sin t\boldsymbol{i}+(1+t)\boldsymbol{j} \ (0\leqslant t\leqslant\pi)$ 给出.

6. 求 $\displaystyle\int_L \boldsymbol{F}\cdot\mathrm{d}\boldsymbol{r}$, 其中 $\boldsymbol{F}(x,y,z)=\mathrm{e}^z\boldsymbol{i}+xz\boldsymbol{j}+(x+y)\boldsymbol{k}$, 且 L 由 $\boldsymbol{r}(t)=t^2\boldsymbol{i}+t^3\boldsymbol{j}-t\boldsymbol{k} \ (0\leqslant$

$t \leqslant 1$) 给出.

7. 将下列第二曲线积分 $\displaystyle\int_L P(x,y)\mathrm{d}x + Q(x,y)\mathrm{d}y$ 转化为第一曲线积分, 其中 L 是:

(1) xOy 平面内沿直线从 (0,0) 到 (1,1);

(2) xOy 平面内沿抛物线 $y = x^2$ 从 (0,0) 到 (1,1);

(3) xOy 平面内沿上半圆周 $x^2 + y^2 = 2x$ 从 (0,0) 到 (1,1).

8. 平面力场 $\boldsymbol{F}$, 大小等于点 (x,y) 到原点的距离, 方向指向原点.

(1) 计算单位质量的质点 P 沿椭圆 $\dfrac{x^2}{a^2} + \dfrac{y^2}{b^2} = 1$ 在第一象限中的弧段从 $(a,0)$ 移动到点 $(0,b)$ 时, 力 $\boldsymbol{F}$ 做的功;

(2) 计算质点 P 沿上述椭圆逆时针绕行一周时, 力 $\boldsymbol{F}$ 做的功.

9. 将对坐标的曲线积分 $\displaystyle\int_L P(x,y,z)\mathrm{d}x + Q(x,y,z)\mathrm{d}y + R(x,y,z)\mathrm{d}z$ 化成对弧长的曲线积分, 其中 L 为圆柱螺线 $x = a\cos t, y = a\sin t, z = bt$ $(0 \leqslant t \leqslant 2\pi)$ 从点 $A(a,0,0)$ 到点 $B(a,0,2\pi b)$ 的一段弧.

7.4　Green 公式及其应用

7.4.1　Green 公式

这里要介绍的 Green[①] (格林) 公式揭示了二元函数在平面区域 D 上二重积分与沿闭区域 D 的边界曲线 L 的曲线积分之间的关系. 这种关系是 Newton-Leibniz 公式在二维空间的一个推广, 它不仅提供了计算曲线积分的一个新方法, 而且也揭示了第二曲线积分与积分路径无关的条件. 因此, Green 公式无论是理论层面还是应用层面, 都有重要意义. 在给出 Green 公式之前, 先介绍一些基本概念.

区域的连通性. 设 D 为平面区域, 如果 D 内任一闭曲线所围的部分都属于 D, 则称 D 为**平面单连通区域**, 否则为**平面复连通区域**. 所谓平面单连通区域, 也就是不含 "洞" 的区域, 复连通区域就是含有 "洞" 的区域. 例如,

$$D_1 = \{(x,y)|x^2 + y^2 < 1\}, \quad D_2 = \{(x,y)|y > 0\}$$

是单连通区域, 而

$$D_3 = \{(x,y)|0 < x^2 + y^2 < 1\}, \quad D_4 = \{(x,y)|1 \leqslant x^2 + y^2 \leqslant 4\}$$

是复连通区域.

正向曲线. 设 D 为平面区域, 沿区域 D 的边界行走时, 区域 D 总在观察者的左边, 则称区域 D 的边界曲线的这个方向为边界曲线的正向. 对于单连通区域 D, 其边界曲线的正向就是逆时针方向. 对于复连通区域, 如果其边界曲线由曲线

---

① Green (1793—1841), 英国数学家、物理学家.

L_1, L_2 组成, 外围边界曲线 L_1 的正向为逆时针方向, 内边界曲线 L_2 的正向为顺时针方向. 例如, 上述区域 D_4, 外围边界曲线 $x^2 + y^2 = 4$ 的正向为逆时针方向, 内边界曲线 $x^2 + y^2 = 1$ 的正向为顺时针方向.

定理 7.3 (Green 公式) 设有界闭区域 D 由分段光滑曲线 L 围成, 函数 $P(x, y), Q(x, y)$ 在 D 上具有一阶连续偏导数, 则有

$$\oint_L P\mathrm{d}x + Q\mathrm{d}y = \iint_D (Q_x - P_y)\mathrm{d}x\mathrm{d}y,$$

其中 L 是区域 D 的正向边界曲线.

证明 根据区域 D 的不同形状, 分三种情况证明 (图 7.15).

情形一(图 7.15(a)) 区域 D 可以表示为

$$D = \{(x, y) | \phi_1(x) \leqslant y \leqslant \phi_2(x), a \leqslant x \leqslant b\}$$

或

$$D = \{(x, y) | \psi_1(y) \leqslant x \leqslant \psi_2(y), c \leqslant y \leqslant d\}.$$

由于 P_y 连续, 根据二重积分的计算方法, 有

$$\iint_D P_y\mathrm{d}x\mathrm{d}y = \int_a^b [P(x, \phi_2(x)) - P(x, \phi_1(x))]\mathrm{d}x.$$

另外, 根据对坐标曲线积分的计算, 有

$$\oint_L P\mathrm{d}x = \int_{L_1} P\mathrm{d}x + \int_{L_2} P\mathrm{d}x = \int_a^b P(x, \phi_1(x))\mathrm{d}x + \int_b^a P(x, \phi_2(x))\mathrm{d}x$$

$$= \int_a^b (P(x, \phi_1(x)) - P(x, \phi_2(x)))\mathrm{d}x = -\iint_D P_y\mathrm{d}x\mathrm{d}y.$$

同理,

$$\oint_L Q\mathrm{d}y = \iint_D Q_x\mathrm{d}x\mathrm{d}y.$$

合并上式, 即得此种情形 Green 公式成立.

情形二(图 7.15(b)) 若区域 D 由一条分段光滑的闭曲线 L 围成, 但不满足情形一, 则可以用一条或数条辅助曲线将 D 分成有限个部分闭区域, 使得每个部分闭区域上成立 Green 公式, 将这些等式相加, 并注意到沿辅助曲线来回的曲线积分相互抵消, 仍可以得到 Green 公式.

情形三(图 7.15(c)) 一般地, 如果区域 D 由几条闭曲线所围成, 可以添加直线段分割区域 D, 使其满足情形二.

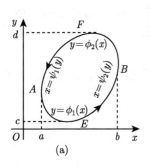 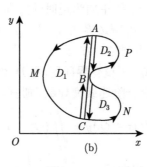 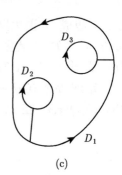

图 7.15

综上, 证明了 Green 公式.

例 7.30　计算 $I = \oint_L \sqrt{x^2+y^2+1}\,\mathrm{d}x + y(xy + \ln(x + \sqrt{x^2+y^2+1}))\,\mathrm{d}y$, 其中 L 为曲线段 $y = \sin x$ $(x \in [0, \pi])$ 与直线段 $y = 0$ $(x \in [0, \pi])$ 所围成区域 D 的正向边界.

解　此题直接计算比较困难, 因此, 利用 Green 公式计算, 得

$$I = \iint_D \left(\frac{\partial Q}{\partial x} - \frac{\partial P}{\partial y} \right) \mathrm{d}x\mathrm{d}y = \iint_D y^2 \mathrm{d}x\mathrm{d}y = \int_0^\pi \mathrm{d}x \int_0^{\sin x} y^2 \mathrm{d}y = \frac{1}{3} \int_0^\pi \sin^3 x\,\mathrm{d}x = \frac{4}{9}.$$

根据定理 7.3, 有以下几个问题需要重点说明.

(1) 若 $Q_x - P_y = 1$, 则 $\oint_L P\mathrm{d}x + Q\mathrm{d}y$, 即为曲线 L 所围图形的面积. 一般取

$$S = \frac{1}{2} \oint_L (-y\mathrm{d}x + x\mathrm{d}y).$$

例 7.31　求曲线 $L : x = a\cos\theta, y = a\sin\theta$ 所围图形的面积.

解　根据面积公式, 得

$$
\begin{aligned}
S &= \frac{1}{2} \oint_L (-y\mathrm{d}x + x\mathrm{d}y) \\
&= \frac{1}{2} \int_0^{2\pi} (-a\sin\theta(-a\sin\theta) + a\cos\theta(a\cos\theta))\mathrm{d}\theta = \frac{1}{2} \int_0^{2\pi} a^2 \mathrm{d}\theta = \pi a^2.
\end{aligned}
$$

*例 7.32　利用曲线积分求面积公式证明 Kepler[①] (开普勒) 第二定律: 从太阳到行星的向径在相等的时间内扫过相等的面积.

---

① Kepler (1571—1630), 德国天文学家、物理学家.

证明　设太阳在坐标原点 O (图 7.16), 行星的位置向量函数为 $\boldsymbol{r}(t)$. 从 Newton 第二定律和万有引力定律, 可知

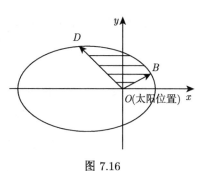

图 7.16

$$\boldsymbol{F} = m\frac{\mathrm{d}^2\boldsymbol{r}}{\mathrm{d}t^2} = -\frac{GMm}{|\boldsymbol{r}|^3}\boldsymbol{r}, \quad G \text{ 为引力系数}.$$

于是,

$$\boldsymbol{r} \times \frac{\mathrm{d}^2\boldsymbol{r}}{\mathrm{d}t^2} = -\frac{GM}{|\boldsymbol{r}|^3}\boldsymbol{r} \times \boldsymbol{r} = \boldsymbol{0}.$$

因此,

$$\frac{\mathrm{d}}{\mathrm{d}t}\left(\boldsymbol{r} \times \frac{\mathrm{d}\boldsymbol{r}}{\mathrm{d}t}\right) = \frac{\mathrm{d}\boldsymbol{r}}{\mathrm{d}t} \times \frac{\mathrm{d}\boldsymbol{r}}{\mathrm{d}t} + \boldsymbol{r} \times \frac{\mathrm{d}^2\boldsymbol{r}}{\mathrm{d}t^2} = \boldsymbol{0},$$

即 $\boldsymbol{r} \times \dfrac{\mathrm{d}\boldsymbol{r}}{\mathrm{d}t}$ 是一常向量. 另外, $\boldsymbol{r}$ 和 $\dfrac{\mathrm{d}\boldsymbol{r}}{\mathrm{d}t}$ 都位于轨道面上, 有 $\boldsymbol{r} \times \dfrac{\mathrm{d}\boldsymbol{r}}{\mathrm{d}t}$ 平行于 $\boldsymbol{k}$, 因此, 存在常数 h, 使得

$$\boldsymbol{r} \times \frac{\mathrm{d}\boldsymbol{r}}{\mathrm{d}t} = h\boldsymbol{k}.$$

设 $\boldsymbol{r}(t) = \{x(t), y(t)\}$, 其中参变量 t 是时间变量, 则 $h\boldsymbol{k} = (xy'(t) - yx'(t))\boldsymbol{k}$. 从而 $xy'(t) - yx'(t) = h$. 容易验证, 如果曲线 L 过原点的有向直线段 $\overrightarrow{OB}$ 或 $\overrightarrow{OD}$, 那么 $\displaystyle\int_L x\mathrm{d}y - y\mathrm{d}x = 0$, 因此, 在时间段 $[t_0, t_1]$ 中, 位置向量所扫过的面积

$$S = \frac{1}{2}\oint_{OBDO} x\mathrm{d}y - y\mathrm{d}x = \frac{1}{2}\oint_{OB+\widehat{BD}+DO} x\mathrm{d}y - y\mathrm{d}x = \frac{1}{2}\int_{\widehat{BD}} x\mathrm{d}y - y\mathrm{d}x = \frac{1}{2}h(t_1 - t_0).$$

因此, 从太阳到行星的向径在相等时间内扫过相等的面积.

(2) 若曲线 L 的方向由正向 (逆时针方向) 改为反向 (顺时针方向), 则

$$\oint_{L^-} P\mathrm{d}x + Q\mathrm{d}y = -\iint_D (Q_x - P_y)\mathrm{d}x\mathrm{d}y.$$

例 7.33　设 L 为 xOy 平面内顺时针方向绕行的简单闭曲线 (不自交曲线),

$$\oint_L (x - 2y)\mathrm{d}x + (4x + 3y)\mathrm{d}y = -9.$$

求 L 所围区域 D 的面积.

解　设 $P = x - 2y, Q = 4x + 3y$, 则由 Green 公式, 得

$$-9 = \oint_L (x - 2y)\mathrm{d}x + (4x + 3y)\mathrm{d}y = -\iint_D (Q_x - P_y)\mathrm{d}x\mathrm{d}y = -6\iint_D \mathrm{d}x\mathrm{d}y.$$

所以, 曲线 L 所围图形的面积为

$$\iint\limits_{D} \mathrm{d}x\mathrm{d}y = \frac{9}{6} = \frac{3}{2}.$$

(3) 若曲线 L 不是闭合曲线, 为使用 Green 公式, 此时需要利用 "补修路径 C"
的方法, 使 $C+L$ 构成闭合分段光滑闭曲线, 然后利用 Green 公式, 得到

$$\int_{L} P\mathrm{d}x + Q\mathrm{d}y = \oint_{C+L} P\mathrm{d}x + Q\mathrm{d}y - \int_{C} P\mathrm{d}x + Q\mathrm{d}y$$
$$= \iint\limits_{D} (Q_x - P_y)\mathrm{d}x\mathrm{d}y - \int_{C} P\mathrm{d}x + Q\mathrm{d}y,$$

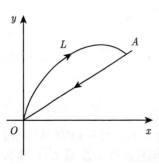

图 7.17

这里曲线 C 的方向与曲线 L 保持一致. 在具体问题中,
曲线 C 一般为直线.

例 7.34　求 $\displaystyle\int_{L} (x^2 - y)\mathrm{d}x - (x + \sin^2 y)\mathrm{d}y$, L 沿
$y = \sqrt{2ax - x^2}$ 从 $O(0,0)$ 到 $A(a,a)$ 的一段曲线 (图 7.17).

解　补直线 $C : y = x$, 方向从 A 到 O, 这样,
$C + L$ 构成一闭合分段光滑的简单闭曲线, 因此, 由
Green 公式, 得

$$\int_{L} (x^2 - y)\mathrm{d}x - (x + \sin^2 y)\mathrm{d}y = \iint\limits_{D} (Q_x - P_y)\mathrm{d}x\mathrm{d}y - \int_{C} (x^2 - y)\mathrm{d}x - (x + \sin^2 y)\mathrm{d}y,$$

而

$$\int_{C} (x^2 - y)\mathrm{d}x - (x + \sin^2 y)\mathrm{d}y = \int_{a}^{0} (x^2 - 2x - \sin^2 x)\mathrm{d}x = -\frac{a^3}{3} + a^2 + \frac{a}{2} - \frac{1}{4}\sin 2a.$$

于是

$$\int_{L} (x^2 - y)\mathrm{d}x - (x + \sin^2 y)\mathrm{d}y = \frac{a^3}{3} - a^2 - \frac{a}{2} + \frac{1}{4}\sin 2a.$$

(4) 若 P,Q 的一阶偏导数在 L 内部有一个不连续点, 则采用 "挖小洞" 的方法
进行计算. "小洞" 的形状一般由 P,Q 分母形式决定, 其边界曲线的方向与曲线 L
的方向相反.

例 7.35　计算曲线积分 $\displaystyle\oint_{L} \frac{x\mathrm{d}y - y\mathrm{d}x}{4x^2 + y^2}$, L 为不过原点的逆时针方向光滑闭
曲线.

解　显然函数 $P(x,y) = -\dfrac{y}{4x^2 + y^2}$, $Q(x,y) = \dfrac{x}{4x^2 + y^2}$ 在点 $(0,0)$ 间断, 除
该点外,

$$P_y = \frac{y^2 - 4x^2}{(4x^2 + y^2)^2} = Q_x.$$

因此, 当 $(0,0) \notin D$, 其中 D 为曲线 L 所围成的区域, 则由 Green 公式, 得

$$\oint_L \frac{x\mathrm{d}y - y\mathrm{d}x}{4x^2 + y^2} = 0.$$

当 $(0,0) \in D$ 时, 取充分小的 $r > 0$, 作曲线 C : $4x^2 + y^2 = r^2$ (图 7.18), 取顺时针方向, 这样函数 $P(x,y), Q(x,y)$ 在曲线 $C + L$ 所围区域 D_1 内满足 Green 公式的条件, 所以,

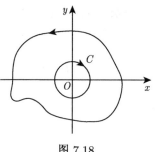

图 7.18

$$0 = \oint_{L+C} \frac{x\mathrm{d}y - y\mathrm{d}x}{4x^2 + y^2} = \oint_L \frac{x\mathrm{d}y - y\mathrm{d}x}{4x^2 + y^2} - \oint_{C^-} \frac{x\mathrm{d}y - y\mathrm{d}x}{4x^2 + y^2}.$$

曲线 C^- 的参数方程为 $x = \dfrac{r}{2}\cos\theta, y = r\sin\theta$, 起点对应 $\theta = 0$, 终点对应 $\theta = 2\pi$, 因此

$$\oint_{C^-} \frac{x\mathrm{d}y - y\mathrm{d}x}{4x^2 + y^2} = \frac{1}{r^2} \int_0^{2\pi} \frac{r^2}{2}\mathrm{d}\theta = \pi.$$

所以,

$$\oint_L \frac{x\mathrm{d}y - y\mathrm{d}x}{4x^2 + y^2} = \pi.$$

7.4.2   曲线积分与积分路径无关的充分必要条件

例 7.29 已提到这一问题, 本小节将深入讨论该问题. 所谓曲线积分与积分路径无关是指, 沿任意两条不同的光滑曲线 L_1 和 L_2 从点 A 到 B, 曲线积分的值相等, 即

$$\int_{L_1} P\mathrm{d}x + Q\mathrm{d}y = \int_{L_2} P\mathrm{d}x + Q\mathrm{d}y.$$

此时,

$$\int_L P\mathrm{d}x + Q\mathrm{d}y = \int_A^B P\mathrm{d}x + Q\mathrm{d}y.$$

定理 7.4   设开区域 D 是一个单连通区域, 函数 $P(x,y), Q(x,y)$ 在 D 上具有一阶连续偏导数, 则下列命题等价:

(1) 沿 D 内任一闭曲线 L, $\displaystyle\oint_L P\mathrm{d}x + Q\mathrm{d}y = 0$;

(2) 曲线积分 $\displaystyle\int_L P\mathrm{d}x + Q\mathrm{d}y$ 与积分路径无关, 只与起点和终点有关;

(3) 表达式 $P\mathrm{d}x + Q\mathrm{d}y$ 是某二元函数 $u(x,y)$ 的全微分, 即 $\mathrm{d}u = P\mathrm{d}x + Q\mathrm{d}y$;

(4) $Q_x = P_y$ 在 D 内恒成立.

证明   (1)⇒(2). 设 L_1, L_2 是区域 D 内任意从点 A 到 B 的光滑曲线, 则 $L_1 + L_2^-$ 构成一闭合回路, 因此, 由 (1),

$$0 = \oint_{L_1+L_2^-} P\mathrm{d}x + Q\mathrm{d}y = \int_{L_1} P\mathrm{d}x + Q\mathrm{d}y + \int_{L_2^-} P\mathrm{d}x + Q\mathrm{d}y,$$

由此即证

$$\int_{L_1} P\mathrm{d}x + Q\mathrm{d}y = \int_{L_2} P\mathrm{d}x + Q\mathrm{d}y.$$

(2)⇒(3). 设点 $M_0(x_0, y_0), M(x, y) \in D$. 由于曲线积分与路径无关, 因此, 曲线积分可表示为

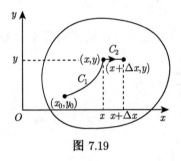

图 7.19

$$\int_L P\mathrm{d}x + Q\mathrm{d}y = \int_{(x_0,y_0)}^{(x,y)} P\mathrm{d}x + Q\mathrm{d}y,$$

它是 x, y 的函数, 记为 $u(x, y)$. 下证 $u_x = P$.

取从 (x_0, y_0) 到 (x, y) 的曲线 C_1 和从 (x, y) 到 $(x+\Delta x, y)$ 的曲线 C_2 作为积分路径 (图 7.19), 那么

$$u(x + \Delta x, y) - u(x, y) = \int_{(x_0,y_0)}^{(x+\Delta x,y)} P\mathrm{d}x + Q\mathrm{d}y - \int_{(x_0,y_0)}^{(x,y)} P\mathrm{d}x + Q\mathrm{d}y$$

$$= \int_{C_2} P\mathrm{d}x + Q\mathrm{d}y = \int_x^{x+\Delta x} P(x, y)\mathrm{d}x = P(\xi, y)\Delta x,$$

其中 ξ 介于 x 与 $x + \Delta x$ 之间. 由此, 即证

$$u_x = \lim_{\Delta x \to 0} \frac{u(x + \Delta x, y) - u(x, y)}{\Delta x} = \lim_{\Delta x \to 0} P(\xi, y) = P(x, y).$$

由点 M_0, M 的任意性, 在区域 D 内, 恒有 $u_x = P$. 同理可证 $u_y = Q$. 从而,

$$\mathrm{d}u = u_x \mathrm{d}x + u_y \mathrm{d}y = P\mathrm{d}x + Q\mathrm{d}y.$$

(3)⇒(4). 由于存在二元函数 $u(x, y)$ 满足 $\mathrm{d}u = P\mathrm{d}x + Q\mathrm{d}y$, 因此, $u_x = P, u_y = Q$. 而 P, Q 在区域 D 内具有一阶连续偏导数, 所以

$$P_y = u_{xy} = u_{yx} = Q_x.$$

(4)⇒(1). 由 Green 公式即证.

例 7.36　解答下列各题:

(1) 计算曲线积分 $I = \int_L (2xy + 3\sin^2 x)\mathrm{d}x + (x^2 - y\mathrm{e}^y)\mathrm{d}y$, 其中曲线 L 为沿摆

线 $\begin{cases} x = t - \sin t, \\ y = 1 - \cos t \end{cases}$ 从点 $O(0,0)$ 到点 $A(2\pi, 0)$ 的有向曲线段;

(2) 曲线积分 $\int_L xy^2\mathrm{d}x + y\phi(x)\mathrm{d}y$ 与路径无关, 其中 $\phi(x)$ 具有连续的导数, 且

$\phi(0) = 0$. 计算 $\int_{(0,0)}^{(1,1)} xy^2\mathrm{d}x + y\phi(x)\mathrm{d}y$.

解　(1) 显然直接计算该曲线积分是很烦琐的. 由于

$$P(x,y) = 2xy + 3\sin^2 x, \quad Q(x,y) = x^2 - y\mathrm{e}^y,$$

注意到 $Q_x = P_y = 2x$, 因此, 所求的曲线积分与路径无关, 于是可以选择新的积分路径 $L_1 : y = 0$, 起点为 $x = 0$, 终点为 $x = 2\pi$. 故

$$I = \int_{L_1} (2xy + 3\sin^2 x)\mathrm{d}x + (x^2 - y\mathrm{e}^y)\mathrm{d}y = \int_0^{2\pi} 3\sin^2 x\mathrm{d}x = 3\pi.$$

(2) 由 $P(x,y) = xy^2, Q(x,y) = y\phi(x)$ 及 $P_y = Q_x$, 得 $2xy = y\phi'(x)$, 即 $\phi'(x) = 2x$. 解之得 $\phi(x) = x^2 + C$. 注意到 $\phi(0) = 0$. 因此, $\phi(x) = x^2$. 因为积分与路径无关, 所以取 $L_1 : y = x$, 起点 $x = 0$, 终点 $x = 1$, 则有

$$\int_{(0,0)}^{(1,1)} xy^2\mathrm{d}x + y\phi(x)\mathrm{d}y = \int_{(0,0)}^{(1,1)} xy^2\mathrm{d}x + yx^2\mathrm{d}y = \int_0^1 2x^3\mathrm{d}x = \frac{1}{2}.$$

回看定理 7.4 的证明过程, 如果曲线积分 $\int_L P\mathrm{d}x + Q\mathrm{d}y$ 与积分路径无关, 则存在二元函数 $u(x,y)$ 使

$$\mathrm{d}u = P\mathrm{d}x + Q\mathrm{d}y,$$

函数 $u(x,y)$ 称为 $P\mathrm{d}x + Q\mathrm{d}y$ 的**原函数**. 此时, 若点 A, B 分别为光滑曲线 L 的起点和终点, 则

$$\int_L P\mathrm{d}x + Q\mathrm{d}y = u(B) - u(A).$$

这相当于曲线积分的 Newton-Leibniz 公式.

函数 $u(x,y)$ 一般有以下三个计算方法.

(1) **公式法**(起点 $A(x_0, y_0)$, 终点 $B(x, y)$)

$$u(x,y) = \int_{(x_0,y_0)}^{(x,y)} \mathrm{d}u = \int_{x_0}^x P(x, y_0)\mathrm{d}x + \int_{y_0}^y Q(x, y)\mathrm{d}y,$$

或

$$u(x,y) = \int_{(x_0,y_0)}^{(x,y)} \mathrm{d}u = \int_{x_0}^x P(x, y)\mathrm{d}x + \int_{y_0}^y Q(x_0, y)\mathrm{d}y.$$

利用公式法求 $u(x,y)$ 需要注意点 (x_0,y_0) 的选取, 这要根据具体问题具体分析, 但有一点要保证代入 $P(x,y)$ 或 $Q(x,y)$ 有意义并计算简单化.

(2) **积分法**　利用 $u_x = P$ 关于 x 积分得到 $u(x,y) = \displaystyle\int P(x,y)\mathrm{d}x + C(y)$. 对其关于 y 求导, 并注意到 $u_y = Q$ 即得 $C(y)$. 同样可以先对 y 积分, 再对 x 求导也可求得 $u(x,y)$.

(3) **微分法**　由 $P(x,y)\mathrm{d}x$ 视 y 为常数得到 $\mathrm{d}f(x,y)$, 由 $Q(x,y)\mathrm{d}x$ 视 x 为常数得到 $\mathrm{d}g(x,y)$, 然后根据 $f(x,y)$ 和 $g(x,y)$ 得到

$$u(x,y) = \{f(x,y) 与 g(x,y) 的同类项\} + \{f(x,y) 与 g(x,y) 的非同类项\} + C.$$

例如, $(2xy - y^4 + 3)\mathrm{d}x = \mathrm{d}(x^2 y - y^4 x + 3x)$, $(x^2 - 4xy^3)\mathrm{d}y = \mathrm{d}(x^2 y - xy^4)$, 同类项是 $x^2 y - y^4 x$, 非同类项是 $3x$, 由此得到 $u(x,y) = x^2 y - y^4 x + 3x + C$.

例 7.37　解答下列各题:

(1) 求 $\displaystyle\int_{(1,0)}^{(2,1)} (2xy - y^4 + 3)\mathrm{d}x + (x^2 - 4xy^3)\mathrm{d}y$;

(2) 已知函数 $u(x,y)$ 满足 $\mathrm{d}u = (x^2 + 2xy - y^2)\mathrm{d}x + (x^2 - 2xy - y^2)\mathrm{d}y$, 求 $u(x,y)$;

(3) 验证 $\dfrac{x\mathrm{d}y - y\mathrm{d}x}{x^2 + y^2}$ 在右半平面 $x > 0$ 内是某个函数的全微分, 并求这样的函数.

解　(1) 由 $P(x,y) = 2xy - y^4 + 3, Q(x,y) = x^2 - 4xy^3$, 容易计算 $P_y = 2x - 4y^3 = Q_x$, 因此, 设函数 $u(x,y)$ 满足 $\mathrm{d}u = P\mathrm{d}x + Q\mathrm{d}y$. 对 $u_x = P = 2xy - y^4 + 3$ 关于 x 积分, 得

$$u(x,y) = x^2 y - xy^4 + 3x + \phi(y).$$

将 $u(x,y)$ 关于 y 求导, 并注意到 $u_y = Q$ 得到 $\phi'(y) = 0$, 即 $\phi(y) = C$. 因此,

$$u(x,y) = x^2 y - xy^4 + 3x + C.$$

于是,

$$\int_{(1,0)}^{(2,1)} (2xy - y^4 + 3)\mathrm{d}x + (x^2 - 4xy^3)\mathrm{d}y = u(2,1) - u(1,0) = 8 - 3 = 5.$$

(2) **方法一**　由于

$$\frac{\partial}{\partial y}(x^2 + 2xy - y^2) = 2(x - y) = \frac{\partial}{\partial x}(x^2 - 2xy - y^2),$$

所以, 利用公式法求 $u(x,y)$:

$$u(x,y) = \int_0^x x^2 \mathrm{d}x + \int_0^y (x^2 - 2xy - y^2)\mathrm{d}y + C = \frac{1}{3}x^3 + x^2 y - xy^2 - \frac{1}{3}y^3 + C.$$

方法二 由于

$$(x^2 + 2xy - y^2)\mathrm{d}x = \mathrm{d}\left(\frac{1}{3}x^3 + x^2y - xy^2\right), \quad (x^2 - 2xy - y^2)\mathrm{d}y = \mathrm{d}\left(x^2y - xy^2 - \frac{1}{3}y^3\right),$$

由此, 得到同样的 $u(x, y)$.

(3) 设 $P = -\dfrac{y}{x^2 + y^2}, Q = \dfrac{x}{x^2 + y^2}$, 则 $Q_x = \dfrac{y^2 - x^2}{(x^2 + y^2)^2} = P_y$. 因此, 在右半平面内, 存在函数 $u(x, y)$ 使得 $\mathrm{d}u = P\mathrm{d}x + Q\mathrm{d}y$. 现在右半平面取点 $A(1, 0), B(x, y)$(注意, 这里 A 不能取 $(0, 0)$), 得

$$u(x, y) = \int_{(1,0)}^{(x,y)} \frac{x\mathrm{d}y - x\mathrm{d}x}{x^2 + y^2} + C = \int_1^x \left.\frac{-y}{x^2 + y^2}\right|_{y=0} \mathrm{d}x + \int_0^y \frac{x\mathrm{d}y}{x^2 + y^2} = \arctan\frac{y}{x} + C.$$

曲线积分与积分路径无关问题可以应用于求解一类**全微分方程**

$$P(x, y)\mathrm{d}x + Q(x, y)\mathrm{d}y = 0.$$

所谓全微分方程, 就是 P, Q 具有一阶连续偏导数, 且满足 $P_y = Q_x$ 的微分方程. 因为此时它的解 $u = u(x, y)$ 满足

$$\mathrm{d}u = P(x, y)\mathrm{d}x + Q(x, y)\mathrm{d}y = 0,$$

这样, 就可以利用以上求 $u(x, y)$ 的方法求解全微分方程.

例 7.38 求解方程 $xy^2\mathrm{d}x + x^2y\mathrm{d}y = 0$.

解 设 $P = xy^2, Q = x^2y$, 则 $P_y = 2xy = Q_x$, 因此该方程为全微分方程. 于是其通解为

$$u(x, y) = \int_{(0,0)}^{(x,y)} xy^2\mathrm{d}x + x^2y\mathrm{d}y + C = 0 + \int_0^y x^2y\mathrm{d}y = \frac{1}{2}x^2y^2 + C.$$

定理 7.4 可以推广到三维情形 (证明这里略去).

定理 7.5 设 Ω 是空间的单连通区域, 函数 P, Q, R 在 Ω 上具有一阶连续偏导数, 则下列四个命题等价:

(1) 沿 Ω 内任一逐段光滑闭曲线 L, 有 $\oint_L P\mathrm{d}x + Q\mathrm{d}y + R\mathrm{d}z = 0$;

(2) 对 Ω 内任一逐段光滑曲线 L, 曲线积分 $\int_L P\mathrm{d}x + Q\mathrm{d}y + R\mathrm{d}z$ 与积分路径无关, 仅与曲线的起点和终点有关;

(3) 微分式 $P\mathrm{d}x + Q\mathrm{d}y + R\mathrm{d}z$ 在 Ω 内是某三元函数 $u(x, y, z)$ 的全微分, 即

$$\mathrm{d}u = P\mathrm{d}x + Q\mathrm{d}y + R\mathrm{d}z;$$

(4) 在 Ω 内每一点, 有 $P_y = Q_x, Q_z = R_y, R_x = P_z$.

习　题　7.4

1. 求下列曲线积分:

(1) $\oint_L (3x+y)\mathrm{d}y - (x-y)\mathrm{d}x$, L 为圆周 $(x-1)^2 + (y-4)^2 = 9$, 逆时针方向;

(2) $\int_L (\mathrm{e}^x + y)\mathrm{d}x + x\mathrm{d}y$, L 为曲线 $y = \sin x$ 由点 $O(0,0)$ 到点 $A(\pi,0)$ 的一段;

(3) $\int_L xy^2\mathrm{d}y - x^2 y\mathrm{d}x$, L 为从点 $A(1,0)$ 沿 $y = \sqrt{1-x^2}$ 到点 $B(-1,0)$ 的圆弧;

(4) 应用 Green 公式计算 $\oint_L \ln\dfrac{2+y}{1+x^2}\mathrm{d}x + \dfrac{x(1+y)}{2+y}\mathrm{d}y$, L 为四条直线 $x = \pm 1$, $y = \pm 1$ 围成正方形的边界.

2. 计算曲线积分 $\oint_L \dfrac{y\mathrm{d}x - x\mathrm{d}y}{x^2 + y^2}$, 其中 L 为:

(1) 圆周 $(x-1)^2 + (y-1)^2 = 1$ 的正向;

(2) 椭圆 $x^2 + 4y^2 = 4$ 的正向.

3. 计算 $\oint_L \dfrac{y\mathrm{d}x - (x-1)\mathrm{d}y}{(x-1)^2 + y^2}$, 其中 L 由满足:

(1) L 为圆周 $x^2 + y^2 - 2y = 0$ 的正向;

(2) L 为椭圆周 $4x^2 + y^2 - 8x = 0$ 的正向.

4. 计算曲线积分 $\int_L \sin 2x\mathrm{d}x + 2(x^2 - 1)\mathrm{d}y$, 其中 L 是曲线 $y = \sin x$ 上从点 $(0,0)$ 到 $(\pi,0)$ 的一段弧.

5. 设曲线 L 是圆周 $(x-a)^2 + (y-a)^2 = 1$, 取正向, $\varphi(x)$ 是连续的正函数, 证明

$$\oint_L \frac{x}{\varphi(y)}\mathrm{d}y - y\varphi(x)\mathrm{d}x \geqslant 2\pi.$$

6. 验证曲线积分 $\int_{(1,2)}^{(3,4)} (6xy^2 - y^3)\mathrm{d}x + (6x^2 y - 3xy^2)\mathrm{d}y$ 与路径无关, 并求其值.

7. 计算下列函数的原函数 $u(x,y)$:

(1) $\mathrm{d}u = (2x+3y)\mathrm{d}x + (3x - 4y)\mathrm{d}y$;

(2) $\mathrm{d}u = (3x^2 - 2xy + y^2)\mathrm{d}x - (x^2 - 2xy + 3y^2)\mathrm{d}y$;

(3) $\mathrm{d}u = (2x\cos y + y^2 \cos x)\mathrm{d}x + (2y\sin x - x^2 \sin y)\mathrm{d}y$.

8. 验证下列 $P(x,y)\mathrm{d}x + Q(x,y)\mathrm{d}y$ 在整个 xOy 平面内是某函数 $u(x,y)$ 的全微分, 并求这样的 $u(x,y)$:

(1) $(6xy + 2y^2)\mathrm{d}x + (3x^2 + 4xy)\mathrm{d}y$;

(2) $(2xy^3 - y^2 \cos x)\mathrm{d}x + (1 - 2y\sin x + 3x^2 y^2)\mathrm{d}y$;

(3) $\dfrac{2x(1 - \mathrm{e}^y)}{(1+x^2)^2}\mathrm{d}x + \dfrac{\mathrm{e}^y}{1+x^2}\mathrm{d}y$.

7.5 曲 面 积 分

有了对弧长的曲线积分和对坐标的曲线积分, 就容易理解对面积的曲面积分和对坐标的曲面积分. 因此, 在这里主要关注曲面积分的计算和计算过程中的注意事项, 不再重复曲面积分的性质, 也不再强调曲面积分的 "分划、求近似和、取极限" 式的定义.

7.5.1 对面积的曲面积分

定义 7.4 设 Σ 是空间光滑曲面 $z = z(x,y), (x,y) \in D, f(x,y,z)$ 是定义在 Σ 上的连续函数. 对于有界闭区域 D 的任意分法 $\Delta\sigma_i$, 相应得到 Σ 的分法 $\Delta S_i \ (i = 1, 2, \cdots, n)$. 任取 $(\xi_i, \eta_i, \zeta_i) \in \Delta S_i$, 记 $\lambda = \max_{1 \leqslant i \leqslant n} \{\Delta\sigma_i$ 的直径$\}$. 若极限

$$\lim_{\lambda \to 0} \sum_{i=1}^{n} f(\xi_i, \eta_i, \zeta_i) \Delta S_i$$

存在, 则称该极限值为函数 $f(x,y,z)$ 在曲面 Σ 上的**对面积的曲面积分** (也称**第一曲面积分**), 记为 $\iint\limits_{\Sigma} f(x,y,z)\mathrm{d}S$.

如果曲面 Σ 为封闭曲面, 则简记为 $\oiint\limits_{\Sigma} f(x,y,z)\mathrm{d}S$.

只要被积函数 $f(x,y,z)$ 连续, 则对面积的曲面积分一定存在. 下面重点讨论曲面积分的计算.

定理 7.6 设 $\Sigma : z = z(x,y) \ ((x,y) \in D)$ 是光滑曲面, D 是有界闭区域, $f(x,y,z)$ 在曲面 Σ 上连续, 则曲面积分

$$\iint\limits_{\Sigma} f(x,y,z)\mathrm{d}S = \iint\limits_{D} f(x,y,z(x,y))\sqrt{1 + z_x^2(x,y) + z_y^2(x,y)}\mathrm{d}\sigma.$$

根据定理 7.6 可以看出, 如果 $f(x,y,z) = 1$, 则 $\iint\limits_{\Sigma} \mathrm{d}S$ 表示曲面 Σ 的面积, 且

$$\iint\limits_{\Sigma} \mathrm{d}S = \iint\limits_{D} \sqrt{1 + z_x^2(x,y) + z_y^2(x,y)}\mathrm{d}\sigma,$$

其中 D 为曲面 Σ 在 xOy 坐标面上的投影区域.

定理 7.6 给出了第一曲面积分的计算方法: 转化为二重积分进行计算. 其基本方法是, **一代** $(z = z(x,y))$; **二换** $(\mathrm{d}S = \sqrt{1 + z_x^2 + z_y^2}\mathrm{d}\sigma)$; **三投影** $(\Sigma$ 在 xOy 坐标面

上投影为 D). 读者可以类似考虑曲面方程为 $x = x(y,z)$ 或 $y = y(z,x)$ 时的曲面积分的计算公式.

*证明　对 D 的任意分法 $\Delta\sigma_i$, 相应有 Σ 的分法 ΔS_i $(i=1,2,\cdots,n)$, ΔS_i 的面积为

$$\Delta S_i = \iint\limits_{\Delta\sigma_i} \sqrt{1+z_x^2(x,y)+z_y^2(x,y)}\mathrm{d}\sigma.$$

由积分中值定理, 存在 $(\xi_i^*,\eta_i^*) \in \Delta\sigma_i$, 使

$$\Delta S_i = \sqrt{1+z_x^2(\xi_i^*,\eta_i^*)+z_y^2(\xi_i^*,\eta_i^*)}\Delta\sigma_i.$$

这时, 曲面积分的 Riemann 和

$$\sigma = \sum_{i=1}^n f(\xi_i,\eta_i,z(\xi_i,\eta_i))\sqrt{1+z_x^2(\xi_i^*,\eta_i^*)+z_y^2(\xi_i^*,\eta_i^*)}\Delta\sigma_i.$$

令 $\lambda = \max\limits_{1\leqslant i\leqslant n}\{\Delta\sigma_i$ 的直径 $\}$. 要证明

$$\lim_{\lambda\to 0}\sigma = \iint\limits_{D} f(x,y,z(x,y))\sqrt{1+z_x^2(x,y)+z_y^2(x,y)}\mathrm{d}\sigma.$$

但要注意, 这里的 σ 并不是某个函数二重积分的 Riemann 和, 因为 (ξ_i^*,η_i^*) 与 (ξ_i,η_i) 可能是 $\Delta\sigma_i$ 中不同两点. 记

$$\sigma^* = \sum_{i=1}^n f(\xi_i^*,\eta_i^*,z(\xi_i^*,\eta_i^*))\sqrt{1+z_x^2(\xi_i^*,\eta_i^*)+z_y^2(\xi_i^*,\eta_i^*)}\Delta\sigma_i,$$

则有

$$\lim_{\lambda\to 0}\sigma^* = \iint\limits_{D} f(x,y,z(x,y))\sqrt{1+z_x^2(x,y)+z_y^2(x,y)}\mathrm{d}\sigma.$$

而 $\sigma = (\sigma-\sigma^*)+\sigma^*$, 因此只要证明 $\lim\limits_{\lambda\to 0}(\sigma-\sigma^*)=0$ 即可.

由于 $\sqrt{1+z_x^2(x,y)+z_y^2(x,y)}$ 在有界闭区域 D 上连续, 所以存在常数 $M>0$, 使

$$|\sigma-\sigma^*| \leqslant M\sum_{i=1}^n |f(\xi_i,\eta_i,z(\xi_i,\eta_i))-f(\xi_i^*,\eta_i^*,z(\xi_i^*,\eta_i^*))|\Delta\sigma_i.$$

根据 $f(x,y,z(x,y))$ 在闭区域 D 上连续, 因此, 对任意的 $\varepsilon>0$, 存在 $\delta>0$, 只要 $\lambda<\delta$, 有

$$|f(\xi_i,\eta_i,z(\xi_i,\eta_i))-f(\xi_i^*,\eta_i^*,z(\xi_i^*,\eta_i^*))| < \frac{\varepsilon}{M|D|}.$$

也就是

$$|\sigma - \sigma^*| < \frac{\varepsilon}{|D|} \sum_{i=1}^{n} \Delta \sigma_i = \varepsilon.$$

于是, 定理 7.6 得证.

例 7.39 计算 $\oint_{\Sigma} (x^2 + y^2) \mathrm{d}S$, 其中 Σ 由锥面 $z = \sqrt{x^2 + y^2}$ 及平面 $z = 1$ 围成的区域的整个边界曲面.

解 曲面 Σ 由两部分组成,

$$S_1 : z = 1, \ \sqrt{x^2 + y^2} \leqslant 1; \quad S_2 : z = \sqrt{x^2 + y^2}, \ 0 \leqslant z \leqslant 1,$$

它们在 xOy 坐标面上投影都是 $D_{xy} = \{(x, y) | x^2 + y^2 \leqslant 1\}$. 于是,

$$\begin{aligned}
\oint_{\Sigma} (x^2 + y^2) \mathrm{d}S &= \iint_{S_1} (x^2 + y^2) \mathrm{d}S + \iint_{S_2} (x^2 + y^2) \mathrm{d}S \\
&= \iint_{D_{xy}} (x^2 + y^2) \sqrt{1 + 0 + 0} \mathrm{d}x\mathrm{d}y + \iint_{D_{xy}} (x^2 + y^2) \sqrt{1 + 1} \mathrm{d}x\mathrm{d}y \\
&= (\sqrt{2} + 1) \int_0^{2\pi} \mathrm{d}\theta \int_0^1 r^3 \mathrm{d}r = \frac{(\sqrt{2} + 1)\pi}{2}.
\end{aligned}$$

例 7.40 计算 $\displaystyle\iint_{\Sigma} \frac{\mathrm{d}S}{x^2 + y^2 + z^2}$, 其中 Σ 为柱面 $x^2 + y^2 = R^2 (R > 0)$ 位于平面 $z = 0, z = H(H > 0)$ 之间的部分.

解 注意到 Σ 关于 zOx 或 yOz 面对称, 因此, 由对称性知,

$$\iint_{\Sigma} \frac{\mathrm{d}S}{x^2 + y^2 + z^2} = 2 \iint_{S_1} \frac{\mathrm{d}S}{x^2 + y^2 + z^2} = 2 \iint_{S_1} \frac{\mathrm{d}S}{R^2 + z^2}$$

(此处用到 $(x, y, z) \in \Sigma$, 自然满足曲面 Σ 的方程), 这里 $S_1 : y = \sqrt{R^2 - x^2}, 0 \leqslant z \leqslant H$, 它在 zOx 面上投影为

$$D_{zx} = \{(z, x) | -R \leqslant x \leqslant R, 0 \leqslant z \leqslant H\}, \quad \mathrm{d}S = \sqrt{1 + y_z^2 + y_x^2} \mathrm{d}z\mathrm{d}x = \frac{R}{\sqrt{R^2 - x^2}} \mathrm{d}z\mathrm{d}x.$$

于是,

$$\iint_{\Sigma} \frac{\mathrm{d}S}{x^2 + y^2 + z^2} = 2 \iint_{D_{zx}} \frac{1}{R^2 + z^2} \frac{R}{\sqrt{R^2 - x^2}} \mathrm{d}z\mathrm{d}x = 2\pi \arctan \frac{H}{R}.$$

7.5.2　对坐标的曲面积分

对坐标的曲面积分类似于对坐标的曲线积分, 相应于有向曲线, 这里提出有向曲面的概念: 通过曲面法向量的指向确定曲面的方向. 选定了曲面 Σ 的一个法向量 $\boldsymbol{n}$, 就给定了曲面的一侧, 另一反向的法向量就给定了曲面的另一侧, 以 $-\boldsymbol{n}$ 表示. 给定曲面的侧, 也确定了曲面法向量的指向. 把选定了 "侧" 的曲面称为**有向曲面**. 例如, 曲面的上侧, 即法向量向上指向; 曲面的左侧, 即法向量向左指向 (图 7.20).

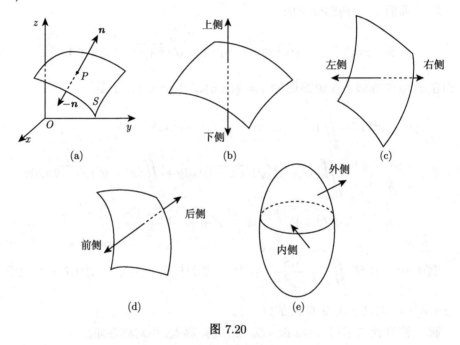

图 7.20

以上是从几何角度确定有向曲面的侧, 现用分析的方法确定有向曲面的侧. 设曲面 Σ 的方程 $z = z(x, y)$ $((x, y) \in D)$, 给定

$$\boldsymbol{n} = \{-z_x, -z_y, 1\}, \quad -\boldsymbol{n} = \{z_x, z_y, -1\}$$

两个法向量, 其方向余弦分别是

$$\cos \alpha = \frac{-z_x}{\pm\sqrt{1 + z_x^2 + z_y^2}}, \quad \cos \beta = \frac{-z_y}{\pm\sqrt{1 + z_x^2 + z_y^2}}, \quad \cos \gamma = \frac{1}{\pm\sqrt{1 + z_x^2 + z_y^2}}.$$

分母前的 $\pm$ 决定有向曲面的侧. 如果取 "+", 法向量的方向余弦符号组是 $(-, -, +)$, 这样 $\cos \gamma > 0$, 则 $\boldsymbol{n}$ 与 z 轴正向夹角为锐角, 即 $\boldsymbol{n}$ 指向上方, 这就确定了有向曲面的 Σ 的上侧. 如果取 "–", 法向量的方向余弦符号组是 $(+, +, -)$, 这样 $\cos \gamma < 0$,

则 n 与 z 轴正向夹角为钝角, 即 n 指向下方, 这确定了有向曲面 Σ 的下侧. 以下记法向量 n 的单位法向量为 $e_n = \dfrac{n}{\|n\|}$.

定义 7.5 设 Σ 是有向曲面, 其上任意一点 (x, y, z) 处单位法向量为 e_n, F 是 Σ 上的某个区域上的连续向量场, 如果 $\displaystyle\iint\limits_{\Sigma} F \cdot e_n \mathrm{d}S$ 的积分存在, 则该积分称为向量场 F 在有向曲面 Σ 上的**第二曲面积分**, 记为 $\displaystyle\iint\limits_{\Sigma} F \cdot \mathrm{d}S$, $\mathrm{d}S = e_n \mathrm{d}S$.

单位法向量 e_n 可以用方向余弦表示, 即 $e_n = (\cos\alpha, \cos\beta, \cos\gamma)$, 则有

$$\mathrm{d}S = e_n \mathrm{d}S = (\cos\alpha \mathrm{d}S, \cos\beta \mathrm{d}S, \cos\gamma \mathrm{d}S),$$

称 $\cos\alpha \mathrm{d}S, \cos\beta \mathrm{d}S, \cos\gamma \mathrm{d}S$ 分别为有向曲面元素 $\mathrm{d}S$ 在 yOz, zOx, xOy 面上的投影, 并分别记为 $\mathrm{d}y\mathrm{d}z, \mathrm{d}z\mathrm{d}x, \mathrm{d}x\mathrm{d}y$. 设 $F = (P(x, y, z), Q(x, y, z), R(x, y, z))$, 这样, 第二曲面积分 $\displaystyle\iint\limits_{\Sigma} F \cdot \mathrm{d}S$ 表示为

$$\iint\limits_{\Sigma} F \cdot \mathrm{d}S = \iint\limits_{\Sigma} P\mathrm{d}y\mathrm{d}z + Q\mathrm{d}z\mathrm{d}x + R\mathrm{d}x\mathrm{d}y,$$

$$\iint\limits_{\Sigma} F \cdot \mathrm{d}S = \iint\limits_{\Sigma} (P\cos\alpha + Q\cos\beta + R\cos\gamma)\mathrm{d}S.$$

因此, 第二曲面积分也称为**对坐标的曲面积分**.

通过上述分析, 类似于曲线积分, 两类曲面积分之间存在以下关系:

$$\iint\limits_{\Sigma} P\mathrm{d}y\mathrm{d}z + Q\mathrm{d}z\mathrm{d}x + R\mathrm{d}x\mathrm{d}y = \iint\limits_{\Sigma} (P\cos\alpha + Q\cos\beta + R\cos\gamma)\mathrm{d}S.$$

既然第二曲面积分与曲面的 "侧" 有关, 因此, 有

$$\iint\limits_{\Sigma} P\mathrm{d}y\mathrm{d}z + Q\mathrm{d}z\mathrm{d}x + R\mathrm{d}x\mathrm{d}y = -\iint\limits_{\Sigma^-} P\mathrm{d}y\mathrm{d}z + Q\mathrm{d}z\mathrm{d}x + R\mathrm{d}x\mathrm{d}y.$$

第二曲面积分的计算远比第一曲面积分要复杂得多. 本书给出基本的计算方法, 至于理论推导, 建议读者参阅高等数学相关文献. 计算的基本方法是:**一代**; **二投影**; **三定向**. 但在具体计算过程中, "代" "投影" 和 "定向" 要对曲面积分的每一项分别进行, 不能同时实施. 具体参见表 7.1.

表 7.1

	$I_1 = \iint\limits_{\Sigma} P\mathrm{d}y\mathrm{d}z$	$I_2 = \iint\limits_{\Sigma} Q\mathrm{d}z\mathrm{d}x$	$I_3 = \iint\limits_{\Sigma} R\mathrm{d}x\mathrm{d}y$
代	$P(x(y,z), y, z)$	$Q(x, y(z,x), z)$	$R(x, y, z(x,y))$
投影	yOz 面投影 D_{yz}	zOx 面投影 D_{zx}	xOy 面投影 D_{xy}
定向	$(\boldsymbol{n}, \boldsymbol{i})$ 锐角取 "+", 钝角取 "−"	$(\boldsymbol{n}, \boldsymbol{j})$ 锐角取 "+", 钝角取 "−"	$(\boldsymbol{n}, \boldsymbol{k})$ 锐角取 "+", 钝角取 "−"

如果曲面在坐标面上投影为曲线, 此时投影区域面积为零, 因此该项积分为零.

例 7.41　计算下列曲面积分:

(1) $\displaystyle\iint\limits_{\Sigma} x\mathrm{d}y\mathrm{d}z - 3y\mathrm{d}z\mathrm{d}x + z\mathrm{d}x\mathrm{d}y$, 其中 $\Sigma: 3x + 4y + 12z = 12$ 在第一象限部分的下侧;

(2) $\displaystyle\iint\limits_{\Sigma} x^2\mathrm{d}y\mathrm{d}z + y^2\mathrm{d}z\mathrm{d}x + z^2\mathrm{d}x\mathrm{d}y$, 其中 Σ 是半球面 $x^2 + y^2 + z^2 = a^2\ (z \geqslant 0)$ 的上侧;

(3) $\displaystyle\iint\limits_{\Sigma} \frac{x\mathrm{d}y\mathrm{d}z + z^2\mathrm{d}x\mathrm{d}y}{x^2 + y^2 + z^2}$, Σ 为曲面 $x^2 + y^2 = R^2$ 及平面 $z = R, z = -R$ 所围立体表面的外侧.

解　(1) 由于平面 Σ 取其下侧, 所以它的法向量 $\boldsymbol{n}$ 与坐标轴正向的夹角都是钝角, 于是各项都取 "−". 于是,

$$\iint\limits_{\Sigma} x\mathrm{d}y\mathrm{d}z - 3y\mathrm{d}z\mathrm{d}x + z\mathrm{d}x\mathrm{d}y$$

$$= -\iint\limits_{D_{yz}} 4\left(1 - \frac{y}{3} - z\right)\mathrm{d}y\mathrm{d}z + 3\iint\limits_{D_{zx}} 3\left(1 - z - \frac{x}{4}\right)\mathrm{d}z\mathrm{d}x$$

$$- \iint\limits_{D_{xy}} \left(1 - \frac{x}{4} - \frac{y}{3}\right)\mathrm{d}x\mathrm{d}y$$

$$= -4\int_0^3 \mathrm{d}y \int^{1-\frac{y}{3}} \left(1 - \frac{y}{3} - z\right)\mathrm{d}z + 9\int_0^4 \mathrm{d}x \int_0^{1-\frac{x}{4}} \left(1 - z - \frac{x}{4}\right)\mathrm{d}z$$

$$- \int_0^4 \mathrm{d}x \int_0^{3-\frac{3x}{4}} \left(1 - \frac{x}{4} - \frac{y}{3}\right)\mathrm{d}y$$

$$= -2 + 6 - 2 = 2.$$

(2) 将半球面分成两个曲面 S_1(取前侧), S_2(取后侧), 其方程分别为

$$S_1: x = \sqrt{a^2 - y^2 - z^2}\,(z \geqslant 0); \quad S_2: x = -\sqrt{a^2 - y^2 - z^2}\,(z \geqslant 0).$$

于是

$$\iint\limits_{\Sigma} x^2 \mathrm{d}y\mathrm{d}z = \left(\iint\limits_{S_1} + \iint\limits_{S_2}\right) x^2 \mathrm{d}y\mathrm{d}z$$

$$= \iint\limits_{y^2+z^2\leqslant a^2} (\sqrt{a^2-y^2-z^2})^2 \mathrm{d}y\mathrm{d}z$$

$$- \iint\limits_{y^2+z^2\leqslant a^2} (-\sqrt{a^2-y^2-z^2})^2 \mathrm{d}y\mathrm{d}z = 0.$$

同理, 计算 $\iint\limits_{\Sigma} y^2 \mathrm{d}z\mathrm{d}x = 0$. 因为球面 Σ 在 xOy 面上的投影区域为 $x^2+y^2 \leqslant a^2$.

所以,

$$\iint\limits_{\Sigma} z^2 \mathrm{d}x\mathrm{d}y = \iint\limits_{x^2+y^2\leqslant a^2} (a^2-x^2-y^2)\mathrm{d}x\mathrm{d}y = \frac{1}{2}\pi a^4.$$

于是, 所求积分为 $\frac{1}{2}\pi a^4$.

(3) 将曲面 Σ 分成三个子曲面:

$$S_1 : z = R \ (x^2 + y^2 \leqslant R^2) \ \text{取上侧}; \ S_2 : z = -R \ (x^2 + y^2 \leqslant R^2) \ \text{取下侧};$$

$$S_3 : x^2 + y^2 = R^2 \ \text{取外侧}.$$

由于 S_1, S_2 垂直于 yOz 面, S_3 垂直于 xOy 面, 故

$$\iint\limits_{S_1} \frac{x\mathrm{d}y\mathrm{d}z}{x^2+y^2+z^2} = 0, \quad \iint\limits_{S_2} \frac{x\mathrm{d}y\mathrm{d}z}{x^2+y^2+z^2} = 0, \quad \iint\limits_{S_3} \frac{z^2\mathrm{d}x\mathrm{d}y}{x^2+y^2+z^2} = 0.$$

由于 S_1, S_2 关于 xOy 面对称, 方向相反, 被积函数 $\dfrac{z^2}{x^2+y^2+z^2}$ 关于 z 为偶函数, 故由对称性, 知

$$\left(\iint\limits_{S_1} + \iint\limits_{S_2}\right) \frac{z^2\mathrm{d}x\mathrm{d}y}{x^2+y^2+z^2} = 0.$$

再由于 S_3 关于 yOz 面对称, 且方向相反, 被积函数 $\dfrac{x}{x^2+y^2+z^2}$ 关于 x 为奇函数, 所以,

$$\iint\limits_{S_3} \frac{x\mathrm{d}y\mathrm{d}z}{x^2+y^2+z^2} = 2\iint\limits_{S_{31}} \frac{x\mathrm{d}y\mathrm{d}z}{x^2+y^2+z^2},$$

其中 $S_{31} : x = \sqrt{R^2 - y^2}$ 为 S_3 前面部分的前侧, 它在 yOz 面上投影 $D : -R \leqslant y \leqslant R, -R \leqslant z \leqslant R$. 于是, 所求积分为

$$2 \iint\limits_{S_{31}} \frac{x\mathrm{d}y\mathrm{d}z}{x^2 + y^2 + z^2} = 2 \iint\limits_{S_{31}} \frac{x\mathrm{d}y\mathrm{d}z}{R^2 + z^2} = 2 \int_{-R}^{R} \mathrm{d}y \int_{-R}^{R} \frac{\sqrt{R^2 - y^2}}{R^2 + z^2} \mathrm{d}z = \frac{\pi^2 R}{2}.$$

7.5.3　Gauss 公式

Green 公式给出了平面区域上二重积分与围成该区域的封闭边界曲线上的曲线积分之间的关系, 这里介绍的 Gauss[1] (高斯) 公式则揭示了空间闭区域上三重积分与围成的封闭边界曲面上曲面积分之间的关系.

定理 7.7 (Gauss 公式[2])　设空间闭区域 Ω 由光滑或分片光滑的有向闭曲面 Σ 所围成, 函数 P, Q, R 在 Ω 上具有一阶连续偏导数, Σ 取 Ω 整个边界曲面的外侧, 则

$$\oint_{\Sigma} P\mathrm{d}y\mathrm{d}z + Q\mathrm{d}z\mathrm{d}x + R\mathrm{d}x\mathrm{d}y = \iiint\limits_{\Omega} (P_x + Q_y + R_z)\mathrm{d}v,$$

或

$$\iint\limits_{\Sigma} (P\cos\alpha + Q\cos\beta + R\cos\gamma)\mathrm{d}S = \iiint\limits_{\Omega} (P_x + Q_y + R_z)\mathrm{d}v,$$

其中 $\cos\alpha, \cos\beta, \cos\gamma$ 是有向曲面 Σ 上点 (x, y, z) 处法向量的方向余弦.

*证明　仿照 Green 公式的证明, 先对简单的区域证明. 考虑

$$\iiint\limits_{\Omega} R_z \mathrm{d}v = \oint_{\Sigma} R\mathrm{d}x\mathrm{d}y,$$

其中 Ω 的边界由下、上、中三部分 S_1, S_2, S_3 构成, 上部 S_2 由方程 $z = z_2(x, y)$ 给出, 下部 S_1 由方程 $z = z_1(x, y)$ 给出, 中部 S_3 由母线平行于 z 轴的柱面构成. S_1 与 S_2 在 xOy 面上有公共投影 D, Ω 可表示为

$$\Omega = \{(x, y, z) | z_1(x, y) \leqslant z \leqslant z_2(x, y), (x, y) \in D\},$$

其边界曲面 Σ 的外侧可表示为 S_1 取下侧, S_2 取上侧, S_3 取柱面外侧. 由三重积分的计算方法及第二曲面积分的计算方法, 得

$$\iiint\limits_{\Omega} R_z\mathrm{d}v = \iint\limits_{D} \mathrm{d}x\mathrm{d}y \int_{z_1(x,y)}^{z_2(x,y)} R_z\mathrm{d}z = \iint\limits_{D} (R(x, y, z_2(x, y)) - R(x, y, z_1(x, y)))\mathrm{d}x\mathrm{d}y$$

$$= \iint\limits_{S_2} R\mathrm{d}x\mathrm{d}y + \iint\limits_{S_1} R\mathrm{d}x\mathrm{d}y = \left(\iint\limits_{S_1} + \iint\limits_{S_2} + \iint\limits_{S_3} \right) R\mathrm{d}x\mathrm{d}y = \oint_{\Sigma} R\mathrm{d}x\mathrm{d}y.$$

---

① Gauss (1777—1855), 德国数学家、物理学家、天文学家.
② Gauss 公式也称为奥–高公式, 即奥斯特洛格拉斯基 (俄国数学家)–高斯公式的简称.

这里由于 S_3 在 xOy 面上投影面积为零, 所以 $\int_{S_3} R\mathrm{d}x\mathrm{d}y = 0$. 同理可证

$$\iiint\limits_{\Omega} P_x \mathrm{d}v = \oint_{\Sigma} P\mathrm{d}y\mathrm{d}z, \qquad \iiint\limits_{\Omega} Q_y \mathrm{d}v = \oint_{\Sigma} Q\mathrm{d}z\mathrm{d}x.$$

对于一般区域 Ω, 可以添加有限个光滑曲面, 把它分为有限个上面已证明的简单子区域的并, 使得 Gauss 公式仍成立. 完全类似于 Green 公式的推导, 对每个子区域分别利用 Gauss 公式, 然后相加, 注意到在添加的曲面上, 恰好对不同的两侧各积分一次, 因而相互抵消, 从而在曲面积分中不出现这些添加的曲面. 定理证毕.

根据定理 7.7, 在具体问题中, 可能会出现有向曲面 Σ 不闭合的情况, 此时可通过 "补面" 的方法利用 Gauss 公式进行计算, 这里 "补面" 的侧与原给定有向曲面的侧共同构成一个封闭曲面的内侧或外侧, 所补的面一般为平面.

Gauss 公式给出了函数在三维区域上的重积分与其 "原函数" 在区域边界上的第二曲面积分之间的联系, 在这个意义上讲, Gauss 公式是 Newton-Leibniz 公式的三维推广.

例 7.42 计算

$$I = \oint_{\Sigma} \frac{1}{x^2 + y^2 + z^2}(x^3\mathrm{d}y\mathrm{d}z + y^3\mathrm{d}z\mathrm{d}x + z^3\mathrm{d}x\mathrm{d}y),$$

其中 Σ 是球面 $x^2 + y^2 + z^2 = a^2$ 的外侧.

解 注意到在曲面 Σ 上, $x^2 + y^2 + z^2 = a^2$, 因此,

$$I = \frac{1}{a^2} \oint_{\Sigma} (x^3\mathrm{d}y\mathrm{d}z + y^3\mathrm{d}z\mathrm{d}x + z^3\mathrm{d}x\mathrm{d}y).$$

由 Gauss 公式, 得

$$I = \frac{3}{a^2} \iiint\limits_{\Omega} (x^2 + y^2 + z^2)\mathrm{d}v = \frac{3}{a^2} \int_0^{2\pi} \mathrm{d}\theta \int_0^{\pi} \mathrm{d}\phi \int_0^a r^4 \sin\phi \mathrm{d}r = \frac{12}{5}\pi a^3.$$

例 7.43 计算 $I = \iint\limits_{\Sigma} -y\mathrm{d}z\mathrm{d}x + (z+1)\mathrm{d}x\mathrm{d}y$, 其中曲面 Σ 是圆柱面 $x^2 + y^2 = 4$ 被平面 $S_1 : x + z = 2$ 和 $S_2 : z = 0$ 所截出部分的外侧.

解 添加平面 $x + z = 2$(取上侧) 和平面 $z = 0$(取下侧), 使它们与 Σ(外侧) 共同围成空间区域 Ω, 其整个边界曲面取外侧. 平面 S_1, S_2 在 zOx 面上投影都是直线, 因此对坐标 z, x 项的积分为零, 平面 S_1, S_2 在 xOy 面上的投影都是

$D = \{(x,y)|x^2 + y^2 \leqslant 1\}$. 利用 Gauss 公式, 得

$$I = \left(\oint_{S_1+S_2+\varSigma} - \iint_{S_1} - \iint_{S_2} \right)(-y\mathrm{d}z\mathrm{d}x + (z+1)\mathrm{d}x\mathrm{d}y)$$

$$= \iiint_{\varOmega} 0\mathrm{d}v - \iint_{D}(3-x)\mathrm{d}x\mathrm{d}y + \iint_{D}\mathrm{d}x\mathrm{d}y$$

$$= -\int_0^{2\pi}\mathrm{d}\theta\int_0^2 (3-r\cos\theta)r\mathrm{d}r + 4\pi = -8\pi.$$

例 7.44　计算

$$I = \iint_{\varSigma}(x^3 - y)\mathrm{d}y\mathrm{d}z + (x+y^3)\mathrm{d}z\mathrm{d}x + z\mathrm{d}x\mathrm{d}y,$$

其中曲面 $\varSigma : z = 2 - \sqrt{x^2 + y^2}$ $(z \in [1,2])$ 下侧.

解　这里曲面 $\varSigma$ 不是封闭曲面, 添加平面 $S_1 : z = 1$ $(x^2 + y^2 \leqslant 1)$ 取上侧, 这样保证 $\varSigma + S_1$ 围成的区域的整个边界曲面取内侧, 且在 xOy 平面上投影区域

$$D = \{(x,y)|x^2 + y^2 \leqslant 1\}.$$

因此 (注意整个曲面取内侧, 在利用 Gauss 公式时应取 "−". 同时应注意添加的平面在 zOx, yOz 面上投影是直线),

$$I = \left(\oint_{\varSigma+S_1} - \iint_{S_1} \right)(x^3-y)\mathrm{d}y\mathrm{d}z + (x+y^3)\mathrm{d}z\mathrm{d}x + z\mathrm{d}x\mathrm{d}y$$

$$= -\iiint_{\varOmega}(3(x^2+y^2)+1)\mathrm{d}v - \iint_{D}\mathrm{d}x\mathrm{d}y = -\int_1^2\mathrm{d}z\int_0^{2\pi}\mathrm{d}\theta\int_0^{2-z}(3r^2+1)r\mathrm{d}r - \pi$$

$$= -2\pi\int_1^2\left[\frac{3}{4}(2-z)^4 + \frac{1}{2}(2-z)^2 \right]\mathrm{d}z - \pi = -\frac{49}{30}\pi.$$

7.5.4　Stokes 公式

　　Stokes[1] (斯托克斯) 公式是 Green 公式的推广. Green 公式建立了平面闭区域上的二重积分与其边界曲线上的曲线积分之间的关系, Stokes 公式则建立了沿空间曲面 $\varSigma$ 的曲面积分与沿 $\varSigma$ 的边界曲线的曲线积分之间的联系.

---

[1] Stokes (1819—1903), 英国数学家、物理学家.

定理 7.8 (Stokes 公式) 若光滑曲面 Σ 的边界为光滑曲线 L, 函数 P, Q, R 在曲面 Σ 和曲线 L 上具有一阶连续偏导数, 则

$$
\oint_L P\mathrm{d}x + Q\mathrm{d}y + R\mathrm{d}z = \iint\limits_{\Sigma}
\begin{vmatrix}
\mathrm{d}y\mathrm{d}z & \mathrm{d}z\mathrm{d}x & \mathrm{d}x\mathrm{d}y \\
\dfrac{\partial}{\partial x} & \dfrac{\partial}{\partial y} & \dfrac{\partial}{\partial z} \\
P & Q & R
\end{vmatrix}
= \iint\limits_{\Sigma}
\begin{vmatrix}
\cos\alpha & \cos\beta & \cos\gamma \\
\dfrac{\partial}{\partial x} & \dfrac{\partial}{\partial y} & \dfrac{\partial}{\partial z} \\
P & Q & R
\end{vmatrix}
\mathrm{d}S,
$$

其中 Σ 的侧与 L 的方向按右手法则确定, 即若四指的方向为 L 的方向, 则大拇指的方向就是曲面 Σ 的方向 (法向量 $\boldsymbol{n}$ 的指向).

定理的证明不作要求.

Stokes 公式建立了函数在空间曲面 Σ 的第二曲面积分与其"原函数"在 Σ 的边界曲线 L 上的第二曲线积分之间的联系, 因此也是 Newton-Leibniz 公式的一种高维推广. 不难看出, 它是 Green 公式的特殊情形. 当 L 是 xOy 平面上的闭曲线时, $\mathrm{d}z = 0$. 取 Σ 为 xOy 面上由 L 围成的区域, 则 Σ 在 yOz, zOx 面上的投影面积为零. 因此, 这时的 Stokes 公式就化为 Green 公式.

例 7.45 计算

$$
I = \oint_L (y - z)\mathrm{d}x + (z - x)\mathrm{d}y + (x - y)\mathrm{d}z,
$$

其中 L 是柱面 $x^2 + y^2 = a^2$ 与平面 $\dfrac{x}{a} + \dfrac{z}{h} = 1$ $(a > 0, h > 0)$ 的交线, 从 x 轴正向看去沿逆时针方向.

解法一 取平面 $\dfrac{x}{a} + \dfrac{z}{h} = 1$ 由交线围成的平面区域为 Σ, 并注意 Σ 在 zOx 面上投影面积为零, 由 Stokes 公式, 得

$$
I = \iint\limits_{\Sigma}
\begin{vmatrix}
\mathrm{d}y\mathrm{d}z & \mathrm{d}z\mathrm{d}x & \mathrm{d}x\mathrm{d}y \\
\dfrac{\partial}{\partial x} & \dfrac{\partial}{\partial y} & \dfrac{\partial}{\partial z} \\
y - z & z - x & x - y
\end{vmatrix}
= -2\iint\limits_{\Sigma} \mathrm{d}y\mathrm{d}z + \mathrm{d}x\mathrm{d}y
$$

$$
= -2\iint\limits_{D_{yz}} \mathrm{d}y\mathrm{d}z - \iint\limits_{D_{xy}} \mathrm{d}x\mathrm{d}y = -2\pi a(h + a).
$$

解法二 取曲线的参数方程为

$$
x = a\cos t, \quad y = a\sin t, \quad z = h(1 - \cos t), \quad t \in [0, 2\pi],
$$

则

$$
I = \int_0^{2\pi} (-a^2 - ah + ah\sin t + ah\cos t)\mathrm{d}t = -2\pi a(a + h).
$$

利用 Stokes 公式可以推出空间曲线积分与积分路径无关的条件, 即定理 7.5.

*7.5.5　场论初步

此前, 我们已经知道了梯度的概念, 下面讨论散度、旋度的概念.

1. 通量与散度

设向量场 $\boldsymbol{A}(x,y,z) = (P(x,y,z), Q(x,y,z), R(x,y,z))$, 其中 P, Q, R 具有一阶连续偏导数, Σ 是场内的有向曲面, $\boldsymbol{n}$ 是曲面 Σ 上点 (x,y,z) 处的单位法向量, 则积分

$$\Phi = \iint_{\Sigma} \boldsymbol{A} \cdot \boldsymbol{n}\mathrm{d}S = \iint_{\Sigma} P\mathrm{d}y\mathrm{d}z + Q\mathrm{d}z\mathrm{d}x + R\mathrm{d}x\mathrm{d}y$$

称为向量场 $\boldsymbol{A}$ 通过曲面 Σ 向指定侧的**通量**(或**流量**). $P_x + Q_y + R_z$ 称为向量场 $\boldsymbol{A}$ 的**散度**, 记为 $\mathrm{div}\boldsymbol{A}$.

通过曲面 Σ 的流量 Φ 有三种情况:

(1) $\Phi > 0$, 即流出的量大于流入的量, 这时称曲面 Σ 内有"源";

(2) $\Phi < 0$, 即流出的量小于流入的量, 这时称曲面 Σ 内有"汇";

(3) $\Phi = 0$, 即流出的量等于流入的量, 这时称曲面 Σ 内可能无"源"无"汇", 也可能有"源"和"汇", 但"源"和"汇"相互抵消.

由于 Gauss 公式可以写为

$$\iiint_{\Omega} \mathrm{div}\boldsymbol{A}\mathrm{d}v = \oiint_{\Sigma} \boldsymbol{A} \cdot \boldsymbol{n}\mathrm{d}S,$$

这表明向量场 $\boldsymbol{A}$ 通过闭曲面 Σ 流向外侧的流量等于向量场 $\boldsymbol{A}$ 的散度在闭曲面 Σ 所围成闭区域 Ω 上的积分. 如果向量场 $\boldsymbol{A}$ 表示一不可压缩流体 (假设流体的密度 $\rho = 1$) 的稳定流速场, 则 $\oiint_{\Sigma} \boldsymbol{A} \cdot \boldsymbol{n}\mathrm{d}S$ 可解释为单位时间内离开闭区域 Ω 的流体的总质量. 由于假设流体是不可压缩和稳定的, 所以在流体离开 Ω 的同时, Ω 内部必须有产生流体的"源"产生出同样多的流体来补充. 所以 $\iiint_{\Omega} \mathrm{div}\boldsymbol{A}\mathrm{d}v$ 可解释为分布在 Ω 内的"源"在单位时间内所产生的流体的总质量.

例 7.46　求下列场 $\boldsymbol{A} = (x, y, z)$ 穿过曲面 Σ 指定侧的流量.

(1) Σ 为圆锥 $x^2 + y^2 \leqslant z^2$ $(0 \leqslant z \leqslant h)$ 的底, 取上侧;

(2) Σ 为上述锥的侧表面, 取外侧.

解　设 S_1, S_2, S_3 分别为锥面的底面、侧面和全表面, 且全表面所围的闭区域为 Ω. 因 $\mathrm{div}\boldsymbol{A} = 3$, 故穿过全表面向外的流量为

$$\Phi = \oiint_{S_3} \boldsymbol{A} \cdot \mathrm{d}\boldsymbol{S} = \iiint_{\Omega} \mathrm{div}\boldsymbol{A}\mathrm{d}v = \pi h^3.$$

(1) 由于底表面垂直于 z 轴, 所以穿过 Σ 的向上的流量

$$\Phi_1 = \iint\limits_{\Sigma} \boldsymbol{A} \cdot \mathrm{d}\boldsymbol{S} = \iint\limits_{x^2+y^2 \leqslant h^2} h\mathrm{d}x\mathrm{d}y = \pi h^3.$$

(2) 穿过侧表面向外的流量 $\Phi_2 = \Phi - \Phi_1 = 0$.

2. 环流量与旋度

设向量场 $\boldsymbol{A}(x,y,z) = (P(x,y,z), Q(x,y,z), R(x,y,z))$, 其中 P, Q, R 具有一阶连续偏导数, 则沿向量场 $\boldsymbol{A}$ 中某一封闭的有向光滑曲线 L 上的曲线积分

$$\oint_L P\mathrm{d}x + Q\mathrm{d}y + R\mathrm{d}z$$

称为向量场 $\boldsymbol{A}$ 沿曲线 L 按所取方向的**环流量**, 向量函数

$$(R_y - Q_z, P_z - R_x, Q_x - P_y)$$

称为向量场 $\boldsymbol{A}$ 的**旋度**, 记为

$$\mathrm{rot}\boldsymbol{A} = (R_y - Q_z, P_z - R_x, Q_x - P_y) = \begin{vmatrix} \boldsymbol{i} & \boldsymbol{j} & \boldsymbol{k} \\ \dfrac{\partial}{\partial x} & \dfrac{\partial}{\partial y} & \dfrac{\partial}{\partial z} \\ P & Q & R \end{vmatrix}.$$

利用上述概念, Stokes 公式可写为

$$\iint\limits_{\Sigma} \mathrm{rot}\boldsymbol{A} \cdot \boldsymbol{n}\mathrm{d}S = \oint_L \boldsymbol{A} \cdot \boldsymbol{\tau}\mathrm{d}s,$$

这里 $\boldsymbol{n}$ 表示有向曲面 Σ 在点 (x,y,z) 处的单位法向量, $\boldsymbol{\tau}$ 表示 Σ 的正向边界曲线 L 在点 (x,y,z) 处的单位切向量.

在流量问题中, 环流量 $\oint_L \boldsymbol{A} \cdot \boldsymbol{\tau}\mathrm{d}s$ 表示流速为 $\boldsymbol{A}$ 的不可压缩流体在单位时间内沿曲线 L 的流体质量, 反映了流体沿 L 旋转时的强弱程度. 当 $\mathrm{rot}\boldsymbol{A} = \boldsymbol{0}$ 时, 沿任意封闭曲线的环流量为零, 即流体流动时不形成漩涡, 这时称向量场 $\boldsymbol{A}$ 为**无旋场**. 一个无源无旋的向量场称为**调和场**. 调和场是物理学中一类重要的向量场.

例 7.47 设向量场 $\boldsymbol{A} = (x^2 - y, 4z, x^2)$, 求

(1) 旋度 $\mathrm{rot}\boldsymbol{A}$;

(2) $\boldsymbol{A}$ 沿闭曲线 L 的环流量, 其中 L 为锥面 $z = \sqrt{x^2+y^2}$ 和平面 $z = 2$ 的交线, 从 z 轴正向看去为逆时针方向.

解 (1) 按照公式计算 $\mathrm{rot}\boldsymbol{A} = (-4, -2, 1)$.

(2) 由题意, L 的参数方程为 $x = 2\cos\theta, y = 2\sin\theta, z = 2, 0 \leqslant \theta \leqslant 2\pi$. 因此,

$$\oint_L (x^2 - y)\mathrm{d}x + 4z\mathrm{d}y + x^2\mathrm{d}z = \int_0^{2\pi} (-8\cos^2\theta\sin\theta + 4\sin^2\theta + 16\cos\theta)\mathrm{d}\theta = 4\pi.$$

*7.5.6　Hamilton 算子

算符

$$\nabla = \frac{\partial}{\partial x}\boldsymbol{i} + \frac{\partial}{\partial y}\boldsymbol{j} + \frac{\partial}{\partial z}\boldsymbol{k} = \left(\frac{\partial}{\partial x}, \frac{\partial}{\partial y}, \frac{\partial}{\partial z}\right)$$

称为 Hamilton[①] (哈密顿) 算子, 它兼有微分和向量两种运算的功能, 既可以作用于数量场 u, 也可以作用于向量场 $\boldsymbol{v}$, 还可以进行自身运算.

(1) 作用于数量场 $u(x, y, z)$,

$$\nabla u = \left(\frac{\partial}{\partial x}, \frac{\partial}{\partial y}, \frac{\partial}{\partial z}\right) u = \left(\frac{\partial u}{\partial x}, \frac{\partial u}{\partial y}, \frac{\partial u}{\partial z}\right),$$

即为 u 的梯度 $\mathrm{grad}\,u$.

(2) 作用于向量场 $\boldsymbol{v} = (P, Q, R)$ 有两种情形: 情形之一是

$$\nabla \cdot \boldsymbol{v} = P_x + Q_y + R_z = \mathrm{div}\,\boldsymbol{v},$$

此即向量 $\boldsymbol{v}$ 的散度; 情形之二是

$$\nabla \times \boldsymbol{v} = \begin{vmatrix} \boldsymbol{i} & \boldsymbol{j} & \boldsymbol{k} \\ \dfrac{\partial}{\partial x} & \dfrac{\partial}{\partial y} & \dfrac{\partial}{\partial z} \\ P & Q & R \end{vmatrix} = \mathrm{rot}\,\boldsymbol{v},$$

即为向量场 $\boldsymbol{v}$ 的旋度.

(3) 自身运算:

$$\Delta = \nabla \cdot \nabla = \nabla^2 = \frac{\partial^2}{\partial x^2} + \frac{\partial^2}{\partial y^2} + \frac{\partial^2}{\partial z^2}$$

称为 Laplace 算子, 它作用于数量场 u 上, 即为 Laplace 方程 $\Delta u = 0$, 其解称为调和函数.

注意到 ∇ 的微分和向量运算的双重功能, 容易得到

$$\nabla(u_1 u_2) = u_1 \nabla u_2 + u_2 \nabla u_1,$$

$$\nabla \cdot (u\boldsymbol{v}) = \boldsymbol{v} \cdot \nabla u + u \nabla \cdot \boldsymbol{v},$$

$$\nabla \times (u\boldsymbol{v}) = \nabla u \times \boldsymbol{v} + u \nabla \times \boldsymbol{v},$$

$$\nabla \cdot (\boldsymbol{v}_1 \times \boldsymbol{v}_2) = \boldsymbol{v}_2 \cdot (\nabla \times \boldsymbol{v}_1) - \boldsymbol{v}_1 \cdot (\nabla \times \boldsymbol{v}_2).$$

[①] Hamilton (1805—1865), 英国数学家、力学家、光学家.

习 题 7.5

1. 计算下列曲面积分:

(1) $\iint\limits_{\Sigma} y\mathrm{d}S$, 其中 Σ 是平面 $3x + 2y + z = 6$ 在第一卦限的部分;

(2) $\iint\limits_{\Sigma} (y^2 + z^2)\mathrm{d}S$, 其中 Σ 是曲面 $x = 4 - y^2 - z^2, x \geqslant 0$;

(3) $\iint\limits_{\Sigma} \left(z + 2x + \dfrac{4}{3}y\right)\mathrm{d}S$, 其中 Σ 是平面 $\dfrac{x}{2} + \dfrac{y}{3} + \dfrac{z}{4} = 1$ 在第一卦限中的部分;

(4) $\iint\limits_{\Sigma} |xyz|\mathrm{d}S$, 其中 Σ 是曲面 $z = x^2 + y^2$ 介于平面 $z = 0$ 和 $z = 1$ 之间的部分.

2. 计算曲面积分 $\iint\limits_{\Sigma} (ax + by + cz + d)^2\mathrm{d}S$, 其中 Σ 为球面 $x^2 + y^2 + z^2 = R^2$.

3. 计算下列曲面积分:

(1) $\iint\limits_{\Sigma} z^2\mathrm{d}y\mathrm{d}z$, 其中 Σ 是平面 $x + y + z = 1$ 位于第一卦限的上侧;

(2) $\iint\limits_{\Sigma} (x + z)\mathrm{d}x\mathrm{d}y$, 其中 Σ 是平面 $x + z = a$ 含在 $x^2 + y^2 = a^2$ 内部分的上侧;

(3) $\iint\limits_{\Sigma} z\mathrm{d}x\mathrm{d}y + x\mathrm{d}y\mathrm{d}z + y\mathrm{d}x\mathrm{d}z$, 其中 Σ 是圆柱面 $x^2 + y^2 = 1$ 被平面 $z = 0$ 和 $z = 3$ 所截得的在第一卦限内的部分的前侧;

(4) $\iint\limits_{\Sigma} (2x + z)\mathrm{d}y\mathrm{d}z + z\mathrm{d}x\mathrm{d}y$, 其中 Σ 是有向曲面 $z = x^2 + y^2(0 \leqslant z \leqslant 1)$, 其法向量与 x 轴正向的夹角为锐角.

4. 将下列对坐标的曲面积分 $\iint\limits_{\Sigma} P(x,y,z)\mathrm{d}y\mathrm{d}z + Q(x,y,z)\mathrm{d}z\mathrm{d}x + R(x,y,z)\mathrm{d}x\mathrm{d}y$ 转化为对面积的曲面积分, 其中

(1) Σ 是平面 $x + 2y + 3z = 1$ 在第一卦限部分的上侧;

(2) Σ 是旋转抛物面 $z = 8 - (x^2 + y^2)$ 在 xOy 面上方部分的上侧.

5. 计算曲面积分 $\oint_{\Sigma} \dfrac{x\mathrm{d}y\mathrm{d}z + y\mathrm{d}z\mathrm{d}x + z\mathrm{d}x\mathrm{d}y}{\sqrt{(x^2 + y^2 + z^2)^3}}$, 其中 Σ 为曲面 $2x^2 + 2y^2 + z^2 = 4$ 的外侧.

6. 求半径为 R、面密度为 μ 的均匀球面对其一条直径的转动惯量.

7. 计算曲面积分 $\oint_{\Sigma} xz\mathrm{d}x\mathrm{d}y + xy\mathrm{d}y\mathrm{d}z + yz\mathrm{d}z\mathrm{d}x$, 其中 Σ 为平面 $x = 0, y = 0, z = 0, x + y + z = 1$ 的所围空间区域的外侧.

8. 计算曲面积分 $\oint_{\Sigma} 2xz\mathrm{d}y\mathrm{d}z + yz\mathrm{d}z\mathrm{d}x - z^2\mathrm{d}x\mathrm{d}y$, 其中 Σ 是由曲面 $z = \sqrt{x^2 + y^2}$ 与曲

面 $z = \sqrt{2 - x^2 - y^2}$ 所围立体表面的外侧.

9. 计算曲面积分 $\iint\limits_{\Sigma} y\mathrm{d}y\mathrm{d}z - x\mathrm{d}z\mathrm{d}x + z^2\mathrm{d}x\mathrm{d}y$, 其中 Σ 是曲面 $z = \sqrt{x^2 + y^2}$ 在平面 $z = 1$ 和 $z = 2$ 之间的外侧.

10. 利用 Stokes 公式计算下列曲线积分, 从 z 轴正向看 L 是逆时针方向:

(1) $\oint_L z^2\mathrm{d}x + y^2\mathrm{d}y + xy\mathrm{d}z$, 其中 L 是以 $(1,0,0),(0,1,0),(0,0,2)$ 为顶点的三角形边界曲线;

(2) $\oint_L 3y\mathrm{d}x - xz\mathrm{d}y + yz^2\mathrm{d}z$, 其中 L 是圆周 $x^2 + y^2 = 2z, z = 2$.

11. 求向量场 $\boldsymbol{A}$ 在点 M 处的散度:

(1) $\boldsymbol{A} = 3x^2yz^2\boldsymbol{i} + 2xy^2z^2\boldsymbol{j} + xyz^3\boldsymbol{k}, M(2,1,1)$;

(2) $\boldsymbol{A} = \mathrm{e}^{xy}\boldsymbol{i} + \cos(xy)\boldsymbol{j} + \sin(xz^2)\boldsymbol{k}, M(1,1,1)$.

12. 设 $\boldsymbol{A} = (axz + x^2)\boldsymbol{i} + (by + xy^2)\boldsymbol{j} + (z - z^2 + cxz - 2xyz)\boldsymbol{k}$, 试确定常数 a, b, c, 使 $\boldsymbol{A}$ 成为一个无源场.

13. 求向量场 $\boldsymbol{A}$ 的旋度:

(1) $\boldsymbol{A} = (2z - 3y)\boldsymbol{i} + (3x - z)\boldsymbol{j} + (y - 2x)\boldsymbol{k}$;

(2) $\boldsymbol{A} = x\mathrm{e}^y\boldsymbol{i} - z\mathrm{e}^{-y}\boldsymbol{j} + y\ln x\boldsymbol{k}$.

7.6　思考与拓展

问题 7.1: 积分之间的联系.

二重积分、三重积分、两类曲线积分和两类曲面积分, 它们来自不同的物理背景, 抽象出不同的数学定义, 但却有着奇妙的联系. Green 公式、Gauss 公式和 Stokes 公式描述了这些联系, 反映出的共同点是, 都给出空间某形体的积分与其边界上积分的关系, 它们都是 Newton-Leibniz 公式的推广.

Newton-Leibniz 公式

$$\int_a^b \mathrm{d}F(x) = F(b) - F(a),$$

它将微分式 $\mathrm{d}F(x)$ 在区间 $[a, b]$ 上的积分转化为 $F(x)$ 的区间边界 $\partial[a, b]$ 上的一个式子. 一个具有吸引力的问题是, 能否建立以上公式的多维推广? 将问题讲得更明确些: 给定某多维图形 D 及某个"微分式" ω, 能否将 ω 在边界 ∂D 上的积分转化为 ω 的某种"微分" $\mathrm{d}\omega$ 在 D 上的积分? 或者说, 能否建立如下积分式:

$$\int_{\partial D} \omega = \iint\limits_{D} \mathrm{d}\omega?$$

这就是所谓的**一般的 Stokes 公式**的问题, 它在很一般的条件下获得了解决. 具有如此一般性的结果是微积分学的巨大成就, 其影响远超分析学之外. 限于本书的教学目的, 仅介绍简单的情形. 为了统一形式, 这里简单回顾 Green 公式、Gauss 公式和 Stokes 公式.

(1) Green 公式. 设 D 是二维有界闭区域, 其边界 ∂D 由有限条分段光滑简单闭曲线组成, ∂D 方向取正向 $P(x,y), Q(x,y)$ 是 D 上连续可微函数, 则成立

$$\int_{\partial D} P\mathrm{d}x + Q\mathrm{d}y = \iint_D (Q_x - P_y)\mathrm{d}x\mathrm{d}y.$$

(2) Gauss 公式. 设 V 是一个三维有界闭区域, 其边界 ∂V 由有限个分片光滑、简单的闭曲面组成, $\boldsymbol{n}$ 是 ∂V 的外单位法向量, $\boldsymbol{F} = (P, Q, R)$ 是 V 上的连续可微向量函数, 则成立

$$\iint_{\partial V} \boldsymbol{F} \cdot \mathrm{d}\boldsymbol{S} = \iiint_V \nabla \cdot \boldsymbol{F}\mathrm{d}v,$$

其中 $\mathrm{d}\boldsymbol{S} = \boldsymbol{n}\mathrm{d}S$.

(3) Stokes 公式. 设 Σ 是分片光滑定向曲面, 其边界 $\partial\Sigma$ 由有限条分段光滑简单闭曲线组成, 且 $\partial\Sigma$ 具有从 Σ 的定向导出的定向, $\boldsymbol{F} = (P, Q, R)$ 是某个包含 Σ 在内的连续可微向量函数, 则成立公式

$$\iint_{\partial\Sigma} \boldsymbol{F} \cdot \mathrm{d}\boldsymbol{r} = \iint_\Sigma (\nabla \times \boldsymbol{F}) \cdot \mathrm{d}\boldsymbol{S},$$

其中 $\nabla \times \boldsymbol{F}$ 是 $\boldsymbol{F}$ 的旋度, $\mathrm{d}\boldsymbol{S} = \boldsymbol{n}\mathrm{d}S, \boldsymbol{n}$ 是指向 Σ 正侧的单位法向量.

为统一形式, 定义如下微分算子 d:

(i) 对任何可微函数 f, $\mathrm{d}f$ 即 f 的微分, 也就是 $\mathrm{d}f = f_x\mathrm{d}x + f_y\mathrm{d}y + f_z\mathrm{d}z$;

(ii) 约定 $\mathrm{d}(f\mathrm{d}x) = \mathrm{d}f\mathrm{d}x$, $\mathrm{d}(f\mathrm{d}x\mathrm{d}y) = \mathrm{d}f\mathrm{d}x\mathrm{d}y$, $\mathrm{d}(f\mathrm{d}x\mathrm{d}y\mathrm{d}z) = 0$;

(iii) $\mathrm{d}x\mathrm{d}x = 0$, $\mathrm{d}x\mathrm{d}y = -\mathrm{d}y\mathrm{d}x$, $\mathrm{d}y\mathrm{d}z = -\mathrm{d}z\mathrm{d}y$, $\mathrm{d}z\mathrm{d}x = -\mathrm{d}x\mathrm{d}z$.

根据以上运算, 即可验证

$$\mathrm{d}(P\mathrm{d}x + Q\mathrm{d}y + R\mathrm{d}z) = (R_y - Q_z)\mathrm{d}y\mathrm{d}z + (P_z - R_x)\mathrm{d}z\mathrm{d}x + (Q_x - P_y)\mathrm{d}x\mathrm{d}y.$$

于是, 在 Green 公式中,

$$\omega = P\mathrm{d}x + Q\mathrm{d}y;$$

在 Gauss 公式中,

$$\omega = P\mathrm{d}y\mathrm{d}z + Q\mathrm{d}z\mathrm{d}x + R\mathrm{d}x\mathrm{d}y;$$

在 Stokes 公式中,

$$\omega = P\mathrm{d}x + Q\mathrm{d}y + R\mathrm{d}z.$$

至此, 三个公式通过微分算子 d 及微分形式 ω 高度统一起来, 它们就是外微分与微分形式, 更多的讨论只能在一些较高级的课程, 这里不再介绍.

最后, 给出几类积分的关系框架图:

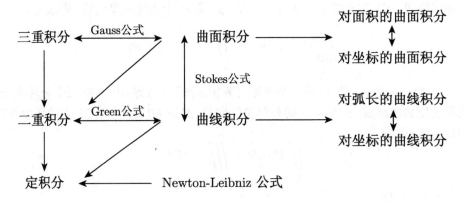

问题 7.2: 利用对称性简化二重积分和三重积分的计算.

(1) 如果二重积分 $I = \iint\limits_{D} f(x,y)\mathrm{d}x\mathrm{d}y$ 同时满足: 积分区域 D 对称, 被积函数 $f(x,y)$ 在区域 D 上具有奇偶性, 则可以利用对称性简化计算二重积分. 归纳起来, 有以下情形:

(i) 若 D 关于 y 轴对称, $f(x,y)$ 关于 x 为奇函数 $(f(-x,y) = -f(x,y))$, 则 $I = 0$.

(ii) 若 D 关于 y 轴对称, $f(x,y)$ 关于 x 为偶函数 $(f(-x,y) = f(x,y))$, 则

$$I = 2\iint\limits_{D_1} f(x,y)\mathrm{d}x\mathrm{d}y, \quad D_1 = \{(x,y)|(x,y) \in D, x \geqslant 0\}.$$

(iii) 若 D 关于 x 轴对称, $f(x,y)$ 关于 y 为奇函数 $(f(x,-y) = -f(x,y))$, 则 $I = 0$.

(iv) 若 D 关于 x 轴对称, $f(x,y)$ 关于 y 为偶函数 $(f(x,-y) = f(x,y))$, 则

$$I = 2\iint\limits_{D_2} f(x,y)\mathrm{d}x\mathrm{d}y, \quad D_2 = \{(x,y)|(x,y) \in D, y \geqslant 0\}.$$

(v) 若 D 关于原点对称, 且 $f(-x,-y) = -f(x,y)$, 则 $I = 0$; 而 $f(-x,-y) = f(x,y)$, 则

$$I = 2\iint\limits_{D_1} f(x,y)\mathrm{d}x\mathrm{d}y = 2\iint\limits_{D_2} f(x,y)\mathrm{d}x\mathrm{d}y.$$

(2) 计算三重积分的基本方法是化为累次积分, 即化为三次积分计算. 常采用直角坐标系, 也可根据积分区域和被积函数的特点选用柱坐标系或球坐标系进行计算. 不论采用何种坐标系, 若能充分利用对称性, 都可以简化计算. 下面以直角坐标系为例来说明. 设 $f(x, y, z)$ 在有界闭区域 Ω 上连续, 计算 $I = \iiint\limits_{\Omega} f(x, y, z)\mathrm{d}v$.

情形一 关于坐标面的对称性. 设 Ω 关于坐标面 yOz(或 xOy, 或 zOx) 对称, 即 Ω 可表示成两个无公共内点、关于坐标面对称的子区域 Ω_1 和 Ω_2 之并. 这时, 若 $f(x, y, z)$ 关于变量 x(或 z, 或 y) 是奇函数 (即看成一元函数时是奇函数), 则积分 $I = 0$; 若 $f(x, y, z)$ 关于变量 x(或 z 或 y) 是偶函数, 则

$$I = 2 \iiint\limits_{\Omega_1} f(x, y, z)\mathrm{d}v.$$

情形二 关于坐标轴的对称性. 设 Ω 关于 x 轴 (或 y 轴, 或 z 轴) 对称, 即 Ω 可表成两个无公共内点、关于坐标轴的子区域 Ω_1 和 Ω_2 之并. 这时, 若函数 $f(x, y, z)$ 关于变量 y, z (或 z, x, 或 x, y) 是奇函数, 则 $I = 0$; 若函数 $f(x, y, z)$ 关于变量 y, z (或 z, x, 或 x, y) 是偶函数, 则 $I = 2 \iiint\limits_{\Omega_1} f(x, y, z)\mathrm{d}v$.

区域 Ω 关于 x 轴对称指的是, $(x, -y, -z) \in \Omega_1$ 当且仅当 $(x, y, z) \in \Omega_2$.

函数 $f(x, y, z)$ 关于 y, z 是奇函数指的是, $f(x, -y, -z) = -f(x, y, z), (x, y, z) \in \Omega_1$. 函数 $f(x, y, z)$ 关于 y, z 是偶函数指的是, $f(x, -y, -z) = f(x, y, z)$, $(x, y, z) \in \Omega_1$. 其他对称性与奇、偶函数定义依此类推.

情形三 关于原点的对称性. 设 Ω 关于原点对称, 即 D 可表成两个无公共内点的子区域 Ω_1 和 Ω_2 的并, $(x, y, z) \in \Omega_1$ 当且仅当 $(-x, -y, -z) \in \Omega_2$. 这时, 若 $f(x, y, z)$ 关于变量 x, y, z 是奇函数 (即 $f(-x, -y, -z) = -f(x, y, z)$), 则 $I = 0$; 若函数 $f(x, y, z)$ 关于变量 x, y, z 是偶函数 (即 $f(-x, -y, -z) = f(x, y, z)$), 则 $I = 2 \iiint\limits_{\Omega_1} f(x, y, z)\mathrm{d}v$.

(3) 第一曲线积分与曲线的方向无关, 第一曲面积分与曲面的侧无关, 因此可以利用对称性简化计算. 但第二曲线积分和第二曲面积分要么与曲线的方向有关, 要么与曲面的侧有关, 在考虑对称性时, 既要考虑被积函数与曲线 (曲面) 的对称性, 还要考虑曲线 (曲面) 的方向 (侧), 因此, 在计算时, 一般不考虑对称性.

利用对称性计算第一曲线和第一曲面积分的方法类似于重积分, 这里仅以平面曲线为例加以说明.

(i) 曲线 L 对称于 x 轴, $f(x, y)$ 关于 y 的奇函数, 则 $\int_L f(x, y)\mathrm{d}s = 0$.

(ii) 曲线 L 对称于 x 轴, $f(x,y)$ 关于 y 是偶函数, 则 $\int_L f(x,y)\mathrm{d}s = 2\int_{L_1} f(x,y)\mathrm{d}s$, L_1 为 L 位于对称轴一侧的部分.

对曲线 L 对称于 y 轴, 函数 $f(x,y)$ 关于 x 是奇函数或偶函数, 有类似的结论.

例 7.48 计算 $I = \iiint\limits_{\Omega}(x+y+z)\mathrm{d}v$, 其中 Ω 是由 $x^2+y^2+z^2 \leqslant 4$ 与 $x^2+y^2 \leqslant 3z$ 所围成的区域.

解 显然积分区域 Ω 关于坐标面 yOz 与 zOx 对称. 因为被积函数关于 x 为奇函数, 所以 $\iiint\limits_{\Omega} x\mathrm{d}v = 0$; 被积函数关于变量 y 是奇函数, 则 $\iiint\limits_{\Omega} y\mathrm{d}v = 0$. 所以,

$$I = \iiint\limits_{\Omega} z\mathrm{d}v = \int_0^{2\pi}\mathrm{d}\theta\int_0^{\sqrt{3}} r\mathrm{d}r\int_{\frac{r^2}{3}}^{\sqrt{4-r^2}} z\mathrm{d}z = \frac{13\pi}{4}.$$

(4) 利用轮换对称性简化积分计算.

如果在积分区域的表达式或被积函数的表达式中, 将变量 x,y,z 按下列次序更换: $x \to y, y \to z, z \to x$, 更换之后表达式不变, 则称该积分区域或被积函数关于变量 x,y,z **轮换对称**. 例如, 球体 $x^2+y^2+z^2 \leqslant a^2$ 是轮换对称区域, 函数 $xy+yz+zx$ 是轮换对称函数.

如果积分区域 Ω 是轮换对称的, 则积分

$$\iiint\limits_{\Omega} f(x)\mathrm{d}v = \iiint\limits_{\Omega} f(y)\mathrm{d}v = \iiint\limits_{\Omega} f(z)\mathrm{d}v.$$

例 7.49 设 $\Omega = \{(x,y,z)|0 \leqslant x \leqslant 1, 0 \leqslant y \leqslant 1, 0 \leqslant z \leqslant 1\}$, 求

$$I = \iiint\limits_{\Omega}(x+y+z)^2\mathrm{d}v.$$

解 由于积分区域关于 x,y,z 具有轮换对称性, 所以

$$\iiint\limits_{\Omega} x^2\mathrm{d}v = \iiint\limits_{\Omega} y^2\mathrm{d}v = \iiint\limits_{\Omega} z^2\mathrm{d}v, \quad \iiint\limits_{\Omega} xy\mathrm{d}v = \iiint\limits_{\Omega} yz\mathrm{d}v = \iiint\limits_{\Omega} zx\mathrm{d}v.$$

从而,

$$I = 3\iiint\limits_{\Omega}(x^2 + 2xy)\mathrm{d}v = 3\int_0^1\mathrm{d}z\int_0^1\mathrm{d}x\int_0^1(x^2 + 2xy)\mathrm{d}y = \frac{5}{2}.$$

问题 7.3: 场的意义.

在空间某区域上的各点, 如果都对应着某个物理量的一个确定数量值或向量值, 就称该空间域确定了该物理量的一个场. 这个物理量是数量, 就称为数量场, 这个物理量是向量, 就称为向量场. 例如, 温度场、电位场是数量场, 速度场、力场是向量场. 从数学角度讲, 场就是关于空间点 $M(x,y,z)$ 与时间 t 的四元函数 $u = u(x,y,z,t)$. 函数 u 与时间 t 无关, 称为稳定场.

在稳定的数量场 $u = u(M)$ 中, 具有相同物理量 u 的点集合 $\{M|u(M) = C\}$, 构成空间的某个曲面或平面上某条曲线, 称此曲面或曲线为等值面或等值线. 例如, 温度场中的等温面、地形图上的等高线. 通过等值面或等值线, 可以比较直观地了解物理量在场中的分布情况. 例如, 从地形图的等高线可以了解该地区地势的高低及各方向上地势的陡峭程度. 类似地, 在向量场 $\boldsymbol{u} = \boldsymbol{u}(M)$ 中, 可用向量线和向量面来直观地表示向量的分布情况.

通量是从某些物理量的计算中抽象出来的数学概念, 如流速场中的流量、电场中的电通量、磁场中的磁通量等, 就是对应的通量. 设有向量场 $\boldsymbol{u} = \boldsymbol{u}(M)$, 有向曲面 $\varSigma$, 称 $\boldsymbol{u}(M)$ 沿曲面 $\varSigma$ 某侧面的曲面积分

$$\varPhi = \iint\limits_{\varSigma} \boldsymbol{u} \cdot \mathrm{d}\boldsymbol{S}$$

为向量场 $\boldsymbol{u}(M)$ 向该侧穿过曲面 $\varSigma$ 的通量.

散度是一个数量, 它表示点 M 处通量对体积的变化率, 即

$$\mathrm{div}\boldsymbol{u} = \lim_{\varOmega \to M} \frac{\Delta \varPhi}{\Delta V},$$

它刻画了从流量场中的每一个点发散出来的流体质量的大小.

设向量场 $\boldsymbol{u}(M)$, L 为场中一有向封闭曲线, 称沿 L 的曲线积分

$$\varGamma = \oint_{L} \boldsymbol{u} \cdot \mathrm{d}\boldsymbol{r}$$

为向量场 $\boldsymbol{u}$ 按曲线积分所取方向沿曲线 L 的环量. 环量具有一定的物理意义, 例如, 在磁场 $\boldsymbol{H}(M)$ 中, 环量 $\oint_{L} \boldsymbol{H} \cdot \mathrm{d}\boldsymbol{r}$ 表示通过磁场中以 L 为边界的一块曲面 $\varSigma$ 总的电流强度.

旋度是一个向量, 它的方向是点 M 处环量面密度取最大值的方向, 大小等于该点处环量面密度的最大值. 旋度刻画了向量场的涡旋运动.

复习题 7

1. 已知 $F(t)$ 连续可微,

$$F(t) = \begin{cases} \displaystyle\iint\limits_{x^2+y^2\leqslant t^2} x\left(1 - \frac{F(\sqrt{x^2+y^2})}{x^2+y^2}\right)\mathrm{d}x\mathrm{d}y, & x \geqslant 0, y \geqslant 0, t \neq 0, \\ 0, & t = 0, \end{cases}$$

求 $F(t)$.

2. 设 $F(t) = \displaystyle\iiint\limits_{x^2+y^2+z^2\leqslant t^2} f(x^2+y^2+z^2)\mathrm{d}v, f(u)$ 连续, 求 $F'(t)$.

3. 已知 $f(x)$ 二阶连续可导, 且 $f(1) = f'(1) = 0$, 求 $f(x)$ 使

$$\oint_L (\ln x - f'(x))\frac{y}{x}\mathrm{d}x + f'(x)\mathrm{d}y = 0,$$

其中 L 为 $x > 0$ 上任一简单闭曲线.

4. 已知 $\dfrac{x\mathrm{d}x + y\mathrm{d}y}{x^2 + y^2}$ 是某一函数 $u(x,y)$ 的全微分 (除去 y 的负半轴和原点), 求 $u(x,y)$.

5. 设 $Q(x,y)$ 在 xOy 平面内具有一阶连续偏导数, 曲线积分 $\displaystyle\int_L 2xy\mathrm{d}x + Q(x,y)\mathrm{d}y$ 与路径无关, 且对任意 t, 恒有

$$\int_{(0,0)}^{(t,1)} 2xy\mathrm{d}x + Q(x,y)\mathrm{d}y = \int_{(0,0)}^{(1,t)} 2xy\mathrm{d}x + Q(x,y)\mathrm{d}y,$$

求 $Q(x,y)$.

6. 计算 $\displaystyle\oint_L (z-y)\mathrm{d}x + (x-z)\mathrm{d}y + (x-y)\mathrm{d}z, L: \begin{cases} x^2 + y^2 = 1, \\ x - y + z = 2, \end{cases}$ 从 z 轴正向看 L 为顺时针方向.

7. 在力 $\boldsymbol{F} = \{yz, zx, xy\}$ 作用下, 质点由原点沿直线运动到 $\dfrac{x^2}{a^2} + \dfrac{y^2}{b^2} + \dfrac{z^2}{c^2} = 1$ 第一卦限上的点 (m,n,p). 问 (m,n,p) 为何值时, $\boldsymbol{F}$ 做的功最大, 并求之.

8. 计算 $\displaystyle\oint_L (x^2 + y^2 + z^2)\mathrm{d}s$, 其中 $L: \begin{cases} x^2 + y^2 + z^2 = R^2, \\ x + y + z = 0. \end{cases}$

9. 已知曲面 Σ 封闭光滑, 函数 $f(x)$ $(x > 0)$ 一阶连续可导, 且 $\displaystyle\lim_{x\to 0^+} f(x) = 1$.

$$\iint\limits_{\Sigma} xf(x)\mathrm{d}y\mathrm{d}z - xyf(x)\mathrm{d}z\mathrm{d}x - \mathrm{e}^x z\mathrm{d}x\mathrm{d}y = 0,$$

求 $f(x)$.

10. 已知函数 $f(x)$ $(x > 0)$ 一阶连续可导, 且 $f(1) = 2$, 曲线 L 闭合, 有

$$\oint_L 4x^3 y\mathrm{d}x + xf(x)\mathrm{d}y = 0,$$

求 $f(x)$.

11. 计算二重积分 $\displaystyle\iint\limits_{x^2+y^2\leqslant R^2} \frac{a\varphi(x)+b\varphi(y)}{\varphi(x)+\varphi(y)}\mathrm{d}\sigma$.

12. 设函数 $f(x)$ 连续, $F(t)=\displaystyle\iiint\limits_{\Omega}[z^2+f(x^2+y^2)]\mathrm{d}v$, 其中 $\Omega: 0\leqslant z\leqslant h, x^2+y^2\leqslant t^2$,

求 $\displaystyle\lim_{t\to 0}\frac{F(t)}{t^2}$.

13. 设函数 $f(x)\ (>0)$ 连续,

$$F(t)=\frac{\displaystyle\iiint\limits_{\Omega}f(x^2+y^2+z^2)\mathrm{d}v}{\displaystyle\iint\limits_{D}f(x^2+y^2)\mathrm{d}\sigma}, \quad G(t)=\frac{\displaystyle\iint\limits_{D}f(x^2+y^2)\mathrm{d}\sigma}{\displaystyle\int_{-t}^{t}f(x^2)\mathrm{d}x},$$

其中 $\Omega: x^2+y^2+z^2\leqslant t^2, D: x^2+y^2\leqslant t^2$.

(1) 讨论 $F(t)$ 在 $(0,+\infty)$ 内的单调性;

(2) 证明当 $t>0$ 时, $F(t)>\dfrac{2}{\pi}G(t)$.

14. 在过点 $O(0,0)$ 和 $A(\pi,0)$ 的曲线族 $y=a\sin x\ (a>0)$ 中, 求曲线 L 使沿该曲线从 O 到 A 的积分 $\displaystyle\int_{L}(1+y^3)\mathrm{d}x+(2x+y)\mathrm{d}y$ 的值最小.

15. 已知 $I=\displaystyle\iiint\limits_{\Omega}(x-y+z+2\sqrt{3})\mathrm{d}v, \Omega: x^2+y^2+z^2\leqslant 1$, 证明

$$\frac{4\sqrt{3}}{3}\pi\leqslant I\leqslant 4\sqrt{3}\pi.$$

16. 设 $P(x,y,z), Q(x,y,z), R(x,y,z)$ 为连续函数, Σ 为光滑曲面 (面积为 m), M 为

$$u=\sqrt{P^2+Q^2+R^2}$$

在曲面 Σ 上的最大值. 证明

$$\left|\iint\limits_{\Sigma}P\mathrm{d}y\mathrm{d}z+Q\mathrm{d}z\mathrm{d}x+Q\mathrm{d}x\mathrm{d}y\right|\leqslant Mm.$$

17. 设 D 为区域 $\{(x,y)|0\leqslant x\leqslant \pi, 0\leqslant y\leqslant \pi\}$, 曲线 L 为 D 的正向边界, 证明:

(1) $\displaystyle\oint_{L}x\mathrm{e}^{\sin y}\mathrm{d}y-y\mathrm{e}^{-\sin x}\mathrm{d}x=\oint_{L}x\mathrm{e}^{-\sin y}\mathrm{d}y-y\mathrm{e}^{\sin x}\mathrm{d}x$;

(2) $\displaystyle\oint_{L}x\mathrm{e}^{\sin y}\mathrm{d}y-y\mathrm{e}^{-\sin x}\mathrm{d}x\geqslant \frac{5\pi^2}{2}$.

18. 设 L 是直线 $3x+4y=12$ 介于两个坐标轴之间的线段, 证明:

$$5\mathrm{e}^{-\frac{9}{2}}\leqslant \int_{L}\mathrm{e}^{-\sqrt{x^3y}}\mathrm{d}s\leqslant 5.$$

19. 设 Σ 为椭球面 $\dfrac{x^2}{2} + \dfrac{y^2}{2} + z^2 = 1$ 的上半部分, $P(x,y,z) \in \Sigma, \pi$ 为在点 P 处的切平面, $h(x,y,z)$ 为点 $O(0,0,0)$ 到平面 π 的距离, 求 $\displaystyle\iint\limits_{\Sigma} \dfrac{z}{h(x,y,z)} \mathrm{d}S.$

20. 设 $f(x)$ 有连续的导数, Σ 为锥面 $x = \sqrt{y^2 + z^2}$ 与球面 $x^2 + y^2 + z^2 = 1$ 及 $x^2 + y^2 + z^2 = 4$ 所围立体表面的外侧, 求

$$\oint_{\Sigma} x^3 \mathrm{d}y\mathrm{d}z + \left(\frac{1}{z} f\left(\frac{y}{z} \right) + y^3 \right) \mathrm{d}z\mathrm{d}x + \left(\frac{1}{y} f\left(\frac{y}{z} \right) z^3 \right) \mathrm{d}x\mathrm{d}y.$$

21. 设 Ω 为单位球域 $x^2 + y^2 + z^2 \leqslant 1$, 证明 $\dfrac{3\pi}{2} \leqslant \displaystyle\iiint\limits_{\Omega} \sqrt[3]{x + 2y - 2z + 5} \mathrm{d}v \leqslant 3\pi.$

22. 设有一高为 $h(t)$ (t 为时间) 的雪堆在融化过程中, 其侧面满足方程

$$z = h(t) - \frac{2(x^2 + y^2)}{h(t)}.$$

已知体积减少的速率与侧面成正比 (比例系数 $k = 0.9$), 问高度为 130cm 的雪堆全部融化需要多少时间? 设长度单位为 cm(厘米), 时间单位为 h(小时).

23. 已知函数 $f(x)$ 在 $[0,1]$ 上连续, $\displaystyle\int_0^1 f(x)\mathrm{d}x = m$, 求 $\displaystyle\int_0^1 \int_x^1 \int_x^y f(x)f(y)f(z)\mathrm{d}x\mathrm{d}y\mathrm{d}z.$

第8章 无穷级数

级数作为函数 (尤其是非初等函数) 的一种表达形式是数值计算和函数逼近的重要工具, 其理论建立在数列极限的基础上. 级数作为无限项的和是通过有限项和的极限来认识的. 不论是数项级数还是函数项级数 (幂级数和 Fourier 级数), 研究级数主要还是研究级数的收敛性及收敛级数的性质.

本章如无特别说明, 符号 $\sum$ 表示 $\sum\limits_{n=1}^{\infty}$.

8.1　无穷级数及其基本性质

8.1.1　问题的提出

在第 3 章讨论一元函数定积分时, 我们知道所有连续函数都是可以积分的, 但未必都可以具体计算出来. 例如, 尽管初等函数 e^{x^2} 的积分 $\displaystyle\int_0^1 \mathrm{e}^{x^2}\mathrm{d}x$ 存在, 但实际上, 这是难以计算的, 那么如何解决这一问题?

在第 2 章讨论函数的微分时, 我们知道, 真正能用来计算的只有初等函数. 对于非初等函数, 我们只接触少部分的分段函数. 但实际问题中, 一些存在的现象, 需要用更一般的非初等函数才能描述, 这就需要我们提供一个表示非初等函数的工具. 依靠这个工具, 不仅能够计算它的函数值, 还可以计算其微分和积分, 进一步还可以研究它的各种性质. 无穷多个函数相加, 是一种最容易想到的用来表示函数的工具. 例如, 当 $n = 0, 1, 2, \cdots$ 时, 将 x^n 相加, 即

$$1 + x + x^2 + \cdots + x^n + \cdots.$$

再考虑下面的微分方程

$$xy'' + y' + xy = 0,$$

这是变系数的非线性微分方程, 根据微分方程的知识, 是难以利用初等函数的方法求解的. 但如果假设它具有如下形式的解:

$$y = a_0 + a_1 x + a_2 x^2 + \cdots + a_n x^n + \cdots,$$

其中 $a_0, a_1, a_2, \cdots$ 是待定系数. 代入方程, 比较两端的系数, 得到递推公式

$$\begin{cases} a_1 = 0, \\ a_0 + 4a_2 = 0, \\ a_1 + 9a_3 = 0, \\ a_2 + 16a_4 = 0, \\ \cdots\cdots \\ a_{2k-1} + (2k+1)^2 a_{2k+1} = 0, \\ a_{2k} + (2k+2)^2 a_{2k+2} = 0, \\ \cdots\cdots \end{cases}$$

由此,

$$a_{2k+1} = 0, \quad a_{2k} = \frac{(-1)^k a_0}{2^{2k}(k!)^2}.$$

于是, 该方程具有如下形式的一个解

$$y = a_0 \left[1 - \left(\frac{x}{2}\right)^2 + \frac{1}{(2!)^2}\left(\frac{x}{2}\right)^4 - \frac{1}{(3!)^2}\left(\frac{x}{2}\right)^6 + \cdots + \frac{(-1)^k}{(k!)^2}\left(\frac{x}{2}\right)^{2k} + \cdots \right].$$

它不是一个初等函数 (该函数称为 0 阶的 Bessel 函数), 但我们可以研究它的性质.
既然允许无穷个函数相加, 自然也有无穷个数相加, 即

$$a_0 + a_1 + a_2 + \cdots + a_n + \cdots.$$

那么, 很自然提出两个问题:

(1) 无穷多项 (数或函数) 相加究竟是什么意思?

(2) 对无穷相加这样的运算, 其运算规律如何? 与 "有限相加" 有何异同?

这些问题讨论不清楚, 会导致非常矛盾的结果, 例如, 对于无穷项相加

$$1 + (-1) + 1 + (-1) + \cdots + (-1)^n + \cdots,$$

如果把它写成

$$(1 + (-1)) + (1 + (-1)) + \cdots + (1 + (-1)) + \cdots,$$

其和为 0; 如果把它写成

$$1 + ((-1) + 1) + ((-1) + 1) + \cdots + ((-1) + 1) + \cdots,$$

其和为 1. 由此推出很荒谬的结论 $1 = 0$.

对于级数 $\sum a_n$ 而言, 有三种情况: 可能是一个有限数, 可能是一个无限数, 也

可能不确定 (见上例), 例如,

$$1 + \frac{1}{2} + \frac{1}{4} + \cdots + \frac{1}{2^n} + \cdots = 2,$$

$$1 + 2 + 3 + \cdots + n + \cdots = \infty.$$

本章就要解决这些问题, 级数的最基本问题是收敛或发散, 级数的中心课题是用无穷级数表示函数.

8.1.2 无穷级数的基本概念

无穷项函数相加, 对每个固定的 x, 每一项就是一个数. 因此, 先从无穷个数相加

$$a_1 + a_2 + \cdots + a_n + \cdots$$

谈起. 这种级数称为**无穷级数** (也称**数项级数**), 简称**级数**, 记为

$$\sum_{n=1}^{\infty} a_n = a_1 + a_2 + \cdots + a_n + \cdots,$$

其中 a_n 称为级数的第 n 项. 如果 $a_n > 0$, 则称级数为**正项级数**.

为了讨论这种无穷个数相加是否有意义, 引入**部分和**的概念. 通常, 称

$$s_n = a_1 + a_2 + \cdots + a_n$$

为级数 $\sum a_n$ 的部分和, 它组成一个新的数列 $s_1, s_2, \cdots, s_n, \cdots$.

定义 8.1 如果级数 $\sum a_n$ 的部分和数列 s_n 存在有限的极限, 即 $\lim\limits_{n \to \infty} s_n = s$, 则称级数 $\sum a_n$ **收敛**(此时也称级数收敛到 s), 极限 s 称为级数的**和**, 记为

$$\sum_{n=1}^{\infty} a_n = s.$$

若 $\lim\limits_{n \to \infty} s_n$ 不存在 (包括 ∞), 则称级数 $\sum a_n$ **发散**.

由定义 8.1, 分析 8.1.1 小节的级数 $1 - 1 + 1 - 1 + \cdots$, 其部分和数列 s_n 发散 (因为 $s_{2k+1} = 1, s_{2k} = 0$), 因此, 该级数是发散级数. 这样就不会出现所提到的 "$1 = 0$" 这一荒谬结论.

根据定义 8.1, 级数 $\sum a_n$ 收敛的充分必要条件是部分和数列 s_n 收敛. 由此, 立即得到如下结论.

结论 1 级数 $\sum a_n$ 收敛, 且和为 s, 则 $a_n \to 0$, $r_n \to 0$, 其中

$$r_n = s - s_n = a_{n+1} + a_{n+2} + \cdots$$

称为级数的**余项**.

结论 2　$\lim\limits_{n\to\infty} a_n \neq 0$, 或不存在, 或为 ∞, 则级数 $\sum a_n$ 一定发散. 例如, 级数 $\sum \dfrac{n}{n+1}$, $\sum (-1)^n$ 和 $\sum n$ 都是发散的, 因为

$$\lim_{n\to\infty} \frac{n}{n+1} = 1, \quad \lim_{n\to\infty} (-1)^n \ \text{不存在}, \quad \lim_{n\to\infty} n = \infty.$$

结论 1 和结论 2 表明, 级数 $\sum a_n$ 收敛是 $a_n \to 0$ 的充分条件, $a_n \to 0$ 是级数 $\sum a_n$ 收敛的必要条件. 这样, 判定级数是否收敛, 首先检验级数通项 $\lim\limits_{n\to\infty} a_n$ 的极限是否为零? 如果不等于零, 就直接判定该级数发散; 如果极限等于零, 再考虑利用判定方法确定级数的收敛性. 同时, 对于一类特殊的无穷小数列的极限 $\lim\limits_{n\to\infty} a_n$, 也可以通过判定级数 $\sum a_n$ 的收敛性证明之.

例 8.1　设数列 $\{na_{n+1}\}$ 和级数 $\sum n(a_n - a_{n+1})$ 收敛, 证明级数 $\sum a_n$ 收敛.

证明　设 $\sum n(a_n - a_{n+1})$ 的部分和为 S_n, 其和为 S. 设 $na_{n+1} \to A (n \to \infty)$, 级数 $\sum a_n$ 的部分和为 s_n.

$$S_n = (a_1-a_2)+2(a_2-a_3)+\cdots+n(a_n-a_{n+1}) = (a_1+a_2+\cdots+a_n)-na_{n+1} = s_n - na_{n+1},$$

得 $s_n = S_n + na_{n+1} \to S + A \ (n \to \infty)$, 这里 $S_n \to S \ (n \to \infty)$. 于是, 级数 $\sum a_n$ 收敛.

例 8.2　判定下列级数的收敛性:

(1) $\sum \left(\dfrac{1}{b_n} - \dfrac{1}{b_{n+1}} \right)$, 其中 $\lim\limits_{n\to\infty} b_n = \infty, b_n \neq 0$;

(2) $\sum (a_n - a_{n+1})$, 其中 $\sum a_n$ 收敛;

(3) $\sum \dfrac{a_n}{\sqrt{r_n} + \sqrt{r_{n-1}}}$, 其中 $r_n = \sum\limits_{k=n+1}^{\infty} a_k \ (a_k > 0)$, 且 $\sum a_n$ 收敛.

解　(1) 由于当 $n \to \infty$ 时,

$$s_n = \left(\frac{1}{b_1} - \frac{1}{b_2} \right) + \left(\frac{1}{b_2} - \frac{1}{b_3} \right) + \cdots + \left(\frac{1}{b_n} - \frac{1}{b_{n+1}} \right) = \frac{1}{b_1} - \frac{1}{b_{n+1}} \to \frac{1}{b_1}.$$

故该级数收敛.

(2) 设

$$s_n = (a_1 - a_2) + (a_2 - a_3) + \cdots + (a_n - a_{n+1}) = a_1 - a_{n+1}.$$

由于 $\sum a_n$ 收敛, 所以 $a_{n+1} \to 0 \ (n \to \infty)$. 因此, $s_n \to a_1 \ (n \to \infty)$. 故级数收敛.

(3) 因为

$$\frac{a_n}{\sqrt{r_n} + \sqrt{r_{n-1}}} = \frac{a_n}{r_n - r_{n-1}}(\sqrt{r_n} - \sqrt{r_{n-1}}) = \sqrt{r_{n-1}} - \sqrt{r_n},$$

所以, 由 $\sum a_n$ 收敛, 即知 $r_n \to 0\ (n \to \infty)$, 且 $\sum(\sqrt{r_{n-1}} - \sqrt{r_n})$ 收敛. 故原级数收敛.

例 8.3 讨论级数 $\sum \ln\left(1 + \dfrac{1}{n}\right)$ 和 $\sum \dfrac{1}{n(n+1)}$ 的收敛性.

解 第一个级数的部分和

$$s_n = \sum_{k=1}^{n} \ln\left(1 + \frac{1}{k}\right) = \sum_{k=1}^{n}(\ln(k+1) - \ln k) = \ln(n+1).$$

显然 $\lim\limits_{n\to\infty} s_n = \infty$. 因此, 级数 $\sum \ln\left(1 + \dfrac{1}{n}\right)$ 发散.

第二个级数的部分和

$$s_n = \frac{1}{1 \times 2} + \frac{1}{2 \times 3} + \cdots + \frac{1}{n(n+1)}$$

$$= \left(1 - \frac{1}{2}\right) + \left(\frac{1}{2} - \frac{1}{3}\right) + \cdots + \left(\frac{1}{n} - \frac{1}{n+1}\right) = 1 - \frac{1}{n+1}.$$

由于 $\lim\limits_{n\to\infty} s_n = 1$, 所以级数 $\sum \dfrac{1}{n(n+1)}$ 收敛, 其和为 1.

例 8.4 讨论几何级数

$$\sum r^{n-1} = 1 + r + r^2 + \cdots + r^{n-1} + \cdots$$

的收敛性.

解 当 $r = 1$ 时, 部分和 $s_n = n$, 显然此时级数发散.

当 $r \neq 1$ 时, 部分和

$$s_n = 1 + r + \cdots + r^{n-1} = \frac{1 - r^n}{1 - r}.$$

若 $|r| < 1$, 则 $\lim\limits_{n\to\infty} s_n = \dfrac{1}{1-r}$, 所以, 此时级数收敛到 $\dfrac{1}{1-r}$. 若 $|r| > 1$, 则 $\lim\limits_{n\to\infty} s_n = \infty$, 所以级数发散. 若 $r = -1$, 几何级数就回到了前面已提到的级数 $1 - 1 + 1 - 1 + \cdots$, 它是发散的.

综上, 当 $|r| < 1$ 时, 级数收敛, 其和为 $\dfrac{1}{1-r}$; 当 $|r| \geqslant 1$ 时, 级数发散.

例 8.5 证明**调和级数** $\sum \dfrac{1}{n}$ 发散.

证明 假设级数 $\sum \dfrac{1}{n}$ 收敛到 s, 则 $\lim\limits_{n\to\infty}(s_{2n}-s_n)=s-s=0$. 但

$$s_{2n}-s_n=\frac{1}{n+1}+\frac{1}{n+2}+\cdots+\frac{1}{2n}>\frac{n}{2n}=\frac{1}{2}.$$

这与 $\lim\limits_{n\to\infty}(s_{2n}-s_n)=0$ 矛盾. 因此, 调和级数发散.

例 8.6 确定 x 的范围, 使级数 $\sum\limits_{n=0}^{\infty}x^{2n}$ 收敛, 并将级数表示为 x 的函数.

解 由于 $x^{2n}=(x^2)^n$, 因此, 由例 8.4 知, 当 $|x^2|<1$(即 $|x|<1$) 时, 级数 $\sum\limits_{n=0}^{\infty}x^{2n}$ 收敛, 且

$$\sum_{n=0}^{\infty}x^{2n}=\frac{1}{1-x^2}.$$

当 $|x|\geqslant 1$ 时, 级数发散.

由定义 8.1 和以上例题, 似乎得出一个结论: 判断级数的收敛性应该是一件很简单的事情, 只要确定部分和 s_n 是否收敛即可. 但事情远比想象的要复杂得多. 后面将主要介绍判定级数收敛性的方法.

8.1.3 无穷级数的性质

通过数列极限的理论, 很容易得到无穷级数的以下一些简单性质.

定理 8.1 若级数 $\sum a_n$ 收敛, c 为任意常数, 则级数 $\sum ca_n$ 也收敛, 且

$$\sum ca_n=c\sum a_n.$$

证明 设级数 $\sum ca_n$ 的部分和为 t_n, 则

$$t_n=ca_1+ca_2+\cdots+ca_n=c(a_1+a_2+\cdots+a_n).$$

而级数 $\sum a_n$ 的部分和 $s_n=a_1+a_2+\cdots+a_n$ 是收敛的, 设极限值为 s, 则 $\lim\limits_{n\to\infty}t_n=cs$. 因此, 级数 $\sum ca_n$ 收敛, 且其和为 cs.

由定理 8.1, 如果级数 $\sum a_n$ 发散, 常数 $c\neq 0$, 则级数 $\sum ca_n$ 也发散.

定理 8.2 若级数 $\sum a_n, \sum b_n$ 收敛, 则级数 $\sum(a_n\pm b_n)$ 也收敛, 且

$$\sum(a_n\pm b_n)=\sum a_n\pm\sum b_n.$$

利用数列极限的运算法则, 容易证明定理 8.2, 并且, 还有如下结论:

(1) 级数 $\sum a_n$ 收敛, $\sum b_n$ 发散, 则级数 $\sum (a_n \pm b_n)$ 一定发散;

(2) 级数 $\sum a_n$ 发散, 级数 $\sum b_n$ 也发散, 但 $\sum (a_n \pm b_n)$ 的收敛性不确定. 例如, 级数 $\sum \dfrac{1}{n}$ 和 $\sum \left(-\dfrac{1}{n} \right)$ 都是发散的, 但 $\sum \left[\dfrac{1}{n} + \left(-\dfrac{1}{n} \right) \right]$ 收敛, 而 $\sum \left[\dfrac{1}{n} - \left(-\dfrac{1}{n} \right) \right]$ 发散.

定理 8.3 任意改变级数有限项的数值, 不改变级数的收敛性.

证明 设原级数为 $\sum a_n$, 任意改变其有限项的数值后所得的新级数为 $\sum b_n$. 因改变数值的只是有限项, 故存在 N, 当 $n > N$ 时, $a_n = b_n$. 记 $c_n = a_n - b_n$, 则

$$\sum c_n = \sum (a_n - b_n) = (a_1 - b_1) + (a_2 - b_2) + \cdots + (a_N - b_N) + 0 + 0 + \cdots .$$

显然这级数是收敛的. 于是, 由 $\sum b_n = \sum (a_n - (a_n - b_n)) = \sum (a_n - c_n)$, 如果级数 $\sum a_n$ 收敛, 则级数 $\sum b_n$ 也收敛; 如果级数 $\sum a_n$ 发散, 则级数 $\sum b_n$ 也发散.

定理 8.3 说明, 考虑级数是否收敛, 可以不管它前面有限项的数值, 甚至把前面的有限项去掉, 并不改变级数的敛散性.

定理 8.4 如果级数 $\sum a_n$ 收敛, 则对这级数的项任意加括号后所成的级数仍然收敛, 且其和不变.

必须注意, 对级数 $\sum a_n$, 加括号后的级数收敛, 原级数未必收敛. 例如, 前面提到的级数 $\sum (-1)^{n-1} = 1 - 1 + 1 - 1 + \cdots$. 但加括号后的级数发散, 则原级数一定发散.

定理 8.4 的证明不作要求.

习 题 8.1

1. 根据级数收敛的定义判定下列级数的收敛性:

(1) $\dfrac{1}{3} + \dfrac{1}{6} + \dfrac{1}{9} + \cdots + \dfrac{1}{3n} + \cdots$;

(2) $\dfrac{1}{3} + \dfrac{1}{\sqrt{3}} + \dfrac{1}{\sqrt[3]{3}} + \cdots + \dfrac{1}{\sqrt[n]{3}} + \cdots$;

(3) $\sin \dfrac{\pi}{6} + \sin \dfrac{2\pi}{6} + \cdots + \sin \dfrac{n\pi}{6} + \cdots$;

(4) $\left(\dfrac{1}{2} + \dfrac{1}{3} \right) + \left(\dfrac{1}{2^2} + \dfrac{1}{3^2} \right) + \left(\dfrac{1}{2^3} + \dfrac{1}{3^3} \right) + \cdots + \left(\dfrac{1}{2^n} + \dfrac{1}{3^n} \right) + \cdots$;

(5) $\sum \dfrac{2n-1}{2^n}$;

(6) $\sum \dfrac{n}{(n+1)(n+2)(n+3)}$;

(7) $\sum (\sqrt{n+1} - \sqrt{n})$;

(8) $\sum \dfrac{1}{(4n-1)(4n+3)}$.

2. 判定下列级数的敛散性, 对于收敛级数, 求出级数的和:

(1) $\sum \dfrac{1}{\sqrt[n]{n}}$;

(2) $\sum \dfrac{n^2}{n^2 + 2n}$;

(3) $\sum \dfrac{1 + 3^n}{5^n}$;

(4) $\sum \left(\dfrac{2}{n} - \dfrac{1}{2^n} \right)$;

(5) $\sum \left[\left(\dfrac{\pi}{e} \right)^n + \left(\dfrac{e}{\pi} \right)^n \right]$;

(6) $\sum \dfrac{n}{\sqrt{1 + n^2}}$.

3. 证明: 若级数 $\sum\limits_{k=1}^{\infty} a_{2k-1}$ 与 $\sum\limits_{k=1}^{\infty} a_{2k}$ 都收敛, 则级数 $\sum\limits_{n=1}^{\infty} a_n$ 收敛.

4. 计算 $\lim\limits_{n \to \infty} \dfrac{1 + \frac{1}{2} + \frac{1}{3} + \cdots + \frac{1}{n}}{\ln n}$.

5. 设级数 $\sum a_n$ 收敛, 证明级数 $\sum (a_n + a_{n+1})$ 也收敛; 并举例说明逆命题不成立; 证明在 $a_n > 0$ 时, 逆命题成立.

6. 设 $a_n < c_n < b_n$ $(n = 1, 2, \cdots)$, 且级数 $\sum a_n$ 与 $\sum b_n$ 收敛, 证明 $\sum c_n$ 收敛.

8.2 级数收敛判别法

8.2.1 正项级数收敛判别法

利用积分讨论级数的收敛性是一种具有普遍性的方法, 称为**积分判别法**.

定理 8.5 设 $\sum a_n$ 是正项级数, $f(x)$ 是 $[1, +\infty)$ 上定义的单调减少连续函数, 且对任意的 $n, a_n = f(n)$, 则正项级数 $\sum a_n$ 收敛的充分必要条件是广义积分 $\displaystyle\int_1^{+\infty} f(x)\mathrm{d}x$ 收敛.

定理 8.5 的证明不作要求.

例 8.7 讨论 p **级数** $\sum \dfrac{1}{n^p}$ $(p \in \mathbb{R})$ 的收敛性 $(p = 1$ 时为调和级数$)$.

解 当 $p \leqslant 0$ 和 $p = 1$ 时, 显然级数是发散的. 当 $0 < p < 1$ 时, 考虑函数 $y = \dfrac{1}{x^p}$ $(x \geqslant 1)$, 由定积分的定义容易得到

$$s_n = \frac{1}{1^p} + \frac{1}{2^p} + \cdots + \frac{1}{n^p} \geqslant \int_1^{n+1} \frac{1}{x^p}\mathrm{d}x = \frac{1}{1-p}((n+1)^{1-p} - 1).$$

那么 s_n 无界, 从而级数发散.

同样地, 当 $p > 1$ 时,

$$s_n \leqslant 1 + \int_1^n \frac{1}{x^p} \mathrm{d}x = 1 + \frac{1}{p-1}\left(1 - \frac{1}{n^{p-1}}\right) < 1 + \frac{1}{p-1},$$

即 s_n 有界, 从而级数收敛.

设 s_n 是正项级数 $\sum a_n$ 的部分和, 显然 s_n 是单调增加的. 根据单调有界数列有极限的结论, 立得以下结论.

定理 8.6 正项级数 $\sum a_n$ 收敛的充分必要条件是它的部分和 s_n 有界.

例 8.8 已知 $a_1 = 2, a_{n+1} = \dfrac{1}{2}\left(a_n + \dfrac{1}{a_n}\right)$, 证明

(1) 极限 $\lim\limits_{n \to \infty} a_n$ 存在;   (2) $\sum \left(\dfrac{a_n}{a_{n+1}} - 1\right)$ 收敛.

证明 (1) 由题设, 得

$$a_n \geqslant 1, \quad a_{n+1} - a_n = \frac{1}{2}\left(\frac{1}{a_n} - a_n\right) \leqslant 0,$$

因此数列 $\{a_n\}$ 单调减少且有下界, 即极限 $\lim\limits_{n \to \infty} a_n$ 存在.

(2) 利用 (1) 知数列 $\{a_n\}$ 非负单调减少有下界, 且由 $a_{n+1} \geqslant 1$, 得

$$0 \leqslant \frac{a_n}{a_{n+1}} - 1 = \frac{a_n - a_{n+1}}{a_{n+1}} \leqslant a_n - a_{n+1}.$$

于是, 该正项级数的部分和

$$s_n = \left(\frac{a_1}{a_2} - 1\right) + \left(\frac{a_2}{a_3} - 1\right) + \cdots + \left(\frac{a_n}{a_{n+1}} - 1\right)$$

$$\leqslant (a_1 - a_2) + (a_2 - a_3) + \cdots + (a_n - a_{n+1}) = a_1 - a_{n+1} \leqslant a_1,$$

即知其部分和有界, 因此正项级数 $\sum \left(\dfrac{a_n}{a_{n+1}} - 1\right)$ 收敛.

下面讨论正项级数的比较判别法. 所谓比较判别法, 就是将一个级数与另一个已知级数进行比较, 由另一个级数的收敛性确定其收敛性的方法.

定理 8.7(比较判别法的一般形式) 设 $\sum a_n, \sum b_n$ 是两个正项级数, 且 $0 \leqslant a_n \leqslant b_n$ $(n = 1, 2, \cdots)$. 若 $\sum b_n$ 收敛, 则 $\sum a_n$ 也收敛; 若 $\sum a_n$ 发散, 则 $\sum b_n$ 也发散.

证明 以 s_n, t_n 分别表示 $\sum a_n, \sum b_n$ 的部分和, 由 $a_n \leqslant b_n$ 可得 $s_n \leqslant t_n$. 因此, 由 $\sum b_n$ 收敛即知 t_n 有界, 也就知道 s_n 有界, 所以 $\sum a_n$ 收敛.

如果 $\sum a_n$ 发散, 则 $\sum b_n$ 也发散. 若不然, 则 $\sum b_n$ 收敛, 可以得到 $\sum a_n$ 收敛, 但这是矛盾的. 于是, 定理得证.

例 8.9   判别下列级数的收敛性:

(1) $\displaystyle\sum \frac{1}{n(n+1)(n+2)}$;   (2) $\displaystyle\sum \frac{1}{\sqrt{2n-1}}$;

(3) $\displaystyle\sum \frac{\ln n}{n}$;   (4) $\displaystyle\sum \frac{1}{2^n-1}$.

解   (1) 对任意的 n,

$$\frac{1}{n(n+1)(n+2)} \leqslant \frac{1}{n^3},$$

由例 8.7 知级数 $\displaystyle\sum \frac{1}{n^3}$ 收敛, 所以级数 $\displaystyle\sum \frac{1}{n(n+1)(n+2)}$ 收敛.

(2) 对任意的 n,

$$\frac{1}{\sqrt{2n-1}} \geqslant \frac{1}{\sqrt{2n}},$$

由例 8.7 知级数 $\displaystyle\sum \frac{1}{\sqrt{2n}}$ 发散, 所以级数 $\displaystyle\sum \frac{1}{\sqrt{2n-1}}$ 发散.

(3) 当 $n \geqslant 3$ 时,

$$\frac{\ln n}{n} \geqslant \frac{1}{n},$$

而级数 $\displaystyle\sum \frac{1}{n}$ 发散, 因此级数 $\displaystyle\sum \frac{\ln n}{n}$ 发散.

(4) 当 $n \geqslant 2$ 时,

$$2^n - 1 = (1+1)^n - 1 > \frac{n(n+1)}{2} \geqslant \frac{n^2}{2},$$

从而 $\dfrac{1}{2^n-1} \leqslant \dfrac{2}{n^2}$, 由例题 8.7, 级数 $\displaystyle\sum \frac{2}{n^2}$ 收敛, 所以级数 $\displaystyle\sum \frac{1}{2^n-1}$ 收敛.

由例 8.9 可以看出, 利用定理 8.7 判定正项级数收敛性时, 一般选取 p 级数作为比较级数. 因此, 有以下结论: 当 $n > n_0$ 时, 如果 $a_n \leqslant \dfrac{1}{n^p}$ $(p > 1)$, 则正项级数 $\displaystyle\sum a_n$ 收敛; 如果 $a_n \geqslant \dfrac{1}{n^p}$ $(p \in (0,1])$, 则级数 $\displaystyle\sum a_n$ 发散.

例 8.10   证明下列各题:

(1) 已知 $a_n \geqslant 0, \displaystyle\sum a_n$ 收敛, 证明级数 $\displaystyle\sum a_n^2$ 收敛;

(2) 设 $u_n > 0, v_n > 0, \dfrac{u_{n+1}}{u_n} \leqslant \dfrac{v_{n+1}}{v_n}$, 证明若 $\displaystyle\sum v_n$ 收敛, 则 $\displaystyle\sum u_n$ 收敛.

证明   (1) 由于 $\displaystyle\sum a_n$ 收敛, 所以 $a_n \to 0$ $(n \to \infty)$. 于是存在 $N > 0$, 使当 $n > N$ 时, $0 \leqslant a_n < 1$. 从而 $a_n^2 < a_n$ $(n > N)$. 所以级数 $\displaystyle\sum a_n^2$ 收敛.

(2) 由 $\dfrac{u_{n+1}}{u_n} \leqslant \dfrac{v_{n+1}}{v_n}$, 得

$$\frac{u_{n+1}}{v_{n+1}} \leqslant \frac{u_n}{v_n} \leqslant \cdots \leqslant \frac{u_1}{v_1}.$$

于是, $u_{n+1} \leqslant \dfrac{u_1}{v_1} v_{n+1}$. 因此, 若级数 $\sum v_n$ 收敛, 则 $\sum u_n$ 收敛.

多数情况下, 使用极限形式的比较判别法会更方便一些.

定理 8.8 (比较判别法的极限形式) 设 $\sum a_n, \sum b_n$ 是正项级数.

(1) 若 $\lim\limits_{n \to \infty} \dfrac{a_n}{b_n} = c$ 且 $c \neq 0$, 则两个级数具有相同的收敛性.

(2) 若 $\lim\limits_{n \to \infty} \dfrac{a_n}{b_n} = 0$, 则由级数 $\sum a_n$ 发散可推出级数 $\sum b_n$ 发散; 由级数 $\sum b_n$ 收敛可推出级数 $\sum a_n$ 收敛.

证明 设 $\lim\limits_{n \to \infty} \dfrac{a_n}{b_n} = c$, 若 $c \in (0, 1]$, 则 a_n 与 b_n 是当 $n \to \infty$ 时的同阶或等价无穷小量, 因此级数 $\sum a_n$ 与 $\sum b_n$ 具有相同的收敛性; 若 $c \in (1, +\infty)$, 同理可证. 如果 $c = 0$, 则当 $n \to \infty$ 时, a_n 是 b_n 的高阶无穷小量, 因此级数 $\sum a_n$ 发散可推出级数 $\sum b_n$ 发散, 级数 $\sum b_n$ 收敛可推出级数 $\sum a_n$ 收敛.

例 8.11 判断下列正项级数的收敛性:

(1) $\sum \left(1 - \cos \dfrac{1}{n}\right)$; 　　　　(2) $\sum \ln \left(1 + \dfrac{1}{n^p}\right)$;

(3) $\sum (\mathrm{e}^{\frac{1}{n}} - 1)$; 　　　　(4) $\sum \left(\dfrac{1}{n} - \ln \dfrac{n+1}{n}\right)$.

解 (1) 由于

$$\lim_{n \to \infty} \frac{1 - \cos \dfrac{1}{n}}{\dfrac{1}{n^2}} = \lim_{n \to \infty} \frac{\dfrac{1}{2n^2}}{\dfrac{1}{n^2}} = \frac{1}{2},$$

而级数 $\sum \dfrac{1}{n^2}$ 收敛, 所以级数 $\sum \left(1 - \cos \dfrac{1}{n}\right)$ 收敛.

(2) 显然当 $p \leqslant 0$ 时级数发散. 当 $p > 0$ 时, 由于

$$\lim_{n \to \infty} \frac{\ln \left(1 + \dfrac{1}{n^p}\right)}{\dfrac{1}{n^p}} = \lim_{n \to \infty} \ln \left(1 + \dfrac{1}{n^p}\right)^{\frac{1}{n^p}} = 1,$$

所以级数 $\sum \ln \left(1 + \dfrac{1}{n^p}\right)$ 与 $\sum \dfrac{1}{n^p}$ 有相同的收敛性. 于是, 当 $p \in (0, 1]$ 时, 级数 $\sum \ln \left(1 + \dfrac{1}{n^p}\right)$ 发散; 当 $p \in (1, +\infty)$ 时, 级数 $\sum \ln \left(1 + \dfrac{1}{n^p}\right)$ 收敛.

(3) 显然 $\lim\limits_{n \to \infty} \dfrac{\mathrm{e}^{\frac{1}{n}} - 1}{\dfrac{1}{n}} = 1$, 且级数 $\sum \dfrac{1}{n}$ 发散, 于是级数 $\sum (\mathrm{e}^{\frac{1}{n}} - 1)$ 发散.

(4) 由于

$$\lim_{x \to 0^+} \frac{x - \ln(1+x)}{x^2} = \lim_{x \to 0^+} \frac{1 - \dfrac{1}{1+x}}{2x} = \frac{1}{2},$$

所以 $\lim\limits_{n \to \infty} \dfrac{\dfrac{1}{n} - \ln\left(1 + \dfrac{1}{n}\right)}{\dfrac{1}{n^2}} = \dfrac{1}{2}$. 而级数 $\sum \dfrac{1}{n^2}$ 收敛, 所以级数 $\sum \left(\dfrac{1}{n} - \ln\dfrac{n+1}{n}\right)$

收敛.

在定理 8.7 和定理 8.8 中, 要判定级数 $\sum a_n$ 的收敛性, 都需要找到另外一个正项级数作为比较级数. 那么, 自然就问, 是否能通过级数自身确定其收敛性?

定理 8.9 (比值判别法)   对于正项级数 $\sum a_n$, 设

$$\lim_{n \to \infty} \frac{a_{n+1}}{a_n} = l.$$

(1) 若 $l < 1$, 则级数 $\sum a_n$ 收敛;

(2) 若 $l > 1$, 则级数 $\sum a_n$ 发散;

(3) 若 $l = 1$, 则级数 $\sum a_n$ 收敛性不能确定.

证明   由

$$\lim_{n \to \infty} \frac{a_{n+1}}{a_n} = l,$$

对任意 $\varepsilon > 0$, 存在 $N > 0$, 使得当 $n > N$ 时,

$$l - \varepsilon < \frac{a_{n+1}}{a_n} < l + \varepsilon.$$

若 $l < 1$, 取充分小的 ε 使 $l + \varepsilon = r < 1$. 因此,

$$\frac{a_n}{a_N} = \frac{a_n}{a_{n-1}} \frac{a_{n-1}}{a_{n-2}} \cdots \frac{a_{N+1}}{a_N} \leqslant r^{n-N} = \frac{1}{r^N} r^n,$$

即 $a_n \leqslant \dfrac{a_N}{r^N} r^n$, 而 $\sum r^n$ 收敛, 于是级数 $\sum a_n$ 收敛.

若 $l > 1$, 则取充分小的 ε 使 $l - \varepsilon = q > 1$. 于是 $a_{n+1} > a_n$ $(n > N)$, 即当 $n > N$ 时, $a_n \geqslant a_N > 0$, 从而 $\lim\limits_{n \to \infty} a_n \neq 0$. 所以级数 $\sum a_n$ 发散.

定理 8.9 也称为 D'Alembert 判别法, 该判别法对于判定一般项 a_n 中含有 $n!$ 型、s^n 型和 n^n 型的级数收敛性相对有效. 但应注意当 $l = 1$ 时, 这种方法失效.

例 8.12   判定下列级数的收敛性:

(1) $\sum \dfrac{a^n}{1 + a^n}, a > 0$;   (2) $\sum n^{\alpha} \beta^n, \beta > 0$;

(3) $\sum \dfrac{n^2}{n!}$;   (4) $\sum \dfrac{(n+1)!}{n^{n+1}}$.

解 (1) 当 $a = 1$ 时, $a_n = \dfrac{1}{2} \neq 0 \, (n \to \infty)$, 所以, 级数发散.

当 $a > 1$ 时, $a_n \to 1 \neq 0 \, (n \to \infty)$, 所以级数发散.

当 $0 < a < 1$ 时, 由于

$$\lim_{n \to \infty} \frac{\dfrac{a^{n+1}}{1 + a^{n+1}}}{\dfrac{a^n}{1 + a^n}} = \lim_{n \to \infty} \frac{a(1 + a^n)}{1 + a^{n+1}} = a < 1,$$

所以此时级数收敛.

(2) 由于

$$\lim_{n \to \infty} \frac{(n+1)^\alpha \beta^{n+1}}{n^\alpha \beta^n} = \lim_{n \to \infty} \left(1 + \frac{1}{n}\right)^\alpha \beta = \beta,$$

所以, 当 $\beta < 1$ 时, 级数收敛; 当 $\beta > 1$ 时, 级数发散;

当 $\beta = 1$ 时, 级数为 $\sum n^\alpha$. 当 $\alpha < -1$ 时级数收敛, $\alpha \geqslant -1$ 时级数发散.

(3) 由于

$$\lim_{n \to \infty} \frac{\dfrac{(n+1)^2}{(n+1)!}}{\dfrac{n^2}{n!}} = \lim_{n \to \infty} \frac{1}{n+1} \left(\frac{n+1}{n}\right)^2 = 0 < 1,$$

所以级数收敛.

(4) 由于

$$\lim_{n \to \infty} \frac{\dfrac{(n+2)!}{(n+1)^{n+2}}}{\dfrac{(n+1)!}{n^{n+1}}} = \lim_{n \to \infty} \frac{n+2}{n+1} \left(\frac{n}{n+1}\right)^{n+1} = \frac{1}{e} < 1,$$

所以级数收敛.

定理 8.10 (根值判别法)   设正项级数 $\sum a_n$ 的一般项满足

$$\lim_{n \to \infty} \sqrt[n]{a_n} = l.$$

若 $l < 1$, 则级数收敛; 若 $l > 1$, 则级数发散; 若 $l = 1$, 则级数收敛性不能确定.

定理 8.10 的证明类似定理 8.9 的证明, 请读者自己完成. 定理 8.10 也称为 Cauchy 判别法.

例 8.13   判定下列级数的收敛性:

(1) $\sum \left(\dfrac{n+1}{n}\right)^{n^2} \dfrac{1}{3^n}$;   (2) $\sum \left(\dfrac{a}{n+1}\right)^n, a > 0$.

解　(1) 由于

$$\lim_{n\to\infty} \sqrt[n]{\left(\frac{n+1}{n}\right)^{n^2} \frac{1}{3^n}} = \frac{1}{3}\lim_{n\to\infty}\left(\frac{n+1}{n}\right)^n = \frac{e}{3} < 1,$$

所以, 级数收敛.

(2) 由于

$$\lim_{n\to\infty} \sqrt[n]{\left(\frac{a}{n+1}\right)^n} = \lim_{n\to\infty}\frac{a}{n+1} = 0 < 1,$$

所以, 该级数收敛.

8.2.2　一般项级数收敛判别法

无穷级数的项未必都是正的或都是负的, 称这样的级数为一般项级数. 按照先简后繁的原则, 先研究一类特殊的一般项级数, 它的项正负相间, 称为**交错级数**, 记为 $\sum(-1)^n a_n\ (a_n > 0)$, 也可以写为 $\sum(-1)^{n-1}a_n$.

1. 交错级数收敛判别法

定理 8.11(Leibniz 判别法)　如果 $a_n \to 0$ 且 $a_n = f(n) > 0$, 而 $f(n)$ 关于 n 单调减少, 则交错级数 $\sum(-1)^{n-1}a_n$ 收敛.

证明　先证明部分和 s_{2n} 的极限存在. 已知

$$s_{2n} = (a_1 - a_2) + (a_3 - a_4) + \cdots + (a_{2n-1} - a_{2n}).$$

由于 $a_n \geqslant a_{n+1}$, 即 $a_n - a_{n+1} \geqslant 0$, 所以 s_{2n} 单调增加. 另外,

$$s_{2n} = a_1 - (a_2 - a_3) - (a_4 - a_5) - \cdots - (a_{2n-2} - a_{2n-1}) - a_{2n} < a_1.$$

因此, s_{2n} 单调增加且有上界, 于是 $\lim\limits_{n\to\infty} s_{2n} = s < a_1$.

再证明 s_{2n+1} 的极限存在. 因为

$$\lim_{n\to\infty} s_{2n+1} = \lim_{n\to\infty}(s_{2n} + a_{2n+1}),$$

而 $\lim\limits_{n\to\infty} a_{2n+1} = 0$, 所以 $\lim\limits_{n\to\infty} s_{2n+1} = \lim\limits_{n\to\infty} s_{2n} = s$. 根据数列收敛和子列收敛之间的关系, 级数的部分和 s_n 极限存在. 于是, 交错级数 $\sum(-1)^n a_n$ 收敛.

例 8.14　判定级数 $\sum(-1)^{n-1}\dfrac{1}{n}$ 和 $\sum\dfrac{(-1)^n}{\sqrt{n+1}+(-1)^n}$ 的收敛性.

解　(1) 由于

$$a_n = \frac{1}{n} > \frac{1}{n+1} = a_{n+1}, \quad n = 1, 2, \cdots,$$

且 $\lim\limits_{n\to\infty} a_n = 0$. 因此级数收敛.

(2) 由于数列 $\dfrac{1}{\sqrt{n+1}+(-1)^n}$ 不具有单调递减性质, 因而不能利用定理 8.11 的方法进行判别是否收敛. 但

$$\frac{(-1)^n}{\sqrt{n+1}+(-1)^n} = \frac{(-1)^n(\sqrt{n+1}-(-1)^n)}{(n+1)-1} = (-1)^n\sqrt{\frac{1}{n}+\frac{1}{n^2}} - \frac{1}{n},$$

数列 $\sqrt{\dfrac{1}{n}+\dfrac{1}{n^2}} \to 0 \ (n\to\infty)$ 且单调减少, 因此, 级数 $\sum (-1)^n\sqrt{\dfrac{1}{n}+\dfrac{1}{n^2}}$ 收敛. 但级数 $\sum \dfrac{1}{n}$ 发散. 故原级数发散.

例 8.15 讨论 $1 - \dfrac{1}{2^\alpha} + \dfrac{1}{3} - \dfrac{1}{4^\alpha} + \dfrac{1}{5} - \dfrac{1}{6^\alpha} + \cdots$ 的敛散性.

解 该级数为交错级数. 当 $\alpha = 1$ 时, 由例 8.14 知此时级数收敛; 当 $\alpha > 1$ 时, $\sum \dfrac{1}{2n-1}$ 发散, 而 $\sum \dfrac{1}{(2n)^\alpha}$ 收敛, 此时级数发散; 当 $\alpha < 1$ 时, 考虑

$$1 - \left(\frac{1}{2^\alpha} - \frac{1}{3}\right) - \cdots + \left(\frac{1}{(2n)^\alpha} - \frac{1}{2n-1}\right) - \cdots.$$

注意到这时 $\dfrac{1}{(2n)^\alpha} - \dfrac{1}{2n-1}$ 等价于 $\dfrac{1}{(2n)^\alpha}$, 而 $\sum \dfrac{1}{(2n)^\alpha}$ 当 $\alpha < 1$ 时发散, 因此加括号的级数发散, 则原级数发散.

例 8.16 判定级数 $\sum \dfrac{(-1)^n}{n-\ln n}$ 的收敛性.

解 设 $f(x) = \dfrac{1}{x-\ln x} \ (x > 1)$, 由于

$$f'(x) = -\frac{x-1}{x(x-\ln x)^2} < 0 \quad (x > 1),$$

所以当 $x > 1$ 时, $f(x)$ 单调减少. 于是级数的一般项 $a_n = f(n)$ 单调减少, 且

$$a_n \to 0 \quad (n \to \infty).$$

所以, 级数收敛.

2. **任意项级数**

现在讨论一般项的级数 $\sum a_n$. 若级数 $\sum |a_n|$ 收敛, 则该级数**绝对收敛**; 若级数 $\sum a_n$ 收敛, 但 $\sum |a_n|$ 发散, 则该级数**条件收敛**. 例如, 级数 $\sum \dfrac{(-1)^n}{n^2}$ 绝对收敛, 而 $\sum \dfrac{(-1)^n}{n}$ 条件收敛.

对正项级数而言, 只要收敛, 就是绝对收敛, 而对一般项级数来说, 收敛、绝对收敛和条件收敛是完全不同的三个概念.

定理 8.12　如果级数 $\sum a_n$ 绝对收敛, 则级数 $\sum a_n$ 收敛.

证明　显然

$$0 \leqslant a_n + |a_n| \leqslant 2|a_n|,$$

而 $\sum |a_n|$ 收敛, 自然就有 $\sum 2|a_n|$ 收敛, 因此正项级数 $\sum (a_n + |a_n|)$ 也收敛. 由于

$$a_n = (a_n + |a_n|) - |a_n|,$$

所以级数 $\sum a_n$ 收敛.

定理 8.12 表明, 级数 $\sum |a_n|$ 收敛, 则 $\sum a_n$ 一定收敛, 但反过来未必成立, 即 $\sum a_n$ 收敛, $\sum |a_n|$ 可能收敛也可能发散. 同时, 定理 8.12 给出了问题 1.6 中情形二的理论解释.

例 8.17　判断下列级数敛散性:

(1) $\sum \left(\dfrac{\sin na}{n^2} - \dfrac{1}{\sqrt{n}} \right)$;　　(2) $\sum (-1)^n \left(1 - \cos \dfrac{a}{n} \right)$;　　(3) $\sum (-1)^n \dfrac{n!}{n^n}$.

解　(1) 由于

$$\left| \frac{\sin na}{n^2} \right| \leqslant \frac{1}{n^2},$$

且级数 $\sum \dfrac{1}{n^2}$ 收敛, 知级数 $\sum \dfrac{\sin na}{n^2}$ 绝对收敛.

又级数 $\sum \dfrac{1}{\sqrt{n}}$ 发散. 因此, 级数 $\sum \left(\dfrac{\sin na}{n^2} - \dfrac{1}{\sqrt{n}} \right)$ 发散.

(2) 由于

$$0 \leqslant 1 - \cos \frac{a}{n} = 2 \sin^2 \frac{a}{2n} \leqslant \frac{a^2}{2n^2},$$

且级数 $\sum \dfrac{a^2}{2n^2}$ 收敛, 所以级数 $\sum (-1)^n \left(1 - \cos \dfrac{a}{n} \right)$ 收敛.

(3) 因为

$$\lim_{n \to \infty} \frac{|a_{n+1}|}{|a_n|} = \lim_{n \to \infty} \frac{(n+1)! n^n}{n! (n+1)^{n+1}} = \lim_{n \to \infty} \left(1 + \frac{1}{n} \right)^{-n} = \frac{1}{e} < 1,$$

所以级数 $\sum \left| (-1)^n \dfrac{n!}{n^n} \right|$ 收敛, 从而级数 $\sum (-1)^n \dfrac{n!}{n^n}$ 收敛, 且为绝对收敛.

*例 8.18　判断下列级数的收敛性:

(1) $\sum (-1)^n \dfrac{a_n}{\sqrt{n^2 + a}}$, 其中 a 为常数, 正项级数 $\sum a_n$ 收敛;

(2) $\sum (-1)^n n a_{2n} \tan \dfrac{a}{n}$ $\left(a \in \left(0, \dfrac{\pi}{2} \right) \right)$, 其中 $a_n \geqslant 0, \sum a_n$ 收敛.

解　(1) 设 $u_n = (-1)^n \dfrac{a_n}{\sqrt{n^2 + a}}$, 则利用 Cauchy 不等式

$$|u_n| \leqslant \frac{1}{2} \left(a_n^2 + \frac{1}{n^2 + a} \right).$$

由 $\sum a_n$ 收敛, 知 $\lim\limits_{n \to \infty} a_n = 0$. 于是, 对任意 $\varepsilon > 0$, 存在 $N > 0$, 当 $n > N$ 时,

$$0 \leqslant a_n < \varepsilon.$$

取 $\varepsilon < 1$, 则当 $n > N$ 时, $0 \leqslant a_n < 1$, 即得

$$0 \leqslant a_n^2 < a_n \quad (n > N).$$

从而级数 $\sum\limits_{n=N}^{\infty} a_n^2$ 收敛, 也即 $\sum a_n^2$ 收敛. 级数 $\sum \dfrac{1}{n^2 + a}$ 收敛, 由此, 级数 $\sum (-1)^n \dfrac{a_n}{\sqrt{n^2 + a}}$ 绝对收敛.

(2) 记 $u_n = (-1)^n n a_{2n} \tan \dfrac{a}{n}$. 由 $\sum a_n$ 收敛, 推知 $\sum a_{2n}$ 收敛. 因此,

$$\lim_{n \to \infty} \frac{|u_n|}{a_{2n}} = \lim_{n \to \infty} \frac{\left| (-1)^n n a_{2n} \tan \dfrac{a}{n} \right|}{a_{2n}} = \lim_{n \to \infty} n \tan \frac{a}{n} = a > 0.$$

因此, 由 $\sum a_{2n}$ 收敛推知 $\sum \left| (-1)^n \tan \dfrac{a}{n} \right|$ 收敛, 从而原级数绝对收敛.

*例 8.19　函数 $f(x)$ 在点 $x = 0$ 的某邻域内具有二阶连续导数, 且 $f(x) = f(-x), f(0) = 1$, 证明级数 $\sum \left[f \left(\dfrac{1}{n} \right) - 1 \right]$ 绝对收敛.

证明　根据题设条件, 由 Taylor 公式, 得

$$f \left(\frac{1}{n} \right) = f(0) + f'(0) \frac{1}{n} + \frac{1}{2} f''(c) \frac{1}{n^2}, \quad 0 < c < \frac{1}{n}.$$

由 $f(x) = f(-x)$ 知 $f'(0) = 0$, 由 $f(x)$ 在点 $x = 0$ 的某邻域内具有二阶连续导数, 因此存在 $N > 0$, 当 $n > N$ 时, $|f''(c)| \leqslant M$, 这里 $M > 0$ 为常数. 于是,

$$\left| f \left(\frac{1}{n} \right) - f(0) \right| = \left| f \left(\frac{1}{n} \right) - 1 \right| \leqslant \frac{M}{n^2}, \quad n > N.$$

所以级数 $\sum\limits_{n=1}^{\infty} \left[f \left(\dfrac{1}{n} \right) - 1 \right]$ 绝对收敛.

习　题　8.2

1. 判定下列正项级数的收敛性:

(1) $\displaystyle\sum_{n=0}^{\infty} \frac{2+n}{1+n^2}$;

(2) $\displaystyle\sum_{n=1}^{\infty} \frac{n+1}{2n+1}$;

(3) $\displaystyle\sum_{n=1}^{\infty} \sin \frac{\pi}{2^n}$;

(4) $\displaystyle\sum_{n=1}^{\infty} \frac{1}{1+a^n}$ $(a > 0)$;

(5) $\displaystyle\sum_{n=1}^{\infty} \frac{2^n \cdot n!}{n^n}$;

(6) $\displaystyle\sum_{n=1}^{\infty} \frac{n^2}{3^n}$;

(7) $\displaystyle\sum_{n=1}^{\infty} \left(\frac{n+1}{2n+1}\right)^n$;

(8) $\displaystyle\sum_{n=1}^{\infty} \left(\frac{n}{3n-1}\right)^{2n-1}$;

(9) $\displaystyle\sum_{n=2}^{\infty} \frac{1}{\ln n}$;

(10) $\displaystyle\sum_{n=1}^{\infty} \frac{2+(-1)^n}{2^n}$;

(11) $\displaystyle\sum_{n=1}^{\infty} \sin \frac{1}{n}$;

(12) $\displaystyle\sum_{n=1}^{\infty} \frac{1}{n!}$.

2. 判定下列级数的收敛性, 并指出是绝对收敛还是条件收敛:

(1) $\displaystyle\sum_{n=1}^{\infty} (-1)^n \sin \frac{1}{n}$;

(2) $\displaystyle\sum_{n=1}^{\infty} (-1)^{n-1} \frac{n}{3^{n-1}}$;

(3) $\displaystyle\sum_{n=1}^{\infty} (-1)^{n+1} \frac{2n^2}{n!}$;

(4) $\displaystyle\sum_{n=1}^{\infty} (-1)^n \frac{n}{n+1} \frac{1}{\sqrt[5]{n}}$.

3. 判定下列级数的收敛性, 若不是正项级数, 指出是绝对收敛还是条件收敛:

(1) $\displaystyle\sum_{n=1}^{\infty} (-1)^n \frac{\sqrt{n}}{100+n}$;

(2) $\displaystyle\sum_{n=2}^{\infty} \frac{(-1)^n}{\sqrt{n+(-1)^n}}$;

(3) $\displaystyle\sum_{n=1}^{\infty} \sin \pi \sqrt{n^2+1}$;

(4) $\displaystyle\sum_{n=1}^{\infty} \frac{n^{n+\frac{1}{n}}}{\left(n+\frac{1}{n}\right)^n}$;

(5) $\displaystyle\sum_{n=2}^{\infty} \frac{1}{(\ln n)^{\ln n}}$;

(6) $\displaystyle\sum_{n=1}^{\infty} (-1)^{n-1} \sin \frac{1}{n}$.

4. 若级数 $\displaystyle\sum_{n=1}^{\infty} a_n^2$ 和 $\displaystyle\sum_{n=1}^{\infty} b_n^2$ 收敛, 则级数 $\displaystyle\sum_{n=1}^{\infty} |a_n b_n|$, $\displaystyle\sum_{n=1}^{\infty} (a_n + b_n)^2$, $\displaystyle\sum_{n=1}^{\infty} \frac{|b_n|}{n}$ 也收敛.

5. 设级数 $\displaystyle\sum a_n$ 是收敛的正项级数, 证明级数 $\displaystyle\sum \ln(1+a_n)$ 收敛.

6. 下列命题是否正确? 若正确, 给予证明; 若不正确, 试举反例.

(1) 若级数 $\displaystyle\sum v_n$ 收敛, 且 $u_n \leqslant v_n$ $(n = 1, 2, \cdots)$, 则级数 $\displaystyle\sum u_n$ 收敛;

(2) 若正项级数 $\displaystyle\sum u_n$ 收敛, 则一定有 $\displaystyle\lim_{n\to\infty} \frac{u_{n+1}}{u_n} = l$, 且 $l < 1$.

7. 利用收敛级数的性质证明 $\displaystyle\lim_{n\to\infty} \frac{n^n}{(2n)!} = 0$ 和 $\displaystyle\lim_{n\to\infty} \frac{a^n}{n!} = 0$, $a > 0$.

8.3 幂 级 数

8.3.1 函数项级数

研究级数的主要目的之一是用级数来表示函数. 因此, 接下来讨论级数的一般项 a_n 与变量 x 有关的函数项级数. 设在给定的区间 I 上有定义的一列函数

$$u_1(x), u_2(x), \cdots, u_n(x), \cdots,$$

称表达式

$$\sum_{n=1}^{\infty} u_n(x) = u_1(x) + u_2(x) + \cdots + u_n(x) + \cdots$$

为区间 I 上的**函数项级数**.

对于 $x = x_0 \in I$, 就得到一个数列 $u_n(x_0)$. 若数列 $u_n(x_0)$ 收敛, 即极限

$$\lim_{n\to\infty} u_n(x_0) \,(\text{是一个数})$$

存在, 则称函数列 $u_n(x)$ 在点 $x = x_0$ 处收敛, 点 x_0 称为函数列的收敛点. 若数列 $u_n(x_0)$ 发散, 则称函数列 $u_n(x)$ 在点 x_0 发散, 这时点 x_0 称为函数列的发散点.

函数列 $u_n(x)$ 的所有收敛点的全体组成 $u_n(x)$ 的收敛域 X. 显然收敛域是区间 I 的一个子集.

对于收敛域 X 的每一个值, 对应函数列 $u_n(x)$ 都有一个极限值, 因此在 X 上确定一个函数 (记为 $u(x)$), 称为函数列的极限函数. 于是, 就有

$$\lim_{n\to\infty} u_n(x) = u(x).$$

例 8.20 设 $u_n(x) = \dfrac{nx}{1+n+x^2}$ $(n = 1, 2, \cdots)$, 求其收敛域 X 和极限函数.

解 对任意的 x,

$$\lim_{n\to\infty} u_n(x) = \lim_{n\to\infty} \frac{x}{\dfrac{1}{n} + 1 + \dfrac{x^2}{n}} = x.$$

因此, 函数列的收敛域为 $\mathbb{R}$, 极限函数为 $u(x) = x$.

设 $S_n(x)$ 为函数项级数 $\displaystyle\sum_{n=1}^{\infty} u_n(x)$ 在区间 I 上的部分和 (也称为部分和函数), 它构成区间 I 上的一个函数列

$$S_1(x), S_2(x), \cdots, S_n(x), \cdots.$$

若对点 $x = x_0 \in I$, $S_n(x_0)$ 收敛, 则 $\sum\limits_{n=1}^{\infty} u_n(x_0)$ 收敛, x_0 是其收敛点; 若 $S_n(x_0)$ 发散, 则 $\sum\limits_{n=1}^{\infty} u_n(x_0)$ 发散, x_0 是其发散点. 于是, 可得到函数项级数 $\sum\limits_{n=1}^{\infty} u_n(x)$ 的收敛域 X 及其和函数 $S(x)$, 这里 X 是 $S_n(x)$ 的收敛域,

$$S(x) = \lim_{n \to \infty} S_n(x), \quad x \in X.$$

记

$$S(x) = \sum_{n=1}^{\infty} u_n(x), \quad x \in X,$$

并且, 如果记

$$r_n(x) = S(x) - S_n(x) = S(x) - [u_1(x) + u_2(x) + \cdots + u_n(x)],$$

则 $\lim\limits_{n \to \infty} r_n(x) = 0$. 类似地, $r_n(x)$ 称为函数项级数的**余项**.

研究函数项级数的主要任务就是确定它的收敛域与和函数.

例 8.21   求函数项级数

$$1 + \sum_{n=1}^{\infty} (x^n - x^{n-1}) = 1 + (x-1) + (x^2 - x) + \cdots + (x^n - x^{n-1}) + \cdots$$

的收敛域与和函数.

解   当 $n \to \infty$ 时, 该级数的部分和

$$S_n(x) = 1 + (x-1) + (x^2 - x) + \cdots + (x^n - x^{n-1}) = x^n \to \begin{cases} 0, & -1 < x < 1, \\ 1, & x = 1. \end{cases}$$

在其他点, $S_n(x)$ 没有极限. 因此级数的收敛域为 $(-1, 1]$, 和函数为

$$S(x) = \begin{cases} 0, & -1 < x < 1, \\ 1, & x = 1. \end{cases}$$

例 8.21 表明, 非初等函数 $S(x)$ 可以用一个分析表达式表示, 即

$$S(x) = 1 + \sum_{n=1}^{\infty} (x^n - x^{n-1}).$$

需要说明的是, 并不是所有函数项级数都可以把初等函数或分段函数表示出来. 例如, 8.1 节提到的 0 阶 Bessel 函数, 我们不知道它的其他表达式, 目前只有用函数项级数

$$\sum_{n=1}^{\infty} \frac{(-1)^n}{(n!)^2} \left(\frac{x}{2}\right)^{2n}$$

来表示.

8.3.2 幂级数及其收敛性

本节讨论一类特殊且非常重要的函数项级数 —— **幂级数**:

$$\sum_{n=0}^{\infty} a_n x^n = a_0 + a_1 x + a_2 x^2 + \cdots + a_n x^n + \cdots$$

或

$$\sum_{n=0}^{\infty} a_n (x-a)^n = a_0 + a_1(x-a) + a_2(x-a)^2 + \cdots + a_n(x-a)^n + \cdots,$$

这里 a_n 称为幂级数的系数, 一般项 $a_n x^n$ 或 $a_n(x-a)^n$ 是幂函数.

由于幂级数 $\sum_{n=0}^{\infty} a_n(x-a)^n$ 与 $\sum_{n=0}^{\infty} a_n x^n$ 没有本质的区别, 所以, 以下的讨论限于 $\sum_{n=0}^{\infty} a_n x^n$.

显然, 当 $x=0$ 时, 幂级数 $\sum_{n=0}^{\infty} a_n x^n$ 收敛于 a_0, 因此, 幂级数的收敛域总是非空的. 下面先看一个简单的例子, 考虑幂级数

$$\sum_{n=0}^{\infty} x^n = 1 + x + x^2 + \cdots + x^n + \cdots,$$

它的部分和为

$$S_n(x) = 1 + x + x^2 + \cdots + x^{n-1}.$$

显然, 当 $x=1$ 时, 幂级数 $\sum_{n=0}^{\infty} x^n$ 发散. 当 $x \neq 1$ 时,

$$S_n(x) = \frac{1-x^n}{1-x}.$$

因此, 若 $|x|<1$, 则 $S_n(x) \to \dfrac{1}{1-x}$ $(n \to \infty)$; 若 $|x|>1$, 则 $S_n(x)$ 发散. 于是, 幂级数 $\sum_{n=0}^{\infty} x^n$ 的收敛域为 $(-1,1)$, 发散域为 $(-\infty, -1] \cup [1, +\infty)$, 和函数为 $S(x) = \dfrac{1}{1-x}$, 即

$$\frac{1}{1-x} = \sum_{n=0}^{\infty} x^n, \quad -1 < x < 1.$$

以下的讨论要解决两个问题: 一是已知幂级数, 确定收敛域及和函数; 二是将一个函数表示成幂级数.

定理 8.13 (Abel[①] (阿贝尔) 定理)　若级数 $\sum\limits_{n=0}^{\infty} a_n x_0^n$ $(x_0 \neq 0)$ 收敛, 则对适合 $|x| < |x_0|$ 的所有 x, 级数 $\sum\limits_{n=0}^{\infty} a_n x^n$ 绝对收敛; 若级数 $\sum\limits_{n=0}^{\infty} a_n x_0^n$ $(x_0 \neq 0)$ 发散, 则对适合 $|x| > |x_0|$ 的所有 x, 级数 $\sum\limits_{n=0}^{\infty} a_n x^n$ 发散.

证明　由 $\sum\limits_{n=0}^{\infty} a_n x_0^n$ 收敛, 即知 $\lim\limits_{n \to \infty} a_n x_0^n = 0$. 又由于收敛数列有界, 所以, 存在常数 $M > 0$, 使

$$|a_n x_0^n| \leqslant M.$$

于是,

$$|a_n x^n| = \left| a_n x_0^n \frac{x^n}{x_0^n} \right| \leqslant M q^n, \quad q = \left| \frac{x}{x_0} \right|.$$

当 $|x| < |x_0|$ 时, 即 $q < 1$ 时, 几何级数 $\sum\limits_{n=0}^{\infty} M q^n$ 收敛, 由此可知 $\sum\limits_{n=0}^{\infty} |a_n x^n|$ 收敛, 从而级数 $\sum\limits_{n=0}^{\infty} a_n x^n$ 绝对收敛.

级数 $\sum\limits_{n=0}^{\infty} a_n x_0^n$ 发散, 若对满足 $|x_1| > |x_0|$ 的 x_1, 级数 $\sum\limits_{n=0}^{\infty} a_n x_1^n$ 收敛, 则根据以上证明的结论, 级数 $\sum\limits_{n=0}^{\infty} a_n x_0^n$ 收敛, 这是矛盾的. 因此对满足 $|x| > |x_0|$ 的所有 x, 级数 $\sum\limits_{n=0}^{\infty} a_n x^n$ 发散.

定理 8.13 告诉我们, 若级数 $\sum\limits_{n=0}^{\infty} a_n x_0^n$ 收敛, 则可断言幂级数 $\sum\limits_{n=0}^{\infty} a_n x^n$ 在区间 $(-|x_0|, |x_0|)$ 内收敛; 若 $\sum\limits_{n=0}^{\infty} a_n x_0^n$ 发散, 则断言幂级数 $\sum\limits_{n=0}^{\infty} a_n x^n$ 在区间 $(-\infty, -|x_0|)$ 和 $(|x_0|, +\infty)$ 内发散. 因此, 如果幂级数 $\sum a_n x^n$ 不是仅在 $x = 0$ 收敛, 也不是在整个数轴上收敛, 则必有一个完全确定的正数 R, 使得当 $|x| < R$ 时, 幂级数绝对收敛; 当 $|x| > R$ 时, 幂级数发散; 当 $x = \pm R$ 时, 幂级数可能发散, 也可能收敛. 从而引入收敛半径 R 和收敛区间的概念.

定义 8.2　对于幂级数 $\sum\limits_{n=0}^{\infty} a_n x^n$, 如果存在正数 R, 当 $|x| < R$ 时幂级数收敛,

---

① Abel (1802—1829), 挪威数学家.

当 $|x| > R$ 时幂级数发散, 这样的 R 称为幂级数的**收敛半径**, 区间 $(-R, R)$ 称为幂级数的**收敛区间**. 如果幂级数 $\displaystyle\sum_{n=0}^{\infty} a_n x^n$ 只在 $x = 0$ 外收敛, 规定 $R = 0$; 如果对任意的 $x \in \mathbb{R}$, 幂级数 $\displaystyle\sum_{n=0}^{\infty} a_n x^n$ 收敛, 规定 $R = +\infty$.

当 $x = R$ 或 $x = -R$ 时, 幂级数可能收敛也可能发散, 这需要利用数项级数收敛性判别法来具体考虑级数 $\displaystyle\sum_{n=0}^{\infty} a_n (\pm R)^n$ 的收敛性, 并依此确定收敛域是如下情形中的哪一个: $(-R, R]$, $(-R, R)$, $[-R, R)$, $[-R, R]$.

关于幂级数收敛半径, 有如下定理.

定理 8.14 如果幂级数 $\displaystyle\sum_{n=0}^{\infty} a_n x^n$ 的系数满足

$$\lim_{n \to \infty} \left| \frac{a_{n+1}}{a_n} \right| = \rho,$$

那么收敛半径

$$R = \begin{cases} \dfrac{1}{\rho}, & \rho \neq 0, \\ +\infty, & \rho = 0, \\ 0, & \rho = +\infty. \end{cases}$$

证明 考虑级数 $\displaystyle\sum_{n=0}^{\infty} a_n x^n$ 用比值法, 其相邻两项之比为

$$\left| \frac{a_{n+1} x^{n+1}}{a_n x^n} \right| = \frac{|a_{n+1}|}{|a_n|} |x|.$$

当 $\displaystyle\lim_{n \to \infty} \frac{|a_{n+1}|}{|a_n|} = \rho \neq 0$ 时, 若 $\rho|x| < 1 \left(\text{即 } |x| < \dfrac{1}{\rho}\right)$, 则级数 $\displaystyle\sum_{n=0}^{\infty} |a_n x^n|$ 收敛, 从而幂级数 $\displaystyle\sum_{n=0}^{\infty} a_n x^n$ 绝对收敛; 若 $\rho|x| > 1 \left(\text{即 } |x| > \dfrac{1}{\rho}\right)$, 则级数 $\displaystyle\sum_{n=0}^{\infty} |a_n x^n|$ 发散, 且从某一个 n 开始,

$$|a_{n+1} x^{n+1}| > |a_n x^n|.$$

因此, $\displaystyle\lim_{n=0} |a_n x^n| \neq 0$, 也就是 $\displaystyle\lim_{n \to \infty} a_n x^n \neq 0$. 从而幂级数 $\displaystyle\sum_{n=0}^{\infty} a_n x^n$ 发散, 于是收敛半径 $R = \dfrac{1}{\rho}$.

当 $\rho = 0$ 时, 对任何 $x \neq 0$, 有

$$\lim_{n\to\infty} \left| \frac{a_{n+1}x^{n+1}}{a_n x^n} \right| = 0,$$

所以级数 $\displaystyle\sum_{n=0}^{\infty} |a_n x^n|$ 收敛, 从而 $\displaystyle\sum_{n=0}^{\infty} a_n x^n$ 绝对收敛. 于是 $R = +\infty$.

当 $\rho = +\infty$ 时, 级数 $\displaystyle\sum_{n=0}^{\infty} |a_n x^n|$ 对除 $x = 0$ 外的点都发散, 此时若对点 $x_1 \neq 0$,

幂级数 $\displaystyle\sum_{n=0}^{\infty} a_n x_1^n$ 收敛, 则由定理 8.13, 存在 $x_2 \neq 0$, 当 $|x_2| < |x_1|$, 有级数 $\displaystyle\sum_{n=0}^{\infty} |a_n x_2^n|$

收敛. 这是矛盾的. 于是 $R = 0$.

例 8.22　　求下列幂级数的收敛半径与收敛域:

(1) $\displaystyle\sum_{n=1}^{\infty} (-1)^{n-1} \frac{x^n}{n}$;   (2) $\displaystyle\sum_{n=1}^{\infty} \frac{x^n}{n!}$;

(3) $\displaystyle\sum_{n=1}^{\infty} n^n x^n$;   (4) $\displaystyle\sum_{n=0}^{\infty} \frac{2^n x^n}{\sqrt{(4n+1)5^n}}$.

解　　(1) 因为

$$\rho = \lim_{n\to\infty} \left| \frac{a_{n+1}}{a_n} \right| = \lim_{n\to\infty} \frac{n}{n+1} = 1,$$

所以收敛半径 $R = 1$.

对于端点 $x = 1$, 级数为交错级数 $\displaystyle\sum_{n=1}^{\infty} \frac{(-1)^{n-1}}{n}$, 由 Leibniz 判别法, 级数

$\displaystyle\sum_{n=1}^{\infty} \frac{(-1)^{n-1}}{n}$ 收敛. 对于端点 $x = -1$, 级数 $-\displaystyle\sum_{n=1}^{\infty} \frac{1}{n}$ 发散. 于是, 该幂级数的收

敛域为 $(-1, 1]$.

(2) 因为

$$\rho = \lim_{n\to\infty} \left| \frac{a_{n+1}}{a_n} \right| = \lim_{n\to\infty} \frac{n!}{(n+1)!} = 0,$$

所以收敛半径 $R = +\infty$, 收敛域为 $(-\infty, +\infty)$.

(3) 因为

$$\rho = \lim_{n\to\infty} \left| \frac{a_{n+1}}{a_n} \right| = \lim_{n\to\infty} \frac{(n+1)^{n+1}}{n^n} = \lim_{n\to\infty} (n+1)\left(1+\frac{1}{n}\right)^n = +\infty,$$

所以收敛半径 $R = 0$, 幂级数仅在点 $x = 0$ 收敛.

(4) 因为

$$\rho = \lim_{n\to\infty} \left| \frac{a_{n+1}}{a_n} \right| = \lim_{n\to\infty} \sqrt{\frac{4n+1}{4n+5}} \frac{2}{\sqrt{5}} = \frac{2}{\sqrt{5}},$$

所以该幂级数的收敛半径 $R = \dfrac{\sqrt{5}}{2}$.

当 $x = -\dfrac{\sqrt{5}}{2}$ 时, 级数 $\displaystyle\sum_{n=1}^{\infty} \dfrac{(-1)^n}{\sqrt{4n+1}}$ 收敛; 当 $x = \dfrac{\sqrt{5}}{2}$ 时, 级数 $\displaystyle\sum_{n=1}^{\infty} \dfrac{1}{\sqrt{4n+1}}$ 发

散. 于是, 幂级数收敛域为 $\left[-\dfrac{\sqrt{5}}{2}, \dfrac{\sqrt{5}}{2} \right)$.

例 8.23 求下列级数的收敛域:

(1) $\displaystyle\sum_{n=1}^{\infty} (\ln x)^n$;

(2) $\displaystyle\sum_{n=1}^{\infty} \dfrac{(-1)^n}{n} \left(\dfrac{x}{2x+1} \right)^n$;

(3) $\displaystyle\sum_{n=1}^{\infty} \dfrac{(-1)^{n-1}}{2n-1} x^{2n-1}$;

(4) $\displaystyle\sum_{n=1}^{\infty} \dfrac{(x-2)^n}{3^n n}$.

解 (1) 设 $t = \ln x$, 则级数变为 $\displaystyle\sum_{n=1}^{\infty} t^n$, 因此, 该级数的收敛半径 $R = 1$, 且收

敛域为 $t \in (-1, 1)$, 也就是 $\ln x \in (-1, 1)$. 于是, 原级数的收敛域为 $\mathrm{e}^{-1} < x < \mathrm{e}$.

(2) 令 $t = \dfrac{x}{2x+1}$, 则级数变为 $\displaystyle\sum_{n=1}^{\infty} \dfrac{(-1)^n}{n} t^n$. 于是, 该级数的收敛半径 $R = 1$,

收敛域为 $t \in (-1, 1]$, 即

$$-1 \leqslant \dfrac{x}{2x+1} \leqslant 1,$$

解得 x 满足 $x > -\dfrac{1}{2}$ 或 $x \leqslant -1$.

(3) 级数不含 x 的偶数次幂, 定理 8.14 不能直接应用. 根据比值判别法求收敛

半径. 因为

$$\rho(x) = \lim_{n \to \infty} \dfrac{|a_{n+1}(x)|}{|a_n(x)|} = \lim_{n \to \infty} \dfrac{2n-1}{2n+1} x^2 = x^2,$$

当 $x^2 < 1$, 即 $-1 < x < 1$ 时, 级数绝对收敛; 当 $x^2 > 1$, 即 $x > 1$ 或 $x < -1$ 时, 级

数发散; 当 $x = -1$ 时, 级数 $\displaystyle\sum_{n=1}^{\infty} \dfrac{(-1)^n}{2n-1}$ 收敛; 当 $x = 1$ 时, 级数 $\displaystyle\sum_{n=1}^{\infty} \dfrac{(-1)^{n-1}}{2n-1}$ 收敛.

综上可得, 级数的收敛半径 $R = 1$, 收敛域为 $[-1, 1]$.

(4) 令 $t = x - 2$, 级数变为 $\displaystyle\sum_{n=1}^{\infty} \dfrac{1}{3^n n} t^n$. 因为

$$\rho = \lim_{n \to \infty} \dfrac{|a_{n+1}|}{|a_n|} = \lim_{n \to \infty} \dfrac{n}{3(n+1)} = \dfrac{1}{3},$$

所以收敛半径 $R = \rho^{-1} = 3$.

当 $t = -3$ 时, 级数为 $\sum\limits_{n=1}^{\infty} \dfrac{(-1)^n}{n}$, 收敛; 当 $t = 3$ 时, 级数为 $\sum\limits_{n=1}^{\infty} \dfrac{1}{n}$, 发散. 所以级数的收敛域为 $-3 \leqslant t < 3$, 即 $-3 \leqslant x - 2 < 3$, 也就是 $-1 \leqslant x < 5$.

8.3.3 幂级数的运算

在幂级数的收敛域内, 其和函数作为函数, 可进行函数运算, 进而可讨论其连续性、可导性和可积性.

1. 幂级数的代数运算

设幂级数 $\sum\limits_{n=0}^{\infty} a_n x^n$ 和 $\sum\limits_{n=0}^{\infty} b_n x^n$ 的收敛半径分别为 R_1, R_2, 则它们的和、差定义为如下的幂级数:

$$\sum_{n=0}^{\infty} a_n x^n \pm \sum_{n=0}^{\infty} b_n x^n = \sum_{n=0}^{\infty} (a_n \pm b_n) x^n,$$

该幂级数在 $(-R_{\min}, R_{\min})$ 内成立, 其中 $R_{\min} = \min\{R_1, R_2\}$.

幂级数的积定义为

$$\sum_{n=0}^{\infty} a_n x^n \times \sum_{n=0}^{\infty} b_n x^n = \sum_{n=0}^{\infty} c_n x^n,$$

这里 $c_n = \sum\limits_{0 \leqslant i,j \leqslant n, i+j=n} a_i b_j$. 该幂级数在 $(-R_{\min}, R_{\min})$ 内成立.

2. 幂级数和函数的性质

设幂级数 $\sum\limits_{n=0}^{\infty} a_n x^n$ 的收敛半径为 R, 和函数为 $s(x)$, 收敛域为 I. 关于和函数 $s(x)$, 具有如下重要性质.

性质 1(连续性)   和函数 $s(x)$ 在其收敛域 I 上连续, 即

$$\lim_{x \to x_0} s(x) = s(x_0), \quad x_0 \in I,$$

或

$$\lim_{x \to x_0} \left(\sum_{n=0}^{\infty} a_n x^n \right) = \sum_{n=0}^{\infty} \lim_{x \to x_0} (a_n x^n) = \sum_{n=0}^{\infty} a_n x_0^n.$$

性质 2(可导性)   和函数 $s(x)$ 在区间 $(-R, R)$ 具有任意阶的导数, 且

$$s'(x) = \left(\sum_{n=0}^{\infty} a_n x^n \right)' = \sum_{n=0}^{\infty} (a_n x^n)' = \sum_{n=1}^{\infty} n a_n x^{n-1},$$

其中 $|x| < R$. 逐项求导后所得的幂级数与原级数有相同的收敛半径, 但收敛域未必相同.

反复应用上述结论, 即得幂级数的和函数在其收敛区间内具有任意阶导数.

性质 3(可积性)　和函数 $s(x)$ 在其收敛域 I 上可积, 且

$$\int_{x_0}^{x} s(z)\mathrm{d}z = \int_{x_0}^{x} \sum_{n=0}^{\infty} a_n z^n \mathrm{d}z = \sum_{n=0}^{\infty} \int_{x_0}^{x} a_n z^n \mathrm{d}z = \sum_{n=0}^{\infty} \frac{a_n}{n+1}(x^{n+1} - x_0^{n+1}),$$

其中 $x, x_0 \in I$ (一般取 $x_0 = 0$). 逐项积分后得到的幂级数与原级数具有相同的收敛半径, 但收敛域可能会有所变化.

在利用幂级数的性质求和函数时,

$$\frac{1}{1-x} = 1 + x + x^2 + \cdots + x^n + \cdots = \sum_{n=0}^{\infty} x^n, \quad x \in (-1, 1)$$

是一个非常基本的常用公式. 在以上公式中, 如果以 $-x$ 代替 x, 得到

$$\frac{1}{1+x} = 1 - x + x^2 - \cdots + x^n + \cdots = \sum_{n=0}^{\infty} (-1)^n x^n, \quad x \in (-1, 1).$$

利用和函数的积分性质, 可得

$$\ln(1-x) = -\int_0^x \frac{1}{1-x}\mathrm{d}x = -\left(x + \frac{1}{2}x^2 + \frac{1}{3}x^3 + \cdots\right), \quad x \in [-1, 1);$$

$$\ln(1+x) = \int_0^x \frac{1}{1+x}\mathrm{d}x = x - \frac{1}{2}x^2 + \frac{1}{3}x^3 - \frac{1}{4}x^4 + \cdots, \quad x \in (-1, 1].$$

以上基本公式在求幂级数的和函数时是有用的.

例 8.24　从已知幂级数

$$\sum_{n=0}^{\infty} x^n = \frac{1}{1-x}, \quad x \in (-1, 1)$$

出发, 利用幂级数的运算性质, 证明

$$\sum_{n=1}^{\infty} n x^{n-1} = 1 + 2x + 3x^2 + \cdots + n x^{n-1} + \cdots = \frac{1}{(1-x)^2}, \quad x \in (-1, 1);$$

$$\sum_{n=1}^{\infty} \frac{x^{2n-1}}{2n-1} = x + \frac{1}{3}x^3 + \cdots + \frac{1}{2n-1}x^{2n-1} + \cdots = \frac{1}{2}\ln\frac{1+x}{1-x}, \quad x \in (-1, 1).$$

证明　(1) 由于

$$\left(\sum_{n=0}^{\infty} x^n\right)' = \sum_{n=0}^{\infty} (x^n)' = 1 + 2x + \cdots + n x^{n-1} + \cdots = \sum_{n=1}^{\infty} n x^{n-1},$$

$$s'(x) = \left(\frac{1}{1-x}\right)' = \frac{1}{(1-x)^2}.$$

所以, 对 $x \in (-1, 1)$, $s'(x) = \sum_{n=1}^{\infty} nx^{n-1}$. 于是,

$$\sum_{n=1}^{\infty} nx^{n-1} = \frac{1}{(1-x)^2}, \quad x \in (-1, 1).$$

(2) 由于

$$\sum_{n=1}^{\infty} \frac{1}{2n-1} x^{2n-1} = \sum_{n=1}^{\infty} \int_0^x x^{2n-2} dx = \int_0^x \sum_{n=1}^{\infty} x^{2n-2} dx$$

$$= \int_0^x (1 + x^2 + x^4 + \cdots + x^{2n} + \cdots) dx$$

$$= \int_0^x \frac{1}{1-x^2} dx = \frac{1}{2} \ln \frac{1+x}{1-x},$$

其中 $|x^2| < 1$, 即 $-1 < x < 1$.

例 8.25　求下列幂级数的和函数:

(1) $\sum_{n=1}^{\infty} n(n+1)x^n$;　(2) $\sum_{n=0}^{\infty} \frac{x^n}{n+1}$;　(3) $\sum_{n=1}^{\infty} \frac{1}{n2^n} x^{n-1}$;　(4) $\sum_{n=0}^{\infty} (n+1)^2 x^n$.

解　(1) 首先, 求幂级数的收敛半径和收敛域. 由于

$$\rho = \lim_{n \to \infty} \frac{|a_{n+1}|}{|a_n|} = \lim_{n \to \infty} \frac{(n+1)(n+2)}{n(n+1)} = 1,$$

所以, 幂级数的收敛半径 $R = 1$.

显然, 当 $x = \pm 1$ 时, 级数 $\sum_{n=1}^{\infty} n(n+1)(\pm 1)^n$ 发散, 因此, 该幂级数的收敛域为 $(-1, 1)$.

其次, 求幂级数的和函数. 设 $s(x) = \sum_{n=1}^{\infty} n(n+1)x^n$, 则

$$\int_0^x s(t) dt = \sum_{n=1}^{\infty} \int_0^x n(n+1)x^n dx = \sum_{n=1}^{\infty} nx^{n+1} = x^2 \sum_{n=1}^{\infty} nx^{n-1} = x^2 \left(\sum_{n=0}^{\infty} x^n - 1\right)'.$$

因此,

$$\int_0^x s(t) dt = \frac{x^2}{(1-x)^2}, \quad -1 < x < 1.$$

对上式求导, 即得

$$s(x) = \frac{2x}{(1-x)^3}, \quad -1 < x < 1.$$

(2) 由于

$$\rho = \lim_{n\to\infty} \frac{|a_{n+1}|}{|a_n|} = \lim_{n\to\infty} \frac{n+1}{n+2} = 1,$$

且当 $x = -1$ 时, 级数 $\sum\limits_{n=0}^{\infty} \frac{(-1)^n}{n+1}$ 是收敛的交错级数; 当 $x = 1$ 时, 级数 $\sum\limits_{n=0}^{\infty} \frac{1}{n+1}$ 发散. 因此, 幂级数的收敛半径 $R = 1$, 收敛域为 $[-1, 1)$.

设 $s(x) = \sum\limits_{n=0}^{\infty} \frac{x^n}{n+1}$, 则 $s(0) = 1$,

$$(xs(x))' = \left(\sum_{n=0}^{\infty} \frac{x^{n+1}}{n+1} \right)' = \sum_{n=0}^{\infty} x^n = \frac{1}{1-x}.$$

因此,

$$xs(x) = \int_0^x \frac{1}{1-x}\mathrm{d}x = -\ln(1-x).$$

于是, 当 $x \neq 0$ 时, $s(x) = -\frac{1}{x}\ln(1-x)$. 从而, 所求的和函数为

$$s(x) = \begin{cases} -\dfrac{1}{x}\ln(1-x), & -1 \leqslant x < 1, x \neq 0, \\ 1, & x = 0. \end{cases}$$

(3) 由于

$$\rho = \lim_{n\to\infty} \sqrt[n]{\frac{1}{n2^n}} = \frac{1}{2},$$

而当 $x = 2$ 时, 级数 $\sum\limits_{n=1}^{\infty} \frac{1}{2n}$ 发散; 当 $n = -2$ 时, 级数 $\sum\limits_{n=1}^{\infty} \frac{(-1)^{n-1}}{2n}$ 是收敛的交错级数. 因此, 该幂级数的收敛半径 $R = 2$, 收敛域为 $[-2, 2)$.

设 $s(x) = \sum\limits_{n=1}^{\infty} \frac{1}{n2^n}x^{n-1}$, 则 $s(0) = \frac{1}{2}$, 且当 $x \neq 0$ 时,

$$s(x) = \frac{1}{x}\sum_{n=1}^{\infty} \frac{1}{n2^n}x^n = \frac{1}{x}\int_0^x \left(\sum_{n=1}^{\infty} \frac{1}{n}\left(\frac{x}{2}\right)^n \right)' \mathrm{d}x = \frac{1}{x}\int_0^x \sum_{n=1}^{\infty} \frac{1}{2^n}x^{n-1}\mathrm{d}x$$

$$= \frac{1}{x}\int_0^x \frac{1}{2-x}\mathrm{d}x = \frac{1}{x}[\ln 2 - \ln(2-x)].$$

于是, 幂级数的和函数为

$$s(x) = \begin{cases} \dfrac{1}{x}(\ln 2 - \ln(2-x)), & x \in [-2, 2), x \neq 0, \\ \dfrac{1}{2}, & x = 0. \end{cases}$$

(4) 收敛半径 $R = \lim\limits_{n \to \infty} \dfrac{(n+1)^2}{(n+2)^2} = 1$, 当 $x = \pm 1$ 时, 原级数显见发散, 所以收敛域为 $(-1, 1)$. 设原级数的和函数为 $s(x)$, 则逐项积分再求导, 得

$$
\begin{aligned}
s(x) &= \left(\sum_{n=0}^{\infty} (n+1)^2 \frac{x^{n+1}}{n+1} \right)' = \left(\sum_{n=0}^{\infty} (n+1) x^{n+1} \right) \\
&= \left[x \left(\sum_{n=0}^{\infty} (n+1) \frac{x^{n+1}}{n+1} \right)' \right]' = \left[x \left(\frac{x}{1-x} \right)' \right]' \\
&= \frac{1+x}{(1-x)^2}, \quad |x| < 1.
\end{aligned}
$$

例 8.26　求下列级数的和:

(1) $\displaystyle\sum_{n=2}^{\infty} \frac{1}{(n^2-1)2^n}$; 　　　　　　　　(2) $\displaystyle\sum_{n=0}^{\infty} \frac{(-1)^n}{(2n)!}$.

解　(1) 考察幂级数 $\displaystyle\sum_{n=2}^{\infty} \frac{1}{n^2-1} x^n$. 显然收敛半径 $R = 1$, 收敛域为 $[-1, 1]$. 设其和函数为 $s(x)$, 则 $s(0) = 0$, 且当 $x \neq 0$ 时,

$$
(xs(x))' = \sum_{n=2}^{\infty} \frac{x^n}{n-1} = x \sum_{n=2}^{\infty} \frac{x^{n-1}}{n-1} = x s_1(x),
$$

$$
s_1'(x) = \sum_{n=2}^{\infty} \left(\frac{x^{n-1}}{n-1} \right)' = \sum_{n=2}^{\infty} x^{n-2} = \frac{1}{1-x}.
$$

于是, 得

$$
s_1(x) = \int_0^x \frac{1}{1-x} \mathrm{d}x = -\ln(1-x), \quad x \in (-1, 1),
$$

即 $[xs(x)]' = -x \ln(1-x)$, 从而,

$$
xs(x) = -\int_0^x x \ln(1-x) \mathrm{d}x = -\frac{x^2}{2} \ln(1-x) + \frac{1}{2} \left(\frac{x^2}{2} + x \right) + \frac{1}{2} \ln(1-x).
$$

于是, 当 $x \neq 0$ 时,

$$
s(x) = \frac{1-x^2}{2x} \ln(1-x) + \frac{x}{4} + \frac{1}{2}.
$$

由此, 即得

$$
\sum_{n=2}^{\infty} \frac{1}{(n^2-1)2^n} = s\left(\frac{1}{2} \right) = -\frac{3}{4} \ln 2 + \frac{5}{8}.
$$

(2) 考察幂级数 $\displaystyle\sum_{n=0}^{\infty}\frac{(-1)^n}{(2n)!}x^{2n}$, 并设其和函数为 $S(x)$, 则

$$S'(x)=\sum_{n=1}^{\infty}\frac{(-1)^n}{(2n-1)!}x^{2n-1},\quad S''(x)=\sum_{n=1}^{\infty}\frac{(-1)^n}{(2n-2)!}x^{2n-2}.$$

由此, 得 $S(x)$ 满足

$$S''(x)=-S(x),\quad S(0)=1,\quad S'(0)=0.$$

解得 $S(x)=\cos x\ (x\in\mathbb{R})$. 因此,

$$\sum_{n=0}^{\infty}\frac{(-1)^n}{(2n)!}=S(1)=\cos 1.$$

习 题 8.3

1. 求下列幂级数的收敛域:

(1) $\displaystyle\sum_{n=1}^{\infty}\frac{x^n}{(2n)!!}$;

(2) $\displaystyle\sum_{n=1}^{\infty}\frac{x^n}{n5^n}$;

(3) $\displaystyle\sum_{n=0}^{\infty}(-1)^n\frac{x^{2n+1}}{(2n+1)4^n}$;

(4) $\displaystyle\sum_{n=0}^{\infty}\frac{(n+1)^5}{2n+1}x^{2n}$;

(5) $\displaystyle\sum_{n=0}^{\infty}\frac{(x-3)^n}{(2n+1)2^n}$;

(6) $\displaystyle\sum_{n=1}^{\infty}(-1)^n\frac{(x-2)^n}{\sqrt{n}}$.

2. 若级数 $\displaystyle\sum_{n=0}^{\infty}c_n x^n$ 在 $x=-4$ 收敛, 在 $x=6$ 发散, 判断下列级数是否收敛:

(1) $\displaystyle\sum_{n=0}^{\infty}c_n(-2)^n$;

(2) $\displaystyle\sum_{n=0}^{\infty}c_n 4^n$;

(3) $\displaystyle\sum_{n=0}^{\infty}(-1)^n c_n 8^n$;

(4) $\displaystyle\sum_{n=0}^{\infty}c_n$.

3. 求下列幂级数的和函数:

(1) $\displaystyle\sum_{n=1}^{\infty}\frac{x^{2n}}{(2n)!}$;

(2) $\displaystyle\sum_{n=1}^{\infty}n^2 x^n$;

(3) $\displaystyle\sum_{n=0}^{\infty}\frac{x^{2n+1}}{(2n+1)4^n}$;

(4) $\displaystyle\sum_{n=1}^{\infty}\frac{x^n}{n(n+1)}$;

(5) $\displaystyle\sum_{n=1}^{\infty}n(x-1)^n$.

4. 求下列级数的和:

(1) $\displaystyle\sum_{n=1}^{\infty}\frac{n^3}{n!}$;

(2) $\displaystyle\sum_{n=0}^{\infty}(-1)^n\frac{n}{(2n+1)!}$;

(3) $\displaystyle\sum_{n=1}^{\infty}\frac{1}{2^n\cdot n}$;

(4) $\displaystyle\sum_{n=1}^{\infty}\frac{2n-1}{2^n}$.

5. 求级数 $\displaystyle\sum_{n=0}^{\infty}\frac{(n!)^k}{(kn)!}x^n$ 的收敛半径, 其中 k 为正整数.

6. 根据等式 $\dfrac{1}{1-x} = \sum\limits_{n=0}^{\infty} x^n, x \in (-1,1)$, 求下列函数的幂级数表示, 并确定其收敛域:

(1) $f(x) = \dfrac{1}{1+4x}$;　　　　　(2) $f(x) = \dfrac{x}{2-3x}$;

(3) $f(x) = \dfrac{1}{1-3x^2}$;　　　　(4) $f(x) = \dfrac{1}{(1+x)^2}$.

8.4　函数展开为幂级数

8.4.1　Taylor 级数

在讨论了幂级数的收敛性之后, 接下来的问题就是, 怎样的函数 $f(x)$ 可以展开为幂级数? 此前我们已经知道, 如果函数 $f(x)$ 在点 $x = a$ 的邻域 $U(a)$ 内具有直到 $n+1$ 阶的导数, 则在 $U(a)$ 内成立如下 Taylor 公式

$$f(x) = f(a) + f'(a)(x-a) + \frac{f''(a)}{2!}(x-a)^2 + \cdots + \frac{f^{(n)}(a)}{n!}(x-a)^n + R_n(x),$$

这里

$$R_n(x) = \frac{f^{(n+1)}(\xi)}{(n+1)!}(x-a)^{n+1} \quad (\xi \in (x,a) \text{ 或 } \xi \in (a,x)).$$

此时, 在 $U(a)$ 内, 函数 $f(x)$ 可以用 n 次多项式

$$p_n(x) = f(a) + f'(a)(x-a) + \frac{f''(a)}{2!}(x-a)^2 + \cdots + \frac{f^{(n)}(a)}{n!}(x-a)^n$$

近似代替, 即 $f(x) \approx p_n(x)$, 且误差为

$$|R_n(x)| = |f(x) - p_n(x)|.$$

如果 $|R_n(x)|$ 随 n 的增大越来越小, 则可以用增加多项式的次数 n 以提高近似的精度.

根据以上分析, 如果 $\lim\limits_{n\to\infty} R_n(x) = 0$, 视 $p_n(x)$ 为幂级数

$$\sum_{n=0}^{\infty} \frac{f^{(n)}(a)}{n!}(x-a)^n = f(a) + f'(a)(x-a) + \frac{f''(a)}{2!}(x-a)^2 + \cdots + \frac{f^{(n)}(a)}{n!}(x-a)^n + \cdots$$

(这个级数称为函数 $f(x)$ 的 Taylor 级数) 的部分和, 则

$$f(x) - p_n(x) \to 0 \quad (n \to \infty),$$

即有

$$f(x) = \lim_{n\to\infty} p_n(x),$$

这说明函数 $f(x)$ 的 Taylor 级数收敛, 其和函数就是 $f(x)$.

如果函数 $f(x)$ 在 $U(a)$ 内存在各阶导数, 则可给出函数 $f(x)$ 的 Taylor 级数

$$\sum_{n=0}^{\infty} \frac{f^{(n)}(a)}{n!}(x-a)^n.$$

若这个级数收敛于和函数 $f(x)$, 就有

$$\lim_{n \to \infty} R_n(x) = \lim_{n \to \infty} [f(x) - p_n(x)] = 0.$$

综上, 有如下定理.

定理 8.15 设函数 $f(x)$ 在点 $x=a$ 处的某邻域内有各阶导数, 则函数 $f(x)$ 在该邻域内能展开为 Taylor 级数的充分必要条件是 $f(x)$ 的 Taylor 公式中的余项 $R_n(x) \to 0 \ (n \to \infty)$.

若 $a=0$, Taylor 级数 $\displaystyle\sum_{n=0}^{\infty} \frac{f^{(n)}(0)}{n!}x^n$ 也称为 Maclaurin 级数, 函数的 Maclaurin 级数是 x 的幂级数, 这种形式是唯一的. 因为如果 $f(x)$ 在含 $x=0$ 的某区间 $(-R, R)$ 内能展开成 x 的幂级数

$$f(x) = a_0 + a_1 x + a_2 x^2 + \cdots + a_n x^n + \cdots,$$

根据幂级数在其收敛区间内可逐项求导, 得

$$f'(x) = a_1 + 2a_2 x + 3a_3 x^2 + \cdots + na_n x^{n-1} + \cdots,$$

$$f''(x) = 2a_2 + 3!a_3 x + \cdots + n(n-1)a_n x^{n-2} + \cdots, \cdots,$$

$$f^{(n)}(x) = n!a_n + (n+1)n!a_{n+1}x + \cdots.$$

以上各式代入 $x=0$, 得

$$a_0 = f(0), a_1 = f'(0), a_2 = \frac{1}{2!}f''(0), \cdots, a_n = \frac{1}{n!}f^{(n)}(0).$$

这正是 Maclaurin 级数的系数, 也为我们提供了将函数展开为幂级数的方法. 其主要程序包括:

第一步, 求函数 $f(x)$ 各阶导数 $f^{(n)}(x) \ (n=1, 2, \cdots)$, 代入 $x=0$ 得到 $f^{(n)}(0)$;

第二步, 利用公式

$$a_n = \frac{1}{n!}f^{(n)}(0), \quad n=0, 1, 2, \cdots,$$

求出幂级数

$$f(0) + f'(0)x + \frac{1}{2}f''(0)x^2 + \cdots + \frac{1}{n!}f^{(n)}(0)x^n + \cdots,$$

并求出收敛半径 R;

第三步, 验证极限 $\lim\limits_{n\to\infty} R_n(x)$ 是否为零: 如果为零, 则在区间 $(-R, R)$ 内, 函数 $f(x)$ 可以展开为幂级数

$$f(x) = f(0) + f'(0)x + \frac{1}{2}f''(0)x^2 + \cdots + \frac{1}{n!}f^{(n)}(0)x^n + \cdots;$$

否则, 幂级数虽然收敛, 但其和函数并不是函数 $f(x)$, 也就是说函数 $f(x)$ 不能展开为幂级数, 这种情况是可能的.

例如, 函数 $f(x) = \begin{cases} \mathrm{e}^{-\frac{1}{x^2}}, & x \neq 0, \\ 0, & x = 0, \end{cases}$ $f^{(n)}(0) = 0.$ 于是得 Maclaurin 级数为

$$0 = s(x) = 0 + 0x + 0x^2 + \cdots + 0x^n + \cdots,$$

当 $x \neq 0$ 时, $f(x) \neq s(x)$. 因此, 函数 $f(x)$ 不能展开为幂级数.

例 8.27　将函数 $f(x) = \mathrm{e}^x$ 展开为 x 的幂级数.

解　显然, 函数 $f(x)$ 的各阶导数 $f^{(n)}(x) = f(x) = \mathrm{e}^x$, 因此, 当 $x = 0$ 时, 都有 $f^{(n)}(0) = 1$. 于是,

$$a_n = \frac{1}{n!}, \quad n = 0, 1, 2, \cdots.$$

所以, 函数 $f(x) = \mathrm{e}^x$ 的 Maclaurin 幂级数为

$$1 + x + \frac{x^2}{2!} + \cdots + \frac{x^n}{n!} + \cdots.$$

由于

$$\lim_{n\to\infty} \frac{|a_{n+1}|}{|a_n|} = \lim_{n\to\infty} \frac{n!}{(n+1)!} = 0,$$

所以收敛半径 $R = +\infty$.

对任何有限的 x, ξ (ξ 介于 0 与 x 之间),

$$|R_n(x)| = \left| \frac{\mathrm{e}^\xi}{(n+1)!} x^{n+1} \right| < \mathrm{e}^{|x|} \frac{|x|^{n+1}}{(n+1)!}.$$

由于级数 $\sum\limits_{n=0}^{\infty} \dfrac{\mathrm{e}^{|x|}|x|^{n+1}}{(n+1)!}$ 收敛, 所以 $\dfrac{\mathrm{e}^{|x|}|x|^{n+1}}{(n+1)!} \to 0$ $(n \to \infty)$. 由此, $|R_n(x)| \to 0$ $(n \to \infty)$. 于是, 函数 e^x 的幂级数为

$$\mathrm{e}^x = 1 + x + \frac{x^2}{2!} + \cdots + \frac{x^n}{n!} + \cdots, \quad x \in \mathbb{R}.$$

根据例 8.27, 令 $x = 1$, 即得 e 的一个用于计算的表达式

$$e = 1 + 1 + \frac{1}{2!} + \cdots + \frac{1}{n!} + \cdots.$$

完全类似例 8.27 的方法, 可以得到

$$\sin x = x - \frac{1}{3!}x^3 + \frac{1}{5!}x^5 + \cdots + (-1)^{n-1}\frac{1}{(2n-1)!}x^{2n-1} + \cdots, \quad x \in \mathbb{R},$$

$$\cos x = 1 - \frac{1}{2!}x^2 + \frac{1}{4!}x^4 + \cdots + (-1)^n\frac{1}{(2n)!}x^{2n} + \cdots, \quad x \in \mathbb{R}.$$

把一个函数按照上述方法展开为幂级数称为直接展开法, 但一般比较困难. 因此, 若能利用幂级数的性质和此前介绍的基本公式间接展开是比较简洁的方法.

例 8.28 将函数 $f(x) = \dfrac{1}{1+x^2}$ 展开成 x 的幂级数.

解 因为

$$\frac{1}{1-t} = 1 + t + t^2 + \cdots + t^n + \cdots, \quad -1 < t < 1,$$

以 $-x^2$ 替换 t, 得

$$\frac{1}{1+x^2} = 1 - x^2 + x^4 + \cdots + (-1)^n x^{2n} + \cdots, \quad -1 < x < 1.$$

需要提醒的是, 若函数 $f(x)$ 在开区间 $(-R, R)$ 内展开式为 $f(x) = \displaystyle\sum_{n=0}^{\infty} a_n x^n$, 而在区间端点 $x = -R$ 或 $x = R$ 处, 幂级数仍收敛, 且函数 $f(x)$ 在端点处连续, 则根据幂级数的性质, 该展开式对 $x = -R$ 或 $x = R$ 仍成立. 例如, 对

$$\frac{1}{1+x} = \sum_{n=0}^{\infty} (-1)^n x^n, \quad -1 < x < 1$$

两端从 0 到 x 积分得到

$$\ln(1+x) = \sum_{n=0}^{\infty} (-1)^n \frac{x^{n+1}}{n+1},$$

当 $x = 1$ 时, 上式右端是收敛的交错级数, $\ln(1+x)$ 在点 $x = 1$ 处连续, 所以该展开式中的 x 满足 $-1 < x \leqslant 1$.

例 8.29 将函数 $f(x) = \sin^2 x$ 展开成 x 的幂级数.

解 因为 $\sin^2 x = \dfrac{1}{2}(1 - \cos 2x)$, 而

$$\cos 2x = \sum_{n=0}^{\infty} (-1)^n \frac{(2x)^{2n}}{(2n)!}, \quad x \in \mathbb{R},$$

于是,

$$\sin^2 x = \frac{1}{2}\left(1 - \sum_{n=0}^{\infty}(-1)^n \frac{(2x)^{2n}}{(2n)!}\right) = \frac{1}{2}\sum_{n=1}^{\infty}(-1)^n \frac{4^n}{(2n)!}x^{2n}, \quad x \in \mathbb{R}.$$

例 8.30 将函数 $f(x) = \dfrac{x}{x^2 - x - 2}$ 展开为 x 的幂级数.

解 因为

$$f(x) = \frac{x}{x^2 - x - 2} = \frac{x}{(x-2)(x+1)} = \frac{1}{3}\left(\frac{1}{1+x} + \frac{2}{x-2}\right),$$

所以,

$$f(x) = \frac{1}{3}\sum_{n=0}^{\infty}(-1)^n x^n - \frac{1}{3}\sum_{n=0}^{\infty}\left(\frac{x}{2}\right)^n = \frac{1}{3}\sum_{n=0}^{\infty}\left((-1)^n - \frac{1}{2^n}\right)x^n,$$

收敛区间为 $(-1,1) \cap (-2,2) = (-1,1)$.

*例 8.31 将函数 $f(x) = (1+x)^m$ 展开成 x 的幂级数, 其中 m 为任意的常数.

解 由于

$$f'(x) = m(1+x)^{m-1}, \ f''(x) = m(m-1)(1+x)^{m-2}, \cdots,$$

$$f^{(n)}(x) = m(m-1)(m-2)\cdots(m-n+1)(1+x)^{m-n}, \cdots.$$

所以, 得

$$f(0) = 1, f'(0) = m, \cdots, f''(0) = m(m-1), \cdots,$$

$$f^{(n)}(0) = m(m-1)(m-2)\cdots(m-n+1), \cdots.$$

于是, 得级数

$$1 + mx + \frac{m(m-1)}{2!}x^2 + \frac{m(m-1)(m-2)}{3!}x^3 + \cdots + \frac{m(m-1)\cdots(m-n+1)}{n!}x^n + \cdots,$$

由

$$\lim_{n \to \infty} \frac{|a_{n+1}|}{|a_n|} = \lim_{n \to \infty}\left|\frac{m-n}{n+1}\right| = 1$$

知对任何的 m, 该级数的收敛区间为 $(-1,1)$.

设得到的级数在收敛区间 $(-1,1)$ 内收敛于函数 $F(x)$, 下证 $F(x) = (1+x)^m$,

从而即证 $\lim\limits_{n \to \infty} R_n(x) = 0.$ 令 $\phi(x) = \dfrac{F(x)}{(1+x)^m}$, 则

$$\phi'(x) = \frac{(1+x)^m F'(x) - m(1+x)^{m-1} F(x)}{(1+x)^{2m}} = \frac{(1+x)^{m-1}[(1+x)F'(x) - mF(x)]}{(1+x)^{2m}}.$$

由于

$$F'(x) = m\left(1 + (m-1)x + \cdots + \frac{(m-1)\cdots(m-n+1)}{(n-1)!}x^{n-1} + \cdots\right),$$

上式两端分别乘以 $(1+x)$, 合并含 x^n 的项, 并注意到

$$\frac{(m-1)\cdots(m-n+1)}{(n-1)!} + \frac{(m-1)\cdots(m-n)}{n!} = \frac{m(m-1)\cdots(m-n+1)}{n!},$$

得

$$\begin{aligned}(1+x)F'(x) &= m\left[1 + mx + \frac{m(m-1)}{2!}x^2 + \cdots + \frac{m(m-1)\cdots(m-n+1)}{n!}x^n + \cdots\right]\\ &= mF(x).\end{aligned}$$

因此, $\phi'(x) = 0.$ 于是, 由 $\phi(x)$ 为常数及 $\phi(0) = 1$, 得 $\phi(x) \equiv 1$, 从而 $F(x) = (1+x)^m$. 所以, 在区间 $(-1, 1)$ 内,

$$\begin{aligned}(1+x)^m &= 1 + mx + \frac{m(m-1)}{2!}x^2 + \frac{m(m-1)(m-2)}{3!}x^3 + \cdots\\ &\quad + \frac{m(m-1)\cdots(m-n+1)}{n!}x^n + \cdots.\end{aligned}$$

对于不同的 m 取值, 展开式在端点可能成立, 也可能不成立. 例如, 当 $m = \dfrac{1}{2}$, $-\dfrac{1}{2}$ 时,

$$\sqrt{1+x} = 1 + \frac{1}{2}x - \frac{1}{2 \times 4}x^2 + \frac{1 \times 3}{2 \times 4 \times 6}x^3 - \frac{1 \times 3 \times 5}{2 \times 4 \times 6 \times 8}x^4 + \cdots, \quad -1 < x \leqslant 1,$$

$$\frac{1}{\sqrt{1+x}} = 1 - \frac{1}{2}x + \frac{1 \times 3}{2 \times 4}x^2 - \frac{1 \times 3 \times 5}{2 \times 4 \times 6}x^3 + \frac{1 \times 3 \times 5 \times 7}{2 \times 4 \times 6 \times 8}x^4 + \cdots, \quad -1 < x \leqslant 1.$$

例 8.31 的展开式称为**二项展开式**, 特别地, 当 m 为正整数时, 这就是代数学中的**二项式定理**.

*8.4.2 函数展开为幂级数的应用

利用函数的幂级数展开式可以用来进行近似计算.

例 8.32 计算 $\sqrt[5]{240}$ 的近似值, 要求误差不超过 0.0001.

解 因为

$$\sqrt[5]{240} = \sqrt[5]{243 - 3} = 3\left(1 - \frac{1}{3^4}\right)^{\frac{1}{5}},$$

在 $(1+x)^m$ 的展开式中, 取 $m = \frac{1}{5}, x = -\frac{1}{3^4}$, 得

$$\sqrt[5]{240} = 3\left(1 - \frac{1}{5} \times \frac{1}{3^4} - \frac{1 \times 4}{5^2 \times 2!} \times \frac{1}{3^8} - \frac{1 \times 4 \times 9}{5^3 \times 3!} \times \frac{1}{3^{12}} - \cdots\right).$$

取前两项和作为 $\sqrt[5]{240}$ 的近似值, 其误差为

$$
\begin{aligned}
|r_2| &= 3\left(\frac{1 \times 4}{5^2 \times 2!} \times \frac{1}{3^8} + \frac{1 \times 4 \times 9}{5^3 \times 3!} \times \frac{1}{3^{12}} + \cdots\right) \\
&< 3\frac{1 \times 4}{5^2 \times 2!} \frac{1}{3^8}\left(1 + \frac{1}{81} + \left(\frac{1}{81}\right)^2 + \cdots\right) \\
&= \frac{6}{25} \times \frac{1}{3^8} \times \frac{1}{1 - \frac{1}{81}} < \frac{1}{20000}.
\end{aligned}
$$

于是, 近似值为

$$\sqrt[5]{240} \approx 3\left(1 - \frac{1}{5 \cdot 3^4}\right) \approx 2.9926.$$

例 8.33 计算圆周率 π, 要求误差不超过 0.0001.

解 由函数的幂级数展开式

$$\frac{1}{1+x^2} = 1 - x^2 + x^4 - \cdots + (-1)^n x^{2n} + \cdots, \quad -1 < x < 1,$$

两边积分, 得

$$\arctan x = x - \frac{1}{3}x^3 + \frac{1}{5}x^5 - \frac{1}{7}x^7 + \cdots, \quad -1 \leqslant x \leqslant 1.$$

取 $x = 1$, 则

$$\frac{\pi}{4} = 1 - \frac{1}{3} + \frac{1}{5} - \frac{1}{7} + \cdots.$$

理论上, 上式是可以用来计算 π 的近似值的, 但由于该级数的收敛速度较慢, 要达到一定的精度, 计算量相对比较大. 如果取 $x = \frac{1}{\sqrt{3}}$, 则得到

$$\frac{\pi}{6} = \frac{1}{\sqrt{3}}\left(1 - \frac{1}{3 \times 3} + \frac{1}{5 \times 3^2} - \frac{1}{7 \times 3^3} + \cdots - \frac{1}{19 \times 3^9} + \cdots\right).$$

这时级数收敛速度提高了很多. 由于 $\frac{2\sqrt{3}}{19 \times 3^9} < 10^{-5}$, 所以, 前 9 项之和已经精确到小数点后第 4 位, 即

$$\pi \approx 3.1416.$$

例 8.34 计算定积分 $\int_0^1 e^{-x^2} dx$ 的近似值, 要求误差不超过 0.0001.

解 因为

$$e^x = 1 + x + \frac{x^2}{2!} + \cdots + \frac{x^n}{n!} + \cdots,$$

以 $-x^2$ 替代上式的 x, 并从 0 到 1 积分, 得

$$\int_0^1 e^{-x^2} dx = 1 - \frac{1}{3} + \frac{1}{10} - \frac{1}{42} + \frac{1}{216} - \frac{1}{1320} + \frac{1}{9360} - \frac{1}{75600} + \cdots.$$

由于 $\frac{1}{75600} < 1.5 \times 10^{-5}$, 所以

$$\int_0^1 e^{-x^2} dx \approx 0.7486.$$

如果知道了函数 $f(x)$ 的幂级数展开式中 x^n 的系数 A, 则由 $f^{(n)}(0) = n!A$ 可以求出 $f^{(n)}(0)$.

例 8.35 将下列函数展开为幂级数, 并求 $f^{(n)}(0)$:

(1) $f(x) = \left(\dfrac{1}{1-x}\right)^2$;   (2) $f(x) = \ln(1 + x + x^2)$.

解 (1) 由于 $f(x) = \left(\dfrac{1}{1-x}\right)'$, 而

$$\frac{1}{1-x} = 1 + x + x^2 + \cdots + x^{n+1} + \cdots, \quad -1 < x < 1,$$

所以,

$$f(x) = \frac{1}{(1-x)^2} = 1 + 2x + 3x^2 + \cdots + (n+1)x^n + \cdots, \quad -1 < x < 1.$$

由 x^n 的系数 $A = n + 1$ 及公式 $f^{(n)}(0) = n!A$, 得 $f^{(n)}(0) = (n+1)!$.

(2) 由于

$$f(x) = \ln \frac{(1-x)(1+x+x^2)}{1-x} = \ln(1-x^3) - \ln(1-x),$$

所以, 由 $\ln(1-x) = -\displaystyle\sum_{n=1}^{\infty} \frac{x^n}{n}$ $(-1 \leqslant x < 1)$, 得到

$$\ln(1-x^3) = -x^3 - \frac{1}{2}x^6 - \cdots - \frac{1}{n}x^{3n} - \cdots, \quad -1 \leqslant x < 1.$$

于是, 当 $-1 < x < 1$ 时,

$$\ln(1 + x + x^2) = \ln(1 - x^3) - \ln(1 - x)$$
$$= x + \frac{1}{2}x^2 + \left(\frac{1}{3} - 1\right)x^3 + \frac{1}{4}x^4 + \frac{1}{5}x^5 + \left(\frac{1}{6} - \frac{1}{2}\right)x^6 + \cdots.$$

所以, x^n 的系数为 $A = \begin{cases} \dfrac{1}{n}, & n \neq 3k, \\ \dfrac{1}{2k} - \dfrac{1}{k}, & n = 3k. \end{cases}$ 故

$$f^{(n)}(0) = \begin{cases} (n-1)!, & n \neq 3k, \\ n!\left(\dfrac{1}{2k} - \dfrac{1}{k}\right), & n = 3k. \end{cases}$$

*8.4.3　微分方程的幂级数解法

设函数 $p(x), q(x)$ 在点 x_0 的邻域内可以展开为幂级数, 微分方程

$$y'' + p(x)y' + q(x)y = 0$$

在 x_0 的邻域内具有幂级数形式的解:

$$y = \sum_{n=0}^{\infty} a_n(x - x_0)^n.$$

依此, 代入方程, 按 $x - x_0$ 的同次幂合并后, 各项的系数都为零, 就可以解出系数 $a_0, a_1, a_2, \cdots$, 从而得到方程的幂级数解.

例 8.36　求方程 $y'' - xy = 0$ 的幂级数解.

解　设其幂级数的解为

$$y = \sum_{n=0}^{\infty} a_n x^n,$$

于是

$$y'' = \sum_{n=0}^{\infty} (n+2)(n+1)a_{n+2}x^n.$$

代入方程, 得到

$$2a_2 + \sum_{n=0}^{\infty} ((n+2)(n+1)a_{n+2} - a_{n-1})x^n = 0,$$

即有

$$a_2 = 0, \quad a_{n+2} = \frac{a_{n-1}}{(n+1)(n+2)} \quad (n \geqslant 1).$$

如果令 $a_0 = 1, a_1 = 0$, 则有 $a_{3k+1} = a_{3k+2} = 0$,

$$a_{3k} = \frac{1 \times 4 \times 7 \times \cdots \times (3k - 2)}{(3k)!}.$$

于是, 方程的一个解

$$y_1 = 1 + \sum_{n=1}^{\infty} \frac{1 \times 4 \times 7 \times \cdots \times (3n - 2)}{(3n)!} x^{3n}.$$

再取 $a_0 = 0, a_1 = 1$, 类似得方程的另一解

$$y_2 = x + \sum_{n=1}^{\infty} \frac{2 \times 5 \times 8 \times \cdots \times (3n - 1)}{(3n + 1)!} x^{3n+1}.$$

注意到 y_1 与 y_2 是线性无关函数, 于是, 方程的通解为

$$y = c_1 y_1 + c_2 y_2,$$

其中 c_1, c_2 为任意常数.

习 题 8.4

1. 将下列函数展开成 Maclaurin 级数:

(1) $a^x (a > 0)$;　　　　　(2) $\cos^2 x$;　　　　　(3) $\ln(a - x)(a > 0)$;

(4) $\dfrac{x}{\sqrt{1 - x^2}}$;　　　　(5) $\sinh x = \dfrac{\mathrm{e}^x - \mathrm{e}^{-x}}{2}$;　　　(6) $\dfrac{1}{\sqrt{4 - x^2}}$.

2. 将下列函数展开成 $x - 3$ 的幂级数:

(1) $\lg x$;　　　　　　　(2) $\dfrac{1}{x^2 + 3x + 2}$;　　　　(3) $\dfrac{1}{x}$.

3. 将函数 $f(x) = \sin x$ 展开成 $\left(x - \dfrac{\pi}{3} \right)$ 的幂级数.

4. 将函数 $f(x) = \dfrac{1}{(2 - x)^2}$ 展开成 x 的幂级数, 并求 $f^{(n)}(0)$.

5. 利用函数的幂级数展开式求下列各数的近似值:

(1) $\sqrt{\mathrm{e}}$ (误差不超过 0.001);

(2) $\sqrt[9]{522}$ (误差不超过 0.00001);

(3) $\displaystyle\int_0^{0.5} \frac{\arctan x}{x} \mathrm{d}x$ (误差不超过 0.001).

6. 将函数 $\displaystyle\int_0^x \frac{\sin t}{t} \mathrm{d}t$ 展开成 Maclaurin 级数.

7. 将函数 $\dfrac{\mathrm{d}}{\mathrm{d}x} \left(\dfrac{\mathrm{e}^x - 1}{x} \right)$ 展开成 Maclaurin 级数, 并证明 $\displaystyle\sum_{n=1}^{\infty} \frac{n}{(n + 1)!} = 1$.

8. 证明幂级数 $y = \sum_{n=0}^{\infty} \frac{(-1)^n}{(n!)^2} \left(\frac{x}{2}\right)^{2n}$ 满足微分方程 $xy'' + y' + xy = 0$.

8.5　Fourier 级数

在实际应用中, 除幂级数外, 三角函数组成的三角级数也是一个应用广泛的函数项级数. 由于三角函数周期性的特点, 它对于解释一些物理现象特别有用. 本节介绍这一级数 —— Fourier[①] (傅里叶) 级数.

8.5.1　三角函数系的正交性

在周期函数中, 正弦函数和余弦函数是常用且简单的周期函数, 如描述简谐振动现象的函数 $y = A\sin(\omega t + \phi)$. 但现实中的周期现象是复杂的, 并不是都可以用简单的正弦函数或余弦函数来描述. 例如, 在电子技术中遇到的周期为 T 的矩形波就是这样的一个现象. 如何研究更一般的周期函数? 借用函数展开成幂级数的思想, 一般的周期函数能否展开成一系列简单的周期函数, 尤其是正弦函数和余弦函数? 也就是说, 能否将周期 $T = \frac{2\pi}{\omega}$ 的周期函数 $f(t)$ 用一系列正弦函数 $y = A\sin(n\omega t + \phi_n)$ 组成的级数来表示:

$$f(t) = A_0 + \sum_{n=1}^{\infty} A_n \sin(n\omega t + \phi_n),$$

其中 A_0, A_n, ϕ_n $(n = 1, 2, \cdots)$ 为常数.

对上式作一简单分析.

$$A_n \sin(n\omega t + \phi_n) = A_n \sin \phi_n \cos n\omega t + A_n \cos \phi_n \sin n\omega t,$$

这样, 上式右端可写为如下形式 $(x = \omega t)$:

$$\frac{a_0}{2} + \sum_{n=1}^{\infty} (a_n \cos nx + b_n \sin nx).$$

形如以上形式的级数称为**三角级数**, 其中 a_0, a_n, b_n $(n = 1, 2, \cdots)$ 都是常数.

接下来的问题自然就是收敛问题和展开问题? 为此, 先给出一个正交三角函数系的概念.

$$\{1, \cos x, \sin x, \cos 2x, \sin 2x, \cdots, \cos nx, \sin nx, \cdots\}$$

构成一个三角函数系, 在这个三角函数系中, 容易发现如下事实:

$$\int_{-\pi}^{\pi} \sin mx \cos nx \mathrm{d}x = 0,$$

① Fourier (1768—1830), 法国数学家、物理学家.

$$\int_{-\pi}^{\pi} \cos mx \cos nx \mathrm{d}x = \begin{cases} \pi, & m = n, \\ 0, & m \neq n; \end{cases} \qquad \int_{-\pi}^{\pi} \sin mx \sin nx \mathrm{d}x = \begin{cases} \pi, & m = n, \\ 0, & m \neq n. \end{cases}$$

这样的函数系称为**正交函数系**.

8.5.2 函数展开成 Fourier 级数

将函数 $f(x)$ 展开为三角级数, 需要解决两个问题: 一是三角级数的系数如何确定? 二是三角级数是否收敛? 如果收敛, 是否收敛于 $f(x)$ (也就是其和函数 $s(x)$ 是否等于 $f(x)$)?

设函数 $f(x)$ 是以 2π 为周期的周期函数, 即 $f(x + 2\pi) = f(x)$, 且可以展开成三角级数

$$\frac{a_0}{2} + \sum_{n=1}^{\infty}(a_n \cos nx + b_n \sin nx).$$

为得到系数 a_0, a_n, b_n $(n = 1, 2, \cdots)$, 假设上述级数可以逐项积分, 且上式等于 $f(x)$. 于是,

$$\int_{-\pi}^{\pi} f(x)\mathrm{d}x = \int_{-\pi}^{\pi} \frac{a_0}{2}\mathrm{d}x + \sum_{n=1}^{\infty}\left(a_n \int_{-\pi}^{\pi} \cos nx \mathrm{d}x + b_n \int_{-\pi}^{\pi} \sin nx \mathrm{d}x\right) = a_0\pi.$$

所以, 得

$$a_0 = \frac{1}{\pi} \int_{-\pi}^{\pi} f(x)\mathrm{d}x.$$

以 $\cos nx$ 乘以三角级数两端, 再积分, 并利用正交性, 得

$$\int_{-\pi}^{\pi} f(x) \cos nx \mathrm{d}x = a_n \int_{-\pi}^{\pi} \cos^2 nx \mathrm{d}x = \frac{a_n}{2} \int_{-\pi}^{\pi} (1 + \cos 2nx)\mathrm{d}x = \pi a_n,$$

因此,

$$a_n = \frac{1}{\pi} \int_{-\pi}^{\pi} f(x) \cos nx \mathrm{d}x, \quad n = 1, 2, \cdots.$$

同理, 以 $\sin nx$ 乘以三角级数两端, 积分得

$$b_n = \frac{1}{\pi} \int_{-\pi}^{\pi} f(x) \sin nx \mathrm{d}x, \quad n = 1, 2, \cdots.$$

于是, 对于周期为 2π 的周期函数 $f(x)$, 如果

$$a_n = \frac{1}{\pi} \int_{-\pi}^{\pi} f(x) \cos nx \mathrm{d}x, \quad n = 0, 1, 2, \cdots,$$

$$b_n = \frac{1}{\pi} \int_{-\pi}^{\pi} f(x) \sin nx \mathrm{d}x, \quad n = 1, 2, \cdots$$

存在, 则称它们为函数 $f(x)$ 的 Fourier **系数**, 并把三角级数

$$\frac{a_0}{2} + \sum_{n=1}^{\infty}(a_n \cos nx + b_n \sin nx)$$

称为函数 $f(x)$ 的Fourier **级数**.

综上, 定义在 $\mathbb{R}$ 上的周期为 2π 的函数 $f(x)$, 如果在一个周期上可积, 则一定可以展开为 Fourier 级数.

定理 8.16 (Dirichlet 定理)   设 $f(x)$ 是周期为 2π 的周期函数, 如果

(1) 在一个周期内连续或只有有限个第一类间断点;

(2) 在一个周期内至多有有限个极值点,

则 $f(x)$ 的 Fourier 级数收敛, 且当 x 是 $f(x)$ 的连续点时, 级数收敛于 $f(x)$; 当 x 是 $f(x)$ 的间断点时, 级数收敛于 $\dfrac{f(x-0)+f(x+0)}{2}$, 即 Fourier 级数的和函数 $s(x)$ 满足

$$s(x) = \begin{cases} f(x), & x \text{ 是连续点}, \\ \dfrac{f(x_0-0)+f(x_0+0)}{2}, & x_0 \text{ 是间断点}. \end{cases}$$

定理 8.16 说明两个重要的问题: 一是函数 $f(x)$ 可以展开为 Fourier 级数的条件; 二是 Fourier 级数的和函数 $s(x)$ 与函数 $f(x)$ 之间的关系.

例 8.37   设 $f(x)$ 是以 2π 为周期的周期函数, 它在 $[-\pi, \pi)$ 上的表达式为

$$f(x) = \begin{cases} -1, & -\pi \leqslant x < 0, \\ 1, & 0 \leqslant x < \pi. \end{cases}$$

将函数展开为 Fourier 级数.

解   函数 $f(x)$ 在点 $x = k\pi$ $(k = 0, \pm 1, \pm 2, \cdots)$ 处不连续, 其他点连续. 从而由定理 8.16, $f(x)$ 的 Fourier 级数收敛, 且在 $x = k\pi$ 处收敛于

$$\frac{f(k\pi-0)+f(k\pi+0)}{2} = \frac{1+(-1)}{2} = 0;$$

在 $x \neq k\pi$ 处, Fourier 级数收敛于 $f(x)$, 其中系数

$$a_n = \frac{1}{\pi}\int_{-\pi}^{\pi} f(x) \cos nx \mathrm{d}x = 0, \quad n = 0, 1, 2, \cdots;$$

$$b_n = \frac{1}{\pi}\int_{-\pi}^{\pi} f(x) \sin nx \mathrm{d}x = \frac{1}{\pi}\int_{-\pi}^{0}(-\sin nx)\mathrm{d}x + \frac{1}{\pi}\int_{0}^{\pi} \sin nx \mathrm{d}x$$

$$= \begin{cases} \dfrac{4}{n\pi}, & n = 1, 3, 5, \cdots, \\ 0, & n = 2, 4, 6, \cdots, \end{cases}$$

即有

$$f(x) = \frac{4}{\pi} \sum_{n=1}^{\infty} \frac{1}{2n-1} \sin(2n-1)x, \quad x \neq 0, \pm\pi, \pm2\pi, \cdots.$$

如果非周期函数 $f(x)$ 在区间 $[-\pi, \pi]$ 上有定义, 且满足定理 8.16 的收敛条件, 那么函数 $f(x)$ 也可以展开成 Fourier 级数. 具体方法如下:

(1) 在区间 $[-\pi, \pi)$ 或 $(-\pi, \pi]$ 外补充函数 $f(x)$ 的定义, 使之成为周期为 2π 的周期函数 $F(x)$, 这种延拓定义域的方法称为**周期延拓**;

(2) 将函数 $F(x)$ 展开为 Fourier 级数;

(3) 限制 x 的范围在区间 $(-\pi, \pi]$ 或 $[-\pi, \pi)$ 内, 即得函数 $f(x)$ 在区间 $(-\pi, \pi)$ 内的展开式, 对于 $x = \pm\pi$, 级数收敛于 $\dfrac{f(\pi - 0) + f(-\pi + 0)}{2}$.

例 8.38 将函数 $f(x) = \begin{cases} -x, & -\pi \leqslant x < 0, \\ x, & 0 \leqslant x \leqslant \pi \end{cases}$ 展开为 Fourier 级数.

解 函数 $f(x)$ 在 $[-\pi, \pi]$ 上满足定理 8.16 的条件, 且延拓为周期为 2π 的函数 $F(x)$, 则函数 $F(x)$ 在 $(-\infty, +\infty)$ 上连续, 因此, 函数 $F(x)$ 的 Fourier 级数在区间 $[-\pi, \pi]$ 上收敛于函数 $f(x)$. 计算 Fourier 系数:

$$a_0 = \frac{1}{\pi} \int_{-\pi}^{\pi} f(x)\mathrm{d}x = \frac{2}{\pi} \int_0^{\pi} x \mathrm{d}x = \pi,$$

$$a_n = \frac{1}{\pi} \int_{-\pi}^{\pi} f(x)\cos nx\mathrm{d}x = \frac{2}{\pi} \int_0^{\pi} x \cos nx\mathrm{d}x = \begin{cases} -\dfrac{4}{n^2\pi}, & n = 1, 3, 5, \cdots, \\ 0, & n = 2, 4, 6, \cdots, \end{cases}$$

$$b_n = \frac{1}{\pi} \int_{-\pi}^{\pi} f(x)\sin nx\mathrm{d}x = 0, \quad n = 1, 2, \cdots.$$

于是,

$$f(x) = \frac{\pi}{2} - \frac{4}{\pi} \sum_{n=1}^{\infty} \frac{1}{(2n-1)^2} \cos(2n-1)x, \quad -\pi \leqslant x \leqslant \pi.$$

利用例 8.38 的展开式, 可以得到几个常用的级数之和. 当 $x = 0$ 时, $f(0) = 0$, 于是,

$$\sigma_1 = \frac{\pi^2}{8} = 1 + \frac{1}{3^2} + \frac{1}{5^2} + \cdots.$$

记

$$\sigma = 1 + \frac{1}{2^2} + \frac{1}{3^2} + \frac{1}{4^2} + \cdots, \quad \sigma_2 = \frac{1}{2^2} + \frac{1}{4^2} + \frac{1}{6^2} + \cdots, \quad \sigma_3 = 1 - \frac{1}{2^2} + \frac{1}{3^2} - \frac{1}{4^2} + \cdots.$$

因为

$$\sigma_2 = \frac{\sigma}{4} = \frac{\sigma_1 + \sigma_2}{4}, \quad \sigma = \sigma_1 + \sigma_2,$$

所以

$$\sigma_2 = \frac{\sigma_1}{3} = \frac{\pi^2}{24}, \quad \sigma = \frac{\pi^2}{8} + \frac{\pi^2}{24} = \frac{\pi^2}{6}, \quad \sigma_3 = \sigma - 2\sigma_2 = \frac{\pi^2}{6} - \frac{\pi^2}{12} = \frac{\pi^2}{12}.$$

8.5.3 正弦级数与余弦级数

设函数 $f(x)$ 是周期为 2π 的周期函数, 并在一个周期上可积分. 若函数 $f(x)$ 是奇函数, 即 $f(x) = -f(-x)$, 则 $f(x)\cos nx$ 也为奇函数, 因此, 根据对称区间奇函数的积分性质, 知 $a_n = 0$. 于是, 函数 $f(x)$ 的 Fourier 级数为 $\sum\limits_{n=1}^{\infty} b_n \sin nx$, 其中

$$b_n = \frac{2}{\pi} \int_0^\pi f(x)\sin nx \mathrm{d}x, \quad n = 1, 2, \cdots.$$

这个级数称为**正弦级数**.

如果函数 $f(x)$ 为周期 2π 的偶函数, 则其 Fourier 级数为 $\dfrac{a_0}{2} + \sum\limits_{n=1}^{\infty} a_n \cos nx$, 其中

$$a_n = \frac{2}{\pi} \int_0^\pi f(x)\cos nx \mathrm{d}x, \quad n = 0, 1, 2, \cdots.$$

这个级数称为**余弦级数**.

于是, 对于定义在区间 $[0, \pi]$ 上的函数 $f(x)$, 如果在区间 $[-\pi, 0)$ 上补充定义, 实施奇延拓, 就可以将 $f(x)$ 展开成正弦级数; 如果实施偶延拓, 就可以展开成余弦级数. 这时需要注意, 在区间端点 $x = 0$ 和 $x = \pi$ 处, 正弦级数和余弦级数可能不收敛于 $f(0)$ 和 $f(\pi)$.

例 8.39 设函数 $f(x)$ 是周期为 2π 的周期函数, 它在 $[-\pi, \pi)$ 上的表达式为 $f(x) = x$, 将函数 $f(x)$ 展开成 Fourier 级数.

解 所给函数满足定理 8.16 的条件, 在点 $x = (2k+1)\pi \ (k = 0, \pm 1, \pm 2, \cdots)$ 处不连续, 因此函数的 Fourier 级数收敛于

$$\frac{f(\pi - 0) + f(\pi + 0)}{2} = \frac{-\pi + \pi}{2} = 0.$$

在点 $x \neq (2k+1)\pi$ 处, 其 Fourier 级数收敛于 $f(x)$, 注意到 $f(x)$ 是奇函数, 因此其 Fourier 系数为 $a_n = 0 \ (n = 0, 1, 2, \cdots)$,

$$b_n = \frac{2}{\pi} \int_0^\pi x \sin nx \mathrm{d}x = \frac{2}{n}(-1)^{n+1}, \quad n = 1, 2, \cdots,$$

即

$$f(x) = 2\left(\sin x - \frac{1}{2}\sin 2x + \frac{1}{3}\sin 3x + \cdots + \frac{(-1)^{n+1}}{n}\sin nx + \cdots\right),$$
$$x \neq (2k+1)\pi, \quad k = 0, \pm 1, \pm 2, \cdots.$$

例 8.40 将函数 $f(x) = x + 1 \ (0 \leqslant x \leqslant \pi)$ 分别展开为正弦级数和余弦级数.

解 先展开为正弦级数. 为此, 将函数 $f(x)$ 进行奇延拓, 求出系数

$$b_n = \frac{2}{\pi} \int_0^\pi f(x) \sin nx \mathrm{d}x = \frac{2}{\pi} \int_0^\pi (x+1) \sin nx \mathrm{d}x$$

$$= \frac{2}{n\pi}(1 - \pi \cos n\pi - \cos n\pi) = \begin{cases} \dfrac{2(\pi+2)}{n\pi}, & n = 1, 3, 5, \cdots, \\ -\dfrac{2}{n}, & n = 2, 4, 6, \cdots. \end{cases}$$

于是, 函数 $f(x)$ 的正弦级数为

$$x + 1 = \frac{2}{\pi}\left((\pi+2)\sin x - \sin 2x + \frac{2(\pi+2)}{3\pi}\sin 3x - \frac{1}{2}\sin 4x + \cdots \right), \quad 0 < x < \pi.$$

当 $x = 0$ 和 $x = \pi$ 时, 级数的和为零, 它不代表原函数的值.

再展开为余弦级数. 为此对函数 $f(x)$ 进行偶延拓, 求得系数为

$$a_n = \frac{2}{\pi} \int_0^\pi f(x) \cos nx \mathrm{d}x = \frac{2}{\pi} \int_0^\pi (x+1) \cos nx \mathrm{d}x = \begin{cases} -\dfrac{4}{n^2\pi}, & n = 1, 3, 5, \cdots, \\ 0, & n = 2, 4, 6, \cdots, \end{cases}$$

$$a_0 = \frac{2}{\pi} \int_0^\pi (x+1)\mathrm{d}x = \pi + 2.$$

于是, 函数 $f(x)$ 的余弦级数为

$$x + 1 = \frac{\pi}{2} + 1 - \frac{4}{\pi}\left(\cos x + \frac{1}{3^2}\cos 3x + \frac{1}{5^2}\cos 5x + \cdots \right), \quad 0 \leqslant x \leqslant \pi.$$

8.5.4 一般周期函数的 Fourier 级数

若函数 $f(x)$ 的周期为 $2l$, 即 $f(x + 2l) = f(x)$, 经过自变量的变量代换

$$z = \frac{\pi}{l}x,$$

那么区间 $-l \leqslant x \leqslant l$ 就转化为区间 $-\pi \leqslant z \leqslant \pi$, 函数

$$f(x) = f\left(\frac{l}{\pi}z\right) \equiv F(z),$$

于是函数 $F(z)$ 就是周期为 2π 的周期函数. 如果 $F(z)$ 满足定理 8.16 的收敛条件, 则

$$F(z) = \frac{a_0}{2} + \sum_{n=1}^{\infty}(a_n \cos nz + b_n \sin nz),$$

其中

$$a_n = \frac{1}{\pi} \int_{-\pi}^{\pi} F(z) \cos nz \mathrm{d}z, \quad n = 0, 1, 2, 3, \cdots,$$

$$b_n = \frac{1}{\pi} \int_{-\pi}^{\pi} F(z) \sin nz \mathrm{d}z, \quad n = 1, 2, 3, \cdots.$$

在上式中代入 $z = \frac{\pi}{l}x$，并注意到 $f(x) = F(z)$，即有 $f(x)$ 的 Fourier 级数为

$$\frac{a_0}{2} + \sum \left(a_n \cos \frac{n\pi}{l}x + b_n \sin \frac{n\pi}{l}x \right),$$

其中

$$a_n = \frac{1}{l} \int_{-l}^{l} f(x) \cos \frac{n\pi}{l}x \mathrm{d}x, \quad n = 0, 1, 2, 3, \cdots,$$

$$b_n = \frac{1}{l} \int_{-l}^{l} f(x) \sin \frac{n\pi}{l}x \mathrm{d}x, \quad n = 1, 2, 3, \cdots.$$

例 8.41　将函数 $M(x) = \begin{cases} \dfrac{px}{2}, & 0 \leqslant x < \dfrac{l}{2}, \\ \dfrac{p(l-x)}{2}, & \dfrac{l}{2} \leqslant x < l \end{cases}$　分别展开为正弦级数和

余弦级数.

解　先展开为正弦级数. 对 $f(x)$ 奇延拓, 其系数为

$$b_n = \frac{2}{l} \int_0^l f(x) \sin \frac{n\pi x}{l} \mathrm{d}x = \frac{2}{l} \left(\int_0^{\frac{l}{2}} \frac{px}{2} \sin \frac{n\pi x}{l} \mathrm{d}x + \int_{\frac{l}{2}}^l \frac{p(l-x)}{2} \sin \frac{n\pi x}{l} \mathrm{d}x \right)$$

$$= \begin{cases} 0, & n = 2k, \\ \dfrac{2pl(-1)^{k-1}}{(2k-1)^2 \pi^2}, & n = 2k-1, \end{cases} \quad k = 1, 2, 3, \cdots.$$

于是,

$$M(x) = \frac{2pl}{\pi^2} \sum_{n=1}^{\infty} \frac{(-1)^{n-1}}{(2n-1)^2} \sin \frac{(2n-1)\pi x}{l}, \quad x \in [0, l].$$

对 $f(x)$ 进行偶延拓, 展开为余弦级数, 系数为 (注意到延拓后的周期为 l)

$$a_n = \frac{4}{l} \int_0^{\frac{l}{2}} \frac{px}{2} \cos \frac{2n\pi x}{l} \mathrm{d}x = \begin{cases} -\dfrac{pl}{n^2 \pi^2}, & n = 1, 3, 5, \cdots, \\ 0, & n = 2, 4, 6, \cdots, \end{cases}$$

$$a_0 = \frac{4}{l} \int_0^{\frac{l}{2}} \frac{px}{2} \mathrm{d}x = \frac{pl}{4}.$$

于是,

$$M(x) = \frac{pl}{8} - \frac{pl}{\pi^2} \sum_{n=1}^{\infty} \frac{1}{(2n-1)^2} \cos \frac{2(2n-1)\pi x}{l}, \quad x \in [0, l].$$

例 8.42 交流电压 $E(t) = E \sin \omega t$ 经半波整流后负压消失, 试求半波整流函数的 Fourier 级数.

解 该半波整流函数的周期是 $\dfrac{2\pi}{\omega}$, 在区间 $\left[-\dfrac{\pi}{\omega}, \dfrac{\pi}{\omega}\right)$ 上, 它的表达式为

$$f(t) = \begin{cases} 0, & -\dfrac{\pi}{\omega} \leqslant t < 0, \\ E \sin \omega t, & 0 \leqslant t < \dfrac{\pi}{\omega}. \end{cases}$$

由此可得

$$a_0 = \frac{\omega}{\pi} \int_0^{\frac{\pi}{\omega}} E \sin \omega t \mathrm{d}t = \frac{2E}{\pi},$$

$$a_n = \frac{\omega}{\pi} \int_0^{\frac{\pi}{\omega}} E \sin \omega t \cos n\omega t \mathrm{d}t = \begin{cases} 0, & n = 1, \\ \dfrac{[(-1)^{n-1} - 1]E}{(n^2 - 1)\pi}, & n \neq 1, \end{cases}$$

$$b_n = \frac{\omega}{\pi} \int_0^{\frac{\pi}{\omega}} E \sin \omega t \sin n\omega t \mathrm{d}t = \begin{cases} \dfrac{E}{2}, & n = 1, \\ 0, & n \neq 1. \end{cases}$$

因为半波整流函数在整个数轴上连续, 且在任何有限区间上逐段光滑, 所以根据 Dirichlet 定理, 它所对应的 Fourier 级数在整个数轴上收敛于自身. 特别地, 在区间 $\left[-\dfrac{\pi}{\omega}, \dfrac{\pi}{\omega}\right]$ 上, 有

$$f(t) = \frac{E}{\pi} + \frac{E}{2} \sin \omega t + \frac{2E}{\pi} \sum_{n=1}^{\infty} \frac{1}{4n^2 - 1} \cos 2n\omega t.$$

在无线电的电路理论中, 周期函数常表示系统所发生的周期波, 展开这个周期波为 Fourier 级数, 就相当于把它分解成一系列不同频率的正弦波的叠加. 级数中的常数项 $\dfrac{a_0}{2}$ 称为周期波的直流成分, 一次项正弦波 $a_1 \cos \dfrac{\pi x}{l} + b_1 \sin \dfrac{\pi x}{l}$ 称为基波, 它的频率是 $\omega_1 = \dfrac{\pi}{l}$; 高次项正弦波 $a_n \cos \dfrac{n\pi x}{l} + b_n \sin \dfrac{n\pi x}{l}$ 称为 n 次谐波, 它的频率 $\omega_n = \dfrac{n\pi}{l}$, 即等于基波频率的 n 倍. 从半波整流后的电压所对应的 Fourier 级数可以看出, 这个电压由直流和交流两种成分构成, 在交流成分中, 含有基波和偶次谐波. 第 $2n$ 次谐波的振幅是

$$A_n = \frac{2E}{\pi} \frac{1}{4n^2 - 1}.$$

显然, 当 n 越大即谐波次数越高时, 振幅就越小. 因此在实际应用中, 由于高次谐波的振幅迅速减小, 只要展式中前面几个低次谐波就足够了.

习 题 8.5

1. 将下列以 2π 为周期的函数 $f(x)$ 在指定区间上展开成 Fourier 级数:

(1) $f(x) = \begin{cases} bx, & -\pi \leqslant x < 0, \\ ax, & 0 \leqslant x < \pi, \end{cases}$ 其中 a, b 为常数, 且 $a > b > 0$;

(2) $f(x) = \pi^2 - x^2, \ -\pi < x \leqslant \pi$;

(3) $f(x) = |\cos x|, \ 0 \leqslant x < 2\pi$;

(4) $f(x) = \begin{cases} x + \pi, & -\pi \leqslant x < 0, \\ 0, & x = 0, \\ 1, & 0 < x \leqslant \pi. \end{cases}$

2. 将下列函数分别展开成正弦级数和余弦级数:

(1) $f(x) = 2x^2, 0 \leqslant x \leqslant \pi$;　　　　(2) $f(x) = x, 0 \leqslant x \leqslant \pi$.

3. 将下列函数在指定区间上展开成 Fourier 级数:

(1) $f(x) = \begin{cases} A, & 0 \leqslant x \leqslant l, \\ 0, & l < x < 2l; \end{cases}$　　(2) $f(x) = \begin{cases} 2x + 1, & -3 \leqslant x < 0, \\ 1, & 0 \leqslant x < 3. \end{cases}$

4. 将函数 $f(x) = x^2 (0 \leqslant x \leqslant 2)$ 分别展开成正弦级数和余弦级数.

5. 设 $f(x) = x^2 \ (0 \leqslant x < 1), S(x) = \sum_{n=1}^{\infty} b_n \sin nx \ (-\infty < x < +\infty)$, 其中

$$b_n = 2 \int_0^1 f(x) \sin nx dx, \quad n = 1, 2, \cdots,$$

计算 $S\left(-\dfrac{1}{2}\right)$.

6. 将 $f(x) = 2 + |x| \ (-1 \leqslant x \leqslant 1)$ 展开成以 2 为周期的 Fourier 级数, 并计算 $\sum_{n=1}^{\infty} \dfrac{1}{n^2}$.

7. 设函数 $f(x)$ 以 2π 为周期, 证明:

(1) 如果 $f(x - \pi) = -f(x)$, 则其 Fourier 系数 $a_0 = 0, a_{2k} = 0, b_{2k} = 0 \ (k = 1, 2, \cdots)$;

(2) 如果 $f(x - \pi) = f(x)$, 则其 Fourier 系数 $a_{2k+1} = 0, b_{2k+1} = 0 \ (k = 0, 1, 2, \cdots)$.

8. 已知 $f(x) = x^2 \ (0 \leqslant x < 1), S(x) = \sum_{n=1}^{\infty} b_n \sin nx$, 且

$$b_n = 2 \int_0^1 f(x) \sin n\pi x dx, \quad n = 1, 2, \cdots,$$

求 $S(x)$, 并计算 $S\left(-\dfrac{1}{2}\right)$.

9. 已知 $f(x) = \begin{cases} x, & 0 \leqslant x \leqslant \dfrac{1}{2}, \\ 2 - 2x, & \dfrac{1}{2} < x < 1, \end{cases}$ $S(x) = \dfrac{a_0}{2} + \sum\limits_{n=1}^{\infty} a_n \cos n\pi x$, 其中

$$a_n = 2 \int_0^1 f(x) \cos n\pi x \, \mathrm{d}x, \quad n = 0, 1, 2, \cdots,$$

求 $S(x)$ 及 $S\left(-\dfrac{5}{2}\right)$.

8.6　思考与拓展

问题 8.1: 级数理论概述.

级数理论是数学分析的重要组成部分之一, 是研究函数的主要工具; 级数是产生新函数的重要方法, 也是对已知函数表示、逼近的有效方法, 在近似计算中有着重要的作用.

我们知道, 基本初等函数的有限四则运算 (加、减、乘、除、乘方、开方) 和复合, 所得结果是初等函数, 初等函数的导数在其定义区间内仍然是初等函数. 但是, 在建立定积分概念之后, 利用变上限积分却不难定义非初等函数, 即初等函数的不定积分未必是初等函数, 例如, $\displaystyle\int \dfrac{\sin x}{x} \mathrm{d}x$ 就不是初等函数. 利用级数的运算可以产生更多的非初等函数, 即许多收敛的函数项级数的和函数都是非初等函数. 实际上, 无限个初等函数的和 (假定级数是收敛的) 通常不是初等函数. 一般说来, 一个函数项级数的收敛性较容易判断, 但得到它的和函数则是比较困难的.

产生新函数是级数理论的一个重要应用, 但级数理论更重要的作用是给出研究这些函数的有效方法, 而且即使是初等函数, 通过它的级数形式, 也能更好地研究其性质.

级数理论的基础仍然是极限, 其中的一个重要概念是收敛性. 级数求和是一个无限求和过程, 这与有限和运算有许多不同之处, 关键是引入极限运算, 所以形成一系列独特的运算性质. 只有在特定条件下 (如一致收敛), 级数求和才具有与有限和一样的性质.

问题 8.2: 数项级数收敛性.

关于数项级数收敛性判别的主要步骤如下:

首先, 对任一数项级数 $\sum u_n$, 由收敛的必要条件, 考虑 u_n 是否收敛到 0. 若 $u_n \to a$, 但 $a \neq 0$, 或 $a = \infty$, 或不存在, 则该级数一定发散;

其次, 在 $a = 0$ 的前提下, 判断级数的类别: 正项级数、交错级数、任意项级数.

(1) 根据正项级数的特点, 选择相应的判别法: 一般来讲, 当一般项含 $n!$ 时, 常用比值法; 含 n^α 型的级数多用比较法 (包括比较法的其他形式); 含有以 n 为幂时,

多用根值法.

比较法的实质是比较无穷小的阶, 比较的主要对象是 p 级数、几何级数.

比值法和根值法之间具有以下关系: 若 $\lim\limits_{n\to\infty}\dfrac{u_{n+1}}{u_n}=\rho$, 则一定有 $\lim\limits_{n\to\infty}\sqrt[n]{u_n}=\rho$.

根据这一结论, 利用比值法可以判定的正项级数, 一定可以利用根值法判定, 且当 $\rho=1$ 时, 比值法失效, 此时, 根值法也同样失效. 反过来, 利用根值法判定正项级数收敛, 未必可利用比值法判定. 例如, 级数 $\sum 3^{-n-(-1)^n}$, 由于

$$\lim_{n\to\infty}\frac{u_{n+1}}{u_n}=\begin{cases}3, & n\text{为偶数,}\\[2mm]\dfrac{1}{27}, & n\text{为奇数.}\end{cases}$$

此时无法利用比值法判定其收敛性. 但 $\lim\limits_{n\to\infty}\sqrt[n]{u_n}=\dfrac{1}{3}<1$, 所以该级数收敛.

某些级数可以利用已知敛散的级数结合级数的性质判定其收敛性, 也可利用定义, 即考察 $\lim\limits_{n\to\infty}S_n$ 是否存在.

(2) 若是交错级数, 则一般用 Leibniz 判别法进行判定, 对于不满足 Leibniz 条件的交错级数, 一般利用定义进行判定.

(3) 若是任意项级数, 则判定 $\sum|u_n|$ 的收敛性. 若收敛, 则原级数绝对收敛; 若发散, 则看是否是交错级数; 若原级数收敛而 $\sum|u_n|$ 发散, 则为条件收敛.

(4) 数列极限与级数收敛性的关系. 级数的收敛性是求一类数列极限的有效方法. 例如, 已知 $\sum u_n$ 收敛, 则 $u_n\to0\ (n\to\infty)$; 数列 u_n 与级数 $\sum(u_{n+1}-u_n)$ 具有相同的收敛性.

例 8.43 求 $\lim\limits_{n\to\infty}\dfrac{2^n n!}{n^n}$.

解 考虑级数 $\sum\limits_{n=1}^{\infty}\dfrac{2^n n!}{n^n}$, 利用比值判别法,

$$\lim_{n\to\infty}\frac{u_{n+1}}{u_n}=2\lim_{n\to\infty}\left(\frac{n}{1+n}\right)^n=\frac{2}{\mathrm{e}}<1,$$

因此, 所定义的级数收敛, 从而其一般项 $u_n=\dfrac{2^n n!}{n^n}\to0\ (n\to\infty)$, 即 $\lim\limits_{n\to\infty}\dfrac{2^n n!}{n^n}=0$.

例 8.44 证明数列 $u_n=\ln n-1-\dfrac{1}{2}-\cdots-\dfrac{1}{n}$ 收敛.

证明 构造级数

$$\sum_{n=1}^{\infty}(u_{n+1}-u_n)=\sum_{n=1}^{\infty}\left[\ln\left(1+\frac{1}{n}\right)-\frac{1}{n+1}\right].$$

因为 $\dfrac{1}{n+1} < \ln\left(1 + \dfrac{1}{n}\right) < \dfrac{1}{n}$, 所以, 该级数为正项级数, 且

$$0 < \ln\left(1 + \frac{1}{n}\right) - \frac{1}{n+1} < \frac{1}{n} - \frac{1}{n+1} < \frac{1}{n^2}.$$

由比较判别法, 构造的级数收敛, 从而数列 u_n 收敛.

问题 8.3: Taylor 级数.

(1) 常用函数的 Taylor 级数.

(i) 指数函数与对数函数.

$$e^x = 1 + x + \frac{x^2}{2!} + \cdots + \frac{x^n}{n!} + \cdots, \quad x \in \mathbb{R};$$

$$a^x = e^{x\ln a} = 1 + x\ln a + \frac{\ln^2 a}{2!}x^2 + \cdots + \frac{\ln^n a}{n!}x^n + \cdots, \quad x \in \mathbb{R};$$

$$\ln x = (x-1) - \frac{(x-1)^2}{2} + \cdots + (-1)^{n-1}\frac{(x-1)^n}{n} + \cdots, \quad 0 < x \leqslant 2;$$

$$\ln(1+x) = x - \frac{x^2}{2} + \frac{x^3}{3} + \cdots + (-1)^{n-1}\frac{x^n}{n} + \cdots, \quad -1 < x \leqslant 1;$$

$$\ln(1-x) = -x - \frac{x^2}{2} - \frac{x^3}{3} - \cdots - \frac{x^n}{n} - \cdots, \quad -1 \leqslant x < 1.$$

(ii) 代数函数 (其中的 α 是一个任意的正实数).

$$\frac{1}{1-x} = 1 + x + x^2 + \cdots + x^n + \cdots, \quad -1 < x < 1;$$

$$\frac{1}{1+x} = 1 - x + x^2 - x^3 + \cdots + (-1)^n x^n + \cdots, \quad -1 < x < 1;$$

$$(1 \pm x)^\alpha = 1 \pm \alpha x + \frac{\alpha(\alpha-1)}{2!}x^2 \pm \frac{\alpha(\alpha-1)(\alpha-2)}{3!}x^3 + \cdots, \quad -1 < x < 1;$$

$$(1 \pm x)^{-\alpha} = 1 \mp \alpha x + \frac{\alpha(\alpha-1)}{2!}x^2 \mp \frac{\alpha(\alpha-1)(\alpha-2)}{3!}x^3 + \cdots, \quad -1 < x < 1.$$

(iii) 三角函数与双曲函数.

$$\sin x = x - \frac{x^3}{3!} + \frac{x^5}{5!} - \frac{x^7}{7!} + \cdots + (-1)^n \frac{x^{2n+1}}{(2n+1)!} + \cdots, \quad x \in \mathbb{R};$$

$$\cos x = 1 - \frac{x^2}{2!} + \frac{x^4}{4!} - \frac{x^6}{6!} + \cdots + (-1)^n \frac{x^{2n}}{(2n)!} + \cdots, \quad x \in \mathbb{R};$$

$$\sinh x = x + \frac{x^3}{3!} + \frac{x^5}{5!} + \cdots + \frac{x^{2n+1}}{(2n+1)!} + \cdots, \quad x \in \mathbb{R};$$

$$\cosh x = 1 + \frac{x^2}{2!} + \frac{x^4}{4!} + \cdots + \frac{x^{2n}}{(2n)!} + \cdots, \quad x \in \mathbb{R}.$$

(2) Taylor 公式与 Taylor 级数的比较.

(i) Taylor 公式有两种形式: 一个是具有 Peano 余项的 Taylor 公式 (要求函数 $f(x)$ 在点 x_0 处 n 阶可导)

$$f(x) = f(x_0) + f'(x_0)(x-x_0) + \frac{f''(x_0)}{2!} + \cdots + \frac{f^{(n)}(x_0)}{n!}(x-x_0)^n + o((x-x_0)^n). \quad (8.1)$$

另一个是具有 Lagrange 型余项的 Taylor 公式 (要求 $f(x)$ 在点 x_0 处 $n+1$ 阶可导)

$$f(x) = f(x_0) + f'(x_0)(x-x_0) + \frac{f''(x_0)}{2!} + \cdots + \frac{f^{(n)}(x_0)}{n!}(x-x_0)^n + R_n(x), \quad (8.2)$$

这里

$$R_n(x) = \frac{f^{(n+1)}(\xi)}{(n+1)!}(x-x_0)^{n+1}, \quad \xi \text{ 介于 } x_0 \text{ 与 } x \text{ 之间.}$$

当 $n=1$ 时, 式 (8.1) 为

$$f(x) = f(x_0) + f'(x_0)(x-x_0) + o(x-x_0).$$

当 $n=0$ 时, 式 (8.2) 为

$$f(x) = f(x_0) + f'(x_0)(x-x_0) + f'(\xi)(x-x_0).$$

因此, 具有 Peano 余项与具有 Lagrange 型余项的 Taylor 公式分别是 "函数增量的微分表达式" 和 "微分中值定理" 的推广.

在式 (8.1) 中, 不仅要求 $f(x)$ 在点 x_0 处 n 阶可导, 而且它只适用于点 x_0 的足够小的邻域, 当在 x_0 邻近, 用多项式逼近函数而不需要估计误差时, 利用式 (8.1) 比较方便. 例如, 极限问题、极值问题. 在式 (8.2) 中, 除要求 $f(x)$ 在点 x_0 处 $n+1$ 阶可导的条件强之外, 只要保证 $R_n(x) \to 0 \ (n \to \infty)$, 式 (8.2) 对这样的 x 都成立, 且随 n 的增大, 用多项式逼近函数, 其误差可以任意小, 而且可以通过余项 R_n 对误差作具体估计.

(ii) 只要 $f(x)$ 在点 x_0 处任意阶可导, 就可以写出 $f(x)$ 在点 x_0 的 Taylor 级数

$$f(x) \sim \sum_{n=0}^{\infty} \frac{f^{(n)}(x_0)}{n!}(x-x_0)^n. \quad (8.3)$$

但级数 (8.3) 未必收敛, 即使收敛, 也未必收敛到 $f(x)$. 只有当 Taylor 级数收敛到 $f(x)$, 才可以讲 $f(x)$ 在点 x_0 处可展开为 Taylor 级数. 函数 $f(x)$ 在点 x_0 的邻域 $U(x_0)$ 内可展开为 Taylor 级数的充分必要条件是

$$\lim_{n \to \infty} R_n(x) = 0, \quad x \in U(x_0).$$

例如, 对于 $f(x) = \begin{cases} \mathrm{e}^{-\frac{1}{x^2}}, & x \neq 0, \\ 0, & x = 0, \end{cases}$ 容易求得

$$f'(x) = \begin{cases} \dfrac{2}{x^3}\mathrm{e}^{-\frac{1}{x^2}}, & x \neq 0, \\ 0, & x = 0, \end{cases}$$

且 $f^{(n)}(0) = 0(n = 1, 2, \cdots)$, 因此, 函数 $f(x)$ 在点 $x = 0$ 处的 Taylor 级数为 $\sum_{n=0}^{\infty} \dfrac{0}{n!}x^n = 0$. 显然它不收敛到 $f(x)$. 也就是说, 函数 $f(x)$ 在点 $x = 0$ 不存在 Taylor 展式.

此例也说明, 任意阶可导的函数不一定有 Taylor 展式.

问题 8.4: Fourier 级数问题.

(1) 为什么将形式上简单的函数展开成形式上较复杂的 Fourier 级数?

函数展开成幂级数的优点是明显的. 如同幂函数一样, 正弦函数和余弦函数是基本初等函数, 有很好的分析性质, 是简单的周期函数. 在工程技术 (如振动问题、电工学等) 领域, 经常会遇到周期现象, 其中以正弦函数 $f(t) = A\sin(\omega t + \phi)$ 描述简谐振动最为常见. 如果一些其他复杂的周期现象可以分解为一些简谐振动的叠加, 即表示为一系列正 (余) 弦量之和, 那么这些复杂的周期波就可以通过简单的正弦波进行研究, 这就是所谓的 "谐波分析." 因此, 有时需要把一些复杂的函数展开成 Fourier 级数.

(2) 写出 Fourier 级数与把 $f(x)$ 展开成 Fourier 级数是否相同?

写出 Fourier 级数与把 $f(x)$ 展开成 Fourier 级数是不同的, 只要 $f(x)$ 可积分, 即可按照公式

$$a_n = \frac{1}{\pi} \int_{-\pi}^{\pi} f(x) \cos nx \mathrm{d}x \, (n = 0, 1, 2, \cdots), \quad b_n = \frac{1}{\pi} \int_{-\pi}^{\pi} f(x) \sin nx \mathrm{d}x \, (n = 1, 2, \cdots),$$

计算 a_n, b_n, 从而写出 $f(x)$ 的 Fourier 级数

$$\frac{a_0}{2} + \sum_{n=1}^{\infty} (a_n \cos nx + b_n \sin nx).$$

上述级数是否收敛? 收敛, 是否收敛到 $f(x)$? 这是在写 Fourier 级数时不考虑的问题. 但把 $f(x)$ 展开成 Fourier 级数, 就需要 $f(x)$ 具有任意阶的导数. 当然, 写出的 Fourier 级数的和函数 $S(x)$ 通过 Dirichlet 定理有机联系起来.

(3) 如何将函数 $f(x)$ 展开成 Fourier 级数?

首先, 应注意函数 $f(x)$ 的定义区间和周期. 定义区间和周期不同, 其解法不同, Fourier 系数的计算公式和 Fourier 级数的形式也不同. 其次, 要验证 $f(x)$ 是否满足

Dirichlet 定理条件, 如果满足, 则确定函数 $f(x)$ 的连续区间 I (因为只有在连续区间上, Fourier 级数和函数才收敛于 $f(x)$). 最后, 得到的 Fourier 级数必须注明其成立的范围.

满足一定条件的周期函数是可以展开成 Fourier 级数的, 但对于非周期函数, 如果不要求在 $(-\infty, +\infty)$ 上考虑问题, 而仅仅要求在某一有限区间内展开, 这是可以做到的. 例如, 为了把定义在区间 (a, b) 内的函数 $f(x)$ 展开为周期为 $2l$ $(b-a \leqslant 2l)$ 的 Fourier 级数, 可以作一个周期为 $2l$ 的函数 $F(x)$, 使当 $x \in (a, b)$ 时, $F(x) = f(x)$. 这样, 对 $F(x)$ 展开为 Fourier 级数, 且当 x 限制在 (a, b) 内时, 即为 $f(x)$ 的 Fourier 级数.

复 习 题 8

1. 判定级数敛散性:

(1) $\sum (-1)^{n+1} \left[\mathrm{e} - \left(1 + \dfrac{1}{n} \right)^n \right]$;　　　　(2) $\sum n \tan \dfrac{\pi}{2^{n+1}}$;　　　　(3) $\sum \dfrac{1+n}{1+n^2}$;

(4) $\sum (-1)^n \dfrac{2 + \dfrac{1}{n}}{n^2}$;　　　　　　　　(5) $\sum \dfrac{(-1)^n}{\sqrt{n} + (-1)^n}$.

2. 已知 $\varphi(t) = \begin{cases} \dfrac{\mathrm{e}^{\lambda t} - 1}{t}, & t \neq 0, \\ \lambda, & t = 0, \end{cases}$ $f(x) = \displaystyle\int_0^x \varphi(t)\mathrm{d}t$. 将 $f(x)$ 展为 x 的幂级数, 并求收敛区间.

3. 函数 $f(x) = \begin{cases} x, & -3 \leqslant x < 0, \\ 2 - \dfrac{2}{3}x, & 0 \leqslant x \leqslant 3, \end{cases}$ 求 $f(x)$ 以 6 为周期的 Fourier 级数的和函数 $s(x)$ 在 $[-3, 3]$ 上的表达式.

4. 求收敛区间:

(1) $\sum n 3^{n+1} x^{2n-1}$;　　　　　　　　(2) $\sum \dfrac{n}{(x-2)^n}$;

(3) $\sum \dfrac{2^n \mathrm{e}^{-nx}}{n}$;　　　　　　　　(4) $\sum \dfrac{(n+x)^n}{n^{n+x}}$.

5. 将函数 $f(x) = \begin{cases} 0, & 0 \leqslant x < 1, 3 < x \leqslant 4, \\ 1, & 1 \leqslant x \leqslant 3 \end{cases}$ 展开为以 8 为周期的余弦函数.

6. 已知 $f(x) = \begin{cases} \dfrac{1 - \cos x}{x^2}, & x \neq 0, \\ \dfrac{1}{2}, & x = 0, \end{cases}$ 将 $f'(x)$ 展为 x 的幂级数, 并求收敛区间.

7. 求幂级数 $\sum (-1)^n \dfrac{2(n+1)}{(2n+1)!} x^{2n+1}$ 在 $\mathbb{R}$ 上的和函数.

8. 求级数 $\displaystyle\sum_{n=0}^{\infty}(-1)^n\frac{1}{2n+1}\left(\frac{\pi}{4}\right)^{2n+1}$ 的和.

9. 设 $f(x)=\begin{cases}\dfrac{1}{\pi}(x+\pi)^2, & -\pi\leqslant x<0,\\[2mm]\dfrac{1}{\pi}, & 0\leqslant x\leqslant\pi,\end{cases}$ 求 $f(x)$ 以 2π 为周期的 Fourier 级数和函数 $s(x)$ 的表达式.

10. 已知 $u_1=1,u_2=2,u_n=u_{n-2}+u_{n-1}\ (n\geqslant 3)$.

(1) 证明 $\dfrac{3}{2}u_{n-1}\leqslant u_n\leqslant 2u_{n-1}$;

(2) 问级数 $\displaystyle\sum\frac{1}{u_n}$ 是收敛, 还是发散?

11. 曲线 $y=nx^2+\dfrac{1}{n}, y=(n+1)x^2+\dfrac{1}{n+1}$ 交点横坐标绝对值记为 a_n, 求抛物线所围的面积 s_n 及级数 $\displaystyle\sum\frac{s_n}{a_n}$ 的和.

12. 已知 $f(x)$ 可导, 且

$$f(x)>0,\quad |f'(x)|\leqslant m|f(x)|\quad (0<m<1),$$

$a_n=f(a_{n-1})\ (n=1,2,\cdots)$. 证明级数 $\displaystyle\sum(a_n-a_{n-1})$ 收敛.

13. 级数 $\displaystyle\sum a_n$ 绝对收敛, 证明级数 $\displaystyle\sum a_n(a_1+a_2+\cdots+a_n)$ 绝对收敛.

14. 设数列 a_n 满足 $a_0=4,a_1=1,a_{n-2}-n(n-1)a_n=0\ (n\geqslant 2)$, 求级数 $\displaystyle\sum_{n=0}^{\infty}a_nx^n$ 的和函数.

15. 设 $f(x)=\displaystyle\sum_{n=0}^{\infty}a_nx^n$ 在 $[0,1]$ 上收敛, 证明当 $a_0=a_1=0$ 时级数 $\displaystyle\sum f\left(\frac{1}{n}\right)$ 收敛.

16. 数列 $a_n\ (>0)$ 单调增加. 证明若 $\displaystyle\sum\frac{n}{a_1+a_2+\cdots+a_n}$ 收敛, 则 $\displaystyle\sum\frac{1}{a_n}$ 收敛.

17. 讨论级数 $\displaystyle\sum_{n=2}^{\infty}\frac{(-1)^{n-1}}{(n+(-1)^n)^p}$ 的敛散性.

18. 求级数的和:

(1) $\displaystyle\sum_{n=0}^{\infty}\frac{(-1)^n(n^2-n+1)}{2^n}$;

(2) $\displaystyle\sum_{n=0}^{\infty}\frac{1}{(n^2-1)2^n}$;

(3) $\displaystyle\sum(-1)^{n-1}\frac{1}{3n-1}$;

(4) $\displaystyle\sum_{n=0}^{\infty}\frac{2^n(n+1)}{n!}$.

19. 求幂级数的收敛域与和函数:

(1) $\displaystyle\sum\frac{(-1)^{n-1}x^{2n+1}}{n(2n-1)}$;

(2) $\displaystyle\sum\left(\frac{1}{2n+1}-1\right)x^{2n}$.

20. 已知连续函数 $\varphi(x)$ 的周期为 1, 函数 $f(x)$ 一阶连续可导,

$$\int_0^1 \varphi(x)\mathrm{d}x = 0, \quad a_n = \int_0^1 \varphi(nx)f(x)\mathrm{d}x.$$

证明级数 $\displaystyle\sum_{n=1}^{\infty} a_n^2$ 收敛.

第9章 数学实践与数学建模初步

数学已经成为现代高新技术的重要组成部分, 它是一种关键、普适的技术, 是我们应具备的最基本的技术. 现代大学数学教育思想的核心已经不仅仅局限于传输学生数学知识, 更重要的是让学生掌握数学技术, 提升数学能力, 具备数学意识, 具有数学素养, 进而培养学生的实践能力和创新能力.

9.1 数 学 实 践

9.1.1 函数与极限的应用实例

本节的实例主要取材于《高等数学应用 205 例》[①].

例 9.1 连续复利率为 e, 某客户向某银行存入本金 p 元, n 年后在银行的存款额是本金与利息之和. 设银行规定的年复利率为 r. 试根据下述不同的结算模式, 计算 n 年后该客户的最终存款额.

(1) 每年结算一次;

(2) 每月结算一次, 每月的复利率为 $\dfrac{r}{12}$;

(3) 每年结算 m 次, 每个结算周期的复利率为 $\dfrac{r}{m}$. 证明最终存款额随 m 的增加而增加;

(4) 当 m 趋于无穷大时, 结算周期变为无穷小, 这意味着银行连续不断地向客户支付利息. 这种存款方式称为连续复利, 试计算连续复利情况下客户的最终存款额.

解 (1) 每年结算一次, 第一年后客户存款额为

$$p_1 = p + pr = p(1 + r);$$

第二年后存款额为

$$p_2 = p_1(1 + r) = p(1 + r)^2;$$

根据递推关系, 第 n 年后, 客户存款额为

$$p_{n1} = p(1 + r)^n.$$

---

① 李心灿. 高等数学应用 205 例. 北京: 高等教育出版社, 1997.

(2) 每月结算一次, 复利率为 $\dfrac{r}{12}$, n 年共结算 $12n$ 次, 故第 n 年后, 客户存款额为

$$p_{n2} = p\left(1+\frac{r}{12}\right)^{12n}.$$

(3) 每年结算 m 次, 复利率为 $\dfrac{r}{m}$, 共结算 mn 次, 第 n 年后客户存款为

$$p_{nm} = p\left(1+\frac{r}{m}\right)^{mn}.$$

令 $y_m = \left(1+\dfrac{r}{m}\right)^m$, 利用二项展开, 可得

$$y_m = 1 + r + \frac{1}{2!}\left(1-\frac{1}{m}\right)r^2 + \frac{1}{3!}\left(1-\frac{1}{m}\right)\left(1-\frac{2}{m}\right)r^3 + \cdots$$
$$+\frac{1}{m!}\left(1-\frac{1}{m}\right)\left(1-\frac{2}{m}\right)\cdots\left(1-\frac{m-1}{m}\right)r^m.$$

同样地, 展开 y_{m+1}, 并比较 y_m 与 y_{m+1}, 发现 $y_{m+1} > y_m$. 于是, $p_{nm} < p_{n,m+1}$, 即结算的次数越多, 客户的最终存款额也越多.

(4) 在连续复利的情况下, 客户的最终存款额为

$$p_n = \lim_{m\to\infty} p_{nm} = \lim_{m\to\infty} p\left(1+\frac{r}{m}\right)^{mn} = pe^{rn}.$$

与 (1) 比较, 由于 $pe^{rn} = p(1+(e^r-1))^n$, 所以, 连续复利相当于以年复利率 $e^r - 1$ 按年结算利息.

例 9.2　某地区的观察站负责测量空气中的 CO_2 的含量. 表 9.1 是 1972 年到 1990 年测到的空气中 CO_2 的平均数据, 单位是 ppm (in parts per million), 即在每百万份大气中所占的份额.

表 9.1

年份	1972	1974	1976	1978	1980	1982	1984	1986	1988	1990
CO_2/ppm	327.3	330.0	332.0	335.3	338.5	341.0	344.3	347.0	351.3	354.0

(1) 建立大气中 CO_2 含量变化的数学模型;

(2) 估计 1987 年大气中 CO_2 的含量;

(3) 预测 2001 年大气中 CO_2 的含量;

(4) 何年大气中 CO_2 的含量会超过 400ppm.

解　设年份以 t 轴表示, CO_2 的含量以 y 轴表示, 建立直角坐标系. 将测定的数据在建立的坐标系中描点, 发现 CO_2 的含量与年份 t 近似成一条直线 $y = at+b$. 系数 a,b 的确定一般由两种方法, 一是利用首尾两组数据确定; 二是利用最小二乘

法 (参见例 9.13) 确定. 至于何种方法确定直线方程, 没有优劣之分, 只要能够较好地反映给出的实际问题即可. 但对于数据离散大的情况下, 不宜采用直线拟合方法.

利用首尾两组数据确定的直线方程为

$$y = 1.4833t - 2597.7676;$$

利用最小二乘法确定的直线方程为

$$y = 1.4967t - 2624.8267.$$

通过实际验证, 容易发现, 最小二乘法较好地拟合该问题, 因此, 对于这一问题, 利用最小二乘法相对较好一些. 下面利用最小二乘法得到的直线方程进行估计和预测.

将 $t = 1987$ 代入方程, 得 $y = 349.1162\,\mathrm{ppm}$, 即 1987 年大气中 CO_2 的含量约为 349.1162 ppm. 将 $t = 2001$ 代入方程, 得 2001 年大气中的 CO_2 含量约为 370.070 ppm.

按此公式, 大气中 CO_2 的含量超过 400 ppm, 即

$$1.4867t - 2624.8267 > 400,$$

得到 $t > \dfrac{3024.8267}{1.4967} = 2020.9973$, 即 2020 年以后, 大气中 CO_2 的含量可能会超过 400ppm.

例 9.3 重力加速度近似计算. 一物体质量为 m, 距离地面高度为 h. 由万有引力定律, 地球对它的引力

$$F = \frac{GmM}{(R+h)^2},$$

其中 $R = 6400\mathrm{km}$ 是地球的半径, M 是地球的质量, G 是常数. 根据 Newton 第二定律, $F = mg$, 于是

$$g = \frac{GM}{(R+h)^2},$$

此即重力加速度与高度 h 的关系式, 但这里涉及常数 M, G, 仍无法计算.

当 $h = 0$(即物体在地球表面), 以 g_0 表示地球表面的加速度, 则 $g_0 = \dfrac{GM}{R^2}$, 于是,

$$g = \frac{g_0 R^2}{(R+h)^2} = g_0 \left(1 + \frac{h}{R}\right)^{-2}.$$

我们知道,

$$\lim_{x \to 0} \frac{(1+x)^\alpha - 1}{\alpha x} = 1 \quad (\alpha > 0),$$

即当 $|x|$ 充分小时, $(1+x)^{\alpha} \approx 1+\alpha x$. 于是, 当 h 相对于地球半径 R 很小时, 即 $\left|\dfrac{h}{R}\right|$ 很小时,

$$g = g_0 \left(1+\frac{h}{R}\right)^{-2} \approx g_0 \left(1-\frac{2h}{R}\right) = g_0(1 - 3.125 \times 10^{-4} h).$$

这就是重力加速度 g 与高度 h 的近似计算公式.

例 9.4　一年中最长的一天. 据资料记载, 某地某年间隔 30 天的日出、日落时间见表 9.2.

表 9.2

	5 月 1 日	5 月 31 日	6 月 30 日
日出	4:51	4:17	4:16
日落	19:04	19:38	19:50

试问, 这一年中哪一天最长.

解　实际问题遇到的函数, 有许多是利用表格的形式给出, 例如, 通过试验观测, 得到某个函数 $y = f(x)$ 的一系列数据点 (x_i, y_i) $(i = 0, 1, 2, \cdots, n)$, 但对应于 x 的其他值是未知的. 这种表格函数不利于分析其性质和变化规律, 不能直接求出表中没有列出的函数值. 因此, 我们希望能通过这些数据点, 得到函数的解析表达式, 即使近似的表达式也可以. 插值法是寻求函数近似表达式的一种有效方法之一. 由于代数多项式最简单, 所以常用它来近似表达一些复杂函数或表格函数. 具体讲, 就是已知 $y = f(x)$ 在 $n+1$ 个点 $x_0, x_1, \cdots, x_n$ 上的值 $y_0, y_1, \cdots, y_n$, 求一个次数不超过 n 的多项式 $p_n(x)$, 使之满足 $p(x_i) = y_i$ $(i = 0, 2, \cdots)$. 这样一个问题就是插值问题. 插值公式有多种, 这里直接引用其中一个, 即

$$f(x) \approx p_n(x) = \sum_{i=0}^{n} \prod_{j=0, i \neq j}^{n} \frac{x - x_j}{x_i - x_j} y_i.$$

例如, 当 $n = 1$ 时,

$$p_1(x) = \frac{x - x_1}{x_0 - x_1} y_0 + \frac{x - x_0}{x_1 - x_0} y_1;$$

当 $n = 2$ 时,

$$p_n(x) = \frac{(x - x_1)(x - x_2)}{(x_0 - x_1)(x_0 - x_2)} y_0 + \frac{(x - x_0)(x - x_2)}{(x_1 - x_0)(x_1 - x_2)} y_1 + \frac{(x - x_0)(x - x_1)}{(x_2 - x_0)(x_2 - x_1)} y_2.$$

上述的插值公式称为 Lagrange 插值公式.

回到我们之前的问题. 设由 5 月 1 日开始计算的天数为 x, 5 月 1 日视为第 0 天 (即 $x = 0$), 每一天的时长 (日出与日落之间的时数) 为 14 小时 13 分 $+T$(因为

5 月 1 日时长为 14 小时 13 分), 于是, 天数和它的时长可以用点 (x, T) 表示. 表中记载的数据对应点为 $(0,0), (30, 68), (60, 81)$. 将它们代入三点插值公式, 得

$$T = \frac{(x-30)(x-60)}{(0-30)(0-60)} \times 0 + \frac{(x-0)(x-60)}{(30-0)(30-60)} \times 68 + \frac{(x-0)(x-30)}{(60-0)(60-30)} \times 81$$

$$= \frac{x(-55x + 5730)}{1800}.$$

这是一抛物线, 函数 T 的极大值点 $x = \dfrac{5730}{110} = 52.09$, 所以, 最长的一天是 5 月 1 日后的第 52 天, 确切地讲, 是 6 月 22 日. 再由 $T = 83$ 分, 这一天日出与日落的时数为 15 小时 36 分.

例 9.5 公平席位分配问题. 某学院有 A,B,C 三个系共 200 名学生, 其中 A,B,C 系的学生分别有 100 名、60 名和 40 名. 现由 20 名学生代表组成学院学生会, 公平简单的分配办法是按系学生人数的比例进行分配 (具体代表分配见表 9.3). 现在的问题是 20 名学生代表组成的学生会在重要事项议决时, 会出现平局的局面, 为避免这一状况, 决定增加 1 名指标, 分配办法是首先保证整数部分, 然后再比较小数部分大小, 小数部分大的优先. 这样, 在各系学生人数不变情况下, 表 9.3 中代表分配出现了问题: 在增加 1 名代表的情况下, C 系不增指标反减指标. 显然这是不公平的. 如何做到公平分配指标?

表 9.3

专业	学生数	学生比例/%	20 个指标核算数/分配指标	21 个指标核算数/分配指标
A	100	50	10.0/10	10.815/11
B	60	30	6.0/6	6.615/7
C	40	20	4.0/4	3.570/3
合计	200	100	20/20	21/21

公平分配指标, 问题的关键是建立衡量公平的指标体系. 设 A, B 双方人数分别为 p_1, p_2, 占有席位分别为 n_1, n_2, 则双方每个席位代表的人数分别为 $\dfrac{p_1}{n_1}, \dfrac{p_2}{n_2}$. 显然, 当 $\dfrac{p_1}{n_1} = \dfrac{p_2}{n_2}$ 时, 分配是公平的, 但更一般的情况是 $\dfrac{p_1}{n_1} \neq \dfrac{p_2}{n_2}$, 这时席位的分配就会出现不公平, 较大的一方会吃亏.

当 $\dfrac{p_1}{n_1} > \dfrac{p_2}{n_2}$ 时, 定义

$$r_A(n_1, n_2) = \frac{\dfrac{p_1}{n_1} - \dfrac{p_2}{n_2}}{\dfrac{p_2}{n_2}}$$

为对 A 的相对不公平值. 类似定义

$$r_{\mathrm{B}}(n_1, n_2) = \frac{\dfrac{p_2}{n_2} - \dfrac{p_1}{n_1}}{\dfrac{p_1}{n_1}}$$

为对 B 的相对不公平值. 所以, 要使席位分配做到公平, 就应 $r_{\mathrm{A}}(n_1, n_2)$ 和 $r_{\mathrm{B}}(n_1, n_2)$ 尽可能小.

当总席位增加 1 席时, 究竟是分配给 A 还是 B, 假设 $\dfrac{p_1}{n_1} > \dfrac{p_2}{n_2}$, 这时有以下三种情况.

情况一 $\dfrac{p_1}{n+1} > \dfrac{p_2}{n_2}$, 这说明即使 A 增加 1 席仍对 A 不公平, 因此给 A 增加 1 席是应该的;

情况二 $\dfrac{p_1}{n+1} < \dfrac{p_2}{n_2}$, 这说明给 A 增加 1 席后, 变为对 B 不公平, 不公平值为

$$r_{\mathrm{B}}(n_1 + 1, n_2) = \frac{p_2(n_1 + 1)}{p_1 n_2} - 1;$$

情况三 $\dfrac{p_1}{n_1} > \dfrac{p_2}{n_2 + 1}$, 这说明给 B 增加 1 席后, 变为对 A 不公平, 不公平值为

$$r_{\mathrm{A}}(n_1, n_2 + 1) = \frac{p_1(n_2 + 1)}{p_2 n_1} - 1.$$

由于公平席位分配的原则是使相对不公平值尽可能得小, 所以如果

$$r_{\mathrm{B}}(n_1 + 1, n_2) < r_{\mathrm{A}}(n_1, n_2 + 1),$$

则 A 增加 1 席, 反之 B 增加 1 席. 记 $Q_i = \dfrac{p_i^2}{n_i(n_i + 1)}$ $(i = 1, 2)$, 则上式等价于

$$Q_2 < Q_1.$$

这样, 增加的席位应分配给 Q 值大的一方.

上述 Q 值方法可以推广到 m 方席位的分配.

9.1.2 一元函数微积分的应用实例

例 9.6 (参见例 4.26)　核废料的处理问题. 某机构提议将放射性核废料装在密封的圆桶里沉入深约 91m 的海里. 生态学家和科学家担心这种做法不安全而提出疑问. 该机构保证, 并经过试验, 证明圆桶密封很好, 不会破损. 但工程师又提出疑问: 是否与海底发生碰撞导致圆桶破裂? 该机构仍信誓旦旦保证没有问题. 但工程师通过试验发现, 当圆桶达到海底的速度超过 12.2m/s 时, 圆桶会因碰撞而破裂.

那么圆桶达到海底时的速度能超过 12.2m/s 吗? 通过试验得知, 圆桶下沉与方位基本无关, 与下沉速度成正比, 比例系数为 $k = 0.12$.

现圆桶的重量为 $W = 239.456$kg, 海水浮力为 1025.94kg/m^3, 圆桶的体积 $V = 0.208$m^3. 请根据这些数据作出合理判断.

解 建立坐标系, 设 x 轴落在海平面上, y 轴正向向下. 由 Newton 第二定律 $F = ma, m$ 为圆桶的质量, $a = \dfrac{\mathrm{d}^2 y}{\mathrm{d}t^2}$, F 为作用于圆桶上的力, 它由圆桶的重量 W, 海水作用在圆桶上的浮力 $B = 1025.94 \times V = 213.396$kg 及圆桶下沉时的阻力 $D = kv = 0.12\dfrac{\mathrm{d}y}{\mathrm{d}t}$ 组成:

$$F = W - B - D = W - B - kv.$$

于是, 得到一个二阶常微分方程的 Cauchy 问题:

$$\begin{cases} m\dfrac{\mathrm{d}^2 y}{\mathrm{d}t} = m\dfrac{\mathrm{d}v}{\mathrm{d}t} = W - B - kv, \\ y(0) = 0, \ v(0) = 0, \end{cases}$$

解得

$$v(t) = \frac{W - B}{k}(1 - \mathrm{e}^{-\frac{k}{m}t}).$$

至此, 得到了下沉速度与时间 t 的关系式, 但仍无法解决我们的问题, 因为下沉的时间无法确定. 考虑到

$$\lim_{t \to +\infty} v(t) = \frac{W - B}{k},$$

可以知道圆桶下沉的速度不超过 $\dfrac{W - B}{k}$, 但这一速度达到 217.2m/s, 对问题没有意义.

注意到 $\dfrac{\mathrm{d}^2 y}{\mathrm{d}t^2} = v\dfrac{\mathrm{d}v}{\mathrm{d}y}$, 得到

$$\begin{cases} mv\dfrac{\mathrm{d}v}{\mathrm{d}y} = W - B - kv, \\ y(0) = 0, \ v(0) = 0, \end{cases}$$

解得

$$y = -\frac{mv}{k} - \frac{(W - B)m}{k^2} \ln \frac{W - B - kv}{W - B},$$

代入 $y = 91$m, 利用近似迭代的方法, 求得 $v > 13$m/s, 超过警戒速度 12.2m/s. 因此, 这种方法是不安全的.

例 9.7 为什么用三级火箭发射卫星或飞船. 运载火箭是发射卫星或宇宙飞船的运载工具, 其内部装有燃料和氧化剂, 经过输送泵进入燃烧室, 燃烧后生成炽

热气体向后喷射, 产生向后的动量. 依据物理学中的动量守恒定律, 箭体本身获得向前的动量, 并以此为动力将卫星或飞船加速到预定速度, 并将其送入太空轨道 (图 9.1).

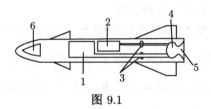

图 9.1

1. 氧化剂; 2. 燃料; 3. 输送泵; 4. 燃烧室; 5. 喷口; 6. 卫星舱

在单级火箭中, 起飞质量由三部分组成: 火箭的有效载荷 (卫星舱)m_0、火箭的结构质量 m_s 和燃料质量 m_f. 设火箭的喷射速度为 u, 初始速度为 0, 暂不考虑地球引力和空气阻力, 计算当燃料全部燃烧时火箭的末速度 v.

由于在运动过程中, 火箭的质量在不断变化, 首先考虑一个微小时段前后火箭的动量的关系. 设时刻 t 火箭的质量为 $m(t)$, 向后喷出的燃气质量为 $\mathrm{d}m(t)$. 取地球作为参照系, 火箭前进的速度是 $v(t)$, 燃气相对地球的喷射速度为 $v(t) - u$. 此时, 火箭的动量为

$$m(t)v(t) + (v(t) - u)\mathrm{d}m(t).$$

经过一个微小的时段后, 火箭的质量变为 $m(t)+\mathrm{d}m(t)$, 箭体的速度变为 $v(t)+\mathrm{d}v(t)$. 由于忽略了空气阻力及地球引力的影响, 火箭在上述过程中动量守恒, 所以

$$(m + \mathrm{d}m)(v + \mathrm{d}v) = mv + v\mathrm{d}m - u\mathrm{d}m.$$

略去高阶无穷小量, 得

$$m\mathrm{d}v = -u\mathrm{d}m \quad \text{或} \quad \mathrm{d}v = -u\frac{\mathrm{d}m}{m}.$$

求解上式, 并注意到 $v(0) = 0$, 得

$$v(t) = u\ln\frac{m_0 + m_s + m_f}{m(t)}.$$

当燃料燃尽时, 火箭达到末速度 v, 火箭的质量为 $m_0 + m_s$, 所以火箭的末速度为

$$v_m = u\ln N, \quad N = \frac{m_0 + m_s + m_f}{m_0 + m_s}.$$

由上式可以看出, 增加火箭的喷射速度 u 或增大 N, 可以提高火箭的末速度.

根据目前的级数水平, 采用液氢和液氧作为火箭的燃料与氧化剂, 喷射速度最高可达 4km/s. 质量比 N 受火箭结构及材料的影响不可能任意增大, 目前最好的

火箭结构可使 N 达到 10, 即火箭起飞时装载着比自身质量重 9 倍的燃料. 下面讨论在此条件下火箭的末速度, 以及一级火箭是否能将卫星送入太空.

将以上数据代入计算, 得 $v \approx 9.21 \mathrm{km/s}$, 把卫星送入太空的最低速度是 $7.9 \mathrm{km/s}$, 因此, 从理论上看, 一级火箭是可以把卫星送入太空, 完成发射任务. 但在实际发射过程中, 必须考虑空气阻力和地球引力作用. 考虑这些因素, 一级火箭是不可能将卫星或飞船送入太空的. 解决这一难题是采用多级火箭技术, 在发射过程中, 不断抛掉没用的结构质量, 提高质量比 N, 以提高火箭的末速度.

现考虑三级火箭, 其工作原理是一级火箭首先点火工作, 燃烧结束后自动脱落, 二级、三级火箭再依次点火、燃烧和自动脱落. 若各级火箭的喷射速度仍为 u, 下面计算三级火箭的末速度.

设火箭起飞前的质量为 M, 包括有效载荷 m_0, 各级结构质量 m_{si} $(i = 1, 2, 3)$ 和火箭的燃料质量 m_{fi} $(i = 1, 2, 3)$. 记 N_1, N_2, N_3 分别为一级、二级和三级火箭的质量比, 则

$$N_1 = \frac{m_0 + \sum\limits_{i=1}^{3} m_{si} + \sum\limits_{i=1}^{3} m_{fi}}{m_0 + \sum\limits_{i=1}^{3} m_{si} + m_{f2} + m_{f3}},$$

$$N_2 = \frac{m_0 + m_{s2} + m_{s3} + m_{f2} + m_{f3}}{m_0 + m_{s2} + m_{s3} + m_{f3}},$$

$$N_3 = \frac{m_0 + m_{s3} + m_{f3}}{m_0 + m_{s3}}.$$

于是, 一级、二级和三级火箭燃烧结束后, 火箭的各级末速度分别达到

$$v_1 = u \ln N_1, \quad v_2 = u \ln N_2, \quad v_3 = u \ln N_3.$$

这样, 当三级火箭顺次工作后, 火箭的末速度可达到

$$v = v_1 + v_2 + v_3 = u \ln(N_1 N_2 N_3).$$

如果火箭喷射速度为 $4 \mathrm{km/s}$, 各级火箭质量比都保持 $N = 8$, 那么三级火箭的末速度为 $v \approx 24.95 \mathrm{km/s}$. 显然, 这比单级火箭的末速度提高了很多. 即使克服阻力和考虑地球引力的影响, 这一速度已经是远满足发射的要求. 增加多级火箭尽管可以提高末速度, 但带来了其他问题, 如结构的稳定性问题、可靠性问题. 因此, 火箭发射一般采用三级或四级技术.

例 9.8 铁道的弯道分析. 铁道弯道的主要部分呈圆弧形 (称为主弯道), 为使列车在转弯时既平衡又安全, 除了必须使直道与弯道相切外, 还需要考虑使轨道

曲线的曲率在切点邻近连续变化 (这时列车在该邻近所受向心力将是连续变化的). 我们已经知道直线的曲率为 0, 半径为 a 的圆弧的曲率为 $\dfrac{1}{a}$, 直道与圆弧弧形弯道直接相切, 则在切点处曲率有一跳跃度 $\left|\dfrac{1}{a} - 0\right|$. 只有当 a 充分大时, 列车在转弯时才能平稳. 但在实际铺设轨道时, 由于地形的原因, 弯道半径 a 不可能任意放大, 所以需要在直道与弯道之间加一段缓和曲线的弯道, 以使铁轨的曲率连续从 0 过渡到 $\dfrac{1}{a}$.

目前, 一般采用三次抛物线作为缓和曲线. 在直角坐标系中, 以 $x < 0, y = 0$ 表示直道, 从 $O(0,0)$ 到 $A(x_0, y_0)$ 表示缓和弯道, 其方程为

$$y = \frac{x^3}{abl},$$

其中 l 为缓和曲线的长度, b 为待定系数, 从 A 到 B 为圆弧弯道. 由于缓和弯道的曲率为

$$k(x) = \frac{|y''|}{(\sqrt{1 + y'^2})^3} = \frac{6x}{abl} \cdot \frac{1}{\left(\sqrt{1 + \dfrac{(3x^2)^2}{(abl)^2}}\right)^3}.$$

可见, 当 x 从 0 变化至 x_0 时, 曲率连续从 0 变化到 $k(x_0)$. 设 $x_0 \approx l$, 所以,

$$k(x_0) \approx \frac{6}{ab\left(1 + \dfrac{9l^2}{a^2b^2}\right)^{\frac{3}{2}}}.$$

由于在实用中, 总把比值 $\dfrac{l}{a}$ 取得较小, 使得 $\left(1 + \dfrac{9l^2}{a^2b^2}\right)^{\frac{3}{2}}$ 接近于 1, 故取 $b = 6$ 时, $k(x_0) \approx \dfrac{1}{a}$, 从而得到缓和曲线方程

$$y = \frac{x^3}{6al}.$$

于是, 缓和曲线由 0 连续变化到 $\dfrac{1}{a}$, 起到了缓冲的作用.

例 9.9　咳嗽问题. 肺内压力的增加可以引起咳嗽, 而肺内压力的增加伴随着气管半径的缩小, 那么较小半径是促进还是阻碍空气在气管里的流动?

解　为简单起见, 我们把气管理想化为一个圆柱形的管子, 半径为 r, 管长为 l, 管的两端压力差为 p, η 为流体的黏滞度. 由物理学知识, 在单位时间内流过管子的流体体积为

$$V = \frac{\pi p r^4}{8\eta l}.$$

实验证明, 当压力差 p 增加, 且在 $\left[0, \dfrac{r_0}{2a}\right]$ 内[①], 半径 r 按照方程 $r = r_0 - ap$ 减小, 其中 r_0 为无压力差时管道的半径, a 为正常数.

由 $0 \leqslant p \leqslant \dfrac{r_0}{2a}$ 及 $r = r_0 - ap$ 得

$$\frac{r_0}{2} \leqslant r \leqslant r_0, \quad p = \frac{r_0 - r}{a}.$$

于是,

$$V = \frac{\pi(r_0 - r)r^4}{8\eta la} = k(r_0 - r)r^4, \quad \frac{r_0}{2} \leqslant r \leqslant r_0, \quad k = \frac{\pi}{8\eta la}.$$

下面从两方面回答较小半径的气管是促进空气流动还是阻碍空气流动.

(1) 怎样取 r 使 V 最大? 由于

$$V'(r) = kr^3(4r_0 - 5r) = 0,$$

解得

$$r = \frac{4}{5}r_0, \quad \frac{r_0}{2} \leqslant r \leqslant r_0.$$

显然, 当 $\dfrac{r_0}{2} \leqslant r \leqslant \dfrac{4r_0}{5}$ 时, $V'(r) > 0$; 当 $\dfrac{4r_0}{5} \leqslant r \leqslant r_0$ 时, $V'(r) < 0$. 因此, $r = \dfrac{4r_0}{5}$ 时, 单位时间内流过气管的气体体积最大.

(2) 如果用 v 表示空气在气管中流动的速度, 显然 $V = \pi r^2 v$, 即

$$v = \frac{V}{\pi r^2} = \frac{k}{\pi}(r_0 - r)r^2.$$

由

$$v'(r) = \frac{k}{\pi}(2r_0 - 3r) = 0,$$

解得 $r = \dfrac{2r_0}{3}$. 同样地, 当 $r = \dfrac{2r_0}{3}$ 时, 速度 v 取得最大值.

综上, 咳嗽时气管收缩 (在一定范围内) 有助于咳嗽, 它促进气管内空气的流动, 从而使气管中的异物能较快地被清除掉.

例 9.10 控制体重. 随着生活水平提高, "肥胖" 问题已成为人们关注的重要话题. 这里通过建立数学模型分析减肥的问题. 建模的方法采用热量平衡的方法.

设每天的饮食可产生热量 A, 用于新陈代谢消耗热量记为 B, 活动消耗热量为 $CW(t)$ ($W(t)$ 为体重), 且理想假定增重、减重的热量主要由脂肪提供, 脂肪转化的热量为 D, 于是, 有下述平衡方程

$$(W(t + \Delta t) - W(t))D = ((A - B) - CW(t))\Delta t,$$

---

① 当 $p > r_0/2a$ 时, 气管的收缩有很大的阻力, 这可避免在咳嗽时引起窒息.

所以, 得到以下常微分方程的 Cauchy 问题

$$\begin{cases} W'(t) = a - bW, \\ W(0) = W_0, \end{cases}$$

其中 $a = \dfrac{A-B}{D}$ 与食量、新陈代谢有关, $b = \dfrac{C}{D}$ 与活动量有关, W_0 为初始体重. 解得

$$W(t) = \frac{a}{b} + \left(W_0 - \frac{a}{b}\right) \mathrm{e}^{-bt}.$$

　　根据以上公式, 理论上讲减肥和增重都是可能的. 因为当 $t \to +\infty$ 时, $W(t) \to \dfrac{a}{b}$. 调节 a, b 可得到所期望的体重. 科学的发展, 新陈代谢也是可以调节的. 但如何调节 a, b 还是要靠医生、营养师和自身协同考虑.

　　(1) 只进食维持生命所需新陈代谢部分的热量是不行的. 因为此时 $A = B$, 即 $a = 0$,

$$\lim_{t \to +\infty} W(t) = 0,$$

这导致体重以指数形式下降, 这是不可取的.

　　(2) 只进食不活动不可以. 因为此时 $b = 0$,

$$W(t) = W_0 + at \to +\infty \quad (t \to +\infty).$$

这导致体重越来越重, 易患肥胖症.

　　例 9.11　雨水模型. 典型的蓄水云层厚度从 100m 到 4km, 但是非常厚的云层 (积雨云) 可能达到 20km. 用近似的数学降雨模型, 对两个连续现象的阶段仿真, 第一阶段为云层雨滴的产生, 第二阶段为雨水从空中的降落.

　　(1) 成型的雨滴. 云层的雨滴降落是通过在重力作用下, 球形水滴经过饱和大气层自由落向地面而产生的. 雨滴的质量 m 通过浓缩会增加, 其增量与时间和雨滴的表面积成正比, 即 $\mathrm{d}m = 4\pi kr^2 \mathrm{d}t$, 其中 r 为雨滴的半径, k 为经验常数. 另外, 球形水滴的质量 (密度为 1) 是 $m = \dfrac{4\pi r^3}{3}$. 据此, $\mathrm{d}m = 4\pi r^2 \mathrm{d}r$. 因此, $\mathrm{d}r = k\mathrm{d}t$. 当 $F = -mg$ 时, Newton 第二定律

$$\frac{\mathrm{d}mv}{\mathrm{d}t} = F$$

写为

$$k\frac{\mathrm{d}(r^3 v)}{\mathrm{d}r} = -gr^3.$$

该微分方程满足初始条件 $v(r_0) = v_0$, 其解有如下形式:

$$v = -\frac{gr}{4k}\left(1 - \frac{r_0^4}{r^4}\right) + \frac{r_0^3}{r^3}v_0.$$

典型云层水滴的半径为 $r_0 \approx 10\mu\mathrm{m}$, 当雨滴达到地面时其半径约为 1mm. 在简单模型里, 假设雨滴的初始半径很微小, 可以忽略不计 (即 $r_0 = 0$), 于是, 注意到 $r = kt$, 得

$$v = -\frac{gr}{4k} = -\frac{1}{4}gt,$$

也就是在云层里集聚阶段, 雨滴的速度幅值 $|v|$ 增量为时间 t 的线性函数.

(2) 下落雨滴. 这个阶段是模拟雨滴穿过空气落向地面, 假设仅仅只有重力和空气阻力作用在雨滴上, 即忽略雨滴的自身挥发.

设空气阻力为关于雨滴速度 v 的函数 $f(v)$, 雨滴在下落过程中, 质量 m 保持不变. 那么, 根据 Newton 第二定律, 雨滴的速度满足

$$m\frac{\mathrm{d}v}{\mathrm{d}t} = -mg + f(v), \quad v(t_0) = v_0.$$

一般来讲, 考虑到空气阻力和降落物体的速度平方成正比, 其中物体不是 "非常小", 并且它的速度比声速小但并非无穷小. 然而, 在一定条件下, 空气阻力也能通过速度的线性函数得到近似值. 因此, 可以考虑用以下降雨的合理模型:

$$m\frac{\mathrm{d}v}{\mathrm{d}t} = -mg - \alpha v + \beta v^2,$$

其中 $\alpha > 0, \beta > 0$ 表示经验常数. 符号的选择与空气阻力反向重力方向的事实一致, 并且 v 在坐标系里是负的, 方向径直向上.

9.1.3 n 元函数微积分的应用实例

例 9.12 通信卫星的覆盖面积. 一颗同步轨道通信卫星的轨道位于地球的赤道平面内, 且可以近似认为是圆轨道. 通信卫星运行的角速率与地球自转的角速率相同, 即人们看到它在太空不动. 若地球半径取 $R = 6400\mathrm{km}$, 问卫星距离地面的高度 h 应为多少? 试计算通信卫星的覆盖面积.

解 卫星所受万有引力为 $G\dfrac{Mm}{(R+h)^2}$, 所受离心力为 $m\omega^2(R+h)$, M, m 分别为地球和卫星的质量, ω 为卫星运行的角速率, G 为引力常数. 根据 Newton 第二定律,

$$G\frac{Mm}{(R+h)^2} = m\omega^2(R+h).$$

因此,

$$(R+h)^3 = \frac{GM}{\omega^2} = \frac{GM}{R^2} \times \frac{R^2}{\omega^2} = g\frac{R^2}{\omega^2}, \quad g = \frac{GM}{R^2}.$$

代入已知数据, 计算得

$$h = \sqrt[3]{g\frac{R^2}{\omega^2}} - R \approx 36000(\mathrm{km}).$$

取地心为坐标系的原点, 地心到卫星中心的连线为 z 轴, 建立坐标系 (图 9.2, 为简明, 只显示 xOz 平面). 卫星的覆盖面积为

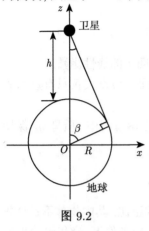

图 9.2

$$A = \iint\limits_{G} \mathrm{d}S,$$

其中 G 是上半球面 $x^2+y^2+z^2=R^2$ $(z \geqslant 0)$ 上被圆锥角 β 所限定的曲面部分, 它在 xOy 平面上的投影为 $D_{xy} = \{(x,y)|x^2+y^2 \leqslant R^2\sin^2\beta\}$. 因此,

$$A = \iint\limits_{D_{xy}} \sqrt{1+z_x^2+z_y^2}\mathrm{d}x\mathrm{d}y = \iint\limits_{D_{xy}} \frac{R}{\sqrt{R^2-x^2-y^2}}\mathrm{d}x\mathrm{d}y$$

$$= \int_0^{2\pi} \mathrm{d}\theta \int_0^{R\sin\beta} \frac{Rr}{\sqrt{R^2-r^2}}\mathrm{d}r = 2\pi R^2(1-\cos\beta).$$

由于 $\cos\beta = \dfrac{R}{R+h}$, 所以,

$$A = 4\pi R^2 \frac{h}{2(R+h)}.$$

注意 $4\pi R^2$ 为球面的面积, 可知因子 $\dfrac{h}{2(R+h)}$ 恰为卫星覆盖面积与地球表面积的比例系数. 代入已知数据, 得

$$\frac{h}{2(R+h)} = \frac{36 \times 10^6}{2(36+6.4) \times 10^6} \approx 0.425.$$

可以看到, 一颗卫星覆盖全球 $\dfrac{1}{3}$ 以上的面积. 所以, 使用三颗相间为 $\dfrac{2\pi}{3}$ 的通信卫星就可以覆盖几乎地球的表面.

例 9.13　2020 年世界人口是多少? 据统计, 20 世纪 60 年代世界人口增长见表 9.4.

表 9.4　　　　　　　　　　　　　　　　　　　　(单位: 百万)

年份	1960	1961	1962	1963	1964	1965	1966	1967	1968
人口	2972	3061	3151	3213	3234	3285	3356	3420	3483

试求最佳拟合曲线, 并预测 2020 年世界人口.

解　所谓最佳拟合曲线, 就是根据所给数据资料建立人口 N 与时间 t 之间的函数关系的经验公式 (也称近似公式) $N = N(t)$, 使得 $N = N(t)$ 的曲线尽可能与所给数据拟合. 这里涉及两个问题, 一是如何确定经验公式; 二是何谓 "尽可能拟合

好". 例 9.4 中提到的插值方法是拟合方法之一, 这里介绍第二个方法 —— 最小二乘法.

最小二乘法的基本思想是, 选取一个简单函数列 $\{\phi_j(x)\}$ $(j = 0, 1, 2, \cdots, n)$, 例如, 幂函数列 $\{x^j | j = 0, 1, 2, \cdots, n\}$ 作为基本函数系, 以 ϕ_j 的线性组合 $\sum\limits_{j=0}^{n} a_j \phi_j$ 作为 $N(x)$ 的近似表达式. 所谓 "尽可能拟合好" 是指未知参数 a_j $(j = 0, 1, 2, \cdots, n)$ 的选取要使偏差的平方和

$$Q = \sum_{i=1}^{m} \left(y_i - \sum_{j=0}^{n} a_j \phi_j(x_i) \right)^2$$

达到最小, 这里 (x_i, y_i) $(i = 1, 2, \cdots, m)$ 为统计数据或实验数据.

对于该人口问题, 根据人口增长的统计资料和人口理论模型知道, 当人口总数不是很大时, 人口增长接近指数曲线. 因此, 采用指数函数 $N = \mathrm{e}^{a+bt}$ 对数据进行拟合. 为便于计算, 取对数 $z = \ln N = a + bt$. 令

$$Q = \sum_{i=1}^{9} (z_i - N_i)^2 = \sum_{i=1}^{9} (a + bt_i - N_i)^2,$$

其中 t_i 依次取 $1960, 1961, \cdots, 1968, N_i$ 为相应的人口数. 于是,

$$\min Q = \sum_{i=1}^{9} (z_i - N_i)^2 = \sum_{i=1}^{9} (a + bt_i - N_i)^2.$$

利用二元函数极值的必要条件, 得

$$\frac{\partial Q}{\partial a} = 2\sum_{i=1}^{9} (a + bt_i - N_i) = 0, \quad \frac{\partial Q}{\partial b} = 2\sum_{i=1}^{9} (a + bt_i - N_i) = 0,$$

解之得

$$\bar{b} = \frac{\sum\limits_{i=1}^{9} (t_i N_i - \bar{t}\bar{N})}{\sum\limits_{i=1}^{9} t_i^2 - 9\bar{t}^2}, \quad \bar{a} = \bar{N} - \bar{b}\bar{t},$$

其中

$$\bar{t} = \frac{1}{9} \sum_{i=1}^{9} t_i, \quad \bar{N} = \frac{1}{9} \sum_{i=1}^{9} N_i.$$

代入相关数据, 求得

$$\bar{a} = -26.4258, \quad \bar{b} = 0.01757.$$

于是,

$$N = \mathrm{e}^{-26.4258+0.01757t}.$$

所以,

$$N(2020) = \mathrm{e}^{-26.4258+0.01757\times 2020} \approx 106.0533 (亿).$$

表 9.5 列出按此模型计算 1960 年到 1968 年世界人口与实际数据的误差, 从中可以看到建立的模型达到很好拟合的目的.

表 9.5

年份	1960	1961	1962	1963	1964	1965	1966	1967	1968
拟合人口	3015	3069	3123	3178	3235	3292	3350	3410	3470
误差/%	1.4	0.2	−0.9	−1.1	0.03	0.2	−0.2	−0.3	−0.4

9.1.4　无穷级数的应用举例

例 9.14　多波型信号发生仪中, 产生正弦波形有多种方法, 一般分为直接方法和间接方法. 在间接法中, 用折线函数来逼近正弦曲线是信号波形变换中行之有效且普遍的重要方法. 但在具体应用过程中, 会遇到这样难题: 当折线的段数选定后, 子区间的端点 $x_1, x_2, \cdots, x_n$ 应如何分布, 才能使其非线性失真系数 γ 最小?

解　由电子学知识, 非线性失真系数 γ 的计算公式为

$$\gamma = \frac{\sqrt{v_2^2 + v_3^2 + \cdots + v_n^2 + \cdots}}{v_1},$$

其中 v_1 表示折线函数基波的有效值, $v_2, v_3, \cdots, v_n, \cdots$ 表示高次谐波的有效值. 由于 γ 是用无穷级数形式表示出来的, 难以直接应用.

因 $\sin x$ 是奇函数, 故要想用一折线函数 $f(x)$ 逼近 $\sin x$, 函数 $f(x)$ 应设为奇函数, 其 Fourier 级数展开式,

$$f(x) = \sum_{n=1}^{\infty} b_n \sin nx,$$

其中

$$b_n = \frac{2}{\pi} \int_0^{\pi} f(x) \sin nx \mathrm{d}x, \quad n = 1, 2, \cdots.$$

由于 $v_n = \dfrac{b_n}{\sqrt{2}}$ $(n = 1, 2, \cdots)$, 所以,

$$\gamma = \frac{\sqrt{b_1^2 + b_2^2 + \cdots + b_n^2 + \cdots}}{b_1}.$$

显然, $f(x)$ 在 $[0, 2\pi]$ 上平方可积, 由 Parseval[1] (帕瑟瓦尔) 等式,

$$\frac{1}{\pi} \int_0^{2\pi} f^2(x)\mathrm{d}x = \sum_{n=1}^{\infty} b_n^2,$$

知

$$\sum_{n=2}^{\infty} b_n^2 = \frac{1}{\pi} \int_0^{2\pi} f^2(x)\mathrm{d}x - b_1^2.$$

于是,

$$\gamma = \frac{\sum_{n=2}^{\infty} b_n^2}{b_1^2} = \frac{\frac{1}{\pi} \int_0^{2\pi} f^2(x)\mathrm{d}x}{\left(\frac{2}{\pi} \int_0^{\pi} f(x)\sin x\mathrm{d}x\right)^2} - 1.$$

由此, 当 $f(x) = \sin x$ 时, $\gamma = 0$; 当 $f(x)$ 越接近于 $\sin x$, γ 就越小. 特别地, 当 $f(x)$ 为 $\sin x$ 的内接折线函数时, 可定义

$$f_i(x) = (c_i x + d_i)\chi_{[x_i, x_{i+1}]}, \quad i = 0, 1, 2, \cdots, n,$$

这里 $\chi_{[x_i, x_{i+1}]} = \begin{cases} 1, & x \in [x_i, x_{i+1}], \\ 0, & x \notin [x_i, x_{i+1}] \end{cases}$ 为区间 $[x_i, x_{i+1}]$ 上的特征函数. 于是

$$f^2(x) = \left(\sum_{i=0}^{n} f_i(x)\right)^2 = \sum_{i=0}^{n} f_i^2(x),$$

$$s_1 = \int_0^{\frac{\pi}{2}} f^2(x)\mathrm{d}x = \sum_{i=0}^{n} \int_0^{\frac{\pi}{2}} f_i^2(x)\mathrm{d}x = \sum_{i=0}^{n} \frac{1}{3}(\sin^3 x_{i+1} - \sin^3 x_i),$$

$$s_2 = \int_0^{\frac{\pi}{2}} f(x)\sin x\mathrm{d}x = \sum_{i=0}^{n} \frac{(\sin x_{i+1} - \sin x_i)^2}{x_{i+1} - x_i},$$

其中 $f_i(x_i) = \sin x_i, f_i(x_{i+1}) = \sin x_{i+1}, c_i = \dfrac{\sin x_{i+1} - \sin x_i}{x_{i+1} - x_i}$. 由于 $f(x)$ 可看成周期为 2π, 关于 $x = \dfrac{\pi}{2}$ 对称的周期函数, 所以

$$\frac{2}{\pi} \int_0^{\pi} f(x)\sin x\mathrm{d}x = \frac{4}{\pi} \int_0^{\frac{\pi}{2}} f(x)\sin x\mathrm{d}x, \quad \frac{1}{\pi} \int_0^{2\pi} f^2(x)\mathrm{d}x = \frac{4}{\pi} \int_0^{\frac{\pi}{2}} f^2(x)\mathrm{d}x.$$

于是,

$$\gamma^2 = \frac{\pi}{4} \frac{s_1}{s_2^2} - 1.$$

---

① Parseval(1755—1836), 法国数学家.

端点 $x_0 = 0, x_{n+1} = \dfrac{\pi}{2}$, $x_1, x_2, \cdots, x_n$ 待选的 n 个点. 由此, 得到问题的数学模型 (A):

$$(A) : \begin{cases} \min \gamma^2 = \dfrac{\pi}{4}\dfrac{s_1}{s_2^2} - 1, \\ 0 = x_0 < x_1 < x_2 < \cdots < x_n < x_{n+1} = \dfrac{\pi}{2}. \end{cases}$$

至此, 得到了 γ 的显式表达式, 但真正应用时还是有些困难, 因为表达式的结构复杂, 会给计算带来一些麻烦. 例如, 振荡厉害、稳定性差.

考虑到 "用折线函数 $f(x)$ 最佳逼近 $\sin x$" 与 "使 $\sin x$ 与 $f(x)$ 之间所夹的面积 S 最小" 是等价的. 这启发我们用曲线 $y = \sin x$ 与区间 $\left[0, \dfrac{\pi}{2}\right]$ 和 x 轴所围面积减去 $n+1$ 个直角梯形面积之和, 得到模型 (B) (这里略去):

$$(B) : \begin{cases} \min S = 1 - \dfrac{1}{2}\displaystyle\sum_{i=1}^{n+1}(\sin x_{i-1} + \sin x_i)(x_i - x_{i-1}), \\ 0 = x_0 < x_1 < x_2 < \cdots < x_n < x_{n+1} = \dfrac{\pi}{2}. \end{cases}$$

以上问题的求解超出本书范围, 这里不再说明.

例 9.15　物体的辐射能与温度. 一般物体只要绝对温度不是零度都会发出辐射能. 设某物体单位面积的辐射能 (即辐射强度) 为 E, 这个值随波长的不同而变化. 现在求黑体辐射能 E^0 与绝对温度 T 之间的关系.

解　设黑体在波长 $[\lambda, \lambda+\mathrm{d}\lambda]$ 上的辐射强度为 E_λ^0, 辐射能为 $\mathrm{d}E^0$. 由 Planck[①] (普朗克) 定理, 知

$$\mathrm{d}E^0 = E_\lambda^0 \mathrm{d}\lambda, \quad E_\lambda^0 = \frac{c_1 \lambda^{-5}}{\mathrm{e}^{\frac{c_2}{\lambda T}} - 1},$$

其中 c_1, c_2 为常数.

由 E_λ^0 的表达式, 容易看到, 当 $\lambda \to 0^+$ 和 $\lambda \to +\infty$ 时, $E_\lambda^0 \to 0$, 因此, 存在某一固定波长 λ_m, E_λ^0 在 λ_m 达到最大, 并有

$$E^0 = \int_0^{+\infty} E_\lambda^0 \mathrm{d}\lambda.$$

记 $x = \dfrac{1}{\lambda}$, 则

$$E^0 = c_1 \int_0^{+\infty} \frac{x^3 \mathrm{e}^{-\frac{c_2 x}{T}}}{1 - \mathrm{e}^{-\frac{c_2 x}{T}}} \mathrm{d}x.$$

由于

$$\frac{1}{1-z} = \sum_{n=0}^{\infty} z^n, \quad |z| < 1,$$

---

① Planck (1858—1947), 德国天文学家.

因此, 记 $z = \mathrm{e}^{-\frac{c_2 x}{T}}$, 有

$$\frac{1}{1 - \mathrm{e}^{-\frac{c_2 x}{T}}} = \sum_{n=0}^{\infty} \mathrm{e}^{-\frac{n c_2 x}{T}}.$$

由于对所有 $x > 0$, 都有 $0 < \mathrm{e}^{-\frac{c_2 x}{T}} < 1$, 因此, 上述级数对所有 $x > 0$ 都收敛. 于是,

$$E^0 = c_1 \int_0^{+\infty} x^3 \mathrm{e}^{-\frac{c_2 x}{T}} \sum_{n=0}^{\infty} \mathrm{e}^{-\frac{n c_2 x}{T}} \mathrm{d}x$$

$$= c_1 \sum_{n=1}^{\infty} \int_0^{+\infty} x^3 \mathrm{e}^{-\frac{n c_2 x}{T}} \mathrm{d}x = \frac{6 c_1 T^4}{c_2^4} \sum_{n=1}^{\infty} \frac{1}{n^4}.$$

注意到 $\sum_{n=1}^{\infty} \frac{1}{n^4} = \frac{\pi^4}{90}$, 因此,

$$E^0 = a T^4, \quad a = \frac{c_1 \pi^4}{15 c_2^4}.$$

这就是著名的 Stefan[1](斯特藩)-Boltzmann[2] (玻耳兹曼) 公式, 它在计算辐射传热方面具有重要的意义.

一般物体的表面所具有的辐射强度 E 要比黑体的辐射强度 E^0 要小, 即

$$\varepsilon = \frac{E}{E^0} < 1,$$

这里 E 是与波长相对应的特性, ε 随波长 λ 变化而变化. 如果在整个波长 λ 范围内, ε 为常数, 那么就称该物体为灰体. 大多数工业材料均可认为是灰体, 这是 ε 称为黑度.

对于真实物体表面间的辐射强度, $E = a \varepsilon T^4$.

9.2 Matlab 在高等数学中的应用

数学问题是科学研究和工程技术领域经常会遇到的问题. 解决数学问题时, 逻辑推导是必要的, 但其中的一些问题, 尤其是比较复杂的问题借助于计算机实现也是必须的. 辅助计算机解决数学问题, 主要有两种方式, 一是成熟的数值分析算法、数值软件包与计算机编程的方法完成; 二是采用专门的计算机语言来完成, 例如, Matlab, Mathematica, Maple, Lindo 等. 本节采用 Matlab 语言求解一些简单的基本数学问题. 关于 Matlab 格式语言以及在数学中更多的应用请读者参阅相关参考文献, 这里不再列出.

---

[1] Stefan (1835—1893), 澳大利亚物理学家.

[2] Boltzmann (1844—1906), 奥地利物理学家.

例 9.16 求下列函数极限:

(1) $\lim\limits_{x\to\infty} x\left(1+\dfrac{a}{x}\right)^x \sin\dfrac{b}{x}$;

(2) $\lim\limits_{x\to 0^+} \dfrac{\mathrm{e}^{x^3}-1}{1-\cos\sqrt{x-\sin x}}$.

解 利用 Matlab 语言应首先申明 a,b,x 为符号变量, 然后定义函数或序列表达式, 最后调用 limit( ) 函数得到计算结果.

(1) `>>syms x a b; f=x*(1+a/x)^ x*sin(b/x); L=limit(f,x,inf)`

计算结果为 $\mathrm{e}^a b$.

(2) `>> syms x; f=exp(x^3-1)/(1-cos(sqrt(x-sin(x)))); limit(f,x,` `0,'right')`

计算结果为 12.

例 9.17 解答下列各题:

(1) 已知 $f(x)=\dfrac{\sin x}{x^2+4x+3}$, 求 $\dfrac{\mathrm{d}f(x)}{\mathrm{d}x}$;

(2) 已知 $x=\dfrac{\cos t}{(1+t)^3}, y=\dfrac{\sin t}{(1+t)^3}$, 求 $\dfrac{\mathrm{d}^3 y}{\mathrm{d}x^3}$;

(3) 设 $\ln x+\mathrm{e}^{-\frac{y}{x}}=\mathrm{e}$, 求 $\dfrac{\mathrm{d}y}{\mathrm{d}x}$.

解 (1) `>> syms x; f=sin(x)/(x^2+4*x+3); f1=diff(f)`

计算结果为 $f_1(x)=\dfrac{\cos x}{x^2+4x+3}-\dfrac{(2x+4)\sin x}{(x^2+4x+3)^2}$.

(2) `>> syms t; x=cos(t)/(1+t)^3; y=sin(t)/(1+t)^3; f=simple` `(paradiff(y,x,t,3))`

计算结果为

$$\frac{\mathrm{d}^3 y}{\mathrm{d}x^3}=\frac{-3(1+t)^7((t^4+4t^3+6t^2+4t-23)\cos t-(4t^3+12t^2+32t+24)\sin t)}{(t\sin t+\sin t+3\cos t)^5}.$$

(3) `>> syms x; fx=diff(log(x)+exp(-y/x)-exp(1),x);fy=diff(log(x)+` `exp(-y/x)-exp(1),y); f1=-fx/fy`

计算结果为 $\dfrac{y+x\mathrm{e}^{\frac{y}{x}}}{x}$.

例 9.18 解答下列问题:

(1) 设 $z=x^6-3y^4+2x^2y^2$, 求 $\dfrac{\partial^2 z}{\partial x^2}, \dfrac{\partial^2 z}{\partial x\partial y}$;

(2) 求二元函数 $z=f(x,y)=(x^2-2x)\mathrm{e}^{-x^2-y^2-xy}$ 的一阶偏导数 z_x, z_y.

解 二元函数 $f(x,y)$ 的偏导数 $\dfrac{\partial^{m+n} f}{\partial x^m \partial y^n}$ 的 Matlab 格式为

$$f_1=\mathrm{diff}((f,x,m),y,n).$$

(1) >> syms x y; f1=diff(x^6-3*y^4+2*x^2*y^2,x,2); f2=diff(f1,y)

计算结果为 $f''_{xx} = f_1 = 30x^4 + 4y^2$, $f''_{xy} = f_2 = 8xy$.

(2) >> syms x y; z=(x^2-2x)exp(-x^2-y^2-x*y);zx=simple(diff(z, x)),zy=diff(z,y)

计算结果为

$$z_x = -\mathrm{e}^{-x^2-y^2-xy}(-2x + 2 + 2x^3 + x^2y - 4x^2 - 2xy),$$

$$z_y = -x(x-2)(2y+x)\mathrm{e}^{-x^2-y^2-xy}.$$

例 9.19 计算下列积分:

(1) $\int x^2 \ln x \mathrm{d}x$; (2) $\int_0^2 |x-1|\mathrm{d}x$; (3) $\int_0^1 \mathrm{d}x \int_{2x}^{x^2+1} xy\mathrm{d}y$.

解 (1) >> syms x; int(x^2*log(x))

计算结果为 $\dfrac{1}{3}x^3 \ln x - \dfrac{1}{9}x^3$.

(2) >> syms x; int(abs(x-1), x, 0, 2)

计算结果为 1.

(3) >>syms x y; int(int(x*y,y,2*x,x^2+1),x,0,1)

计算结果为 $\dfrac{1}{12}$.

例 9.20 计算三重积分 $\int_0^1 \mathrm{d}x \int_0^{1-x} \mathrm{d}y \int_0^{1-x-y} \dfrac{1}{(1+x+y+z)^3}\mathrm{d}z$.

解 >> syms x y z; int(int(int((1+x+y+z)^(-3),z,0,1-x-y),y,0,1 -x),x, 0,1)

计算结果为 $-\dfrac{5}{16} + \dfrac{1}{2\ln 2}$.

例 9.21 计算下列曲线积分:

(1) $\int_L y^2\mathrm{d}s$, 其中 L 为曲线 $x^2 + y^2 = 1$ 在第一象限的部分;

(2) $\int_L \dfrac{x+y}{x^2+y^2}\mathrm{d}x - \dfrac{x-y}{x^2+y^2}\mathrm{d}y$, 其中 L 为正向圆周 $x^2 + y^2 = a^2$.

解 (1) 曲线的参数形式为 $x = \cos t, y = \sin t$, $0 \leqslant t \leqslant \dfrac{\pi}{2}$, 因此, 曲线积分可

化为 $\int_0^{\frac{\pi}{2}} \cos t \sin t \mathrm{d}t$. 于是, 输入命令

>> syms t; int(cos(t)*sin(t),t,0,pi/2)

计算结果为 $\dfrac{1}{2}$.

(2) 圆周的参数方程 $x = a\cos t, y = a\sin t\ (0 \leqslant t \leqslant 2\pi)$. 以下输入方式的计算结果为 2π.

```
>>syms t; syms a positive; x=a*cos(t);y=a*sin(t);
F=[(x+y)/(x^2+y^2),-(x-y)/(x^2+y^2)];ds=[diff(x,t);diff(y,t)];
I=int(F*ds,t,2*pi,0)  % 正向圆周
```

例 9.22　计算下列曲面积分:

(1) $I_1 = \iint\limits_{\Sigma} xyz\mathrm{d}S, S$ 由四个平面 $x = 0, y = 0, z = 0, x + y + z = a\ (a > 0)$ 所围曲面的外侧.

(2) $I_2 = \iint\limits_{\Sigma}(xy + z)\mathrm{d}y\mathrm{d}z$, 其中 Σ 为椭球面 $\dfrac{x^2}{a^2} + \dfrac{y^2}{b^2} + \dfrac{z^2}{c^2} = 1$ 的上半部的上侧.

解　(1) 记四个平面分别为 S_1, S_2, S_3, S_4, 则 $I_1 = \iint\limits_{S_1} + \iint\limits_{S_2} + \iint\limits_{S_3} + \iint\limits_{S_4}$. 由于在 S_1, S_2, S_3 上被积函数为 0, 所以, 其积分也为 0. 所以只需考虑平面 S_4 上的积分. 按照以下方式, 得到的结果为 $\dfrac{\sqrt{3}a^5}{120}$.

```
>>syms x y;syms a positive; z=a-x-y;
I1=int(int(x*y*z*sqrt(1+diff(z,x)^2+diff(z,y)^2),y,0,a-x),x,0,a)
```

(2) 引入参数方程

$$x = a\sin u\cos v, \quad y = b\sin u\sin v,$$

$$z = c\cos u \quad \left(0 \leqslant u \leqslant \frac{\pi}{2}, 0 \leqslant v \leqslant 2\pi\right).$$

这样, 积分

$$I_2 = \int_0^{2\pi} \mathrm{d}v \int_0^{\frac{\pi}{2}}(xy + z)(x_u y_v - y_u x_v)\mathrm{d}v.$$

```
>>syms u v; syms a b c positive;
x=a*sin(u)*cos(v); y=b*sin(u)*sin(v);z=c*cos(u);
C=diff(x,u)*diff(y,v)-diff(x,v)*diff(y,u); R=x*y+z
I2=int(int(R*C,u,0,pi/2),v,0,2*pi)
```

计算结果为 $\dfrac{2abc\pi}{3}$.

例 9.23　求函数 $y = \cos x$ 在点 $x = 0$ 处的五阶 Taylor 展开式及在 $x = \dfrac{\pi}{3}$ 处的六阶 Taylor 展开式.

解　>> syms x; taylor(cos(x),0,6); taylor(cos(x),pi/3,7)

结果分别为 $1 - \dfrac{1}{2}x^2 + \dfrac{1}{24}x^4$;

$$\frac{1}{2} - \frac{\sqrt{3}}{2}\left(x - \frac{\pi}{3}\right) - \frac{1}{4}\left(x - \frac{\pi}{3}\right)^2 + \frac{\sqrt{3}}{12}\left(x - \frac{\pi}{3}\right)^3$$

$$+ \frac{1}{48}\left(x - \frac{\pi}{3}\right)^4 - \frac{\sqrt{3}}{240}\left(x - \frac{\pi}{3}\right)^5 - \frac{1}{1440}\left(x - \frac{\pi}{3}\right)^6.$$

例 9.24　解答下列各题:

(1) 求幂级数 $\displaystyle\sum_{n=1}^{\infty} \frac{1}{2^n}$ 的和;

(2) 求幂级数 $\displaystyle\sum_{n=1}^{\infty} \frac{x^n}{n2^n}$ 的和函数;

(3) 判断级数 $\displaystyle\sum_{n=1}^{\infty} \frac{1}{n(n+1)}$ 的收敛性.

解　(1) >> syms n; symsum(1/2^n,1,inf)

计算结果为 1.

(2) >> syms n x; symsum(x^n/(n*2^n),n,1,inf)

计算结果为 $-\ln\left(1 - \dfrac{1}{2}x\right)$.

(3) >>syms n; symsum(1/(n*(n+1)),n,1,inf)

由于得到结果为 1, 所以该级数收敛.

9.3　数学建模初步

在 9.1 节, 已经对数学模型有一个初步的认识, 本节将介绍数学建模的一些基本知识和一些稍复杂的数学模型[①].

9.3.1　基本知识

所谓**数学模型**, 是指通过对实际的具体问题抽象和简化, 利用数学语言和术语对该问题进行近似刻画, 以达到认识问题、解决问题或者解释自然现象的目的. 例如, 力学中著名的 Newton 第二定律, 利用公式 $F = m\dfrac{\mathrm{d}^2 x}{\mathrm{d}t^2}$ 来描述受力物体的运动规律, 这就是一个数学模型的典范, 其中 $x = x(t)$ 为物体在时刻 t 的位置, m 为物

[①] 读者可参阅数学建模或数学模型类参考书. 谭永基, 等. 数学模型. 上海: 复旦大学出版社, 1997. 刘来福, 等. 数学模型与数学建模. 北京: 北京师范大学出版社, 1997.

体的质量, F 为运动期间物体所受的力, 这里的模型忽略了物体的形状和大小, 仅抽象出运动规律的核心要素加以刻画.

数学模型没有一个统一的分类, 根据数学分支可以分为几何模型、微分模型、随机模型等, 也可以分为线性模型和非线性模型, 还可以分为连续模型和离散模型. 但这不影响我们利用数学模型解决实际问题, 达到反映客观世界的目的.

对一个具体的实际问题, 通过抽象、简化, 建立数学模型的过程, 就是**数学建模**. 建立数学模型, 通常包括以下六个过程.

(1) 问题分析. 数学建模的问题, 通常都是来自于实际中的各个领域的实际问题, 没有固定的方法, 解决的途径和方式也不唯一. 因此, 不可能明确给出解决问题的思路和方法, 况且, 有时问题本身也不允许有一个统一的方法就可以得到解决. 这就需要我们对要解决的问题有一个比较清晰的认识和理解, 对问题有深入的分析, 明确要解决问题的重点和难点, 把握问题所涉及的信息资料和数据. 在这一阶段, 不仅要认识问题, 明确问题的背景, 确定问题要达到的主要目的, 也要查阅与该问题相关的文献资料, 对其有一个全面、深入的理解, 形成一个比较清晰的 "数学问题".

(2) 假设简化. 由于问题的复杂性, 建立数学模型, 不可能将影响问题的所有要素都考虑进去, 必须有舍有得, 抓住最本质最核心的要素, 忽略一些次要的要素, 对实际问题进行简化, 并作出一些合理的假设. 例如, 我们在实验室建一个黄河模型, 就要忽略黄河的实际大小和一些小的弯道. 如何对问题进行简化或者理想化, 这是一个十分困难的过程, 也很难给出一个一般的原则或方法. 只能具体问题具体分析.

(3) 建立模型. 实际问题经过简化和假设后, 根据抽取出来的主要核心要素之间服从的物理规律或基本原则, 利用数学语言或术语加以刻画或量化, 建立实际问题的数学结构, 得到实际问题的数学模型.

(4) 模型求解. 模型求解需要熟练掌握求解需要的数学知识和数学方法, 力求简单问题普遍化, 复杂问题程序化, 即对于复杂问题可先考虑特殊的情形, 在此基础上逐步考虑复杂的问题. 模型的求解需要注意解的存在性、唯一性和稳定性.

(5) 检验评价. 建立数学模型的主要目的在于解决实际问题. 因此, 必须通过多种方式对所建立的数学模型进行检验和评价. 检验和评价的主要目的是, 使模型能够尽可能反映实际问题、解释实际问题. 因为模型必须反映现实、服务现实, 必须符合数学逻辑规律和实际问题的运行规律.

(6) 完善改进. 模型在不断检验中不断修正, 逐步趋于完善, 这是建模的基本规律. 除一些简单的模型, 模型的完善与改进几乎不可避免. 建模的过程实际上就是一个建模、检验、评价、再建模、再检验、再评价的过程, 直到建立的模型能够较好地解决实际问题、能够较准确地认识实际问题, 达到刻画实际问题、解释实际问题的目的.

9.3.2 建模实例

例 9.25 椅子问题. 四条腿长度相等的椅子放在不平的地面上, 能否做到四条腿同时着地.

解 该问题的关键是运用直观和空间的方式, 用数学语言将条件和结论表述出来. 椅子面的中心保持不动, 每条腿的着地点视为几何学上的点, 用字母表示, 四个点连线组成正方形, 对角线连线分别视为坐标系中的两个坐标轴, 转动椅子可以看成坐标轴的旋转.

由此, 假设 (假设表明该椅子为方椅, 排除异常地面):

(1) 椅子的四条腿长度相同并且四脚的连线组成正方形;

(2) 地面略微起伏不平的连续变化的曲面;

(3) 椅子着地点属点接触, 在地面任意位置处椅子应至少三脚同时落地.

椅子的四个着地点分别用 A, B, C, D 表示, 对角线 AC, BD 作为坐标系的 x 轴和 y 轴, 转动椅子看成坐标轴的旋转, θ 表示对角线 AC 转动后与初始位置 x 轴的夹角, 以 $g(\theta)$ 表示 A, C 两条腿与地面距离之和, $f(\theta)$ 表示 B, D 两条腿与地面距离之和, 它们都为连续函数. 因为三条腿同时着地, 所以有

$$f(\theta)g(\theta) = 0.$$

不妨设在初始位置 $\theta = 0$ 时,

$$f(0) > 0, \quad g(0) = 0.$$

根据对称性, 将椅子转动 $\dfrac{\pi}{2}$ 角度后, AC 与 BD 位置交换, 就有

$$f\left(\frac{\pi}{2}\right) = 0, \quad g\left(\frac{\pi}{2}\right) > 0.$$

这样, 椅子问题就成为如下初等模型: 连续函数 $f(\theta), g(\theta)$ 满足

$$f(0) > 0, \quad g(0) = 0; \quad f(\theta)g(\theta) = 0, \quad \theta \in [0, 2\pi].$$

证明存在 $\theta_0 \in \left(0, \dfrac{\pi}{2}\right)$, 使得

$$f(\theta_0) = g(\theta_0) = 0.$$

设 $F(\theta) = f(\theta) - g(\theta)$, 则 $F(\theta)$ 在闭区间 $\left[0, \dfrac{\pi}{2}\right]$ 上连续, 且

$$F(0) = f(0) - g(0) > 0, \quad F\left(\frac{\pi}{2}\right) = f\left(\frac{\pi}{2}\right) - g\left(\frac{\pi}{2}\right) < 0,$$

因此, 由零点定理, 存在 $\theta_0 \in \left(0, \dfrac{\pi}{2}\right)$, 使得 $F(\theta_0) = 0$, 即

$$f(\theta_0) = g(\theta_0) = 0.$$

　　根据模型求解结构可知, 存在 θ_0 的方向, 椅子的四条腿可以同时着地. 实际上应该是: 如果地面为光滑曲面, 则椅子一定可以同时着地; 反之, 如果地面不是光滑曲面, 则结论未必成立.

　　例 9.26　洗衣服中的数学. 洗衣服时, 通常是打好肥皂或放适量的洗衣粉, 用力搓洗, 再拧一拧挤压掉水分, 这样反复多次 (洗衣机工作原理也如此). 在这一过程中, 每次挤压水分都会有一定的污物残留随水分附着在衣服上. 现在的问题是如何洗净衣服?

　　解　设衣服刚开始洗时被拧 "干" 后附着在衣服上水量为 w (kg), 其中含有污物残留 m_0 (kg), 且衣服每次洗涤并充分拧 "干" 后残存水分也都是 w (kg). 设漂洗用清水为 A (kg), 把 A (kg) 水分 n 次使用, 每次使用量 (单位为 kg) 为 $a_1, a_2, \cdots, a_n$.

　　经过 n 次漂洗后, 衣服上还有多少污物呢? 怎样合理使用这 A (kg) 水, 才能把衣服洗干净 (残留污物最少)?

　　考察第 1 次, 把带有 m_0 (kg) 污物的 w (kg) 水的衣服放到 a_1 (kg) 清水中, 充分搓洗拧干, 由于 m_0 (kg) 污物均匀分布于 $w + a_1$ (kg) 水中, 所以衣服上污物残留量 m_1 (kg) 与残留水量 w (kg) 成正比, 即

$$\frac{m_1}{m_0} = \frac{w}{w + a_1}.$$

由此, 得

$$m_1 = \frac{m_0}{1 + \dfrac{a_1}{w}}.$$

依次类推, 当衣服漂洗 n 次后, 残留污物量 m_n 为

$$m_n = \frac{m_0}{\left(1 + \dfrac{a_1}{w}\right)\left(1 + \dfrac{a_2}{w}\right) \cdots \left(1 + \dfrac{a_n}{w}\right)}.$$

从上式可知, 原有污水量 w 越少, m_n 也会越小, 即每次拧得越 "干", 最后污物残留也就越少; 初期的 m_0 越大, 最后的 m_n 也就越大. 这些与我们生活常识是一致的.

　　对于固定的 n, 由 $a_1 + a_2 + \cdots + a_n = A$, 根据算术平均与几何平均的不等式关系, 得

$$\left(1 + \frac{a_1}{w}\right)\left(1 + \frac{a_2}{w}\right) \cdots \left(1 + \frac{a_n}{w}\right) \leqslant \left(1 + \frac{A}{nw}\right)^n.$$

当 $a_1 = a_2 = \cdots = a_n = \dfrac{A}{n}$ 时, 上式取等号. 这表明, 当每次用水量均为 $\dfrac{A}{n}$ 时, 污物残留 m_n 取得最小值, 即此时衣服洗得最干净.

若把洗 n 次后残留的最小污物量记为 m_n^*, 则

$$m_n^* = \frac{m_0}{\left(1 + \dfrac{A}{nw}\right)^n}.$$

同理,

$$m_{n+1}^* = \frac{m_0}{\left(1 + \dfrac{A}{(n+1)w}\right)^{n+1}}.$$

容易证明 $m_n^* > m_{n+1}^*$. 这表明对于给定的水量, 把水分成 $n+1$ 次使用, 要比分成 n 次用更干净.

进一步, 当水量 A 一定时, 是否只要洗的次数 n 足够多, 就可以使 m_n^* 任意小呢? 即 $m_n^* \to 0 \ (n \to \infty)$. 但是,

$$\lim_{n \to \infty} m_n^* = \lim_{n \to \infty} \frac{m_0}{\left(1 + \dfrac{A}{nw}\right)^n} = m_0 e^{-\frac{A}{w}}.$$

这表明, 当水量 A 一定时, 无论多少次漂洗, 也做不到一点污物残留都没有.

基于节约用水考虑, 并不是漂洗次数越多越好. 事实上, 当 $\dfrac{A}{w} = \dfrac{4}{1}$ 时, 污物残留量达到最小值

$$m_n^* \approx m_0 e^{-\frac{A}{w}} \approx 0.018 m_0.$$

而且, 由于 $\left(1 + \dfrac{A}{w}\right)^n$ 当 n 增大时收敛很快, 因此, 只要将水分成不多的几等份就可以了. 由计算得知, 通常将水分成 2~4 份, 污物的残留量就很少了. 所以, 自动洗衣机一般设定 3 次漂洗, 而不是多次漂洗.

例 9.27[①] 水电站要把储存在水库中的水经过长达数百米的距离管道引到水轮发电机. 在输送水流的过程中, 会遇到严重的 "水击作用" 致使管道破裂, 这种现象的简单原理如下.

在水电、火电综合供电网中, 水电站通常起着调节用电负荷突然变化的作用. 当负荷需求突然上升时, 要立即增加输送的水量, 以增加发电量; 当需要下降时, 要使水流很快慢下来, 减少发电量. 于是, 输送管的水流速度会经常出现突然的变化. 又由于水基本上是不可压缩的, 管道本身的弹性又很微小, 致使水的高压波沿管道传播. 工程上称为 "水击作用", 它可能破坏管道.

缓解这种作用的办法是, 使输送管中的水流先进入水轮机前线注入一个称为 "调压塔" 的储水箱. 当负荷需求较小时, 调压塔储存大量的水, 水位较高, 当负荷

① 姜启源. 数学模型. 2 版. 北京: 高等教育出版社, 1993.

需求量大时, 就可以用调压塔中的水满足水轮机对水量的需求, 避免输送管中水流速度发生突然变化.

这里要建立一个模型, 研究当调压塔出口水流速度 (即水轮机进口水流速度) 变化时, 调压塔的水位如何改变, 并分析水位变化过程中与各个参数之间的关系.

假设输水管长为 L, 截面积为 S_1, 与地面 (水平面) 夹角为 θ, 水流速度为 $u(t)$, 两端压强分别为 $p_1(t), p_2(t)$, 调压塔水位为 $h(t)$, 截面积为 S_0, 顶部大气压为 p_0, 出口水流速度为 $v(t)$, 出口管截面积为 S_2, 水的密度为 ρ. 在以下分析中, 假设水库水位保持不变, 所以输水管始端压强 p_1 为常数; 水与输水管均无弹性; 单位长度管壁对水流的阻力与水流速度的平方成正比, 比例常数为 c 称为为黏滞常数.

下面利用力学定理建立方程.

(1) 输水管水流的运动学方程. 作用在水流运动方向的力有: 输水管两端压强差形成的压力 $S_1(p_1 - p_2)$, 水柱本身的重力 $\rho L S_1 g \sin\theta$, 管壁对水流的阻力 cLu^2. 按照 Newton 第二定律,

$$\rho L S_1 u'(t) = S_1(p_1 - p_2) + \rho L S_1 g \sin\theta - cLu^2.$$

(2) 调压塔的静力学方程. 因为调压塔进水口在塔底部, 塔内水柱的重力 $\rho S_0 hg$ 形成底部与顶部压力差为 $S_1 p_2 - S_2 p_1$, 于是, 静力学方程为

$$S_1 p_2 - S_2 p_1 = \rho S_0 hg.$$

(3) 调压塔流量平衡方程. 根据守恒定律, 调压塔进出水量之差等于塔内水量的变化, 即有

$$\rho(S_1 u(t) - S_2 v(t)) = \rho S_0 h'(t).$$

为研究当调压塔出口水流速度 $v(t)$ 变化时, 塔内水位 $h(t)$ 的变化规律, 从以上各式中消去 p_2 和 $u(t)$, 得

$$h''(t) + \frac{cS_0}{\rho S_1^2} h'^2(t) + \frac{2cS_2}{\rho S_1^2} v h'(t) + \frac{gS_1}{LS_0} h(t) = A - \frac{S_2}{S_1} v'(t) - \frac{cS_2^2}{\rho S_0 S_1^2} v^2,$$

其中 $A = \dfrac{S_1(p_1 - p_2)}{\rho L S_0} - \dfrac{S_1 g \sin\theta}{S_0}$. 这是一非线性微分方程, 难以求解, 也不便于分析. 下面讨论 $v(t)$ 在稳定状态 v_0 附近有微小变化时, $h(t)$ 在稳定状态 h_0 附近的变化态势.

在得到 $h(t)$ 与 $v(t)$ 的关系式中, 令 $h(t) = h_0, v(t) = v_0$, 得到

$$h_0 = \frac{p_1 - p_0}{\rho g} + L \sin\theta - \frac{cLS_2^2}{\rho g S_0 S_1^3} v_0^2.$$

设
$$v(t) = v_0 + \varepsilon v_1(t), \quad h(t) = h_0 + \varepsilon h_1(t),$$

其中 $\varepsilon > 0$ 很小. 代入关系式, 并略去含 ε 和 ε^2 的项, 得到

$$h_1''(t) + \frac{2cS_2v_0}{\rho S_1^2}h_1'(t) + \frac{gS_1}{LS_0}h_1(t) = -\frac{S_2}{S_1}v_1'(t) - \frac{2cS_2^2v_0}{\rho S_0 S_1^2}v_1(t),$$

$$h_1(0) = h_1'(0) = 0.$$

这里只讨论齐次情形问题

$$h_1''(t) + \beta h_1'(t) + kh_1(t) = 0, \quad h_1(0) = h_1'(0) = 0$$

的解 $\left(\beta = \dfrac{2cS_2v_0}{\rho S_1^2}, k = \dfrac{gS_1}{LS_0}\right)$

$$h_1(t) = a_0 e^{-\frac{\beta}{2}t}\cos(\omega t + \phi_0), \quad \omega = \sqrt{k - \frac{\beta^2}{4}},$$

其中 a_0, ϕ_0 是任意常数. 当 $k > \dfrac{\beta^2}{4}$, 即当

$$\rho^2 g S_1^5 > c^2 L S_0 S_2^2 v_0^2$$

时, $h_1(t)$ 呈现振荡. 实际工程中, L, S_0, S_1, S_2 等参数受到各种条件的限制, 黏滞系数 c 很小, β 不是很大, 形成的衰减很慢的振荡. 而 S_0 远大于 S_1, L 也较大, 故 k 很小, ω 很小, 振荡周期较长, 这是不希望的. 这个问题可以通过在调压塔中安装升降器 (带孔的竖直细管子) 来解决.

例 9.28 黄灯亮灯的数学问题. 在城市公共交通管理中, 红、黄、绿交通信号灯是一个重要的管理手段. 通常讲 "红灯停绿灯行, 看到黄灯等一等". 在红灯亮之前, 有一个缓冲时间, 也就是黄灯亮起, 以便让正驶向路口近处的司机有反应时间停车, 也保证绿灯时正行驶到路口的司机能够正常驶离路口. 那么黄灯究竟要亮多长时间, 才能使距离路口远的司机在红灯亮前将车停在路口, 且保证正行驶在路口的司机将车驶离路口?

司机看到黄灯亮灯, 如果决定停车, 必须有足够的刹车距离; 如果决定驶离路口, 必须有足够的时间在红灯亮之前离开路口. 因此, 黄灯亮的时间应是司机反应时间、能通过路口时间和安全刹车 (刹车距离上) 所用时间之和.

设法定速度为 v_0, 路口长 I, 车身长 L, 那么通过路口的时间为 $\dfrac{L+I}{v_0}$. 设 W 为车重, μ 为摩擦系数, 于是汽车的制动力为 μW. 由 Newton 第二定律, 有

$$\frac{W}{g}\frac{\mathrm{d}^2 x}{\mathrm{d}t^2} = -\mu W, \quad x(0) = 0, \quad x'(0) = v_0 \quad (g \text{ 为重力加速度}),$$

$x(t)$ 是从开始刹车所行驶路程.

求解, 得

$$x'(t) = -\mu gt + v_0, \quad x(t) = -\frac{1}{2}\mu gt^2 + v_0 t.$$

令 $x'(t) = 0$, 得到刹车所用时间

$$t_1 = \frac{v_0}{\mu g}.$$

令 $t = t_1$, 则刹车距离

$$x(t_1) = -\frac{1}{2}\mu g \frac{v_0^2}{\mu^2 g^2} + \frac{v_0^2}{\mu g} = \frac{v_0}{2\mu g}.$$

设 t_0 为司机反应时间, 则黄灯亮灯时间为

$$T = \frac{I + L}{v_0} + \frac{v_0}{2\mu g} + t_0.$$

上式中第一项是能通过路口的时间, 第二项是司机在刹车距离上所用时间, 第三项是司机反应时间. 当然, 如果所有司机都能够 "反应过来", 并决定在有效刹车距离内刹车, 则第二项可改写为 $\frac{v_0}{\mu g}$, 而使黄灯亮灯时间少一些. 但对一些不自觉的司机或决定不正确的司机则不适合. 于是, 应把黄灯亮灯时间设定为上式是合适的.

注意到

$$\frac{dT}{dv_0} = -\frac{I + L}{v_0^2} + \frac{1}{2\mu g}, \quad \frac{d^2T}{dv_0^2} = \frac{2(I + L)}{v_0^3} > 0,$$

令 $\frac{dT}{dv_0} = 0$, 得

$$v_0^* = \sqrt{2\mu g(I + L)}.$$

所以, 当法定速度 $v_0 = v_0^*$ 时, 黄灯亮灯时间最短, 这个时间为

$$T^* = \sqrt{\frac{2(I + L)}{\mu g}} + t_0.$$

如果 $v_0 > v_0^*$, 则 $v_0 - v_0^*$ 越大, 黄灯亮灯时间越长; 如果 $v_0 < v_0^*$, 则 $v_0^* - v_0$ 越大, 黄灯亮灯时间越长.

更多的数学模型请读者参阅相关参考文献.

9.4　简单的经济数学模型

9.4.1　边际成本与边际效益

对产品从生产到销售的过程进行经济核算时, 至少要涉及三个问题: 成本、收

益和利润. 设产量为 Q, 则总成本一般可以表示两部分的和:

$$C(Q) = f + v(Q)Q,$$

这里 $f > 0$ 称为**固定成本** (如厂房、设备折旧、工资、财产保险等), 一般可以认为与产量的大小无关, $v(Q)Q$ 为**可变成本** (如原料、能源等), $v(Q) > 0$ 为总共生成 Q 产品的情况下, 每生成一件的可变成本, 最简单的是 $v(Q)$ 为常数.

$C(Q)$ 的导数 $C'(Q)$ 表示**边际成本**, 其经济学意义是在总共生成 Q 件产品情况下, 生成第 Q 件产品的成本.

总收益 $E(Q) = p(Q)Q$ 是指把 Q 件产品销售后得到的收入, 这里 $p(Q)$ 称为**价格函数**, 表示在总共生成 Q 件产品的情况下, 每件产品的销售价格. 一般说来, 生产量越大, 每件产品的价格就越便宜. 因此, $p(Q)$ 是 Q 的单调减少函数.

$E(Q)$ 的导数 $E'(Q)$ 称为**边际收益**, 其经济学意义是在总共生产 Q 件产品的情况下, 销售第 Q 件产品所得到的收入.

总收益减去总成本即为总利润, 记利润函数为 $P(Q)$, 则

$$P(Q) = E(Q) - C(Q).$$

当 $E(Q), C(Q)$ 二阶可导时, 利用极值判定定理, 就可以得到经济学中的 "最大利润原理": 当且仅当边际成本与边际收益相等, 并且边际成本的变化率大于边际收益的变化率时, 可取得最大利润. 这里的第一个条件即为

$$P'(Q) = E'(Q) - C'(Q) = 0,$$

第二个条件即为

$$P''(Q) = E''(Q) - C''(Q) < 0.$$

例如, 某产品的价格 $p(Q) = a - bQ \left(a, b > 0, Q < \dfrac{a}{b} \right)$, 成本 $C(Q) = f + vQ$. 于是, 利润

$$P(Q) = E(Q) - C(Q) = -bQ^2 + (a - c)Q - f.$$

要使整个生产经营不亏本, 显然在定价时需保证 $a - v > 0$. 容易计算, 当产量 $Q_0 = \dfrac{a - v}{2b}$ 时, 有

$$P'(Q_0) = 0, \quad P''(Q_0) < 0,$$

这时所获取的利润最大.

9.4.2　效用函数

效用函数是一个模糊的概念, 也可以说是个人在消费行为中的一种感觉, 但它可以量化. 在消费行为理论中, 消费者应是理性的, 这意味着消费者被假定在可选的商品中进行挑选时, 会从消费商品中获取尽可能大的满足原则选择商品, 作为理性的个体, 满足:

(1) 消费者自主选择商品;

(2) 消费者对选择的商品作出估计.

假定消费者从各种不同数量的商品中取得与满足有关的全部信息, 都包含在消费者的效用函数中, 设效用函数 (也称 Hicks[①] (希克斯) 函数) 为

$$u = f(u_1, u_2),$$

其中 q 表示商品数量, u 表示效用值, 也就是满足感. 效用值的大小随商品数量的增加而增加, 且这种增加的强度是递减的. 例如, 一个饥渴的人, 喝第一杯水的效用大于第二杯水的效用. 用数学语言讲, 就是

$$\frac{\partial u}{\partial q_1} > 0, \quad \frac{\partial u}{\partial q_2} > 0; \quad \frac{\partial^2 u}{\partial q_1^2} < 0, \quad \frac{\partial^2 u}{\partial q_2^2} < 0.$$

对任意的常数 u_0, 方程

$$u_0 = f(q_1, q_2)$$

是二元函数的等高线, 称为**无差异曲线**. 该曲线上不同的点表示不同数量商品组合, 这些商品组合使消费者获得同样为 u_0 大小的效用值, 故称为 "无差异".

9.4.3　商品替代率

效用函数的全微分为

$$\mathrm{d}u = \frac{\partial u}{\partial q_1}\mathrm{d}q_1 + \frac{\partial u}{\partial q_2}\mathrm{d}q_2,$$

因此, 对于 $u_0 = f(q_1, q_2)$, 得

$$\frac{\partial u}{\partial q_1}\mathrm{d}q_1 + \frac{\partial u}{\partial q_2}\mathrm{d}q_2 = 0,$$

于是,

$$-\frac{\mathrm{d}q_2}{\mathrm{d}q_1} = \frac{\dfrac{\partial u}{\partial q_1}}{\dfrac{\partial u}{\partial q_2}} > 0,$$

---

① Hicks (1904—1989), 英国经济学家.

即无差异曲线上每一点的切线的斜率小于零, 可见无差异曲线是凸向原点的.

比率 $\dfrac{\mathrm{d}q_2}{\mathrm{d}q_1}$ 表示了消费者为保持一定的效用水平 u_0, 而用商品 Q_1 代替商品 Q_2 时, 每单位量 Q_1 所能代替的 Q_2, 一般称 $-\dfrac{\mathrm{d}q_2}{\mathrm{d}q_1} > 0$ 为商品 Q_1 对 Q_2 的**替代率**, 它等于二者边际效用比.

9.4.4 效用分析

理性的消费者希望在有限收入水平下, 购买商品 Q_1 与 Q_2 的一种组合, 使他达到最高的满意水平. 假设他的收入是 y_0, p_1, p_2 分别是 Q_1, Q_2 两种商品的单价, q_1, q_2 分别表示商品 Q_1, Q_2 的数量, 则上述问题数学模型为

$$\begin{cases} \max u = f(q_1, q_2), \\ p_1 q_1 + p_2 q_2 = y_0. \end{cases}$$

利用 Lagrange 乘数法求解. 为此, 构造辅助函数

$$L(q_1, q_2, \lambda) = f(q_1, q_2) + \lambda(y_0 - p_1 q_1 - p_2 q_2),$$

解方程组

$$\begin{cases} L_{q_1} = f_1 - \lambda p_1 = 0 \quad (f_1 = f_{q_1}), \\ L_{q_2} = f_2 - \lambda p_2 = 0 \quad (f_2 = f_{q_2}), \\ y_0 = p_1 q_1 + p_2 q_2, \end{cases}$$

得出

$$\frac{f_1}{f_2} = \frac{p_1}{p_2}, \quad \frac{f_1}{p_1} = \frac{f_2}{p_2} = \lambda.$$

这里的比率给出了在某一特定商品上增加一个单位的花费 "满意" 增加的比率. Lagrange 乘数 λ 在经济学上的意义为收入的边际效用.

参 考 文 献

柴俊, 丁大公, 陈咸平. 2007a. 高等数学 (上册). 北京: 科学出版社.

柴俊, 丁大公, 陈咸平. 2007b. 高等数学 (下册). 北京: 科学出版社.

陈启浩. 2011. 数学竞赛辅导. 北京: 机械工业出版社.

陈汝栋. 2012. 数学分析中的问题、方法与实践. 北京: 国防工业出版社.

陈兆斗, 等. 2010. 大学生数学竞赛习题精讲. 北京: 清华大学出版社.

大学数学编写委员会《高等数学》编写组. 2012a. 高等数学 (上册). 北京: 科学出版社.

大学数学编写委员会《高等数学》编写组. 2012b. 高等数学 (下册). 北京: 科学出版社.

葛渭高, 李翠哲, 王宏洲. 2008. 常微分方程与边值问题. 北京: 科学出版社.

郭晓时. 2006. 高等数学思想方法与解题研究. 天津: 天津大学出版社.

国防科学技术大学数学竞赛指导组. 2013. 大学数学竞赛指导. 北京: 清华大学出版社.

何瑞文, 等. 2012a. 高等数学 (上册). 3 版. 成都: 西南交通大学出版社.

何瑞文, 等. 2012b. 高等数学 (下册). 3 版. 成都: 西南交通大学出版社.

贾高. 2009. 数学分析专题选讲. 上海: 上海交通大学出版社.

李军英, 刘碧玉, 韩旭里. 2008. 微积分 (上册). 2 版. 北京: 科学出版社.

李应岐, 等. 2014. 高等数学疑难问题解析. 北京: 国防工业出版社.

刘法贵. 2008. 高等数学学习方法指导. 郑州: 黄河水利出版社.

刘坤林, 莫骄, 章纪民. 2003. 高等数学典型题. 沈阳: 东北大学出版社.

刘三阳, 于力, 李广民. 2008. 数学分析选讲. 北京: 科学出版社.

刘秀君. 2013. 考研高等数学选讲. 北京: 清华大学出版社.

楼红卫. 2009. 微积分进阶. 北京: 科学出版社.

鲁晓旭. 2012. 高等数学 (下). 北京: 清华大学出版社.

马知恩, 王绵森. 2014. 高等数学疑难问题选讲. 北京: 高等教育出版社.

潘鼎坤. 2006. 高等数学中的若干瑕疵. 西安: 西安交通大学出版社.

潘建辉, 李玲. 2012. 数学文化与欣赏. 北京: 北京理工大学出版社.

上海交通大学, 集美大学. 2014. 高等数学 —— 及其教学软件 (上册). 3 版. 北京: 科学出版社.

施光燕. 2005. 高等数学讲稿. 大连: 大连理工大学出版社.

舒阳春. 2005. 高等数学中的若干问题解析. 北京: 科学出版社.

王戈平. 2002. 数学分析选讲. 徐州: 中国矿业大学出版社.

王元明. 2003. 数学是什么. 南京: 东南大学出版社.

吴炯圻, 陈跃辉, 唐振松. 2007. 高等数学及其思想方法与实验 (上下). 厦门: 厦门大学出版社.

西北工业大学高等数学教材编写组. 2008. 高等数学 (上下). 2 版. 北京: 科学出版社.

谢盛刚, 李娟, 陈秋桂. 2010. 微积分 (上册). 2 版. 北京: 科学出版社.

谢盛刚, 李娟, 陈秋桂. 2011. 微积分 (下册). 2 版. 北京: 科学出版社.

薛定宇, 陈阳泉. 2013. 高等应用数学问题的 Matlab 求解. 3 版. 北京: 清华大学出版社.

杨春德, 等. 2009. 数学建模的认识与实践. 重庆: 重庆大学出版社.

杨建华, 孙霞林, 王志宏. 2012. 高等数学学习与提高. 2 版. 北京: 科学出版社.

张凯军, 李敬宇. 2011. 分析数学讲义. 北京: 科学出版社.

张天德, 窦慧, 崔玉泉. 2014. 全国大学生数学竞赛辅导指南. 北京: 清华大学出版社.

朱士信, 唐烁. 2014. 高等数学 (上册). 北京: 高等教育出版社.

朱士信, 唐烁. 2015. 高等数学 (下册). 北京: 高等教育出版社.

Smith R T, Minton R B. 2002. Calculus. 2nd ed. New York: McGraw-Hill Education.

Varberg D, Purcell E J, Rigdon S E. 2000. Calculus. Prentice: Prentice-Hall.

部分习题参考答案或提示

第 1 章 函数与极限

习题 1.1

1. (1) $\{x|x \geqslant -2,\text{且 } x \neq \pm 1\};$ (2) $(-\infty, -1] \cup [1, 3];$ (3) $(-1, +\infty);$

(4) $\left\{ x \middle| x \in \mathbb{R}, x \neq k\pi + \dfrac{\pi}{4}, k = 0, \pm 1, \pm 2, \cdots \right\}.$

2. (1) 不是;   (2) 不是;   (3) 是.

3. (1) $[-1, 1];$ (2) $[1, \mathrm{e}];$ (3) $\{x|2k\pi \leqslant x \leqslant (2k+1)\pi, k = 0, \pm 1, \pm 2, \cdots\};$ (4) $\varnothing.$

4. $f(x) = (x-2)(x-3);$ $f(x-1) = (x-3)(x-4).$

8. (1) 周期函数, 最小正周期为 $2\pi;$ (2) 不是周期函数;   (3) 非周期函数;

(4) 周期函数, 最小正周期为 1.

10. $f(g(x)) = \begin{cases} 1, & x < 0, \\ 0, & x = 0, \\ -1, & x > 0; \end{cases}$ $g(f(x)) = \begin{cases} \mathrm{e}, & |x| < 1, \\ 1, & |x| = 1, \\ \dfrac{1}{\mathrm{e}}, & |x| > 1. \end{cases}$

习题 1.2

4. 1.

8. $\lim\limits_{x \to 0} f(x)$ 不存在; $\lim\limits_{x \to 1} f(x) = 1.$

9. $k = 1.$

10. (1) 9;   (2) $-\dfrac{1}{2};$ (3) 2;   (4) $\dfrac{2}{3};$ (5) 0;   (6) $-1;$ (7) $\infty;$ (8) $\infty;$ (9) $\dfrac{1}{2};$

(10) $\dfrac{10}{\sqrt[3]{4}};$ (11) $\dfrac{m}{n};$ (12) $\dfrac{5}{3};$ (13) $-\dfrac{\sqrt{2}}{4};$ (14) 0.

11. (1) $\dfrac{2}{3};$ (2) 1;   (3) $\dfrac{1}{2};$ (4) $\mathrm{e}^{-k};$ (5) $\mathrm{e}^{-1};$ (6) $\mathrm{e};$ (7) $\mathrm{e}^2;$ (8) $\mathrm{e}^2.$

习题 1.3

4. (1) 3;   (2) $\dfrac{1}{2};$ (3) 2;   (4) 1;   (5) $\dfrac{1}{n};$ (6) $\dfrac{1}{4\sqrt{2}};$ (7) 1;   (8) $\dfrac{1}{8}.$

5. (1) $\alpha = 3;$ (2) $\alpha = 2;$ (3) $\alpha = 1;$ (4) $\alpha = \dfrac{2}{5}.$

习题 1.4

4. (1) $x = 0$ 为跳跃间断点;

(2) $x = 0$ 为跳跃间断点;

(3) $x = -1$ 为可去间断点, $x = -2$ 为无穷间断点.

5. $a = 1$.

6. (1)$a = -\dfrac{\pi}{2}$; (2) $a = 2, b = -\dfrac{3}{2}$.

复习题 1

1. (1) $\ln a$; (2) $\mathrm{e}^{-\frac{\pi}{2}}$; (3) e^2; (4) $a_1 a_2 \cdots a_n$; (5) 0; (6) $\dfrac{1}{3}$; (7) -3; (8) $\dfrac{2}{3}$.

2. $a = 1, b = \dfrac{1}{2}$.

3. $y = 2(x - 6)$.

4. (1) $\alpha = 0, \beta$ 任意; (2) $a = -1, b = -\dfrac{11}{3}, c = \dfrac{8}{3}$.

5. $\displaystyle\int_0^1 f(nx)\mathrm{d}x = \dfrac{1}{n}\int_0^n f(x)\mathrm{d}x$, $\displaystyle\lim_{x \to +\infty} \int_0^x f(t)\mathrm{d}t = \infty$. 答案为 A.

6. (1) $x = -1$ 为可去间断点, $x = 1$ 为跳跃间断点; (2)$x = 0$ 为可去间断点.

7. $a = 0, b = \mathrm{e}$.

8. $x_n = f(1) - \displaystyle\int_1^2 f(x)\mathrm{d}x + \cdots + f(n) - \int_{n-1}^n f(x)\mathrm{d}x > 0$, $x_{n+1} - x_n < 0$.

10. 设 $F(x) = f(x) - f\left(x + \dfrac{1}{4}\right)$ $\left(x \in \left[0, \dfrac{3}{4}\right]\right)$, 则 $F(0) + F\left(\dfrac{1}{4}\right) + F\left(\dfrac{1}{2}\right) + F\left(\dfrac{3}{4}\right) = 0$.

11. (1) $f(x) = \begin{cases} ax^2 + b, & |x| < 1, \\ \dfrac{a+b-1}{2}, & x = -1, \\ \dfrac{a+b+1}{2}, & x = 1, \\ \dfrac{1}{x}, & |x| > 1 \end{cases}$ 对于任意的 $a, b, f(x)$ 均不连续.

(2) 当 $a + b = 1$ 时, $x = -1$ 为跳跃间断点; 当 $a + b = -1$ 时, $x = 1$ 为跳跃间断点.

12. 对于任意的 $a, f(x)$ 均不连续; 当 $a = 0$ 时, $x = 0$ 为跳跃间断点.

13. $f(1) = \dfrac{1}{\pi}$.

14. 由 $f(0) + f(1) + f(2) = 3$ 及闭区间上连续函数性质, 存在 $c \in [0, 2]$ 使 $f(c) = 1$.

15. 利用单调有界定理.

17. 由 $\displaystyle\int_0^x = \int_0^{\left[\frac{x}{T}\right]} + \int_{\left[\frac{x}{T}\right]}^x = \left[\dfrac{x}{T}\right]\int_0^T + \int_{\left[\frac{x}{T}\right]}^x$ 及 $\dfrac{x}{T} - 1 < \left[\dfrac{x}{T}\right] \leqslant \dfrac{x}{T}$ 可证.

18. $x = -n$ $(n = 1, 2, \cdots)$ 为 $f(x)$ 的无穷间断点; $x = 1$ 为 $f(x)$ 的振荡间断点; $x = 0$ 为 $f(x)$ 的跳跃间断点.

20. 若 $|x_1 - x_2| < \dfrac{1}{2}$ 结论显然. 否则, 不妨设 $x_1 < x_2, x_2 - x_1 > \dfrac{1}{2}$, 则

$$|f(x_1) - f(x_2)| = |f(x_1) - f(0) + f(1) - f(x_2)| \leqslant |f(x_1) - f(0)| + |f(1) - f(x_2)| < \dfrac{1}{2}.$$

21. (1) 分子、分母同乘以 $\sin \dfrac{x}{2^n}$;   (2) 分子、分母同乘以 $(1 - x)$;

(3) $\dfrac{(1 - \sqrt{x})(1 - \sqrt[3]{x}) \cdots (1 - \sqrt[n]{x})}{(1 - x)^{n-1}} = \dfrac{1 - \sqrt{x}}{1 - x} \cdots \dfrac{1 - \sqrt[n]{x}}{1 - x}$. 利用洛必达法则求之.

22. $\dfrac{1}{2}$.

23. $F(x) = f(x + 1) - f(x) \ (x \in [0, n - 1]) \Longrightarrow \displaystyle\sum_{k=0}^{n-1} F(k) = f(n) - f(0) = 0.$ 而

$$\min F(x) \leqslant \sum_{k=0}^{n-1} F(k) \leqslant \max F(x).$$

24. 当 $n \to \infty$ 时, $f\left(\dfrac{k}{n^2}\right) = f'(0)\dfrac{k}{n^2} + o\left(\dfrac{1}{n^2}\right).$ 因此,

$$\text{原极限} = \lim_{n \to \infty} f'(0) \left(\dfrac{1 + 2 + \cdots + n}{n^2} + n \times o\left(\dfrac{1}{n^2}\right)\right) = \dfrac{1}{2}f'(0).$$

第 2 章   一元函数微分学及其应用

习题 2.1

1. (1) 可导 $f'(0) = 1$;   (2) 可导 $f'(0) = 0$.

2. (1) 当 $b = 0$ 时不可导, 当 $a = b = 0$ 时可导;   (2) 不可导.

4. (1) 连续但不可导;   (2) 连续且可导;   (3) 连续但不可导;   (4) 连续且可导.

5. (1) $-f'(x_0)$;   (2) $3f'(x_0)$;   (3) $2f'(x_0)$;   (4) $\dfrac{1}{2}f'(x_0)$.

7. $x - y + 1 = 0$.

9. $f'(x) = \begin{cases} 1, & x < 0, \\ \text{不存在}, & x = 0, \\ \mathrm{e}^x, & x > 0. \end{cases}$

习题 2.2

1. (1) $2^x \ln 2 + \dfrac{1}{2\sqrt{x}} \ln x + \dfrac{1}{\sqrt{x}}$;   (2) $15x^2 - 2^x \ln 2 + 3\mathrm{e}^x$;   (3) $\sec x \tan x$;

(4) $\dfrac{\sec x(\tan x - 1)}{(1 + \tan x)^2}$;   (5) $3\mathrm{e}^x(\cos x - \sin x)$;   (6) $\cos 2x$;   (7) $\dfrac{1}{x} + 2^x \ln 2 + 1$;

(8) $\dfrac{\cos t + \sin t + 1}{(1 + \cos t)^2}$;   (9) $a^x\left(\dfrac{1}{x} + \ln a \cdot \ln x\right)$.

2. (1) $v_0 - gt$;   (2) $t = v_0/g$ (s).

3. (1) 0; (2) $(-3)^n \cos\left(4 - 3x + \dfrac{n}{2}\pi\right)$.

4. (1) $f'(e^x)e^{f(x)+x} + f(e^x)e^{f(x)}f'(x)$; (2) $\sin 2x(f'(\sin^2 x) - f'(\cos^2 x))$.

5. (1) $\dfrac{ay - x^2}{y^2 - ax}$; (2) $\dfrac{e^{x+y} - y}{x - e^{x+y}}$.

6. (1) $\dfrac{\cos t - t\sin t}{1 - \sin t - t\cos t}$, $\dfrac{2 + t^2 - 2\sin t - t\cos t}{(1 - \sin t - t\cos t)^3}$; (2) $-\dfrac{1}{2t}$, $\dfrac{1}{4t^3}(1 + t^2)$.

7. (1) $(\sin x)^{\cos x}\left(\dfrac{\cos^2 x}{\sin x} - \sin x \ln \sin x\right)$;

(2) $\ln^x(2x + 1)\left\{\dfrac{2x}{(2x + 1)\ln(2x + 1)} + \ln[\ln(2x + 1)]\right\}$;

(3) $\dfrac{x\sqrt{1 - x^2}}{\sqrt{1 - x^3}}\left[\dfrac{1}{x} - \dfrac{x}{1 - x^2} - \dfrac{3x^2}{2(1 + x^3)}\right]$.

8. (1) $e^x(x^2 + 100x + 2450)$; (2) $2^{n-1}\sin\left(2x + \dfrac{n\pi}{2}\right)$;

(3) $(-1)^n n!\left(\dfrac{1}{(x - 2)^{n+1}} - \dfrac{1}{(x - 1)^{n+1}}\right)$.

习题 2.3

2. (1) $\mathrm{d}y = \dfrac{\mathrm{d}x}{(x^2 + 1)^{3/2}}$; (2) $\mathrm{d}y = e^{-x}(\sin(3 - x) - \cos(3 - x))\mathrm{d}x$;

(3) $\mathrm{d}y = \dfrac{1}{1 + x^2}\mathrm{d}x$; (4) $\mathrm{d}s = A\omega\cos(\omega t + \varphi)\mathrm{d}t$.

4. (1) 9.9867; (2) 2.0052.

习题 2.4

2. 设 $F(x) = xf(x), x \in [0, 1]$.

3. $f(1) = f(2) = f(3) = f(4) = 0$.

4. $e^\xi = \dfrac{e^b - e^a}{b - a} = \dfrac{e^b f(b) - e^a f(a)}{b - a} = e^\eta(f'(\eta) + f(\eta))$.

5. 设 $F(x) = \dfrac{f(x) + k}{x}$ $\left(x \neq 0, \ k = \dfrac{af(b) - bf(a)}{b - a}\right)$.

6. 设 $f(t) = t^n$ $(t \in [b, a])$ 应用 Lagrange 中值定理.

7. (1) $f(t) = \arctan t$; (2) $f(t) = e^t - te$ $(t \in [1, x])$.

9. (1) 0; (2) 0; (3) 1.

11. $\sqrt{x} = 2 + \dfrac{1}{4}(x - 4) - \dfrac{1}{64}(x - 4)^2 + \dfrac{1}{512}(x - 4)^3 - \dfrac{5}{128}\cdot\dfrac{(x - 4)^4}{[4 + \theta(x - 4)]^{7/2}}$, $\quad 0 < \theta < 1$.

13. (1) $\ln 1.2 \approx 0.1827$, $|R_3| < 4 \times 10^{-4}$; (2) $\sin 18° \approx 0.3090$, $|R_3| < 4 \times 10^{-4}$.

14. $\dfrac{1}{3}$.

习题 2.5

1. (1) -4;　(2) $\dfrac{1}{6}$;　(3) $-\dfrac{1}{2}$;　(4) $\dfrac{1}{6}$;　(5) 3;　(6) 1;　(7) $\dfrac{1}{2}$;　(8) $\dfrac{1}{2}$;　(9)0;　(10) 0;

(11) 1;　(12) 1;　(13) $\mathrm{e}^{-\frac{1}{2}}$;　(14) 1.

2. $c = \dfrac{1}{16}$.

3. 连续.

4. $a = -\dfrac{4}{3}$, $b = \dfrac{1}{3}$, 极限值为 $\dfrac{24}{9}$.

习题 2.6

1. (1) 不正确;　(2) 不正确;　(3) 不正确;　(4) 正确.

2. (1) 单调减少;　(2) 单调增加.

3. (1) 单调增区间 $(-\infty, -1], [5, +\infty)$, 单调减区间 $[-1, 5]$;

(2) 单调增区间 $(0, \mathrm{e}]$, 单调减区间 $[\mathrm{e}, +\infty)$.

4. (1) 极大值 $y(-1) = 17$, 极小值 $y(3) = -47$;　(2) 极小值 $y(0) = 0$;

(3) 极大值 $y(0) = 0$, 极小值 $y(1) = -1$;　(4) 极大值 $y(3/4) = 5/4$;

(5) 极大值 $y\left(\dfrac{12}{5}\right) = \dfrac{\sqrt{205}}{10}$;　(6) 极小值 $y(-2) = 8/3$, 极大值 $y(0) = 4$;

(7) 极大值 $y(\mathrm{e}) = \mathrm{e}^{\frac{1}{e}}$;　(8) 函数在 $\mathbb{R}$ 内无极值;

(9) 函数在 $x_1 = 2n\pi + \dfrac{\pi}{4}$ 处取极大值 $\dfrac{\sqrt{2}}{2} \cdot \mathrm{e}^{2n\pi + \frac{\pi}{4}}$, 在 $x_2 = (2n+1)\pi + \dfrac{\pi}{4}$ 处取极小值

$-\dfrac{\sqrt{2}}{2} \cdot \mathrm{e}^{(2n+1)\pi + \frac{\pi}{4}}$, 其中 $n = 0, \pm 1, \pm 2, \cdots$;　(10) 此函数无极值.

5. (1) 当 $x < 1$ 时, 图形是凸的; 当 $x > 1$ 时, 图形是凹的; $(1, f(1))$ 为拐点.

(2) 当 $|x| < \dfrac{a}{\sqrt{3}}$ 时, 图形是凹的; 当 $|x| > \dfrac{a}{\sqrt{3}}$ 时, 图形是凸的; $\left(\pm\dfrac{a}{\sqrt{3}}, f\left(\pm\dfrac{a}{\sqrt{3}}\right)\right)$ 是拐点.

(3) 当 $|x| < 1$ 时, 图形是凸的; 当 $|x| > 1$ 时, 图形是凹的; $(\pm 1, f(\pm 1))$ 是拐点.

(4) 当 $x > 0$ 时, 图形始终是凸的.

6. 当 $a = 2$ 时, 函数 $f(x)$ 在 $x = \pi/3$ 处取极大值 $\sqrt{3}$.

8. (1) 最大值 27, 最小值 2;　(2) 最大值 132, 最小值 0;

(3) 最大值 3, 最小值 1;　(4) 最大值 $1/2$.

13. $a = 1, b = -3, c = -24, d = 16$.

14. 当 $r = \sqrt[3]{\dfrac{V}{2\pi}}$ 和 $h = 2r = 2\sqrt[3]{\dfrac{V}{2\pi}}$ 时, 表面积最小. 这时底直径与高的比为 1:1.

15. $\dfrac{\sqrt{2}}{2}$.

17. $f(x)$ 在 $x = a$ 处无极值.

20. $x = x_0$ 不是极值点; $(x_0, f(x_0))$ 是曲线的拐点. 利用

$$f'''(x) = \lim_{x \to x_0} \frac{f''(x) - f''(x_0)}{(x - x_0)}$$

判定 x_0 两侧 $f''(x)$ 的符号.

复习题 2

1. 在已知不等式两端分别减 $f(x_1), f(x_2)$, 并分别令 $\lambda \to 1^-, \lambda \to 0^+$.

2. 利用导数定义 $f'(x) = \lim\limits_{h \to 0} \dfrac{f(x+h) - f(x)}{h} = f'(0)f(x)$, $f(x) = e^{2x}$.

3. $a = 2, b = 3$.

4. (1) $F'(x) = \begin{cases} 2x, & 1 < x < 2, \\ 不存在, & x = 1, \\ 1, & 0 < x < 1; \end{cases}$ (2) $n = 1, 2$.

5. $y = e^{\pi}x + 1$.

7. 设 $F(x) = (1-x)^2 f'(x)$. 由 $f(1) = f(0)$ 得 $F'(c) = 0$ $(c \in (0,1))$, 从而 $F(c) = F(1)$.

8. 存在 $x_0 \in (0,1)$, 使 $\min f(x) = f(x_0) = -1$, 则 $f'(x_0) = 0$. 将 $f(0), f(1)$ 分别在 x_0 处 Taylor 展开, 并由此两式即证.

11. 设 $F(x) = f(\lambda x_1 + (1-\lambda)x) - \lambda f(x_1) - (1-\lambda)f(x)$, $x \in [a, b]$.

12. 设 $x \in [0,1]$, 由 Taylor 公式即证:

$$f(0) = f(x) + f'(x)(0-x) + \frac{1}{2}f''(\xi_1)(0-x)^2, \quad 0 < \xi_1 < x \leqslant 1;$$

$$f(1) = f(x) + f'(x)(1-x) + \frac{1}{2}f''(\xi_2)(1-x)^2, \quad 0 \leqslant x < \xi_2 < 1,$$

两式相减, 求出 $f'(x)$.

13. 由 $\lim\limits_{x \to 0} \dfrac{f(x)}{x} = 1$ 得 $f(0) = 0, f'(0) = 1$. 将 $f(x)$ 在 $x = 0$ 处 Taylor 展开.

14. (1) $f^{(n)}(0) = \begin{cases} n!, & n \text{ 为偶数}, \\ 0, & n \text{ 为奇数}; \end{cases}$ (2) -48.

15. 将 $f(x_0 - h), f(x_0 + h)$ 在点 x_0 处 Taylor 展开, 利用反证法证明.

16. $f'(\xi) = \dfrac{f(b) - f(a)}{b - a} = \dfrac{\eta^2 f'(\eta)}{ab} \Longrightarrow \dfrac{f'(\eta)}{-\dfrac{1}{\eta^2}} = \dfrac{f(b) - f(a)}{\dfrac{1}{b^2} - \dfrac{1}{a^2}}$.

18. 将 $f(x-h), f(x+h)$ $(h > 0)$ 在点 x 处 Taylor 展开得到 $f'(x)$, 并估计, 然后取 h 值.

19. $f(x_0 + h) - f(x_0) = \dfrac{f^{(n)}(x_0)}{n!} + o(h^n)$, $hf'(x_0 + \theta h) = h\dfrac{f^{(n-1)}(x_0)}{(n-1)!}(\theta h)^n + o(h^n)$.

20. 设 $F(x) = f(x) + \dfrac{1}{6}x^2 - \dfrac{7}{6}x$ $(x \in [0, 4])$.

21. 设 $F(x) = f(x)(f(1-x))^k$ $(x \in [0,1])$.

22. $\displaystyle\lim_{x\to+\infty} f(x) = \lim_{x\to+\infty} \frac{e^x f(x)}{e^x} = \lim_{x\to+\infty} \frac{e^x f(x) + e^x f'(x)}{e^x} = k.$

23. 将 $f(a), f(b)$ 在点 $x_0 = \dfrac{a+b}{2}$ 处 Taylor 展开, 利用上题方法.

24. 设 $F(x) = \dfrac{f(x)}{x}$ $(x \in [a, b])$.

25. 将 $f(0), f(2)$ 在点 x 处 Taylor 展开, 解出 $f'(x)$.

26. 利用 Cauchy 中值定理.

27. 设 $F(x) = f^2(x) + f'^2(x) \Longrightarrow F(0) = 4 \Longrightarrow F_{\max} \geqslant 4.$ 由

$$f'(c_1) = \frac{f(0) - f(-2)}{2}, \quad f'(c_2) = \frac{f(2) - f(0)}{2} \quad (c_1 < 0 < c_2),$$

得到 $F(c_1) \leqslant 2, F(c_2) \leqslant 2.$ 由此极值点只能在 (c_1, c_2) 内得到.

28. 由 Cauchy 中值定理, 有

$$\frac{f'(\eta)}{e^\eta} = \frac{f(a) - f(b)}{e^a - e^b} = \frac{f(a) - f(b)}{e^a g(a) - e^b g(b)} = \frac{f'(\xi)}{e^\xi (g(\xi) + g'(\xi))}.$$

29. 设 $F(x) = \ln f(x) - x.$

30. 函数 $f(x)$ 在 $[0, 1]$ 上连续, 有最大、最小值. 又因 $f(0) = f(1) = 0, \displaystyle\max_{0 \leqslant x \leqslant 1} f(x) = 2,$ 故最大值在 $(0, 1)$ 内部达到. 所以存在 $x_0 \in (0, 1)$ 使得

$$f(x_0) = \max_{0 \leqslant x \leqslant 1} f(x).$$

由 Fermat 定理有 $f'(x_0) = 0.$ 在 $x = x_0$ 处按 Taylor 公式展开, 存在 $\xi, \eta \in (0, 1)$ 使得

$$0 = f(0) = f(x_0) + \frac{1}{2} f''(\xi)(0 - x_0)^2 = 2 + \frac{1}{2} f''(\xi) x_0^2,$$

$$0 = f(1) = f(x_0) + \frac{1}{2} f''(\eta)(1 - x_0)^2 = 2 + \frac{1}{2} f''(\eta)(1 - x_0)^2.$$

由以上两式解出 $f''(\xi), f''(\eta).$

$$\min_{0 \leqslant x \leqslant 1} f''(x) \leqslant \min\{f''(\xi), f''(\eta)\}.$$

32. 问题等价于讨论方程 $\ln^4 x - 4\ln x + 4x - k = 0$ 有几个不同的实根.

33. $f(x) \leqslant f(1)$ $(x \geqslant 0)$; 利用 $\sin t \leqslant t$ $(t \in (0, 1))$.

第 3 章　一元函数积分学及其应用

习题 3.1

4. (1) 3;　(2) 9;　(3) -2;　(4) $\dfrac{17}{2}$.

5. (1) $1 \leqslant \displaystyle\int_0^1 (x^3 + 1)\mathrm{d}x \leqslant 2$;　(2) $\dfrac{\pi}{4} \leqslant \displaystyle\int_{\frac{\pi}{4}}^{\frac{\pi}{2}} (1 + \cos x)\mathrm{d}x \leqslant \dfrac{\pi}{4} + \dfrac{\sqrt{2}\pi}{8}$;

(3) $\dfrac{\pi}{9} \leqslant \displaystyle\int_{\frac{\sqrt{3}}{3}}^{\sqrt{3}} x \arctan x \mathrm{d}x \leqslant \dfrac{2\pi}{3}$;　　(4) $\dfrac{1}{2} \leqslant \displaystyle\int_{\frac{\pi}{4}}^{\frac{\pi}{2}} \dfrac{\sin x}{x} \mathrm{d}x \leqslant \dfrac{\sqrt{2}}{2}$.

6. 利用定积分的性质和 Rolle 定理即证.

7. 设 t 为实参数, 由 $\displaystyle\int_a^b (f(x) + tg(x))^2 \mathrm{d}x \geqslant 0$ 即证.

8. $|f(t)| \leqslant M$ $(t \in [0, \sqrt{x}])$, $\left| \dfrac{1}{x} \displaystyle\int_0^{\sqrt{x}} f(t)\mathrm{d}t \right| \leqslant \dfrac{M\sqrt{x}}{x} \to 0$ $(x \to +\infty)$,

$\dfrac{1}{x} \displaystyle\int_{\sqrt{x}}^x f(x)\mathrm{d}x = f(\xi_x) \dfrac{x - \sqrt{x}}{x} \to A$ $(x \to +\infty, \xi_x \in [\sqrt{x}, x])$.

习题 3.2

2. $\dfrac{\mathrm{d}y}{\mathrm{d}x} = -\dfrac{x \sin x}{\mathrm{e}^y}$.

3. (1) 0;　　(2) $1 + x$;　　(3) $-2x \sin x^2$;　　(4) $\dfrac{3x^2}{\sqrt{1 + x^6}} - \dfrac{1}{\sqrt{1 + x^2}}$.

4. (1) $\mathrm{e}^x + 2\ln|x| + C$;　　(2) $\ln|x| + \sin x + C$;　　(3) $\mathrm{e}^x - 2x^{\frac{1}{2}} + C$;

(4) $\dfrac{2}{5}x^{\frac{5}{2}} - \dfrac{2}{3}x^{\frac{3}{2}} + C$;　　(5) $2x - 2\arctan x + C$;　　(6) $\dfrac{1}{4}x^4 + x^3 + \dfrac{3}{2}x^2 + x + C$.

5. (1) $\dfrac{11}{6}$;　　(2) $3 - \pi$;　　(3) $\dfrac{\pi}{12}$;　　(4) $\dfrac{24}{35}$;　　(5) $\dfrac{\pi}{3}$;　　(6) $\dfrac{\pi}{3}$.

6. 最大值 $F(0) = 0$, 最小值 $F(4) = -\dfrac{32}{3}$.

8. (1) 2;　　(2) $\dfrac{1}{2\mathrm{e}}$;　　(3) $\dfrac{1}{2}$.

习题 3.3

1. (1) $\dfrac{1}{3}\mathrm{e}^{3t} + C$;　　(2) $\dfrac{1}{6}\sin^6 x + C$;　　(3) $2\sin\sqrt{t} + C$;　　(4) $-\dfrac{1}{3}(1 - x^2)^{\frac{3}{2}} + C$;

(5) $\arctan(\ln x) + C$;　　(6) $\arctan x - (\arctan x)^2 + C$;　　(7) $\ln(1 + \mathrm{e}^x) + C$;

(8) $\arctan(\mathrm{e}^x) + C$;　　(9) $(\arctan\sqrt{x})^2 + C$;　　(10) $-\ln|\cos\sqrt{1 + x^2}| + C$;

(11) $\dfrac{1}{2}\ln(x^2 + 2x + 5) + C$;　　(12) $2\sqrt{x} - 3\sqrt[3]{x} + 6\sqrt[6]{x} - 6\ln(\sqrt[6]{x} + 1) + C$;

(13) $2[\sqrt{x + 1} - \ln(1 + \sqrt{x + 1})] + C$;　　(14) $-\dfrac{1}{8}\cos 4x + \dfrac{1}{4}\cos 2x + C$;

(15) $\dfrac{1}{4}\sin 2x - \dfrac{1}{12}\sin 6x + C$;　　(16) $\dfrac{x^2}{2} - \dfrac{9}{2}\ln(x^2 + 9) + C$;

(17) $\arccos\dfrac{1}{x} + \dfrac{\sqrt{x^2 - 1}}{x} + C$;　　(18) $\dfrac{x}{2\sqrt{2 - x^2}} + C$;

(19) $\dfrac{a^2}{2}\left(\arcsin\dfrac{x}{a} - \dfrac{x}{a^2}\sqrt{a^2 - x^2}\right) + C$;　　(20) $-\dfrac{\sqrt{x^2 + 3}}{3x} + C$;

(21) $2\sqrt{x - 1} - 2\arctan(\sqrt{x - 1}) + C$;　　(22) $\arcsin x - (1 - x^2)^{\frac{1}{2}} + C$;

(23) $\dfrac{2}{3}(\mathrm{e}^x + 1)^{\frac{3}{2}} - 2(\mathrm{e}^x + 1)^{\frac{1}{2}} + C$;　　(24) $\arcsin x - \dfrac{x}{1 + \sqrt{1 - x^2}} + C$;

(25) $\frac{1}{2}(x^2-1)\ln(x-1)-\frac{1}{4}x^2-\frac{1}{2}x+C$;　　(26) $x\arcsin x+\sqrt{1-x^2}+C$;

(27) $\frac{1}{2}x^2\arctan x-\frac{x}{2}+\frac{1}{2}\arctan x+C$;　　(28) $-\frac{1}{x}(\ln^3 x+3\ln^2 x+6\ln x+6)+C$;

(29) $\frac{1}{2}x^2\sin x^2+\frac{1}{2}\cos x^2+C$;　　(30) $\frac{x}{2}(\cos(\ln x)+\sin(\ln x))+C$.

3.　$3\ln 2-1$.

4.　$\cos x-\dfrac{2\sin x}{x}+C$.

5.　$\dfrac{\sqrt 2}{2}$.

6.　(1) $\dfrac{1}{6}$;　(2) $2-\sqrt 3$;　(3) $\dfrac{51}{512}$;　(4) $2(\sqrt 3-1)$;　(5) $1+\ln\dfrac{3}{2e+1}$;　(6) $\pi-\dfrac{4}{3}$;

(7) $\dfrac{3}{2}(1-e^{-\frac{1}{3}})$;　(8) $2(\cos 1-\cos 2)$;　(9) 0;　(10) 0;　(11) 4;　(12) 2;　(13) 1;

(14) $2\sqrt 2-2$;　(15) $\dfrac{4}{5}$;　(16) $\dfrac{\pi a^2}{4}$;　(17) $\dfrac{\pi}{12}$;　(18) $\sqrt 2-\dfrac{2\sqrt 3}{3}+\ln\dfrac{2+\sqrt 3}{1+\sqrt 2}$;

(19) $4(2\ln 2-1)$;　(20) $2e^{\sqrt 2}(\sqrt 2-1)$;　(21) $\sqrt 2$;　(22) $\dfrac{\pi}{8}+\dfrac{\ln 2}{4}$;

(23) $e\ln(1+e^2)-2e+2\arctan e$;　(24) π;　(25) $1-\dfrac{2}{e}$;　(26) $\dfrac{1}{5}(e^\pi-2)$;

(27) $-\dfrac{\sqrt 3\pi}{24}+\dfrac{1}{4}$;　(28) $-\dfrac{1}{4}\ln 2+\dfrac{1}{4}$;　(29) $\dfrac{\pi^3}{48}+\dfrac{\pi^2}{8}-1$;　(30) $2-\dfrac{2}{e}$.

7.　$\dfrac{\cos 2x}{\sqrt{1+\sin 2x}}$.

9.　(1) $\dfrac{2}{3}(2\sqrt 2-1)$;　(2) -1;　(3) $\dfrac{2}{\pi}$.

习题 3.4

1.　(1) $\dfrac{1}{2}$;　(2) $\dfrac{1}{2}$;　(3) $\dfrac{3\pi^2}{32}$;　(4) π;　(5) $\dfrac{1}{\ln a}$;　(6) 2;　(7) $\dfrac{\pi}{2}$;

(8) 发散;　(9) $\dfrac{\pi}{2}$;　(10) $\dfrac{8}{3}$.

2.　(1) 收敛;　(2) 收敛;　(3) 发散;　(4) 收敛.

习题 3.5

1.　(1) 1;　(2) $\dfrac{3}{2}-\ln 2$;　(3) 16;　(4) $\dfrac{1}{e}+e-2$.

2.　$\dfrac{1}{3}\pi k^2 h$.

3.　$\dfrac{\pi^2}{2}$;　$2\pi^2$.

4.　(1)$1+\dfrac{1}{2}\ln\dfrac{3}{2}$;　(2)$\sqrt 2(e-1)$;　(3)$\dfrac{e^a+e^{-a}}{2}$.

5.　$\dfrac{5}{4}$m.

6. $kq \left(\dfrac{1}{a} - \dfrac{1}{b} \right), k$ 为常数.

7. $(1) \pi a^2 b \rho g;$ $\quad (2) \dfrac{2}{3} a^2 b \rho g.$

8. 构造 $F(x) = (x - a) \displaystyle\int_a^x f^2(x) \mathrm{d}x - \left(\displaystyle\int_a^x f(x) \mathrm{d}x \right)^2.$

9. 构造 $G(x) = \displaystyle\int_a^x f(t) \mathrm{d}t \displaystyle\int_a^x \dfrac{\mathrm{d}t}{f(t)} - (x - a)^2.$

10. 构造 $F(x) = \displaystyle\int_0^x (x - t) f(t) \mathrm{d}t.$

复习题 3

1. $\ln x + 1.$

2. $a = -\dfrac{55}{188}, b = \dfrac{81}{94}, c = 0.$

3. (1) $\dfrac{1}{b^2 - a^2} \ln \dfrac{b}{a};$ $\quad$ (2) 3.

5. (1) 1; $\quad$ (2) $\dfrac{2}{\pi}.$

6. 令 $z = x^n - t^n$, 再利用洛必达法则即可.

8. 令 $f(x) = f(x) - f(a) = \displaystyle\int_a^x f'(x) \mathrm{d}x$, 再利用 Cauchy 积分不等式.

9. $F(x) = \sqrt{\dfrac{\mathrm{e}^x}{1 + x}}.$

10. $a = 1, b = 0, c = -\dfrac{1}{4}.$

12. $\displaystyle\int_0^1 (f'(x))^2 \mathrm{d}x \geqslant \left(\displaystyle\int_0^1 f'(x) \mathrm{d}x \right)^2 = 1.$

13. (1) $\displaystyle\int_0^x f(t) - f(-t) \mathrm{d}t = x(f(\theta x) - f(-\theta x));$ $\quad$ (2) $\dfrac{1}{2}.$

14. $\displaystyle\int_0^1 \dfrac{(f(x) - m)(f(x) - M)}{f(x)} \mathrm{d}x \leqslant 0.$

15. $\dfrac{3}{4}.$

17. $-\dfrac{5}{2} \leqslant \displaystyle\int_0^1 f(x) \mathrm{d}x \leqslant \dfrac{7}{2}.$

18. $f(x) = \dfrac{5}{2} (\ln x + 1).$

19. 最大值 $f(2) = 6$, 最小值 $f\left(\dfrac{1}{2} \right) = -\dfrac{3}{4}.$

20. $f(x) = 18x^2 + 42x + 12.$

21. 对 $\displaystyle\int_0^1 x(1 - x) f''(x) \mathrm{d}x$ 分部积分.

22.　$f(x) - f(\xi) = \int_{\xi}^{x} f'(t)\mathrm{d}t, \xi \in (0,1); \int_{0}^{1} |f(x)|\mathrm{d}x = |f(\eta)|, \eta \in (0,1).$

23.　用积分中值定理证明：

$$\int_{-1}^{1} \frac{h}{h^2 + x^2} f(x)\mathrm{d}x = \int_{-1}^{-\sqrt{h}} \frac{h}{h^2 + x^2} f(x)\mathrm{d}x$$
$$+ \int_{-\sqrt{h}}^{\sqrt{h}} \frac{h}{h^2 + x^2} f(x)\mathrm{d}x + \int_{\sqrt{h}}^{1} \frac{h}{h^2 + x^2} f(x)\mathrm{d}x.$$

第 4 章　常微分方程

习题 4.1

3.　(1) $xy' - y + x^2 = 0$; (2) $y'' - 4y' + 4y = 0$;

(3) $(1 + y'^2)y^2 = 1$; (4) $y'' - 2y' + 3y = 0$.

习题 4.2

1.　(1) $\mathrm{e}^{-y} + \sin x = C$;　　(2) $\mathrm{e}^{-y} + \mathrm{e}^x = C$;　　(3) $(x-1)\mathrm{e}^x = \frac{1}{3}(1+t^2)^{\frac{3}{2}} + C$;

(4) $\tan x \tan y = C$;　　(5) $\arcsin y = \arcsin x + C$;　　(6) $\frac{1}{y} = a\ln|x - a + 1| + C$.

2.　(1) $\cot\frac{y}{x} + \ln|x| = C$;　　(2) $\ln|Cx| + \mathrm{e}^{-\frac{y}{x}} = 0$;　　(3) $x^3 - 2y^3 = Cx$;

(4) $x^2 = C\sin^3\frac{y}{x}$.

3.　(1) $y = \mathrm{e}^{-x}(x + C)$;　　(2) $y = 2 + C\mathrm{e}^{-x^2}$;　　(3) $y = \frac{1}{3}x^2 + \frac{3}{2}x + 2 + \frac{C}{x}$;

(4) $y = (x + C)\mathrm{e}^{-\sin x}$;　　(5) $y = -\cos x + C\sec x$;　　(6) $y = C\mathrm{e}^{\tan t} - \tan t - 1$.

4.　(1) $\left(\frac{1}{y} + \frac{1}{3}\right)\mathrm{e}^{\frac{3}{2}x^2} = C$;　　(2) $\frac{1}{y} = -\sin x + C\mathrm{e}^x$;　　(3) $y^{-2} = Cx^4 + \frac{2}{5x}$;

(4) $\frac{x^2}{y^2} = -\frac{2}{3}x^3\left(\frac{2}{3} + \ln x\right) + C$.

5.　$f(x) = \mathrm{e}^{x^2} - 1$.

6.　$\dfrac{\mathrm{d}^2 y}{\mathrm{d}x^2} = (1 + t^2)(\ln(1 + t^2) + 1)$.

7.　令 $u = x + y$.

8.　令 $u = xy$.

习题 4.3

1.　(1) $y = \frac{1}{6}x^3 - \sin x + C_1 x + C_2$;　　(2) $y = x\arctan x - \frac{1}{2}\ln(1 + x^2) + C_1 x + C_2$;

(3) $y = (x - 3)\mathrm{e}^x + C_1 x^2 + C_2 x + C_3$;　　(4) $y = C_1\left(x - \frac{1}{4}\right)^2 + C_2$;

(5) $y = C_1 \ln |x| + C_2$;　　(6) $\sin(y + C_1) = C_2 e^x$.

3.　$y = C_1(x - 1) + C_2(x^2 - 1) + 1$.

4.　(1) $y = C_1 e^{-2x} + C_2 e^{-3x}$;　　(2) $y = C_1 e^{-3x} + C_2 x e^{-3x}$;

(3) $y = C_1 e^x + C_2 e^{-x} + C_3 \sin x + C_4 \cos x$;　　(4) $y = C_1 e^{2x} + C_2 e^{-2x} + C_3 \sin 3x + C_4 \cos 3x$.

5.　(1) $y = x^{\frac{1}{3}}(C_1 + C_2 \ln x)$;　　(2) $y = C_1(x + 1) + C_2(x + 1)^2$.

习题 4.4

1.　(1) $y = C_1 + C_2 e^{3x} - \frac{1}{6}x^2 + \frac{2}{9}x$;　　(2) $y = C_1 + C_2 e^{-\frac{5}{2}x} + \frac{1}{3}x^3 - \frac{3}{5}x^2 + \frac{7}{25}x$;

(3) $y = C_1 e^{\frac{x}{2}} + C_2 e^{-x} + e^x$;　　(4) $y = C_1 e^{-x} + C_2 e^{-2x} + \left(\frac{3}{2}x^2 - 3x\right)e^x$;

(5) $y = C_1 \sin 2x + C_2 \cos 2x + \frac{1}{3}x \cos x + \frac{2}{9}\sin x$;

(6) $y = C_1 e^x + C_2 e^{-x} + \frac{1}{10}\cos 2x - \frac{1}{2}$.

2.　(1) $y = \frac{11}{16} + \frac{5}{16}e^{4x} - \frac{5}{4}x$;　　(2) $y = \cos x + x \sin x$;

(3) $y = e^x - e^{-x} - xe^x + x^2 e^x$;　　(4) $y = e^{-\frac{3}{2}x} + 2e^{-\frac{5}{2}x} + xe^{-\frac{3}{2}x}$.

3.　$a = -3, b = 2, c = -1$;　$y = C_1 e^x + C_2 e^{2x} + xe^x$.

4.　$y'' - y = \sin x$,　$y = C_1 e^x + C_2 e^{-x} - \frac{1}{2}\sin x$.

5.　$\dfrac{\mathrm{d}^2 y}{\mathrm{d}t^2} + y = 0$,　$y = 2x + \sqrt{1 - x^2}$.

习题 4.5

1.　$x(t) = \frac{1}{12}t^4 - \frac{1}{2}t^2 + t$.

2.　$(x + C_1)^2 + (y + C_2)^2 = 1$.

3.　$x = e^{-0.245t}(2\cos 156.5t + 0.00313 \sin 156.5t)$.

4.　$\theta(t) = C_1 \cos \omega t + C_2 \sin \omega t$, 其中 $\omega = \sqrt{\dfrac{g}{l}}$, 周期 $T = \dfrac{2\pi}{\omega}$.

5.　$v(t)$ 满足 $v'(t) = -\dfrac{k}{m}v, v(0) = v_0$. 滑行距离 $x(t) = \dfrac{m}{k}(v_0 - v(t))$; $\max x(t) = 1.05\text{km}$.

6.　$f(x) = x^2 - 2x + 1$.

复习题 4

1.　$y^{\frac{3}{2}} = \dfrac{3\sqrt{2}}{2}x + \dfrac{\sqrt{2}}{4}$.

2.　(1) $x^2 y + x^3 + 3x + y = C$;　(2) $x = e^{2y}(y + C)$;　(3) $\arctan(x + y) = y + C$;

(4) $\sin \dfrac{y^2}{x} = Cx$.

3.　$y = \sin x + \cos x$.

4.　$y = e^x - e^{-x}$.

5. y 满足 $y'' + 3y' + 2y = \mathrm{e}^{-x} + 6, y(0) = 1, y'(0) = 0.$ 解得 $y = -5\mathrm{e}^{-x} + 3\mathrm{e}^{-2x} + x\mathrm{e}^{-x} + 3.$

6. $y = \mathrm{e}^{-kx}\left(\displaystyle\int_0^x \mathrm{e}^{kt}f(t)\mathrm{d}t + C\right).$ 令 $y(x + \omega) = y(x)$, 解得 $C = \dfrac{1}{1 - \mathrm{e}^{-k\omega}}\displaystyle\int_{-\omega}^0 \mathrm{e}^{kt}f(t)\mathrm{d}t.$

7. $y = \sqrt{3x - x^2},\ 0 < x < 3.$

8. $f(t)$ 满足 $f'(t) - 8\pi t f(t) = 8\pi t\mathrm{e}^{4\pi t^2},\ f(0) = 1,\ f(t) = \mathrm{e}^{4\pi t^2}(4\pi t^2 + 1).$

9. 问题 $2y'' + y' - y = (4 - 6x)\mathrm{e}^{-x},\ y(0) = y'(0) = 0$ 的解为 $y = x^2\mathrm{e}^{-x}.$

(1) 最大距离为 $4\mathrm{e}^{-2}$;   (2) 2.

10. $f(x)$ 满足 $f''(x) + f(x) = 6\sin^2 x, f(0) = 1, f'(0) = 1,$

$f(x) = \sin x - 3\cos x + \cos 2x + 3.$

$$\int_0^{\frac{\pi}{2}}\left(\frac{f(x)}{x + 1} + g(x)\ln(x + 1)\right)\mathrm{d}x = 3\ln\left(1 + \frac{\pi}{2}\right).$$

11. 设 B 的轨迹方程为 $y = y(x)$, 则 y 满足 $x\dfrac{\mathrm{d}^2 y}{\mathrm{d}x^2} + \dfrac{1}{2}\sqrt{1 + \left(\dfrac{\mathrm{d}y}{\mathrm{d}x}\right)^2} = 0, y(-1) = 0, y'(-1) = 1.$

12. y 满足 $y'' = -(1 + y'^2), y(0) = 1, y'(0) = 1.$

13. v 满足 $\dfrac{\mathrm{d}v}{\mathrm{d}t} + \dfrac{k}{M - mt}v = g, v(0) = 0.$

14. x 满足 $l\dfrac{\mathrm{d}^2 x}{\mathrm{d}t^2} = xg, x(0) = b, x'(0) = 0.$ 解出 x 再令 $x = l$, 求出 t.

15. $f(u)$ 满足 $f'(u) + \dfrac{1}{2u^2}f(u) + 2 = 0 \Longrightarrow f(u) = -\dfrac{4}{3}u + \dfrac{C}{\sqrt{u}}.$

16. $f(u)$ 满足 $f'(u) + \dfrac{1}{2u}f(u) + \dfrac{3}{2} = 0, f(1) = 1 \Longrightarrow f(u) = -u + \dfrac{2}{\sqrt{2}}.$

17. $f(u)$ 满足 $f''(u) - f(u) - 1 = 0, f(0) = 0, f'(0) = 0 \Longrightarrow$

$$f(u) = \frac{1}{2}(\mathrm{e}^u + \mathrm{e}^{-u}) - 1.$$

18. $\alpha = -3, \beta = 2, \gamma = -1;\quad y = C_1\mathrm{e}^x + C_2\mathrm{e}^{2x} + x\mathrm{e}^x.$

第 5 章   向量代数与解析几何

习题 5.1

1. $11\boldsymbol{a} - 3\boldsymbol{b} - 4\boldsymbol{c}.$

2. $\left(\dfrac{1}{\sqrt{14}}, -\dfrac{3}{\sqrt{14}}, \dfrac{2}{\sqrt{14}}\right).$

4. $|\overrightarrow{AB}| = 2; \cos\alpha = -\dfrac{1}{2}, \cos\beta = \dfrac{\sqrt{2}}{2}, \cos\gamma = \dfrac{1}{2}; \alpha = \dfrac{2\pi}{3}, \beta = \dfrac{\pi}{4}, \gamma = \dfrac{\pi}{3}.$

5. $5\sqrt{2}.$

6. $A(-2, 3, 0).$

7. $\boldsymbol{a}^0 = \dfrac{\sqrt{2}}{10}(4, 5, -3), \boldsymbol{b}$ 的方向余弦为 $\cos\alpha = \dfrac{2}{7}, \cos\beta = \dfrac{3}{7}, \cos\gamma = \dfrac{6}{7}.$

习题 5.2

1. (1)0;　(2)$i + 4j - k$.

2. 13.

3. $\dfrac{1}{2}\sqrt{83}$.

4. $m = 2n$.

5. $\dfrac{\pi}{3}$.

6. (1)0;　(2) $-6(i + j)$.

7. 24.

8. $\dfrac{\pi}{3}$.

习题 5.3

1. $2x + 6y - 2z - 1 = 0$.

3. (1)$y^2 + z^2 = 4x$;　(2)$\dfrac{x^2}{9} + \dfrac{y^2}{4} + \dfrac{z^2}{9} = 1$;　$\dfrac{x^2}{4} + \dfrac{y^2}{4} + \dfrac{z^2}{9} = 1$.

5. $(x - 3)^2 + (y + 1)^2 + (z - 1)^2 = 21$.

6. (1) 由 yOz 平面上的射线 $z = y(y \geqslant 0)$ 绕 z 轴旋转而成;　(2) 由 yOz 平面上的曲线 $z = 2 - y^2$ 绕 z 轴旋转而成.

习题 5.4

1. (1)$\begin{cases} x = 2\cos t, \\ y = 2\sin t, \\ z = 4; \end{cases}$　(2)$\begin{cases} x = \dfrac{3}{\sqrt{2}}\cos t, \\ y = \dfrac{3}{\sqrt{2}}\cos t, \\ z = 3\sin t. \end{cases}$

2. (1) 该交线在 yOz 面上的曲线为 $\begin{cases} y + z - 1 = 0, \\ x = 0; \end{cases}$

(2) 该交线在 xOy 面上的曲线为 $\begin{cases} x^2 + 2y^2 - 2y = 0, \\ z = 0; \end{cases}$

(3) 该交线在 xOz 面上的曲线为 $\begin{cases} x^2 + 2z^2 - 2z = 0, \\ y = 0. \end{cases}$

3. $\begin{cases} x^2 + y^2 \leqslant 1, \\ z = 0. \end{cases}$

4. $3y^2 - z^2 = 16$.

5. $i + j + \sqrt{2}k$.

习题 5.5

1. $3x + 8y + 5z - 4 = 0$.
2. $2x - y + z - 4 = 0$.
3. $x + y - 3z - 4 = 0$.
4. $\sqrt{2}$.
5. $2x + 2y - 3z = 0$.
6. $\dfrac{x+3}{4} = \dfrac{y-2}{3} = \dfrac{z-5}{1}$.
8. $\dfrac{x+3}{-4} = \dfrac{y-2}{-3} = \dfrac{z-5}{-1}$.
9. $\begin{cases} x - 3y - 2z + 1 = 0, \\ x - y + 2z - 1 = 0. \end{cases}$
10. $\dfrac{x-2}{2} = \dfrac{y-1}{-1} = \dfrac{z-3}{4}$.
11. (1) 不相交, 不平行; (2) 平行; (3) 相交, 交角的正弦为 $\sin\phi = \sqrt{\dfrac{26}{35}}$;
(4) 平行; (5) 相交而不垂直.

复习题 5

2. $z = -4; \theta_{\min} = \dfrac{\pi}{4}$.
3. 15.
4. 42.
6. $\dfrac{x+1}{16} = \dfrac{y-0}{19} = \dfrac{z-4}{28}$.
10. $z = \dfrac{1}{5}; S_{\triangle ABC}|_{\min} = \dfrac{\sqrt{30}}{5}$.
11. $a = -5, b = -2$.

第 6 章   多元函数微分学及其应用

习题 6.1

3. (1)0; (2)e^6; (3)$-\dfrac{1}{4}$; (4)2; (5)1.
5. (1) 不连续; (2) 连续.

习题 6.2

1. (1) $\dfrac{\partial z}{\partial x} = 3x^2 y - y^3, \dfrac{\partial z}{\partial y} = x^3 - 3y^2 x$; (2) $\dfrac{\partial z}{\partial x} = \dfrac{1}{y} - \dfrac{y}{x^2}, \dfrac{\partial z}{\partial y} = \dfrac{1}{x} - \dfrac{x}{y^2}$;
(3) $\dfrac{\partial z}{\partial x} = \dfrac{1}{2x\sqrt{\ln xy}}, \dfrac{\partial z}{\partial y} = \dfrac{1}{2y\sqrt{\ln xy}}$;
(4) $\dfrac{\partial z}{\partial x} = y[\cos(xy) - \sin(2xy)], \dfrac{\partial z}{\partial y} = x[\cos(xy) - \sin(2xy)]$;

(5) $\dfrac{\partial u}{\partial x} = \dfrac{y}{z}x^{\frac{y}{z}-1}, \dfrac{\partial u}{\partial y} = \dfrac{1}{z}x^{\frac{y}{z}}\ln x, \dfrac{\partial u}{\partial z} = -\dfrac{y}{z^2}x^{\frac{y}{z}}\ln x;$

(6) $\dfrac{\partial z}{\partial x} = (1+xy)^x\left(\ln(1+xy) + \dfrac{xy}{1+xy}\right), \dfrac{\partial z}{\partial y} = x^2(1+xy)^{x-1};$

(7) $z_x = -e^{x^2}, z_y = e^{y^2};$ (8) $u_{x_i} = i\cos(x_1 + 2x_2 + \cdots + nx_n)\ (i = 1, 2, \cdots, n);$

(9) $z_x = \dfrac{2y}{(x+y)^2}, z_y = -\dfrac{2x}{(x+y)^2};$

(10) $u_x = u_y = \dfrac{ze^z}{(x+y+z)^2}, u_z = \dfrac{(x+y)e^z(x+y+z-1)}{(x+y+z)^2}.$

4.   (1) $\dfrac{\partial^2 z}{\partial x^2} = 12x^2 - 8y^2, \dfrac{\partial^2 z}{\partial y^2} = 12y^2 - 8x^2, \dfrac{\partial^2 z}{\partial x \partial y} = -16xy;$

(2) $\dfrac{\partial^2 z}{\partial x^2} = \dfrac{2xy}{(x^2+y^2)^2}, \dfrac{\partial^2 z}{\partial y^2} = -\dfrac{2xy}{(x^2+y^2)^2}, \dfrac{\partial^2 z}{\partial x \partial y} = \dfrac{y^2 - x^2}{(x^2+y^2)^2};$

(3) $z_{xx} = -z, z_{yy} = -z, z_{xy} = -\sin(x+y) + \cos(x-y);$

(4) $z_{xx} = z\left(\dfrac{\ln x}{x+y} + \dfrac{\ln(x+y)}{x}\right)^2 + z\left(\dfrac{x+y-x\ln x}{x(x+y)^2} + \dfrac{x-(x+y)\ln(x+y)}{x^2(x+y)}\right),$

$z_{yy} = z\dfrac{x\ln^2 x + x + y - x\ln x}{x(x+y)^2},$

$z_{xy} = \dfrac{z\ln x}{x+y}\left(\dfrac{\ln x}{x+y} + \dfrac{\ln(x+y)}{x}\right) + z\left(\dfrac{1}{x(x+y)} - \dfrac{\ln x}{(x+y)^2}\right).$

6.   (1) $dz = \left(y + \dfrac{1}{y}\right)dx + \left(x - \dfrac{x}{y^2}\right)dy;$ (2) $dz = y^2\cos(xy^2)dx + 2xy\cos(xy^2)dy;$

(3) $dz = -\dfrac{1}{x^2}e^{\frac{y}{x}}(ydx - xdy);$ (4) $dz = -\dfrac{x}{\sqrt{(x^2+y^2)^3}}(ydx - xdy).$

习题 6.3

1. $\dfrac{dz}{dt} = e^t\cos t(\sin t)^{e^t-1} + e^t(\sin t)^{e^t}\ln\sin t.$

4.   (1) $\dfrac{\partial u}{\partial x} = 2xf_1' + ye^{xy}f_2', \dfrac{\partial u}{\partial y} = -2yf_1' + xe^{xy}f_2';$

(2) $u_x = 3x^2f + x^3yf_1' - xyf_2', u_y = x^4f_1' + x^2f_2'.$

5. $\dfrac{\partial^2 z}{\partial x^2} = 2f_1' + 4x^2f_{11}'' + 8xyf_{12}'' + 4y^2f_{22}'', \dfrac{\partial^2 z}{\partial y^2} = -2f_1' + 4y^2f_{11}'' - 8xyf_{12}'' + 4x^2f_{22}'',$

$\dfrac{\partial^2 z}{\partial x \partial y} = 2f_1' - 4xyf_{11}'' + 4(x^2 - y^2)f_{12}'' + 4yxf_{22}''.$

8. $\dfrac{\partial z}{\partial x} = \dfrac{yz - \sqrt{xyz}}{\sqrt{xyz} - xy}, \dfrac{\partial z}{\partial y} = \dfrac{xz - 2\sqrt{xyz}}{\sqrt{xyz} - xy}.$

10. $\dfrac{\partial^2 z}{\partial x \partial y} = -\dfrac{z}{x(1+z)^3}.$

12. $\dfrac{\partial u}{\partial x} = \dfrac{\sin v}{e^u(\sin v - \cos v) + 1}, \dfrac{\partial u}{\partial y} = \dfrac{-\cos v}{e^u(\sin v - \cos v) + 1},$

$$\frac{\partial v}{\partial x} = \frac{\cos v - \mathrm{e}^u}{u(\mathrm{e}^u(\sin v - \cos v) + 1)}, \quad \frac{\partial v}{\partial y} = \frac{\sin v + \mathrm{e}^u}{u(\mathrm{e}^u(\sin v - \cos v) + 1)}.$$

13. $\dfrac{\partial z}{\partial x} = -\dfrac{F_1' y + z F_3'}{F_2' + x F_3'}, \dfrac{\partial z}{\partial y} = -\dfrac{F_1' x + F_2'}{F_2' + x F_3'}.$

习题 6.4

1. $1 + 2\sqrt{3}$.

2. $\dfrac{\sqrt{2}}{3}$.

3. 5.

4. $\dfrac{6}{7}\sqrt{14}$.

5. $(6, 3, -2)$.

习题 6.5

1. 切线方程 $\dfrac{x - \sqrt{2}}{-\sqrt{2}} = \dfrac{y - \sqrt{2}}{\sqrt{2}} = \dfrac{z - \dfrac{3\pi}{4}}{3}$;

法平面方程 $-\sqrt{2}(x - \sqrt{2}) + \sqrt{2}(y - \sqrt{2}) + 3\left(z - \dfrac{3\pi}{4}\right) = 0.$

2. 切线方程 $\dfrac{x - x_0}{1} = \dfrac{y - y_0}{\dfrac{m}{y_0}} = \dfrac{z - z_0}{-\dfrac{1}{2z_0}}$;

法平面方程 $(x - x_0) + \dfrac{m}{y_0}(y - y_0) - \dfrac{1}{2z_0}(z - z_0) = 0.$

3. 切线方程 $\dfrac{x - 1}{16} = \dfrac{y - 1}{9} = \dfrac{z - 1}{-1}$; 法平面方程 $16x + 9y - z - 24 = 0.$

4. 切平面方程 $2x - 3y + 2z = 9$; 法线方程 $\dfrac{x - 1}{2} = \dfrac{y + 1}{-3} = \dfrac{z - 2}{2}.$

7. (1) 最大值 3, 最小值 0;　(2) 最大值 3, 最小值 -9;

(3) 最大值 8; 最小值 $-\dfrac{17}{8}$;　(4) 最大值 6; 最小值 -1.

9. (1) 最大值 $\dfrac{2}{\sqrt{3}}$, 最小值 $-\dfrac{2}{\sqrt{3}}$;　(2) 最大值 $\mathrm{e}^{\frac{1}{4}}$, 最小值 $\mathrm{e}^{-\frac{1}{4}}$;

(3) 最大值 $1 + 2\sqrt{2}$, 最小值 $1 - 2\sqrt{2}$.

复习题 6

2. (1) $\nabla f(2, 3) = (-2, 2)$;　(2) 方向导数的最大值 $2\sqrt{2}$.

3. 连续, 偏导数不存在, 不可微.

4. $x_{uv} = -\dfrac{-yv - x}{(uv + 1)^2}$;　$y_{uv} = -\dfrac{x + xu}{(uv + 1)^2}.$

8. $\mathrm{d}z = \dfrac{xf_3' - xf_1'}{zf_3' - zf_2'}\mathrm{d}x + \dfrac{yf_1' - yf_2'}{zf_3' - zf_2'}\mathrm{d}y.$

10. $\left(-\dfrac{1}{2}, -\dfrac{1}{2}, \dfrac{5}{4}\right)$.

12. $z_{xx} = f''_{11}(1 + g'(x-y))^2 + f'_1 g''(x-y)$;

$z_{yy} = f''_{11}(g'(x-y))^2 + f'_1 g''(x-y) - 2f''_{12}g'(x-y) + f''_{22}$.

14. $\begin{cases} x + y = 2, \\ z = 2. \end{cases}$

17. $a = \dfrac{1+\sqrt{5}}{2}$ 或 $a = \dfrac{1-\sqrt{5}}{2}$.

19. $\operatorname{grad} h(x_0, y_0) = (y_0 - 2x_0, x_0 - 2y_0)$; $M_1(5,-5)$, $M_2(-5,5)$.

20. 极大值点 $(r, r, \sqrt{3}r)$, 极小值 $\ln(3\sqrt{3}r^5)$.

21. $\max f = 3$, $\min f = -2$.

24. $F(\theta) = f(\cos\theta, \sin\theta) \Longrightarrow F(0) = F\left(\dfrac{\pi}{2}\right) = F(2\pi)$.

第 7 章 多元函数积分学及其应用

习题 7.1

1. (1) 小于零;　(2) 小于零;　(3) 大于零.

2. (1) 正确;　(2) 不正确;　(3) 不正确.

3. $\dfrac{1}{3}$.

4. (1) $0 \leqslant I_1 \leqslant 2$;　(2) $1 \leqslant I_2 \leqslant \mathrm{e}^2$;　(3) $36\pi \leqslant I_3 \leqslant 100\pi$;

(4) $\dfrac{8}{\ln 2} \leqslant I_4 \leqslant \dfrac{16}{\ln 2}$.

6. (1) $\displaystyle\iint\limits_{D} \ln(x+y)\mathrm{d}\sigma \leqslant \iint\limits_{D} \ln^2(x+y)\mathrm{d}\sigma$;

(2) $\displaystyle\iiint\limits_{\Omega} (x+y+z)\mathrm{d}v \geqslant \iiint\limits_{\Omega} (x+y+z)^2\mathrm{d}v$.

习题 7.2

1. (1) $\dfrac{9}{4}$;　(2) 0;　(3) $\dfrac{\pi}{4}$;　(4) $\dfrac{\pi}{2}\ln 2$;　(5) $\dfrac{\pi}{4} - \dfrac{1}{3}$;　(6) $\dfrac{1}{6}\left(1 - \dfrac{2}{\mathrm{e}}\right)$;

(7) $\dfrac{19}{4} + \ln 2$;　(8) $\dfrac{32}{21}$.

2. (1) $\displaystyle\int_0^1 \mathrm{d}y \int_0^{\sqrt{y}} f(x,y)\mathrm{d}x + \int_1^2 \mathrm{d}y \int_0^{2-y} f(x,y)\mathrm{d}y$;　(2) $\displaystyle\int_0^1 \mathrm{d}y \int_{1-\sqrt{1-y^2}}^{2-y} f(x,y)\mathrm{d}x$;

(3) $\displaystyle\int_0^a \mathrm{d}y \int_{\frac{y^2}{2a}}^{a-\sqrt{a^2-y^2}} f(x,y)\mathrm{d}x + \int_0^a \mathrm{d}y \int_{a+\sqrt{a^2-y^2}}^{2a} f(x,y)\mathrm{d}x + \int_a^{2a} \mathrm{d}y \int_{\frac{y^2}{2a}}^{2a} f(x,y)\mathrm{d}x$;

(4) $\displaystyle\int_0^{\sqrt{3}} \mathrm{d}x \int_{4-x^2}^{2+\sqrt{4-x^2}} f(x,y)\mathrm{d}y + \int_{\sqrt{3}}^2 \mathrm{d}x \int_{2-\sqrt{4-x^2}}^{2+\sqrt{4-x^2}} f(x,y)\mathrm{d}y$

$$-\int_0^{\sqrt{3}}\mathrm{d}x\int_0^{2-\sqrt{4-x^2}}f(x,y)\mathrm{d}y-\int_{\sqrt{3}}^2\mathrm{d}x\int_0^{4-x^2}f(x,y)\mathrm{d}y;\quad(5)\int_0^4\mathrm{d}x\int_{\frac{x}{2}}^{\sqrt{x}}f(x,y)\mathrm{d}y;$$

(6) $\displaystyle\int_{\frac{1}{2}}^1\mathrm{d}y\int_{\frac{1}{y}}^2f(x,y)\mathrm{d}x+\int_1^2\mathrm{d}y\int_y^2f(x,y)\mathrm{d}x.$

3. (1) $\displaystyle\int_0^{\frac{\pi}{4}}\mathrm{d}\theta\int_0^{\frac{1}{\cos\theta}}f(r\cos\theta,r\sin\theta)r\mathrm{d}r+\int_{\frac{\pi}{4}}^{\frac{\pi}{2}}\mathrm{d}\theta\int_0^{\frac{1}{\sin\theta}}f(r\cos\theta,r\sin\theta)r\mathrm{d}r;$

(2) $\displaystyle\int_{\frac{\pi}{4}}^{\frac{\pi}{3}}\mathrm{d}\theta\int_0^{\frac{1}{\cos\theta}}f(\tan\theta)r\mathrm{d}r;$　(3) $\displaystyle\int_0^{\frac{\pi}{2}}\mathrm{d}\theta\int_0^1f(r^2)r\mathrm{d}r;$

(4) $\displaystyle\int_0^{\frac{\pi}{4}}\mathrm{d}\theta\int_0^{\tan\theta\sec\theta}f(r\cos\theta,r\sin\theta)r\mathrm{d}r.$

4. (1) $\pi(\mathrm{e}^4-1);$　(2) $\pi(\cos\pi^2-\cos4\pi^2);$　(3) $0;$　(4) $2-\dfrac{\pi}{2}.$

5. (1) $\mathrm{e}^{-\frac{1}{2}};$　　(2) $1-\sin1.$

6. (1) $\dfrac{\pi}{8};$　(2) $\dfrac{5\pi}{4};$　(3) $\dfrac{3}{4}-\ln2;$　(4) $\dfrac{\pi}{4}a^2h^2.$

7. (1) $\dfrac{59\pi}{480};$　(2) $\dfrac{\mathrm{e}-1}{3}\pi;$　(3) $0;$　(4) $\dfrac{5}{6}\pi.$

8. (1) $\dfrac{\pi}{12};$　(2) $\dfrac{8}{9};$　(3) $\dfrac{4}{3}\pi a^2.$

9. (1) $\left(\dfrac{3a}{10},\dfrac{3a}{2}\right);$　(2) $\left(0,-\dfrac{9}{5}\right).$

10. $\left(0,0,\dfrac{16}{7}\right).$

11. (1) $I_a=\dfrac{1}{3}\mu ab^3,\ I_b=\dfrac{1}{3}\mu a^3b;$　(2) $I_x=\dfrac{32}{105}\mu,\ I_y=\dfrac{4}{15}\mu,\ I_O=\dfrac{4}{7}\mu.$

12. $\dfrac{32}{35}\sqrt{2}\pi.$

13. $\boldsymbol{F}=(0,0,4\pi k\mu m(\sqrt{5}-\sqrt{2})).$

习题 7.3

1. (1) $4+4\sqrt{2};$　　(2) $\pi a^2;$　　(3) $4;$　　(4) $2\pi a^3;$　　(5) $22\sqrt{77};$　　(6) $2\pi a^2.$

2. (1) $-\dfrac{56}{15};$　　(2) $0;$　　(3) $1;$　　(4) $\dfrac{32}{3};$　　(5) $4\pi;$　　(6) $-2\pi.$

3. $12a.$

4. $\left(0,\dfrac{4-\pi}{2(\pi-2)}\right).$

5. $\dfrac{\pi}{4}.$

6. $\dfrac{11}{12}-4\mathrm{e}^{-1}.$

8. (1) $\dfrac{b^2-a^2}{2};$　(2)$0.$

9.　$\displaystyle\int_L \frac{1}{\sqrt{a^2+b^2}}(-yP+xQ+bR)\mathrm{d}s.$

习题 7.4

1.　(1) 18π;　　(2) $\mathrm{e}^\pi - 1$;　　(3) $\dfrac{\pi}{4}$;　　(4) $4-4\ln 3.$

2.　(1) 0;　(2) $-2\pi.$

3.　(1) 0;　(2) $-2\pi.$

4.　$-4\pi.$

6.　236.

7.　(1) $u(x,y)=x^2+3xy-2y^2+C$;　(2) $x^3-x^2y+xy^2-y^3+C$;

(3) $u(x,y)=x^2\cos y+y^2\sin x+C.$

8.　(1) $3x^2y+2xy^2$;　(2) $y-y^2\sin x+x^2y^3$;　(3) $\dfrac{\mathrm{e}^y-1}{1+x^2}.$

习题 7.5

1.　(1) $3\sqrt{14}$;　(2) $\dfrac{\pi}{40}(\sqrt{17^5}-1)-\dfrac{\pi}{24}(\sqrt{17^3}-1)$;

(3) $4\sqrt{61}$;　(4) $\dfrac{1}{32}\left(\dfrac{125\sqrt5}{7}+10\sqrt5+\dfrac{5\sqrt5}{3}-\dfrac{8}{105}\right).$

2.　$4\pi R^2 d^2+\dfrac{4}{3}(a^2+b^2+c^2)R^4.$

3.　(1) $\dfrac{1}{12}$;　(2) πa^3;　(3) $\dfrac{3\pi}{2}$;　(4) $-\dfrac{\pi}{2}.$

4.　(1) $\dfrac{1}{\sqrt{14}}\displaystyle\iint\limits_{\Sigma}(P+2Q+3R)\mathrm{d}S$;　(2) $\displaystyle\iint\limits_{\Sigma}\frac{2xP+2yQ+R}{\sqrt{1+4(x^2+y^2)}}\mathrm{d}S.$

5.　$4\pi.$

7.　$\dfrac{1}{8}.$

8.　$\dfrac{\pi}{2}.$

9.　$-\dfrac{15\pi}{2}.$

10.　(1) $\dfrac{4}{3}$;　(2) $-20\pi.$

11.　(1) 26;　(2) $\mathrm{e}-\sin 1+2\cos 1.$

12.　$a=2,b=-1,c=-2.$

13.　(1) $(2,4,6)$;　(2) $\left(\ln x+\mathrm{e}^{-y},-\dfrac{y}{x},-x\mathrm{e}^y\right).$

复习题 7

1.　$F(t)=t^2-2t+2-2\mathrm{e}^{-2}.$

2.　$4\pi t^2 f(t^2).$

3.　$f(x)=(x-1)\ln x.$

4.　$\dfrac{1}{2}\ln(x^2+y^2)+C$.

5.　x^2+2y-1.

7.　$\left(\dfrac{\sqrt{a}}{3},\dfrac{\sqrt{b}}{3},\dfrac{\sqrt{c}}{3}\right),\omega=\dfrac{\sqrt{abc}}{27}$.

8.　$2\pi R^3$.

9.　e^x.

10.　$x^3+\dfrac{1}{x}$.

11.　$\dfrac{1}{2}(a+b)\pi R^2$.

12.　0.

14.　$y=\sin x$.

19.　$\dfrac{3\pi}{2}$.

20.　$\dfrac{93}{5}\pi(2-\sqrt{2})$.

21.　求被积函数 $f(x,y,z)$ 在 Ω 上的最大值和最小值.

22.
$$V=\int_0^{h(t)}\mathrm{d}z\iint\limits_{x^2+y^2\leqslant\frac{1}{2}(h^2-hz)}\mathrm{d}x\mathrm{d}y=\frac{\pi}{4}h^3(t),$$

$$S=\iint\limits_{x^2+y^2\leqslant\frac{h^2}{2}}\sqrt{1+z_x^2+z_y^2}\mathrm{d}x\mathrm{d}y=\frac{13\pi h^2}{12}\cdot\frac{\mathrm{d}V}{\mathrm{d}t}=0.9S,\quad h(0)=130.$$

全部融化 $(h(t)\to0)$ 需要 100h.

23.　$\dfrac{m^3}{6}$.

第 8 章　无 穷 级 数

习题 8.1

1.　(1) 发散; (2) 发散; (3) 发散; (4) 收敛; (5) 收敛; (6) 收敛; (7) 发散; (8) 收敛.

4.　1;　$\ln(n+1)<1+\dfrac{1}{2}+\dfrac{1}{3}+\cdots+\dfrac{1}{n}<1+\int_1^n\dfrac{1}{x}\mathrm{d}x=1+\ln n$.

习题 8.2

1.　(1) 发散; (2) 发散; (3) 收敛; (4)$a>1$ 时收敛, $a\leqslant1$ 时发散; (5) 收敛; (6) 收敛;
(7) 收敛; (8) 收敛; (9) 发散; (10) 收敛; (11) 发散; (12) 收敛.

2.　(1) 条件收敛; (2) 绝对收敛; (3) 发散; (4) 条件收敛.

3.　(1) 条件收敛; (2) 条件收敛; (3) 条件收敛; (4) 发散; (5) 收敛; (6) 条件收敛.

6.　(1) 不正确; (2) 不正确.

习题 8.3

1. (1) $(-\infty, +\infty)$; (2) $[-5,5)$; (3) $[-2,2]$; (4) $(-1,1)$; (5) $[1,5)$; (6) $(1,3]$.

3. (1) $S(x) = \dfrac{e^x + e^{-x}}{2}$; (2) $S(x) = \dfrac{x(1+x)}{(1-x)^3}$ $(-1 < x < 1)$;

(3) $S(x) = \dfrac{1}{2}\ln\dfrac{2+x}{2-x}$ $(-2 < x < 2)$;

(4) $S(x) = \begin{cases} 1 + \dfrac{1-x}{x}\ln(1-x), & -1 \leqslant x < 1, x \neq 0, \\ 0, & x = 0, \\ 1, & x = 1; \end{cases}$

(5) $S(x) = \dfrac{x-1}{(2-x)^2}$ $(0 < x < 2)$.

4. (1) $5e$; (2) $\dfrac{1}{2}(\cos 1 - \sin 1)$; (3) $\ln 2$; (4) 3.

习题 8.4

1. (1) $\displaystyle\sum_{n=0}^{\infty} \dfrac{(x\ln a)^n}{n!}$, $-\infty < x < +\infty$;

(2) $\dfrac{1}{2}\left(1 + \displaystyle\sum_{n=0}^{\infty}(-1)^n\dfrac{(2x)^{2n}}{(2n)!}\right)$, $-\infty < x < +\infty$;

(3) $\ln a + \displaystyle\sum_{n=0}^{\infty}\dfrac{1}{n+1}\left(\dfrac{x}{a}\right)^{n+1}$, $-a < x \leqslant a$;

(4) $1 + \displaystyle\sum_{n=1}^{\infty}\dfrac{2(2n)!}{(n!)^2}\left(\dfrac{x}{2}\right)^{2n+1}$, $-1 < x < 1$;

(5) $x + \dfrac{1}{3!}x^3 + \cdots + \dfrac{1}{(2n+1)!}x^{2n+1} + \cdots$, $-\infty < x < +\infty$;

(6) $\dfrac{1}{2} + \displaystyle\sum_{n=1}^{\infty}\dfrac{(2n-1)!!}{(2n)!!2^{2n+1}}x^{2n}$, $-2 < x < 2$.

2. (1) $\dfrac{\ln 3}{\ln 10} + \dfrac{1}{\ln 10}\displaystyle\sum_{n=0}^{\infty}(-1)^n\dfrac{(x-3)^{n+1}}{(n+1)3^n}$, $0 < x \leqslant 6$;

(2) $\displaystyle\sum_{n=0}^{\infty}(-1)^n\left(\dfrac{1}{4^{n+1}} - \dfrac{1}{5^{n+1}}\right)(x-3)^n$, $-1 < x < 7$;

(3) $\dfrac{1}{3}\displaystyle\sum_{n=0}^{\infty}\dfrac{(-1)^n}{3^n}(x-3)^n$ $(0 < x < 6)$.

3. $\dfrac{1}{2}\displaystyle\sum_{n=0}^{\infty}(-1)^n\left(\sqrt{3}\dfrac{1}{(2n)!}\left(x-\dfrac{\pi}{3}\right)^{2n} + \dfrac{1}{(2n+1)!}\left(x-\dfrac{\pi}{3}\right)^{2n+1}\right)$, $-\infty < x < +\infty$.

4. $\displaystyle\sum_{n=1}^{\infty}\dfrac{n}{2^{n+1}}x^{n-1}$, $-2 < x < 2$, $f^{(n)}(0) = \dfrac{(n+1)!}{2^{n+2}}$.

5. (1) 1.648; (2) 2.00430; (3) 0.487.

6. $\displaystyle\sum_{n=0}^{\infty}(-1)^n\frac{x^{2n+1}}{(2n+1)(2n+1)!},\ -\infty<x<+\infty.$

7. $\displaystyle\sum_{n=1}^{\infty}\frac{nx^{n-1}}{(n+1)!},\ -\infty<x<+\infty.$

习题 8.5

1. (1) 当 $x\neq(2n+1)\pi,\ n=0,\pm1,\pm2,\cdots$ 时,

$$f(x)=\frac{a-b}{4}\pi+\sum_{n=1}^{\infty}\frac{[1-(-1)^n](b-a)}{n^2\pi}\cos nx+\frac{(-1)^{n-1}(a+b)}{n}\sin nx;$$

当 $x=(2n+1)\pi$ 时, $f(x)$ 的 Fourier 级数收敛于 $\dfrac{a+b}{2}\pi.$

(2) $f(x)=\dfrac{2}{3}\pi^2+4\displaystyle\sum_{n=1}^{\infty}\frac{(-1)^{n+1}}{n^2}\cos nx.$

(3) $f(x)=\dfrac{2}{\pi}+\dfrac{4}{\pi}\displaystyle\sum_{n=1}^{\infty}\frac{\cos 2nx}{(2n)^2-1}.$

(4) $f(x)=\dfrac{1}{2}\left(1+\dfrac{\pi}{2}\right)\displaystyle\sum_{n=0}^{\infty}\frac{1-(-1)^n}{n^2\pi}\cos nx+\left[\frac{1-(-1)^n}{n\pi}-\frac{1}{n}\right]\sin n\pi,\ x\neq k\pi, k=0,$

$\pm1,\pm2,\cdots$；当 $x=(2k+1)\pi$ 时, $f(x)\longrightarrow\dfrac{1}{2}$；当 $x=2k\pi$ 时, $f(x)\longrightarrow\dfrac{\pi+1}{2}.$

2. (1) 正弦级数 $f(x)=\dfrac{4}{\pi}\displaystyle\sum_{n=1}^{\infty}\left[-\frac{2}{n^3}+(-1)^n\left(\frac{2}{n^3}-\frac{\pi^2}{n}\right)\right]\sin nx,\ 0\leqslant x<\pi;$

余弦级数 $f(x)=\dfrac{2}{3}\pi^2+8\displaystyle\sum_{n=1}^{\infty}\frac{(-1)^n}{n^2}\cos nx,\ 0\leqslant x\leqslant\pi.$

(2) 正弦级数 $f(x)=2\displaystyle\sum_{n=1}^{\infty}\frac{(-1)^{n-1}\sin nx}{n},\ 0<x<\pi;$

余弦级数 $f(x)=\dfrac{\pi}{2}-\dfrac{4}{\pi}\displaystyle\sum_{n=1}^{\infty}\frac{\cos(2n-1)x}{(2n-1)^2},\ 0\leqslant x\leqslant\pi.$

3. (1) $f(x)=\dfrac{A}{2}+\dfrac{2A}{\pi}\displaystyle\sum_{n=0}^{\infty}\frac{1}{2n+1}\sin(2n+1)\frac{\pi x}{l}\ (x\neq 2kl, k=0,\pm1,\pm2,\cdots);$

(2) $f(x)=-\dfrac{1}{2}+\displaystyle\sum_{n=1}^{\infty}\frac{6}{n^2\pi^2}[1-(-1)^n]\cos\frac{n\pi}{3}x+\frac{6}{n\pi}(-1)^{n+1}\sin\frac{n\pi}{3}x\ (x\neq 3(2k+1),$

$k=0,\pm1,\pm2,\cdots).$

4. 正弦级数 $f(x)=\dfrac{8}{\pi}\displaystyle\sum_{n=1}^{\infty}\left(\frac{(-1)^{n+1}}{n}+\frac{2}{n^3\pi^2}((-1)^n-1)\right)\sin\frac{n\pi x}{2},\ 0\leqslant x<2;$

余弦级数 $f(x)=\dfrac{4}{3}+\dfrac{16}{\pi^2}\displaystyle\sum_{n=1}^{\infty}\frac{(-1)^n}{n^2}\cos\frac{n\pi x}{2},\ 0\leqslant x\leqslant 2.$

5. $-\dfrac{1}{4}.$

6. $f(x) = \dfrac{5}{2} - \dfrac{4}{\pi^2} \displaystyle\sum_{k=0}^{\infty} \dfrac{\cos(2k+1)\pi x}{(2k+1)^2}$, $\displaystyle\sum_{n=1}^{\infty} \dfrac{1}{n^2} = \dfrac{\pi^2}{6}$.

8. $S(x) = \begin{cases} x^2, & 0 < x < 1, \\ -x^2, & -1 < x < 0, \\ 0, & x = 0, \pm 1; \end{cases}$ $S\left(-\dfrac{1}{2}\right) = -\dfrac{1}{4}$.

9. $S(x) = \begin{cases} x, & 0 \leqslant x < \dfrac{1}{2}, \\ 2 - 2x, & \dfrac{1}{2} < x < 1; \end{cases}$ $S\left(-\dfrac{5}{2}\right) = \dfrac{3}{4}$.

复习题 8

1. (1) 绝对收敛; (2) 收敛; (3) 发散; (4) 绝对收敛; (5) 发散.

2. $f(x) = \displaystyle\sum_{n=1}^{\infty} \dfrac{\lambda^n}{n \cdot n!} x^n$, $-\infty < x < +\infty$.

3. $S(x) = \begin{cases} x, & -3 < x < 0, \\ 2 - \dfrac{2}{3}x, & 0 < x < 3, \\ -\dfrac{3}{2}, & x = \pm 3, \\ 1, & x = 0. \end{cases}$

4. (1) $\left(-\dfrac{\sqrt{3}}{3}, \dfrac{\sqrt{3}}{3}\right)$; (2) $(-\infty, 1)$ 或 $(3, +\infty)$, (3) $(\ln 2, +\infty)$; (4) $(1, +\infty)$.

5. $f(x) = \dfrac{1}{2} - \dfrac{2}{\pi}\cos\dfrac{\pi}{2}x + \dfrac{2}{3\pi}\cos\dfrac{3\pi}{2}x - \dfrac{2}{5\pi}\cos\dfrac{5\pi}{2}x + \cdots + \dfrac{(-1)^{n+1}2}{(2n+1)\pi}\cos\dfrac{(2n+1)\pi}{2}x + \cdots$ $(0 \leqslant x \leqslant 4, x \neq 1, 3)$.

6. $f'(x) = \displaystyle\sum_{n=2}^{\infty} (-1)^{n-1}\dfrac{2n-2}{(2n)!} x^{2n-3}$, 收敛区间为 $(-\infty, +\infty)$.

7. $S(x) = x\cos x + \sin x - 2x$.

8. $S = \arctan\dfrac{\pi}{4}$.

9. $S(x) = \begin{cases} \dfrac{1}{\pi}(x+\pi)^2, & -\pi < x < 0, \\ \dfrac{1}{\pi}, & 0 < x < \pi, \\ \dfrac{\pi}{2} + \dfrac{1}{2\pi}, & x = 0, \\ \dfrac{1}{2\pi}, & x = \pm\pi. \end{cases}$

10. (1) 由 $\{u_n\}$ 单增及条件可证; (2) 收敛.

11. $S_n = \dfrac{2}{3}\left(\dfrac{1}{n(n+1)}\right)^{\frac{3}{2}}$, $\displaystyle\sum \dfrac{S_n}{a_n} = \dfrac{2}{3}$.

12. 由 Lagrange 中值定理可知, $|a_{n+1}-a_n| = \left|\dfrac{f'(\xi_n)}{f(\xi_n)}\right| \cdot |a_n - a_{n-1}|$, 利用比值判别法可证.

13. 由 $\lim\limits_{n\to\infty} \dfrac{|a_n(a_1 + a_2 + \cdots + a_n)|}{|a_n|} = \lim\limits_{n\to\infty} |a_1 + a_2 + \cdots + a_n| < +\infty.$

14. $S(x) = \dfrac{5}{2}\mathrm{e}^x + \dfrac{3}{2}\mathrm{e}^{-x}.$

16. $na_n > a_1 + a_2 + \cdots + a_n.$

17. (1) 当 $p \leqslant 0$, 发散; (2) 当 $0 < p \leqslant 1$, 条件收敛; (3) 当 $p > 1$, 绝对收敛.

18. (1) $\dfrac{22}{27}$;   (2) $\dfrac{5}{8} - \dfrac{3}{4}\ln 2$;   (3) $\dfrac{1}{2}$;   (4) $3\mathrm{e}^2$.

19. (1) $S(x) = x^2 \ln\dfrac{1+x}{1-x} - x\ln(1 - x^2), x \in [-1, 1];$

(2) $S(x) = \dfrac{1}{2x} \ln\dfrac{1+x}{1-x} - \dfrac{1}{1-x^2}, x \in (-1, 1).$

数 学 浅 谈

　　自然界万事之变莫不涵盖于 "平直与弯曲、静止与运动、离散与连续、宏观与微观、局部与整体" 的辩证关系之中. 在教学实践中, 教师经常被学生问到的问题是 "数学是什么" "学数学有什么用", 尽管数学学科比其他学科都要简洁, 尤其是具有完备而又简明的符号体系, 但数学的难学与难懂似乎已经被大众认同. 基于此, 这里浅谈一点数学.

一、为什么学数学

　　学习数学, 是因为数学与我们须臾不可分. 古希腊哲学家毕达哥拉斯说: 万物皆数, 数统治着宇宙; 伽利略说: 自然界这部天书是用数学语言写成的; 黑格尔说: 数学是上帝描绘自然的符号; 我国数学家华罗庚说: 宇宙之大, 粒子之微, 火箭之速, 化工之巧, 地球之变, 生物之谜, 日用之繁, 无处不用数学. 这些都说明, 一切宇宙现象和规律的背后都隐藏着数学. 因此, 社会中的每一个人都片刻离不开数学. 我们生活的空间就是一个三维空间; 购买商品要买最实惠、最满意的, 这是优化运筹问题; 股票指数、天气预报、按揭贷款、经营理财、生理健康指数等, 离不开数学. 凡此种种, 数学无处不在, 我们无处不用数学.

　　学习数学, 是因为数学使我们聪明强大. 人们充分运用数学知识, 不仅避免了一些无益的行为, 而且能使自己成为竞争中的强者. 例如, 田忌与齐王赛马利用了对策论原理; 列夫·托尔斯泰小说《一个人需要多少土地》有这样一个故事: 任何买地的人, 只要交 1000 卢布, 他便可以在一天之内, 从太阳升起开始行走, 由草原上任一点出发, 在日落之前回到原点, 所圈之地即为自己的. 如果有数学头脑, 你肯定会规划最佳的圈地路线.

　　学习数学, 是因为我们需要良好的数学素养. 什么是数学素养?爱因斯坦说: "你把所学的数学定理、数学公式、数学的解题方法都排除、都忘掉后, 还剩下的东西, 就是数学素养." 因此, 数学素养不是数学定理, 不是数学公式, 也不是解了多少题目, 它包括以下四个方面:

　　(1) 从数学角度看问题、思考与处理问题的习惯;

　　(2) 有条理的理性思维, 简洁、清晰、准确地表达意识;

　　(3) 在解决问题和总结经验时, 能够具备逻辑推理的能力, 不出现逻辑错误;

　　(4) 对所从事的工作, 有合理的量化和简化, 周到的运筹帷幄的素养.

　　我们所从事的工作可能与数学没有直接关系, 学过的数学定理、数学公式, 解过的数学题目, 工作或生活中可能根本就用不上, 但是由于具备数学素养, 其工作效率肯定会显著不同. 工作生活中讲的每一句话、每一次谈判、每一次沟通等, 能否抓住中心并有条不紊地阐述清楚, 这都和数学素养密切相关.

二、数学是什么

我们这里不探求数学的特点, 也不去追求数学的精确定义, 因为从不同的角度看, 数学有不同的表述方式. 例如, 恩格斯曾说, "数学是现实世界中的空间形式和数量关系", 也有人认为 "数学是研究量的科学" 等. 但有一点是可以肯定的, 数学是一个历史概念, 它的研究内容随着历史的演进不断地扩展和深化.

数学发展的历史非常悠久, 大约一万多年前, 人类在生产实践中就已经形成了 "数" 和 "形" 的概念. 17 世纪以前, 是数学发展的初级阶段 (常量数学阶段), 其内容主要是常量数学, 如初等几何、初等代数, 也就是中小学学习的数学; 从文艺复兴时期开始, 数学发展进入第二个阶段 (变量数学阶段), 产生了微积分、解析几何、高等代数等; 从 19 世纪开始, 数学获得了巨大发展, 形成近代数学阶段, 产生了实变函数、泛函分析、非欧几何、拓扑学、抽象代数、数理逻辑等. 数学发展至今, 已经成为拥有 100 多个分支的科学体系. 数学按其内容可分为基础 (纯粹) 数学和应用数学, 更细致的是 5 个大的学科: 基础 (纯粹) 数学、应用数学、计算数学、运筹与控制、概率论与数理统计.

如果把数学学科比喻成海洋, 那么, 基础数学是海底、应用数学是海面. 数学与现实世界联系的纽带是海上的航船: 数学模型. 越向海底方向走, 就越艰辛和神秘, 即所谓高深的基础数学. 在海面上航行, 显然也不轻松和简单, 即所谓神秘莫测的应用数学技术. 会潜水的人 (数学家) 可以欣赏到数学内在的美 (纯粹数学的理论精髓), 而海上驾船的人 (应用数学家) 也可以领略到数学外在的美 (数学应用的价值). 在岸边看海的人, 对大海的感受就是一种对数学的敬畏心情了. 如何看数学, 如何学数学, 如何品数学, 如何用数学, 如何研究数学, 所有这些就得看人们对大海是如何思考的了.

1. 数学是一切科学的共同语言

物理学家伽利略说过: "展现在我们眼前的宇宙像一本用数学语言写成的大书, 如不掌握数学语言, 就像在黑暗的迷宫里游荡, 什么也认识不清."

由于在量子电动力学方面作出突出贡献, 并于 1965 年获得诺贝尔奖的物理学家费曼说过: "若是没有数学语言, 宇宙似乎是不可描述的." 最著名的例子是牛顿想用一理论框架来表示在重力作用下物体的运动, 这包括开普勒行星运动法则, 这种渴望使他建立了万有引力定律和微积分, 那是科学史上的伟大成就之一.

数学对法学文化的影响是广泛而深远的, 无论历史上的法律还是现实中的法律, 都留下了数学的烙印. 例如, 数学的公理化思想和严密的逻辑体系, 直接影响到法律体系的建立和完备. 另外, 在法律实务中, 规定条文大量涉及数字, 特别是经济法、专利法等更是涉及许多数学知识和数学思想, 在法庭辩护中, 更是离不开严密的逻辑推理和精确的理性分析.

当今科学技术发展的一个重要特点是高度全面的定量化, 定量化实际上就是数学化. 目前, 社会的数学化程度日益提高, 数学语言已成为人类社会中交流和储存信息的重要手段.

2. 数学是打开科学大门的钥匙

17 世纪, 培根曾提出 "数学是打开科学大门的钥匙".

没有非欧几何理论, 就不会有爱因斯坦的相对论; 没有麦克斯韦方程组就不可能有电磁理论, 也就不会有现代的通信技术; 没有纳维–斯托克斯方程组, 就不会有流体力学的理论基础, 也不可能产生航空学; 有了数理逻辑和量子力学, 才会产生现代的电子计算机; 有了微积分, 才有天文学、物理学和其他自然学科.

物理学家伦琴因发现 X 射线而成为 1901 年开始的诺贝尔物理学奖的第一位获奖者, 当有人问他需要什么时, 他的回答是:"第一是数学, 第二是数学, 第三是数学."

对计算机作出划时代贡献的冯 · 诺依曼认为: "数学处于人类职能的中心领域 —— 数学方法渗透、支配着一切自然科学的理论分支 —— 它已越来越成为衡量成就的标志."

马克思也说: "一门科学只有当它达到能够成功运用数学时, 才算真正发展了."

回顾科学发展的历史, 凡具有划时代意义的科学理论与实践的成就, 无一例外都借助于数学的力量.

3. 数学是一种思维的工具

有人把哲学与数学比喻为人类的望远镜和显微镜.

哲学家谈论原子在物理学家研究原子之前, 哲学家谈论元素在化学家研究元素之前, 哲学家谈论无限在数学家研究无限之前. 哲学是人类认识世界的先导, 它用于观察前方. 数学则是对一门学科的对象进行定量与细致的研究.

哲学从一门学科退出, 意味着这门学科的诞生; 数学进入一门学科, 意味着这门学科的成熟.

哲学在任何具体领域都无法工作, 但它可以从事任何具体学科无法完成的工作, 它为这个学科提供思想和前瞻意识. 数学在任何其他具体学科领域都可能施展, 但它的应用必须结合具体学科, 它为这个学科提供工具和理论支撑.

从哲学的观点看, 任何事物都是量和质的统一体, 都有自身量的方面的规律, 不掌握量的规律, 就不可能对各种事物的质获得明确、清晰的认识. 而数学正是一门研究量的科学, 它不断在总结和积累量的规律性, 因而必然成为人们认识世界的有力工具.

数学成果是人类文明发展史上理性智慧的结晶. 数学学习和研究需要逻辑思维与直觉思维、发散思维与收敛思维; 需要演绎与归纳; 需要概括、抽象、类比、转化、联想、反推; 需要渐悟与顿悟. 这些都是人们的高级心智活动.

数学对于训练思维的严谨、深刻、条理具有不可替代的作用.

4. 数学是一门创造美的艺术

"美" 是艺术家所追求的一种境界. 其实, "美" 也是数学中公认的一种评价标准. 当数学家创造出一种简便的方法, 做出一种简化证明, 找到一种新的应用时, 就会在内心深处获得一种美的享受, 数学中的 "美" 体现在和谐性、对称性、简洁性等诸多方面.

数学家庞加莱说过: "科学家研究自然是因为他爱自然, 他之所以爱自然, 是因为自然是美好的. 如果自然不美, 就不值得理解, 如果自然不值得理解, 生活就毫无意义."

数学能陶冶人的美感情趣, 增进理性审美能力. 一个人数学造诣越深, 越是拥有一种直觉力, 这种直觉力实际上就是理性的洞察力, 也是由美感所驱动的选择力, 这种力有助于使数学成为人们探索宇宙奥秘和揭示规律的重要力量.

一位诗人为北宋文学家苏轼的画作《百鸟归巢图》题了一首诗:

归来一只又一只, 三四五六七八只.
凤凰何少鸟何多, 啄尽人间千石食.

诗中的数字构成的算式 $1+1+3\times 4+5\times 6+7\times 8=100$, "百" 字在诗中藏而不露, 妙趣横生. 诗中数字更能表达一定的意境, 使得诗的表现力大增. 例如, 宋代理学家邵康节《山村咏怀》:

一去二三里, 烟村四五家.
亭台六七座, 八九十枝花.

这首诗把 10 个简单的数字嵌入诗中, 组合成一幅精致如画的山村风景图, 质朴素淡.

三、如何领悟数学的魅力

当你对数学所揭示的自然规律浮想联翩时, 当你对数学本身的简洁与和谐回味无穷时, 当你对数学家的成就拍案叫绝时, 当你对深奥的数学问题豁然开朗时, 你内心会有说不出的惊奇、喜悦和陶醉, 这时你已经领悟到了数学的魅力.

1. 数之美

毕达哥拉斯说: "数, 统治着宇宙." 数统治着整个世界, 从人类社会乃至自然界, 最重要的就是数. 生活中离不开数, 数更是带来诱人的美. 例如, 远古时代, 人类把 220 和 284 视若神明, 这一神秘就是今天的所谓: 亲和数, 即能够整除 220 的全部正整数 (不含 220) 之和是 284, 而能整除 284 的全部正整数 (不含 284) 之和是 220. 亲和数在自然界构成一个独特的数系, 以后人们又得到了 1200 对亲和数. 除此之外, 还有其他亲和数吗? 至今是未知的谜.

还有卡普雷卡数, 也就是

$$55^2 = 3025, \quad 30 + 25 = 55; \quad 67^4 = 20151121, \quad 20 + 15 + 11 + 21 = 67.$$

数的完美还有孪生素数、完美数、回文数等, 这里不一一列举.

2. 诱人的猜想

数学上有许多重要的猜想. 所谓猜想就是由人们的直觉或直观上的判断认为可能成立而又未经严格证明的命题. 例如, 著名的希尔伯特 23 个问题; 21 世纪悬赏百万美元的七个 "千僖年数学难题"; 已经解决了的费马大定理、庞加莱猜想; 推动数学发展的哥尼斯堡七桥问题和由阅兵式产生的正交拉丁方猜想和四色猜想; 尚未解决的哥德巴赫猜想, 等等. 一个又一个深刻的猜想不仅本身有重大的理论意义, 而且也具有现实意义, 激发人们研究数学的极大激情, 更重要的是解决猜想过程中产生的思想、方法, 成为推动数学不断向前发展的强大动力.

3. 神奇的预言

数学正确反映现实世界中的空间形式与数量关系, 表现出惊人的准确性和预见性. 在自然科学中, 由数学推导而得出的结论可以先于经验事实而成为神奇的预言, 这样的例子不胜枚举. 1781 年, 人们发现的天王星是人类历史上第一次通过数学计算准确预言未知行星的实例, 光的波动性是由麦克斯韦方程组推导后得到实验验证的, 正电子的存在是基于 Dirac 方程的等.

4. 美妙的和谐

客观世界中万事万物运行有序、和谐统一. 因此, 作为研究客观世界的形与数的数学也以其和谐、有序而令人陶醉.

0.618 和 1.618 两个数字是熟知的黄金比. 17 世纪德国天文学家开普勒把黄金分割与勾股定理并列, 誉为古希腊几何学的两颗明珠. 文艺复兴时期, 多位颇具影响的艺术大师, 如达·芬奇, 把几何学上对图形的定量分析应用于一般的绘画艺术, 给绘画艺术建立了科学理论基础. 在这一过程中, 他们发现了黄金分割与人们审美观点之间的联系. 当一个矩形的长与宽之比为黄金比时, 则是优美的矩形; 绘画的表现主体如果置于画面的黄金分割处, 就更能吸引观赏者的注意. 达·芬奇在《艺术专论》中说: "欣赏我的作品的人, 没有一个不是数学家." 他坚持认为, 绘画的目的是再现自然世界, 而绘画的价值就在于精确的再现.《最后的晚餐》就是这样的代表作之一.

古代的建筑大师和雕塑家早就巧妙地利用黄金比, 创造出了雄伟壮观的建筑杰作和令人倾倒的艺术珍品. 胡夫金字塔、雅典庄严肃穆的帕特农神殿、风姿妩媚的爱神维纳斯和健美潇洒的太阳神阿波罗塑像, 无不闪现黄金之比.

5. 惊人的简洁

古老的拉丁格言中有这样一句话: "简单是真理的标志." 数学是一门追求简洁的科学. 一个好的数学问题为了突出其本质因素, 必然是简洁的. 而一个问题提得越简洁、越清晰易懂, 也就越易引起人们的兴趣. 凡是经久不衰、引人入胜的数学问题, 如三大尺规作图问题 (用直尺和圆规求解倍立方、三等分角和化圆为方问题)、费马猜想、哥德巴赫猜想等都是以简明而深刻的表述方式吸引着人们的注意.

数学语言是精练的语言, 例如, 直角三角形的三边之间可用

$$c^2 = a^2 + b^2$$

来表达, 欧拉公式

$$e^{ix} = \cos x + i \sin x,$$

把实数域看不出有任何联系的指数函数和三角函数在复数域内紧密地联系在一起. 作为特例,

$$e^{i\pi} + 1 = 0$$

更是把 0, 1, i, e, π 这 5 个重要的常数简单而巧妙地结合在一起. 爱因斯坦用 $E = mc^2$ 把茫茫宇宙中的质能互换这样深奥复杂的关系如此简单地揭示出来.

数学概念是数学语言的精髓, 不少数学概念已历经沧桑, 内涵不断发生着深刻的变化, 每一次变化都使这个概念更加清晰、准确和简洁. 以函数概念为例, 从 1673 年莱布尼茨给出 "函数就像曲线上的点的坐标那样随点的变化而变动的量" 的定义, 到 1821 年柯西给出 "对于 x 的每一个值, 如果 y 有完全确定的值与之相对应, 则 y 称为 x 的函数" 的定义, 再到近代 "设 A, B 为两个非空集合, f 是 A 到 B 的一个对应法则, 则 A 到 B 的映射 $f: A \to B$ 称为 A 到 B 上的函数" 的定义, 其间经历了 300 多年, 一次比一次深刻.

数学的真谛在于不断寻求越来越简单的方法证明定理和解答问题. 简洁的证明看上去思路自然, 条理清楚, 显示出数学证明不容辩驳的逻辑力量, 给人带来美的享受. 因此, 追求简洁也是数学家重要的研究课题.

领悟数学魅力, 在学习数学过程中就会逐步提高数学素养. 掌握数学工具, 运用数学方法, 理解数学思想, 训练数学思维, 建立数学模型, 提炼数学语言, 体现数学美感, 定会受益无穷、乐趣无限.

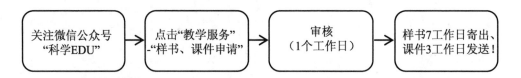

教师教学服务指南

为了更好服务于广大教师的教学工作，科学出版社打造了"科学 EDU"教学服务公众号，教师可通过扫描下方二维码，享受样书、课件、会议信息等服务.

样书、电子课件仅为任课教师获得，并保证只能用于教学，不得复制传播用于商业用途. 否则，科学出版社保留诉诸法律的权利.

```
┌─────────────┐   ┌─────────────┐   ┌─────────────┐   ┌─────────────┐
│关注微信公众号 │ → │点击"教学服务" │ → │   审核       │ → │样书7工作日寄出、│
│ "科学EDU"    │   │-"样书、课件申请"│   │（1个工作日） │   │课件3工作日发送！│
└─────────────┘   └─────────────┘   └─────────────┘   └─────────────┘
```

科学EDU

关注科学EDU，获取教学样书、课件资源

面向高校教师，提供优质教学、会议信息

分享行业动态，关注最新教育、科研资讯

学生学习服务指南

为了更好服务于广大学生的学习，科学出版社打造了"学子参考"公众号，学生可通过扫描下方二维码，了解海量经典教材、教辅、考研信息，轻松面对考试.

学子参考

面向高校学子，提供优秀教材、教辅信息

分享热点资讯，解读专业前景、学科现状

为大家提供海量学习指导，轻松面对考试

教师咨询：010-64033787　QQ：2405112526　yuyuanchun@mail.sciencep.com

学生咨询：010-64014701　QQ：2862000482　zhangjianpeng@mail.sciencep.com